Korsch

Algebraische Methoden der Quantenmechanik

Ihr Plus – digitale Zusatzinhalte!

Auf unserem Download-Portal finden Sie zu diesem Titel kostenloses Zusatzmaterial. Geben Sie dazu einfach diesen Code ein:

plus-6n4q5-qz8pd

plus.hanser-fachbuch.de

Hans Jürgen Korsch

Algebraische Methoden der Quantenmechanik

Ein Lehrbuch mit Beispielen und Übungsaufgaben

Über den Autor:
Prof. Dr. Hans Jürgen Korsch, Technische Universität Kaiserslautern, Fachbereich Physik

Print-ISBN: 978-3-446-48016-2
E-Book-ISBN: 978-3-446-48044-5

Bibliografische Information der Deutschen Nationalbibliothek:
Die Deutsche Nationalbibliothek verzeichnet diese Publikation in der Deutschen Nationalbibliografie; detaillierte bibliografische Daten sind im Internet unter http://dnb.d-nb.de abrufbar.

Vilshofener Straße 10 | 81679 München | info@hanser.de
www.hanser-fachbuch.de
Lektorat: Frank Katzenmayer
Herstellung: Frauke Schafft
Coverkonzept: Marc Müller-Bremer, www.rebranding.de, München
Covergestaltung: Max Kostopoulos
Titelmotiv: © Max Kostopoulos
Druck : Elanders Waiblingen GmbH, Waibingen
Satz: Hans Jürgen Korsch
Printed in Germany

Vorwort

Quantenmechanik und Algebra waren seit den Anfängen der Quantenmechanik eng miteinander verknüpft. Das, was heute unsere Quantentheorie ausmacht, begann in Frühjahr 1925 während eines kurzen Aufenthalts des jungen deutschen Physikers Werner Heisenberg (1901–1976) auf Helgoland, wo er, damals im Alter von 23 Jahren, einen neuen Zugang zur theoretischen Beschreibung der Quantenmechanik eröffnete. Dazu musste er mathematische Größen einführen, für die ein nicht-kommutatives Produkt existiert. Nach seiner Rückkehr an die Universität Göttingen wurde dieser Zugang ausgearbeitet und publiziert. Zunächst erschien eine Arbeit von Heisenberg im Juli 1925 (W. Heisenberg, Z. Physik 33, 879 (1925)), deren Darstellung der Quantenmechanik sich für einen heutigen Physiker nicht direkt erschließt, gefolgt von zwei Arbeiten mit den bescheidenen Titeln *Zur Quantenmechanik* von Max Born (1882–1970) und Pascual Jordan (1902–1980) im September 1925 (M. Born, P. Jordan, Z. Physik 34, 858 (1925)) sowie ein Jahr später in einer gemeinsamen Arbeit (M. Born, W. Heisenberg, P. Jordan, Z. Physik 35, 557 (1926)), die sich für uns auch heute problemlos lesen lassen. Dort werden die heisenbergschen quantenmechanischen Größen durch Matrizen dargestellt. Heute erscheint uns das ganz naheliegend, aber damals war der Umgang mit Matrizen mit ihrem nicht-kommutativen Matrixprodukt nicht allgemein bekannt. Daher findet man in der Arbeit von Born und Jordan auch ein ganzes Kapitel zum Thema *Matrizenrechnung*, gestützt auf das gerade erschienene und auch heute noch sehr nützliche Buch R. Courant, D. Hilbert, *Methoden der mathematischen Physik I*, Springer 1924 (es gibt eine vierte Auflage aus dem Jahr 1993, auch als eBook). Im Zentrum der beiden Arbeiten *Zur Quantenmechanik* findet man für die quantenmechanische Darstellung von Ort $\mathbf{q}$ und Impuls $\mathbf{p}$ eines Teilchens in einer Raumdimension durch hermitesche unendlichdimensionale Matrizen die berühmt gewordene Formel

$$\mathbf{pq} - \mathbf{qp} = \frac{h}{2\pi \mathrm{i}} \mathbf{1}, \tag{1}$$

damals als *verschärfte Quantenbedingung* bezeichnet. Hier ist $\mathbf{1}$ die Einheitsmatrix und h das plancksche Wirkungsquantum. (Das nützliche $\hbar = h/2\pi$ wurde erst später durch den britischen Physiker Paul Dirac (1902–1984) eingeführt.) Außerdem finden wir dort für das Zeitverhalten einer Größe $\mathbf{g}(\mathbf{p},\mathbf{q})$ und die Energie $\mathbf{H} = \mathbf{H}_1(\mathbf{p}) + \mathbf{H}_2(\mathbf{q})$ die Formel

$$\dot{\mathbf{g}} = \frac{2\pi \mathrm{i}}{h} (\mathbf{Hg} - \mathbf{gH}), \tag{2}$$

aus der zwanglos die Energieerhaltung $\dot{\mathbf{H}} = 0$ folgt.

Mithilfe der Schreibweise $[\mathbf{p},\mathbf{q}] = \mathbf{pq} - \mathbf{qp}$ für den Kommutator ergab sich später das, was wir als Heisenberg-Bild der Quantenmechanik bezeichnen. Es wurde aber anfangs durch das populärere Schrödinger-Bild in den Hintergrund gedrängt, das eine Beschreibung durch die weitaus vertrauteren Differentialgleichungen ermöglichte. Der Zusammenhang zwischen den beiden Bildern wird in Abschnitt 2.2 klar werden. Beide sind unterschiedliche Darstellungen der gleichen algebraischen Strukturen.

Die folgenden Antworten auf Fragen zum Thema *Algebren und Quantenmechanik* verdanken wir dem Chatbot GPT (https://chat.openai.com/auth/login).

Frage: *Welche Rolle spielen algebraische Methoden in der Quantenmechanik?*

Algebraische Methoden spielen eine wichtige Rolle in der Quantenmechanik, da sie dazu beitragen, die komplizierten Gleichungen und Beziehungen, die in diesem Bereich auftreten, zu vereinfachen und zu lösen. Die Quantenmechanik beschäftigt sich mit dem Verhalten von Teilchen auf subatomarer Ebene und beschreibt dieses Verhalten durch Quantenzustände. Diese Zustände können mithilfe von algebraischen Strukturen wie Operatoren und Matrizen dargestellt werden. Algebraische Methoden ermöglichen es auch, symmetrische Eigenschaften von Systemen zu untersuchen und zu beschreiben, was wiederum dazu beitragen kann, die Eigenschaften von Quantensystemen besser zu verstehen.

Frage: *Bitte erläutere ausführlich die Rolle algebraischer Methoden in der Quantenmechanik.*

In der Quantenmechanik werden algebraische Methoden verwendet, um Gleichungen und Beziehungen in diesem Bereich zu lösen und zu vereinfachen. Ein Beispiel hierfür ist die Verwendung von Operatoren, die als algebraische Strukturen dienen, um die Eigenschaften von Quantenzuständen zu beschreiben. Operatoren sind Funktionen, die auf Quantenzustände angewendet werden und diese verändern können. Beispielsweise wird der Energieoperator verwendet, um die Energie eines Quantenzustands zu beschreiben, und der Impulsoperator wird verwendet, um den Impuls eines Quantenzustands zu beschreiben.

Matrizen sind ein weiteres Beispiel für algebraische Strukturen, die in der Quantenmechanik verwendet werden. Sie werden verwendet, um Quantenzustände darzustellen und die Übergänge zwischen diesen Zuständen zu beschreiben. Matrizen können auch verwendet werden, um symmetrische Eigenschaften von Quantensystemen zu untersuchen und zu beschreiben.

Ein weiteres wichtiges Konzept in der Quantenmechanik, das auf algebraischen Methoden basiert, ist die Unschärferelation. Diese Beziehung beschreibt das Ausmaß an Unschärfe oder Unbestimmtheit, das bei der Messung von Eigenschaften von Quantensystemen auftritt. Die Unschärferelation kann mithilfe von Operatoren dargestellt werden, die die Eigenschaften von Quantensystemen beschreiben, und wird häufig verwendet, um das Verhalten von Quantensystemen zu untersuchen und zu beschreiben. Insgesamt spielen algebraische Methoden in der Quantenmechanik eine wichtige Rolle bei der Darstellung und Analyse von Quantenzuständen und bei der Untersuchung von Eigenschaften von Quantensystemen. Sie tragen dazu bei, komplizierte Gleichungen und Beziehungen in diesem Bereich zu vereinfachen und zu lösen und das Verständnis von Quantensystemen zu vertiefen.

Frage: *Welche Rolle spielen Lie-Algebren in der Quantenmechanik?*

Lie-Algebren spielen in der Quantenmechanik eine wichtige Rolle bei der Untersuchung von Symmetrien und der Beschreibung von Symmetrieeigenschaften von Quantensystemen. Eine Lie-Algebra ist eine algebraische Struktur, die auf einer Lie-Gruppe basiert und die algebraischen Eigenschaften einer Lie-Gruppe beschreibt. In der Quantenmechanik werden Lie-Algebren verwendet, um symmetrische Eigenschaften von Quantensystemen zu untersuchen und zu beschreiben.

Lie-Algebren werden auch verwendet, um die Eigenschaften von Quantenmechanik-Systemen zu beschreiben, die durch kontinuierliche Symmetrien beschrieben werden. Diese kontinuierlichen Symmetrien treten beispielsweise bei der Beschreibung von rotationssymmetrischen Systemen auf. In solchen Fällen werden Lie-Algebren verwendet, um die Eigenschaften der

Symmetrien und die Beziehungen zwischen den Symmetrien und den Eigenschaften des Systems zu beschreiben. Insgesamt spielen Lie-Algebren in der Quantenmechanik eine wichtige Rolle bei der Beschreibung von Symmetrien von Quantensystemen. Sie tragen dazu bei, das Verständnis von Quantensystemen zu vertiefen und dienen als wichtige Werkzeuge bei der Analyse von Quantensystemen.

Soweit die Darstellungen des Chatbots. **In diesem Buch** werden wichtige algebraische Methoden der Quantenmechanik vorgestellt und an ausgewählten Beispielen erläuert und illustriert. Das **Ziel dieses Buches** ist es, den Leserinnen und Lesern Techniken an die Hand zu geben, mit deren Hilfe sie viele mathematische Problemstellungen der Quantenmechanik elegant bewältigen können. Ein solches Vorgehen liefert in aller Regel **analytische Lösungen**, die dann meist eine wichtige Grundlage zum Verständnis der untersuchten Prozesse bieten, natürlich meist ergänzt durch numerische Resultate.

Der **Aufbau des Buches** beginnt mit einer komprimierten Darstellung der algebraischen und mathematischen Grundlagen, gedacht als eine kurze Wiederholung des bekannten Inhalts eines Kurses zur Quantentheorie, fokussiert natürlich auf die Resultate, die im folgenden Text angesprochen werden. In den anschließenden Kapiteln 3 und 4 werden die bekanntesten algebraischen Strukturen der Quantenmechanik vorgestellt, die Oszillator- und die Drehimpuls-Algebra. Das folgende recht kurze Kapitel 5 präsentiert interessante Anwendungen der bisher vermittelten algebraischen Techniken zur Beschreibung einer Supersymmetrie, die bosonische und fermionische Freiheitsgrade mischt. Deutlich länger sind die beiden folgenden Kapitel mit einer Einführung in die Grundlagen der Lie-Algebren und ihr Einsatz zur Beschreibung quantenmechanischer Zeitevolution. Die bisher erworbenen Kenntnisse werden in den folgenden Kapiteln exemplarisch auf wichtige quantenmechanische Modellsysteme angewandt und, wenn nötig, ausgebaut. Dazu zählen natürlich Oszillator-Systeme, dynamische Invarianten, der quantenmechanische Phasenraum, angetriebene Gitter und Mehrteilchen-Systeme, gefolgt von zwei Kapiteln über offene Quantensysteme, einmal in einer nicht-hermiteschen und einmal in einer Lindblad-Beschreibung.

Die eingestreuten **Aufgaben** haben ein zweifaches Ziel. Einmal dienen sie natürlich dazu, die vorgestellten Methoden an einfachen Beispielen durch selbstständige Arbeit zu üben und zu vertiefen. Zum zweiten werden auf diese Weise längere Rechnungen, die den Lesefluss zu sehr hemmen könnten, nach außen verlegt. Zu sämtlichen Aufgaben werden in Kapitel 15 Lösungen angeboten.

Der vorliegende Text beruht auf den Vorlesungen des Autors zu Themen der Quantenmechanik an der RPTU Kaiserslautern. Der Autor dankt den ehemaligen Mitgliedern seiner Arbeitsgruppe für viele Anregungen und Kommentare. Sicher haben auch viele Leserinnen und Leser noch Verbesserungs- und Ergänzungsvorschläge, die sie bitte an `h.j.korsch@gmail.com` senden können. Eine aktuelle Korrekturliste findet man unter https://plus.hanser-fachbuch.de. Mein Dank gilt auch dem Carl Hanser Verlag für die Bereitschaft, dieses Buch in sein Verlagsprogramm aufzunehmen, und seinem Lektorat. Dabei haben mich wieder einmal Frau Christina Kubiak und Herr Frank Katzenmayer mit ihrer kompetenten Betreuung und vielen Verbesserungsvorschlägen unterstützt.

Dieses Buch, genau wie alle vorangehenden, wäre nicht zustande gekommen ohne die ständige Unterstützung durch meine geliebte Frau Kristina, die mir immer den Freiraum zu verschaffen wusste, um mich mit meinem Hobby, der Theoretischen Physik, zu beschäftigen.

Kaiserslautern, August 2024 Hans Jürgen Korsch

Literatur

Grundlage für alle in dem Buch behandelten Themen ist eine Kenntnis der Quantenmechanik auf dem Niveau einer typischen Universitätsvorlesung. Dies wird in vielen Lehrbüchern vermittelt, unter anderem in Büchern des Autors:

- **H. J. Korsch: *Mathematik der Quantenmechanik*, Carl Hanser Verlag, 2019**
- **H. J. Korsch: *Physik mit 2x2-Matrizen*, Carl Hanser Verlag, 2020**
- **H. J. Korsch: *Mathematik mit 2x2-Matrizen*, Carl Hanser Verlag, 2021**
- **H. J. Korsch: *Numerische Physik mit Octave und Matlab*, Carl Hanser Verlag, 2022**

Zu den algebraischen Methoden, die Thema dieses Buches sind, finden sich besonders viele Beiträge in dem jetzt schon klassischen Buch

- W. H. Louisell: *Quantum Statistical Properties of Radiation*, John Wiley & Sons, Wiley Classics Library Edition 1990, Originalausgabe 1973

mit einer Unzahl nützlicher Formeln zur allgemeinen Quantenmechanik, die weit über den Rahmen im Buchtitel hinausgehen. Eine ganze Reihe davon sind auch in dem vorliegenden Buch zu finden.

Eine der wichtigsten algebraischen Strukturen, die in der Quantenmechanik eine große Rolle spielen, sind Lie-Algebren. Zu diesem riesigen Gebiet werden hier nur die grundlegenden Ergebnisse dargestellt. Mehr dazu findet sich in vielen Textbüchern. Der Autor hat insbesondere profitiert von den klassischen Texten

- B. G. Wybourne: *Classical Groups for Physicists*, John Wiley, 1974
- J. E. Humphreys: *Introduction to Lie Algebras and Representation Theory*, Springer, 1972
- R. Gilmore: *Lie Groups, Lie Algebras and Some of Their Applications*, John Wiley, 1974

In diesem Buch beschränken wir uns bewusst auf *einfache* Lie-algebraische Anwendungen in der Quantenmechanik. Weit mehr darüber hinaus wird in dem kürzlich erschienenen Buch

- A. Neumaier, D. Westra: *Algebraic Quantum Physics, Vol. 1: Quantum mechanics via Lie algebras*, De Gruyter, 2024 (520 Seiten!)

behandelt. (Siehe auch arXiv:0810.1019.)

Inhalt

1 Algebraische Grundlagen

Bevor wir uns dem zentralen Thema dieses Buchs nähern, den Lie-Algebren und einigen ihrer Anwendungen in der Quantenmechanik, ist es angebracht, uns zunächst einmal daran zu erinnern, was man eigentlich unter einer Algebra versteht. Dann wird eine wichtige algebraische Struktur vorgestellt, die Lie-Algebra, und, nachdem wir eine wichtige algebraische Funktion kennen gelernt haben, die Operator-Exponentialfunktion, können wir uns den algebraischen Größen der Quantenmechanik, den Observablen, zuwenden und der Beschreibung ihrer Zeitentwicklung.

Die grundlegende mathematische Struktur in der Quantenmechanik ist der **Hilbert-Raum**, benannt nach dem deutschen Mathematiker David Hilbert (1862–1943). Ein solcher Hilbert-Raum ist ein linearer Raum über den komplexen Zahlen, in dem ein Skalarprodukt definiert ist, der bezüglich der durch das Skalarprodukt induzierten Norm abgeschlossen ist und der separabel ist, das heißt, er enthält eine abzählbare dichte Menge. Dann existiert eine abzählbare orthonormierte Basis. Ein Beispiel eines solchen Hilbert-Raums ist der Raum der Folgen komplexer Zahlen mit endlicher Summe ihrer Betragsquadrate oder sein kontinuierliches Komplement, der Raum der (Lebesgue-) quadratintegrablen Funktionen auf der reellen Achse oder einem Bereich davon.

Durch Einschränkung auf einen Hilbert-Raum werden zwar für uns Quantenphysiker viele unangenehme Eigenschaften allgemeinerer unendlichdimensionaler Räume ausgeschlossen, aber bei weitem nicht alle. In diesem Buch werden wir uns in den meisten Fällen auf endlichdimensionale Räume beschränken können, aber nicht immer, denn nicht alle physikalischen Systeme lassen eine Darstellung durch endlichdimensionale Hilbert-Räume zu. Ein simples Beispiel liefern die Orts-und Impulsoperatoren, sodass wir uns notwendigerweise mit Problemen unendlichdimensionaler Räume beschäftigen müssen. Einiges dazu findet man im Anhang A. Hier werden wir, um die Lesbarkeit des Textes zu verbessern, so vorgehen dass wir uns hauptsächlich mit Systemen befassen, die eine endlichdimensionale Darstellung zulassen. Ist das nicht der Fall, kann man oft problemlos so vorgehen wie im endlichdimensionalen Fall. Natürlich nicht immer, und dann wird in aller Regel darauf hingewiesen.

Die Elemente unseres Hilbert-Raums werden wir bequemerweise in der Dirac-Notation durch ein Ket-Symbol wie $|\psi\rangle$ oder $|\phi\rangle$ beschreiben. Wir bezeichnen sie auch als *Vektoren* oder als *Zustände* eines Quantensystems. Die adjungierten Vektoren, also die Elemente des Dualraums, schreiben wir als $|\phi\rangle^\dagger = \langle\phi|$, ein Bra-Symbol, was den Vorteil hat, dass man das Skalarprodukt zweier Vektoren $|\psi\rangle$ und $|\phi\rangle$ als $\langle\phi|\psi\rangle$ schreiben kann, also als eine Klammer (engl. „bracket" oder „Bra-Ket"). In einer orthonormierten Basis $|n\rangle$, $n = 1, 2, \ldots$ mit $\langle m|n\rangle = \delta_{mn}$, können wir die Vektoren als

$$|\psi\rangle = \sum_n c_n|n\rangle \quad \text{mit} \quad c_n = \langle n|\psi\rangle \quad \text{und} \quad \langle\psi| = \sum_n c_n^*\langle n| \tag{1.1}$$

darstellen, oder kurz als Spaltenvektor $\mathbf{c} = (c_1, c_2, \cdots)^T$ bzw. Zeilenvektor $\mathbf{c}^\dagger = (c_1^*, c_2^*, \cdots)$. Damit erhalten wir für das Skalarprodukt mit einem Vektor $|\phi\rangle = \sum_m d_m |m\rangle$

$$\langle\phi|\psi\rangle = \sum_{m,n} d_m^* c_n \langle m|n\rangle \sum_{m,n} d_m^* c_n \delta_{mn} = \sum_n d_n^* c_n = \mathbf{d}^\dagger \mathbf{c}. \tag{1.2}$$

1.1 Operatoren & Matrizen

Hier wollen wir uns zunächst auf endlichdimensionale Hilbert-Räume mit der Dimension N beschränken, also der maximalen Anzahl linear unabhängiger Vektoren. Einen (linearen) Operator auf diesem Raum kennzeichnen wir durch ein Dachsymbol wie $\hat{A}$. Er beschreibt eine lineare Abbildung $|\psi\rangle \longrightarrow |\psi'\rangle = \hat{A}|\psi\rangle$, wobei man gelegentlich auch die Schreibweise $|\hat{A}\psi\rangle$ verwendet.

In der orthonormierten Basis $|1\rangle, \ldots, |N\rangle$ lautet diese Abbildung

$$\mathbf{c}' = \mathbf{A}\mathbf{c} \text{ mit einer } N \times N\text{-Matrix } \mathbf{A} \text{ mit Matrixelementen } \mathbf{A}_{nm} = \langle m|\hat{A}|n\rangle, \tag{1.3}$$

die den Vektor $\mathbf{c} = (c_1, c_2, \cdots, c_N)^T$ auf den Vektor $\mathbf{c}' = (c_1', c_2', \cdots, c_N')^T$ abbildet. Es handelt sich also hier um quadratische Matrizen mit komplexen Matrixelementen. Mit solchen Matrizen kann man algebraische Rechenoperationen durchführen, man kann sie mit komplexen Zahlen multiplizieren, sie addieren und miteinander multiplizieren. Sie bilden eine Algebra (mehr darüber im folgenden Abschnitt 1.2). Wichtig ist, dass das Matrixprodukt nicht kommutativ ist, also im Allgemeinen $\mathbf{AB} \neq \mathbf{BA}$. Die Differenz

$$[\mathbf{A}, \mathbf{B}] = \mathbf{AB} - \mathbf{BA}, \tag{1.4}$$

bezeichnet als der **Kommutator** von **A** und **B**, spielt in der Quantenmechanik eine wichtige Rolle.

Im Folgenden werden die Determinante $\det\mathbf{A}$ und die Spur $\mathrm{spur}\,\mathbf{A}$, also die Summe der Diagonalelemente, dieser Matrizen von Bedeutung sein. Sie erfüllen die Produktrelationen

$$\det(\mathbf{AB}) = \det(\mathbf{BA}) = \det\mathbf{A}\,\det\mathbf{B} \quad \text{und} \quad \mathrm{spur}(\mathbf{AB}) = \mathrm{spur}(\mathbf{BA}), \tag{1.5}$$

aus denen folgt, dass Determinante und Spur invariant sind gegenüber Ähnlichkeitstransformationen (siehe Gleichung (1.11)).

Genauer betrachtet, bildet die Matrix einen Teilraum, ihren **Definitionsbereich**, auf den **Bildraum** ab, dessen Dimension als **Rang** der Matrix oder des Operators bezeichnet wird. Der Teilraum, der auf den Nullvektor $|\emptyset\rangle$ abgebildet wird, heißt **Kern** der Abbildung und die Dimensionen von Kern und Bild summieren zu N. Die Inverse $\mathbf{A}^{-1}$ der Matrix **A**, bzw. des Operators, mit $\mathbf{A}^{-1}\mathbf{A} = \mathbf{A}\mathbf{A}^{-1} = \mathbf{I}$ und $(\mathbf{AB})^{-1} = \mathbf{B}^{-1}\mathbf{A}^{-1}$ existiert genau dann auf dem gesamten Raum, wenn die Determinante ungleich null ist. Klarerweise besteht dann der Kern nur aus dem **Nullvektor** $|\emptyset\rangle$.

Für spezielle (vom Nullvektor verschiedene) Vektoren, den **Eigenvektoren**, wird die Abbildung durch $\hat{A}$ besonders einfach, sie ist eine Multiplikation mit einer komplexen Zahl λ, dem **Eigenwert**. Wenn wir den Eigenvektor als $|\lambda\rangle$ bezeichnen, können wir schreiben:

$$\hat{A}|\lambda\rangle = \lambda|\lambda\rangle. \tag{1.6}$$

In machen Fällen findet man diese Eigenwerte auf sehr einfache Weise, zum Beispiel für einen **nilpotenten** Operator, also für einen Operator mit $\hat{A}^n = 0$ für eine natürliche Zahl n:

Aufgabe 1.1 (Lösung Seite 269): Beweisen Sie, dass der Eigenwert eines nilpotenten Operators gleich null ist.

Die Menge aller Eigenvektoren (plus dem Nullvektor) eines Eigenwertes bildet einen Teilraum, den **Eigenraum** des Eigenvektors. Seine Dimension bezeichnet man als den **Entartungsgrad** des Eigenwertes; ist er größer als eins, heißt der Eigenwert **entartet**. Die Menge aller Eigenwerte nennt man das **Spektrum** von $\hat{A}$ und es gilt

$$\det \mathbf{A} = \prod_n \lambda_n \quad \text{und} \quad \operatorname{spur} \mathbf{A} = \sum_n \lambda_n , \tag{1.7}$$

für ein diskretes Spektrum mit abzählbar vielen Eigenwerten, wobei wir vereinbaren wollen, dass in derartigen Summen entartete Eigenwerte gemäß ihrem Entartungsgrad mehrfach gezählt werden.

In vielen Fällen begegnen wir in der Quantenmechanik Matrizen, die die Symmetrierelation $\mathbf{A}_{nm} = \mathbf{A}^*_{mn}$ erfüllen. Solche Matrizen nennt man **hermitesch**. Der **adjungierte Operator** $\hat{A}^\dagger$, definiert durch

$$\langle \hat{A}^\dagger \psi | \varphi \rangle = \langle \psi | \hat{A} \varphi \rangle \tag{1.8}$$

für alle Vektoren aus dem Definitionsbereich, stimmt dann mit $\hat{A}$ überein. Es gilt also $\hat{A} = \hat{A}^\dagger$ für einen solchen hermiteschen Operator bzw. $\mathbf{A} = \mathbf{A}^\dagger$ für hermitesche Matrizen. Stimmt der adjungierte Operator mit dem inversen überein, $\hat{A}^\dagger = \hat{A}^{-1}$, heißt der Operator **unitär**. Operatoren, die mit ihrem adjungierten Operator vertauschen, $\hat{A}\hat{A}^\dagger = \hat{A}^\dagger \hat{A}$, nennt man **normal**, und ein Operator $\hat{A}$ mit $\langle \psi | \hat{A} \psi \rangle \geq 0$ für alle $|\psi\rangle$ heißt positiv und hat folglich nur nicht-negative Eigenwerte.

Hermitesche Matrizen haben reelle Eigenwerte und ihre Eigenvektoren zu verschiedenen Eigenwerten sind orthogonal. Im Falle einer Entartung lässt sich eine orthogonale Basis des Eigenraums konstruieren. Ist der Rang der Matrix gleich N, existiert daher eine orthonormierte Basis von Eigenvektoren mit

$$\hat{A}|n\rangle = \lambda_n |n\rangle \, , \; \lambda_n \in \mathbb{R} \, , \; \langle m|n\rangle = \delta_{mn} \; , \; n = 1, \ldots, N . \tag{1.9}$$

Die Eigenvektoren erlauben eine **Zerlegung der Einheit** sowie eine **Spektraldarstellung** des Operators:

$$\hat{I} = \sum_{n=1}^{N} |n\rangle\langle n| \quad \text{und} \quad \hat{A} = \sum_{n=1}^{N} \lambda_n |n\rangle\langle n| . \tag{1.10}$$

Die Matrizen $\mathbf{A}$ und $\mathbf{A}'$ oder die Operatoren $\hat{A}$ und $\hat{A}'$ heißen **ähnlich**, wenn eine invertierbare Matrix $\mathbf{S}$ bzw. ein Operator $\hat{S}$ existiert mit

$$\mathbf{A}' = \mathbf{S}\mathbf{A}\mathbf{S}^{-1} . \tag{1.11}$$

Die Transformation $\mathbf{A} \longrightarrow \mathbf{A}'$ heißt **Ähnlichkeitstransformation**, mit den folgenden Eigenschaften, die wir hier in der Operatorschreibweise formulieren:

(1) Die Transformation $\hat{A} \longrightarrow \hat{A}' = \hat{S}\hat{A}\hat{S}^{-1}$ ist eine Äquivalenzrelation, das heißt, sie ist *reflexiv* ($\hat{A}$ ist ähnlich zu sich selbst), *symmetrisch* (Wenn $\hat{A}$ ähnlich ist zu $\hat{B}$, dann ist $\hat{A}$ ähnlich zu $\hat{B}$.)

und *transitiv* (Wenn $\hat{A}$ ähnlich ist zu $\hat{B}$ und $\hat{B}$ zu $\hat{C}$, dann ist $\hat{A}$ ähnlich zu $\hat{C}$). Ähnliche Matrizen bilden also eine *Äquivalenzklasse.*

(2) Die Operatoren $\hat{A}$ und $\hat{A}'$ haben die gleichen Eigenwerte. Davon wollen wir uns kurz überzeugen. Sei λ Eigenwert von $\hat{A}$. Dann multiplizieren wir die Eigenwertgleichung $\hat{A}|\psi\rangle = \lambda|\psi\rangle$ mit $\hat{S}$ und fügen die Identität $\hat{S}^{-1}\hat{S}$ ein:

$$\hat{S}\hat{A}|\psi\rangle = \lambda\hat{S}|\psi\rangle \quad\Longrightarrow\quad \hat{S}\hat{A}\hat{S}^{-1}\hat{S}|\psi\rangle = \lambda\hat{S}|\psi\rangle \quad\Longrightarrow\quad \hat{A}'|\psi'\rangle = \lambda|\psi'\rangle\,. \tag{1.12}$$

Also ist λ auch Eigenwert von $\hat{A}'$ zum Eigenvektor $|\psi'\rangle = \hat{S}|\psi\rangle$.

(3) Summen und Produkte von Operatoren bleiben bei der Transformation erhalten, das heißt, mit $\hat{B}' = \hat{S}\hat{B}\,\hat{S}^{-1}$ gilt

$$\begin{aligned}(\hat{A}+\hat{B})' &= \hat{S}(\hat{A}+\hat{B})\hat{S}^{-1} = \hat{S}\hat{A}\hat{S}^{-1} + \hat{S}\hat{B}\hat{S}^{-1} = \hat{A}' + \hat{B}'\,,\\ (\hat{A}\hat{B})' &= \hat{S}\hat{A}\hat{B}\hat{S}^{-1} = \hat{S}\hat{A}\hat{S}^{-1}\hat{S}\hat{B}\hat{S}^{-1} = \hat{A}'\hat{B}'\,.\end{aligned} \tag{1.13}$$

Damit übertragen sich auch die Kommutatorrelationen wie $[\hat{A},\hat{B}] = \hat{C}$ auf $[\hat{A}',\hat{B}'] = \hat{C}'$.

(4) Ähnliche Matrizen haben die gleiche Determinante und die gleiche Spur, was entweder aus der Produktrelation (1.5) folgt oder aus der Invarianz der Eigenwerte und Gleichung (1.7).

Bisher haben wir uns auf endlichdimensionale Hilbert-Räume beschränkt. **Unendlichdimensionale Hilbert-Räume** erscheinen auf den erstem Blick als Grenzfall endlichdimensionaler für sehr große Werte der Dimension. Aber leider ist es bei Weitem nicht so einfach und es treten viele neue Phänomene auf. Beginnen wir mit einem wichtigen Beispiel für den Physiker. Die Orts- und der Impulsoperatoren, bezeichnet als $\hat{q}$ bzw. $\hat{p}$, vertauschen nicht, sondern ihr Kommutator ist gleich

$$[\hat{q},\hat{p}] = \hat{q}\hat{p} - \hat{p}\hat{q} = \mathrm{i}\hbar\hat{I}\,, \tag{1.14}$$

also proportional zur Identität $\hat{I}$. Hier sieht man sofort, dass keine endlichdimensionale Darstellung dieser Operatoren möglich ist, denn die Spur eines Kommutators endlichdimensionaler Matrizen ist gleich null (vgl. Gleichung (1.5)), ganz im Gegensatz zur Spur von $\mathrm{i}\hbar\hat{I}$ für $\hbar \neq 0$.

Wir müssen uns also in der Quantenmechanik mit den Problemen unendlichdimensionaler Räume und mit den Eigenschaften von Operatoren auf diesen Räumen befassen. Das ist allerdings ein weites Feld und wir können hier nur einen ersten Einstieg im Anhang A anbieten.

1.2 Algebren

Als **Algebra** bezeichnet man eines der grundlegenden Gebiete der Mathematik, das sich mit den Eigenschaften von Rechenoperationen befasst. Mehr über die Geschichte der Algebra und ihrer Teilgebiete findet man bei https://de.wikipedia.org/wiki/Algebra.

Hier werden wir unter einer Algebra ausschließlich eine mathematische Struktur verstehen, den Vektorraum (auch linearer Raum) über dem Körper $\mathbb{R}$ der reellen oder $\mathbb{C}$ der komplexen Zahlen, in dem ein sogenanntes Produkt $\cdot$ zweier Elemente erklärt ist mit den folgenden Eigenschaften: Für alle Elemente x, y, z der Algebra und für alle λ aus dem Körper gilt

$$(x+y)\cdot z = x\cdot y + y\cdot z \quad,\quad x\cdot(y+z) = x\cdot y + x\cdot z \quad,\quad \lambda(x\cdot y) = (\lambda x)\cdot y = x\cdot(\lambda y)\,. \tag{1.15}$$

Eine kommutative Algebra ist eine Algebra, in der das **Kommutativgesetz**

$$x \cdot y = y \cdot x \tag{1.16}$$

erfüllt ist. In einer assoziativen Algebra gilt das **Assoziativgesetz**

$$(x \cdot y) \cdot z = x \cdot (y \cdot z) = x \cdot y \cdot z\,. \tag{1.17}$$

Oft, aber nicht immer, besitzt die Algebra ein **Einselement**, das bei der Multiplikation nichts ändert.

Beispiele für Algebren sind:
(a) Die Funktionen der reellen oder komplexen Zahlen. Dabei wird das Produkt zweier solcher Funktionen f und g punktweise definiert,

$$(f \cdot g)(x) = f(x)\, g(x)\,, \tag{1.18}$$

was offensichtlich die Forderungen (1.15) erfüllt. Diese Algebra ist kommutativ, assoziativ und besitzt ein Einselement, die Funktion, die alles auf die Eins abbildet.
(b) Die linearen Abbildungen eines N-dimensionalen linearen Raums über dem Körper $\mathbb{R}$ der reellen oder $\mathbb{C}$ der komplexen Zahlen auf sich selbst mit der Hintereinanderschaltung als Produkt. Dieses Produkt ist assoziativ, aber nicht kommutativ, und es existiert ein Einselement, die Identität, die jeden Vektor auf sich selbst abbildet. Wir kennzeichnen diese linearen Abbildungen oder linearen Operatoren durch ein Dachsymbol, also beispielsweise als $\hat{A}$ oder $\hat{a}$. Die Identität bezeichnen wir mit $\hat{I}$. Es gilt also

$$\hat{A}(\hat{B}\hat{C}) = (\hat{A}\hat{B})\hat{C} = \hat{A}\hat{B}\hat{C} \quad , \quad \hat{A}\hat{B} \neq \hat{B}\hat{A} \quad \text{(im Allg.)} \quad , \quad \hat{A}\hat{I} = \hat{I}\hat{A} = \hat{A}\,. \tag{1.19}$$

Diese Operatoren lassen sich bei einer festgelegten orthonormierten Basis durch eine komplexe oder reelle $N \times N$-Matrix darstellen, mit dem Matrixprodukt als Operatorprodukt.

Allgemein bezeichnet man eine Abbildung einer abstrakten Algebra auf die Matrizen, die das Produkt der Algebra auf das Matrixprodukt abbildet (ein Homomorphismus), als eine **Darstellung** der Algebra. Ist diese Abbildung bijektiv, also ein Isomorphismus, so nennt man die Darstellung **treu**.

Einige spezielle Algebren sind in der Quantenmechanik von Bedeutung, wie beispielsweise die beschränkten Operatoren in unendlichdimensionalen Räumen, die eine **Banach-Algebra** bilden, oder ihre Spezialisierung als eine **C*-Algebra**. Mehr darüber findet man in Anhang A. Insbesondere die **Lie-Algebren**, benannt nach dem norwegischen Mathematiker Sophus Lie (1842–1899), sind von großer Bedeutung und wir werden uns im Folgenden näher mit ihnen befassen. Eine Lie-Algebra ist ein Vektorraum mit einem **Lie-Produkt**, das man üblicherweise als ein Klammersymbol, die **Lie-Klammer** $[\ ,\ ]$, schreibt. Damit wird jedem geordneten Paar (A, B) ein Element $[A, B]$ zugeordnet. Dieses Produkt muss die folgenden Regeln erfüllen:

- Es gilt $[A, A] = 0$ für alle A.
- Das Produkt ist bilinear. Für alle komplexen Zahlen a, b und alle A, B, C gilt

$$[aA + bB, C] = a[A, C] + b[B, C] \ , \ [C, aA + bB] = a[C, A] + b[C, B]\,. \tag{1.20}$$

- Es gilt die **Jacobi-Regel**

$$[A, [B, C]] + [B, [C, A]] + [C, [A, B]] = 0\,, \tag{1.21}$$

benannt nach dem deutschen Mathematiker Carl Gustav Jacob Jacobi (1804–1851).

Aus den ersten beiden Eigenschaften folgt

$$0 = [X+Y, X+Y] = [X,X] + [X,Y] + [Y,X] + [Y,Y] = [X,Y] + [Y,X], \tag{1.22}$$

und daher ist das Lie-Produkt antisymmetrisch:

$$[X,Y] = -[Y,X]. \tag{1.23}$$

Wir bezeichnen in einer Lie-Algebra $\mathbb{L}$ die Menge der Elemente

$$\{X_1, X_2, X_3, \dots\} \quad \text{mit} \quad X = \sum_j \lambda_j X_j, \lambda_j \in \mathbb{C} \quad \text{für alle} \quad X \in \mathbb{L} \tag{1.24}$$

als ein **Erzeugendensystem** der Algebra, und als eine **Basis**, falls diese Elemente linear unabhängig sind. Ihre Anzahl ist die **Dimension** der Algebra. Alternativ lässt sich ein Erzeugendensystem auch als eine Menge von Elementen der Algebra verstehen, die unter den erlaubten Operationen, also den Linearkombinationen und der Lie-Klammer, schließt. Eine Basis ist dann ein Minimalsystem mit dieser Eigenschaft.

Als **Poisson-Algebra** (benannt nach dem französischen Mathematiker und Physiker Siméon Denis Poisson (1781–1840)) bezeichnet man eine assoziative Lie-Algebra, in der die **Leibniz-Regel**

$$[AB, C] = A[B,C] + [A,C]B \tag{1.25}$$

erfüllt ist. Der Name bezieht sich auf den deutschen Philosophen und Mathematiker Gottfried Wilhelm Leibniz (1646–1716).

Ein Beispiel für eine Lie-Algebra sind die komplexen $N \times N$-Matrizen $\mathbf{A}$, $\mathbf{B}$, ... mit dem Matrixprodukt $\mathbf{AB}$. Dabei liefert der **Kommutator**

$$[\mathbf{A}, \mathbf{B}] = \mathbf{AB} - \mathbf{BA} \tag{1.26}$$

eine Lie-Klammer. Da das Matrixprodukt assoziativ ist und der Kommutator die Leibniz-Regel erfüllt (bitte nachrechnen!), ist dies eine Poisson-Algebra. Das Gleiche gilt auch für die linearen Operatoren $\hat{A}$, $\hat{B}$, ... auf einem Hilbert-Raum.

Aufgabe 1.2 (Lösung Seite 269): Machen Sie sich klar, dass jede assoziative Algebra (mit Elementen x, y, ... und Multiplikation $x \cdot y$) automatisch zu einer Lie-Algebra wird, wenn man die Lie-Klammer als Kommutator $[x,y] = x \cdot y - y \cdot x$ definiert.

Ein weiteres physikalisch relevantes Beispiel einer Lie-Algebra sind die glatten Funktionen auf einer $2n$-dimensionalen symplektischen Mannigfaltigkeit mit der **Poisson-Klammer** als Lie-Klammer, die Phasenraumfunktionen der klassischen Mechanik mit den kanonischen Orts- und Impulskoordinaten $\mathbf{q} = (q_1, q_2, \dots, q_n)$ und $\mathbf{p} = (p_1, p_2, \dots, p_n)$ für ein System mit n Freiheitsgraden.[1] Die Lie-Klammer ist hier die Poisson-Klammer zweier Phasenraumfunktionen $A(\mathbf{q}, \mathbf{p})$ und $B(\mathbf{q}, \mathbf{p})$, definiert als

$$\{A, B\} = \sum_{j=1}^{n} \left(\frac{\partial A}{\partial q_j} \frac{\partial B}{\partial p_j} - \frac{\partial A}{\partial p_j} \frac{\partial B}{\partial q_j} \right). \tag{1.27}$$

[1] Diese Schreibweise soll in keiner Weise unterstellten, dass es sich hier um Vektoren handelt!

Auch diese Lie-Klammer erfüllt die Leibniz-Regel, was man durch direkte Rechnung bestätigen kann, und liefert folglich eine Poisson-Algebra (daher wohl die Namensgebung). Mehr dazu auf Seite 92. Weitere für die Physik interessante Algebren sind Clifford-, Grassmann-, Kac-Moody-, und Virasoro-Algebren, auf die wir hier aber nicht eingehen können.

1.3 Operator-Exponentialfunktionen

In diesem Abschnitt werden wir einige elementare Techniken kennenlernen, die uns helfen, die Operatoren einer Algebra zu manipulieren. Wir wollen hier zur Vereinfachung unterstellen, dass unsere Operatoren durch endliche quadratische komplexwertige Matrizen beschrieben werden können. Zunächst wollen wir uns mit Operatorfunktionen beschäftigen, wobei insbesondere die Exponentiation von Bedeutung sein wird.

Funktionen von Operatoren lassen sich durch eine Potenzreihe

$$f(\hat{A}) = \sum_{n=0}^{\infty} a_n \hat{A}^n \tag{1.28}$$

definieren, wobei natürlich noch die Fragen der Konvergenz dieser Reihe zu klären sind. Dieser Zugang zu Operatorfunktionen beruht auf der bekannten Taylor-Reihe und ist zwar naheliegend, aber in keiner Weise alternativlos und wir notieren als weiteres Beispiel die oft benutzte Definition

$$f(\hat{A}) = \frac{1}{2\pi\mathrm{i}} \oint_\Gamma f(z)\big(z\hat{I} - \hat{A}\big)^{-1} \mathrm{d}z \tag{1.29}$$

mit einer Integration über eine geschlossene Kurve Γ in der komplexen Ebene, die alle Eigenwerte von $\hat{A}$ umschließt, eine offensichtliche Matrixversion des Integraltheorems von Cauchy. Da die Matrixelemente von $\big(z\hat{I} - \hat{A}\big)^{-1}$ auf Γ analytisch sind, ist $f(\hat{A})$ durch (1.29) wohldefiniert, falls die Funktion $f(z)$ analytisch ist.

Von besonderer Bedeutung für quantenmechanische Anwendungen ist die Exponentialfunktion $\mathrm{e}^{\hat{A}}$, deren Existenz eine direkte Konsequenz der Cauchy-Definition (1.29) ist. Hier wollen wir uns aber auf der Basis der Reihendarstellung

$$\mathrm{e}^{\hat{A}} = \sum_{n=0}^{\infty} \frac{\hat{A}^n}{n!} \quad \text{oder auch} \quad \mathrm{e}^{z\hat{A}} = \sum_{n=0}^{\infty} \frac{z^n \hat{A}^n}{n!} \tag{1.30}$$

davon überzeugen. Es seien also a_{ij} die Matrixelemente der $m \times m$-Matrix $\hat{A}$ mit $a = \max|a_{ij}|$ und $a_{ij}^{(n)}$ die Matrixelemente von $\hat{A}^n$. Dann ist

$$|a_{ij}^{(2)}| = \Big|\sum_{k=1}^{m} a_{ik} a_{kj}\Big| \le \sum_{k=1}^{m} a^2 = ma^2 \;, \quad |a_{ij}^{(3)}| = \Big|\sum_{k=1}^{m} a_{ik}^{(2)} a_{kj}\Big| \le \sum_{k=1}^{m} (ma^2)a = m^2 a^3 \,, \tag{1.31}$$

und man erhält induktiv $|a_{ij}^{(n)}| \le m^{n-1} a^n$. Dann folgt sofort für die Matrixelemente die Reihe

$$\sum_{n=0}^{\infty} \frac{a_{ij}^{(n)}}{n!} \le \sum_{n=0}^{\infty} \frac{|a_{ij}^{(n)}|}{n!} \le \sum_{n=0}^{\infty} \frac{m^{n-1} a^n}{n!} \le \sum_{n=0}^{\infty} \frac{(ma)^n}{n!} = \mathrm{e}^{ma}. \tag{1.32}$$

Die Reihe ist also absolut konvergent.

Für kleine Matrizen lässt sich der Matrixexponent analytisch berechnen und im Falle nilpotenter Matrizen, also Matrizen, bei der eine ihrer Potenzen die Nullmatrix ergibt, bricht die Reihenentwicklung ab, was auch zu einfachen Resultaten führt.

Für endlichdimensionale Räume ist die Definition der Exponentialfunkton einer Matrix oder eines Operators auf diese Weise durchführbar. Wie sieht es aber für unendlichdimensionale Räume aus (vgl. Anhang A) . In der Quantenmechanik werden von uns Physikern in aller Regel Exponentialfunktionen auch von unbeschränkten Operatoren benutzt, meist ohne auch nur im Mindesten auf Existenzfragen einzugehen, und auch in diesem Buch werden wir so vorgehen. Das sieht der Mathematiker naturgemäß völlig anders, und wer an derartigen Fragen interessiert ist, der erhält hier einen guten ersten Eindruck von den auftretenden Problemen: https://physics.stackexchange.com/questions/574621/a-rigorous-definition-of-the-exponential-of-an-operator-in-qm.

Die Abbildung $t \to \hat{U}(t) = \mathrm{e}^{t\hat{A}}$ mit $t \in \mathbb{R}$ beschreibt eine glatte Kurve in der allgemeinen linearen Gruppe. Diese $\hat{U}(t)$ enthalten die Identität (für $t = 0$) und bilden wegen $\mathrm{e}^{t\hat{A}}\mathrm{e}^{s\hat{A}} = \mathrm{e}^{(t+s)\hat{A}}$ eine (kommutative) Untergruppe. Sie sind Lösungen der Differentialgleichung $\frac{\mathrm{d}\hat{U}}{\mathrm{d}t} = \hat{A}\hat{U}(t)$ mit $\hat{U}(0) = \hat{I}$.

Oft werden wir es mit **Ähnlichkeitstransformationen** wie

$$\hat{B}' = \mathrm{e}^{\hat{A}}\hat{B}\,\mathrm{e}^{-\hat{A}} \tag{1.33}$$

zu tun haben (vgl. Seite 15). Dabei sind die Kommutatorrelationen invariant und auch die Funktionen übertragen sich, denn aus der Produkttransformation (1.13) folgt $(\hat{B}^n)' = (\hat{B}')^n$ und folglich für Funktionen $f(\hat{B}) = \sum_{n=0}^{\infty} c_n \hat{B}^n$ mit $c_n \in \mathbb{C}$

$$\big(f(\hat{B})\big)' = f(\hat{B}') \quad \text{oder ausgeschrieben} \quad \mathrm{e}^{\hat{A}} f(\hat{B})\,\mathrm{e}^{-\hat{A}} = f(\mathrm{e}^{\hat{A}}\hat{B}\,\mathrm{e}^{-\hat{A}})\,. \tag{1.34}$$

Von großer Bedeutung ist die **Multikommutatorentwicklung**

$$\mathrm{e}^{\hat{A}}\hat{B}\,\mathrm{e}^{-\hat{A}} = \hat{B} + [\hat{A},\hat{B}] + \frac{1}{2!}[\hat{A},[\hat{A},\hat{B}]] + \frac{1}{3!}[\hat{A},[\hat{A},[\hat{A},\hat{B}]]] + \dots\,. \tag{1.35}$$

auch bekannt unter dem Namen **Hadamard-Lemma** (nach dem französischen Mathematiker Jaques Hadamard (1865-1963)).

Die sogenannte **adjungierte Darstellung**,

$$(\mathrm{ad}\,\hat{A})\,\hat{B} = [\hat{A},\hat{B}]\,, \tag{1.36}$$

eine Darstellung von $\hat{B}$ mithilfe von $\hat{A}$, ermöglicht es uns, Ausdrücke wie $(\mathrm{ad}\,\hat{A})^2\,\hat{B} = [\hat{A},[\hat{A},\hat{B}]]$, $(\mathrm{ad}\,\hat{A})^3\,\hat{B} = [\hat{A},[\hat{A},[\hat{A},\hat{B}]]]$, usw. zu bilden. Damit lässt sich die Multikommutatorentwicklung als

$$\mathrm{e}^{\mathrm{ad}\,\hat{A}}\,\hat{B} = \mathrm{e}^{\hat{A}}\hat{B}\mathrm{e}^{-\hat{A}} \tag{1.37}$$

schreiben, oder auch, wenn wir $\hat{A}$ durch $z\hat{A}$ mit $z \in \mathbb{C}$ ersetzen, als

$$\mathrm{e}^{z\,\mathrm{ad}\,\hat{A}}\,\hat{B} = \mathrm{e}^{z\hat{A}}\hat{B}\,\mathrm{e}^{-z\hat{A}}\mathbf{B} + z[\hat{A},\hat{B}] + \frac{z^2}{2!}[\hat{A},[\hat{A},\hat{B}]] + \frac{z^3}{3!}[\hat{A},[\hat{A},[\hat{A}\hat{B}]]] + \dots\,. \tag{1.38}$$

Einen ersten Eindruck vom Entstehen der Multikommutatorreihe (1.35) erhält man, indem man einfach anfängt, sie zu berechnen:

$$\begin{aligned}
e^{\hat{A}}\hat{B}\,e^{-\hat{A}} &= \left(1+\hat{A}+\tfrac{1}{2}\hat{A}^2+\ldots\right)\hat{B}\left(1-\hat{A}+\tfrac{1}{2}\hat{A}^2-\ldots\right)\\
&= \hat{B}+\hat{A}\hat{B}-\hat{B}\hat{A}+\tfrac{1}{2}\hat{A}^2\hat{B}-\hat{A}\hat{B}\hat{A}+\tfrac{1}{2}\hat{B}\hat{A}^2+\ldots\\
&= \hat{B}+[\hat{A},\hat{B}]+\tfrac{1}{2}\left(\hat{A}\left(\hat{A}\hat{B}-\hat{B}\hat{A}\right)-\left(\hat{A}\hat{B}-\hat{B}\hat{A}\right)\hat{A}\right)+\ldots\\
&= \hat{B}+[\hat{A},\hat{B}]+\tfrac{1}{2}[\hat{A},[\hat{A},\hat{B}]]+\ldots.
\end{aligned} \tag{1.39}$$

Wir wollen die Formel (1.35) aber ausführlich beweisen, und zwar auf zwei Arten:

Wir zeigen zunächst

$$(\operatorname{ad}\hat{A})^k\,\hat{B} = k!\sum_{j=0}^{k}\frac{(-1)^j}{j!(k-j)!}\hat{A}^{k-j}\hat{B}\hat{A}^j \tag{1.40}$$

durch vollständige Induktion. Die Formel ist sicher richtig für $k=0$. Unterstellen wir jetzt diese Formel für k und ermitteln ihre Gültigkeit für $k+1$, was den längsten Teil unseres Beweises ausmacht:

$$\begin{aligned}
(\operatorname{ad}\hat{A})^{k+1}\,\hat{B} &= \operatorname{ad}\hat{A}\left((\operatorname{ad}\hat{A})^k\hat{B}\right) = \left[\hat{A},(\operatorname{ad}\hat{A})^k\hat{B}\right] = k!\sum_{j=0}^{k}\frac{(-1)^j}{j!(k-j)!}\left[\hat{A},\hat{A}^{k-j}\hat{B}\hat{A}^j\right]\\
&= k!\sum_{j=0}^{k}\frac{(-1)^j}{j!(k-j)!}\hat{A}^{k+1-j}\hat{B}\hat{A}^j - k!\sum_{j=0}^{k}\frac{(-1)^j}{j!(k-j)!}\hat{A}^{k-j}\hat{B}\hat{A}^{j+1}\\
&= k!\sum_{j=0}^{k}\frac{(-1)^j}{j!(k-j)!}\hat{A}^{k+1-j}\hat{B}\hat{A}^j + k!\sum_{j=1}^{k+1}\frac{(-1)^j}{(j-1)!(k+1-j)!}\hat{A}^{k+1-j}\hat{B}\hat{A}^j.
\end{aligned} \tag{1.41}$$

Wir spalten bei den beiden Summen den ersten bzw. letzten Summanden ab, formen um,

$$\begin{aligned}
&\frac{k!}{k!}\hat{A}^{k+1}\hat{B}+k!\sum_{j=1}^{k}\frac{(-1)^j(k+1-j)}{j!(k+1-j)!}\hat{A}^{k+1-j}\hat{B}\hat{A}^j+k!\sum_{j=1}^{k}\frac{(-1)^j j}{j!(k+1-j)!}\hat{A}^{k+1-j}\hat{B}\hat{A}^j+\frac{k!}{k!}(-1)^{k+1}\hat{B}\hat{A}^{k+1}\\
&= \frac{k!}{k!}\hat{A}^{k+1}\hat{B}+k!\sum_{j=1}^{k}\frac{(-1)^j(k+1-j)}{j!(k+1-j)!}\left(k+1-j+j\right)\hat{A}^{k+1-j}\hat{B}\hat{A}^j+\frac{k!}{k!}(-1)^{k+1}\hat{B}\hat{A}^{k+1}\\
&= \frac{(k+1)!}{(k+1)!}\hat{A}^{k+1}\hat{B}+(k+1)!\sum_{j=1}^{k}\frac{(-1)^j}{j!(k+1-j)!}\hat{A}^{k+1-j}\hat{B}\hat{A}^j+\frac{(k+1)!}{k+1}(-1)^{k+1}\hat{B}\hat{A}^{k+1}\\
&= (k+1)!\sum_{j=0}^{k+1}\frac{(-1)^j}{j!(k+1-j)!}\hat{A}^{k+1-j}\hat{B}\hat{A}^j,
\end{aligned} \tag{1.42}$$

und erhalten so die gleiche Formel auch für $k+1$.

Jetzt folgen nur noch wenige Schritte. Wir setzen für $e^{\hat{A}}$ und $e^{-\hat{A}}$ Reihenentwicklungen ein und erhalten mit unserer Formel (1.40)

$$\begin{aligned}
e^{\hat{A}}\hat{B}\,e^{-\hat{B}} &= \sum_{n,j=0}^{\infty}\frac{1}{n!j!}\hat{A}^n\hat{B}(-\hat{A})^j\sum_{k=0}^{\infty}\sum_{j=0}^{k}\frac{(-1)^j}{j!(k-j)!}\hat{A}^{k-j}\hat{B}(-\hat{A})^j\\
&= \sum_{k=0}^{\infty}\frac{1}{k!}(\operatorname{ad})^k\hat{B} = e^{\operatorname{ad}\hat{A}}\,\hat{B},
\end{aligned} \tag{1.43}$$

also die Multikommutatorreihe (1.35). Einen schnelleren Beweis liefert die folgende Aufgabe:

Aufgabe 1.3 (Lösung Seite 269): Beweisen Sie die Multikommutatorentwicklung (1.38) in der Form

$$\hat{F}(z) = \mathrm{e}^{z\hat{A}}\hat{B}\,\mathrm{e}^{-z\hat{A}} = \hat{B} + z[\hat{A},\hat{B}] + \frac{z^2}{2!}[\hat{A},[\hat{A},\hat{B}]] + \frac{z^3}{3!}[\hat{A},[\hat{A},[\hat{A},\hat{B}]]] + \ldots$$

mit $z \in \mathbb{C}$, indem Sie die Funktion $\hat{F}(z)$ in eine Taylor-Reihe entwickeln.

Die Multikommutatorreihe (1.35) vereinfacht sich beträchtlich, wenn der Kommutator von $\hat{A}$ und $\hat{B}$ mit dem Operator $\hat{A}$ vertauscht. Dann gilt

$$\mathrm{e}^{z\hat{A}}\hat{B}\mathrm{e}^{-z\hat{A}} = \hat{B} + z[\hat{A},\hat{B}] \quad \text{falls} \quad [\hat{A},[\hat{A},\hat{B}]] = 0\,. \tag{1.44}$$

Das können wir beispielsweise verwenden, um die **Baker-Campbell-Hausdorff-Gleichung** (kurz **BCH-Formel**)

$$\mathrm{e}^{\hat{A}+\hat{B}} = \mathrm{e}^{\hat{A}}\mathrm{e}^{\hat{B}}\mathrm{e}^{-\frac{1}{2}[\hat{A},\hat{B}]} = \mathrm{e}^{\hat{B}}\mathrm{e}^{\hat{A}}\mathrm{e}^{+\frac{1}{2}[\hat{A},\hat{B}]} \quad \text{für} \quad [\hat{A},[\hat{A},\hat{B}]] = [\hat{B},[\hat{A},\hat{B}]] = 0\,. \tag{1.45}$$

zu beweisen. Dazu differenzieren wir $\hat{F}(z) = \mathrm{e}^{z\hat{A}}\mathrm{e}^{z\hat{B}}$ nach $z \in \mathbb{C}$,

$$\begin{aligned}
\frac{\mathrm{d}\hat{F}}{\mathrm{d}z} &= \hat{A}\mathrm{e}^{z\hat{A}}\mathrm{e}^{z\hat{B}} + \mathrm{e}^{z\hat{A}}\mathrm{e}^{z\hat{B}}\hat{B} = \hat{A}\mathrm{e}^{z\hat{A}}\mathrm{e}^{z\hat{B}} + \mathrm{e}^{z\hat{A}}\hat{B}\mathrm{e}^{z\hat{B}}\\
&= \hat{A}\mathrm{e}^{z\hat{A}}\mathrm{e}^{z\hat{B}} + \mathrm{e}^{z\hat{A}}\hat{B}\mathrm{e}^{-z\hat{A}}\mathrm{e}^{z\hat{A}}\mathrm{e}^{z\hat{B}} = \left(\hat{A} + \mathrm{e}^{z\hat{A}}\hat{B}\mathrm{e}^{-z\hat{A}}\right)\hat{F}(z)\\
&= \left(\hat{A} + \hat{B} + z[\hat{A},\hat{B}]\right)\hat{F}(z)\,,
\end{aligned} \tag{1.46}$$

wobei Gleichung (1.44) benutzt wurde. Da $\hat{A}+\hat{B}$ mit $[\hat{A},\hat{B}]$ kommutiert, können wir problemlos integrieren, erhalten mit $\hat{F}(0) = \hat{I}$

$$\hat{F}(z) = \mathrm{e}^{\hat{A}+\hat{B}+\frac{z^2}{2}[\hat{A},\hat{B}]} = \mathrm{e}^{\hat{A}+\hat{B}}\mathrm{e}^{\frac{z^2}{2}[\hat{A},\hat{B}]} \tag{1.47}$$

und schließlich mit $z = 1$ und Multiplikation von rechts mit $\mathrm{e}^{\frac{z^2}{2}[\hat{A},\hat{B}]}$ die erste Gleichung in (1.45). Die zweite folgt durch Vertauschung von $\hat{A}$ und $\hat{B}$.

In quantenmechanischen Anwendungen stoßen wir oft auf Exponentialfunktionen wie $\mathrm{e}^{-\beta\hat{H}}$, beispielsweise bei der Boltzmann-Verteilung in der statistischen Physik mit dem Hamilton-Operator $\hat{H}$ oder für den Zeitentwicklungsoperator $\hat{U}(t) = \mathrm{e}^{-\frac{\mathrm{i}}{\hbar}\hat{H}t}$, eine Lösung der Schrödinger-Gleichung $\mathrm{i}\hbar\frac{\mathrm{d}\hat{U}}{\mathrm{d}t} = \hat{H}\hat{U}$ für einen zeitunabhängigen Hamilton-Operator $\hat{H}$ (mehr über den Zeitentwicklungsoperator in Abschnitt 2.2).

Parameterdifferentiation: In vielen Fällen hängt der Operator $\hat{H}$ in der Exponentialfunktion von einem Parameter ab, den wir hier als λ bezeichnen wollen. Dies könnte beispielsweise für ein explizit zeitabhängiges System die Zeit sein. Wie differenzieren wir also die Funktion $\mathrm{e}^{-\beta\hat{H}(\lambda)}$ nach dem Parameter λ? Bevor man hier voreilige Formeln notiert, sollte man sich klarmachen, dass die Ableitung $\partial\hat{H}/\partial\lambda$ nicht mit $\hat{H}$ oder $\mathrm{e}^{-\beta\hat{H}}$ vertauscht. Die Antwort ist also ein wenig komplizierter, nämlich

$$\frac{\partial}{\partial\lambda}\mathrm{e}^{-\beta\hat{H}(\lambda)} = -\mathrm{e}^{-\beta\hat{H}}\int_0^\beta \mathrm{e}^{+u\hat{H}}\frac{\partial\hat{H}}{\partial\lambda}\mathrm{e}^{-u\hat{H}}\,\mathrm{d}u\,. \tag{1.48}$$

Hier wird über die Ähnlichkeitstransformation $\mathrm{e}^{-u\hat{H}}\frac{\partial\hat{H}}{\partial\lambda}\mathrm{e}^{-u\hat{H}}$ (siehe Gleichung (1.33)) der partiellen Ableitung von $\hat{H}$ integriert.

Aufgabe 1.4 (Lösung Seite 270): Beweisen Sie die Gleichung (1.48), indem Sie zeigen, dass beide Seiten dieser Gleichung, nennen wir sie $\hat{F}(\beta)$, die Differentialgleichung

$$\frac{\partial \hat{F}}{\partial \beta} = -\hat{H}\,\hat{F}(\beta) - \frac{\partial \hat{H}}{\partial \lambda}\,\mathrm{e}^{-\beta \hat{H}}$$

mit $\hat{F}(0) = 0$ erfüllen.

2 Quantenmechanische Grundlagen

In diesem Kapitel werden die grundlegenden mathematischen Strukturen der Quantenmechanik in komprimierter Weise dargestellt, als eine kurze Wiederholung des bekannten Inhalts eines Kurses zur Quantentheorie, fokussiert natürlich auf die Resultate, die im folgenden Text angesprochen werden.

2.1 Zustände und Observable

In der Quantenmechanik werden die Zustände eines Systems durch die Elemente eines Hilbert-Raums beschrieben, wir nennen sie meist **Vektoren**. Ein solcher Hilbert-Raum ist ein linearer Raum über den komplexen Zahlen mit einem Skalarprodukt, der vollständig ist, in dem also jede Cauchy-Folge konvergiert. Die Dimension n_{dim} des Hilbert-Raums, also die maximale Anzahl linear unabhängiger Vektoren, wollen wir als endlich annehmen, falls nichts anderes erwähnt wird.

Wir bezeichnen die Vektoren mit einem Ket-Symbol wie $|\psi\rangle$ oder $|\phi\rangle$ und schreiben ihr Skalarprodukt als $\langle\phi|\psi\rangle$. Diese Schreibweise hat den Vorteil, dass man die Vektoren auf bequeme Weise kennzeichnen kann, beispielsweise bezeichnen wir oft durch $|n\rangle$, mit $n = 1, 2, \ldots$, eine Anzahl von n_{dim} linear unabhängiger Vektoren, eine **Basis**. In aller Regel wählen wir sie normiert ($\langle n|n\rangle = 1$) und orthogonal ($\langle m|n\rangle = 0$ für $m \neq 0$, kurz $\langle m|n\rangle = \delta_{mn}$). Dann lässt sich jedes Element des Hilbert-Raums als **Linearkombination**

$$|\psi\rangle = \sum_{n=1}^{n_{\text{dim}}} c_n|n\rangle \quad \text{mit} \quad c_n = \langle n|\psi\rangle \tag{2.1}$$

darstellen.

Physikalische (beobachtbare) Größen, auch als **Observable** bezeichnet, werden durch lineare Operatoren beschrieben und durch ein Dachsymbol gekennzeichnet, beispielsweise als $\hat{A}$.

Dann erhält man den **Erwartungswert** $\langle\hat{A}\rangle$ dieser Größe, also den Mittelwert der Messwerte für ein System in dem normierten Zustand $|\psi\rangle$ und seine Varianz $(\Delta A)^2$ als

$$\langle\hat{A}\rangle = \langle\psi|\hat{A}|\psi\rangle \quad \text{und} \quad (\Delta A)^2 = \left(\hat{A}^2 - \langle\hat{A}\rangle\hat{I}\right)^2 = \langle\hat{A}^2\rangle - \langle\hat{A}\rangle^2 . \tag{2.2}$$

Die mittlere Abweichung vom Mittelwert ΔA wird auch als **Unschärfe** bezeichnet. Ist das System in einem (normierten) **Eigenzustand** $|a\rangle$ des Operators $\hat{A}$ zum Eigenwert a, also in einem Zustand mit $\hat{A}|a\rangle = a|a\rangle$ und $\langle a|a\rangle = 1$, dann ist der Erwartungswert gleich dem Eigenwert, $\langle\hat{A}\rangle = a$ und die Unschärfe ist gleich null. Da die physikalischen Größen, die die Observablen beschreiben, in aller Regel reellwertige Messwerte besitzen, sind ihre Eigenwerte reell. Das ist eine wichtige Eigenschaft hermitescher Operatoren[1], also Operatoren mit $\hat{A}^\dagger = \hat{A}$. Es sei hier daran erinnert, dass die Eigenvektoren eines hermiteschen Operators zu unterschiedlichen Eigenwerten paarweise orthogonal sind. Wenn es mehr als einen linear unabhängigen Eigenvektor zu einem Eigenwert gibt, also für einen **entarteten** Eigenwert, kann man eine orthogonale Basis des zugehörigen Eigenraums wählen.

Aufgabe 2.1 (Lösung Seite 270): Zwischen den Unschärfen hermitescher Operatoren $\hat{A}$ und $\hat{B}$ besteht eine wichtige Beziehung, die **Unschärferelation**

$$\Delta A \Delta B \geq \frac{1}{2} |\langle [\hat{A}, \hat{B}] \rangle| ,$$

die man auf recht einfache Weise herleiten kann. Versuchen Sie es!

Der Dichteoperator: Oft ist es zweckmäßig, einen Zustand statt durch einen normierten Vektor $|\psi\rangle$ durch den Projektor

$$\hat{\rho} = |\psi\rangle\langle\psi| \tag{2.3}$$

auf diesen Zustand zu beschreiben, den sogenannten **Dichteoperator**, auch als **Dichtematrix** oder als **statistischer Operator** bezeichnet. Dann ergeben sich die Erwartungswerte als

$$\langle \hat{A} \rangle = \text{spur}\,(\hat{A}\hat{\rho}) \quad \text{mit} \quad \text{spur}\,\hat{\rho} = 1 \,. \tag{2.4}$$

Dies ist ein **reiner Zustand**, nennen wir einen solchen Zustand $|\psi_r\rangle$. Ein sogenannter **gemischter Zustand** beschreibt eine inkohärente Superposition der Dichteoperatoren $\hat{\rho}_r = |\psi_r\rangle\langle\psi_r|$ reiner Zustände

$$\hat{\rho} = \sum_r p_r \hat{\rho}_r \ , \quad 0 \leq p_r \leq 1 \ , \quad \sum_r p_r = 1 \,. \tag{2.5}$$

Dabei ergeben sich die Erwartungswerte wieder durch die Spurbildung (2.4), aber im Gegensatz zu spur $\hat{\rho}_r^2 = 1$ für einen reinen Zustand gilt für einen gemischten Zustand die Ungleichung spur $\hat{\rho}^2 \leq 1$, wobei das Gleichheitszeichen nur für einen reinen Zustand gilt. Oft verwendet man zur Charakterisierung eines Zustandes auch die **Entropie**

$$S = -\text{spur}\,(\hat{\rho} \ln \hat{\rho}) \quad \text{oder} \quad S = -\ln\big(\text{spur}\,\hat{\rho}^2\big) \,. \tag{2.6}$$

Die linke Formel ist die **Shannon-Entropie**, die rechte eine Version der **Rényi-Entropie**, auch bekannt als **Korrelationsentropie**. Beide Entropien sind invariant gegenüber Ähnlichkeitstransformationen und in der Basis der Eigenzustände von $\hat{\rho}$ mit den Eigenwerten λ_n erhält man dann aus (2.6)

$$S = -\sum_n \lambda_n \ln \lambda_n \quad \text{bzw.} \quad S = -\ln \sum_n \lambda_n^2 \,. \tag{2.7}$$

Für einen reinen Zustand ist $\hat{\rho}$ ein Projektor auf einen eindimensionalen Unterraum, hat also die Eigenwerte Eins und Null. Für einen maximal gemischten Zustand in einem N-dimensionalen Hilbert-Raum sind alle Eigenwerte gleich, also wegen spur $\hat{\rho} = 1$ gleich $1/N$, und beide Entropie n sind gleich $\log N$.

[1] Für unendlichdimensionale Räume muss man zwischen hermetischen und selbstadjungierten Operatoren unterscheiden (vgl. Anhang A).

Im Folgenden werden wir einige typische Quantensysteme genauer darstellen unter besonderer Berücksichtigung algebraischer Methoden. Der harmonische Oszillator wird in Kapitel 3, Spin und Drehimpuls werden in Kapitel 4 beschrieben.

Transformationen von Zuständen und Observablen: Von großer Bedeutung in der Quantenmechanik sind **Ähnlichkeitstransformationen** $\hat{S}$ (siehe Gleichung (1.11)) der Zustände $|\psi\rangle$ und der Operatoren $\hat{A}$:

$$|\psi\rangle \longrightarrow |\psi'\rangle = \hat{S}\,|\psi\rangle \ , \quad \hat{A} \longrightarrow \hat{A}' = \hat{S}\hat{A}\hat{S}^{-1} . \tag{2.8}$$

Hier sind insbesondere **unitäre Transformationen** $\hat{U}$ mit $\hat{U}^{-1} = \hat{U}^{\dagger}$, also

$$\hat{U}\hat{U}^{\dagger} = \hat{U}^{\dagger}\hat{U} = \hat{I} \tag{2.9}$$

von Bedeutung. Sie lassen das Skalarprodukt invariant, denn es gilt

$$\langle\phi'|\psi'\rangle = \langle\phi|\hat{U}^{\dagger}\hat{U}|\psi\rangle = \langle\phi|\psi\rangle \quad \text{für} \quad |\psi'\rangle = \hat{U}|\psi\rangle\,,\ |\phi'\rangle = \hat{U}|\phi\rangle . \tag{2.10}$$

Betrachten wir jetzt unitäre Transformationen, die kontinuierlich von einem einzigen Parameter s abhängen, also $\hat{U}(s)$ mit $\hat{U}(0) = \hat{I}$ und $\hat{U}(s+t) = \hat{U}(s)\hat{U}(t)$. Für kleine Werte von s erhalten wir mit der Ableitung $\hat{U}'(s) = \mathrm{d}\hat{U}(s)/\mathrm{d}s$

$$\hat{U}(s) \approx \hat{I} + \hat{U}'(0)\,s = \hat{I} + \mathrm{i}\hat{K}s \ \text{ mit } \ \hat{U}'(0) = \mathrm{i}\hat{K} . \tag{2.11}$$

Entwickelt man $\hat{U}(s)\hat{U}^{\dagger}(s) = \hat{I}$ für kleines s, so sieht man, dass $\hat{K}$ hermitesch ist. Obwohl der Operator $\hat{K}$ aus einer infinitesimalen Transformation hervorgeht, lassen sich durch ihn alle endlichen Transformationen $\hat{U}(s)$ beschreiben. Das sieht man, indem man $\hat{U}(s+t) = \hat{U}(s)\hat{U}(t)$ nach t differenziert, $\mathrm{d}\hat{U}(s+t)/\mathrm{d}t = \hat{U}(s)\hat{U}'(t)$, und dann $t = 0$ setzt: $\hat{U}'(s) = \hat{U}(s)\hat{U}'(0) = \hat{U}(s)\,\mathrm{i}\hat{K}$. Diese Differentialgleichung hat mit $\hat{U}(0) = \hat{I}$ die Lösung

$$\hat{U}(s) = \mathrm{e}^{\mathrm{i}\hat{K}s} . \tag{2.12}$$

Man bezeichnet $\hat{K}$ als den **Generator** der Transformation. Beispiele für solche Transformationen in der Quantenmechanik sind der **Translationsoperator** $\hat{T}_a = \mathrm{e}^{-\frac{\mathrm{i}}{\hbar}a\hat{p}}$, der eine Verschiebung um a im Ortsraum bewirkt mit dem Impuls $\hat{p}$ als Generator (mehr dazu auf Seite 35), oder der **Rotationsoperator** $\hat{R}_z(\alpha) = \mathrm{e}^{-\mathrm{i}\theta\hat{L}_z}$, eine Drehung um den Winkel θ um die z-Achse mit dem Drehimpuls $\hat{L}_z$ als Generator (vgl. Seite 68).

2.2 Schrödinger- und Heisenberg-Bild

Von besonderer Bedeutung unter den Observablen ist die *Energie*, dargestellt durch den **Hamilton-Operator** $\hat{H}$. Er beschreibt neben der Energie des Systems auch die quantenmechanische Zeitentwicklung. Dabei existieren mehrere Möglichkeiten, je nachdem, welche Größen man zeitlich variabel macht, die Zustände oder die Operatoren.

Im **Schrödinger-Bild** beschreibt man die Zeitevolution durch eine Zeitabhängigkeit des Zustandsvektors bzw. des Dichteoperators, während die Operatoren, die die Observablen des Systems darstellen, zeitlich konstant bleiben, abgesehen von einer eventuellen expliziten Zeitabhängigkeit, beispielsweise durch zeitabhängige Parameter. Wir wollen hier die Beschreibungen in den beiden Bildern durch Indizes wie S für das Schrödinger-Bild und H für das Heisenberg-Bild kennzeichnen. Oft jedoch, wenn es klar ist, in welchem Bild man arbeitet, werden diese Indizes weggelassen.

Im Schrödinger-Bild ist die Zeitentwicklung eines Zustandsvektors $|\psi(t_0)\rangle$ oder Dichteoperators $\hat{\rho}(t)$ durch die **Schrödinger-** bzw. die **Von-Neumann-Gleichung**

$$\mathrm{i}\hbar\frac{\mathrm{d}}{\mathrm{d}t}|\psi(t)\rangle = \hat{H}(t)|\psi(t)\rangle\ , \quad \mathrm{i}\hbar\frac{\mathrm{d}}{\mathrm{d}t}\hat{\rho}(t) = \left[\hat{H}(t), \hat{\rho}(t)\right] \tag{2.13}$$

bestimmt.

Aufgabe 2.2 (Lösung Seite 271): Leiten Sie für den Dichteoperator eines reinen Zustands aus der zeitabhängigen Schrödinger-Gleichung die Von-Neumann-Gleichung her.

Zeitunabhängige Systeme: Systeme mit einem zeitlich konstanten Hamilton-Operator $\hat{H}$ lassen sich in bequemer Weise darstellen durch Lösungen der Form

$$|\psi(t)\rangle = \mathrm{e}^{-\mathrm{i}Et/\hbar}|\varphi\rangle \quad \text{mit} \quad \hat{H}\,|\varphi\rangle = E\,|\varphi\rangle\,, \tag{2.14}$$

das heißt, $|\varphi\rangle$ ist ein Eigenzustand zum Eigenwert E. Falls der Hilbert-Raum N-dimensional ist und $\hat{H}$ hermitesch, dann sind die Eigenwerte E_n, $n = 1, \ldots, N$ reell und die (orthonormierten) Eigenzustände $|\varphi_n\rangle$ erlauben eine Darstellung jeder zeitabhängigen Lösung der Schrödinger-Gleichung als

$$|\psi(t)\rangle = \sum_n c_n \mathrm{e}^{-\mathrm{i}E_n t/\hbar}|\varphi_n\rangle \quad \text{mit} \quad c_n = \langle\varphi_n|\psi(0)\rangle\,. \tag{2.15}$$

Für ein Teilchen der Masse m in einem eindimensionalen Potential $V(q)$ mit der Ortsvariablen q lautet die **zeitunabhängige Schrödinger-Gleichung** $\hat{H}\,|\varphi\rangle = E\,|\varphi\rangle$ für die Wellenfunktion $\varphi(q) = \langle q|\varphi\rangle$ in der Ortsdarstellung

$$\frac{\hbar^2}{2m}\varphi''(q) + V(q)\,\varphi(q) = E\,\varphi(q)\,. \tag{2.16}$$

und die Energieeigenwerte E bestimmen sich aus den normierbaren Lösungen.

Der Zeitentwicklungsoperator $\hat{U}(t, t_0)$, definiert durch

$$|\psi(t)\rangle = \hat{U}(t, t_0)\,|\psi(t_0)\rangle\,, \tag{2.17}$$

ist eine Lösung der Differentialgleichung

$$\mathrm{i}\hbar\frac{\partial}{\partial t}\hat{U}(t, t_0) = \hat{H}(t)\,\hat{U}(t, t_0) \quad \text{mit der Anfangsbedingung} \quad \hat{U}(t_0, t_0) = \hat{I}\,. \tag{2.18}$$

Der Zeitentwicklungsoperator ist unitär für einen hermiteschen Hamilton-Operator, wenn also gilt $\hat{H}^\dagger = \hat{H}$. Das sieht man beispielsweise durch

$$\begin{aligned}\mathrm{i}\hbar\frac{\partial}{\partial t}\left(\hat{U}^\dagger(t, t_0)\,\hat{U}(t, t_0)\right) &= \left(\mathrm{i}\hbar\frac{\partial\hat{U}^\dagger(t, t_0)}{\partial t}\right)\hat{U}(t, t_0) + \hat{U}^\dagger(t, t_0)\left(\mathrm{i}\hbar\frac{\partial\hat{U}(t, t_0)}{\partial t}\right) \\ &= -\hat{U}^\dagger(t, t_0)\hat{H}^\dagger(t)\hat{U}(t, t_0) - \hat{U}^\dagger(t, t_0)\hat{H}(t)\hat{U}(t, t_0) = \hat{U}^\dagger(t, t_0)\big(\hat{H}^\dagger(t) - \hat{H}(t)\big)\hat{U}(t, t_0)\,,\end{aligned} \tag{2.19}$$

also ist $\hat{U}^\dagger(t, t_0)\,\hat{U}(t, t_0)$ für $\hat{H}^\dagger(t) = \hat{H}(t)$ zeitlich konstant und damit gleich $\hat{I}$.

Außerdem gelten für $\hat{U}$ die Gleichungen

$$\hat{U}(t'',t) = \hat{U}(t'',t')\,\hat{U}(t',t)\;, \quad \left(\hat{U}(t,t')\right)^{-1} = \hat{U}(t',t)\,, \tag{2.20}$$

wobei bei der ersten Formel, der Kompositionsregel, keine zeitliche Ordnung der Zeitpunkte vorausgesetzt ist. Diese Formel impliziert für $t'' = t$ mit $\hat{U}(t,t) = \hat{I}$ die zweite Formel für die Inverse.

Falls $\hat{H}$ zeitunabhängig ist, erhält man den Zeitentwicklungsoperator als

$$\hat{U}(t,t_0) = \mathrm{e}^{-\frac{\mathrm{i}}{\hbar}\hat{H}(t-t_0)} \quad \text{oder kurz} \quad \hat{U}(t) = \mathrm{e}^{-\frac{\mathrm{i}}{\hbar}\hat{H}t} \quad \text{für} \quad t_0 = 0\,. \tag{2.21}$$

Andernfalls muss man, wie wir in Kapitel 7 sehen werden, wesentlich mehr Aufwand treiben, um eine analytische Lösung zu erhalten. Hier sei nur notiert, dass das simple Integral $\mathrm{e}^{-\frac{\mathrm{i}}{\hbar}\int_{t_0}^{t}\mathrm{d}t'\hat{H}(t')}$ *keine* Lösung von (2.18) darstellt, da die Operatoren $\hat{H}(t)$ zu verschiedenen Zeiten im Allgemeinen nicht kommutieren.

Aufgabe 2.3 (Lösung Seite 271): Oft schreibt man aber eine formale Lösung von (2.18) als

$$\hat{U}(t,t_0) = \hat{\mathscr{T}}\mathrm{e}^{-\frac{\mathrm{i}}{\hbar}\int_{t_0}^{t}\mathrm{d}t'\hat{H}(t')}$$

mit dem Zeitordnungsoperator $\hat{\mathscr{T}}$, der ein Produkt von Operatoren zu verschiedenen Zeiten in die Reihenfolge abfallender Zeiten sortiert, der also $\hat{H}(t)\hat{H}(t')$ oder $\hat{H}(t')\hat{H}(t)$ in $\hat{H}(t)\hat{H}(t')$ abbildet, falls $t \geq t'$. Versuchen Sie sich an einer Begründung dieser Gleichung!

In numerischen Anwendungen geht man oft von der Produktformel

$$\hat{U}(t,t_0) = \hat{U}(t_n,t_{n-1})\,\hat{U}(t_{n,-1},t_{n-2})\cdots\hat{U}(t_2,t_1)\,\hat{U}(t_1,t_0) \tag{2.22}$$

mit $\Delta t = (t-t_0)/n$ und $t_j = t_0 + j\Delta t$ aus und wählt die Zeitintervalle so klein, dass man es rechtfertigen kann, in den einzelnen Intervallen $\hat{H}(t)$ als konstant anzunehmen, das heißt

$$\hat{U}(t,t_0) \approx \prod_{j=1}^{n} \mathrm{e}^{-\mathrm{i}H(t_j')\Delta t/\hbar} = \mathrm{e}^{-\mathrm{i}H(t_n')\Delta t/\hbar}\mathrm{e}^{-\mathrm{i}H(t_{n-1}')\Delta t/\hbar}\cdots\mathrm{e}^{-\mathrm{i}H(t_2')\Delta t/\hbar}\mathrm{e}^{-\mathrm{i}H(t_1')\Delta t/\hbar} \tag{2.23}$$

mit $t_j \leq t_j' \leq t_{j+1}$ und

$$\hat{U}(t,t_0) = \lim_{\Delta t\to 0}\prod_{j=1}^{n} \mathrm{e}^{-\mathrm{i}H(t_j')\Delta t/\hbar}\,. \tag{2.24}$$

Zwischen der Determinante des Zeitentwicklungsoperators und der Spur des Hamilton-Operators besteht die interessante Beziehung

$$\det\hat{U}(t,t_0) = \mathrm{e}^{-\frac{\mathrm{i}}{\hbar}\int_{t_0}^{t}\mathrm{spur}\,\hat{H}(t')\,\mathrm{d}t'}\,, \tag{2.25}$$

wobei natürlich vorausgesetzt ist, dass das System eine endlichdimensionale Matrixdarstellung besitzt. Diese Relation sagt insbesondere aus, dass für einen spurfreien Hamilton-Operator, hermitesch oder nicht, die Determinante des Zeitentwicklungsoperators konstant bleibt. Zum Beweis von Gleichung (2.25) kann man von dem exponentiellen Produkt (2.24) ausgehen. Dann ist die Determinante des Produkts gleich dem Produkt der Determinanten der Terme $\mathrm{e}^{-\mathrm{i}H(t'_j)\Delta t/\hbar}$, die man dann mithilfe der Matrixrelation $\det(\mathrm{e}^A) = \mathrm{e}^{\mathrm{spur}A}$ umschreiben kann, sodass man im Grenzfall $\Delta t \to 0$ im Exponenten das Integral über die Spur erhält.

Mehr über den Zeitentwicklungsoperator und seine Eigenschaften findet man in der Literatur zur Quantenmechanik oder auch bei YouTube: www.youtube.com/watch?v=zqmU4dW03aM.

Im **Schrödinger-Bild** sind die Observablen zeitlich konstant oder nur explizit zeitabhängig, das heißt, es gilt

$$\frac{\mathrm{d}\hat{A}_S}{\mathrm{d}t} = \frac{\partial \hat{A}_S}{\partial t}, \tag{2.26}$$

und die Erwartungswerte sind gleich

$$\langle \hat{A}_S \rangle_t = \langle \psi(t)|\hat{A}_S|\psi(t)\rangle \quad \text{oder} \quad \langle \hat{A}_S \rangle_t = \mathrm{spur}\,(\hat{A}_S \hat{\rho}(t)) \tag{2.27}$$

für reine oder gemischte Zustände mit dem Dichteoperator $\hat{\rho}(t)$.

Um in das **Heisenberg-Bild** überzugehen, bezeichnen wir die Zustände im Schrödinger-Bild als $|\psi_S\rangle$ und die im Heisenberg-Bild als $|\psi_H\rangle$. Es gilt dann $|\psi_S\rangle = \hat{U}(t,t_0)\,|\psi_S(t_0)\rangle$, während der Heisenberg-Zustand $|\psi_H\rangle$ konstant bleibt,

$$|\psi_H(t)\rangle = |\psi_H(t_0)\rangle = |\psi_S(t_0)\rangle\,. \tag{2.28}$$

Dies gilt genauso auch für den Dichteoperator.

Wir wollen hier annehmen, dass der Hamilton-Operator hermitesch ist und der Zeitentwicklungsoperator folglich unitär; der nicht-hermitesche Fall wird in Abschnitt 13.1 behandelt. Dann sind die Operatoren $\hat{A}_H$ im Heisenberg-Bild mit den Operatoren $\hat{A}_S$ im Schrödinger-Bild durch

$$\hat{A}_H(t) = \hat{U}^\dagger(t,t_0)\hat{A}_S\hat{U}(t,t_0) \tag{2.29}$$

verknüpft, also durch eine unitäre Ähnlichkeitstransformation. Dabei gilt

$$\begin{aligned}(\hat{A}\hat{B})_H(t) &= \hat{U}^\dagger(t,t_0)(\hat{A}\hat{B})_S\hat{U}(t,t_0) = \hat{U}^\dagger(t,t_0)\hat{A}_S\hat{B}_S\hat{U}(t,t_0)\\ &= \hat{U}^\dagger(t,t_0)\hat{A}_S\hat{U}(t,t_0)\hat{U}^\dagger(t,t_0)\hat{B}_S\hat{U}(t,t_0) = \hat{A}_H(t)\hat{B}_H(t)\,,\end{aligned} \tag{2.30}$$

das heißt, die Heisenberg-Darstellung eines Produkts ist gleich dem Produkt der Heisenberg-Darstellungen.

Bildet man die Zeitableitung der Gleichung (2.29), so erhält man mit (2.18) die Zeitevolutionsgleichung

$$\begin{aligned}\frac{\mathrm{d}\hat{A}_H}{\mathrm{d}t} &= \Big(\frac{\partial}{\partial t}\hat{U}^\dagger(t,t_0)\Big)\hat{A}_S\hat{U}(t,t_0) + \hat{U}^\dagger(t,t_0)\hat{A}_S\Big(\frac{\partial}{\partial t}\hat{U}(t,t_0)\Big) + \hat{U}^\dagger(t,t_0)\frac{\partial \hat{A}_S}{\partial t}\hat{U}(t,t_0)\\ &= \frac{\mathrm{i}}{\hbar}\Big(\hat{U}^\dagger\hat{H}_S\hat{A}_S\hat{U} - \hat{U}^\dagger\hat{A}_S\hat{H}_S\hat{U}\Big) + \hat{U}^\dagger\frac{\partial \hat{A}_S}{\partial t}\hat{U}\,.\end{aligned} \tag{2.31}$$

Diese Gleichung können wir entweder umschreiben als

$$\frac{\mathrm{d}\hat{A}_H}{\mathrm{d}t} = \hat{U}^\dagger\Big(\frac{\mathrm{i}}{\hbar}\big[\hat{H}_S,\hat{A}_S\big] + \frac{\partial \hat{A}_S}{\partial t}\Big)\hat{U} = \Big(\frac{\mathrm{i}}{\hbar}\big[\hat{H}_S,\hat{A}_S\big] + \frac{\partial \hat{A}_S}{\partial t}\Big)_H \tag{2.32}$$

oder mit $\hat{U}\hat{U}^\dagger = \hat{I}$ als eine Bewegungsgleichung im Heisenberg-Bild:

$$\begin{aligned}\frac{\mathrm{d}\hat{A}_H}{\mathrm{d}t} &= \frac{\mathrm{i}}{\hbar}\Big(\hat{U}^\dagger \hat{H}_S\hat{U}\hat{U}^\dagger \hat{A}_S\hat{U} - \hat{U}^\dagger \hat{A}_S\hat{U}\hat{U}^\dagger \hat{H}_S\hat{U}\Big) + \hat{U}^\dagger \frac{\partial \hat{A}_S}{\partial t}\hat{U} \\ &= \frac{\mathrm{i}}{\hbar}[\hat{H}_H, \hat{A}_H] + \Big(\frac{\partial \hat{A}_S}{\partial t}\Big)_H. \end{aligned} \tag{2.33}$$

Hier sei auf die Ähnlichkeit zu der klassischen Bewegungsgleichung (6.27) hingewiesen, wobei statt der quantenmechanischen Kommutatorklammer die klassische Poisson-Klammer auftritt.

Wir wollen uns auch noch kurz auf eine andere Weise von der Gültigkeit der Produktrelation $(\hat{A}\hat{B})_H = \hat{A}_H\hat{B}_H$ aus (2.30) überzeugen, indem wir die Zeitableitung bilden:

$$\begin{aligned}\frac{\mathrm{d}\hat{A}_H\hat{B}_H}{\mathrm{d}t} &= \frac{\mathrm{d}\hat{A}_H}{\mathrm{d}t}\hat{B}_H + \hat{A}_H\frac{\mathrm{d}\hat{B}_H}{\mathrm{d}t} \\ &= \Big(\frac{\mathrm{i}}{\hbar}[\hat{H}_H, \hat{A}_H] + \Big(\frac{\partial \hat{A}_S}{\partial t}\Big)_H\Big)\hat{B}_H + \hat{A}_H\Big(\frac{\mathrm{i}}{\hbar}[\hat{H}_H, \hat{B}_H] + \Big(\frac{\partial \hat{B}_S}{\partial t}\Big)_H\Big) \\ &= \frac{\mathrm{i}}{\hbar}\Big([\hat{H}_H, \hat{A}_H]\hat{B}_H + \hat{A}_H[\hat{H}_H, \hat{B}_H]\Big) + \Big(\frac{\partial \hat{A}_S}{\partial t}\Big)_H\hat{B}_H + +\hat{A}_H\Big(\frac{\partial \hat{B}_S}{\partial t}\Big)_H \\ &= \frac{\mathrm{i}}{\hbar}[\hat{H}_H, \hat{A}_H\hat{B}_H] + \Big(\frac{\partial \hat{A}_S\hat{B}_S}{\partial t}\Big)_H. \end{aligned} \tag{2.34}$$

Das Operatorprodukt erfüllt also, wie zu erwarten, die Heisenberg-Gleichung.

Falls ein nicht-explizit zeitabhängiger Operator $\hat{A}_H$ mit dem Hamilton-Operator vertauscht, $[\hat{H}_H, \hat{A}_H] = 0$, bleibt er zeitlich konstant, ist also eine **Erhaltungsgröße**, was natürlich auch für den Hamilton-Operator selbst gilt. Mehr über Erhaltungsgrößen erfahren wir in Kapitel 9. Es sei hier angemerkt, dass ein zeitunabhängiger Hamilton-Operator $\hat{H}_S$ mit $\hat{U}(t)$ vertauscht, das heißt, es gilt $\hat{H}_H = \hat{H}_S$.

Die **Erwartungswerte** $\langle\hat{A}\rangle = \langle\psi|\hat{A}|\psi\rangle$ erfüllen die Bewegungsgleichung

$$\mathrm{i}\hbar\frac{\mathrm{d}}{\mathrm{d}t}\langle\psi|\hat{A}|\psi\rangle = \langle\psi|[\hat{A}, \hat{H}]|\psi\rangle + \langle\psi|\frac{\partial\hat{A}}{\partial t}|\psi\rangle, \tag{2.35}$$

und zwar sowohl im Schrödinger-Bild mit zeitabhängigen Zuständen als auch im Heisenberg-Bild mit zeitabhängigen Operatoren.

Kommutatorrelationen: Sehr wichtig für die Beschreibung der Systemdynamik sind die Kommutatorrelationen zwischen den Observablen, und wir wollen uns vergewissern, dass sie in den beiden Bildern übereinstimmen. Es gilt also

$$[\hat{A}_S, \hat{B}_S] = \hat{C}_S \quad \Longleftrightarrow \quad [\hat{A}_H, \hat{B}_H] = \hat{C}_H. \tag{2.36}$$

Das sieht man, indem man die Gleichung im Schrödinger-Bild von links mit $\hat{U}^\dagger$ und von rechts mit $\hat{U}$ multipliziert. Das ergibt

$$\hat{U}^\dagger[\hat{A}_S, \hat{B}_S]\hat{U} = \hat{U}^\dagger\hat{C}_S\hat{U} = \hat{C}_H. \tag{2.37}$$

Umformen der linken Seite liefert

$$\begin{aligned}\hat{U}^\dagger\hat{A}_S\hat{B}_S\hat{U} - \hat{U}^\dagger\hat{B}_S\hat{A}_S\hat{U} &= \hat{U}^\dagger\hat{A}_S\hat{U}\hat{U}^\dagger\hat{B}_S\hat{U} - \hat{U}^\dagger\hat{B}_S\hat{U}\hat{U}^\dagger\hat{A}_S\hat{U} \\ &= \hat{A}_H\hat{B}_H - \hat{B}_H\hat{A}_H = [\hat{A}_H, \hat{B}_H] \end{aligned} \tag{2.38}$$

und damit die gleiche Kommutatorrelation $[\hat{A}_H, \hat{B}_H] = \hat{C}_H$ im Heisenberg-Bild. Diese Argumentation lässt sich genauso umkehren.

Für einen hermiteschen Hamilton-Operator ist $\hat{U}$ unitär, dass heißt, es gilt $\hat{U}^{-1} = \hat{U}^\dagger$. Da wir für nicht-hermitesche Hamilton-Operatoren ein Heisenberg-Bild als

$$\hat{A}_H(t) = \hat{U}^{-1}(t, t_0)\hat{A}_S\hat{U}(t, t_0) \tag{2.39}$$

definieren werden (mehr dazu in Abschnitt 13.1) und da diese Formel mit (2.29) für die unitäre Zeitentwicklung übereinstimmt, werden wir im Folgenden in der Regel die Definition (2.39) der Heisenberg-Darstellung verwenden. Man kann (und sollte!) sich davon überzeugen, dass auch dann die Produkt- und Kommutatorrelationen (2.30) und (2.36) gültig bleiben.

Zum Abschluss sei darauf hingewiesen, dass man in den meisten Fällen auf den Index S oder H für das Schrödinger- oder Heisenberg-Bild verzichtet. Man sollte sich also immer vergewissern, welches Bild gerade verwendet wird!

2.3 Zeitperiodische Systeme & Floquet-Theorie

Durch externe Eingriffe lassen sich Parameter eines Quantensystems zeitlich verändern. In vielen Fällen ist eine solche explizite Zeitabhängigkeit periodisch, das heißt, für den Hamilton-Operator gilt

$$\hat{H}(t+T) = \hat{H}(t) \tag{2.40}$$

mit der Zeitperiode T und der Frequenz $\omega = 2\pi/T$. Die Periodizität von $\hat{H}(t)$ führt zunächst dazu, dass die Lösung $\hat{U}(t,0)$ der Differentialgleichung (2.18) für den Zeitentwicklungsoperator für $t_0 = 0$ mit der Lösung $\hat{U}(T+t, T)$ für $t_0 = T$ übereinstimmt. Außerdem gilt wegen der Kompositionsregel (2.20) $\hat{U}(T+t,0) = \hat{U}(T+t, T)\,\hat{U}(T,0)$. Wir können daher die folgenden Formeln notieren:

$$\hat{U}(T+t, T) = \hat{U}(t,0) \quad \text{und} \quad \hat{U}(T+t,0) = \hat{U}(T+t, T)\,\hat{U}(T,0) = \hat{U}(t,0)\,\hat{U}(T,0)\,. \tag{2.41}$$

Die Kenntnis von $\hat{U}(t,0)$ über eine Periode T impliziert also das Zeitverhalten in der folgenden Periode und daher das gesamte Zeitverhalten.

Für ein solches zeitperiodisches System existiert eine sehr nützliche Beschreibung, die **Floquet-Theorie**, benannt nach dem französischen Mathematiker Gaston Floquet (1847–1920), die in vielen Zügen der Beschreibung zeitunabhängiger ortsperiodischer Systeme ähnelt. Nach dem **Floquet-Theorem** existieren Lösungen der zeitabhängigen Schrödinger-Gleichung (2.13) der Form

$$|\psi_\alpha(t)\rangle = \mathrm{e}^{-\mathrm{i}\epsilon_\alpha t/\hbar}|\phi_\alpha(t)\rangle \quad \text{mit} \quad |\phi_\alpha(t+T)\rangle = |\phi_\alpha(t)\rangle\,, \tag{2.42}$$

die **Floquet-Zustände**. Man bezeichnet die periodische Funktion $|\phi_\alpha(t)\rangle$ als **Floquet-Mode** und ϵ_α als die **Quasienergie**. Die Floquet-Moden sind Eigenzustände des hermiteschen Operators $\hat{K}(t)$ zum (reellen) Eigenwert ϵ_α:

$$\hat{K}(t) = \hat{H}(t) - \mathrm{i}\hbar\partial_t\ , \quad \hat{K}(t)|\phi_\alpha(t)\rangle = \epsilon_\alpha|\phi_\alpha(t)\rangle\,. \tag{2.43}$$

Wie man leicht überprüft, sind mit $|\phi_\alpha(t)\rangle$ auch die Zustände $\mathrm{e}^{\mathrm{i}n\omega t}|\phi_\alpha(t)\rangle$ mit ganzzahligem n Lösungen dieser Gleichung zum Eigenwert $\epsilon_{\alpha'} = \epsilon_\alpha + n\hbar\omega$ und liefern den gleichen Floquet-Zustand (2.42):

$$|\psi_{\alpha'}(t)\rangle = \mathrm{e}^{-\mathrm{i}\epsilon_{\alpha'}t/\hbar}|\phi_{\alpha'}(t)\rangle = \mathrm{e}^{-\mathrm{i}(\epsilon_\alpha+n\hbar\omega)t/\hbar}\mathrm{e}^{\mathrm{i}n\omega t}|\phi_\alpha(t)\rangle = \mathrm{e}^{-\mathrm{i}\epsilon_\alpha t/\hbar}|\phi_\alpha(t)\rangle = |\psi_\alpha(t)\rangle\,. \quad (2.44)$$

Das heißt, der Quasienergieindex α steht für eine ganze Klasse von Zuständen $|\psi_{\alpha,n}\rangle$. Zum Abschluss unserer Überlegungen noch eine kleine Rechenübung:

Aufgabe 2.4 (Lösung Seite 272): Die Floquet-Zustände $|\psi_\alpha(t)\rangle$ aus Gleichung (2.42) sind Eigenzustände des Zeitentwicklungsoperators über eine Zeitperiode, also des **Floquet-Operators** $\hat{F}(t) = \hat{U}(t+T,t)$ zu dem Eigenwert $\mathrm{e}^{-\mathrm{i}\epsilon_\alpha T/\hbar}$. Überzeugen Sie sich davon!

Oft bezeichnet man als den Floquet-Operator nur den Propagator $\hat{U}(t,0)$ über eine Zeitperiode. Für eine Propagation über n Zeitperioden erhält man mit dem Zeitordnungsoperator aus Aufgabe 2.3

$$\begin{aligned}\hat{U}(nT,0) &= \hat{\mathcal{T}}\mathrm{e}^{-\frac{\mathrm{i}}{\hbar}\int_0^{nT}\mathrm{d}t\hat{H}(t)} = \hat{\mathcal{T}}\mathrm{e}^{-\frac{\mathrm{i}}{\hbar}\sum_{j=1}^{n}\int_{(j-1)T}^{jT}\mathrm{d}t\hat{H}(t)}\\ &= \hat{\mathcal{T}}\mathrm{e}^{-\frac{\mathrm{i}}{\hbar}\sum_{j=1}^{n}\int_0^{T}\mathrm{d}t\hat{H}(t)} = \hat{\mathcal{T}}\prod_{j=1}^{n}\mathrm{e}^{-\frac{\mathrm{i}}{\hbar}\int_0^{T}\mathrm{d}t\hat{H}(t)} = \prod_{j=1}^{n}\hat{\mathcal{T}}\mathrm{e}^{-\frac{\mathrm{i}}{\hbar}\int_0^{T}\mathrm{d}t\hat{H}(t)} = \left(\hat{U}(T,0)\right)^n. \quad (2.45)\end{aligned}$$

Dabei haben wir in der zweiten Zeile zunächst $\hat{H}(t+T) = \hat{H}(t)$ benutzt und danach konnten wir $\hat{\mathcal{T}}$ in das Produkt hineinziehen, da dort alle Terme gleich sind, also vertauschen.

Wir werden mehr über die Eigenschaften des Floquet-Operators in den Anwendungen auf periodisch getriebene Quantensysteme in den Abschnitten 8.1, 11.1 und 13.3 erfahren.

3 Die Oszillator-Algebra

Grundlage algebraischer Techniken in der Quantenmechanik sind Kommutatorrelationen der Observablen, beschrieben durch lineare Operatoren auf einem Hilbert-Raum. Man sagt oft etwas salopp, dass diese Operatoren **hermitesch** sind, aber man sollte sich darüber im Klaren sein, dass der Hilbert-Raum oft unendlichdimensional ist. Dann muss man zwischen hermitesch und selbstadjungiert unterscheiden. Außerdem sollte man nicht vergessen, dass Operatoren auch nicht immer auf dem ganzen Hilbert-Raum definiert sind, sondern oft nur auf einem Teilraum, ihr Definitionsbereich. Mehr darüber findet man im Anhang A. Für endlichdimensionale Hilbert-Räume spielen diese Fragestellungen keine Rolle. Hier werden wir uns die Freiheit nehmen, diese Probleme nur anzusprechen, wenn es erforderlich ist.

Der **Ortsoperator** $\hat{q}$ wirkt auf eine Funktion $\psi(q)$ der Ortsvariablen q als ein Multiplikator, der **Impulsoperator** als eine Ableitung:

$$\hat{q}\,\psi(q) = q\,\psi(q)\ , \quad \hat{p}\,\psi(q) = \frac{\hbar}{\mathrm{i}}\frac{\mathrm{d}}{\mathrm{d}q}\psi(q)\,. \tag{3.1}$$

Beide Operatoren sind selbstadjungiert mit einem kontinuierlichen Spektrum und ihre Kommutatorrelation, die wohl bekannteste dieser Relationen, ist

$$\left[\hat{q},\hat{p}\right] = \mathrm{i}\hbar\hat{I} \tag{3.2}$$

mit der Identität $\hat{I}$, was man mithilfe der Gleichungen (3.1) leicht verifiziert. Genauer gesagt, sollten wir ein wenig Vorsicht walten lassen und die Gültigkeit dieser Beziehung nur auf dem gemeinsamen Definitionsbereich der auftretenden Operatoren verlangen, was natürlich vom behandelten System abhängt. Eine direkte Konsequenz dieser Kommutatorrelation ist die **Unschärferelation** für Ort und Impuls

$$\Delta p\,\Delta q \geq \frac{\hbar}{2}\,, \tag{3.3}$$

die sich sofort aus der allgemeinen Unschärferelation in Aufgabe 2.1 ergibt.

Die am Ort $q \in \mathbb{R}$ lokalisierten Eigenzustände $|q\rangle$ des Ortsoperators normieren wir wie

$$\langle q'|q\rangle = \delta(q'-q)\,. \tag{3.4}$$

Mit dem Impulsoperator $\hat{p}$ lassen sich die Ortseigenzustände $|q\rangle$ durch den unitären **Translationsoperator**

$$\hat{T}_a = \mathrm{e}^{-\frac{\mathrm{i}}{\hbar}a\hat{p}} \quad \text{mit} \quad a \in \mathbb{R} \tag{3.5}$$

um a verschieben. Es gilt

$$\hat{T}_a\,|q\rangle = \mathrm{e}^{-\frac{\mathrm{i}}{\hbar}a\hat{p}}\,|q\rangle = |q+a\rangle\,, \tag{3.6}$$

und der Kommutator von Orts- und Translationsoperator ist gleich

$$[\hat{q}, \hat{T}_a] == a\, Th_a\,. \tag{3.7}$$

Dazu beweisen wir zunächst

$$[\hat{q}, \hat{p}^n] = \mathrm{i}\hbar n \hat{p}^{n-1}\,, \tag{3.8}$$

beispielsweise durch vollständige Induktion, und bestimmen damit den Kommutator mit einer Funktion $f(p) = \sum_{n=0}^{\infty} c_n \hat{p}^n$:

$$[\hat{q}, f(\hat{p})] = \sum_{n=0}^{\infty} c_n [\hat{q}, \hat{p}^n] = \mathrm{i}\hbar \sum_{n=0}^{\infty} c_n \hat{p}^{n-1} = \mathrm{i}\hbar f'(\hat{p})\,. \tag{3.9}$$

Für die Exponentialfunktion $f(\hat{p}) = \mathrm{e}^{-\frac{\mathrm{i}}{\hbar} a\hat{p}}$ ergibt das

$$[\hat{q}, \mathrm{e}^{-\frac{\mathrm{i}}{\hbar} a\hat{p}}] = a\,\mathrm{e}^{-\frac{\mathrm{i}}{\hbar} a\hat{p}}\,. \tag{3.10}$$

Damit lässt sich sofort die Gleichung (3.6) bestätigen. Anwendung beider Seiten auf $|q\rangle$ ergibt

$$[\hat{q}, \mathrm{e}^{-\frac{\mathrm{i}}{\hbar} a\hat{p}}]|q\rangle = \hat{q}\,\mathrm{e}^{-\frac{\mathrm{i}}{\hbar} a\hat{p}}\,|q\rangle - \mathrm{e}^{-\frac{\mathrm{i}}{\hbar} a\hat{p}}\,\hat{q}\,|q\rangle = \hat{q}\,\mathrm{e}^{-\frac{\mathrm{i}}{\hbar} a\hat{p}}\,|q\rangle - q\mathrm{e}^{-\frac{\mathrm{i}}{\hbar} a\hat{p}}|q\rangle = a\,\mathrm{e}^{-\frac{\mathrm{i}}{\hbar} a\hat{p}}|q\rangle\,, \tag{3.11}$$

und damit

$$\hat{q}\,\mathrm{e}^{-\frac{\mathrm{i}}{\hbar} a\hat{p}}\,|q\rangle = (q+a)\,\mathrm{e}^{-\frac{\mathrm{i}}{\hbar} a\hat{p}}\,|q\rangle\,. \tag{3.12}$$

Das heißt, $\mathrm{e}^{-\frac{\mathrm{i}}{\hbar} a\hat{p}}\,|q\rangle$ ist ein Eigenzustand von $\hat{q}$ zum Eigenwert $q+a$, also gleich $|q+a\rangle$.
Wenn man die Rollen von $\hat{q}$ und $\hat{p}$ vertauscht, findet man auf gleiche Weise

$$[\hat{p}, f(\hat{q})] = -\mathrm{i}\hbar f'(\hat{q})\,, \tag{3.13}$$

und man erkennt, dass der unitäre Operator

$$\hat{T}_b = \mathrm{e}^{+\frac{\mathrm{i}}{\hbar} b\hat{q}} \quad \text{mit} \quad b \in \mathbb{R} \tag{3.14}$$

eine Translation der Impulseigenzustände bewirkt:

$$\hat{T}_b\,|p\rangle = \mathrm{e}^{+\frac{\mathrm{i}}{\hbar} b\hat{q}}\,|p\rangle = |p+b\rangle\,. \tag{3.15}$$

3.1 Der harmonische Oszillator

Der **harmonische Oszillator** mit dem Hamilton-Operator

$$\hat{H} = \frac{1}{2m}\hat{p}^2 + \frac{m}{2}\omega^2\hat{q}^2 \tag{3.16}$$

ist ein Paradebeispiel für die Anwendungen algebraischer Techniken in Quantensystemen. Für eine reelle Masse $m > 0$ und eine reelle Frequenz $\omega > 0$, was wir im Folgenden unterstellen wollen, wenn nicht ausdrücklich anders erwähnt, ist der Hamilton-Operator (3.16) hermitesch, $\hat{H} = \hat{H}^\dagger$, und seine Eigenwerte sind folglich reell.

Diese Eigenwerte, also das Energiespektrum, kann man auf eine sehr elegante Weise algebraisch bestimmen, was man in fast jedem Lehrbuch der Quantenmechanik findet und auch hier demonstriert werden soll.

Wir definieren zunächst die Operatoren

$$\hat{a} = \frac{1}{\sqrt{2m\hbar\omega}}\left(m\omega\hat{q} + \mathrm{i}\hat{p}\right) \quad , \quad \hat{a}^\dagger = \frac{1}{\sqrt{2m\hbar\omega}}\left(m\omega\hat{q} - \mathrm{i}\hat{p}\right), \tag{3.17}$$

mit der Umkehrung

$$\hat{q} = \sqrt{\frac{\hbar}{2m\omega}}\left(\hat{a}^\dagger + \hat{a}\right) \quad , \quad \hat{p} = \mathrm{i}\sqrt{\frac{m\hbar\omega}{2}}\left(\hat{a}^\dagger - \hat{a}\right). \tag{3.18}$$

Der Kommutator von **Vernichtungsoperator** $\hat{a}$ und **Erzeugungsoperator** $\hat{a}^\dagger$ (der Hintergrund dieser Bezeichnungen wird erst später klar werden) ist gleich der Identität,

$$\left[\hat{a}, \hat{a}^\dagger\right] = \hat{I}, \tag{3.19}$$

und der Hamilton-Operator (3.16) lässt sich damit als

$$\hat{H} = \hbar\omega\left(\hat{a}^\dagger\hat{a} + \tfrac{1}{2}\hat{I}\right) \tag{3.20}$$

schreiben, oder bequemer als $\hat{H} = \hbar\omega\left(\hat{a}^\dagger\hat{a} + \frac{1}{2}\right)$, wenn man den Identitätsoperator nicht explizit ausschreibt, was wir im Folgenden auch tun werden. Mithilfe von $[\hat{q}, \hat{p}] = \mathrm{i}\hbar\hat{I}$ aus (3.2) können wir (3.20) leicht beweisen:

$$\begin{aligned}
\left[\hat{a}, \hat{a}^\dagger\right] &= \frac{1}{2m\hbar\omega}\left[m\omega\hat{q} + \mathrm{i}\hat{p}, m\omega\hat{q} - \mathrm{i}\hat{p}\right] \\
&= \frac{1}{2m\hbar\omega}\left(m^2\omega^2[\hat{q},\hat{q}] - \mathrm{i}m\omega[\hat{q},\hat{p}] + \mathrm{i}m\omega[\hat{p},\hat{q}] - \mathrm{i}^2[\hat{p},\hat{p}]\right) \\
&= -\frac{1}{2m\hbar\omega}2\mathrm{i}m\omega[\hat{q},\hat{p}] = -\frac{\mathrm{i}}{\hbar}[\hat{q},\hat{p}] = \hat{I}
\end{aligned} \tag{3.21}$$

und genauso von

$$\begin{aligned}
\hbar\omega\left(\hat{a}^\dagger\hat{a} + \tfrac{1}{2}\right) &= \hbar\omega\left(\frac{1}{2m\hbar\omega}\left(m\omega\hat{q} - \mathrm{i}\hat{p}\right)\left(m\omega\hat{q} + \mathrm{i}\hat{p}\right) + \tfrac{1}{2}\right) \\
&= \frac{m}{2}\omega^2\hat{q}^2 + \mathrm{i}\frac{\omega}{2}\left(\hat{q}\hat{p} - \hat{p}\hat{q}\right) + \frac{1}{2m}\hat{p}^2 + \tfrac{1}{2}\hbar\omega = \frac{1}{2m}\hat{p}^2 + \frac{m}{2}\omega^2\hat{q}^2.
\end{aligned} \tag{3.22}$$

Das Operatorprodukt $\hat{a}^\dagger\hat{a}$ wird uns noch häufiger begegnen und wir bezeichnen es als den **Teilchenzahloperator**

$$\hat{N} = \hat{a}^\dagger\hat{a} \quad \text{mit} \quad \hat{N} = \hat{N}^\dagger, \tag{3.23}$$

wobei uns auch dieser Name des Operators $\hat{N}$ erst später klar werden wird. Zunächst wollen wir aber die Vertauschungsrelationen

$$\left[\hat{a}, \hat{N}\right] = \hat{a} \quad \text{und} \quad \left[\hat{a}^\dagger, \hat{N}\right] = -\hat{a}^\dagger \tag{3.24}$$

notieren, die sofort aus der Leibniz-Regel (1.25)) folgen:

$$\left[\hat{a}, \hat{a}^\dagger\hat{a}\right] = \hat{a}^\dagger\left[\hat{a}, \hat{a}\right] + \left[\hat{a}, \hat{a}^\dagger\right]\hat{a} = \left[\hat{a}, \hat{a}^\dagger\right]\hat{a} = \hat{a}. \tag{3.25}$$

Die Mengen der drei bzw. vier Operatoren

$$\mathscr{L}_3 = \{\, \hat{a}^\dagger,\ \hat{a},\ \hat{I}\,\}\ ,\quad \mathscr{L}_4 = \{\, \hat{a}^\dagger,\ \hat{a},\ \hat{I},\ \hat{N} = \hat{a}^\dagger \hat{a}\,\} \tag{3.26}$$

schließen unter dem Kommutatorprodukt und bilden eine drei- bzw. vierdimensionale Lie-Algebra (vgl. Seite 17), ja sogar eine Poisson-Algebra (vgl. Seite 18), da das Operatorprodukt assoziativ ist und die Leibniz-Regel erfüllt. Wir werden uns diese Algebren später noch genauer ansehen.

Zeitentwicklung im Heisenberg-Bild: Der Hamilton-Operator

$$\hat{H}_S = \hbar\omega\big(\hat{N}_S + \tfrac{1}{2}\big) + \hbar f(t)\hat{a}_S + \hbar f^*(t)\hat{a}_S^\dagger \tag{3.27}$$

beschreibt einen linear angetriebenen harmonischen Oszillator im Schrödinger-Bild. Der Operator liegt in der Algebra $\mathscr{L}_4$ aus (3.26) und wir können die Bewegungsgleichungen der Operatoren bequem im Heisenberg-Bild beschreiben. Es sei noch einmal auf die Produktrelation $(\hat{A}\hat{B})_H = \hat{A}_H\hat{B}_H$ hingewiesen und darauf, dass die Kommutatorrelationen im Heisenberg- und Schrödinger-Bild übereinstimmen. Es gilt also $\hat{N}_H = \hat{a}^\dagger{}_H\hat{a}_H$ und $[\hat{a}^\dagger{}_H, \hat{a}_H] = 1$ und, wegen der Linearität des Hamilton-Operators in den Algebra-Operatoren, gilt

$$\hat{H}_H = \hbar\omega\big(\hat{N}_H + \tfrac{1}{2}\big) + \hbar f(t)\hat{a}_H + \hbar f^*(t)\hat{a}_H^\dagger\,. \tag{3.28}$$

Wir verzichten im Folgenden auf eine explizite Kennzeichnung der Operatoren im Heisenberg-Bild durch einen Index, sondern kennzeichnen die Heisenberg-Operatoren durch eine explizite Zeitangabe wie $\hat{a}(t)$ im Gegensatz zu dem Schrödinger-Operator $\hat{a}$.

Wir betrachten zunächst den kräftefreien Fall $f(t) = 0$. Nach Gleichung (2.32) erhalten wir dann die Bewegungsgleichungen

$$\frac{\mathrm{d}\hat{a}(t)}{\mathrm{d}t} = \frac{1}{\mathrm{i}\hbar}\big[\hat{a}(t), \hbar\omega\big(\hat{N}(t) + \tfrac{1}{2}\big)\big] = -\mathrm{i}\omega\big[\hat{a}(t), \hat{a}^\dagger(t)\hat{a}(t)\big] = -\mathrm{i}\omega\,\hat{a}(t) \tag{3.29}$$

$$\frac{\mathrm{d}\hat{a}^\dagger(t)}{\mathrm{d}t} = \frac{1}{\mathrm{i}\hbar}\big[\hat{a}^\dagger(t), \hbar\omega\big(\hat{N}(t) + \tfrac{1}{2}\big)\big] = -\mathrm{i}\omega\big[\hat{a}^\dagger(t), \hat{a}^\dagger(t)\hat{a}(t)\big] = +\mathrm{i}\omega\,\hat{a}^\dagger(t) \tag{3.30}$$

mit der Lösung

$$\hat{a}(t) = \hat{a}\,\mathrm{e}^{-\mathrm{i}\omega t}\ ,\quad \hat{a}^\dagger(t) = \hat{a}^\dagger\mathrm{e}^{+\mathrm{i}\omega t}\,. \tag{3.31}$$

Dabei gilt $\hat{a}^\dagger(t) = (\hat{a}(t))^\dagger$ wegen $\hat{H}^\dagger = \hat{H}$. Der Teilchenzahloperator bleibt zeitlich konstant, $\hat{N}(t) = \hat{N}$. Diese Lösung war recht einfach, aber auch eine zusätzliche Kraft $f(t)$ lässt sich problemlos behandeln. Die Heisenberg-Gleichung für $\hat{a}(t)$ wird zu

$$\begin{aligned}\frac{\mathrm{d}\hat{a}(t)}{\mathrm{d}t} &= \frac{1}{\mathrm{i}\hbar}\big[\hat{a}(t), \hbar\omega\big(\hat{N}(t) + \tfrac{1}{2}\big) + \hbar f(t)\hat{a}(t) + \hbar f^*(t)\hat{a}^\dagger(t)\big]\\ &= -\mathrm{i}\omega\big[\hat{a}(t), \hat{a}^\dagger(t)\hat{a}(t))\big] + f^*(t)\big[\hat{a}(t), \hat{a}^\dagger(t)\big] = -\mathrm{i}\omega\hat{a}(t) - \mathrm{i}f^*(t)\end{aligned} \tag{3.32}$$

mit der Lösung

$$\hat{a}(t) = \big(\hat{a} + g(t)\big)\mathrm{e}^{-\mathrm{i}\omega t} \quad \text{mit} \quad g(t) = -\mathrm{i}\int_0^t f^*(t')\,\mathrm{e}^{\mathrm{i}\omega t'}\,\mathrm{d}t'\,. \tag{3.33}$$

Da der Hamilton-Operator hermitesch ist, erhält man die Zeitevolution von $\hat{a}^\dagger$ aus

$$\hat{a}^\dagger(t) = \big(\hat{a}(t)\big)^\dagger = \big(\hat{a}^\dagger + g^*(t)\big)\mathrm{e}^{+\mathrm{i}\omega t}\,. \tag{3.34}$$

Für einen harmonischen Antrieb lässt sich das Integral in (3.33) in geschlossener Form auswerten und es ergibt sich

$$f(t) = f_0 \cos\Omega t \quad \Longrightarrow \quad g(t) = \frac{f_0}{2}\left(\frac{2\omega}{\omega^2-\Omega^2} - \frac{e^{i(\omega+\Omega}}{\omega+\Omega} - \frac{e^{i(\omega-\Omega}}{\omega-\Omega}\right). \tag{3.35}$$

Damit können wir die Erwartungswerte von $\hat{a}$ und $\hat{a}^\dagger$ als

$$\langle\hat{a}\rangle_t = \langle\psi_0|\hat{a}(t)|\psi_0\rangle = \big(\langle\hat{a}\rangle_0 + g(t)\big)\,e^{-i\omega t} \quad \text{und} \quad \langle\hat{a}^\dagger\rangle_t = \big(\langle\hat{a}\rangle_t\big)^* \tag{3.36}$$

berechnen und auch die Zeitevolution des Teilchenzahloperators $\hat{N}$ im Heisenberg-Bild:

$$\begin{aligned}
\frac{d\hat{N}(t)}{dt} &= \frac{1}{i\hbar}\big[\hat{N}(t), \hbar\omega\big(\hat{N}(t)+\tfrac{1}{2}\big) + \hbar f(t)\hat{a}(t) + \hbar f^*(t)\hat{a}^\dagger(t)\big] \\
&= -i f(t)\big[\hat{N}(t),\hat{a}(t)\big] - i f^*(t)\big[\hat{N}(t),\hat{a}^\dagger(t)\big] \\
&= i f(t)\hat{a}(t) - i f^*(t)\hat{a}^\dagger(t) = i f(t)\big(\hat{a}+g(t)\big)e^{-i\omega t} - i f^*(t)\big(\hat{a}^\dagger + g^*(t)\big)e^{+i\omega t} \\
&= i f(t)e^{-i\omega t}\,\hat{a} - i f^*(t)e^{+i\omega t}\,\hat{a}^\dagger + i f(t)g(t)e^{-i\omega t} - i f^*(t)g^*(t)e^{+i\omega t}.
\end{aligned} \tag{3.37}$$

Integration führt auf die Lösung

$$\hat{N}(t) = \hat{N} + g^*(t)\hat{a} + g(t)\hat{a}^\dagger + g^*(t)\,g(t), \tag{3.38}$$

was natürlich mit $\hat{N}(t) = \hat{a}^\dagger(t)\hat{a}(t)$ übereinstimmt (vgl. Gleichung (2.30)). In Kapitel 8 werden wir zeigen, wie man auf eine andere Weise den Zeitevolutionsoperator $\hat{U}(t)$ konstruieren kann, der dann mit $\hat{A}(t) = \hat{U}^\dagger(t)\hat{A}\hat{U}(t)$ die Zeitabhängigkeit der Observablen liefert.

Wir wollen hier noch versuchen, eine Erweiterung der Operatoralgebra aufzubauen, indem wir weitere Terme hinzunehmen. Wir beginnen mit den Operatoren $\frac{1}{2}\hat{a}^2$ und $\frac{1}{2}\hat{a}^{\dagger 2}$ und berechnen ihre Kommutatoren mit $\hat{a}$ und $\hat{a}^\dagger$. Zunächst gilt trivialerweise

$$\big[\hat{a}, \tfrac{1}{2}\hat{a}^2\big] = 0\ , \quad \big[\hat{a}^\dagger, \tfrac{1}{2}\hat{a}^{\dagger 2}\big] = 0 \tag{3.39}$$

und mithilfe der Leibniz-Regel finden wir

$$\big[\hat{a}, \tfrac{1}{2}\hat{a}^{\dagger 2}\big] = \tfrac{1}{2}\hat{a}^\dagger\big[\hat{a},\hat{a}^\dagger\big] + \tfrac{1}{2}\big[\hat{a},\hat{a}^\dagger\big]\hat{a}^\dagger = -\hat{a}^\dagger \tag{3.40}$$

$$\big[\hat{a}^\dagger, \tfrac{1}{2}\hat{a}^2\big] = \tfrac{1}{2}\hat{a}\big[\hat{a}^\dagger,\hat{a}\big] + \tfrac{1}{2}\big[\hat{a}^\dagger,\hat{a}\big]\hat{a} = \hat{a} \tag{3.41}$$

sowie für den Teilchenzahloperator

$$\big[\hat{N}, \tfrac{1}{2}\hat{a}^2\big] = \big[\hat{a}^\dagger\hat{a}, \tfrac{1}{2}\hat{a}^2\big] = \big[\hat{a}^\dagger, \tfrac{1}{2}\hat{a}^2\big]\hat{a} = -\hat{a}^2 \tag{3.42}$$

$$\big[\hat{N}, \tfrac{1}{2}\hat{a}^{\dagger 2}\big] = \big[\hat{a}^\dagger\hat{a}, \tfrac{1}{2}\hat{a}^{\dagger 2}\big] = \hat{a}^\dagger\big[\hat{a}, \tfrac{1}{2}\hat{a}^{\dagger 2}\big] = \hat{a}^{\dagger 2} \tag{3.43}$$

und zum Schluss

$$\begin{aligned}
\big[\tfrac{1}{2}\hat{a}^2, \tfrac{1}{2}\hat{a}^{\dagger 2}\big] &= \tfrac{1}{2}\hat{a}\big[\hat{a}, \tfrac{1}{2}\hat{a}^{\dagger 2}\big] + \tfrac{1}{2}\big[\hat{a}, \tfrac{1}{2}\hat{a}^{\dagger 2}\big]\hat{a} = \tfrac{1}{2}(\hat{a}\hat{a}^\dagger + \hat{a}^\dagger\hat{a}) \\
&= \tfrac{1}{2}(\hat{a}^\dagger\hat{a} + 1 + \hat{a}^\dagger\hat{a}) = \hat{N} + \tfrac{1}{2}.
\end{aligned} \tag{3.44}$$

Die Menge der sechs Operatoren

$$\mathscr{L}_6 = \left\{\hat{I},\ \hat{a}^\dagger,\ \hat{a},\ \hat{N}+\tfrac{1}{2},\ \tfrac{1}{2}\hat{a}^{\dagger 2},\ \tfrac{1}{2}\hat{a}^2\right\} \tag{3.45}$$

schließt also unter dem Kommutator als Lie-Klammer mit den beiden drei- bzw. vierdimensionalen Unteralgebren $\mathscr{L}_3 = \{\,\hat{I},\ \hat{a}^\dagger,\ \hat{a}\,\}$ und $\mathscr{L}_4 = \{\,\hat{I},\ \hat{a}^\dagger,\ \hat{a},\ \hat{N}+\frac{1}{2}\}$. Wir beobachten auch, dass die drei Operatoren

$$\left\{\hat{N}+\tfrac{1}{2},\ \tfrac{1}{2}\hat{a}^2,\ \tfrac{1}{2}\hat{a}^{\dagger 2}\right\} \tag{3.46}$$

mit den Kommutatoren

$$\left[\hat{N}+\tfrac{1}{2},\tfrac{1}{2}\hat{a}^2\right] = -2\,\tfrac{1}{2}\hat{a}^2\ ,\quad \left[\hat{N}+\tfrac{1}{2},\tfrac{1}{2}\hat{a}^{\dagger 2}\right] = +2\,\tfrac{1}{2}\hat{a}^{\dagger 2}\ ,\quad \left[\tfrac{1}{2}\hat{a}^{\dagger 2},\tfrac{1}{2}\hat{a}^2\right] = -\left(\hat{N}+\tfrac{1}{2}\right) \tag{3.47}$$

schließen, also auch eine Lie-Algebra bilden, eine weitere dreidimensionale Unteralgebra.

Wenn noch weitere höhere Potenzen wie $\hat{a}^3$ hinzugenommen werden, dann ergibt sich keine endlichdimensionale Algebra mehr. Um dies einzusehen, berechnen wir zunächst die Kommutatoren

$$\left[\hat{a},\hat{a}^{\dagger n}\right] = n\hat{a}^{\dagger(n-1)} \quad \text{und} \quad \left[\hat{a}^\dagger,\hat{a}^n\right] = -n\hat{a}^{n-1}\,. \tag{3.48}$$

Die erste Gleichung ist richtig für $n=1$, und, wenn sie richtig ist für irgendein n, dann gilt auch

$$\left[\hat{a},\hat{a}^{\dagger(n+1)}\right] = \hat{a}^\dagger\left[\hat{a},\hat{a}^{\dagger n}\right] + \left[\hat{a},\hat{a}^\dagger\right]\hat{a}^{\dagger n} = n\hat{a}^\dagger\hat{a}^{\dagger(n-1)} + \hat{a}^{\dagger n} = (n+1)\hat{a}^{\dagger n}\,, \tag{3.49}$$

das heißt, die Formel gilt auch für $n+1$ und damit für alle n. Die zweite Formel folgt direkt aus der ersten durch Bildung der Adjungierten. Außerdem gilt

$$\left[\hat{a},\hat{a}^{\dagger n}\hat{a}^m\right] = \hat{a}^{\dagger n}\left[\hat{a},\hat{a}^m\right] + \left[\hat{a},\hat{a}^{\dagger n}\right]\hat{a}^m = \left[\hat{a},\hat{a}^{\dagger n}\right]\hat{a}^m = n\hat{a}^{\dagger(n-1)}\hat{a}^m\,, \tag{3.50}$$

$$\left[\hat{a}^\dagger,\hat{a}^{\dagger n}\hat{a}^m\right] = \hat{a}^{\dagger n}\left[\hat{a}^\dagger,\hat{a}^m\right] + \left[\hat{a}^\dagger,\hat{a}^{\dagger n}\right]\hat{a}^m = \hat{a}^{\dagger n}\left[\hat{a}^\dagger,\hat{a}^m\right] = -n\hat{a}^{\dagger n}\hat{a}^{m-1}\,. \tag{3.51}$$

Für eine beliebige Funktion $\hat{f}(\hat{a},\hat{a}^\dagger)$ folgen dann die nützlichen Kommutatorrelationen

$$[\hat{a},\hat{f}(\hat{a},\hat{a}^\dagger)] = \frac{\partial\hat{f}(\hat{a},\hat{a}^\dagger)}{\partial\hat{a}^\dagger} \quad \text{und} \quad [\hat{a}^\dagger,\hat{f}(\hat{a},\hat{a}^\dagger)] = -\frac{\partial\hat{f}(\hat{a},\hat{a}^\dagger)}{\partial\hat{a}}\,. \tag{3.52}$$

Zum Beweis notieren wir zunächst, dass wir jeden Ausdruck der Form $\hat{a}^{\dagger n_1}\hat{a}^{n_2}\hat{a}^{\dagger n_3}\hat{a}^{n_4}\cdots$ durch die Vertauschungsrelation $\hat{a}\hat{a}^\dagger = \hat{a}^\dagger\hat{a}+1$ in die Form $\sum_{n,m} c_{nm}\hat{a}^{\dagger n}\hat{a}^m$ bringen können, also in eine **Normalordnung**, bei der in allen Produkten die Potenzen der Operatoren $\hat{a}^\dagger$ links von denen der $\hat{a}$ stehen. Wir können also die Funktion als

$$\hat{f}(\hat{a},\hat{a}^\dagger) = \sum_{n,m} c_{nm}\hat{a}^{\dagger n}\hat{a}^m \tag{3.53}$$

ansetzen. Mit

$$[\hat{a},\hat{f}(\hat{a},\hat{a}^\dagger)] = \sum_{n,m} c_{nm}\left[\hat{a},\hat{a}^{\dagger n}\hat{a}^m\right] = \sum_{n,m} c_{nm}n\hat{a}^{\dagger(n-1)}\hat{a}^m = \frac{\partial\hat{f}(\hat{a},\hat{a}^\dagger)}{\partial\hat{a}^\dagger} \tag{3.54}$$

nach (3.50) erhalten wir die Formel links in (3.52). Genauso beweisen wir die rechte Formel.

Erweitern wir jetzt unsere Algebra $\mathscr{L}_6$ in (3.45) um die dritte Potenz $\hat{a}^3$ und berechnen die Kommutatoren mit $\hat{a}^\dagger$ und $\hat{a}^{\dagger 2}$ als

$$\left[\hat{a}^\dagger,\hat{a}^3\right] = -3\hat{a}^2 \quad \text{und} \quad \left[\hat{a}^\dagger\hat{a},\hat{a}^{\dagger 2}\right] = \hat{a}^\dagger\left[\hat{a},\hat{a}^3\right] + \left[\hat{a}^\dagger,\hat{a}^3\right]\hat{a} = -3\hat{a}^3\,, \tag{3.55}$$

so bleiben wir zunächst in der so erweiterten Algebra. Die weiteren Kommutatoren ergeben jedoch mit

$$[\hat{a}^{\dagger 2}, \hat{a}^{\dagger 3}] = \hat{a}^\dagger[\hat{a}^\dagger, \hat{a}^3] + [\hat{a}^\dagger, \hat{a}^3]\hat{a}^\dagger = -3\hat{a}^\dagger\hat{a}^2 - 3\hat{a}^2\hat{a}^\dagger = -3(\hat{a}^\dagger\hat{a}^2 + \hat{a}^2\hat{a}^\dagger) \tag{3.56}$$

einen neuen Operator, der durch

$$[\hat{a}^\dagger\hat{a}^2 + \hat{a}^2\hat{a}^\dagger, \hat{a}^3] = [\hat{a}^\dagger, \hat{a}^3]\hat{a}^2 + \hat{a}^2[\hat{a}^\dagger, \hat{a}^3] = -3\hat{a}^4 - 3\hat{a}^4 = -6\hat{a}^4 \tag{3.57}$$

die vierte Potenz von $\hat{a}$ erzeugt. Man kann sich auf diese Weise davon überzeugen, dass immer höhere Potenzen auftreten und die Algebra nicht mehr endlichdimensional bleibt.

Im weiteren Verlauf werden wir auch Produkte von $\hat{a}^n$ und $\hat{a}^{n\dagger}$ benötigen. Dafür gilt

$$\hat{a}^n\hat{a}^{n\dagger} = \prod_{j=1}^{n}\left(\hat{a}^\dagger\hat{a} + j\right) \quad \text{und} \quad \hat{a}^{n\dagger}\hat{a}^n = \prod_{j=1}^{n}\left(\hat{a}^\dagger\hat{a} + j - n\right). \tag{3.58}$$

Insbesondere ergeben sich damit die Kommutatoren $[\hat{a}, \hat{a}^\dagger] = \hat{a}^\dagger\hat{a} + 1 - \hat{a}^\dagger\hat{a} = 1$ und $[\hat{a}^2, \hat{a}^{2\dagger}] = (\hat{a}^\dagger\hat{a} + 1)(\hat{a}^\dagger\hat{a} + 2) - (\hat{a}^\dagger\hat{a} - 1)\hat{a}^\dagger\hat{a} = 4\hat{a}^\dagger\hat{a} + 2$, die wir in Gleichung (3.44) schon ermittelt hatten. Der allgemeine Beweis der Formel (3.58) wird in Aufgabe 3.2 nachgeliefert.

3.2 Verschiebungs- & Squeeze-Operatoren

Durch eine Exponentiation der $\hat{a}$ und $\hat{a}^\dagger$ lassen sich nützliche Operatoren definieren, die Zustände in kontrollierbarer Weise verschieben und deformieren.

(1) Für $\hat{a}$ und $\hat{a}^\dagger$ gilt

$$\mathrm{e}^{u\hat{a}+v\hat{a}^\dagger} = \mathrm{e}^{v\hat{a}^\dagger}\mathrm{e}^{u\hat{a}}\mathrm{e}^{uv/2} = \mathrm{e}^{u\hat{a}}\mathrm{e}^{v\hat{a}^\dagger}\mathrm{e}^{-uv/2}. \tag{3.59}$$

Dies ergibt sich aus der BCH-Gleichung (1.45), da der Kommutator $[\hat{a}, \hat{a}^\dagger] = \hat{I}$ mit den beiden Operatoren vertauscht.

(2) Transformationen wie $\mathrm{e}^{\hat{A}}\hat{B}\mathrm{e}^{-\hat{A}} = \hat{B}'$ sind Ähnlichkeitstransformationen. Ihre wichtigsten Eigenschaften haben wir schon auf Seite 20 kennen gelernt und und in Abschnitt 6.3 werden wir mehr darüber erfahren. Hier benötigen wir die beiden Transformationen

$$\mathrm{e}^{z\hat{a}}\hat{a}^\dagger\mathrm{e}^{-z\hat{a}} = \hat{a}^\dagger + z\,, \quad \mathrm{e}^{z\hat{a}^\dagger}\hat{a}\mathrm{e}^{-z\hat{a}^\dagger} = \hat{a} - z, \tag{3.60}$$

die wir hier kurz beweisen wollen, ohne die Lie-algebraischen Methoden aus Abschnitt 6.3 zu verwenden. Dazu differenzieren wir die linke Seite der ersten Gleichung nach z,

$$\begin{aligned}\frac{\mathrm{d}}{\mathrm{d}z}\mathrm{e}^{z\hat{a}}\hat{a}^\dagger\mathrm{e}^{-z\hat{a}} &= \mathrm{e}^{z\hat{a}}\hat{a}\hat{a}^\dagger\mathrm{e}^{-z\hat{a}} - \mathrm{e}^{z\hat{a}}\hat{a}^\dagger\hat{a}\mathrm{e}^{-z\hat{a}} = \mathrm{e}^{z\hat{a}}\left(\hat{a}\hat{a}^\dagger - \hat{a}^\dagger\hat{a}\right)\mathrm{e}^{-z\hat{a}}\\ &= \mathrm{e}^{z\hat{a}}[\hat{a}, \hat{a}^\dagger]\mathrm{e}^{-z\hat{a}} = \mathrm{e}^{z\hat{a}}\mathrm{e}^{-z\hat{a}} = 1,\end{aligned} \tag{3.61}$$

was offensichtlich mit der Ableitung der rechten Seite übereinstimmt. Da die Gleichung für $z = 0$ trivialerweise gilt, sind wir mit unserem Beweis am Ende. Genauso zeigt man die zweite Gleichung oder einfacher durch Bildung der Adjungierten der ersten. In gleicher Weise beweist man

$$\mathrm{e}^{z\hat{a}^\dagger\hat{a}}\hat{a}\mathrm{e}^{-z\hat{a}^\dagger\hat{a}} = \mathrm{e}^{-z}\hat{a}\,, \quad \mathrm{e}^{z\hat{a}^\dagger\hat{a}}\hat{a}^\dagger\mathrm{e}^{-z\hat{a}^\dagger\hat{a}} = \mathrm{e}^{z}\hat{a}^\dagger. \tag{3.62}$$

Der **Verschiebungsoperator** (engl. „displacement operator")

$$\hat{D}(\alpha) = \mathrm{e}^{\alpha\hat{a}^\dagger - \alpha^*\hat{a}} \quad \text{mit} \quad \hat{D}(0) = \hat{I} \tag{3.63}$$

(mehr zu dieser Bezeichnung in Abschnitt 3.3.3). Zunächst sehen wir, dass sich durch einen Vorzeichenwechsel von α der adjungierte Operator ergibt:

$$\hat{D}(-\alpha) = \hat{D}^\dagger(\alpha)\,. \tag{3.64}$$

Als nächstes wollen wir die Summenregel

$$\hat{D}(\alpha+\beta) = \hat{D}(\alpha)\hat{D}(\beta)\,\mathrm{e}^{(\alpha\beta^* - \alpha^*\beta)/2} = \hat{D}(\beta)\hat{D}(\alpha)\,\mathrm{e}^{-(\alpha\beta^* - \alpha^*\beta)/2} \tag{3.65}$$

beweisen. Dazu betrachten wir den Kommutator der Operatoren in den Exponenten

$$\left[\alpha\hat{a}^\dagger - \alpha^*\hat{a}, \beta\hat{a}^\dagger - \beta^*\hat{a}\right] = -\alpha^*\beta\left[\hat{a}^\dagger, \hat{a}\right] - \alpha^*\beta\left[\hat{a}, \hat{a}^\dagger\right] = (\alpha\beta^* - \alpha^*\beta)\hat{I}\,. \tag{3.66}$$

Er vertauscht also mit den Operatoren in den Exponenten und wir erhalten mit der BCH-Formel (1.45) direkt die Gleichung (3.65). Wählen wir $\beta = -\alpha$, so sehen wir aus (3.65) mit (3.64) und $\hat{D}(0) = \hat{I}$

$$\hat{D}(\alpha)\hat{D}^\dagger(\alpha) = \hat{D}^\dagger(\alpha)\hat{D}(\alpha) = \hat{I}\,. \tag{3.67}$$

Der Verschiebungsoperator ist also unitär.

Eine weitere Anwendung der BCH-Formel (1.45) liefert uns eine Zerlegung von $\hat{D}(\alpha)$ in exponentielle Produkte:

$$\hat{D}(\alpha) = \mathrm{e}^{\alpha\hat{a}^\dagger - \alpha^*\hat{a}} = \mathrm{e}^{\alpha\hat{a}^\dagger}\mathrm{e}^{-\alpha^*\hat{a}}\mathrm{e}^{-|\alpha|^2/2} = \mathrm{e}^{-\alpha^*\hat{a}}\mathrm{e}^{\alpha\hat{a}^\dagger}\mathrm{e}^{|\alpha|^2/2}\,. \tag{3.68}$$

Damit können wir die Ähnlichkeitstransformation der Operatoren $\hat{a}$ und $\hat{a}^\dagger$ durch $\hat{D}$ in einfacher Weise auswerten und erhalten mithilfe von (3.60)

$$\hat{D}^\dagger(\alpha)\hat{a}\hat{D}(\alpha) = \mathrm{e}^{-|\alpha|^2/2}\mathrm{e}^{-\alpha\hat{a}^\dagger}\mathrm{e}^{\alpha^*\hat{a}}\,\hat{a}\,\mathrm{e}^{-\alpha^*\hat{a}}\mathrm{e}^{\alpha\hat{a}^\dagger}\mathrm{e}^{|\alpha|^2/2} = \mathrm{e}^{-\alpha\hat{a}^\dagger}\,\hat{a}\,\mathrm{e}^{\alpha\hat{a}^\dagger} = \hat{a} + \alpha\,. \tag{3.69}$$

Das heißt, der Operator $\hat{a}$ wird um α verschoben. Daraus folgt

$$\hat{D}^\dagger(\alpha)\hat{a}^\dagger\hat{D}(\alpha) = \left(\hat{D}^\dagger(\alpha)\hat{a}\hat{D}(\alpha)\right)^\dagger = \hat{a}^\dagger + \alpha^*\,. \tag{3.70}$$

Wenn der Parameter α rein reell ist, erfolgt die Verschiebung in Ortsrichtung und der Verschiebungsoperator $\hat{D}(\alpha)$ stimmt mit dem Translationsoperator $\hat{T}_a = \mathrm{e}^{-\frac{\mathrm{i}}{\hbar}a\hat{p}}$ aus Gleichung (3.5) überein (für $\alpha = a\sqrt{m\omega/2\hbar}$). Entsprechend findet man eine Übereinstimmung mit dem Impulstranslationsoperator $\hat{T}_b = \mathrm{e}^{+\frac{\mathrm{i}}{\hbar}b\hat{q}}$ aus Gleichung (3.14) für rein imaginäres $\alpha = \mathrm{i}b/\sqrt{2m\hbar\omega}$.

Zusammen mit dem Operator $\hat{a}^\dagger\hat{a} + \frac{1}{2}$ bilden die Operatoren $\hat{a}^{\dagger 2}/2$ und $\hat{a}^2/2$ mit den Kommutatoren (3.47) eine dreidimensionale Lie-Algebra (vgl. Gleichung (3.46)), genauer eine $\mathfrak{su}(1,1)$-Algebra, über die wir in Abschnitt 6.5 mehr erfahren werden (siehe Seite 104).

Der **Squeeze-Operator**

$$\hat{S}(z) = \mathrm{e}^{z^*\hat{a}^2/2 - z\hat{a}^{\dagger 2}/2} \quad \text{mit} \quad \hat{S}(0) = \hat{I} \tag{3.71}$$

(mehr zu dieser Bezeichnung in Abschnitt 3.3.3) wird wegen seiner Ähnlichkeit zum Verschiebungsoperator (3.63) auch als $\mathfrak{su}(1,1)$-Verschiebungsoperator bezeichnet.

Zunächst gilt $\hat{S}^\dagger(z) = \mathrm{e}^{\hat{A}}$ mit dem Operator

$$\hat{A} = z\hat{a}^{\dagger 2}/2 - z^*\hat{a}^2/2 \quad \text{mit} \quad \hat{A}^\dagger = z^*\hat{a}^2/2 - z\hat{a}^{\dagger 2}/2 = -\hat{A} \tag{3.72}$$

sehen wir, dass $\hat{A}$ schiefhermitesch ist. Daher gilt $\hat{S}(z) = \mathrm{e}^{\hat{A}^\dagger} = \mathrm{e}^{-\hat{A}}$, woraus folgt, dass der Squeeze-Operator unitär ist:

$$\hat{S}^\dagger\hat{S} = \mathrm{e}^{\hat{A}}\mathrm{e}^{-\hat{A}} = \hat{I}\ , \quad \hat{S}\hat{S}^\dagger = \mathrm{e}^{-\hat{A}}\mathrm{e}^{\hat{A}} = \hat{I}\,. \tag{3.73}$$

Für den Verschiebungsoperator konnten wir die nützliche Zerlegung in exponentielle Produkte (3.68) in einfacher Weise beweisen. Für den Squeeze-Operator ist dies etwas aufwendiger. Wir werden es später nachholen (siehe Aufgabe 6.14) und notieren hier nur das Ergebnis

$$\hat{S}(z) = \mathrm{e}^{z^*\hat{a}^2/2 - z\hat{a}^{\dagger 2}/2} = \mathrm{e}^{-\tau\hat{a}^{\dagger 2}/2}\,\mathrm{e}^{\sigma(\hat{a}^\dagger\hat{a}+1/2)}\,\mathrm{e}^{\tau^*\hat{a}^2/2} = \mathrm{e}^{\tau^*\hat{a}^2/2}\,\mathrm{e}^{-\sigma(\hat{a}^\dagger\hat{a}+1/2)}\,\mathrm{e}^{-\tau\hat{a}^{\dagger 2}/2} \tag{3.74}$$

mit $z = r\,\mathrm{e}^{\mathrm{i}\theta}$, $\tau = \mathrm{e}^{\mathrm{i}\theta}\tanh r$ und $\sigma = \ln\sqrt{1-|\tau|^2}$.

Analog zu dem Verschiebungsoperator in den Gleichungen (3.69) und (3.70) erzeugt auch der Squeeze-Operator eine Ähnlichkeitstransformation der $\hat{a}$ und $\hat{a}^\dagger$:

Aufgabe 3.1 (Lösung Seite 273): Zeigen Sie: Mit $z = r\mathrm{e}^{\mathrm{i}\theta}$ gilt für den Squeeze-Operator

$$\hat{S}^\dagger(z)\,\hat{a}\,\hat{S}(z) = \hat{a}\cosh r - \hat{a}^\dagger\mathrm{e}^{\mathrm{i}\theta}\sinh r \quad \text{und} \quad \hat{S}^\dagger(z)\,\hat{a}^\dagger\,\hat{S}(z) = \hat{a}^\dagger\cosh r - \hat{a}\,\mathrm{e}^{-\mathrm{i}\theta}\sinh r\,.$$

Dabei werden die Operatoren $\hat{a}$ und $\hat{a}^\dagger$ auf die Operatoren

$$\hat{b} = \hat{a}\cosh r - \hat{a}^\dagger\mathrm{e}^{\mathrm{i}\theta}\sinh r \quad \text{und} \quad \hat{b}^\dagger = \hat{a}^\dagger\cosh r - \hat{a}\mathrm{e}^{-\mathrm{i}\theta} \tag{3.75}$$

abgebildet, die die gleiche Kommutatorrelation erfüllen:

$$\begin{aligned}[\hat{b},\hat{b}^\dagger] &= \left[\hat{a}\cosh r - \hat{a}^\dagger\mathrm{e}^{\mathrm{i}\theta}\sinh r, \hat{a}^\dagger\cosh r - \hat{a}\mathrm{e}^{-\mathrm{i}\theta}\right] \\ &= \cosh^2 r\left[\hat{a},\hat{a}^\dagger\right] + \sinh^2 r\left[\hat{a}^\dagger,\hat{a}\right] = \left(\cosh^2 r - \sinh^2\right)\hat{I} = \hat{I}\,,\end{aligned} \tag{3.76}$$

eine sogenannte **Holstein-Primakoff-** oder **Bogoliubov-Transformation**.

Die Transformationsformeln aus der Aufgabe lassen sich erweitern, denn es gilt für das Quadrat des Operators $\hat{a}$

$$\hat{S}^\dagger(z)\hat{a}^2\hat{S}(z) = \hat{S}^\dagger(z)\hat{a}\hat{S}(z)\hat{S}^\dagger(z)\hat{a}\hat{S}(z) = \hat{b}^2\,. \tag{3.77}$$

Genauso beweist man durch vollständige Induktion

$$\hat{S}^\dagger(z)\hat{a}^n\hat{S}(z) = \hat{b}^n\ , \quad \hat{S}^\dagger(z)\hat{a}^{\dagger n}\hat{S}(z) = \hat{b}^{\dagger n} \quad \text{und} \quad \hat{S}^\dagger(z)\hat{a}^{\dagger n}\hat{a}^m\hat{S}(z) = \hat{b}^{\dagger n}\hat{b}^m\,. \tag{3.78}$$

Damit können wir für jede Funktion, die sich in eine Potenzreihe $\hat{f}(\hat{a},\hat{a}^\dagger) = \sum_{n,m} c_{nm}\hat{a}^{\dagger n}\hat{a}^m$ entwickeln lässt (vgl. Gleichung (3.53)), eine Transformationsformel notieren:

$$\hat{S}^\dagger(z)\hat{f}(\hat{a},\hat{a}^\dagger)\hat{S}(z) = \hat{f}(\hat{b},\hat{b}^\dagger) \tag{3.79}$$

(siehe dazu auch Gleichung (1.34)).

Mehr über die Eigenschaften des Squeeze-Operators erfahren wir in Abschnitt 3.3.3. Da wir es dann mit kombinierten Verschiebungs- und Squeeze-Operatoren zu tun haben, sei hier erwähnt, dass diese beiden Operatoren nicht kommutieren, sondern es gilt

$$\hat{D}(\alpha)\hat{S}(z) = \hat{S}(z)\hat{D}(\gamma) \quad \text{mit} \quad \gamma = \alpha\cosh r + \alpha^* e^{i\theta}\sinh r\,. \tag{3.80}$$

Ein Beweis dieser Beziehung ist nach unseren Vorarbeiten einfach: Mit dem Verschiebungsoperator (3.63) ergibt Gleichung (3.79)

$$\begin{aligned}\hat{S}^\dagger(z)\hat{D}(\alpha)\hat{S}(z) &= \hat{S}^\dagger(z)e^{\alpha\hat{a}^\dagger-\alpha^*\hat{a}}\hat{S}(z) = e^{\alpha\hat{b}^\dagger-\alpha^*\hat{b}}\\ &= e^{\alpha(\hat{a}^\dagger\cosh r-\hat{a}e^{-i\theta}\sinh r)-\alpha^*(\hat{a}\cosh r-\hat{a}^\dagger e^{i\theta}\sinh r)}\\ &= e^{(\alpha\cosh r+\alpha^* e^{i\theta}\sinh r)\hat{a}^\dagger-(\alpha^*\cosh r+\alpha e^{-i\theta}\sinh r)\hat{a}} = e^{\gamma\hat{a}^\dagger-\gamma^*\hat{a}} = \hat{D}(\gamma)\end{aligned} \tag{3.81}$$

mit $\gamma = \alpha\cosh r + \alpha^* e^{i\theta}\sinh r$. Multiplikation von links mit $\hat{S}(z)$ ergibt Gleichung (3.80).

3.3 Eigenwerte und Eigenzustände

In diesem Abschnitt werden wir das Eigenwertproblem für den harmonischen Oszillator rein algebraisch lösen, insbesondere ohne irgendeine Differentialgleichung heranzuziehen. Wir beginnen dabei mit dem Eigenwertspektrum des hermiteschen Operators $\hat{N} = \hat{a}^\dagger\hat{a}$, dessen (jetzt noch unbekannte) Eigenwerte und Eigenzustände wir mit $n \in \mathbb{R}$ bzw. $|n\rangle$ bezeichnen wollen. Es muss also gelten

$$\hat{N}|n\rangle = n|n\rangle\,. \tag{3.82}$$

Nun ist auch $\hat{a}|n\rangle$ ein Eigenvektor von $\hat{N}$, denn es gilt mit $[\hat{a},\hat{N}] = \hat{a}$ oder $\hat{a}\hat{N} - \hat{N}\hat{a} = \hat{a}$ nach Gleichung (3.24)

$$\hat{N}\hat{a}|n\rangle = (\hat{a}\hat{N} - \hat{a})|n\rangle = (n\hat{a} - \hat{a})|n\rangle = (n-1)\hat{a}|n\rangle\,. \tag{3.83}$$

Also ist der Vektor $\hat{a}|n\rangle$ Eigenvektor von $\hat{N}$ zum Eigenwert $n-1$, falls er nicht gleich dem Nullvektor ist. Es gilt daher

$$\hat{a}|n\rangle = c_n|n-1\rangle \tag{3.84}$$

mit einem Normierungsfaktor c_n. Der Operator $\hat{a}$ wirkt also als ein **Leiteroperator**, der auf der Leiter der Eigenzustände um eine Einheit herunterklettert. Man kann auch sagen, er vernichtet ein Quant und bezeichnet ihn deshalb als **Vernichtungsoperator**. Setzt man dies fort, so erhält man nacheinander die Zustände $|n\rangle$, $|n-1\rangle$, $|n-2\rangle$, ... Nun ist aber der Operator $\hat{N} = \hat{a}^\dagger\hat{a}$ positiv (vgl. Seite 15) und kann daher keinen negativen Eigenwert besitzen. Also muss die Folge nach unten abbrechen, was nur möglich ist, wenn dabei der Nullvektor $|\varnothing\rangle$ erreicht wird, wenn also die Eigenwerte ganze Zahlen sind mit dem tiefsten Eigenwert 0 für den Grundzustand $|0\rangle$, den man auch als **Vakuumzustand** bezeichnet. Dieser Zustand wird durch eine weitere Anwendung von $\hat{a}$ in den Nullvektor $|\varnothing\rangle$ abgebildet: $\hat{a}|0\rangle = |\varnothing\rangle$.

Mit dem Eigenzustand $|n\rangle$ ist auch $\hat{a}^\dagger|n\rangle$ ein Eigenzustand von $\hat{N}$ zum Eigenwert $n+1$. Das sieht man mit $[\hat{a}^\dagger,\hat{N}] = -\hat{a}^\dagger$ nach (3.24):

$$\hat{N}\hat{a}^\dagger|n\rangle = (\hat{a}^\dagger\hat{N} + \hat{a}^\dagger)|n\rangle = (n+1)\hat{a}^\dagger|n\rangle\,. \tag{3.85}$$

Wir erhalten also eine Folge von Eigenzuständen des Operators $\hat{n}$:

$$\hat{a}^\dagger|n\rangle = c'_n|n+1\rangle\,. \tag{3.86}$$

Der Operator $\hat{a}^\dagger$ ist also ebenfalls ein Leiteroperator. Er klettert die Leiter der Eigenzustände hinauf, oder er erzeugt ein Quant, was den Namen **Erzeugungsoperator** für $\hat{a}^\dagger$ plausibel macht. Diese Folge bricht aber *nicht* ab, was man folgendermaßen sieht: Angenommen es gäbe einen Zustand $|n_{\max}\rangle$ mit $\hat{a}^\dagger|n_{\max}\rangle = |\emptyset\rangle$, dann erhält man mit

$$\hat{N}|n_{\max}\rangle = \hat{a}^\dagger\hat{a}|n_{\max}\rangle = (\hat{a}\hat{a}^\dagger - 1)|n_{\max}\rangle = \hat{a}\hat{a}^\dagger|n_{\max}\rangle - |n_{\max}\rangle = -|n_{\max}\rangle \tag{3.87}$$

einen negativen Eigenwert -1, was nicht möglich ist für den positiven Operator $\hat{N}$.

Es bleibt noch die Bestimmung der Normierungsfaktoren. Aus $\hat{a}|n+1\rangle = c_n|n\rangle$ folgt zunächst $\langle n+1|\hat{a}^\dagger = c_n^*\langle n|$ und dann einerseits

$$\langle n+1|\hat{a}^\dagger\hat{a}|n+1\rangle = |c_n|^2\langle n|n\rangle \tag{3.88}$$

und andererseits

$$\langle n+1|\hat{a}^\dagger\hat{a}|n+1\rangle = \langle n+1|\hat{N}|n+1\rangle = (n+1)\langle n+1|n+1\rangle\,. \tag{3.89}$$

Folglich ist für normierte Eigenzustände $c_n = \sqrt{n+1}$. Genauso findet man $c'_n = \sqrt{n+1}$ und wir können abschließend notieren

$$\hat{a}|n+1\rangle = \sqrt{n+1}\,|n\rangle \quad \text{und} \quad \hat{a}^\dagger|n\rangle = \sqrt{n+1}\,|n+1\rangle \tag{3.90}$$

für $n = 0, 1, \ldots$ und $\hat{a}|0\rangle = |\emptyset\rangle$. Damit lassen sich alle Eigenzustände des Teilchenzahloperators $\hat{N}$ durch fortgesetzte Anwendung von $\hat{a}^\dagger$ aus dem Grundzustand $|0\rangle$ erzeugen. Es ist $\hat{a}^\dagger|0\rangle = \sqrt{1}\,|1\rangle$ und

$$\hat{a}^\dagger|1\rangle = \sqrt{2}\,|2\rangle \quad \Longrightarrow \quad |2\rangle = \frac{\hat{a}^\dagger|1\rangle}{\sqrt{2}} = \frac{(\hat{a}^\dagger)^2}{\sqrt{1\cdot 2}}|0\rangle\,, \tag{3.91}$$

$$\hat{a}^\dagger|2\rangle = \sqrt{3}\,|2\rangle \quad \Longrightarrow \quad |3\rangle = \frac{\hat{a}^\dagger|2\rangle}{\sqrt{3}} = \frac{(\hat{a}^\dagger)^2}{\sqrt{2\cdot 3}}|1\rangle = \frac{(\hat{a}^\dagger)^3}{\sqrt{1\cdot 2\cdot 3}}|0\rangle\,, \tag{3.92}$$

oder allgemein

$$|n\rangle = \frac{(\hat{a}^\dagger)^n}{\sqrt{n!}}|0\rangle\,. \tag{3.93}$$

Die Zustände $|n\rangle$, $n = 0, 1, 2\ldots$ sind normiert und, als nicht-entartete Eigenzustände eines hermiteschen Operators, paarweise orthogonal, was wir notieren können als

$$\langle m|n\rangle = \delta_{mn}\,. \tag{3.94}$$

Sie bilden eine geeignete Basis unseres Hilbert-Raums und sind wegen $\hat{H} = \hbar\omega\big(\hat{N} + \frac{1}{2}\big)$ auch Eigenzustände des harmonischen Oszillators, $\hat{H}|n\rangle = E_n|n\rangle$ zu den Eigenwerten

$$E_n = \hbar\omega\big(n + \tfrac{1}{2}\big)\,. \tag{3.95}$$

Aus Gleichung (3.90) ergeben sich die Matrixdarstellungen $\mathbf{a} = \big(\langle m|\hat{a}|n\rangle\big)$, $\mathbf{a}^\dagger = \big(\langle m|\hat{a}^\dagger|n\rangle\big)$ und $\mathbf{n} = \mathbf{a}^\dagger\mathbf{a}$ als

$$\mathbf{a} = \begin{pmatrix} 0 & \sqrt{1} & 0 & 0 & \dots \\ 0 & 0 & \sqrt{2} & 0 & \dots \\ 0 & 0 & 0 & \sqrt{3} & \dots \\ 0 & 0 & 0 & 0 & \dots \\ \vdots & \vdots & \vdots & \vdots & \ddots \end{pmatrix}, \quad \mathbf{a}^\dagger = \begin{pmatrix} 0 & 0 & 0 & 0 & \dots \\ \sqrt{1} & 0 & 0 & 0 & \dots \\ 0 & \sqrt{2} & 0 & 0 & \dots \\ 0 & 0 & \sqrt{3} & 0 & \dots \\ \vdots & \vdots & \vdots & \vdots & \ddots \end{pmatrix}, \quad \mathbf{n} = \begin{pmatrix} 0 & 0 & 0 & 0 & \dots \\ 0 & 1 & 0 & 0 & \dots \\ 0 & 0 & 2 & 0 & \dots \\ 0 & 0 & 0 & 3 & \dots \\ \vdots & \vdots & \vdots & \vdots & \ddots \end{pmatrix}, \tag{3.96}$$

woraus man nach Gleichung (3.18) Matrixdarstellungen des Orts- und Impulsoperators erhält, die in vielen numerischen Anwendungen nützlich sind.[1] Zustände werden dabei natürlich durch Vektoren dargestellt.

3.3.1 Matrixelemente

In diesem Abschnitt sollen einige wichtige Matrixelemente einfacher Funktionen von $\hat{a}^\dagger$ und $\hat{a}$ berechnet werden. Wir beginnen damit, ihre Potenzen zu bestimmen. Für $k = 0, 1, \dots$ gilt

$$\begin{aligned} \hat{a}^k|n\rangle &= \sqrt{\frac{n!}{(n-k)!}}\,|n-k\rangle \ \text{für}\ k \le n\ , \quad \hat{a}^k|n\rangle = |\emptyset\rangle \ \text{für}\ k > n \\ \hat{a}^{\dagger k}|n\rangle &= \sqrt{\frac{(n+k)!}{n!}}\,|n+k\rangle\,, \end{aligned} \tag{3.97}$$

eine Erweiterung der Leitereigenschaften (3.90). Dies hilft uns bei der Lösung der folgenden Aufgabe:

Aufgabe 3.2 (Lösung Seite 273): Zeigen Sie, dass die Produkte $\hat{a}^n\hat{a}^{n\dagger}$ und $\hat{a}^{n\dagger}\hat{a}^n$ nur von dem Operator $\hat{N} = \hat{a}^\dagger\hat{a}$ abhängen und bestätigen sie die Formeln aus Gleichung (3.58):

$$\hat{a}^n\hat{a}^{n\dagger} = \prod_{j=1}^{n}\left(\hat{a}^\dagger\hat{a} + j\right) \quad \text{und} \quad \hat{a}^{n\dagger}\hat{a}^n = \prod_{j=1}^{n}\left(\hat{a}^\dagger\hat{a} + j - n\right).$$

Mit den Formeln (3.97) lassen sich beispielsweise die Exponentialfunktionen auswerten. Aus

$$\mathrm{e}^{g\hat{a}}|n\rangle = \sum_{k=0}^{\infty}\frac{g^k}{k!}\,\hat{a}^k|n\rangle = \sum_{k=0}^{n}\frac{g^k}{k!}\sqrt{\frac{n!}{(n-k)!}}\,|n-k\rangle \tag{3.98}$$

$$\mathrm{e}^{g\hat{a}^\dagger}|n\rangle = \sum_{k=0}^{\infty}\frac{g^k}{k!}\,\hat{a}^{\dagger k}|n\rangle = \sum_{k=0}^{\infty}\frac{k}{k!}\sqrt{\frac{(n+k)!}{n!}}\,|n+k\rangle \tag{3.99}$$

erhält man für die Matrixelemente

$$\langle m|\mathrm{e}^{g\hat{a}}|n\rangle = C_{mn}\,g^{n-m}\ , \quad \langle m|\mathrm{e}^{g\hat{a}^\dagger}|n\rangle = C_{nm}\,g^{m-n} \tag{3.100}$$

[1] Siehe zum Beispiel das auf Seite 8 angegebene Buch *Numerische Physik mit Octave und Matlab.*

mit

$$C_{mn} = \frac{1}{(n-m)!}\sqrt{\frac{n!}{m!}} \quad \text{für} \quad m \leq n \quad \text{und} \quad C_{mn} = 0 \quad \text{sonst}. \tag{3.101}$$

In gleicher Weise kann man auch die Exponentialfunktionen von $\hat{a}^2$ und $\hat{a}^{\dagger 2}$ behandeln, und mit

$$\mathrm{e}^{g\hat{a}^2}|n\rangle = \sum_{k=0}^{\infty} \frac{g^k}{k!}\,\hat{a}^{2k}|n\rangle = \sum_{k=0,\,2k\leq n} \frac{g^k}{k!}\sqrt{\frac{n!}{(n-2k)!}}\;|n-2k\rangle \tag{3.102}$$

$$\mathrm{e}^{g\hat{a}^{\dagger 2}}|n\rangle = \sum_{k=0}^{\infty} \frac{g^k}{k!}\,\hat{a}^{\dagger 2k}|n\rangle = \sum_{k=0}^{\infty} \frac{g^k}{k!}\sqrt{\frac{(n+2k)!}{n!}}\;|n+2k\rangle \tag{3.103}$$

findet man die Matrixelemente

$$\langle m|\mathrm{e}^{g\hat{a}^2}|n\rangle = E_{mn}\, g^{(n-m)/2} \;, \quad \langle m|\mathrm{e}^{g\hat{a}^{\dagger 2}}|n\rangle = E_{nm}\, g^{(m-n)/2} \tag{3.104}$$

mit

$$E_{mn} = \frac{1}{\big((n-m)/2\big)!}\sqrt{\frac{n!}{m!}} \quad \text{für} \quad m \leq n\,,\; m-n \text{ gerade und } E_{mn} = 0 \text{ sonst}. \tag{3.105}$$

Auch die Matrixelemente exponentieller Produkte, wie wir sie beispielsweise in Abschnitt 7.2.4 benötigen werden, lassen sich damit auswerten. Für $\mathrm{e}^{d\hat{a}^\dagger}\mathrm{e}^{g\hat{a}}$ erhalten wir

$$\begin{aligned}\langle m|\mathrm{e}^{d\hat{a}^\dagger}\mathrm{e}^{g\hat{a}}|n\rangle &= \sum_k \langle m|\mathrm{e}^{d\hat{a}^\dagger}|k\rangle\langle \mathrm{e}^{g\hat{a}}|n\rangle = \sum_k C_{km}\, d^{m-k} C_{kn}\, g^{n-k} \\ &= \sqrt{n!m!}\sum_{k=0}^{\min(n,m)} \frac{d^{m-k} g^{n-k}}{(m-k)!(n-k)!k!} =: M_{mn}(d,g)\,,\end{aligned} \tag{3.106}$$

und für das Produkt $\mathrm{e}^{d\hat{a}^{\dagger 2}}\mathrm{e}^{g\hat{a}^2}$ ergibt sich für gerade Werte von $m-n$

$$\begin{aligned}\langle m|\mathrm{e}^{d\hat{a}^{\dagger 2}}\mathrm{e}^{g\hat{a}^2}|n\rangle &= \sum_k \langle m|\mathrm{e}^{d\hat{a}^{\dagger 2}}|k\rangle\langle \mathrm{e}^{g\hat{a}^2}|n\rangle = \sum_k E_{km}\, d^{(m-k)/2} E_{kn}\, g^{(n-k)/2} \\ &= \sqrt{n!m!}\sum_{k=0;\,n-k \text{ gerade}}^{\min(n,m)} \frac{d^{(m-k)/2} g^{(n-k)/2}}{\big((m-k)/2\big)!\big((n-k)/2\big)!\,k!} =: N_{mn}(d,g)\,.\end{aligned} \tag{3.107}$$

Für ungerade Werte von $m-n$ sind die Matrixelemente gleich null.

3.3.2 Kohärente Zustände

Der Vernichtungsoperator $\hat{a}$ besitzt Eigenzustände mit

$$\hat{a}|\alpha\rangle = \alpha|\alpha\rangle \tag{3.108}$$

zu jeder komplexen Zahl α, man nennt sie **kohärente Zustände**, mit der Basisdarstellung

$$|\alpha\rangle = \mathrm{e}^{-|\alpha|^2/2}\sum_{n=0}^{\infty}\frac{\alpha^n}{\sqrt{n!}}\,|n\rangle\,, \tag{3.109}$$

denn es gilt

$$\begin{aligned}\hat{a}\,|\alpha\rangle &= \mathrm{e}^{-|\alpha|^2/2}\sum_{n=0}^{\infty}\frac{\alpha^n}{\sqrt{n!}}\,\hat{a}\,|n\rangle = \mathrm{e}^{-|\alpha|^2/2}\sum_{n=1}^{\infty}\frac{\alpha^n}{\sqrt{n!}}\sqrt{n}\,|n-1\rangle\\ &= \mathrm{e}^{-|\alpha|^2/2}\sum_{n=1}^{\infty}\frac{\alpha^n}{\sqrt{(n-1)!}}\,|n-1\rangle = \alpha\mathrm{e}^{-|\alpha|^2/2}\sum_{n=1}^{\infty}\frac{\alpha^{n-1}}{\sqrt{(n-1)!}}\,|n-1\rangle\\ &= \alpha\mathrm{e}^{-|\alpha|^2/2}\sum_{n=0}^{\infty}\frac{\alpha^n}{\sqrt{n!}}\,|n\rangle = \alpha\,|\alpha\rangle\,.\end{aligned} \tag{3.110}$$

Das Spektrum des Vernichtungsoperators $\hat{a}$ ist also *sehr* reichhaltig, aber dafür ist das des Erzeugungsoperators $\hat{a}^\dagger$ umso ärmer, er besitzt nämlich *keine* Eigenzustände.

Aufgabe 3.3 (Lösung Seite 274): Zeigen Sie, dass der Operator $\hat{a}^\dagger$ keinen Eigenzustand besitzt.

Hier ist auch ein kurzer Blick auf die unendlichdimensionalen Matrixdarstellungen von $\hat{a}$, $\hat{a}^\dagger$ und $\hat{n}$ in Gleichung (3.96) angebracht. Oft reduziert man diese Darstellung auf eine endliche $N \times N$-Matrix in der Hoffnung, für genügend großes N der Wahrheit nahe zu kommen. Aber hier ist Vorsicht angebracht! Als Beispiel hier die ersten Potenzen von $\mathbf{a}^n$ für $N = 4$

$$\mathbf{a} = \begin{pmatrix} 0 & \sqrt{1} & 0 & 0\\ 0 & 0 & \sqrt{2} & 0\\ 0 & 0 & 0 & \sqrt{3}\\ 0 & 0 & 0 & 0\end{pmatrix},\quad \mathbf{a}^2 = \begin{pmatrix} 0 & 0 & \sqrt{2} & 0\\ 0 & 0 & 0 & \sqrt{6}\\ 0 & 0 & 0 & 0\\ 0 & 0 & 0 & 0\end{pmatrix},\quad \mathbf{a}^3 = \begin{pmatrix} 0 & 0 & 0 & \sqrt{6}\\ 0 & 0 & 0 & 0\\ 0 & 0 & 0 & 0\\ 0 & 0 & 0 & 0\end{pmatrix}. \tag{3.111}$$

Wie wir sehen, entstehen immer mehr Nullen und die vierte Potenz (oder allgemein $\mathbf{a}^N$) ist die Nullmatrix. Dann ist jede endliche **a**-Matrix also nilpotent und hat daher nur den Eigenwert null (siehe Aufgabe 1.1).

Nun betrachten wir die Matrixelemente kohärenter Zustände. Aus (3.109) sieht man, dass sie durch

$$\langle\beta|\alpha\rangle = \mathrm{e}^{-|\beta|^2/2-|\alpha|^2/2+\beta^*\alpha} \quad \text{mit} \quad |\langle\beta|\alpha\rangle|^2 = \mathrm{e}^{-|\beta-\alpha|^2} \tag{3.112}$$

gegeben sind. Das heißt, die kohärenten Zustände sind normiert,

$$\langle\alpha|\alpha\rangle = 1\,, \tag{3.113}$$

aber nicht orthogonal.

Die kohärenten Zustände sind **vollständig**, was man üblicherweise ausdrückt durch die Darstellung des Einheitsoperators

$$\hat{I} = \int\frac{\mathrm{d}^2\alpha}{\pi}\,|\alpha\rangle\langle\alpha|\,. \tag{3.114}$$

Dabei wird über die gesamte komplexe Ebene integriert mit $\mathrm{d}^2\alpha = \mathrm{d}x\mathrm{d}y = r\mathrm{d}r\mathrm{d}\phi$ für $\alpha = x + \mathrm{i}y$ bzw. $\alpha = r\,\mathrm{e}^{\mathrm{i}\phi}$. Wir beweisen diese **Vollständigkeitsrelation** mit der Basiseinwicklung (3.109):

$$\begin{aligned}\int\frac{\mathrm{d}^2\alpha}{\pi}\,|\alpha\rangle\langle\alpha| &= \sum_{n,m}\frac{|n\rangle\langle m|}{\sqrt{n!m!}}\int\frac{\mathrm{d}^2\alpha}{\pi}\,\mathrm{e}^{-|\alpha|^2}\,\alpha^n\alpha^{*\,m}\\ &= \sum_{n,m}\frac{|n\rangle\langle m|}{\sqrt{n!m!}}\,\delta_{n,m}\,n! = \sum_n\frac{|n\rangle\langle n|}{n!}\,n! = \sum_n|n\rangle\langle n| = \hat{I}\,,\end{aligned} \tag{3.115}$$

wobei wir das Integral mithilfe der Polardarstellung $\alpha = r\,\mathrm{e}^{\mathrm{i}\phi}$ ausgewertet haben:

$$\int \mathrm{d}^2\alpha\, \mathrm{e}^{-|\alpha|^2} \alpha^n \alpha^{*\,m} = \underbrace{\int_0^{2\pi} \mathrm{d}\phi\, \mathrm{e}^{\mathrm{i}(n-m)\phi}}_{2\pi\,\delta_{n,m}} \int_0^{\infty} r\,\mathrm{d}r\, \mathrm{e}^{-r^2}\, r^{n+m} = \pi\, n!\, \delta_{n,m}\,. \tag{3.116}$$

Dabei führte das Integral über r auf eine Integraldarstellung der Gammafunktion:

$$2\int_0^{\infty} r\,\mathrm{d}r\,\mathrm{e}^{-r^2} r^{2n} = \int_0^{\infty} \mathrm{d}t\,\mathrm{e}^{-t}\, t^n = \Gamma(n+1) = n!\,. \tag{3.117}$$

Die Basis $|n\rangle$ unseres Vektorraums ist abzählbar, die kohärenten Zustande sind überabzählbar. Also sind sie übervollständig, sie sind nicht linear unabhängig. Wegen (3.114) lässt sich jeder Zustand als Linearkombination der kohärenten Zustände darstellen. So erhalten wir

$$|\psi\rangle = \hat{I}\,|\psi\rangle = \int \frac{\mathrm{d}^2\alpha}{\pi}\,|\alpha\rangle\langle\alpha|\psi\rangle = \int \frac{\mathrm{d}^2\alpha}{\pi}\,\psi(\alpha^*)\,\mathrm{e}^{-|\alpha|^2/2}\,|\alpha\rangle\,. \tag{3.118}$$

Dabei ergibt sich mit (3.109) und dem normierten Zustand $|\psi\rangle = \sum_n c_n |n\rangle$ für die Funktion unter dem Integral

$$\psi(\alpha^*) = \mathrm{e}^{|\alpha|^2/2}\langle\alpha|\psi\rangle = \sum_{n=0}^{\infty} \frac{\alpha^{*\,n}}{\sqrt{n!}}\,\langle n|\psi\rangle = \sum_{n=0}^{\infty} c_n \frac{\alpha^{*\,n}}{\sqrt{n!}}\,, \tag{3.119}$$

eine analytische (sogar eine ganze) Funktion von α^*, bekannt als die **Bargmann-Darstellung** der Zustände. Dabei werden die Operatoren auf komplexe Zahlen und Differentialoperatoren abgebildet

$$\hat{a} \iff \frac{\mathrm{d}}{\mathrm{d}z}\,, \quad \hat{a}^\dagger \iff z\,, \quad |n\rangle \iff \frac{z^n}{\sqrt{n!}}\,, \tag{3.120}$$

und ein beliebiger normierter Zustand $|\varphi\rangle$ im Hilbert-Raum entspricht einer (ganzen) komplexen Funktion

$$|\varphi\rangle = \sum_{n=0}^{\infty} c_n|n\rangle \iff \varphi(z) = \sum_{n=0}^{\infty} c_n \frac{z^n}{\sqrt{n!}} \quad \text{mit} \quad \sum_n |c_n|^2 = 1\,. \tag{3.121}$$

Das Skalarprodukt zweier solcher komplexer Funktionen wird zu dem Integral

$$\langle\varphi|\psi\rangle = \frac{1}{\pi}\iint \varphi^*(z)\psi(z)\mathrm{e}^{-|z|^2}\mathrm{d}^2 z\,. \tag{3.122}$$

Die Basisdarstellung (3.109) der kohärenten Zustände lässt sich mithilfe von $|n\rangle = \frac{(\hat{a}^\dagger)^n}{\sqrt{n!}}|0\rangle$ nach Gleichung (3.93) auch umschreiben als

$$|\alpha\rangle = \mathrm{e}^{-|\alpha|^2/2} \sum_{n=0}^{\infty} \frac{\alpha^n}{\sqrt{n!}}\,|n\rangle = \mathrm{e}^{-|\alpha|^2/2} \sum_{n=0}^{\infty} \frac{\alpha^n}{n!}(\hat{a}^\dagger)^n\,|0\rangle = \mathrm{e}^{-|\alpha|^2/2}\mathrm{e}^{\alpha\hat{a}^\dagger}\,|0\rangle\,. \tag{3.123}$$

Das heißt, der Operator $\mathrm{e}^{\alpha\hat{a}^\dagger}$ erzeugt den kohärenten Zustand $|\alpha\rangle$ aus dem Grundzustand $|0\rangle$, was wir mit dem Verschiebungsoperator $\hat{D}(\alpha)$ aus Abschnitt 3.2 auch formulieren können als

$$\hat{D}(\alpha)|0\rangle = |\alpha\rangle \quad \text{mit} \quad \hat{D}(\alpha) = \mathrm{e}^{\alpha\hat{a}^\dagger - \alpha^*\hat{a}}\,, \tag{3.124}$$

denn es gilt (siehe Gleichung (3.68))

$$\hat{D}(\alpha)|0\rangle = \mathrm{e}^{\alpha\hat{a}^\dagger - \alpha^*\hat{a}}|0\rangle = \mathrm{e}^{-|\alpha|^2/2}\mathrm{e}^{\alpha\hat{a}^\dagger}\mathrm{e}^{-\alpha^*\hat{a}}|0\rangle = \mathrm{e}^{-|\alpha|^2/2}\mathrm{e}^{\alpha\hat{a}^\dagger}|0\rangle = |\alpha\rangle\,, \tag{3.125}$$

denn aus $\hat{a}|0\rangle = |\emptyset\rangle$ folgt $\mathrm{e}^{z\hat{a}}|0\rangle = |0\rangle$. Der Operator $\hat{D}(\alpha)$ verschiebt also den Grundzustand, ein kohärenter Zustand mit $\alpha = 0$, an die Stelle α, daher der Name des Verschiebungsoperators.

Oft benötigt man eine Anwendung der Operator-Exponenten auf einen kohärenten Zustand. Dazu dienen die folgenden Formeln:

$$\begin{aligned} &\mathrm{e}^{\beta\hat{a}}|\alpha\rangle = \mathrm{e}^{\beta\alpha}|\alpha\rangle \ , \ \mathrm{e}^{\beta\hat{a}^\dagger}|\alpha\rangle = \mathrm{e}^{(|\beta|^2+\beta\alpha^*+\beta^*\alpha)/2}|\alpha+\beta\rangle\,, \\ &\mathrm{e}^{\beta\hat{a}^\dagger\hat{a}}|\alpha\rangle = \mathrm{e}^{|\alpha|^2(\mathrm{e}^{\beta+\beta^*}-1)/2}|\mathrm{e}^\beta\alpha\rangle\,. \end{aligned} \tag{3.126}$$

Die erste folgt direkt aus $\hat{a}|\alpha\rangle = \alpha|\alpha\rangle$, die zweite beweisen wir mithilfe von (3.123) und mit $|\alpha+\beta|^2 - |\alpha|^2 = |\beta|^2 + \beta\alpha^* + \beta^*\alpha$:

$$\mathrm{e}^{\beta\hat{a}^\dagger}|\alpha\rangle = \mathrm{e}^{\beta\hat{a}^\dagger}\mathrm{e}^{-|\alpha|^2/2}\mathrm{e}^{\alpha\hat{a}^\dagger}|0\rangle = \mathrm{e}^{-|\alpha|^2/2}\mathrm{e}^{(\alpha+\beta)\hat{a}^\dagger}|0\rangle = \mathrm{e}^{-|\alpha|^2/2+|\alpha+\beta|^2/2}|\alpha+\beta\rangle\,, \tag{3.127}$$

und die dritte erhält man mit (3.109):

$$\begin{aligned} \mathrm{e}^{\beta\hat{a}^\dagger\hat{a}}|\alpha\rangle &= \mathrm{e}^{\beta\hat{a}^\dagger\hat{a}}\mathrm{e}^{-|\alpha|^2/2}\sum_{n=0}^{\infty}\frac{\alpha^n}{\sqrt{n!}}|n\rangle = \mathrm{e}^{-|\alpha|^2/2}\sum_{n=0}^{\infty}\frac{\alpha^n}{\sqrt{n!}}\mathrm{e}^{\beta n}|n\rangle \\ &= \mathrm{e}^{-|\alpha|^2/2}\sum_{n=0}^{\infty}\frac{(\mathrm{e}^\beta\alpha)^n}{\sqrt{n!}}|n\rangle = \mathrm{e}^{-|\alpha|^2/2}\mathrm{e}^{|\mathrm{e}^\beta\alpha|^2/2}|\mathrm{e}^\beta\alpha\rangle = \mathrm{e}^{|\alpha|^2(\mathrm{e}^{\beta+\beta^*}-1)/2}|\mathrm{e}^\beta\alpha\rangle\,. \end{aligned} \tag{3.128}$$

Multiplikation von links mit $\langle\alpha'|$ ergibt mithilfe von (3.112) das Matrixelement

$$\langle\alpha'|\mathrm{e}^{\beta\hat{a}^\dagger\hat{a}}|\alpha\rangle = \mathrm{e}^{-|\alpha'|^2/2-|\alpha|^2/2+\mathrm{e}^\beta\alpha'^*\alpha} \quad \text{und} \quad \langle\alpha|\mathrm{e}^{\beta\hat{a}^\dagger\hat{a}}|\alpha\rangle = \mathrm{e}^{-(1-\mathrm{e}^\beta)|\alpha|^2}\,. \tag{3.129}$$

Der Phasenraum: Im Hinblick auf die Gleichungen (3.17) und (3.18) lässt sich der komplexe Parameter α auch durch die Orts- und Impulsvariablen q und p parametrisieren:

$$\alpha = \frac{1}{\sqrt{2m\hbar\omega}}\big(m\omega q + \mathrm{i}\,p\big)\,, \tag{3.130}$$

und man kann die kohärenten Zustände auch in der Form $|q,p\rangle$ angeben.

Für Ort und Impuls ergeben sich mit $\hat{a}\,|\alpha\rangle$ und $\langle\alpha|\,\hat{a}^\dagger$ zunächst die Erwartungswerte

$$\langle\hat{a}\rangle = \langle\alpha|\,\hat{a}\,|\alpha\rangle = \alpha \ , \quad \langle\hat{a}^\dagger\rangle = \langle\alpha|\,\hat{a}^\dagger\,|\alpha\rangle = \alpha^* \tag{3.131}$$

und damit nach (3.18)

$$\begin{aligned} \langle\hat{q}\rangle &= \sqrt{\frac{\hbar}{2m\omega}}\,\langle\hat{a}^\dagger + \hat{a}\rangle = \sqrt{\frac{\hbar}{2m\omega}}\big(\alpha^* + \alpha\big)\,, \\ \langle\hat{p}\rangle &= \mathrm{i}\sqrt{\frac{m\hbar\omega}{2}}\,\langle\hat{a}^\dagger - \hat{a}\rangle = \mathrm{i}\sqrt{\frac{m\hbar\omega}{2}}\big(\alpha^* - \alpha\big) \end{aligned} \tag{3.132}$$

oder

$$\alpha = \frac{1}{\sqrt{2m\hbar\omega}}\big(m\omega\,\langle\hat{q}\rangle + \mathrm{i}\langle\hat{p}\rangle\big)\,. \tag{3.133}$$

Die komplexe α-Ebene entspricht also mit $q = \langle\hat{q}\rangle$, $p = \langle\hat{p}\rangle$ dem klassischen Phasenraum (q, p) und die kohärenten Zustände lokalisieren bei den Mittelwerten von Ort und Impuls. Das legt es nahe, für einen beliebigen Quantenzustand $|\psi\rangle$ oder einen Dichteoperator $\hat{\rho}$ die Größe

$$Q(\alpha) = |\langle\alpha|\psi\rangle|^2 \quad \text{oder} \quad Q(\alpha) = \langle\alpha|\hat{\rho}|\alpha\rangle\,, \tag{3.134}$$

eine Projektion auf die α-Ebene, bzw. auf die (p, q)-Ebene, als eine quantenmechanische Quasi-Phasenraumverteilung aufzufassen, die sogenannte **Husimi-Dichte** $Q(\alpha)$ bzw. $Q(q, p)$, benannt nach dem japanischen Physiker Kôji Husimi (1909–2008). Diese Verteilung erfüllt fast alle Eigenschaften einer echten Phasenraumdichte. Sie ist nicht-negativ, und die Orts- und Impulserwartungswerte ergeben sich in der gewohnten Weise als

$$\langle\hat{q}\rangle = \int q\, Q(q, p)\, \mathrm{d}q\, \mathrm{d}p\;, \quad \langle\hat{p}\rangle = \int p\, Q(q, p)\, \mathrm{d}q\, \mathrm{d}p\,. \tag{3.135}$$

Allerdings gilt dies nicht für allgemeine Mittelwerte. Auch ihre Marginalverteilungen liefern *nicht* die zu erwartenden Resulate: $\int Q(q, p)\, \mathrm{d}q \neq |\langle p|\psi\rangle|^2$ und $\int Q(q, p)\, \mathrm{d}p \neq |\langle q|\psi\rangle|^2$. Die Husimi-Dichte eines kohärenten Zustands $|\psi\rangle = |\alpha_0\rangle$ ist eine Gauß-Verteilung im Phasenraum. Das folgt sofort aus Gleichung (3.112).

Eine quantenmechanische Quasi-Phasenraumdichte mit ähnlichen Eigenschaften ist die Wigner-Dichte, die wir in Gleichung (10.17) kennenlernen werden..

Es bleibt noch zu zeigen, dass die kohärenten Zustände minimale Unschärfe besitzen. Zunächst erhalten wir mit $\langle\alpha|\alpha\rangle = 1$ die Erwartungswerte

$$\langle\hat{a}^2\rangle = \langle\alpha|\,\hat{a}^2\,|\alpha\rangle = \alpha^2\,, \quad \langle\hat{a}^{\dagger 2}\rangle = \langle\alpha|\,\hat{a}^{\dagger 2}\,|\alpha\rangle = \alpha^{*2}\,, \quad \langle\hat{a}^\dagger\hat{a}\rangle = \langle\alpha|\,\hat{a}^\dagger\hat{a}\,|\alpha\rangle = \alpha^*\alpha \tag{3.136}$$

und mit

$$\begin{aligned}
\langle\hat{q}^2\rangle &= \frac{\hbar}{2m\omega}\,\langle\hat{a}^{\dagger 2} + \hat{a}^\dagger\hat{a} + \hat{a}\hat{a}^\dagger + \hat{a}^2\rangle = \frac{\hbar}{2m\omega}\,\langle\hat{a}^{\dagger 2} + 2\hat{a}^\dagger\hat{a} + 1 + \hat{a}^2\rangle \\
&= \frac{\hbar}{2m\omega}\left(\alpha^{*2} + 2\alpha^*\alpha + 1 + \alpha^2\right) \\
\langle\hat{p}^2\rangle &= -\frac{\hbar m\omega}{2}\,\langle\hat{a}^{\dagger 2} - \hat{a}^\dagger\hat{a} + \hat{a}\hat{a}^\dagger - \hat{a}^2\rangle = -\frac{\hbar m\omega}{2}\,\langle\hat{a}^{\dagger 2} - 2\hat{a}^\dagger\hat{a} - 1 + \hat{a}^2\rangle \\
&= -\frac{\hbar m\omega}{2}\left(\alpha^{*2} - 2\alpha^*\alpha - 1 + \alpha^2\right)
\end{aligned} \tag{3.137}$$

erhält man für die Varianzen

$$(\Delta q)^2 = \langle\hat{q}^2\rangle - \langle\hat{q}\rangle^2 = \frac{\hbar}{2m\omega}\;, \quad (\Delta p)^2 = \langle\hat{p}^2\rangle - \langle\hat{p}\rangle^2 = \frac{\hbar m\omega}{2} \tag{3.138}$$

und schließlich für das Unschärfeprodukt

$$\Delta p\,\Delta q = \frac{\hbar}{2}\,. \tag{3.139}$$

Im Vergleich mit der Ungleichung (3.3) für das Unschärfeprodukt sieht man, dass die kohärenten Zustände dieses Produkt minimieren. Sie sind **Zustände minimaler Unschärfe**.

Um die **Ortsdarstellung** $\psi_\alpha(q) = \langle q|\alpha\rangle$ der kohärenten Zustände zu bestimmen, also der Eigenzustände des Operators $\hat{a} = \frac{1}{\sqrt{2m\hbar\omega}}\big(m\omega\hat{q} + \mathrm{i}\hat{p}\big)$, gehen wir von der Ortsdarstellung dieses Operators aus und schreiben $\hat{a}|\alpha\rangle = \alpha|\alpha\rangle$ mit $\alpha = \frac{1}{\sqrt{2m\hbar\omega}}\big(m\omega q_0 + \mathrm{i}\,p_0\big)$ (vgl. (3.130)) und dem Impulsoperator $\hat{p} = \frac{\hbar}{\mathrm{i}}\frac{\mathrm{d}}{\mathrm{d}q}$ als

$$\left(m\omega q + \hbar\frac{\mathrm{d}}{\mathrm{d}q}\right)\psi_\alpha(q) = (m\omega q_0 + \mathrm{i}p_0)\,\psi_\alpha(q) \tag{3.140}$$

mit der normierten Lösung

$$\psi_\alpha(q) = N\mathrm{e}^{-\frac{m\omega}{2\hbar}\left(q-q_0\right)^2+\frac{\mathrm{i}}{\hbar}p_0 q} \quad , \quad N = \left(\frac{m\omega}{\pi\hbar}\right)^{1/4} , \tag{3.141}$$

die natürlich wieder die Erwartungswerte und Breiten

$$\langle\hat{q}\rangle = q_0 \, , \ \langle\hat{p}\rangle = p_0 \, , \ \Delta q = \sqrt{\hbar/2m\omega} \, , \ \Delta p = \sqrt{\hbar m\omega/2} \tag{3.142}$$

ergibt.

Von besonderer Bedeutung ist auch das **Zeitverhalten** der kohärenten Zustände, denn für einen harmonischen Hamilton-Operator $\hat{H} = \omega(\hat{a}^\dagger\hat{a} + 1/2)$ bleibt ein kohärenter Zustand $|\alpha\rangle$ kohärent. Um dies zu zeigen, benötigen wir die Vertauschungsformel

$$\mathrm{e}^{v\hat{a}^\dagger\hat{a}}\,\mathrm{e}^{u\hat{a}^\dagger} = \mathrm{e}^{u\mathrm{e}^{v}\hat{a}^\dagger}\,\mathrm{e}^{v\hat{a}^\dagger\hat{a}} , \tag{3.143}$$

die sich in einfacher Weise mithilfe der Gleichungen (1.34) und (3.62) beweisen lässt. Einen weiteren Beweis findet man in Aufgabe 6.12. Dann erhalten wir mithilfe des Zeitentwicklungsoperators $\hat{U}(t) = \mathrm{e}^{-\mathrm{i}\hat{H}t}$ ($\hbar = 1$) unter Anwendung der obigen Vertauschungsrelation und $\hat{a}^\dagger\hat{a}|n\rangle = n|n\rangle$ für $n = 0$

$$\begin{aligned} |\psi(t)\rangle = \hat{U}(t)|\psi(t)\rangle &= \mathrm{e}^{-\mathrm{i}\omega(\hat{a}^\dagger\hat{a}+1/2)t}|\alpha\rangle = \mathrm{e}^{-\mathrm{i}\omega(\hat{a}^\dagger\hat{a}+1/2)t}\mathrm{e}^{-|\alpha|^2/2}\mathrm{e}^{\alpha\hat{a}^\dagger}|0\rangle \\ &= \mathrm{e}^{-|\alpha|^2/2}\mathrm{e}^{\alpha\mathrm{e}^{-\mathrm{i}\omega t}\hat{a}^\dagger}\mathrm{e}^{-\mathrm{i}\omega(\hat{a}^\dagger\hat{a}+1/2)t}|0\rangle = \mathrm{e}^{(-\mathrm{i}\omega t-|\alpha|^2)/2}\mathrm{e}^{\alpha\mathrm{e}^{-\mathrm{i}\omega t}\hat{a}^\dagger}|0\rangle \\ &= \mathrm{e}^{(-\mathrm{i}\omega t+|\alpha(t)(|^2-|\alpha|^2)/2}|\alpha(t)\rangle \quad \text{mit} \quad \alpha(t) = \mathrm{e}^{\alpha\mathrm{e}^{-\mathrm{i}\omega t}} . \end{aligned} \tag{3.144}$$

Es ergibt sich also ein zeitabhängiger kohärenter Zustand $|\alpha(t)\rangle$, wobei $\alpha(t)$ die Bewegungsgleichung

$$\dot{\alpha}(t) = -\mathrm{i}\omega\alpha(t) \tag{3.145}$$

erfüllt. Umgeschrieben auf p und q liefert dies genau die klassischen hamiltonschen Gleichungen. In Kapitel 8 (siehe Gleichung (8.9)) werden wir sehen, dass sich dieses Zeitverhalten auf allgemeinere harmonische Oszillatorsysteme ausdehnen lässt.

3.3.3 Gequetschte kohärente Zustände

Der Verschiebungsoperator $\hat{D}(\alpha) = \mathrm{e}^{\alpha\hat{a}^\dagger-\alpha^*\hat{a}}$ erzeugt nach Gleichung (3.125) aus dem Oszillator-Grundzustand einen kohärenten Zustand mit der Basisdarstellung (3.109):

$$|\alpha\rangle = \hat{D}(\alpha)|0\rangle = \mathrm{e}^{-|\alpha|^2/2}\sum_{n=0}^{\infty}\frac{\alpha^n}{\sqrt{n!}}|n\rangle . \tag{3.146}$$

Wir wollen in gleicher Weise die Wirkung des Squeeze-Operators

$$\hat{S}(z) = \mathrm{e}^{z^*\hat{a}^2/2-z\hat{a}^{\dagger 2}/2} = \mathrm{e}^{-\tau\hat{a}^{\dagger 2}/2}\,\mathrm{e}^{\sigma(\hat{a}^\dagger\hat{a}+1/2)}\,\mathrm{e}^{\tau^*\hat{a}^2/2} \tag{3.147}$$

mit den Parametern

$$z = r\mathrm{e}^{\mathrm{i}\theta} \quad , \quad \tau = \mathrm{e}^{\mathrm{i}\theta}\tanh r \quad , \quad \sigma = \ln\sqrt{1-|\tau|^2} , \tag{3.148}$$

definiert in den Gleichungen (3.71) und (3.74), auf den Grundzustand bestimmen. Dazu gehen wir von der Produktdarstellung rechts in Gleichung (3.147) aus und erhalten mit $e^{\tau^* \hat{a}^2/2}|0\rangle = |0\rangle$ (wegen $\hat{a}|0\rangle = |\emptyset\rangle$) und mithilfe von Gleichung (3.103) und $e^{\sigma/2} = \sqrt[4]{1-\tanh^2 r} = 1/\sqrt{\cosh r}$

$$\begin{aligned}|z\rangle = \hat{S}(z)|0\rangle &= e^{-\tau\hat{a}^{\dagger 2}/2} e^{\sigma(\hat{a}^\dagger\hat{a}+1/2)} e^{\tau^*\hat{a}^2/2}|0\rangle = e^{-\tau\hat{a}^{\dagger 2}/2} e^{\sigma(\hat{a}^\dagger\hat{a}+1/2)}|0\rangle \\ &= e^{\sigma/2} e^{-\tau\hat{a}^{\dagger 2}/2}|0\rangle = \frac{1}{\sqrt{\cosh r}} \sum_{k=0}^{\infty} \frac{(-\tau)^k}{2^k} \frac{\sqrt{(2k)!}}{k!}|2k\rangle\,. \end{aligned} \tag{3.149}$$

Den so erzeugten Zustand $|z\rangle$ bezeichnet man als einen gequetschten Grundzustand. Wie wir aus dieser Gleichung sehen, ist er eine Superposition von Zuständen mit gerader Quantenzahl, also im Teilchenbild (vgl. Abschnitt 3.4) einer geraden Anzahl von Photonen. Die mittlere Photonenzahl $\langle\hat{N}\rangle$, also den Erwartungswert von $\hat{N} = \hat{a}^\dagger\hat{a}$, können wir auf eine elegante Weise mithilfe der Bogoliubov-Transformation über Gleichung (3.79) bestimmen:

$$\begin{aligned}\langle\hat{N}\rangle &= \langle z|\hat{a}^\dagger\hat{a}|z\rangle = \langle 0|\hat{S}^\dagger(z)\hat{a}^\dagger\hat{a}\hat{S}(z)|0\rangle = \langle 0|\hat{b}^\dagger\hat{b}|0\rangle \\ &= \langle 0|\big(\hat{a}^\dagger\cosh r - \hat{a}e^{-i\theta}\big)\big(\hat{a}\cosh r - \hat{a}^\dagger e^{i\theta}\sinh r\big)|0\rangle \\ &= \langle 0|\big(\hat{a}^\dagger\hat{a}\cosh^2 r - \sinh r\cosh r(\hat{a}^{\dagger 2}e^{i\theta} + \hat{a}^2e^{-i\theta}) + \hat{a}\hat{a}^\dagger\sinh^2 r\big)|0\rangle \\ &= \langle 0|\big(\hat{a}^\dagger\hat{a}(\cosh^2 r + \sinh^2 r) + \sinh^2 r\big)|0\rangle = \sinh^2 r\,, \end{aligned} \tag{3.150}$$

denn es gilt $\hat{a}^\dagger\hat{a}|0\rangle = 0|0\rangle$.

Genauso bestimmen wir die Orts- und Impulsunschärfen des Zustands $|z\rangle$. Es gilt nach (3.79)

$$\langle z|\hat{a}|z\rangle = \langle 0|\hat{S}^\dagger(z)\hat{a}\hat{S}(z)|0\rangle = \langle 0|\hat{b}|0\rangle = \cosh r\langle 0|\hat{a}|0\rangle - e^{i\theta}\sinh r\langle 0|\hat{a}|0\rangle = 0 \tag{3.151}$$

und genauso erhalten wir $\langle z|\hat{a}^\dagger|z\rangle = 0$. Folglich sind auch die Orts- und Impulserwartungswerte gleich null. Zur Berechnung der Quadrate bilden wir zunächst

$$\begin{aligned}\big(\hat{b}^\dagger + \hat{b}\big)^2 &= \big((\cosh r - e^{i\theta}\sinh r)\hat{a}^\dagger + (\cosh r - e^{-i\theta}\sinh r)\hat{a}\big)^2 \\ &= (\cosh r - e^{i\theta}\sinh r)^2\hat{a}^{\dagger 2} + (\cosh r - e^{-i\theta}\sinh r)^2\hat{a}^2 \\ &\quad + (\cosh r - e^{i\theta}\sinh r)(\cosh r - e^{-i\theta}\sinh r)(2\hat{a}^\dagger\hat{a} + 1)\,. \end{aligned} \tag{3.152}$$

Bei der Berechnung des Mittelwerts $\langle 0|(\hat{b}^\dagger + \hat{b})^2|0\rangle$ liefert nur der Term mit der 1 in der letzten Zeile einen nicht-verschwindenden Beitrag, und wir erhalten

$$\begin{aligned}\langle 0|(\hat{b}^\dagger + \hat{b})^2|0\rangle &= (\cosh r - e^{i\theta}\sinh r)(\cosh r - e^{-i\theta}\sinh r) \\ &= \cosh^2 r + \sinh^2 r - 2\cos\theta\sinh r\cosh r = \cosh 2r - \cos\theta\sinh 2r\,. \end{aligned} \tag{3.153}$$

Damit ergibt sich für die Ortsunschärfe mit (3.79)

$$(\Delta q)^2 = \langle z|\hat{q}^2|z\rangle = \frac{\hbar}{2m\omega}\langle 0|(\hat{b}^\dagger + \hat{b})^2|0\rangle = \frac{\hbar}{2m\omega}\big(\cosh 2r - \cos\theta\sinh 2r\big) \tag{3.154}$$

und auf genau die gleiche Weise für die Impulsunschärfe

$$(\Delta p)^2 = \langle z|\hat{p}^2|z\rangle = \frac{m\hbar\omega}{2m}\langle 0|(\hat{b} - \hat{b}^\dagger)^2|0\rangle = \frac{m\hbar\omega}{2}\big(\cosh 2r + \cos\theta\sinh 2r\big) \tag{3.155}$$

und für das Unschärfeprodukt

$$\Delta q\,\Delta p = \frac{\hbar}{2}\sqrt{1 + \sin^2\theta\sinh^2 2r} \geq \frac{\hbar}{2}\,. \tag{3.156}$$

Speziell für einen rein reellen Squeezing-Parameter $z = r$ wird daraus

$$\Delta q = \frac{\hbar}{2m\omega}\mathrm{e}^{-r} \ , \quad \Delta p = \frac{m\hbar\omega}{2}\mathrm{e}^{r} \ , \quad \Delta q \Delta p = \frac{\hbar}{2} . \tag{3.157}$$

Also ist $|z = r\rangle$ ein Zustand minimaler Unschärfe, der (für $r > 0$) in Ortsrichtung gestaucht und in Impulsrichtung gestreckt ist, was die Bezeichnung „gequetschter Zustand" erklärt.

An dieser Stelle sollten wir uns noch klarmachen, dass der Verschiebungsoperator wegen der Transformationsgleichungen (3.69) und (3.70) die Orts- und Impulskoordinaten verschiebt, aber ihre Breiten Δq und Δp nicht ändert.

Allgemeinere, sogenannte **gequetschte kohärente Zustände** (engl. „squeezed coherent states") lassen sich aus dem Grundzustand erzeugen durch aufeinander folgende Anwendung des Squeeze- und Verschiebungsoperators:

$$|\alpha; z\rangle = \hat{D}(\alpha)\hat{S}(z)\,|0\rangle . \tag{3.158}$$

Dabei ist, im Hinblick auf die Vertauschungsrelation (3.80), die Reihenfolge der beiden Operatoren reine Konvention.

Zum Abschluss sollte noch erwähnt werden, dass es sich bei den oben beschriebenen Zuständen um Ein-Moden-Zustände handelt. Zwei-Moden-Zustände ergeben sich, wenn man eine Zwei-Moden-Realisierung der Algebra verwendet, wie sie im Abschnitt 3.5 beschrieben wird. Mit den dort eingeführten Operatoren $\hat{a}$, $\hat{a}^\dagger$ und $\hat{b}$, $\hat{b}^\dagger$ lässt sich ein Squeeze-Operator $\hat{S}_2(z)$ definieren, der die gequetschten Zwei-Moden-Zustände durch Anwendung auf den Zwei-Moden-Vakuumzustand erzeugt:

$$|z\rangle_2 = \hat{S}_2(z)|0,0\rangle \quad \text{mit} \quad \hat{S}_2(z) = \mathrm{e}^{z^*\hat{a}\hat{b} - z\hat{a}^\dagger\hat{b}^\dagger} . \tag{3.159}$$

Mehr über gequetschte Zustände, auch über ihre Rolle in physikalischen Anwendungen, finden wir unter Squeezed coherent state bei Wikipedia.

3.4 Teilchen: Bosonen und Fermionen

Bisher haben wir bei der algebraischen Beschreibung eines harmonischen Oszillators die Operatoren $\hat{a}^\dagger$ und $\hat{a}$ kennengelernt, die die Quantenzahl $n = 0, 1, 2, \ldots$ der (normierten) Eigenzustände $|n\rangle$ von $\hat{N} = \hat{a}^\dagger\hat{a}$ um eins erhöhen oder erniedrigen, die Erzeuger $\hat{a}^\dagger$ oder Vernichter $\hat{a}$ mit

$$\hat{a}^\dagger|n\rangle = \sqrt{n+1}\,|n+1\rangle \ , \quad \hat{a}|n\rangle = \sqrt{n}\,|n-1\rangle . \tag{3.160}$$

Diese Operatoren tauchen aber auch in einem anderen Zusammenhang auf. Ein Quantensystem identischer, wechselwirkungsfreier Teilchen in dem gleichen Zustand lässt sich durch die Anzahl n dieser Teilchen charakterisieren. Ein sogenannter **Fock-Zustand** $|n\rangle$ ist mit n Teilchen besetzt und $\hat{a}^\dagger$ erzeugt ein weiteres Teilchen in diesem Zustand, $\hat{a}$ vernichtet ein Teilchen und $\hat{N} = \hat{a}^\dagger\hat{a}$, der **Teilchenzahloperator**, liefert die Anzahl der Teilchen in diesem Zustand. Die Operatoren erfüllen die Kommutatorrelationen

$$\left[\hat{a}, \hat{a}^\dagger\right] = 1 \ , \quad \left[\hat{N}, \hat{a}^\dagger\right] = \hat{a}^\dagger \ , \quad \left[\hat{N}, \hat{a}\right] = -\hat{a} . \tag{3.161}$$

Damit lassen sich dann auch kompliziertere Systeme beschreiben, wie beispielsweise Systeme mit zwei Plätzen. Hier ist der Fock-Zustand $|n_1, n_2\rangle$ ein Zustand mit n_1 Teilchen am ersten und n_2 Teilchen am zweiten Platz. Der Operator $\hat{a}_1 \hat{a}_2^\dagger$ vernichtet dann ein Teilchen am ersten Platz und erzeugt ein Teilchen im zweiten, beschreibt also einen Sprung von Platz eins nach Platz zwei. Wir werden mehr darüber erfahren in Kapitel 12.

Hier wollen wir uns mit einer wichtigen Eigenschaft solcher Systeme befassen, bei denen die Teilchen identisch sind, also ununterscheidbar.[2] Es sollte also keine physikalische Unterscheidung möglich sein, wenn man zwei solcher Teilchen vertauscht. Man unterscheidet zwei Klassen von Teilchen, **Bosonen** und **Fermionen**. Die wichtigste Eigenschaft, die beide voneinander unterscheidet, ist die Tatsache, dass zwei Fermionen niemals den selben Quantenzustand einnehmen können, während dies für beliebig viele Bosonen erlaubt ist. Beispielsweise sind Photonen Bosonen, was eine direkte Beziehung zum harmonischen Oszillator erlaubt, wenn man ein Energiequant $\hbar\omega$ als die Energie eines Photons interpretiert. Elektronen (mit Spin $\frac{1}{2}$) sind Fermionen, oder allgemeiner Teilchen mit halbzahligen Spin, solche mit ganzzahligen Spin Bosonen.

Zur einer algebraischen Beschreibung eines Fermionensystems verwendet man den **Antikommutator**

$$\{\hat{A}, \hat{B}\} = \hat{A}\hat{B} + \hat{B}\hat{A}, \tag{3.162}$$

traditionell gekennzeichnet durch geschweifte Klammern, die man nicht mit den Poisson-Klammern der klassischen Phasenraumfunktionen verwechseln sollte. Der Antikommutator ist symmetrisch und steht in Zusammenhang mit dem Kommutator:

$$\{\hat{A}, \hat{B}\} = \{\hat{B}, \hat{A}\}\ , \quad [\hat{A}, \hat{B}\hat{C}] = \{\hat{A}, \hat{B}\}\hat{C} - \hat{B}\{\hat{A}, \hat{C}\}. \tag{3.163}$$

Er ist genau dann gleich null, wenn die beiden Operatoren antikommutieren:

$$\{\hat{A}, \hat{B}\} = 0 \quad \Longleftrightarrow \quad \hat{A}\hat{B} = -\hat{B}\hat{A}. \tag{3.164}$$

Die fermionischen Erzeugungs- und Vernichtungsoperatoren $\hat{f}^\dagger$ und $\hat{f}$ erfüllen die Antikommutatorrelationen

$$\{\hat{f}, \hat{f}^\dagger\} = 1\ , \quad \{\hat{f}, \hat{f}\} = 0\ , \quad \{\hat{f}^\dagger, \hat{f}^\dagger\} = 0, \tag{3.165}$$

sie sind also nilpotent:

$$\hat{f}^2 = 0\ , \quad \hat{f}^{\dagger 2} = 0. \tag{3.166}$$

Definieren wir hier auch wieder den Operator $\hat{N} = \hat{f}^\dagger \hat{f}$, so erhalten wir mit $\hat{f}\hat{f}^\dagger = 1 - \hat{f}^\dagger \hat{f}$ und $\hat{f}^2 = 0$ für das Quadrat

$$\hat{N}^2 = \hat{f}^\dagger \hat{f} \hat{f}^\dagger \hat{f} = \hat{f}^\dagger (1 - \hat{f}^\dagger \hat{f}) \hat{f} = \hat{f}^\dagger \hat{f} = \hat{N}, \tag{3.167}$$

woraus wir sofort die Eigenwerte von $\hat{N}$ erhalten. Mit $\hat{N}|n\rangle = n|n\rangle$ finden wir $n^2|n\rangle = \hat{N}^2|n\rangle = \hat{N}|n\rangle = n|n\rangle$, also $n^2 = n$ und damit $n = 0$ oder $n = 1$. Der Eigenraum ist also zweidimensional, aufgespannt durch die beiden normierten Eigenvektoren $|0\rangle$ und $|1\rangle$, die orthogonal sind, da $\hat{N}$ hermitesch ist.

[2] Mehr über solche **ununterscheidbare Teilchen** findet man bei Wikipedia.

Wir notieren noch die Kommutatorrelationen. Mit (3.165) und (3.166) erhalten wir

$$[\hat{f},\hat{N}] = \hat{f}\hat{f}^\dagger\hat{f} - \hat{f}^\dagger\hat{f}\hat{f} = \hat{f}(1-\hat{f}\hat{f}^\dagger) = \hat{f}\,,$$

$$[\hat{f}^\dagger,\hat{N}] = \hat{f}^\dagger\hat{f}^\dagger\hat{f} - \hat{f}^\dagger\hat{f}\hat{f}^\dagger = -\hat{f}^\dagger(1-\hat{f}^\dagger\hat{f}) = -\hat{f}^\dagger\,, \tag{3.168}$$

was mit denen der Bosonen in (3.24) übereinstimmt. Man kann daher genau wie dort daraus folgern, dass $\hat{f}^\dagger$ und $\hat{f}$ als Leiteroperatoren fungieren mit

$$\hat{f}^\dagger|0\rangle = |1\rangle\;,\quad \hat{f}|1\rangle = |0\rangle\,. \tag{3.169}$$

Allerdings bricht wegen der Nilpotenz die Folge ab, $\hat{f}^\dagger|1\rangle = \hat{f}^{\dagger 2}|0\rangle = |\emptyset\rangle$, und es existieren nur die Eigenzustände $|0\rangle$ und $|1\rangle$.

In einer 2×2-Matrixdarstellung erhalten wir die Operatoren und Eigenzustände als

$$\mathbf{f} = \begin{pmatrix}0&1\\0&0\end{pmatrix}\;,\quad \mathbf{f}^\dagger = \begin{pmatrix}0&0\\1&0\end{pmatrix}\;,\quad \mathbf{N} = \mathbf{f}^\dagger\mathbf{f} = \begin{pmatrix}0&0\\0&1\end{pmatrix}\;,\quad |0\rangle = \begin{pmatrix}1\\0\end{pmatrix}\;,\quad |1\rangle = \begin{pmatrix}0\\1\end{pmatrix}. \tag{3.170}$$

Man prüft nach, dass die Nilpotenz- und Vertauschungsrelationen erfüllt sind.

3.5 Gekoppelte Oszillatoren

Werfen wir jetzt einen kurzen Blick auf zwei gekoppelte harmonische Oszillatoren A und B. Auf diese Weise lässt sich beispielsweise auch ein Teilchen in einem zweidimensionalen harmonischen Oszillatorpotential beschreiben, wenn man für jede Koordinatenrichtung Erzeugungs- und Vernichtungsoperatoren $\hat{a}^\dagger$, $\hat{a}$ und $\hat{b}^\dagger$, $\hat{b}$ einführt mit

$$[\hat{a},\hat{a}^\dagger] = [\hat{b},\hat{b}^\dagger] = 1 \;\text{ und }\; [\hat{a},\hat{b}] = [\hat{a}^\dagger,\hat{b}] = [\hat{a},\hat{b}^\dagger] = [\hat{a}^\dagger,\hat{b}^\dagger] = 0\,. \tag{3.171}$$

Eine Kopplung der beiden Oszillatoren liefert Produkte wie $\hat{a}\hat{b}^\dagger$, wodurch ein Quant des Oszillators A vernichtet wird und ein Quant des Oszillators B erzeugt wird, oder $\hat{a}^\dagger\hat{b}$ für den umgekehrten Prozess. Beispielsweise beschreibt der Hamilton-Operator

$$\hat{H} = \hbar\omega_A\big(\hat{a}^\dagger\hat{a} + \tfrac{1}{2}\big) + \hbar\omega_B\big(\hat{b}^\dagger\hat{b} + \tfrac{1}{2}\big) + v\big(\hat{a}^\dagger\hat{b} + \hat{a}\hat{b}^\dagger\big) \tag{3.172}$$

zwei Oszillatoren mit den Frequenzen ω_A bzw. ω_B, die über einen Kopplungsterm Quanten austauschen können. Man spricht oft statt der Quanten auch von Teilchen, genauer von Bosonen (vgl. Abschnitt 3.4). Dabei bleibt die Summe der Quanten oder der Teilchen erhalten, wie man nachrechnet:

Aufgabe 3.4 (Lösung Seite 274): Beweisen Sie, dass der Zwei-Moden-Hamilton-Operator (3.172) mit dem Gesamtteilchenzahloperator $\hat{N} = \hat{a}^\dagger\hat{a} + \hat{b}^\dagger\hat{b}$ vertauscht.

Dem Hamilton-Operator (3.172) werden wir im Folgenden noch mehrmals begegnen, meist bezeichnet als das Bose-Hubbard-Modell. Ein Beispiel ist das **Bose-Hubbard-Dimer** mit dem Hamilton-Operator

$$\hat{H} = \epsilon\big(\hat{a}^\dagger\hat{a} - \hat{b}^\dagger\hat{b}\big) + v\big(\hat{a}^\dagger\hat{b} + \hat{a}\hat{b}^\dagger\big)\,, \tag{3.173}$$

mehr dazu in Abschnitt 12.1. Es beschreibt einen Teilchenaustausch zwischen zwei Moden (oder Gitterplätzen) a und b mit den Modenenergien $+\epsilon$ und $-\epsilon$, oder, wenn man die Bezeichnung wechselt, durch

$$\hat{H} = \epsilon\left(\hat{a}_1^\dagger \hat{a}_1 - \hat{a}_2^\dagger \hat{a}_2\right) + v\left(\hat{a}_1^\dagger \hat{a}_2 + \hat{a}_1 \hat{a}_2^\dagger\right), \tag{3.174}$$

wobei eine Erweiterung auf mehr als zwei Moden vereinfacht wird. Hier benutzt man als Basiszustände bei einem festen Wert der Teilchenzahl N die sogenannten **Fock-Zustände** $|n_1, n_2\rangle$ mit den Eigenwerten n_j der Teilchenzahloperatoren $\hat{n}_j = \hat{a}^\dagger{}_j \hat{a}_j$ mit $n_1 + n_2 = N$. Die Operatoren $\hat{a}_1^\dagger \hat{a}_2$ bzw. $\hat{a}_1 \hat{a}_2^\dagger$ verschieben ein Teilchen zwischen den beiden Moden:

$$\begin{aligned}\hat{a}_1^\dagger \hat{a}_2 |n_1, n_2\rangle &= \sqrt{(n_1+1)n_2}\,|n_1+1, n_2-1\rangle, \\ \hat{a}_1 \hat{a}_2^\dagger |n_1, n_2\rangle &= \sqrt{n_1(n_2+1)}\,|n_1-1, n_2+1\rangle.\end{aligned} \tag{3.175}$$

Das Zweimodensystem lässt sich auf mehrere Moden erweitern. Der Hamilton-Operator

$$\hat{H} = \sum_i \epsilon_i \hat{n}_i + v \sum_{<i,j>} \left(\hat{a}_i^\dagger \hat{a}_j + \hat{a}_j^\dagger \hat{a}_i\right) \tag{3.176}$$

beschreibt ein Teilchensystem auf einem eindimensionalen **Gitter**, mit Teilchenzahlen $\hat{n}_i = \hat{a}_i^\dagger \hat{a}_i$, Modenenergien ϵ_i an den Gitterplätzen i und und Übergängen zwischen benachbarten Gitterplätzen, wobei die Summe über benachbarte Gitterplätze läuft. Dazu kommen eventuell noch Terme, die von den Produkten $\hat{n}_i^2$ der Teilchenzahlen abhängen und eine Wechselwirkung zwischen den Teilchen beschreiben. Der Hamilton-Operator (3.176) kommutiert mit der Gesamtteilchenzahl $\hat{N} = \sum_k \hat{n}_k = \sum_k \hat{a}_k^\dagger \hat{a}_k$, was sofort aus

$$\begin{aligned}[\hat{a}_i^\dagger \hat{a}_j, \hat{N}] &= \sum_k [\hat{a}_i^\dagger \hat{a}_j, \hat{a}_k^\dagger \hat{a}_k] = [\hat{a}_i^\dagger \hat{a}_j, \hat{a}_i^\dagger \hat{a}_i + \hat{a}_j^\dagger \hat{a}_j] = [\hat{a}_i^\dagger \hat{a}_j, \hat{a}_i^\dagger \hat{a}_i] + [\hat{a}_i^\dagger \hat{a}_j, \hat{a}_j^\dagger \hat{a}_j] \\ &= \hat{a}_i^\dagger [\hat{a}_i^\dagger, \hat{a}_i] \hat{a}_j + \hat{a}_i^\dagger [\hat{a}_j, \hat{a}_j^\dagger] \hat{a}_j = -\hat{a}_i^\dagger \hat{a}_j + \hat{a}_i^\dagger \hat{a}_j = 0\end{aligned} \tag{3.177}$$

folgt. Mit diesem **Bose-Hubbard-Modell** und seinen Verwandten lässt sich eine Vielzahl interessanter quantenmechanischer Phänomene beschreiben, womit man sicherlich ein ganzes Buch füllen könnte. Im Folgenden werden wir uns auf Bose-Hubbard-Dimere beschränken. In Abschnitt 12.1 untersuchen wir ihr Energiespektrum und den Einfluss einer Wechselwirkung sowie den Grenzfall großer Teilchenzahlen. Abschnitt 12.2 zeigt die Möglichkeit einer Beschreibung von kohärenten Übergängen mehrerer Teilchen zwischen den Moden. Bose-Hubbard-Dimere mit Zerfall werden dann in dem Abschnitt 13.4 behandelt.

3.6 Anharmonische Oszillatoren

Der harmonische Oszillator ist wohl mit Sicherheit *das* Beispiel für ein (weitgehend) vollständig lösbares Quantensystem und seine Eigenschaften wurden in zahllosen Studien in allen Einzelheiten untersucht und beschrieben. Es existieren aber noch weitere Systeme, die analytische Lösungen erlauben und die in der Geschichte der Quantenmechanik eine wichtige Rolle gespielt haben. Dazu gehören die beiden anharmonischen Oszillatoren, der Morse-Oszillator und das Pöschl-Teller-Potential, die in den folgenden Abschnitten beschrieben werden.

3.6.1 Der Morse-Oszillator

In diesem Abschnitt wollen wir demonstrieren, dass man auch anharmonische Oszillatoren algebraisch behandeln kann. Ein beliebtes Beispiel ist das **Morse-Potential**

$$V(q) = D\big(\mathrm{e}^{-\beta(q-q_0)} - 1\big)^2\,, \tag{3.178}$$

wie in Bild 3.1 dargestellt, mit einem Minimum $V(q_0) = 0$ bei $q = q_0$ und einem Grenzwert $\lim_{q\to\infty} V(q) = D$. Damit lässt sich beispielsweise näherungsweise die interatomare Wechselwirkung in einem zweiatomigen Molekül modellieren. Dann beschreibt q den Abstand der beiden Atome und die Energieeigenwerte E_n, $n = 0, 1, 2, \ldots$ zum Potential $V(q)$ sind die Energien der Vibrationszustände. Dabei ist q_0 der Gleichgewichtsabstand und $D - E_0$ ist die Dissoziationsenergie aus dem Vibrationsgrundzustand. Allerdings liefert das Morse-Potential nur eine grobe Näherung an eine realistische intramolekulare Wechselwirkung, hat aber den Vorzug, dass es weitreichende analytische Lösungen ermöglicht. Durch eine Variablentransformation lässt sich beispielsweise die Schrödinger-Gleichung auf die Differentialgleichung einer konfluenten hypergeometrischen Funktion transformieren und daraus lassen sich die Eigenwerte als

$$E_n = \hbar\omega_0\Big(n + \frac{1}{2}\Big) - \frac{\hbar^2\omega_0^2}{4D}\Big(n + \frac{1}{2}\Big)^2\,,\ n = 0, 1, \ldots, n_{\max} \le \frac{2D}{\hbar\omega_0} - \frac{1}{2} \tag{3.179}$$

ableiten. Dabei ist

$$\omega_0 = \sqrt{\frac{2D\beta^2}{m}} \tag{3.180}$$

die Frequenz, die sich ergibt, wenn man das Morse-Potential (3.178) für kleine Werte von $q - q_0$ harmonisch nähert:

$$V(q) \approx D\beta^2(q - q_0)^2 = \frac{m}{2}\omega_0^2(q - q_0)^2\,. \tag{3.181}$$

Die Anzahl der gebundenen Zustände ist endlich.

Der Grundzustand hat die Energie $E_0 = \frac{1}{2}\hbar\omega_0 - \frac{1}{4}\frac{\hbar^2\omega_0^2}{4D}$ und oft gibt man die Energien in der Form

$$E_n - E_0 = \Big(\hbar\omega_0 - \frac{\hbar^2\omega_0^2}{4D}\Big)n - \frac{\hbar^2\omega_0^2}{4D}\,n^2 \tag{3.182}$$

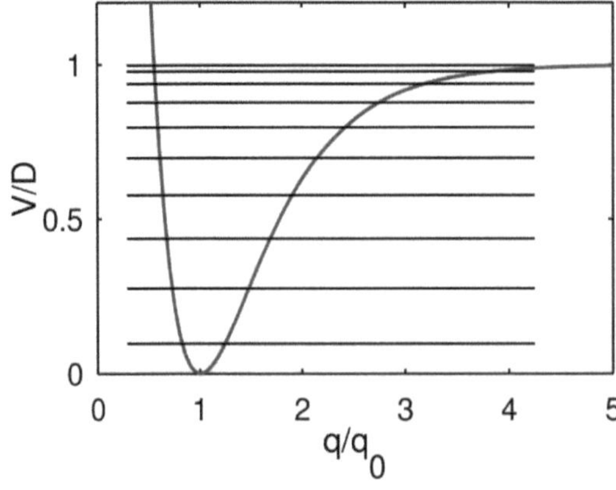

Bild 3.1 Morse-Potential $V(q)/D$ mit zehn Eigenwerten E_n/D (horizontale Linien)

an. Mit wachsender Quantenzahl nehmen die Energieabstände ab. Bild 3.1 zeigt als Beispiel ein Potential mit 10 Eigenzuständen.

Das Morse-Potential lässt sich auch algebraisch behandeln. Unsere algebraische Version basiert auf einer Algebra der hermiteschen Basis-Operatoren $\{\hat{Q}, \hat{P}, \hat{I}_0\}$ mit den Kommutatorrelationen

$$[\hat{Q},\hat{P}] = \mathrm{i}\hat{I}_0\ , \quad [\hat{I}_0,\hat{P}] = -2\mathrm{i}x_0\hat{Q}\ , \quad [\hat{I}_0,\hat{Q}] = 2\mathrm{i}x_0\hat{P} \tag{3.183}$$

mit einem Anharmonizitätsparameter $x_0 \geq 0$. Für $x_0 = 0$ ergeben sich die gleichen Beziehungen wie für die Orts- und Impulsoperatoren $\hat{q}$ und $\hat{p}$ und der Identität $\hat{I}$ in Gleichung (3.2). Jetzt definieren wir

$$\hat{A}_\pm = \frac{1}{\sqrt{2}}\left(\hat{Q} \mp \mathrm{i}\hat{P}\right) \quad \text{mit} \quad \hat{A}_+^\dagger = \hat{A}_- \tag{3.184}$$

und ermitteln ihre Kommutatoren:

$$\begin{aligned}[\hat{A}_-,\hat{A}_+] &= \frac{1}{2}[\hat{Q}+\mathrm{i}\hat{P},\hat{Q}-\mathrm{i}\hat{P}]\\ &= -\frac{\mathrm{i}}{2}[\hat{Q},\hat{P}] + \frac{\mathrm{i}}{2}[\hat{P},\hat{Q}] = -\mathrm{i}[\hat{Q},\hat{P}] = \hat{I}_0\end{aligned} \tag{3.185}$$

$$\begin{aligned}[\hat{I}_0,\hat{A}_\pm] &= \frac{1}{\sqrt{2}}[\hat{I}_0,\hat{Q}\mp\mathrm{i}\hat{P}] = \frac{1}{\sqrt{2}}\left([\hat{I}_0,\hat{Q}]\mp\mathrm{i}[\hat{I}_0,\hat{P}]\right)\\ &= \frac{1}{\sqrt{2}}\left(2\mathrm{i}x_0\hat{P} \pm \mathrm{i}\,2\mathrm{i}x_0\hat{Q}\right) = \frac{1}{\sqrt{2}}\left(2\mathrm{i}x_0\hat{P} \mp 2x_0\hat{Q}\right)\\ &= \mp\frac{1}{\sqrt{2}}\left(\mp 2\mathrm{i}x_0\hat{P} + 2x_0\hat{Q}\right) = \mp 2x_0\frac{1}{\sqrt{2}}\left(\mp\mathrm{i}\hat{P}+\hat{Q}\right) = \mp 2x_0\hat{A}_\pm\,.\end{aligned} \tag{3.186}$$

(Hier sei angemerkt, dass man mit $\hat{A}_\pm = \sqrt{x_0}\,\hat{K}_\pm$ und $\hat{I}_0 = -x_0\hat{K}_0$ die Kommutatorrelationen $[K_0,K_\pm] = \pm 2K_\pm$, $[K_+,K_-] = K_0$ einer $\mathfrak{su}(2)$-Algebra der drei Operatoren $\{\hat{K}_0, \hat{K}_+, \hat{K}_-\}$ erhält. Mehr darüber findet man auf Seite 104.)

Die Konstruktion in Gleichung (3.185) bildet die Erzeuger $\hat{a}^\dagger$ und Vernichter $\hat{a}$ in (3.17) und ihre Kommutatorrelation (3.19) nach, wobei $\hat{A}_+$ die Rolle von $\hat{a}^\dagger$ übernimmt, $\hat{A}_-$ die von $\hat{a}$ und $\hat{I}_0$ die der Identität $\hat{I}$. Genauso definieren wir jetzt das Analogon des harmonischen Oszillators (3.20) durch den Hamilton-Operator

$$\hat{H} = \hbar\omega\left(\hat{A}_+\hat{A}_- + \tfrac{1}{2}\hat{I}_0\right) \quad \text{mit} \quad \omega > 0\,. \tag{3.187}$$

Unser Ziel ist es jetzt, das Eigenwertspektrum dieses Operators zu berechnen. Das gelingt uns für den Fall, dass $1/x_0 = N$ eine natürliche Zahl ist. Dann können wir mit den Erzeugern und Vernichtern zweier harmonischer Oszillatoren A und B (vgl. Abschnitt 3.5) eine Realisierung unserer Algebra aufbauen. Mit

$$[\hat{a},\hat{a}^\dagger] = [\hat{b},\hat{b}^\dagger] = 1 \quad \text{und} \quad [\hat{a},\hat{b}] = [\hat{a}^\dagger,\hat{b}] = [\hat{a},\hat{b}^\dagger] = [\hat{a}^\dagger,\hat{b}^\dagger] = 0 \tag{3.188}$$

aus Gleichung (3.171) definieren wir die Operatoren

$$\hat{Q} = \frac{1}{\sqrt{2N}}\left(\hat{a}^\dagger\hat{b} + \hat{a}\hat{b}^\dagger\right)\ , \quad \hat{P} = \frac{\mathrm{i}}{\sqrt{2N}}\left(\hat{a}^\dagger\hat{b} - \hat{a}\hat{b}^\dagger\right)\ , \quad \hat{I}_0 = \frac{1}{N}\left(\hat{b}^\dagger\hat{b} - \hat{a}^\dagger\hat{a}\right), \tag{3.189}$$

und daraus folgt dann nach (3.184)

$$\hat{A}_+ = \frac{1}{\sqrt{N}}\,\hat{a}^\dagger\hat{b}\quad , \quad \hat{A}_- = \frac{1}{\sqrt{N}}\,\hat{a}\hat{b}^\dagger, \tag{3.190}$$

was man verifizieren sollte:

Aufgabe 3.5 (Lösung Seite 275): Überzeugen Sie sich davon, dass die Operatoren $\hat{A}_\pm$ durch (3.190) gegeben sind und dass die Kommutatorrelationen (3.183) und (3.185) erfüllt sind.

Wir definieren die orthonormierten Basiszustände

$$|N,n\rangle = \frac{1}{n!(N-n)!}(\hat{a}^\dagger)^n(\hat{b}^\dagger)^{N-n}|0\rangle\,, \tag{3.191}$$

bei denen N Quanten aus dem Vakuumzustand $|0\rangle$ erzeugt werden, davon $n_A = n$ im Oszillator A und $n_B = N - n$ im Oszillator B. Unsere Operatoren operieren auf diesen Zuständen wie

$$\hat{a}^\dagger\hat{a}\,|N,n\rangle = n_A|N,n\rangle = n\,|N,n\rangle \tag{3.192}$$

$$\hat{b}^\dagger\hat{b}\,|N,n\rangle = n_B|N,n\rangle = (N-n)\,|N,n\rangle \tag{3.193}$$

$$\hat{a}^\dagger\hat{b}\,|N,n\rangle = \sqrt{(n_A+1)n_B}\;|N,n+1\rangle = \sqrt{(n+1)(N-n)}\;|N,n+1\rangle \tag{3.194}$$

$$\hat{a}\hat{b}^\dagger|N,n\rangle = \sqrt{n_A(n_B+1)}\;|N,n-1\rangle = \sqrt{n(N-n+1)}\;|N,n-1\rangle\,, \tag{3.195}$$

und damit ergibt sich

$$\hat{I}_0\,|N,n\rangle = \frac{n_B-n_A}{N}\,|N,n\rangle = (1-2x_0n)\,|N,n\rangle\,, \tag{3.196}$$

$$\begin{aligned}
\hat{A}_+\,|N,n\rangle &= \frac{1}{\sqrt{N}}\,\hat{a}^\dagger\hat{b}\,|N,n\rangle = \sqrt{(1-x_0n)(n+1)}\;|N,n+1\rangle\\
\hat{A}_-\,|N,n\rangle &= \frac{1}{\sqrt{N}}\,\hat{a}^\dagger\hat{b}\,|N,n\rangle = \sqrt{(1-x_0(n-1))n}\;|N,n-1\rangle\,,
\end{aligned} \tag{3.197}$$

das heißt, die $\hat{A}_\pm$ wirken hier wieder als Leiteroperatoren. Zum Schluss notieren wir noch mit

$$\begin{aligned}
\hat{A}_+\hat{A}_-\,|N,n\rangle &= \sqrt{(1-x_0(n-1))n}\,\hat{A}_+\,|N,n-1\rangle\\
&= \sqrt{(1-x_0(n-1))n}\sqrt{(1-x_0(n-1))n}\;|N,n\rangle\\
&= (1-x_0(n-1))n\;|N,n\rangle
\end{aligned} \tag{3.198}$$

unser Endresultat

$$\begin{aligned}
\hat{H}|N,n\rangle &= \hbar\omega\big(\hat{A}_+\hat{A}_- + \tfrac{1}{2}\hat{I}_0\big)\,|N,n\rangle\\
&= \hbar\omega\big((1-x_0(n-1))n + 1 - 2x_0n\big)\,|N,n\rangle\\
&= \hbar\omega\big(\tfrac{1}{2} + n + x_0n - x_0n - x_0n^2\big)\,|N,n\rangle\\
&= \hbar\omega\big(\tfrac{1}{2} + n - x_0n^2\big)\,|N,n\rangle
\end{aligned} \tag{3.199}$$

für $n = 0, 1, \ldots, n_{\max}$ mit $n_{\max} = N/2$ falls N gerade, $n_{\max} = (N-1)/2$ falls N ungerade. Das Energiespektrum ist also gleich

$$E_n = \hbar\omega\big(\tfrac{1}{2} + n - x_0n^2\big)\quad,\quad n = 0, 1, \ldots, n_{\max}\,, \tag{3.200}$$

oder

$$E_n - E_0 = \hbar\omega n - \hbar\omega x_0 n^2\quad,\quad n = 0, 1, \ldots, n_{\max}\,. \tag{3.201}$$

Es entspricht den Eigenwerten des Morse-Potentials aus Gleichung (3.182) mit

$$\hbar\omega = \hbar\omega_0(1 - \hbar\omega_0/4D) \quad \text{und} \quad N = 1/x_0 = 4D/\hbar\omega_0 - 1\,. \tag{3.202}$$

Es ist naheliegend, dass man auch in dieser algebraischen Beschreibung eines anharmonischen Oszillators eine zeitabhängige Antriebskraft in der Form

$$\hat{H} = \hbar\omega\big(\hat{A}_+\hat{A}_- + \tfrac{1}{2}\hat{I}_0\big) + f(t)\big(\hat{A}_+ + \hat{A}_-\big) \tag{3.203}$$

beschreiben kann, aber das würde hier zu weit führen.

3.6.2 Das Pöschl-Teller-Potential

Ein weiteres Beispiel für einen anharmonischen Oszillator liefert das **Pöschl-Teller-Potential**

$$V(q) = -\frac{D}{\cosh^2(\alpha q)} \quad \text{mit} \quad D > 0\,, \tag{3.204}$$

eine symmetrische Potentialmulde mit einem Minimum bei $q = 0$ der Tiefe $V(0) = -D$ mit $V(q) \to 0$ für $q \to \pm\infty$. Dazu vereinfachen wir die Notation, indem wir zu dimensionslosen Größen übergehen. Mit $\alpha q = x$, $2mE/\alpha^2\hbar^2 = \epsilon$ und $2mD/\alpha^2\hbar^2 = \lambda(\lambda+1)$ lautet die Schrödinger-Gleichung

$$\varphi''(x) + \Big(\epsilon - \frac{\lambda(\lambda+1)}{\cosh^2(x)}\Big)\varphi(x) = 0\,. \tag{3.205}$$

Auch für dieses Potential lässt sich diese Gleichung auf eine hypergeometrische Differentialgleichung transformieren, über deren Lösungen sich die Energieeigenwerte bestimmen lassen. Mit dem Resultat

$$\epsilon_n = -4(\lambda - n)^2\,, \quad n = 0, 1, \ldots, n_{max} < \lambda \tag{3.206}$$

für die Eigenwerte. Bild 3.2 zeigt das Pöschl-Teller-Potential für $\lambda = 4.5$ mit den fünf Eigenwerten.

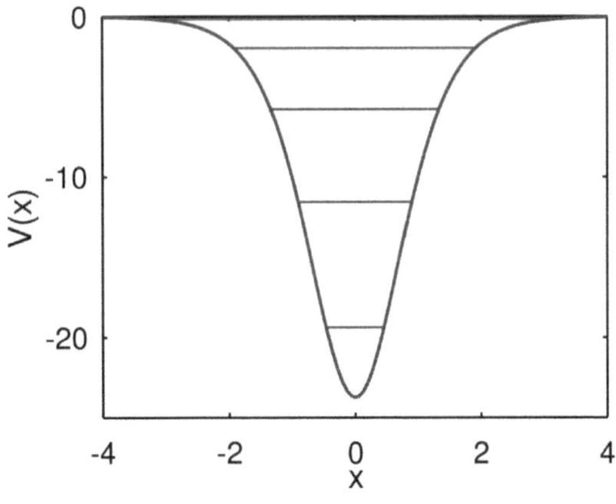

Bild 3.2 Pöschl-Teller-Potential $V(x)$ für $\lambda = 4.5$ mit fünf Eigenwerten ϵ_n (horizontale Linien)

Für den Fall eines ganzzahligen Parameters $\lambda = 1, 2, \ldots$ reduzieren sich die Eigenfunktionen $\varphi_n(x)$ auf zugeordnete Legendre-Polynome

$$\varphi_n(x) = N_n P_\lambda^{\lambda-n}(\tanh x) \tag{3.207}$$

mit der Normierungskonstanten N_n (siehe Anhang B). Daraus folgen für den Grundzustand und den ersten angeregten Zustand mit den Energien $\epsilon_0 = -\lambda^2$ und $\epsilon_1 = -(\lambda - 1)^2$ die Wellenfunktionen

$$\varphi_0(x) = \frac{M_0}{\cosh^\lambda x} \,, \quad \varphi_1(q) = \frac{M_1 \sinh x}{\cosh^\lambda x} \tag{3.208}$$

mit den Normierungskonstanten M_0 und M_1, was man durch Einsetzen in die Schrödinger-Gleichung überprüfen kann.

Auch für das Pöschl-Teller-Potential existiert eine algebraische Methode zur Bestimmung des Spektums, die wir hier nicht anführen. Wir werden aber in Abschnitt 5.3 an diesem Beispiel eine elegante Technik demonstrieren, die mithilfe der Supersymmetrie für forminvariante Potentiale auf extrem einfache Weise Energiespektrum und Eigenfunktionen liefert.

4 Drehimpuls und Spin

Die Oszillator-Algebra des vorangehenden Kapitels liefert eine Beschreibung des Freiheitsgrades der Translation, also von Ort und Impuls, mit zahllosen Anwendungen auf die Schwingungsdynamik. Jetzt widmen wir uns der algebraischen Behandlung von Drehungen, was einerseits wichtig ist für die Rotationsdynamik, aber auch für eine Beschreibung von Symmetrien gegenüber Drehungen. Zunächst lernen wir die Algebra der Rotationsoperatoren kennen, dann übertragen wir in Abschnitt 4.3 das Konzept der kohärenten Zustände aus der Oszillator-Algebra auf die Drehimpulszustände und schließlich können wir in Abschnitt 4.4 Oszillator- und Drehimpulsalgebra durch die Schwinger-Transformation verknüpfen.

4.1 Die Drehimpuls-Algebra

Die Drehimpuls-Algebra wird durch die drei hermiteschen Basis-Operatoren $\{\hat{J}_x, \hat{J}_y, \hat{J}_z\}$ erzeugt, die man zu dem Vektor-Operator

$$\hat{\vec{J}} = \left(\hat{J}_x, \hat{J}_y, \hat{J}_z\right) \tag{4.1}$$

zusammenfassen kann. Die Operatoren erfüllen die Vertauschungsregeln

$$\left[\hat{J}_x, \hat{J}_y\right] = \mathrm{i}\hat{J}_z \ , \quad x, y, z \text{ zyklisch}. \tag{4.2}$$

Diese Drehimpulsoperatoren sind die Erzeugenden einer Drehung, die sich durch die unitären Operatoren

$$\hat{R}_n(\theta) = \mathrm{e}^{\mathrm{i}\theta\vec{n}\cdot\hat{\vec{J}}} \tag{4.3}$$

beschreiben lassen. Sie bewirken eine Drehung um den Winkel θ mit einer Drehachse parallel zu dem Einheitsvektor $\vec{n}$.

Der Operator

$$\hat{J}^2 = \hat{J}_x^2 + \hat{J}_y^2 + \hat{J}_z^2 \tag{4.4}$$

kommutiert mit allen drei Drehimpulsoperatoren

$$\left[\hat{J}_x, \hat{J}^2\right] = \left[\hat{J}_y, \hat{J}^2\right] = \left[\hat{J}_z, \hat{J}^2\right] = 0 \tag{4.5}$$

und folglich mit allen Operatoren $c_x\hat{J}_x + c_y\hat{J}_y + c_z\hat{J}_z$. In der Terminologie der Lie-Algebren ist dies ein sogenannter **Casimir-Operator** (siehe Seite 101). Wir beweisen die Kommutatorrelationen (4.5) mithilfe der Leibniz-Regel. Für $\hat{J}_z$ erhalten wir

$$\begin{aligned}\left[\hat{J}_z, \hat{J}^2\right] &= \left[\hat{J}_z, \hat{J}_x^2 + \hat{J}_y^2 + \hat{J}_z^2\right] = \left[\hat{J}_z, \hat{J}_x^2\right] + \left[\hat{J}_z, \hat{J}_y^2\right] \\ &= \hat{J}_x\left[\hat{J}_z, \hat{J}_x\right] + \left[\hat{J}_z, \hat{J}_x\right]\hat{J}_x + \hat{J}_y\left[\hat{J}_z, \hat{J}_y\right] + \left[\hat{J}_z, \hat{J}_y\right]\hat{J}_y = \mathrm{i}\hat{J}_x\hat{J}_y + \mathrm{i}\hat{J}_y\hat{J}_x - \mathrm{i}\hat{J}_y\hat{J}_x - \mathrm{i}\hat{J}_x\hat{J}_y = 0.\end{aligned} \tag{4.6}$$

Das Gleiche ergibt sich auch für $\hat{J}_x$ und $\hat{J}_y$.

Die beiden Operatoren $\hat{J}^2$ und $\hat{J}_z$ sind also verträglich und wir können gemeinsame Eigenzustände $|a^2, m\rangle$ konstruieren[1]:

$$\hat{J}^2\,|a^2, m\rangle = a^2\,|a^2, m\rangle \quad , \quad \hat{J}_z\,|a^2, m\rangle = m\,|a^2, m\rangle \,. \tag{4.7}$$

Dabei wissen wir schon, dass m reell ist (da $\hat{J}_z$ hermitesch ist) und dass a^2 positiv ist (da $\hat{J}^2$ positiv ist). Zur Vereinfachung schreiben wir (bei festem a^2) $|m\rangle$ statt $|a^2, m\rangle$.

Zu einer bequemen Ermittlung des Spektrums definieren wir die beiden hermitesch konjugierten Operatoren

$$\hat{J}_\pm = \hat{J}_x \pm \mathrm{i}\hat{J}_y \quad \text{mit} \quad \hat{J}_-^\dagger = \hat{J}_+ \,, \tag{4.8}$$

die die folgenden Relationen erfüllen:

Aufgabe 4.1 (Lösung Seite 276): Vergewissern Sie sich von der Gültigkeit der Formeln

$$\hat{J}_+\hat{J}_- = \hat{J}^2 + \hat{J}_z - \hat{J}_z^2 \;, \quad \hat{J}_-\hat{J}_+ = \hat{J}^2 - \hat{J}_z - \hat{J}_z^2 \,,$$
$$[\hat{J}_+, \hat{J}_-] = 2\hat{J}_z \quad , \quad [\hat{J}_z, \hat{J}_\pm] = \pm\hat{J}_\pm \quad \text{und} \quad \hat{J}^2 = \tfrac{1}{2}\big(\hat{J}_+\hat{J}_- + \hat{J}_-\hat{J}_+\big) + \hat{J}_z^2 \,.$$

Die drei Operatoren $\{\hat{J}_z, \hat{J}_+, \hat{J}_-\}$ mit den Kommutatoren $[\hat{J}_+, \hat{J}_-] = 2\hat{J}_z$ und $[\hat{J}_z, \hat{J}_\pm] = \pm\hat{J}_\pm$ bilden die Generatoren einer Lie-Algebra (mehr darüber in Kapitel 6). Dieser **Drehimpuls-Algebra**, bezeichnet als $\mathfrak{su}(2)$, werden wir in den folgenden Kapiteln noch häufig begegnen.

Mithilfe der Formel $[\hat{J}_z, \hat{J}_\pm] = \pm\hat{J}_\pm$ aus der Aufgabe finden wir

$$\hat{J}_z\hat{J}_+|m\rangle = \big(\hat{J}_+\hat{J}_z + \hat{J}_+\big)\,|m\rangle = (m+1)\hat{J}_+|m\rangle \,, \tag{4.9}$$

das heißt, $\hat{J}_+|m\rangle$ ist Eigenzustand von $\hat{J}_z$ zum Eigenwert $m+1$. Genauso können wir für $\hat{J}_z\hat{J}_+$ vorgehen und erhalten

$$\hat{J}_+|m\rangle = b\,|m+1\rangle \;, \quad \hat{J}_-|m\rangle = c\,|m-1\rangle \tag{4.10}$$

mit den Normierungsfaktoren b und c. Diese Operatoren fungieren also als auf- oder absteigende Leiteroperatoren, genau wie die Operatoren $\hat{a}^\dagger$ und $\hat{a}$, die wir im vorangehenden Kapitel kennengelernt haben. Der Erzeugungsoperator $\hat{J}_+$ liefert eine Folge von Zuständen $|m+1\rangle$, $|m+2\rangle$, $|m+3\rangle, \ldots$ und wir wollen zeigen, dass diese Folge abbrechen muss. Das sieht man mit der zweiten Formel aus der Aufgabe durch

$$\hat{J}_-\hat{J}_+|m\rangle = (\hat{J}^2 - \hat{J}_z - \hat{J}_z^2)|m\rangle = (a^2 - m - m^2)|m\rangle = (a^2 - m(m+1))|m\rangle \,. \tag{4.11}$$

Aufgrund der Ungleichung $\langle\varphi|\hat{J}_-\hat{J}_+|\varphi\rangle = \langle\hat{J}_+\varphi|\hat{J}_+\varphi\rangle \geq 0$ erhalten wir dann

$$\langle m|\hat{J}_-\hat{J}_+|m\rangle = (a^2 - m(m+1))\langle m|m\rangle \geq 0 \quad \Rightarrow \quad a^2 \geq m(m+1) \,. \tag{4.12}$$

Die Werte von m sind also nach oben beschränkt. Sei das maximale m gleich $m_{\max} = j$. Dann muss gelten $a^2 = j(j+1)$, denn andernfalls wäre $\hat{J}_+|j\rangle \neq |\emptyset\rangle$ und folglich $\hat{J}_z\hat{J}_+|j\rangle = \hat{J}_z|j+1\rangle = (j+1)|j+1\rangle$ und j wäre nicht der größte Eigenwert von $\hat{J}_z$, wie vorausgesetzt wurde.

[1] Das gilt genauso für die Operatoren $\hat{J}_x$ und $\hat{J}_y$, aber $\hat{J}_z$ wählt man traditionsgemäß.

Entsprechend finden wir für $\hat{J}_-$ eine Folge von Zuständen $|m-1\rangle, |m-2\rangle, |m-3\rangle, \dots$, und die gleiche Überlegung wie oben ergibt

$$\hat{J}_+\hat{J}_-|m\rangle = (\hat{J}^2 + \hat{J}_z - \hat{J}_z^2)|m\rangle = (a^2 + m - m^2)|m\rangle = (a^2 - m(m-1))|m\rangle \tag{4.13}$$

und

$$\langle m|\hat{J}_+\hat{J}_-|m\rangle = (a^2 + m(m-1))\langle m|m\rangle \geq 0 \quad \Rightarrow \quad a^2 \geq m(m-1)\,. \tag{4.14}$$

Es existiert also ein minimales m_{min} mit $\hat{J}_-|m_{\text{min}}\rangle = |\emptyset\rangle$ und es gilt $a^2 = m_{\text{min}}(m_{\text{min}} - 1)$. Vergleichen wir mit $a^2 = j(j+1)$, so finden wir $m_{\text{min}} = -j$. Damit ergeben sich für die Quantenzahl m die Werte

$$-j, -j+1, -j+2, \dots, j-2, j-1, j\,. \tag{4.15}$$

Das sind $2j+1$ Zustände, woraus wir folgern können, dass $2j$ ganzzahlig sein muss mit einem halb- oder ganzzahligen Wert von j.

Es ist klar, dass der z-Richtung keine spezielle Bedeutung zukommt, sondern dass sie willkürlich gewählt wurde. Folglich haben die Operatoren $\hat{J}_x$ und $\hat{J}_y$ die gleichen Eigenwerte (4.15) wie $\hat{J}_z$.

Statt $|a^2, m\rangle$ mit $a^2 = j(j+1)$ schreiben wir jetzt kurz $|j,m\rangle$ und wir notieren abschließend die Eigenwertgleichungen

$$\begin{aligned} &\hat{J}^2\,|j,m\rangle = j(j+1)\,|j,m\rangle\,, \\ &\hat{J}_z\,|j,m\rangle = m\,|j,m\rangle\,, \quad m = -j, -j+1\,. \end{aligned} \tag{4.16}$$

Es bleibt noch die Bestimmung der Konstanten b und c in Gleichung (4.10):

Aufgabe 4.2 (Lösung Seite 276): Zeigen Sie, dass für die normierten Drehimpulseigenzustände gilt:

$$\hat{J}_+\,|j,m\rangle = \sqrt{j(j+1) - m(m+1)}\,|j,m+1\rangle\,, \quad \hat{J}_-\,|j,m\rangle = \sqrt{j(j+1) - m(m-1)}\,|j,m-1\rangle\,.$$

Damit erhalten wir für die nicht-verschwindenden Matrixelemente der Drehimpulsoperatoren

$$\langle j,m|\hat{J}^2|j,m\rangle = j(j+1)\,, \quad \langle j,m|\hat{J}_z|j,m\rangle = m \tag{4.17}$$

und mit

$$\hat{J}_x = \tfrac{1}{2}(\hat{J}_- + \hat{J}_+)\,, \quad \hat{J}_y = \tfrac{1}{2}\mathrm{i}(\hat{J}_- - \hat{J}_+) \tag{4.18}$$

nach Gleichung (4.8) erhält man

$$\begin{aligned} &\langle j,m\pm 1|\hat{J}_x|j,m\rangle = \tfrac{1}{2}\sqrt{(j\mp m)(j+m\pm 1)} \\ &\langle j,m\pm 1|\hat{J}_y|j,m\rangle = \mp\tfrac{1}{2}\mathrm{i}\sqrt{(j\mp m)(j\pm m+1)}\,. \end{aligned} \tag{4.19}$$

Beispielsweise ergeben sich für $j = \frac{1}{2}$ in der Basis $|\frac{1}{2}, +\frac{1}{2}\rangle = (1,0)^T$ und $|\frac{1}{2}, -\frac{1}{2}\rangle = (0,1)^T$ die Matrixdarstellungen

$$\mathbf{j}^2 = \frac{3}{4}\begin{pmatrix}1 & 0\\ 0 & 1\end{pmatrix}, \quad \mathbf{j}_x = \frac{1}{2}\begin{pmatrix}0 & 1\\ 1 & 0\end{pmatrix}, \quad \mathbf{j}_y = \frac{1}{2}\begin{pmatrix}0 & -\mathrm{i}\\ \mathrm{i} & 0\end{pmatrix}, \quad \mathbf{j}_z = \frac{1}{2}\begin{pmatrix}1 & 0\\ 0 & -1\end{pmatrix}, \tag{4.20}$$

also $\mathbf{j}_x = \frac{1}{2}\boldsymbol{\sigma}_x$ usw. mit den paulischen **Spinmatrizen**, auch als **Pauli-Matrizen** bezeichnet,

$$\boldsymbol{\sigma}_x = \begin{pmatrix} 0 & 1 \\ 1 & 0 \end{pmatrix} \; , \quad \boldsymbol{\sigma}_y = \begin{pmatrix} 0 & -\mathrm{i} \\ \mathrm{i} & 0 \end{pmatrix} \; , \quad \boldsymbol{\sigma}_z = \begin{pmatrix} 1 & 0 \\ 0 & -1 \end{pmatrix} , \tag{4.21}$$

benannt nach dem österreichischen Physiker Wolfgang Pauli (1900–1958). In der Vektornotation $\vec{\boldsymbol{\sigma}} = (\boldsymbol{\sigma}_x, \boldsymbol{\sigma}_y, \boldsymbol{\sigma}_z)^T$ oder auch $\vec{\boldsymbol{\sigma}} = (\boldsymbol{\sigma}_1, \boldsymbol{\sigma}_2, \boldsymbol{\sigma}_3)^T$ kann man die Kommutatorrelationen (4.2) schreiben als

$$\left[\boldsymbol{\sigma}_i, \boldsymbol{\sigma}_j\right] = 2\mathrm{i} \sum_{k=1}^{3} \epsilon_{ijk} \boldsymbol{\sigma}_k \tag{4.22}$$

mit dem total antisymmetrischen Tensor $\epsilon_{ijk} = 1$ für i, j, k zyklisch, $\epsilon_{ijk} = -1$ für i, j, k antizyklisch und $\epsilon_{ijk} = 0$ sonst.

Aufgabe 4.3 (Lösung Seite 276): Eine beliebige spurfreie 2×2-Matrix **A** lässt sich als Linearkombination der Spinmatrizen als $\mathbf{A} = \vec{a} \cdot \vec{\boldsymbol{\sigma}}$ mit einem Vektor $\vec{a} = (a_x, a_y.a_z)^T$ ausdrücken. Zeigen Sie: Die Eigenwerte von **A** sind gleich $\pm|\vec{a}|$.

Für $j = 1$ erhält man in der Basis $|1,+1\rangle = (1,0,0)^T$, $|1,0\rangle = (0,1,0)^T$ und $|1,-1\rangle = (0,0,1)^T$

$$\mathbf{j}^2 = 2\begin{pmatrix} 1 & 0 & 0 \\ 0 & 1 & 0 \\ 0 & 0 & 1 \end{pmatrix} , \quad \mathbf{j}_x = \frac{1}{\sqrt{2}}\begin{pmatrix} 0 & 1 & 0 \\ 1 & 0 & 1 \\ 0 & 1 & 0 \end{pmatrix} , \quad \mathbf{j}_y = \frac{1}{\sqrt{2}}\begin{pmatrix} 0 & -\mathrm{i} & 0 \\ \mathrm{i} & 0 & -\mathrm{i} \\ 0 & \mathrm{i} & 0 \end{pmatrix} , \quad \mathbf{j}_z = \begin{pmatrix} 1 & 0 & 0 \\ 0 & 0 & 0 \\ 0 & 0 & -1 \end{pmatrix} . \tag{4.23}$$

Wenn wir allgemein unsere Eigenzustände als $|k\rangle = |j, m\rangle$ bezeichnen mit $k = 1, \ldots, n = 2j+1$ und $k = j - m + 1$, dann erhalten wir beispielsweise mit

$$a_k = j - k + 1 \; , \quad b_k = \tfrac{1}{2}\sqrt{k(2j-k+1)} \tag{4.24}$$

für $\hat{J}_z$ und $\hat{J}_x$ die Matrixdarstellungen

$$\mathbf{j}_z = \begin{pmatrix} a_1 & 0 & 0 & \cdots & \cdots & 0 \\ 0 & a_2 & 0 & \cdots & \cdots & 0 \\ \vdots & & & \ddots & & \vdots \\ 0 & \cdots & \cdots & 0 & a_{n-1} & 0 \\ 0 & \cdots & \cdots & \cdots & 0 & a_n \end{pmatrix} , \quad \mathbf{j}_x = \begin{pmatrix} 0 & b_1 & 0 & \cdots & \cdots & 0 \\ b_1 & 0 & b_2 & \cdots & \cdots & 0 \\ \vdots & & & \ddots & & \vdots \\ 0 & \cdots & \cdots & b_{n-2} & 0 & b_{n-1} \\ 0 & \cdots & \cdots & \cdots & b_{n-1} & 0 \end{pmatrix} . \tag{4.25}$$

Man überprüft für $j = 1$ mit $a_1 = 1 - 1 + 1 = 1$, $a_2 = 1 - 2 + 1 = 0$, $a_3 = 1 - 3 + 1 = -1$ und $b_1 = \frac{1}{2}\sqrt{1(2-1+1)} = 1/\sqrt{2}$, $b_2 = \frac{1}{2}\sqrt{1(2-2+1)} = 1/\sqrt{2}$ die Werte der Matrizen in (4.23).

Ein einfaches Modell mit dem Hamilton-Operator

$$\hat{H} = 2\epsilon\hat{J}_z + 2v\hat{J}_x \tag{4.26}$$

werden wir in Abschnitt 12.1 bei der Untersuchung des Bose-Hubbard-Dimer, ein bosonisches Vielteilchensystem, wieder antreffen, und daher sollten wir an dieser Stelle dessen Eigenwertspektrum berechnen. Als Basis einer Matrixdarstellung wählen wir die Drehimpulszustände

$|j,m\rangle$ mit $m = -j. -j+1,\dots,j$ oder, bei festem Wert von j, die Zustände $|k\rangle = |j,m\rangle$ mit $k = 1,\dots,2j+1$. Im einfachsten Fall $j = \frac{1}{2}$ ergibt dies mit den Matrizen (4.20) eine 2 × 2-Matrix

$$\mathbf{H} = \begin{pmatrix} \epsilon & v \\ v & -\epsilon \end{pmatrix} \quad \text{mit den Eigenwerten} \quad E_\pm = \pm\sqrt{\epsilon^2 + v^2}\,. \tag{4.27}$$

Bild 4.1 zeigt links diese Eigenwerte für $v = 1$ als Funktion von ϵ. Die Eigenwerte $E_\pm$ sind symmetrisch in ϵ, eine Konsequenz der Tatsache, dass ein Vorzeichenwechsel von ϵ im Hamilton-Operator (3.172) nur einer Umbenennung der Oszillatoren entspricht, und zeigen eine vermiedene Kreuzung bei $\epsilon = 0$ mit einem Abstand $\Delta E = 2v$.

Für $v = 0$ ist $\hat{H} = 2\epsilon\hat{J}_z$ und das Spektrum gleich $E_{j,m} = 2\epsilon m$ mit $m = -j, -j+1,\dots,j$. Das gleiche gilt für $\epsilon = 0$ mit $\hat{H} = 2v\hat{J}_x$ und $E_{j,m} = 2vm$. Im Übrigen muss das gesamte Energiespektrum von $\hat{H}$ symmetrisch sein gegenüber einer Vertauschung von ϵ und v, was natürlich für $j = 1/2$ erfüllt ist.

Für größere Werte von j können die Eigenwerte numerisch berechnet werden. Dann hat $\hat{H}$ eine symmetrische tridiagonale Matrixdarstellung **H**, eine Linearkombination der Matrizen in Gleichung (4.25), mit den Matrixelementen

$$a_k = 2\epsilon(j-k+1)\ , \quad b_k = v\sqrt{k(2j-k+1)} \tag{4.28}$$

auf der Diagonale bzw. auf den Nebendiagonalen. Für eine solche symmetrische Tridiagonalmatrix lässt sich zur Bestimmung der Eigenwerte E durch Entwickeln der Determinante $\det(\mathbf{H} - E\mathbf{I})$ das charakteristische Polynom $p(E)$ in einfacher Weise rekursiv bestimmen. Mit $p_0(E) = 1$ und $p_1(E) = a_1 - E$ erhält man mithilfe von

$$p_k(E) = (a_k - E)p_{k-1}(E) - b_{k-1}^2 p_{k-2}(E) \quad \text{für} \quad k = 2,\dots,2j+1 \tag{4.29}$$

das Polynom $p(E) = p_{2j+1}(E)$, dessen Nullstellen die gesuchten Eigenwerte ergeben. Wenn man will, dann lassen sich auch die Koeffizienten der Polynome $p_k(E) = \sum_{\nu=0}^{k} d_\nu^{(k)} E^\nu$ rekursiv berechnen mit

$$d_\nu^{(k)} = a_k d_\nu^{(k-1)} - d_{\nu-1}^{(k-1)} - b_{k-1}^2 d_\nu^{(k-2)}\,. \tag{4.30}$$

Man beginnt die Rekursion, indem man alle $d_\nu^{(0)}$ und $d_\nu^{(1)}$ auf null setzt, bis auf $d_0^{(0)} = 1$, $d_0^{(1)} = a_1$ und $d_1^{(1)} = -1$.

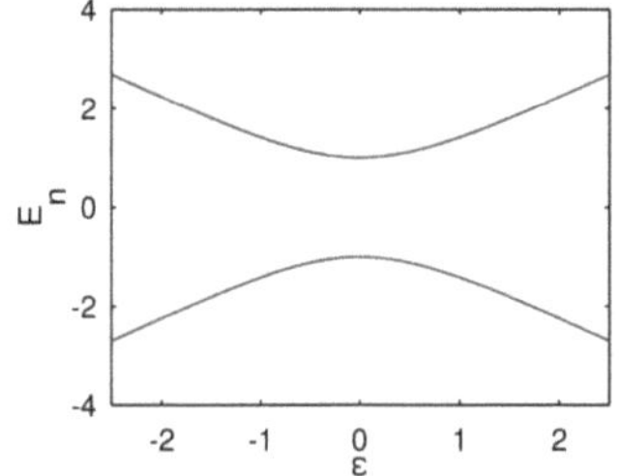

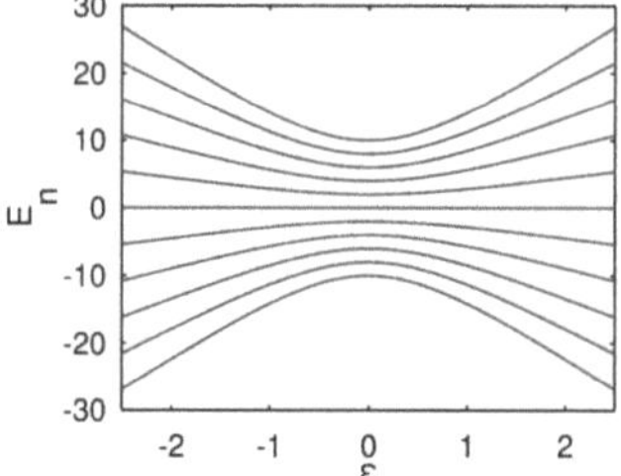

Bild 4.1 Energieeigenwerte von $\hat{H}$ für $v = 1$ in Abhängigkeit von ϵ mit $j = 1/2$ (links) und $j = 5$ (rechts)

In unserem Fall mit dem Hamilton-Operators $\hat{H} = 2\epsilon\hat{J}_z + 2v\hat{J}_x$ aus (4.26) ist dies jedoch nicht erforderlich, denn es existiert eine analytische Lösung für die Eigenwerte, gegeben durch die einfache Formel

$$E_{j,m} = 2m\sqrt{\epsilon^2 + v^2} \;, \quad m = -j, -j+1, \ldots, j \,, \tag{4.31}$$

die wir allerdings erst später herleiten werden (siehe Seite 107).

Rechts im Bild 4.1 sieht man für $j = 5$ die $2j + 1 = 11$ numerisch berechneten Eigenwerte, bei denen man wieder die oben beschriebenen Symmetrien beobachtet.

4.2 Bahndrehimpuls und Spin

Die allgemeinen Kommutatorrelationen

$$\left[\hat{J}_x, \hat{J}_y\right] = \mathrm{i}\hat{J}_z \quad , \quad x, y, z \text{ zyklisch} \tag{4.32}$$

der Drehimpulsoperatoren aus (4.2) lassen sich, wie wir oben gesehen haben, durch quadratische Matrizen darstellen, wie beispielsweise durch die 2×2-Spinmatrizen (4.21). Eine weitere Realisierungsmöglichkeit ergibt sich aus einer quantenmechanischen Beschreibung des klassischen Bahndrehimpulses $\vec{L} = \vec{q} \times \vec{p}$ durch Orts- und Impulsoperatoren. Das liefert die Komponenten

$$\hat{L}_x = \hat{q}_y\hat{p}_z - \hat{q}_z\hat{p}_y \;, \quad \hat{L}_y = \hat{q}_z\hat{p}_x - \hat{q}_x\hat{p}_z \;, \quad \hat{L}_z = \hat{q}_x\hat{p}_y - \hat{q}_y\hat{p}_x \tag{4.33}$$

des Drehimpulsoperators $\hat{\vec{L}} = \left(\hat{L}_x, \hat{L}_y, \hat{L}_z\right)$, und man erhält ihre Kommutatoren mithilfe von $[\hat{q}_j, \hat{q}_k] = [\hat{p}_j, \hat{p}_k] = 0$ und $[\hat{q}_j, \hat{p}_k] = \mathrm{i}\hbar\delta_{jk}$. Bei der Auswertung der Kommutatoren muss man also nur Terme berücksichtigen, bei denen Orts- und Impulsoperatoren mit gleichen Indizes auftreten:

$$\begin{aligned}\left[\hat{L}_x, \hat{L}_y\right] &= \left[\hat{q}_y\hat{p}_z - \hat{q}_z\hat{p}_y, \hat{q}_z\hat{p}_x - \hat{q}_x\hat{p}_z\right] = \left[\hat{q}_y\hat{p}_z, \hat{q}_z\hat{p}_x\right] + \left[\hat{q}_z\hat{p}_y, \hat{q}_x\hat{p}_z\right] \\ &= \hat{q}_y\left[\hat{p}_z, \hat{q}_z\right]\hat{p}_x + \hat{q}_x\left[\hat{q}_z, \hat{p}_z\right]\hat{p}_y = \mathrm{i}\hbar\left(-\hat{q}_y\hat{p}_x + \hat{p}_y\right) = \mathrm{i}\hbar\hat{L}_z\end{aligned} \tag{4.34}$$

und genauso ergeben sich $\left[\hat{L}_y, \hat{L}_z\right] = \mathrm{i}\hbar\hat{L}_x$ und $\left[\hat{L}_z, \hat{L}_x\right] = \mathrm{i}\hbar\hat{L}_y$, also nach Division durch $\hbar$ die der Drehimpulsoperatoren in Gleichung (4.32).

Wir gehen über zu einer Ortsdarstellung und setzen zur Vereinfachung der Formeln $\hbar = 1$. Dann haben die Orts- und Impulsoperatoren (vgl. Gleichung (3.1)) die Form $\hat{q}_x = x$, $\hat{p}_x = -\mathrm{i}\frac{\partial}{\partial x}$ usw. und wir erhalten so eine Darstellung der Drehimpulsalgebra durch Differentialoperatoren:

$$\hat{L}_x = -\mathrm{i}\left(y\frac{\partial}{\partial z} - z\frac{\partial}{\partial y}\right) \;, \quad \hat{L}_y = -\mathrm{i}\left(z\frac{\partial}{\partial x} - x\frac{\partial}{\partial z}\right) \;, \quad \hat{L}_z = -\mathrm{i}\left(x\frac{\partial}{\partial y} - y\frac{\partial}{\partial x}\right). \tag{4.35}$$

Damit lassen sich auch weitere Drehimpulsoperatoren wie $\hat{L}_\pm = \hat{L}_x \pm \mathrm{i}\hat{L}_y$ und $\hat{L}^2 = \hat{L}_x^2 + \hat{L}_y^2 + \hat{L}_z^2$ aufbauen.

Die Drehimpulsoperatoren $\hat{L}_z$ sind Generatoren von Drehungen

$$\hat{R}_z(\theta) = \mathrm{e}^{-\mathrm{i}\theta\hat{L}_z} \tag{4.36}$$

um die z-Achse wie in Gleichung (4.3). Wir wollen das kurz nachprüfen für einen kleinen Drehwinkel θ. Für eine Drehachse in Richtung der z-Achse transformiert sich eine Funktion $\psi(x,y,z)$ für kleine Werte von θ haben wir

$$\begin{aligned}\hat{R}_z(\theta)\,\psi(x,y,z) &= \mathrm{e}^{-\mathrm{i}\theta\hat{L}_z}\psi(x,y,z)\\ &\approx \psi(x,y,z) - \mathrm{i}\theta\hat{L}_z = \psi(x,y,z) - \theta\Big(x\frac{\partial\psi}{\partial y} - y\frac{\partial\psi}{\partial x}\Big).\end{aligned} \tag{4.37}$$

Andererseits ist die um einen Winkel θ um die z-Achse gedrehte Funktion gleich

$$\begin{aligned}&\psi(x\cos\theta + y\sin\theta, -x\sin\theta + y\cos\theta, z) \approx \psi(x+y\theta, -x\theta + y, z)\\ &\approx \psi(x,y,z) + \frac{\partial\psi}{\partial x}(\theta y) + \frac{\partial\psi}{\partial y}(-\theta x) = \psi(x,y,z) - \theta\Big(x\frac{\partial\psi}{\partial y} - y\frac{\partial\psi}{\partial x}\Big)\end{aligned} \tag{4.38}$$

in Übereinstimmung mit Gleichung (4.37). Der Drehimpulsoperator $\hat{L}_z$ ist also der Generator einer infinitesimalen Drehung um die z-Achse.

Genauso lassen sich durch $\hat{R}_x(\theta) = \mathrm{e}^{-\mathrm{i}\theta\hat{L}_x}$ und $\hat{R}_y(\theta) = \mathrm{e}^{-\mathrm{i}\theta\hat{L}_y}$ Drehungen um die x- bzw. um die y-Achse erzeugen, und man kann beispielsweise eine allgemeine Drehung durch

$$\hat{R}(\alpha,\beta,\gamma) = \hat{R}_z(\alpha)\,\hat{R}_z(\beta)\,\hat{R}_z(\gamma) = \mathrm{e}^{-\mathrm{i}\alpha\hat{L}_z}\mathrm{e}^{-\mathrm{i}\beta\hat{L}_y}\mathrm{e}^{-\mathrm{i}\gamma\hat{L}_z} \tag{4.39}$$

darstellen, also durch drei aufeinander folgende Drehungen um die Koordinatenachsen. Dabei sind α, β, γ die **Euler-Winkel**.

Oft ist es zweckmäßig, zu sphärischen Polarkoordinaten r, ϑ, φ überzugehen. Dann erhalten wir

$$\begin{aligned}&\hat{L}_z = -\mathrm{i}\frac{\partial}{\partial\varphi}\,, \quad \hat{L}_\pm = \mathrm{e}^{\pm\mathrm{i}\varphi}\Big(\pm\frac{\partial}{\partial\vartheta} + \mathrm{i}\cot\vartheta\frac{\partial}{\partial\varphi}\Big)\\ &\hat{L}^2 = -\Big(\frac{1}{\sin\vartheta}\frac{\partial}{\partial\vartheta}\Big(\sin\vartheta\frac{\partial}{\partial\vartheta}\Big) + \frac{1}{\sin^2\vartheta}\frac{\partial^2}{\partial\varphi^2}\Big).\end{aligned} \tag{4.40}$$

Wenn man will, dann kann man sich an dieser Stelle noch einmal davon überzeugen, dass die Poisson-Klammer der beiden Operatoren $\hat{L}_z$ und $\hat{L}^2$ verschwindet, $\{\hat{L}_z, \hat{L}^2\} = 0$.

Wir erlauben uns noch einen kurzen Blick auf die (gemeinsamen) Eigenfunktionen $\psi_{\ell,m}(\vartheta,\varphi)$ von $\hat{L}^2$ und $\hat{L}_z$. Wie wir von unseren allgemeinen Überlegungen wissen, sind die Eigenwerte gleich m bzw. $\ell(\ell+1)$ mit $m = -\ell, -\ell+1, \ldots, \ell$ und halb- oder ganzzahligen Werten. Betrachten wir die Wirkung von $\hat{L}_z$,

$$\hat{L}_z\psi_{\ell,m}(\vartheta,\varphi) = -\mathrm{i}\frac{\partial}{\partial\varphi}\psi_{\ell,m}(\vartheta,\varphi) = m\psi_{\ell,m}(\vartheta,\varphi)\,, \tag{4.41}$$

so sehen wir, dass für die φ-Abhängigkeit gelten muss $\psi_{\ell,m}(\vartheta,\varphi) = f_{\ell,m}(\vartheta)\,\mathrm{e}^{\mathrm{i}m\varphi}$. Damit dies eine eindeutige Funktion von φ ist, muss m und daher auch ℓ hier für den Bahndrehimpuls *ganzzahlig* sein.

Ein allgemeiner Quantenzustand mit einem räumlichen und einem Spin-Anteil lässt sich durch einen mehrkomponentigen Zustandsvektor beschreiben und der allgemeine Drehimpulsoperator enthält eine Bahndrehimpuls- und eine Spinkomponente,

$$\hat{\vec{J}} = \hat{\vec{L}} + \hat{\vec{S}}\,, \tag{4.42}$$

wobei der Spin-Operator $\hat{\vec{S}}$ wieder die algebraischen Eigenschaften eines Drehimpulses besitzt mit halb- oder ganzzahligen Eigenwerten und den oben beschriebenen Matrixdarstellungen.

Alles Weitere über die Drehimpulsalgebra wie Kugelflächenfunktionen, Drehimpulskopplungen, Clebsch-Gordan-Koeffizienten oder Wigner-Symbole müssen wir der Literatur überlassen.

4.3 Kohärente Spinzustände

In Abschnitt 3.3.2 haben wir die nützlichen kohärenten Zustände $|\alpha\rangle$ kennengelernt, die eng mit der Oszillator-Algebra $\mathfrak{h}_4 = \{\hat{a}, \hat{a}^\dagger, \hat{n} = \hat{a}^\dagger\hat{a}, \hat{I}\}$ verknüpft sind. Sie sind Eigenzustände von $\hat{a}$ zum Eigenwert α, eine beliebige komplexe Zahl. Die Zustände sind normiert, nicht-orthogonal und bilden eine übervollständige Basis des Hilbert-Raums des harmonischen Oszillators. Außerdem sind sie Zustände minimaler Unschärfe. Sie lassen sich durch den Verschiebungsoperator $\hat{D}$ aus dem Grundzustand erzeugen:

$$|\alpha\rangle = \hat{D}(\alpha)|0\rangle \quad \text{mit} \quad \hat{D}(\alpha) = \mathrm{e}^{\alpha\hat{a}^\dagger - \alpha^\dagger\hat{a}} . \tag{4.43}$$

Diese Konstruktion können wir auf die Drehimpuls-Algebra übertragen, indem wir die Rotationsoperatoren

$$\hat{R}(\zeta) = \mathrm{e}^{\zeta\hat{J}_+ - \zeta^\dagger\hat{J}_-} \quad \text{mit} \quad \zeta = \frac{\theta}{2}\,\mathrm{e}^{-\mathrm{i}\phi} \in \mathbb{C} \tag{4.44}$$

definieren. Wir sehen mit

$$\hat{R}^\dagger(\zeta) = \mathrm{e}^{\zeta^\dagger\hat{J}_+^\dagger - \zeta\hat{J}_-^\dagger} = \mathrm{e}^{\zeta^\dagger\hat{J}_- - \zeta\hat{J}_+} = \hat{R}(-\zeta) = \hat{R}^{-1}(\zeta) , \tag{4.45}$$

dass der Operator $\hat{R}(\zeta)$ unitär ist, und wenn wir den Operator im Exponenten umschreiben als

$$\zeta\hat{J}_+ - \zeta^\dagger\hat{J}_- = \tfrac{\theta}{2}\big(\mathrm{e}^{-\mathrm{i}\phi}(\hat{J}_x + \mathrm{i}\hat{J}_y) - \mathrm{e}^{+\mathrm{i}\phi}(\hat{J}_x - \mathrm{i}\hat{J}_y)\big) = -\mathrm{i}\theta\big(\sin\phi\,\hat{J}_x - \cos\phi\,\hat{J}_y\big) = -\mathrm{i}\theta\,\hat{J}_n , \tag{4.46}$$

so erhalten wir

$$\hat{R}(\zeta) = \mathrm{e}^{-\mathrm{i}\theta\hat{J}_n} \quad \text{mit} \quad \hat{J}_n = \sin\phi\hat{J}_x - \cos\phi\hat{J}_y , \tag{4.47}$$

eine Rotation um die Achse $\mathbf{n} = (\sin\phi, -\cos\phi, 0)$ mit einem Drehwinkel ϕ (vgl. Abschnitt 4.2). Der **kohärente Spinzustand** $|\zeta\rangle$ ist für einen festen Wert des Drehimpulses j durch

$$|\zeta\rangle = \hat{R}(\zeta)\,|j, -j\rangle \tag{4.48}$$

definiert, also durch den mit $\hat{R}(\zeta)$ rotierten extremalen Zustand $|j, -j\rangle$, der hier die Rolle des Grundzustands bei den „normalen" kohärenten Zuständen übernimmt. Alternativ können wir diese Zustände auch durch die beiden Winkel als $|\theta, \phi\rangle$ beschreiben. Diese Winkel parametrisieren die Oberfläche einer Kugel. Damit die Parametrisierung eindeutig ist, müssen wir den Definitionsbereich der Winkel auf die Intervalle $0 \le \phi < 2\pi$ und $0 \le \theta \le \pi$ einschränken.

Da $\hat{R}(\zeta)$ unitär ist, sind die $|\zeta\rangle$ normiert. Um weitere Eigenschaften dieser Zustände zu ermitteln, müssen wir leider ein wenig vorgreifen und einige Formeln anwenden, die wir erst später in einem allgemeineren Zusammenhang herleiten werden. Insbesondere können wir den Rotationsoperator in exponentieller Produktform ausdrücken:

$$\hat{R}(\zeta) = \mathrm{e}^{\tau \hat{J}_+} \mathrm{e}^{\lambda \hat{J}_z} \mathrm{e}^{-\tau^* \hat{J}_-} = \mathrm{e}^{-\tau^* \hat{J}_-} \mathrm{e}^{-\lambda \hat{J}_z} \mathrm{e}^{\tau \hat{J}_+} \quad \text{mit} \quad \tau = \mathrm{e}^{-\mathrm{i}\phi} \tan\frac{\theta}{2} \quad \text{und} \quad \lambda = \ln(1 + |\tau|^2) \tag{4.49}$$

(mehr dazu in Abschnitt 6.9, Aufgabe 6.14). Damit lassen sich die kohärenten Spinzustände (4.48) explizit konstruieren:

$$|\zeta\rangle = \hat{R}(\zeta)\,|j,-j\rangle = (1+|\tau|^2)^{-j} \mathrm{e}^{\tau \hat{J}_+}\,|j,-j\rangle = (1+|\tau|^2)^{-j} \sum_{k=0}^{\infty} \frac{\tau^k \hat{J}_+^k}{k!}\,|j,-j\rangle\,, \tag{4.50}$$

wobei wir benutzt haben, dass $\hat{J}_-$ den Zustand $|j,-j\rangle$ auf den Nullvektor abbildet und dass dieser Zustand Eigenvektor von $\hat{J}_z$ um Eigenwert $-j$ ist. Der Leiteroperator $\hat{J}_+$ verschiebt die Zustände nach oben, $\hat{J}_+|j,m\rangle = \sqrt{j(j+1) - m(m+1)}\,|j,m+1\rangle$, und für seine Potenzen können wir durch eine kleine Rechnung die Formel

$$\hat{J}_+^k\,|j,-j\rangle = k!\binom{2j}{k}^{\frac{1}{2}}|j,-j+k\rangle \quad \text{für} \quad k = 0,\ldots,2j \tag{4.51}$$

beweisen (z.B. mit vollständiger Induktion). Alle höheren Potenzen ergeben den Nullvektor. Wir setzen $k = j + m$ und erhalten

$$|\zeta\rangle = (1+|\tau|^2)^{-j} \sum_{m=-j}^{j} \tau^{j+m}\binom{2j}{j+m}^{\frac{1}{2}}|j,m\rangle\,. \tag{4.52}$$

Die Variable τ aus (4.49) lässt sich umschreiben als

$$\left(1+\tau|^2\right)^{-j}\tau^{j+m} = \sin^{j+m}\tfrac{\theta}{2}\,\cos^{j-m}\tfrac{\theta}{2}\,\mathrm{e}^{-(j+m)\phi} \tag{4.53}$$

und wir erhalten eine Darstellung der kohärenten Spinzustände in der Basis der $|j,m\rangle$:

$$|\zeta\rangle = |\theta,\phi\rangle = \sum_{m=-j}^{j}\binom{2j}{j+m}^{\frac{1}{2}}\cos^{j-m}\tfrac{\theta}{2}\,\sin^{j+m}\tfrac{\theta}{2}\,\mathrm{e}^{-(j+m)\phi}\,|j,m\rangle\,. \tag{4.54}$$

Hier sieht man auch sofort die Übervollständigkeit der kohärenten Spinzustände, denn es gibt ja deutlich mehr davon als durch die Dimension $2j+1$ des Hilbert-Raums bei festem j gegeben ist. Außerdem erkennt man auch, dass sie nicht orthogonal sein können, sowie die Nichtexistenz eines Operators, dessen Eigenzustände sie sind, wie der Operator $\hat{a}$ bei den „normalen" kohärenten Zuständen.

Interessant ist es auch, die Erwartungswerte der Drehimpulsoperatoren für die kohärenten Spinzustände zu berechnen. Dies ist mit der Darstellung (4.54) zwar möglich, aber die Rechnung ist etwas länglich. Deshalb wollen wir auch an dieser Stelle vorgreifen und ein Resultat verwenden, dass erst später bewiesen wird (siehe Aufgabe 7.6), nämlich

$$\langle\theta,\phi|\hat{J}_x|\theta,\phi\rangle = j\,\sin\theta\,\cos\,,\quad \langle\theta,\phi|\hat{J}_y|\theta,\phi\rangle = j\,\sin\theta\,\sin\phi\,,\quad \langle\theta,\phi|\hat{J}_z|\theta,\phi\rangle = -j\,\cos\phi\,. \tag{4.55}$$

Die Erwartungswerte liegen also auf der Oberfläche einer Kugel mit dem Radius j, parametrisiert durch die sphärischen Polarkordinaten θ und ϕ, wobei der Zustand $\theta = 0$ der extremale Zustand $|j,-j\rangle$ ist. Man bezeichnet diese Kugel als eine **Bloch-Kugel**, benannt nach dem östereichisch-schweizerischen Physiker Felix Bloch (1905–1983).

Die Herleitung einer allgemeinen Formel für die Unschärfen ist ein wenig aufwendig, aber wir können uns dabei auf eine Betrachtung des extremalen Zustandes beschränken, da ja alle anderen kohärenten Zustände durch eine Rotation aus diesem hervorgehen. Dieser Zustand ist ein Eigenzustand von $\hat{J}_z$, also ist die Breite Δj_z gleich null. Für $\hat{J}_x$ erhält man

$$\begin{aligned}\langle j,-j|\hat{J}_x^2|j,-j\rangle &= \frac{1}{4}\langle j,-j|\left(\hat{J}_+ + \hat{J}_-\right)^2|j,-j\rangle \\ &= \frac{1}{4}\langle j,-j|\left(\hat{J}_+^2 + \hat{J}_+\hat{J}_- + \hat{J}_-\hat{J}_+ + \hat{J}_-^2\right)|j,-j\rangle = \frac{1}{4}\langle j,-j|\hat{J}_-\hat{J}_+|j,-j\rangle = \frac{j}{2}\,,\end{aligned} \tag{4.56}$$

und genauso für $\hat{J}_y^2$. Da die Erwartungswerte für $\hat{J}_x$ und $\hat{J}_y$ gleich null sind, ergeben sich die Unschärfen als

$$\Delta j_x = \Delta j_y = \sqrt{\frac{j}{2}}\,, \quad \Delta j_z = 0 \quad \text{mit} \quad \Delta j_x \Delta j_y = \frac{j}{2}\,. \tag{4.57}$$

Ein solcher Zustand belegt also für große Werte von j einen Bruchteil von $j/2\pi j^2 = 1/2\pi j$ der Bloch-Kugel, der für $j \to \infty$ gegen null geht.

Die Vollständigkeit der Zustände $|\theta,\phi\rangle$ manifestiert sich in einer Zerlegung des Einheitsoperators, genau wie die Formel (3.114) für die „normalen" kohärenten Zustände:

Aufgabe 4.4 (Lösung Seite 277): Beweisen Sie, beispielsweise mit der Basisdarstellung (4.54), für die kohärenten Spinzustände die Formel

$$\hat{I} = \frac{2j+1}{4\pi}\int \mathrm{d}\Omega\, |\theta,\phi\rangle\langle\theta,\phi| \quad \text{mit dem Flächenelement} \quad \mathrm{d}\Omega = \sin\theta\, \mathrm{d}\theta\, \mathrm{d}\phi\,.$$

Die kohärenten Spinzustände sind also übervollständig, wobei die Übervollständigkeit hier besonders deutlich wird, denn der von ihnen aufgespannte Hilbert-Raum ist ja endlichdimensional. Auch hier lässt sich jeder normierte Vektor $|\psi\rangle = \sum_m c_m |j,m\rangle$ durch ihre Linearkombination darstellen:

$$|\psi\rangle = \hat{I}\,|\psi\rangle = \frac{2j+1}{4\pi}\int \mathrm{d}\Omega\, \frac{\psi(\tau^*)}{(1+|\tau|^2)^j}\,|\theta,\phi\rangle\,, \tag{4.58}$$

$$\psi(\tau^*) = (1+|\tau|^2)^j\,\langle\theta,\phi|\psi\rangle = \sum_{m=-j}^{j} c_m \binom{2j}{j+m}^{\frac{1}{2}} \left(\tau^*\right)^{j+m}\,, \tag{4.59}$$

wobei wir die Entwicklung (4.52) der kohärenten Spinzustände verwenden und den in Gleichung (4.49) definierten Parameter $\tau = \mathrm{e}^{-\mathrm{i}\phi}\tan\frac{\theta}{2}$. Diese Darstellung des Zustands $|\psi\rangle$ durch ein komplexes Polynom $\psi(\tau^*)$ entspricht der Bargmann-Darstellung (3.119) der „normalen" kohärenten Zustände.

4.4 Die Schwinger-Transformation

Zwischen der Drehimpulsalgebra und den bosonischen Erzeugern und Vernichtern zweier harmonischer Oszillatoren (vgl. Abschnitt 3.5) gibt es eine interessante Beziehung, die man auch als **Schwinger-Transformation** oder **Schwinger-Bosonisierung** bezeichnet (nach dem US-amerikanischen Physiker Julian Seymour Schwinger (1918–1994)). Davon überzeugen wir uns in einer Aufgabe:

Aufgabe 4.5 (Lösung Seite 277): Zeigen Sie: Die Operatoren

$$\hat{J}_x = \frac{1}{2}\left(\hat{a}^\dagger\hat{b} + \hat{a}\hat{b}^\dagger\right), \quad \hat{J}_y = \frac{1}{2\mathrm{i}}\left(\hat{a}^\dagger\hat{b} - \hat{a}\hat{b}^\dagger\right), \quad \hat{J}_z = \frac{1}{2}\left(\hat{a}^\dagger\hat{a} - \hat{b}^\dagger\hat{b}\right)$$

erfüllen die Vertauschungsrelationen $[\hat{J}_x, \hat{J}_y] = \mathrm{i}\hat{J}_z,\ \ x, y, z$ zyklisch, aus Gleichung (4.2). Beweisen Sie dann die Beziehung $\hat{J}^2 = \frac{\hat{N}}{2}\left(\frac{\hat{N}}{2} + 1\right)$ zwischen $\hat{J}^2$ und $\hat{N} = \hat{a}^\dagger\hat{a} + \hat{b}^\dagger\hat{b}$.

Die Operatoren $\hat{J}_\pm$ gehen bei der Transformation über in

$$\hat{J}_+ = \hat{J}_x + \mathrm{i}\hat{J}_- = \hat{a}^\dagger\hat{b}, \quad \hat{J}_- = \hat{J}_x - \mathrm{i}\hat{J}_- = \hat{a}\hat{b}^\dagger, \tag{4.60}$$

und der Casimir-Operator $\hat{J}^2 = \hat{J}_x^2 + \hat{J}_y^2 + \hat{J}_z^2$ der Drehimpuls-Algebra aus (4.4), der also mit allen Operatoren vertauscht, hängt mit dem Operator $\hat{N} = \hat{a}^\dagger\hat{a} + \hat{b}^\dagger\hat{b}$, der nach Aufgabe 3.2 die gleiche Eigenschaft besitzt, wie in Aufgabe 3.3 gezeigt, wie

$$\hat{J}^2 = \frac{\hat{N}}{2}\left(\frac{\hat{N}}{2} + 1\right) \tag{4.61}$$

zusammen. Wir erinnern uns daran, dass $\hat{J}^2$ die Eigenwerte $j(j+1)$ besitzt, mit einem ganz- oder halbzahligen Wert von j (siehe Seite 64). Also gilt $j = N/2$ mit einem ganzzahligen Eigenwert N von $\hat{N}$, der Anzahl der Quanten oder der Teilchen. Hervorzuheben ist, dass auf diese Weise ein System mit halbzahligem Spin in ein bosonisches Vielteilchensystem überführt wird.

In dieser Darstellung durch Drehimpulsoperatoren können wir mit

$$\hat{a}^\dagger\hat{a} = \tfrac{1}{2}\hat{N} + \hat{J}_z, \quad \hat{b}^\dagger\hat{b} = \tfrac{1}{2}\hat{N} - \hat{J}_z \tag{4.62}$$

den Hamilton-Operator (3.172) umschreiben als

$$\begin{aligned} \hat{H} &= \hbar\omega_A\left(\hat{a}^\dagger\hat{a} + \tfrac{1}{2}\right) + \hbar\omega_B\left(\hat{b}^\dagger\hat{b} + \tfrac{1}{2}\right) + v\left(\hat{a}^\dagger\hat{b} + \hat{a}\hat{b}^\dagger\right) \\ &= \hbar\omega_A\left(\tfrac{1}{2}\hat{N} + \hat{J}_z + \tfrac{1}{2}\right) + \hbar\omega_B\left(\tfrac{1}{2}\hat{N} - \hat{J}_z + \tfrac{1}{2}\right) + 2v\,\hat{J}_x \\ &= \tfrac{\hbar}{2}(\omega_A + \omega_B)\left(\hat{N} + 1\right) + \hbar(\omega_A - \omega_B)\hat{J}_z + 2v\hat{J}_x \\ &= \hbar\overline{\omega}\left(\hat{N} + 1\right) + 2\epsilon\hat{J}_z + 2v\hat{J}_x \end{aligned} \tag{4.63}$$

mit der mittleren Frequenz $\overline{\omega} = (\omega_A + \omega_B)/2$ und $2\epsilon = \hbar(\omega_A - \omega_B)$. Da der Operator $\hat{N}$ nach Aufgabe 3.2 mit $\hat{H}$ vertauscht, können wir uns, beispielsweise zur Berechnung der Eigenwerte, nur mit dem Anteil $\hat{H} = 2\epsilon\hat{J}_z + 2v\hat{J}_x$ beschränken, den wir schon in Abschnitt 4.1 betrachtet haben (vgl. Seite 66).

Wir wollen noch kurz auf die Beziehung zwischen den Basiszuständen eingehen. Für den Drehimpuls wählt man üblicherweise die Zustände $|j, m\rangle$, mit den Quantenzahlen $j(j+1)$ von $\hat{J}^2$ und m von $\hat{J}_z$. Das Vielteilchensystem beschreibt man in der Basis der Fock-Zustände $|n_1, n_2\rangle$ mit den Eigenwerten n_1 von $\hat{a}^\dagger\hat{a}$ und n_2 von $\hat{b}^\dagger\hat{b}$ mit $n_1 + n_2 = N$. Sie hängen mit den Drehimpulszuständen über $n_1 = j + m$ und $n_2 = j - m$ zusammen.

Damit können wir auch unsere kohärenten Spinzustände (4.54) auch als kohärente Zweimodenzustände übernehmen. Dabei geht der Rotorzustand $|j, -j\rangle$ in den Fock-Zustand $|n, N-n\rangle$ über, der extremale Rotorzustand $|j, -j\rangle$ also in den Fock-Zustand $|0, N\rangle$ über und die Rotationsoperatoren $\hat{R}(\zeta)$ aus (4.44) und (4.49) lassen sich mithilfe von $\hat{J}_+ = \hat{a}^\dagger\hat{b}$, $\hat{J}_- = \hat{a}\hat{b}^\dagger$ und

$\hat{J}_z = \frac{1}{2}(\hat{a}^\dagger\hat{a} - \hat{b}^\dagger\hat{b})$ durch die Erzeuger und Vernichter darstellen. Damit erhalten wir aus den kohärenten Spinzuständen (4.52) die kohärenten Dimerzustände

$$|\zeta\rangle = \hat{R}(\zeta)|0,N\rangle = \frac{1}{(1+|\tau|^2)^{2N}} \sum_{n=0}^{N} \tau^n \binom{N}{n}^{\frac{1}{2}} |n, N-n\rangle \text{ mit } \zeta = \frac{\theta}{2}\mathrm{e}^{-\mathrm{i}\phi}\,,\ \tau = \mathrm{e}^{-\mathrm{i}\phi}\tan\frac{\theta}{2}\,, \quad (4.64)$$

die sich dann auch zu kohärenten Mehrmodenzuständen verallgemeinern lassen. Hier wollen wir noch eine weitere Umformung vornehmen, die uns eine weitere Eigenschaft der kohärenten Spinzustände zeigt. Dazu definieren wir die Parameter

$$x_1 = \frac{\tau}{\sqrt{1+|\tau|^2}}\,,\quad x_2 = \frac{1}{\sqrt{1+|\tau|^2}}\,, \quad (4.65)$$

benennen den Zustand $|\zeta\rangle$ um in $|\vec{x}\rangle = |x_1, x_2\rangle$, bauen den Fock-Zustand mithilfe der Erzeuger durch

$$|n, N-n\rangle = \frac{1}{\sqrt{n!(N-n)!}} \left(\hat{a}^\dagger\right)^n \left(\hat{b}^\dagger\right)^{N-n} |0,0\rangle \quad (4.66)$$

aus dem Vakuumzustand auf (vgl. Gleichung (3.93)), und erhalten

$$\begin{aligned} |\vec{x}\rangle &= \sum_{n=0}^{N} \sqrt{\binom{N}{n}}\, x_1^n x_2^{N-n} |n, N-n\rangle = \frac{1}{\sqrt{N!}} \sum_{n=0}^{N} \binom{N}{n} \left(x_1\hat{a}^\dagger\right)^n \left(x_2\hat{b}^\dagger\right)^{N-n} |0,0\rangle \\ &= \frac{1}{\sqrt{N!}} \left(x_1\hat{a}^\dagger + x_2\hat{b}^\dagger\right)^N |0,0\rangle \quad \text{mit} \quad \langle\vec{x}|\vec{x}\rangle = \left(|x_1|^2 + |x_2|^2\right)^N = 1 \end{aligned} \quad (4.67)$$

(vgl. Aufgabe (4.6)). Man überlegt sich, dass durch $x_1 = 0$, $x_2 = 1$ der extremale Zustand $|0, N\rangle$ beschrieben wird, und durch $x_1 = 1$, $x_2 = 0$ der extremale Zustand $|N, 0\rangle$. Oft ist es allerdings vorteilhaft, mit nicht-normierten kohärenten Spinzuständen zu arbeiten, wie beispielsweise im Fall nicht-hermitescher Systeme (siehe Seite 228). Zum Abschluss berechnen wir noch einige nützliche Matrixelemente:

Aufgabe 4.6 (Lösung Seite 278): Zeigen Sie: Für die kohärenten Spinzustände $|\vec{x}\rangle$ gilt

$$\langle\vec{x}|\vec{x}\rangle = \left(|x_1|^2 + |x_2|^2\right)^N \quad \text{und} \quad \langle\vec{x}|\hat{a}_i^\dagger\hat{a}_j|\vec{x}\rangle = N x_j^* x_k \left(|x_1|^2 + |x_2|^2\right)^{N-1}.$$

Als letzten Schritt wollen wir die Matrixelemente der Drehimpulsoperatoren aus Aufgabe 4.5 bestimmen, genauer die reellen Größen

$$s_k = \frac{\langle\vec{x}|\hat{J}_k|\vec{x}\rangle}{N\langle\vec{x}|\vec{x}\rangle} \quad \text{mit} \quad s_x^2 + s_y^2 + s_z^2 = \frac{1}{4}\,, \quad (4.68)$$

die man mit den Formeln aus Aufgabe 4.6 erhält als

$$s_x = \frac{1}{2}\frac{x_1^* x_2 + x_1 x_2^*}{|x_1|^2 + |x_2|^2}\,,\quad s_y = \frac{1}{2\mathrm{i}}\frac{x_1^* x_2 - x_1 x_2^*}{|x_1|^2 + |x_2|^2}\,,\quad s_z = \frac{1}{2}\frac{|x_1|^2 - |x_2|^2}{|x_1|^2 + |x_2|^2}\,. \quad (4.69)$$

Zum Abschluss sei darauf hingewiesen, dass mittlerweile eine ganze Reihe unterschiedlicher Zustände mit ähnlicher Notation existieren, nämlich Drehimpulszustände $|j, m\rangle$, Fock-Zustände $|n_1, n_2\rangle$ und köhärente Spinzustände $|\theta, \phi\rangle$ bzw. $|x_1, x_2\rangle$. Man sollte sich also jeweils vergewissern, um welche Zustände es sich handelt.

5 Supersymmetrie

In Abschnitt 3.4 haben wir kurz auf die wichtigen Unterschiede zwischen Bosonen und Fermionen hingewiesen, zwei Sorten von Teilchen, die unterschiedlichen Statistiken genügen. Lange Zeit hindurch wurden dadurch zwei unterschiedliche Welten beschrieben, die sich nicht mischen konnten. Das änderte sich mit dem Aufkommen der sogenannten **Supersymmetrie**, kurz **Susy**, in der bosonische und fermionische Zustände gemischt werden. Ihr eigentliches Gebiet ist die Teilchenphysik, wo sich Bosonen und Fermionen durch eine supersymmetrische Transformation ineinander umwandeln, oder die vereinheitlichen Feldtheorien. Mehr darüber findet man unter dem Stichwort Supersymmetrie bei Wikipedia.

Hier befassen wir uns mit einer sehr(!) vereinfachten Version der Supersymmetrie in der Quantenmechanik, die in ihren Vorläufern auch als Faktorisierungsmethode bekannt wurde. Letztlich beruht sie darauf, dass eine Differentialgleichung zweiter Ordnung wie die Schrödinger-Gleichung in das Produkt zweier (supersymmetrischer) Partnergleichungen erster Ordnung zerlegt wird. Auf diese Weise lassen sich, wie wir sehen werden, überraschende analytische Lösungen generieren.

5.1 Die Superladung

Die algebraische Grundlage der Supersymmetrie ist die Existenz eines Operators $\hat{Q}$, der Generator einer supersymmetrischen Transformation, den man auch als **Superladung** bezeichnet. Dieser Operator hat die Eigenschaft, dass sein Quadrat verschwindet,

$$\hat{Q}^2 = 0\,, \tag{5.1}$$

er ist also **nilpotent**. Dann gilt natürlich auch $\hat{Q}^{\dagger 2} = 0$. Mit dem Antikommutator von $\hat{Q}$ und $\hat{Q}^\dagger$ lässt sich dann ein hermitescher Operator definieren,

$$\hat{H} = \{\hat{Q}, \hat{Q}^\dagger\}\,, \tag{5.2}$$

den wir als Hamilton-Operator wählen. Alternativ werden als Superladungen oft auch zwei hermitesche Operatoren $\hat{Q}_1$ und $\hat{Q}_2$ definiert, die die Antikommutatorrelationen

$$\{\hat{Q}_j, \hat{Q}_k\} = \delta_{jk} H \tag{5.3}$$

erfüllen. Sie stehen mit dem Operator $\hat{Q}$ in der Beziehung

$$Q = \frac{1}{\sqrt{2}}\left(\hat{Q}_1 + \mathrm{i}\,\hat{Q}_2\right). \tag{5.4}$$

Die Superladung $\hat{Q}$ vertauscht mit $\hat{H}$, denn es gilt

$$\begin{aligned}[\hat{H}, \hat{Q}] &= [\hat{Q}\hat{Q}^\dagger + \hat{Q}^\dagger\hat{Q}, \hat{Q}] = (\hat{Q}\hat{Q}^\dagger + \hat{Q}^\dagger\hat{Q})\hat{Q} - \hat{Q}(\hat{Q}\hat{Q}^\dagger + \hat{Q}^\dagger\hat{Q}) \\ &= \hat{Q}\hat{Q}^\dagger\hat{Q} + \hat{Q}^\dagger\hat{Q}^2 - \hat{Q}^2\hat{Q}^\dagger - \hat{Q}\hat{Q}^\dagger\hat{Q} = 0\,.\end{aligned} \tag{5.5}$$

Man bezeichnet $\hat{H}$ deshalb als **supersymmetrisch**. Genauso gelten die Kommutatorrelationen

$$[\hat{H}, \hat{Q}^\dagger] = 0 \quad , \quad [\hat{H}, \hat{Q}^\dagger \hat{Q}] = [\hat{H}, \hat{Q}\hat{Q}^\dagger] = 0$$
$$[\hat{Q}^\dagger \hat{Q}, \hat{Q}\hat{Q}^\dagger] = \hat{Q}^\dagger \hat{Q}^2 \hat{Q}^\dagger - \hat{Q}\hat{Q}^{\dagger 2} \hat{Q} = 0 \,. \tag{5.6}$$

Die drei Operatoren $\hat{H}$, $\hat{Q}^\dagger \hat{Q}$ und $\hat{Q}\hat{Q}^\dagger$ lassen sich also gemeinsam diagonalisieren, und wir bezeichnen ihre (orthonormierten) Eigenzustände als $|n\rangle$, die zugehörigen Eigenwerte von $\hat{H}$ als E_n und die von $\hat{Q}\hat{Q}^\dagger$ und $\hat{Q}^\dagger \hat{Q}$ als α_n bzw. β_n:

$$\hat{H}|n\rangle = E_n|n\rangle \quad , \quad \hat{Q}\hat{Q}^\dagger |n\rangle = \alpha_n |n\rangle \quad , \quad \hat{Q}^\dagger \hat{Q}|n\rangle = \beta_n |n\rangle \,. \tag{5.7}$$

Die Zustände $|n_\pm\rangle$, definiert durch

$$|n_+\rangle = \hat{Q}^\dagger |n\rangle \quad , \quad |n_-\rangle = \hat{Q}|n\rangle \,, \tag{5.8}$$

sind, da $\hat{Q}$ und $\hat{Q}^\dagger$ mit $\hat{H}$ kommutieren, ebenfalls Eigenzustände von $\hat{H}$ zum Eigenwert E_n. Sie müssen jedoch nicht notwendig existieren. Wenn wir den Erwartungswert unseres Hamilton-Operators in Gleichung (5.2) mit den Zuständen $|n\rangle$ bilden, so erhalten wir

$$E_n = \langle n|\hat{H}|n\rangle = \langle n|\hat{Q}\hat{Q}^\dagger|n\rangle + \langle n|\hat{Q}^\dagger \hat{Q}|n\rangle = \langle n_+|n_+\rangle + \langle n_-|n_-\rangle = \alpha_n + \beta_n \geq 0 \,. \tag{5.9}$$

Der Grundzustand von $\hat{H}$, nennen wir ihn $|0\rangle$, mit dem tiefsten Eigenwert E_0 liegt also entweder bei $E_0 = 0$ oder bei einer positiven Energie. Das hat unterschiedliche Konsequenzen für seinen Entartungsgrad. Gilt $E_0 = 0$, so folgt aus Gleichung (5.9), dass beide Zustände $|0_\pm\rangle$ verschwinden müssen. Ein Grundzustand mit Energie null ist also *nicht-entartet.* Falls ein solcher Grundzustand existiert, bezeichnet man die Supersymmetrie als **exakt** oder **ungebrochen**, andernfalls als **gebrochen**.

Für einen positiven Eigenwert $E_n > 0$ können wir zeigen, dass nur *einer* der beiden Zustände $|n_+\rangle$ und $|n_-\rangle$ existieren kann, eine einfache Konsequenz der Nilpotenz. Aufgrund der Ungleichung $E_n = \alpha_n + \beta_n > 0$ muss einer der beiden Werte α_n und β_n ungleich null sein. Sei also beispielsweise $\alpha_n = \langle n_+|n_+\rangle \neq 0$. Dann existiert $|n_+\rangle$ und es gilt

$$\hat{Q}|n_+\rangle = \hat{Q}\hat{Q}^\dagger |n\rangle = \alpha_n |n\rangle \quad \Longrightarrow \quad \hat{Q}^2 |n_+\rangle = \alpha_n \hat{Q}|n\rangle = \alpha_n |n_-\rangle \,. \tag{5.10}$$

Wegen $\hat{Q}^2 = 0$ ist die linke Seite dieser Gleichung gleich null, und daher folgt wegen $\alpha_n \neq 0$, dass $|n_-\rangle$ der Nullvektor sein muss, $|n_-\rangle = |\varnothing\rangle$. Umgekehrt folgt aus der Existenz von $|n_-\rangle$, dass $|n_+\rangle$ verschwinden muss.

Wir haben also die folgende Situation für exakte Supersymmetrie: Der Grundzustand liegt bei der Energie null und ist nicht-entartet. Die anderen Zustände sind zweifach entartet. Nach der obigen Konstruktion existiert zu jedem Eigenwert E_n jeweils entweder (a) der Zustand $|n\rangle$ und der Zustand $|n_+\rangle$ oder (b) der Zustand $|n\rangle$ und der Zustand $|n_-\rangle$. Wir können jetzt den Zustand $|n\rangle$ im Fall (a) in $|n_-\rangle$ umtaufen und im Fall (b) in $|n_+\rangle$. Dann haben wir zwei Klassen von Zuständen $|n_+\rangle$ und $|n_-\rangle$, zwischen denen die Operatoren $\hat{Q}$ und $\hat{Q}^\dagger$ transformieren:

$$|n_+\rangle \xrightarrow{\hat{Q}} |n_-\rangle \quad , \quad |n_-\rangle \xrightarrow{\hat{Q}^\dagger} |n_+\rangle \quad , \quad \hat{Q}|n_-\rangle = \hat{Q}^\dagger |n_+\rangle = 0 \,. \tag{5.11}$$

5.2 Ein supersymmetrischer Oszillator

Eine Realisierung einer solchen algebraischen Struktur liefern bosonische und fermionische Erzeugungs- und Vernichtungsoperatoren $\hat{b}^\dagger$, $\hat{b}$ bzw. $\hat{f}^\dagger$, $\hat{f}$ (siehe Abschnitt 3.4) mit den Kommutatorrelationen

$$[\hat{b},\hat{b}^\dagger]=1 \quad \text{und} \quad \{\hat{f},\hat{f}^\dagger\}=1\,. \tag{5.12}$$

Die bosonischen Operatoren kommutieren mit den fermionischen. Die fermionischen Operatoren sind, im Gegensatz zu den bosonischen, nilpotent: $\hat{f}^2=\hat{f}^{\dagger 2}=0$. Sie fungieren nach den Gleichungen (3.160) und (3.169) als Leiteroperatoren:

$$\begin{aligned}
&\hat{b}^\dagger|n\rangle=\sqrt{n+1}\,|n+1\rangle\ ,\quad \hat{b}\,|n\rangle=\sqrt{n}\,|n-1\rangle\,,\\
&\hat{f}^\dagger|0\rangle=|1\rangle\ ,\quad \hat{f}\,|1\rangle=|0\rangle\ ,\quad \hat{f}^\dagger|1\rangle=\hat{f}\,|0\rangle=|\varnothing\rangle\,.
\end{aligned} \tag{5.13}$$

Wir definieren jetzt den Operator

$$\hat{Q}=\hat{b}\,\hat{f}^\dagger \quad \text{mit} \quad \hat{Q}^2=\hat{b}\,\hat{f}^\dagger\,\hat{b}\,\hat{f}^\dagger=\hat{b}^2\hat{f}^{\dagger 2}=0 \tag{5.14}$$

und berechnen den zugehörigen supersymmetrischen Hamilton-Operator (5.2) als

$$\begin{aligned}
\hat{H}&=\{\hat{Q},\hat{Q}^\dagger\}=\hat{b}\hat{b}^\dagger\hat{f}^\dagger\hat{f}+\hat{b}^\dagger\hat{b}\,\hat{f}\hat{f}^\dagger=(1+\hat{b}^\dagger\hat{b})\hat{f}^\dagger\hat{f}+\hat{b}^\dagger\hat{b}(1-\hat{f}^\dagger\hat{f})\\
&=\hat{b}^\dagger\hat{b}+\hat{f}^\dagger\hat{f}=\hat{N}_b+\hat{N}_f
\end{aligned} \tag{5.15}$$

mit den bosonischen und fermionischen Teilchenzahloperatoren

$$\hat{N}_b=\hat{b}^\dagger\hat{b} \quad \text{bzw.} \quad \hat{N}_f=\hat{f}^\dagger\hat{f}\,. \tag{5.16}$$

Es wird hier deutlich, dass durch die Supersymmetrie bosonische und fermionische Zustände gekoppelt sind.

Aus den Eigenzuständen der Teilchenzahloperatoren

$$\hat{N}_b|n_b\rangle=n_b|n_b\rangle\ ,\quad n_b=0,1,2,\ldots\,,\quad \text{und} \quad \hat{N}_f|n_f\rangle=n_f|n_f\rangle\ ,\quad n_f=0,1\,, \tag{5.17}$$

erhalten wir die Eigenzustände von $\hat{H}$ als $|n_b,n_f\rangle$ mit

$$\hat{H}\,|n_b,n_f\rangle=(\hat{N}_b+\hat{N}_f)\,|n_b,n_f\rangle=(n_b+n_f)\,|n_b,n_f\rangle=n\,|n_b,n_f\rangle \tag{5.18}$$

und den Eigenwerten $E_n=n=n_b+n_f$. Der Grundzustand hat den Eigenwert $n=0$ mit dem Eigenzustand $|0,0\rangle$. Dieser **Vakuumzustand** ist nicht-entartet, im Gegensatz zu den anderen Eigenwerten mit $n>0$, die jeweils zweifach entartet sind:

$$|n,0\rangle \quad \text{und} \quad |n-1,1\rangle \quad \text{sind Eigenzustände von } \hat{H} \text{ zum Eigenwert} \quad E_n=n>0\,. \tag{5.19}$$

Für die Zustände $|n,0\rangle$ gilt

$$\hat{Q}|n,0\rangle=\hat{b}\hat{f}^\dagger|n,0\rangle=\sqrt{n}\,|n-1,1\rangle\ ,\quad \hat{Q}^\dagger|n,0\rangle=\hat{b}\hat{f}^\dagger|n,0\rangle=0\,. \tag{5.20}$$

Es ergeben sich also Zustände $|n-1,1\rangle$ mit Fermionenzahl $n_f=1$, die nach (5.8) als $|n-1,1\rangle=|n_-\rangle$ bezeichnet werden, oder als **fermionisch**.

Für den entarteten Partner $|n-1,1\rangle$ gilt

$$\hat{Q}|n-1,1\rangle=\hat{b}\hat{f}^\dagger|n-1,1\rangle=0\ ,\quad \hat{Q}^\dagger|n-1,1\rangle=\hat{b}\hat{f}^\dagger|n-1,1\rangle=\sqrt{n}\,|n,0\rangle\,. \tag{5.21}$$

Er wird daher nach (5.8) als $|n,0\rangle=|n_+\rangle$ bezeichnet, oder als **bosonisch** mit $n_f=0$. Die obigen Gleichungen demonstrieren auch, dass die Operatoren $\hat{Q}$ und $\hat{Q}^\dagger$ als Transformationen zwischen den bosonischen und fermionischen Zustandsklassen fungieren.

Aufgabe 5.1 (Lösung Seite 279) : Es ist instruktiv, sich auch in der Darstellung durch $\hat{b}$ und $\hat{f}$ davon zu überzeugen, dass $\hat{H} = \hat{b}^\dagger\hat{b} + \hat{f}^\dagger\hat{f}$ wirklich mit $\hat{Q} = \hat{b}\hat{f}^\dagger$ kommutiert.

Unsere weiteren Überlegungen beruhen auf der 2 × 2-Matrixdarstellung der fermionischen Operatoren $\hat{f} = \left(\begin{smallmatrix} 0 & 1 \\ 0 & 0 \end{smallmatrix}\right)$ und $\hat{f}^\dagger = \left(\begin{smallmatrix} 0 & 0 \\ 1 & 0 \end{smallmatrix}\right)$ aus der Gleichung (3.170). Damit wird die Superladung $\hat{Q} = \hat{b}\hat{f}^\dagger$ zu

$$\hat{Q} = \hat{b}\hat{f}^\dagger = \begin{pmatrix} 0 & 0 \\ \hat{b} & 0 \end{pmatrix} , \quad \hat{Q}^\dagger = \hat{b}^\dagger\hat{f} = \begin{pmatrix} 0 & \hat{b}^\dagger \\ 0 & 0 \end{pmatrix} \tag{5.22}$$

und der Hamilton-Operator zu

$$\begin{aligned} \hat{H} = \hat{Q}\hat{Q}^\dagger + \hat{Q}^\dagger\hat{Q} &= \begin{pmatrix} 0 & 0 \\ \hat{b} & 0 \end{pmatrix}\begin{pmatrix} 0 & \hat{b}^\dagger \\ 0 & 0 \end{pmatrix} + \begin{pmatrix} 0 & \hat{b}^\dagger \\ 0 & 0 \end{pmatrix}\begin{pmatrix} 0 & 0 \\ \hat{b} & 0 \end{pmatrix} \\ &= \begin{pmatrix} \hat{b}^\dagger\hat{b} & 0 \\ 0 & \hat{b}\hat{b}^\dagger \end{pmatrix} = \begin{pmatrix} \hat{b}^\dagger\hat{b} & 0 \\ 0 & \hat{b}^\dagger\hat{b}+1 \end{pmatrix} . \end{aligned} \tag{5.23}$$

oder, mit $\hat{H}_0 = \hat{b}^\dagger\hat{b} + \frac{1}{2}$ $\hat{H}_1 = \hat{H}_0 - \frac{1}{2}$ und $\hat{H}_2 = \hat{H}_0 + \frac{1}{2}$ zu

$$\hat{H} = \begin{pmatrix} \hat{H}_1 & 0 \\ 0 & \hat{H}_2 \end{pmatrix} . \tag{5.24}$$

Wir haben also zwei Hamilton-Operatoren auf der Diagonale, die gegeneinander um eine Energieeinheit verschoben sind. Das gilt genauso auch für die Eigenwerte $E_n^{(1)} = n$ von $\hat{H}_1$ und $E_n^{(2)} = n+1$ von $\hat{H}_2$, jeweils mit $n = 0, 1, 2, \ldots$, die

$$E_{n+1}^{(1)} = E_n^{(2)} \quad \text{für} \quad n > 0 \tag{5.25}$$

erfüllen. Wir werden im folgenden Abschnitt sehen, dass weitere, interessantere supersymmetrische Systeme existieren, die eine ähnliche Beschreibung ermöglichen.

5.3 Supersymmetrische Quantenmechanik

Im vorangehenden Abschnitt haben wir den 2 × 2-Matrix-Hamilton-Operator[1] H durch zwei Komponenten H_1 und H_2 ausgedrückt. Wenn wir von den dort benutzten dimensionslosen Größen zurückgehen und den Hamilton-Operator mit $\hbar\omega$ multiplizieren, haben wir die Darstellung

$$H = \begin{pmatrix} H_1 & 0 \\ 0 & H_2 \end{pmatrix} = \hbar\omega \begin{pmatrix} b^\dagger b & 0 \\ 0 & bb^\dagger \end{pmatrix} \tag{5.26}$$

[1] In diesem Abschnitt verzichten wir auf die Kennzeichnung der Operatoren durch ein Dach.

durch die Leiteroperatoren des harmonischen Oszillators,

$$b = \frac{1}{\sqrt{2m\hbar\omega}}\big(m\omega q + \mathrm{i}p\big)\ , \quad b^\dagger = \frac{1}{\sqrt{2m\hbar\omega}}\big(m\omega q - \mathrm{i}p\big), \tag{5.27}$$

nach Gleichung (3.17). Unser Ziel ist es jetzt, dies zu verallgemeinern auf

$$H = \begin{pmatrix} H_1 & 0 \\ 0 & H_2 \end{pmatrix} = \begin{pmatrix} B^+B^- & 0 \\ 0 & B^-B^+ \end{pmatrix}, \tag{5.28}$$

wobei die Operatoren B^- und B^+ die Rolle von $\sqrt{\hbar\omega}\, b$ und $\sqrt{\hbar\omega}\, b^\dagger$ übernehmen. Wir machen für diese Operatoren den Ansatz

$$B^\pm = W(q) \mp \frac{\mathrm{i}}{\sqrt{2m}}\, p \tag{5.29}$$

mit dem Impulsoperator p. Dabei bezeichnet man den Operator $W(q)$ als das **Superpotential**, obwohl es sich dabei (schon dimensionsmäßig) nicht um ein Potential handelt. Für eine reelle Funktion W, was wir hier unterstellen wollen, ist $W(q)$ hermitesch und es gilt $B^+ = (B^-)^\dagger$. Wir berechnen zunächst die beiden Operatorprodukte in Gleichung (5.28):

Aufgabe 5.2 (Lösung Seite 279) : Zeigen Sie: In der Ortsdarstellung gelten die Formeln

$$B^\pm = W(q) \mp \frac{\hbar}{\sqrt{2m}}\frac{\mathrm{d}}{\mathrm{d}q} \quad \text{und} \quad B^+B^- = -\frac{\hbar^2}{2m}\frac{\mathrm{d}^2}{\mathrm{d}q^2} + W^2(q) - \frac{\hbar}{\sqrt{2m}}W'(q)\,.$$

Alternativ kommt man zum Ziel mit der Formel $\big[\hat{p}, f(\hat{q})\big] = -\mathrm{i}\hbar f'(\hat{q})$ aus Gleichung (3.13):

$$\begin{aligned} B^+B^- &= \Big(W(q) - \frac{\mathrm{i}}{\sqrt{2m}}p\Big)\Big(W(q) + \frac{\mathrm{i}}{\sqrt{2m}}p\Big) \\ &= W^2(q) - \frac{\mathrm{i}}{\sqrt{2m}}\big[p, W(q)\big] + \frac{1}{2m}p^2 \\ &= \frac{1}{2m}p^2 + W^2(q) - \frac{\hbar}{\sqrt{2m}}W'(q)\,. \end{aligned} \tag{5.30}$$

Das Operatorprodukt ergibt also den ersten Hamilton-Operator

$$H_1 = B^+B^- = -\frac{\hbar^2}{2m}\frac{\mathrm{d}^2}{\mathrm{d}q^2} + V_1(q) \quad \text{mit} \quad V_1(q) = W^2(q) - \frac{\hbar}{\sqrt{2m}}W'(q), \tag{5.31}$$

und genauso findet man den zweiten Hamilton-Operator

$$H_2 = B^-B^+ = -\frac{\hbar^2}{2m}\frac{\mathrm{d}^2}{\mathrm{d}q^2} + V_2(q) \quad \text{mit} \quad V_2(q) = W^2(q) + \frac{\hbar}{\sqrt{2m}}W'(q) \tag{5.32}$$

für das Partnersystem.

Oft benutzt man auch für die fermionischen Operatoren die Schreibweise $f = f^-$ und $f^\dagger = f^+$, und die Superladungen schreiben sich dann als

$$Q_+ = B^-f^+ \quad \text{und} \quad Q_- = B^+f^- \quad \text{mit} \quad Q_+ = (Q_-)^\dagger \quad \text{und} \quad Q_+^2 = Q_-^2 = 0\,. \tag{5.33}$$

Wir wissen, dass alle Eigenwerte von $H = \{Q_+.Q_-\}$ aus (5.26) nicht-negativ sind und dass die positiven Eigenwerte zweifach entartet sind. Ein Grundzustand bei $E = 0$ ist nicht entartet. Wie wir aus den Gleichungen oben sehen, unterscheiden sich die Potentiale $V_1(q)$ und $V_2(q)$ nur durch das Vorzeichen von $W(q)$. Im Folgenden werden wir annehmen, dass dies so gewählt ist, dass der tiefste Zustand der Grundzustand von $V_1(q)$ ist.

Da H diagonal ist, sind die Eigenzustände und die Eigenwerte aus denen von H_1 und H_2 aufgebaut:

$$H_1\psi_n^{(1)} = E_n^{(1)}\psi_n^{(1)} \ , \quad H_2\psi_n^{(2)} = E_n^{(2)}\psi_n^{(2)} \ , \quad n = 0,,1,\ldots . \tag{5.34}$$

Für die Eigenwerte gilt

$$E_0^{(1)} = 0 \ , \ E_n^{(2)} = E_{n+1}^{(1)} , \tag{5.35}$$

und die Eigenzustände werden durch die $B^{\pm}$ aufeinander abgebildet:

$$\psi_n^{(2)} = \frac{1}{\sqrt{E_{n+1}^{(1)}}} B^- \psi_{n+1}^{(1)} \ , \quad \psi_{n+1}^{(1)} = \frac{1}{\sqrt{E_n^{(2)}}} B^+ \psi_n^{(2)} . \tag{5.36}$$

Aus einem gegebenen Superpotential $W(q)$ können wir die Eigenwerte und Eigenfunktionen für die Potentiale $V_1(q)$ und $V_2(q)$ bestimmen, beispielsweise auch die Wellenfunktion $\psi_0(q)$ des Grundzustands von H_1 zum Eigenwert $E_0^{(1)} = 0$. Aber das lässt sich auch umkehren und man kann auf einfache Weise aus $\psi_0(q)$ das Superpotential berechnen:

Aufgabe 5.3 (Lösung Seite 279) : Das Superpotential $W(q)$ lässt sich aus der Wellenfunktion $\psi_0(q)$ des Grundzustands bestimmen als

$$W(q) = -\frac{\hbar}{\sqrt{2m}}\frac{\psi_0'(q)}{\psi_0(q)} = -\frac{\hbar}{\sqrt{2m}}\frac{\mathrm{d}}{\mathrm{d}q}\ln\psi_0(q) .$$

Leiten Sie diese Formel her.

Zwei Beispiele sollen die Konstruktion der **Susy-Partnersysteme** illustrieren:

Beispiel 1: Ein lineares Superpotential $W(q) = aq$ mit $W'(q) = a$ liefert die Potentiale

$$V_1(q) = a^2q^2 - \frac{\hbar}{\sqrt{2m}}a \ , \quad V_2(q) = a^2q^2 + \frac{\hbar}{\sqrt{2m}}a , \tag{5.37}$$

also zwei gleiche harmonische Oszillatorpotentiale $V(q) = \frac{m}{2}\omega^2 q^2$ mit $a = \omega\sqrt{m/2}$, die energetisch um $\frac{\hbar}{\sqrt{2m}}a = \frac{1}{2}\hbar\omega$ verschoben sind. Das hat die offensichtliche Konsequenz, dass die Energieniveaus

$$E_n^{(1)} = \hbar\omega n \ , \quad E_n^{(2)} = \hbar\omega(n+1) \ , \quad n = 0,,1,2,\ldots , \tag{5.38}$$

die erwarteten Susy-Relationen $E_0^{(1)} = 0$ und $E_n^{(2)} = E_{n+1}^{(1)}$ aus (5.35) erfüllen.

Für die Operatoren $B^{\pm}$, die nach (5.36) zwischen den Eigenzuständen $\psi_n^{(1)}$ und $\psi_n^{(2)}$ transformieren, erhalten wir nach Gleichung (5.29)

$$B^{\pm} = \sqrt{\frac{m}{2}}\,\omega q \mp \frac{\mathrm{i}}{\sqrt{2m}}p = \frac{1}{\sqrt{2m}}\big(m\omega q \mp \mathrm{i}p\big) , \tag{5.39}$$

dass heißt, sie stimmen bis auf den Faktor $\sqrt{\hbar\omega}$ mit den Erzeugern und Vernichtern der harmonischen Oszillator-Algebra aus Gleichung (3.17) überein:

$$B^- = \sqrt{\hbar\omega}\, a \;, \quad B^+ = \sqrt{\hbar\omega}\, a^\dagger \,. \tag{5.40}$$

Da die Potentiale $V^{(1)}(q)$ und $V^{(2)}(q)$ in diesem Fall (bis auf die Energieverschiebung) übereinstimmen, gilt das auch für die Eigenzustände: $\psi_n^{(1)} = \psi_n^{(2)} =: \psi_n$, und Gleichung (5.36) wird zu

$$\begin{aligned}
\psi_n &= \frac{1}{\sqrt{E_{n+1}^{(1)}}} B^- \psi_{n+1} = \frac{1}{\sqrt{\hbar\omega(n+1)}} \sqrt{\hbar\omega}\, a \psi_{n+1} = \frac{1}{\sqrt{n+1}}\, a \psi_{n+1} \\
\psi_{n+1} &= \frac{1}{\sqrt{E_n^{(2)}}} B^+ \psi_n = \frac{1}{\sqrt{\hbar\omega(n+1)}} \sqrt{\hbar\omega}\, a^\dagger \psi_n = \frac{1}{\sqrt{n+1}}\, a^\dagger \psi_n \,,
\end{aligned} \tag{5.41}$$

also zu der bekannten Leitergleichung (3.90).

Beispiel 2: Als zweites Beispiel betrachten wir ein System mit dem Superpotential

$$W(q) = a \tanh(\alpha q) \,. \tag{5.42}$$

Mit $W'(q) = a\alpha \cosh^{-2}(\alpha q)$ erhalten wir mit $\beta = \hbar/\sqrt{2m}$

$$\begin{aligned}
V_1(q) &= W^2(q) - \beta W'(q) = a^2 \tanh^2(\alpha q) - \frac{a\alpha\beta}{\cosh^2(\alpha q)} \\
&= \frac{a^2 \sinh^2(\alpha q) - a\alpha\beta}{\cosh^2(\alpha q)} = \frac{a^2\big(\cosh^2(\alpha q) - 1\big) - a\alpha\beta}{\cosh^2(\alpha q)} \\
&= a^2 - \frac{a^2 + a\alpha\beta}{\cosh^2(\alpha q)} = U_0\, \lambda^2 - \frac{U_0 \lambda(\lambda+1)}{\cosh^2(\alpha q)}
\end{aligned} \tag{5.43}$$

mit

$$U_0 = \alpha^2 \beta^2 = \frac{\hbar^2 \alpha^2}{2m} \quad \text{und} \quad \lambda = \frac{a}{\alpha\beta} = \frac{a\sqrt{2m}}{\alpha\hbar} \,. \tag{5.44}$$

Das ist ein Pöschl-Teller-Potential (3.204), energetisch verschoben um $a^2 = U_0\lambda^2$, mit den Energieeigenwerten

$$E_n^{(1)} = U_0\lambda^2 - U_0\big(\lambda - n\big)^2 \;, \quad n = 0, 1, \ldots, n_{\max} < \lambda \,, \tag{5.45}$$

im Vergleich zu (3.206) um $U_0\lambda^2$ verschoben, sodass $E_n^{(1)} = 0$. Genauso findet man das Partnerpotential

$$V_2(q) = W^2(q) + \beta W'(q) = U_0\lambda^2 - \frac{U_0\lambda(\lambda-1)}{\cosh^2(\alpha q)} \,, \tag{5.46}$$

wieder ein Pöschl-Teller-Potential, aber mit einem anderen Wert der Potentialstärke, bei dem λ durch $\lambda - 1$ ersetzt ist. Dabei unterstellen wir $\lambda > 1$. Die Eigenwerte sind dann gleich

$$E_n^{(2)} = U_0\lambda^2 - U_0\big(\lambda - 1 - n\big)^2 \;, \quad n = 0, 1, \ldots, n_{\max} < \lambda - 1 \,. \tag{5.47}$$

Der Grundzustand liegt bei $E_0^{(2)} = U_0\lambda^2 - U_0(\lambda-1)^2$, also genau bei $E_1^{(1)}$, wie bei einem Susy-Partner zu erwarten. Bild 5.1 illustriert diese Potentiale mit ihren Eigenwerten für $\lambda = 8.5$.

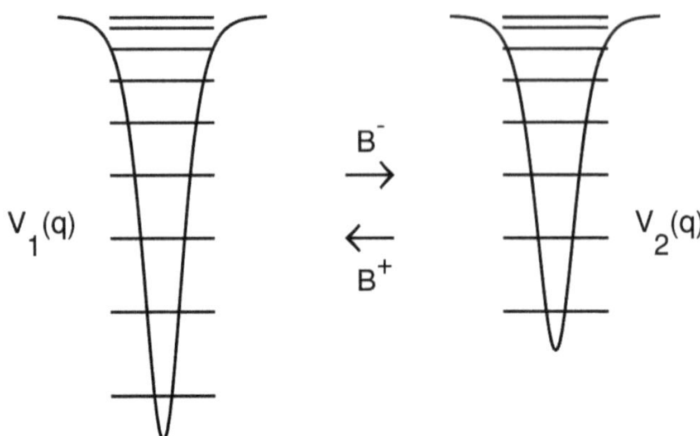

Bild 5.1 Susy-Partnerpotentiale (5.43) und (5.46) vom Pöschl-Teller-Typ für $\lambda = 8.5$ und Energieeigenwerte $E_n^{(1)}$, $E_n^{(2)}$ mit $E_{n+1}^{(1)} = E_n^{(2)}$. Die Operatoren $B^{\pm}$ transformieren zwischen den Eigenzuständen der beiden Systeme.

Wir wollen uns auch noch von der Gültigkeit der Formel

$$W(q) = -\frac{\hbar}{\sqrt{2m}}\frac{\mathrm{d}}{\mathrm{d}q}\ln\psi_0^{(1)}(q) = -\frac{\hbar}{\sqrt{2m}}\frac{\psi_0'(q)}{\psi_0'(q)} \tag{5.48}$$

aus Aufgabe 5.3 überzeugen, die den Zusammenhang zwischen Superpotential und Grundzustandswellenfunktion herstellt. Für das Pöschl-Teller-Potential ist nach Gleichung (3.208)

$$\psi_0(q) = \frac{M_0}{\cosh^{\lambda}(\alpha q)} \tag{5.49}$$

und daher mit $\beta = \hbar/\sqrt{2m}$

$$W(q) = -\beta\frac{\psi_0'(q)}{\psi_0'(q)} = \beta\alpha\lambda\frac{\sinh(\alpha q)}{\cosh^{\lambda+1}(\alpha q)}\cosh^{\lambda}(\alpha q) = a\tanh(\alpha q)\,, \tag{5.50}$$

in Übereinstimmung mit Gleichung (5.42).

Die beiden Operatoren $B^{\pm}$ beschreiben die Transformation zwischen den Eigenzuständen der beiden Systeme nach Gleichung (5.36). Es ist lohnend, dies einmal genauer zu betrachten, beispielsweise anhand der Operation von B^+. Wir unterstellen dabei einen ganzzahligen λ-Wert. Mit $W(q) = a\tanh(\alpha q)$ und $\beta = \frac{\hbar}{\sqrt{2m}}$ sollte gelten

$$\psi_{n+1}^{(1)}(q) = \frac{1}{\sqrt{E_n^{(2)}}}B^+\psi_n^{(2)} = \frac{1}{\sqrt{E_n^{(2)}}}\Big(a\tanh(\alpha q) - \beta\frac{\mathrm{d}}{\mathrm{d}q}\Big)\psi_n^{(2)}(q)\,. \tag{5.51}$$

Wir definieren die Variable $x = \tanh(\alpha q)$ mit $\mathrm{d}x/\mathrm{d}q = \alpha(1-x^2)$ und die (bisher noch unbestimmten) P-Funktionen mit den ebenfalls noch unbestimmten N-Vorfaktoren

$$\psi_{n+1}^{(1)}(q) = N_{n+1}(\lambda)\,P_{\lambda}^{\lambda-n-1}(x)\;,\quad \psi_n^{(2)}(q) = N_n(\lambda-1)\,P_{\lambda-1}^{\lambda-1-n}(x) \tag{5.52}$$

(zur Erinnerung: der Parameter λ im System V_1 wird zu $\lambda-1$ im Systems V_2). Einsetzen in Gleichung (5.51) führt zu

$$N_{n+1}(\lambda)\,P_{\lambda}^{\lambda-1-n}(x) = \frac{1}{\sqrt{E_n^{(2)}}}\Big(ax - \alpha\beta(1-x^2)\,\frac{\mathrm{d}}{\mathrm{d}x}\Big)N_n(\lambda-1)\,P_{\lambda-1}^{\lambda-1-n}(x)\,. \tag{5.53}$$

Wenn wir hier den Energieeigenwert

$$E_n^{(2)} = U_0(n+1)(2\lambda - n - 1) \quad \text{mit} \quad \sqrt{U_0} = \alpha\beta \quad \text{und} \quad a = \alpha\beta\lambda \tag{5.54}$$

sowie die N-Koeffizienten aus Gleichung (B.9) einsetzen, wird daraus nach kurzer Umformung

$$(n+1)P_\lambda^{\lambda-1-n}(x) = \left(\lambda x - (1-x^2)\frac{\mathrm{d}}{\mathrm{d}x}\right)P_{\lambda-1}^{\lambda-1-n}(x)\,. \tag{5.55}$$

Das ist aber nichts anderes als die Gleichung (B.3) für die zugeordneten Legendre-Funktionen $P_\ell^m(x)$ für $\ell = \lambda - 1$ und $m = \lambda - 1 - n$. Damit haben wir die Wellenfunktionen für die Susy-Eigenzustände zu ganzzahligen positiven λ-Werten bestimmt.

In ähnlicher Weise kann man auch weitere Systeme als supersymmetrische Partnerpotentiale beschreiben und ihre Eigenwerte und Eigenfunktionen bestimmen.

5.4 Supersymmetrische Ketten und Forminvarianz

Das oben beschriebene System zweier supersymmetrischer Partner lässt sich erweitern auf supersymmetrische Ketten, kurz **Susy-Ketten**, die man systematisch aufbauen kann. Dazu gehen wir aus von einem Hamilton-Operator

$$H = \frac{1}{2m}p^2 + V(q) \quad \text{mit} \quad p = -\mathrm{i}\hbar\frac{\mathrm{d}}{\mathrm{d}q}\,. \tag{5.56}$$

Wir verschieben die Energieskala um die Grundzustandsenergie E_0 von H und definieren unser erstes Ketten-System durch $H_1 = H - E_0$ mit einer Grundzustandsenergie $E_0^{(1)} = 0$ und der (nullstellenfreien) Wellenfunktion $\psi_0^{(1)}(q)$. Daraus erhalten wir, wie in Aufgabe 5.3 beschrieben, das Superpotential $W_1(q)$ und die Operatoren $B_1^\pm$ mit $(B_1^+)^\dagger = B_1^-$, die H_1 faktorisieren:

$$\begin{aligned} W_1 &= -\frac{\hbar}{\sqrt{2m}}\frac{\mathrm{d}}{\mathrm{d}q}\ln\psi_0^{(1)}\,, \quad B_1^\pm = W_1 \mp \frac{\mathrm{i}}{\sqrt{2m}}p \\ H_1 &= B_1^+B_1^- + E_0^{(1)} = \frac{1}{2m}p^2 + V_1\,, \quad V_1 = W_1^2 - \frac{\hbar}{\sqrt{2m}}W_1' + E_0^{(1)}\,. \end{aligned} \tag{5.57}$$

Das Susy-Partnersystem H_2 erhalten wir durch Vertauschen der Reihenfolge der $B_1^\pm$ als

$$\begin{aligned} H_2 &= B_1^-B_1^+ + E_0^{(1)} = \frac{1}{2m}p^2 + V_2\,, \\ V_2 &= W_1^2 + \frac{\hbar}{\sqrt{2m}}W_1' + E_0^{(1)} = V_1 + \frac{2\hbar}{\sqrt{2m}}W_1' = V_1 - \frac{\hbar^2}{m}\frac{\mathrm{d}^2}{\mathrm{d}q^2}\ln\psi_0^{(1)}\,. \end{aligned} \tag{5.58}$$

Die Grundzustandsenergie $E_0^{(2)}$ von H_2 stimmt dabei mit der des ersten angeregten Zustands von H_1 überein, $E_0^{(2)} = E_1^{(1)}$, (vgl. Gleichung (5.35)). Die Lösung der Eigenwertgleichung $H_2\psi_0^{(2)} = E_0^{(2)}\psi_0^{(2)}$ liefert die Grundzustandswellenfunktion $\psi_0^{(2)}(q)$ und damit das neue Superpotential $W_2(q)$ und die neuen Operatoren $B_2^\pm$, die den Grundzustand annullieren, $B_2^+ B_2^+ \psi_0^{(2)} = 0$:

$$W_2 = -\frac{\hbar}{\sqrt{2m}} \frac{\mathrm{d}}{\mathrm{d}q} \ln \psi_0^{(2)} \ , \quad B_2^\pm = W_2 \mp \frac{\mathrm{i}}{\sqrt{2m}} p \ , \quad H_2 = B_2^+ B_2^- + E_0^{(2)} \, . \tag{5.59}$$

Das können wir fortsetzten, indem wir das nächste Kettensystem mit $H_3 = B_2^- B_2^+ + E_0^{(2)}$ definieren als

$$\begin{aligned} V_3 &= W_3^2 - \frac{\hbar}{\sqrt{2m}} W_3' + E_0^{(3)} \\ &= V_2 - \frac{\hbar^2}{m} \frac{\mathrm{d}^2}{\mathrm{d}q^2} \ln \psi_0^{(2)} = V_1 - \frac{\hbar^2}{m} \frac{\mathrm{d}^2}{\mathrm{d}q^2} \ln \left(\psi_0^{(1)} \psi_0^{(2)} \right) \end{aligned} \tag{5.60}$$

mit $E_0^{(3)} = E_1^{(2)} = E_0^{(1)}$.

Auf diese Weise erzeugen wir mit

$$\begin{aligned} H_k &= B_{k-1}^- B_{k-1}^+ + E_0^{(k-1)} \ , \quad H_k \psi_0^{(k)} = E_0^{(k)} \psi_0^{(k)} \\ W_k &= -\frac{\hbar}{\sqrt{2m}} \frac{\mathrm{d}}{\mathrm{d}q} \ln \psi_0^{(k)} \ , \ B_k^\pm = W_k \mp \frac{\mathrm{i}}{\sqrt{2m}} p \\ H_k &= B_k^+ B_k^- + E_0^{(k)} = \frac{1}{2m} p^2 + V_k \\ V_k &= W_k^2 - \frac{\hbar}{\sqrt{2m}} W_k' + E_0^{(k)} = V_1 - \frac{\hbar^2}{m} \frac{\mathrm{d}^2}{\mathrm{d}q^2} \ln \left(\psi_0^{(1)} \psi_0^{(2)} \cdots \psi_0^{(k-1)} \right) \end{aligned} \tag{5.61}$$

unsere Susy-Kette. Dabei setzen wir voraus, dass jeweils ein gebundener Grundzustand mit einer nullstellenfreien Wellenfunktion existiert. Für das Energiespektrum gilt dabei die Beziehung

$$E_n^{(k)} = E_{n+1}^{(k-1)} = \cdots = E_{n+k-1}^{(1)} \, . \tag{5.62}$$

Die Operatoren $B_k^\pm$ transformieren dabei die Zustände zwischen den Partnersystemen wie in Gleichung (5.36), nur müssen wir die neue Notation berücksichtigen:

Aufgabe 5.4 (Lösung Seite 280) : Verifizieren Sie die Transformationsgleichungen

$$\psi_n^{(k+1)} = \frac{B_k^- \psi_{n+1}^{(k)}}{\sqrt{E_{n+1}^{(k)} - E_0^{(k)}}} \ , \quad \psi_{n+1}^{(k)} = \frac{B_k^+ \psi_n^{(k+1)}}{\sqrt{E_n^{(k+1)} - E_0^{(k)}}} \, .$$

Zeigen Sie dabei, dass dabei die Normierung erhalten bleibt.

Durch mehrmalige Anwendung der Operatoren $B_j^\pm$ kann man auch die Grundzustände des $(k+1)$-ten Systems mit den k-ten angeregten des ersten Systems verknüpfen. Das sieht man aus

$$\psi_{k-2}^{(3)} = \frac{B_2^- \psi_{k-1}^{(2)}}{\sqrt{E_{k-1}^{(2)} - E_0^{(2)}}} = \frac{B_2^- B_1^- \psi_k^{(1)}}{\sqrt{\left(E_{k-1}^{(2)} - E_0^{(2)}\right)\left(E_k^{(1)} - E_0^{(1)}\right)}} \tag{5.63}$$

und genauso

$$\psi_0^{(k+1)} = N_k B_k^- B_{k-1}^- \cdots B_2^- B_1^- \psi_k^{(1)} \;, \quad \psi_k^{(1)} = N_k B_1^+ B_2^+ \cdots B_{k-1}^+ B_k^+ \psi_0^{(k+1)} \tag{5.64}$$

mit dem Normierungsfaktor

$$N_k = \prod_{j=1}^{k} \left(E_{k+1-j}^{(j)} - E_0^{(j)}\right) = \prod_{j=1}^{k} \left(E_k^{(1)} - E_{j-1}^{(1)}\right), \tag{5.65}$$

wobei die erste Formel mithilfe von Gleichung (5.62) umgeschrieben wurde.

Forminvarianz: Besonders einfach und übersichtlich wird die Susy-Kettenbildung für sogenannte **forminvariante Potentiale**. Nehmen wir an, dass die Kettenpotentiale von Parametern a abhängen und schreiben sie als $V_k(q;a)$. Man nennt ein Potential forminvariant, wenn für die ersten beiden Partnerpotentiale gilt

$$V_2(q;a) = V_1(q;f(a)) + R(a) = V_1(q;a_2) + R(a_1) \quad \text{mit} \quad a_1 = a \;, \quad a_2 = f(a_1)\,. \tag{5.66}$$

Dabei wird also die Potentialform beibehalten und die Potentialparameter werden modifiziert. Zusätzlich wird das Potential energetisch um $R(a)$ verschoben. Das wird dann fortgesetzt als

$$\begin{aligned} V_3(q;a) &= V_2(q;f(a)) + R(a) = V_1(q;f(f(a)) + R(f(a)) + R(a) \\ &= V_1(q;a_3) + R(a_2) + R(a_1) \quad \text{mit} \quad a_3 = f(f(a)) = f^2(a)\,, \end{aligned} \tag{5.67}$$

und, wenn wir dies weiter fortsetzen,

$$V_k(q;a) = V_1(q;a_k) + \sum_{j=1}^{k-1} R(a_j) \quad \text{mit} \quad a_k = f^{k-1}(a) \tag{5.68}$$

und

$$\begin{aligned} V_{k+1}(q;a) &= V_1(q;a_{k+1}) + \sum_{j=1}^{k} R(a_j)) \\ &= V_1(q;a_{k+1}) + R(a_k) + \sum_{j=1}^{k-1} R(a_j)) = V_2(q;a_k) + \sum_{j=1}^{k-1} R(a_j))\,. \end{aligned} \tag{5.69}$$

Wie V_1 und V_2 sind auch V_k und V_{k+1} Partnerpotentiale, beide jedoch um $\sum_{j=1}^{k-1} R(a_j))$ verschoben, also um den Grundzustand zum Potential V_k. Es gilt also

$$E_0^{(k)} = \sum_{j=1}^{k-1} R(a_j)) \quad \text{oder} \quad E_n^{(1)} = \sum_{j=1}^{n} R(a_j)) \tag{5.70}$$

mit $E_0^{(k)} = E_{k-1}^{(1)}$ nach Gleichung (5.62) und $n = k-1$. Aus der zweiten Gleichung lässt sich das gesamte Energiespektrum von H_1 allein aus der Kenntnis von $f(a)$ und $R(a)$ ermitteln. Wir demonstrieren das an einem Beispiel.

Oben hatten wir die Susy-Partnerpotentiale

$$V_1(q;a) = -\frac{a(a+1)}{\cosh^2(\alpha q)} + a^2 \ , \quad V_2(q;a) = -\frac{a(a-1)}{\cosh^2(\alpha q)} + a^2 \ , \quad \alpha = \sqrt{2m}/\hbar, \tag{5.71}$$

vom Pöschl-Teller-Typ betrachtet (siehe Gleichungen (5.43) und (5.46)), die von dem Parameter a abhängen.

Daraus lässt sich eine Susy-Potentialkette aufbauen. Wir sehen mit

$$f(a) = a - 1 \ , \quad R(a) = 2a - 1, \tag{5.72}$$

dass dieses System forminvariant ist, denn es gilt

$$\begin{aligned} V_1(q, f(a)) + R(a) &= -\frac{f(a)(f(a)) + 1)}{\cosh^2(\alpha q)} + f^2(a) + R(a) \\ &= -\frac{(a-1)a}{\cosh^2(\alpha q)} + (a-1)^2 + 2a - 1 = -\frac{a(a-1)}{\cosh^2(\alpha q)} + a^2 = V_2(q). \end{aligned} \tag{5.73}$$

Um das Energiespektrum zu bestimmen, berechnen wir zunächst

$$a_1 = a \ , \quad a_2 = f(a) = a - 1 \ , \quad a_3 = f(a_2) = a - 2 \ , \quad a_k = f^{k-1}(a) = a - k, \tag{5.74}$$

und damit nach (5.70)

$$\begin{aligned} E_n^{(1)} &= \sum_{j=1}^{n} R(a_j) = \sum_{j=1}^{n} \big(2a_j - 1\big) = \sum_{j=1}^{n} \big(2(a-j) - 1\big) \\ &= (2a-1)n - 2\sum_{j=1}^{n} j = (2a-1)n - n(n+1) = -(a-n)^2 + a^2 \end{aligned} \tag{5.75}$$

in Übereinstimmung mit Gleichung (5.45). Allerdings konnte hier das Spektrum auf eine wesentlich einfachere Weise bestimmt werden.

Es sollte aber noch darauf hingewiesen werden, dass dieses Beispiel auch den Abbruch einer Susy-Kette zeigt, denn unser Kettenpotential V_k wird mit wachsenden k zunehmend flacher, da die Topftiefe $a_k(a_k + 1)$ mit $a_k = a - k$ kleiner wird und für $k > a$ nicht mehr negativ ist. Es gibt also nur $k_{\max} < a$ bindende Kettenpotentiale, in direkter Korrespondenz zu der Anzahl der Energieniveaus im ersten Potential V_1.

Der zweifellos einfachste nichttriviale Fall liegt vor, wenn das Superpotential linear ist. Das überlassen wir einer Aufgabe (vgl. dazu auch Beispiel 1 auf Seite 80):

Aufgabe 5.5 (Lösung Seite 281): Bestimmen Sie die Susy-Partnerpotentiale für ein lineares Superpotential $W(q) = aq$, zeigen Sie die Forminvarianz und bestimmen Sie das Energiespektrum.

Nachdem wir jetzt mit einem linearen Superpotential umgehen können, ist ein etwas anspruchsvolleres Beispiel angebracht. Betrachten wir dazu das Superpotential

$$W(q) = a - \mathrm{e}^{-q}, \tag{5.76}$$

das von einem Parameter $a > 1$ abhängt. Setzen wir zur Vereinfachung $2m = 1$ und $\hbar = 1$, so erhalten wir die beiden Susy-Partnerpotentiale aus (5.31) und (5.32) als

$$\begin{aligned} V_1(q;a) &= W^2(q) - W'(q) = \mathrm{e}^{-2q} - (2a+1)\mathrm{e}^{-q} + a^2 , \\ V_2(q;a) &= W^2(q) + W'(q) = \mathrm{e}^{-2q} - (2a-1)\mathrm{e}^{-q} + a^2 \end{aligned} \tag{5.77}$$

mit $V_j \to a^2$ für $q \to +\infty$. Die Potentiale besitzen ein Minimum bei q_0 mit $\mathrm{e}^{-q_0} = a + 1/2$ oder $\mathrm{e}^{-q_0} = a - 1/2$ für V_1 bzw. V_2 mit einer Tiefe $V_0 = V(q_0) = -(a + 1/4)$ bzw. $V_0 = V(q_0) = -(a - 1/4)$. Wir identifizieren beide Potentiale als **Morse-Potentiale**

$$V(q) = D\big(\mathrm{e}^{-\beta(q-q_0)} - 1\big)^2 + V_0 \tag{5.78}$$

mit $\beta = 1$ (vgl. Gleichung (3.178)), die um V_0 energetisch verschoben sind. Vergleichen wir die Koeffizienten von e^{-2q}, so finden wir für das Potential $V_1(q)$ für D den Wert $D = \mathrm{e}^{-2q_0}$ oder $4D = (2a+1)^2$. Damit sind mit $\omega_0 = \sqrt{4D} = 2a+1$ nach Gleichung (3.180) die Energieeigenwerte (3.182) gleich

$$E_n^{(1)} = 2an - n^2 = -(a-n)^2 + a^2 \ , \quad n = 0, , 1, 2, \ldots n_{\max} < a . \tag{5.79}$$

Es ist zu vermuten, dass auch dieses System forminvariant ist, und tatsächlich finden wir

$$\begin{aligned} V_1(q;a-1) + 2a - 1 &= \mathrm{e}^{-2q} - (2(a-1)+1)\mathrm{e}^{-q} + (a-1)^2 + 2a - 1 \\ &= \mathrm{e}^{-2q} - (2a-1)\mathrm{e}^{-q} + a^2 = V_2(q;a) . \end{aligned} \tag{5.80}$$

Es ergibt sich also

$$f(a) = a - 1 \ , \quad R(a) = 2a - 1 , \tag{5.81}$$

ganz genauso wie für das Pöschl-Teller-Potential in Gleichung (5.72), sodass wir die dort aus der Forminvarianz berechneten Energieeigenwerte, die ja nur von $f(a)$ und $R(a)$ abhängen, einfach aus (5.72) übernehmen können als

$$E_n^{(1)} = -(a-n)^2 + a^2 , \tag{5.82}$$

in Übereinstimmung mit Gleichung (5.79). Diese überraschende Ähnlichkeit der Susy-Ketten und Energiespektren der Morse- und Pöschl-Teller-Potentiale demonstriert ihre enge Verwandtschaft. Mehr dazu findet man in der Literatur.

Neben dem harmonischen Oszillator, dem Morse- und Pöschl-Teller-Potential gibt es weitere forminvariante Systeme, wie das Coulomb- und das Eckart-Potential. Es ist interessant, dass für alle diese Potentiale die Schrödinger-Gleichung analytisch gelöst werden kann, und dass alle ihre Energiespektren und Eigenfunktionen explizit bekannt sind. Das führte zu der Vermutung, dass es eine Eins-zu-Eins-Beziehung zwischen solchen lösbaren Potentialen und den forminvarianten gibt. Es hat sich jedoch herausgestellt, dass es lösbare Potentiale gibt, die *nicht* forminvariant sind. Mehr dazu und auch zur Supersymmetrie in der Quantenmechanik findet man in F. Cooper, A. Khare, U. Sukhatme: *Supersymmetry and Quantum Mechanics*, Phys. Rep. 251, 267 (1995).

6 Lie-Algebren

Wie schon in Kapitel 1 beschrieben, ist eine **Lie-Algebra** $\mathscr{L}$ ein Vektorraum mit einem Lie-Produkt, dargestellt durch die Lie-Klammer [,], die jedem geordneten Paar (A, B) ein Element $[A, B]$ zugeordnet. Das Produkt ist bilinear,

$$[aA + bB, C] = a[A, B] + b[B, C] \ , \ [C, aA + bB] = a[C, A] + b[C, B] \, , \tag{6.1}$$

es erfüllt

$$[A, A] = 0 \tag{6.2}$$

und es gilt die **Jacobi-Regel**

$$[A, [B, C]] + [B, [C, A]] + [C, [A, B]] = 0 \tag{6.3}$$

für alle Elemente A, B, C der Algebra und alle komplexen Zahlen a, b. Die Menge der Operatoren

$$\{X_1, X_2, X_3, \ldots\} \quad \text{mit} \quad X = \sum_j \lambda_j X_j \, , \ \lambda_j \in \mathbb{C} \quad \text{für alle} \quad X \in \mathscr{L} \tag{6.4}$$

bezeichnet man als ein **Erzeugendensystem** der Algebra, und als eine **Basis**, falls die **Erzeugenden** X_j linear unabhängig sind. Ihre Anzahl ist dann die **Dimension** der Algebra. Hier befassen wir uns nur mit Lie-Algebren endlicher Dimension $\dim \mathscr{L} = \ell$.

Aufgabe 6.1 (Lösung Seite 281): Zeigen Sie, dass aus den ersten beiden Eigenschaften des Lie-Produkts folgt, dass es schiefsymmetrisch ist, dass also gilt

$$[A, B] = -[B, A] \, .$$

Existiert ein Einselement und gilt das Assoziativgesetz?

Die Lie-Algebren stehen in engem Zusammenhang mit den Lie-Gruppen. Dies sind Gruppen, die auch glatte reelle Mannigfaltigkeiten sind, sodass die Gruppenoperationen (Multiplikation und die Inversion) beliebig oft differenzierbar sind. Zu jeder Lie-Gruppe lässt sich eine Lie-Algebra bilden mithilfe des Tangentialraums an der Identität der Gruppe. Umgekehrt lassen sich die Gruppenelemente durch eine Exponentialabbildung aus denen der Lie-Algebra erzeugen, ein Beispiel findet sich auf Seite 121.

Im folgenden Abschnitt werden zehn einfache physikalisch relevante Lie-Algebren vorgestellt, bevor wir in Abschnitt 6.2 die allgemeine Struktur abstrakter Lie-Algebren beschreiben.

6.1 Beispiele für Lie-Algebren

(1) Die $n \times n$-Matrizen: Die Menge $n \times n$-Matrizen $\mathbf{A}$, $\mathbf{B}$, ... mit reell- oder komplexwertigen Matrixelementen bildet eine Lie-Algebra, wenn man das Lie-Produkt als die **Vertauschungsklammer** oder **Kommutator**

$$[\mathbf{A},\mathbf{B}] = \mathbf{AB} - \mathbf{BA} \tag{6.5}$$

definiert. Der Kommutator erfüllt $[\mathbf{A},\mathbf{A}] = 0$ und ist klarerweise bilinear. Wir beweisen noch die Jacobi-Identität durch Berechnen der drei Kommutatoren

$$\begin{aligned}
[\mathbf{A},[\mathbf{B},\mathbf{C}]] &= [\mathbf{A},\mathbf{BC}-\mathbf{CB}] = \mathbf{A}(\mathbf{BC}-\mathbf{CB}) - (\mathbf{BC}-\mathbf{CB})\mathbf{A} = \mathbf{ABC}-\mathbf{ACB}-\mathbf{BCA}+\mathbf{CBA} \\
[\mathbf{B},[\mathbf{C},\mathbf{A}]] &= [\mathbf{B},\mathbf{CA}-\mathbf{AC}] = \mathbf{B}(\mathbf{CA}-\mathbf{AC}) - (\mathbf{CA}-\mathbf{AC})\mathbf{B} = \mathbf{BCA}-\mathbf{BAC}-\mathbf{CAB}+\mathbf{ACB} \\
[\mathbf{C},[\mathbf{A},\mathbf{B}] &= [\mathbf{C},\mathbf{AB}-\mathbf{BA}] = \mathbf{C}(\mathbf{AB}-\mathbf{BA}) - (\mathbf{AB}-\mathbf{BA})\mathbf{C} = \mathbf{CAB}-\mathbf{CBA}-\mathbf{ABC}+\mathbf{BAC}\,.
\end{aligned}$$

Ihre Summe ist gleich null, das heißt, die Jacobi-Identität ist erfüllt.

Man bezeichnet diese Lie-Algebra als $\mathfrak{gl}(\mathbb{R},n)$ bzw. $\mathfrak{gl}(\mathbb{C},n)$ oder einfach als $\mathfrak{gl}(n)$. Außerdem gilt für sie die **Leibniz-Regel** (vgl. Gleichung (1.25))

$$[\mathbf{AB},\mathbf{C}] = \mathbf{A}\,[\mathbf{B},\mathbf{C}] + [\mathbf{A},\mathbf{C}]\,\mathbf{B}\,, \tag{6.6}$$

wovon man sich schnell überzeugt:

$$\begin{aligned}
[\mathbf{AB},\mathbf{C}] &= \mathbf{ABC}-\mathbf{CAB} = \mathbf{ABC}-\mathbf{ACB}+\mathbf{ACB}-\mathbf{CAB} \\
&= \mathbf{A}(\mathbf{BC}-\mathbf{CB}) + (\mathbf{AC}-\mathbf{CA})\mathbf{B} = \mathbf{A}[\mathbf{B},\mathbf{C}] + [\mathbf{A},\mathbf{C}]\,\mathbf{B}\,.
\end{aligned} \tag{6.7}$$

Wir haben hier also eine **Poisson-Algebra** (vgl. Seite 18). Außerdem sehen wir, dass wir nur die Assoziativität des Matrixprodukts benutzt haben. Man kann also jede assoziative Algebra durch den Kommutator als Lie-Produkt zu einer Poisson-Algebra machen, also auch zu einer Lie-Algebra.

Man bezeichnet eine Abbildung $\mathscr{D}$ auf einer Algebra mit der Eigenschaft

$$\mathscr{D}(AB) = A\mathscr{D}(B) + \mathscr{D}(A)B \tag{6.8}$$

als **Derivation.** Klassische Beispiele dafür sind die Ableitung aus der Differentialrechnung, die die Produktregel $(fg)' = fg' + f'g$ erfüllt, sowie das Lie-Produkt, wenn man die Leibniz-Regel umschreibt als

$$[D,AB] = A\,[D,B] + [D,A]\,B\,. \tag{6.9}$$

Jede Teilmenge einer assoziativen Algebra, die unter dem Kommutator $[A,B] = AB - BA$ schließt, bildet wieder eine Lie-Algebra. Ein Beispiel ist die Menge aller antihermiteschen $n \times n$-Matrizen, denn aus $\mathbf{A}^\dagger = -\mathbf{A}$ und $\mathbf{B}^\dagger = -\mathbf{B}$ folgt

$$\begin{aligned}
[\mathbf{A},\mathbf{B}]^\dagger &= (\mathbf{AB}-\mathbf{BA})^\dagger = (\mathbf{AB})^\dagger - (\mathbf{BA})^\dagger \\
&= \mathbf{B}^\dagger\mathbf{A}^\dagger - \mathbf{A}^\dagger\mathbf{B}^\dagger = \mathbf{BA}-\mathbf{AB} = -[\mathbf{A},\mathbf{B}]\,,
\end{aligned} \tag{6.10}$$

oder die Menge aller linearer Operatoren $\mathrm{i}\hat{A}$ mit $\hat{A}^\dagger = \hat{A}$ (hermitesch), denn dann gilt $(\mathrm{i}\hat{A})^\dagger = -\mathrm{i}\hat{A}^\dagger = -(\mathrm{i}\hat{A})$ und

$$[\mathrm{i}\hat{A},\mathrm{i}\hat{B}] = \mathrm{i}\hat{C} \quad \text{oder} \quad \mathrm{i}[\hat{A},\hat{B}] = \hat{C}\,. \tag{6.11}$$

Dies erfüllen beispielsweise die Observablen der Quantenmechanik, wie die Orts- und Impulsoperatoren $\hat{x}$, $\hat{y}$, $\hat{z}$ bzw. $\hat{p}_x$, $\hat{p}_y$, $\hat{p}_z$ mit den Vertauschungsrelationen

$$[\hat{x}, \hat{p}_x] = \mathrm{i}\hbar \hat{I} \ , \quad [\hat{y}, \hat{p}_y] = \mathrm{i}\hbar \hat{I} \ , \quad [\hat{z}, \hat{p}_z] = \mathrm{i}\hbar \hat{I} \tag{6.12}$$

mit der Identität $\hat{I}$. Alle anderen Operatoren kommutieren.

(2) Die Heisenberg-Algebra: Die Generatoren P, Q und R mit

$$[P, Q] = R \ , \quad [P, R] = [Q, R] = 0 \tag{6.13}$$

bilden eine dreidimensionale reelle Lie-Algebra, die in Anlehnung an die Orts- und Impulsoperatoren der Quantenmechnik als **Heisenberg-Algebra** bezeichnet wird. Man kann sie darstellen durch die drei Matrizen

$$\mathbf{P} = \begin{pmatrix} 0 & 1 & 0 \\ 0 & 0 & 0 \\ 0 & 0 & 0 \end{pmatrix} , \quad \mathbf{Q} = \begin{pmatrix} 0 & 0 & 0 \\ 0 & 0 & 1 \\ 0 & 0 & 0 \end{pmatrix} , \quad \mathbf{R} = \begin{pmatrix} 0 & 0 & 1 \\ 0 & 0 & 0 \\ 0 & 0 & 0 \end{pmatrix} , \tag{6.14}$$

die die Vertauschungsregeln erfüllen, was man leicht nachprüft.

(3) Die Drehimpuls-Algebra: Die drei quantenmechanischen Drehimpulsoperatoren

$$\hat{L}_x = \hat{y}\hat{p}_z - \hat{z}\hat{p}_x \quad , \quad \hat{L}_y = \hat{z}\hat{p}_x - \hat{x}\hat{p}_z \quad , \quad \hat{L}_z = \hat{x}\hat{p}_y - \hat{y}\hat{p}_x \tag{6.15}$$

erfüllen die Vertauschungsregel

$$\begin{aligned} [\hat{L}_x, \hat{L}_y] &= [\hat{y}\hat{p}_z - \hat{z}\hat{p}_x, \hat{z}\hat{p}_x - \hat{x}\hat{p}_z] \\ &= [\hat{y}\hat{p}_z, \hat{z}\hat{p}_x] - [\hat{y}\hat{p}_z, \hat{x}\hat{p}_z] - [\hat{z}\hat{p}_x, \hat{z}\hat{p}_x] + [\hat{z}\hat{p}_x, \hat{x}\hat{p}_z] \\ &= \hat{y}[\hat{p}_z, \hat{z}]\hat{p}_x + \hat{x}[\hat{z}, \hat{p}_z]\hat{p}_x = -\mathrm{i}\hbar(\hat{y}\hat{p}_x - \hat{x}\hat{p}_y) = \mathrm{i}\hbar \hat{L}_z . \end{aligned} \tag{6.16}$$

Genauso ermittelt man die beiden anderen Kommutatoren. Insgesamt gilt

$$[\hat{L}_x, \hat{L}_y] = \mathrm{i}\hbar \hat{L}_z \ , \quad [\hat{L}_y, \hat{L}_z] = \mathrm{i}\hbar \hat{L}_x \ , \quad [\hat{L}_z, \hat{L}_x] = \mathrm{i}\hbar \hat{L}_y \tag{6.17}$$

oder, wenn wir wie $\hat{L}_x = \hbar \hat{J}_x$ usw. skalieren,

$$[\hat{J}_x, \hat{J}_y] = \mathrm{i}\hat{J}_z \ , \quad x, y, z \text{ zyklisch} \tag{6.18}$$

aus Gleichung (4.2). Man bezeichnet diese **Drehimpuls-Algebra** auch als **Spin-Algebra** (siehe Kapitel 4) und kennzeichnet sie durch das Symbol $\mathfrak{so}(3)$.

(4) Die Oszillator-Algebren: Die Lie-Algebren

$$\mathscr{L}_3 = \{\hat{I}, \ \hat{a}, \ \hat{a}^\dagger\} \quad \text{und} \quad \mathscr{L}_4 = \{\hat{I}, \ \hat{a}, \ \hat{a}^\dagger, \ \hat{N} = \hat{a}^\dagger \hat{a}\} , \tag{6.19}$$

die aus den Operatoren des quantenmechanischen harmonischen Oszillators gebildet werden, hatten wir oben schon kennengelernt (siehe Seite 38). Auch sie bilden eine Poisson-Algebra.

(5) Die Vektoren im $\mathbb{R}^3$: Die Vektoren im dreidimensionalen Raum, wir schreiben sie hier als $\vec{x}$, bilden eine Lie-Algebra, wenn man das Lie-Produkt als Vektor-Produkt wählt:

$$[\vec{x}, \vec{y}] = \vec{x} \times \vec{y} . \tag{6.20}$$

Es erfüllt $\vec{x} \times \vec{x} = \vec{0}$, ist bilinear und die Jacobi-Identität lautet

$$\vec{x} \times (\vec{y} \times \vec{z}) + \vec{y} \times (\vec{z} \times \vec{x}) + \vec{z} \times (\vec{x} \times \vec{y}) = \vec{0}, \tag{6.21}$$

eine Formel, die aus der elementaren Vektorrechnung bekannt sein sollte.

(6) Die 3 × 3-Matrizen: Die Matrizen

$$\mathbf{L}_1 = \begin{pmatrix} 0 & 0 & 0 \\ 0 & 0 & -1 \\ 0 & 1 & 0 \end{pmatrix}, \quad \mathbf{L}_2 = \begin{pmatrix} 0 & 0 & 1 \\ 0 & 0 & 0 \\ -1 & 0 & 0 \end{pmatrix}, \quad \mathbf{L}_3 = \begin{pmatrix} 0 & -1 & 0 \\ 1 & 0 & 0 \\ 0 & 0 & 0 \end{pmatrix}, \tag{6.22}$$

erfüllen die Kommutatorrelationen

$$\left[\mathbf{L}_1, \mathbf{L}_2\right] = \mathbf{L}_3, \quad \left[\mathbf{L}_2, \mathbf{L}_3\right] = \mathbf{L}_1, \quad \left[\mathbf{L}_3, \mathbf{L}_1\right] = \mathbf{L}_2 \tag{6.23}$$

oder kurz

$$\left[\mathbf{L}_i, \mathbf{L}_j\right] = \epsilon_{ijk} \mathbf{L}_k \tag{6.24}$$

mit der einsteinschen Summenkonvention (Summation über doppelt vorkommende Indizes). und dem Levi-Civita-Symbol ϵ_{ijk}. (Es ist gleich $+1$ oder $= -1$, falls i, j, k eine gerade oder ungerade Permutation von $1,2,3$ ist, und gleich null andernfalls.)

Allgemein bezeichnet man eine Lie-Algebra, deren drei Erzeugende L_1, L_2, L_3 die Relation

$$\left[L_i, L_j\right] = \epsilon_{ijk} L_k \tag{6.25}$$

als $\mathfrak{so}(3, \mathbb{R}^3)$ oder kurz als $\mathfrak{so}(3)$, die Lie-Algebra der dreidimensionalen Drehgruppe $SO(3)$.

(7) Die oberen Dreiecksmatrizen: Die (strikten) oberen 3×3 Dreiecksmatrizen bilden eine Lie-Algebra. Für den Kommutator zweier solcher Matrizen ergibt sich wieder eine solche Matrix:

$$\mathbf{M} = \begin{pmatrix} 0 & a & b \\ 0 & 0 & c \\ 0 & 0 & 0 \end{pmatrix}, \quad \mathbf{M}' = \begin{pmatrix} 0 & a' & b' \\ 0 & 0 & c' \\ 0 & 0 & 0 \end{pmatrix}, \quad \left[\mathbf{M}, \mathbf{M}'\right] = \begin{pmatrix} 0 & 0 & b'' \\ 0 & 0 & 0 \\ 0 & 0 & 0 \end{pmatrix} \quad \text{mit } b'' = ac' - a'c. \tag{6.26}$$

Hier ist allerdings die obere Nebendiagonale ebenfalls mit Nullen gefüllt. Jeder weitere Kommutator von $\mathbf{M}'' = \left[\mathbf{M}, \mathbf{M}'\right]$ mit einer Matrix der Algebra liefert die Nullmatrix.

(8) Die klassischen Phasenraumfunktionen: Wie oben schon erwähnt wurde (siehe Seite 18), beschreibt man in der klassischen Hamilton-Mechanik die dynamischen Größen eines Systems durch Phasenraumfunktionen $A(\mathbf{p}, \mathbf{q}, t)$, die von den (generalisierten) Koordinaten $\mathbf{q} = (q_1, \ldots, q_n)$, den (generalisierten) Impulsen $\mathbf{p} = (p_1, \ldots, p_n)$ und eventuell noch explizit von der Zeit t abhängen. Dabei soll nicht impliziert werden, dass Koordinaten oder Impulse Vektoreigenschaften besitzen, oder dass der $2n$-dimensionale Phasenraum ein kartesischer Raum ist. Das ist im Allgemeinen nicht der Fall, sondern es handelt sich um eine $2n$-dimensionale symplektische Mannigfaltigkeit.

Die Zeitentwicklung einer (eventuell explizit zeitabhängigen) dynamischen Größe $A(\mathbf{q}, \mathbf{p}; t)$ eines Systems wird durch die Hamilton-Funktion $H(\mathbf{p}, \mathbf{q}, t)$ erzeugt und erfüllt die Bewegungsgleichung

$$\frac{\mathrm{d}A}{\mathrm{d}t} = \left\{A, H\right\} + \frac{\partial A}{\partial t} \tag{6.27}$$

mit der **Poisson-Klammer**

$$\{A,B\} = \sum_{j=1}^{n}\left(\frac{\partial A}{\partial q_j}\frac{\partial B}{\partial p_j} - \frac{\partial A}{\partial p_j}\frac{\partial B}{\partial q_j}\right) \tag{6.28}$$

aus Gleichung (1.27). Für manche Rechenoperationen mit Poisson-Klammern ist es zweckmäßig, sie in eine andere Form zu bringen. Dazu definieren wir zunächst das $2n$-Tupel $\mathbf{x} = (\mathbf{q},\mathbf{p})$ und die antisymmetrische $2n \times 2n$-Matrix $\mathbf{\Omega} = \left(\begin{smallmatrix}\mathbf{0} & \mathbf{I}\\ -\mathbf{I} & \mathbf{0}\end{smallmatrix}\right)$ mit der $n \times n$-Einheitsmatrix $\mathbf{I}$. Dann schreibt sich die Poisson-Klammer mit $\partial_i = \frac{\partial}{\partial x_i}$

$$\{A,B\} = \sum_{ij}\Omega_{ij}\partial_i A\partial_j B = \Omega_{ij}\partial_i A\partial_j B \tag{6.29}$$

mit der einsteinschen Summenkonvention.

Wählt man speziell als dynamische Größen die Impulse p_j und die Koordinaten q_J, die nicht explizit zeitabhängig sind, so liefert Gleichung (6.27) die **hamiltonschen Bewegungsgleichungen**

$$\frac{\mathrm{d}q_j}{\mathrm{d}t} = \frac{\partial H}{\partial p_j}\,, \quad \frac{\mathrm{d}p_j}{\mathrm{d}t} = -\frac{\partial H}{\partial q_j}\,. \tag{6.30}$$

Außerdem gilt, da $\{H,H\} = 0$,

$$\frac{\mathrm{d}H}{\mathrm{d}t} = \frac{\partial H}{\partial t}\,. \tag{6.31}$$

Falls H nicht explizit von der Zeit abhängt, ist also die Energie $E = H(p,q)$ konstant. Zum anderen ist eine Größe $A(\mathbf{p},\mathbf{q})$, die nicht explizit von der Zeit abhängt, für den Fall einer verschwindenden Poisson-Klammer, $\{A,H\} = 0$, zeitlich konstant, also eine **Erhaltungsgröße**, denn es gilt dann

$$\frac{\mathrm{d}A}{\mathrm{d}t} = \{A,H\} = 0\,. \tag{6.32}$$

Dies Poisson-Klammer hat die Eigenschaften einer Lie-Klammer, wobei wieder $\{A,A\} = 0$ und die Bilinearität offensichtlich sind, aber die Jacobi-Identität bewiesen werden sollte:

Aufgabe 6.2 (Lösung Seite 282): Beweisen Sie für die Poisson-Klammer die Jacobi-Regel

$$\{A,\{B,C\}\} + \{B,\{C,A\}\} + \{C,\{A,B\}\} = 0\,.$$

Außerdem erfüllt sie die Leibniz-Regel (1.25)

$$\{AB,C\} = A\{B,C\} + \{A,C\}B\,, \tag{6.33}$$

das heißt, die Poisson-Klammer ist eine Derivation, genau wie die Kommutatorklammer. Der Beweis erfordert nichts außer der Produktregel der Differentiation:

$$\begin{aligned}
\{AB,C\} &= \sum_{j=1}^{n}\left(\frac{\partial AB}{\partial q_j}\frac{\partial C}{\partial p_j}-\frac{\partial C}{\partial p_j}\frac{\partial AB}{\partial q_j}\right)\\
&= \sum_{j=1}^{n}\left(A\frac{\partial B}{\partial q_j}\frac{\partial C}{\partial p_j}+\frac{\partial A}{\partial q_j}\frac{\partial C}{\partial p_j}B-A\frac{\partial C}{\partial p_j}\frac{\partial B}{\partial q_j}-\frac{\partial C}{\partial p_j}\frac{\partial A}{\partial q_j}B\right)\\
&= A\sum_{j=1}^{n}\left(\frac{\partial B}{\partial q_j}\frac{\partial C}{\partial p_j}-\frac{\partial C}{\partial p_j}\frac{\partial B}{\partial q_j}\right)+\sum_{j=1}^{n}\left(\frac{\partial A}{\partial q_j}\frac{\partial C}{\partial p_j}-\frac{\partial C}{\partial p_j}\frac{\partial A}{\partial q_j}\right)B\\
&= A\{B,C\}+\{A,C\}B\,.
\end{aligned} \tag{6.34}$$

Wir erhalten damit also eine Poisson-Algebra (daher wohl die Namensgebung). Mehr dazu findet man bei Wikipedia unter dem Stichwort Poisson-Mannigfaltigkeit.

Es sei darauf hingewiesen, dass die klassische Zeitentwicklung der dynamischen Größen in Gleichung (6.27) direkt mit der quantenmechanischen Zeitentwicklung im Heisenberg-Bild in Gleichung (2.33)

$$\frac{\mathrm{d}\hat{A}_H}{\mathrm{d}t}=\frac{\mathrm{i}}{\hbar}[\hat{H}_H,\hat{A}_H]+\left(\frac{\partial\hat{A}}{\partial t}\right)_H \tag{6.35}$$

korrespondiert, wobei die Kommutator-Klammer die Rolle der Poisson-Klammer übernimmt.

(9) Die Polynome zweiten Grades: Die Polynome

$$P(p,q)=ap^2+bpq+cq^2+dp+eq+f \tag{6.36}$$

mit der Poisson-Klammer

$$\{P_1,P_2\}=\frac{\partial P_1}{\partial q}\frac{\partial P_2}{\partial p}-\frac{\partial P_1}{\partial p}\frac{\partial P_2}{\partial q} \tag{6.37}$$

als Lie-Klammer bilden eine Lie-Algebra. Eine Unteralgebra ist die Menge aller quadratischer Formen

$$Q(p,q)=ap^2+bpq+cq^2\,. \tag{6.38}$$

Diese dreidimensionale Algebra mit den Basisfunktionen $p^2/2$, $q^2/2$ und pq werden wir genauer in Aufgabe 6.8 untersuchen.

(10) Der klassische Drehimpuls $\vec{L}=\vec{r}\times\vec{p}$ im $\mathbb{R}^3$, genauer seine Komponenten

$$L_x=yp_z-zp_y\ ,\quad L_y=zp_x-xp_z\ ,\quad L_z=xp_y-yp_x \tag{6.39}$$

bilden mit der Poisson-Klammer und den Lie-Produkten

$$\begin{aligned}
\{L_x,L_y\} &= \frac{\partial L_x}{\partial x}\frac{\partial L_y}{\partial p_x}-\frac{\partial L_x}{\partial p_x}\frac{\partial L_y}{\partial x}+\frac{\partial L_x}{\partial y}\frac{\partial L_y}{\partial p_y}-\frac{\partial L_x}{\partial p_y}\frac{\partial L_y}{\partial y}+\frac{\partial L_x}{\partial z}\frac{\partial L_y}{\partial p_z}-\frac{\partial L_x}{\partial p_z}\frac{\partial L_y}{\partial z}\\
&= (-p_y)(-x)-p_xy=xp_y-yp_x=L_z
\end{aligned} \tag{6.40}$$

und genauso

$$\{L_y,L_z\}=L_x\ ,\quad \{L_z,L_x\}=L_y \tag{6.41}$$

eine Lie-Algebra, die isomorph ist zu der quantenmechanischen Drehimpulsalgebra (siehe Seite 63), wenn wir die quantenmechanischen Operatoren $\hat{J}_k$ auf $\mathrm{i}L_k$ abbilden und den Kommutator auf die Poisson-Klammer. Auch hier kann man zeigen, dass $L^2=L_x^2+L_y^2+L_z^2$ mit allen Drehimpulskomponenten vertauscht.

6.2 Einführung in die Strukturtheorie

Eine Lie-Algebra ist ein Vektorraum. Sei $\Gamma_1, \Gamma_2, \ldots$ dessen Basis und jedes Element A der Algebra ist als Linearkombination der Basiselemente darstellbar,

$$A = \sum_i \alpha^i \Gamma_i \quad \text{mit} \quad \alpha^i \in \mathbb{C}. \tag{6.42}$$

(Wir verwenden hier die tensorielle Indexnotation mit hochgestellten und tiefgestellten Indizes.) Da auch die Lie-Produkte der Basiselemente in der Algebra liegen, können wir auch sie in der Basis darstellen:

$$[\Gamma_i, \Gamma_j] = \sum_k c^k_{ij} \Gamma_k \quad \text{mit} \quad c^k_{ij} \in \mathbb{C}. \tag{6.43}$$

Die c^k_{ij} heißen **Strukturkonstanten** und beschreiben die Algebra vollständig. Wegen der Schiefsymmetrie $[A,B] = -[B,A]$ gilt $c^k_{ij} = -c^k_{ji}$ und daher auch $c^k_{ii} = 0$. Eine weitere Restriktion für die c^k_{ij} ergibt sich aus der Jacobi-Identität, nämlich[1]

$$\sum_n \left(c^n_{kj} c^p_{mn} + c^n_{jm} c^p_{kn} + c^n_{mk} c^p_{jn} \right) = 0. \tag{6.44}$$

Das Lie-Produkt zweier Elemente $A = \sum_i \alpha^i \Gamma_i$ und $B = \sum_j \beta^j \Gamma_j$ ist dann gleich

$$[A,B] = [\sum_i \alpha^i \Gamma_i, \sum_j \beta^j \Gamma_j] = \sum_{i,j} \alpha^i \beta^j [\Gamma_i, \Gamma_j] = \sum_k (\sum_{i,j} \alpha^i \beta^j c^k_{ij}) \Gamma_k. \tag{6.45}$$

Wir können die Schreibweise solcher Formeln vereinfachen durch eine Summenkonvention: Über gleiche oben und unten stehende Indizes in einem Produkt wird summiert. Dann lautet die Formel oben

$$[A,B] = [\alpha^i \Gamma_i, \beta^j \Gamma_j] = \alpha^i \beta^j c^k_{ij} \Gamma_k. \tag{6.46}$$

Bei einer **Basistransformation**

$$\Gamma'_i = \gamma^k_i \Gamma_k \tag{6.47}$$

mit einer nicht-singulären Matrix (γ^k_i) ändern sich die Lie-Produkte wie

$$[\Gamma'_i, \Gamma'_j] = \gamma^k_i \gamma^\ell_j [\Gamma_k, \Gamma_\ell] = \gamma^k_i \gamma^\ell_j c^m_{k\ell} \Gamma_m \stackrel{!}{=} c'^n_{ij} \Gamma'_n = c'^n_{ij} \gamma^m_n \Gamma_m, \tag{6.48}$$

und damit gilt $c'^n_{ij} \gamma^m_n = \gamma^k_i \gamma^\ell_j c^m_{k\ell}$.

Wir werden später sehen, dass für den Fall einer Ähnlichkeitstransformation die Strukturkonstanten erhalten bleiben (vgl. Gleichung (6.84)).

Nützlich ist es auch, aus den Strukturkonstanten die Größen

$$g_{jk} = g_{kj} = c^m_{j\ell} c^\ell_{km} \tag{6.49}$$

[1] Einen Beweis findet man in dem Buch *Mathematik der Quantenmechanik* (siehe Seite 8), Aufgabe 7.5.

zu bilden, die Komponenten eines symmetrischen Tensors, der als metrischer Tensor bezeichnet wird. Wir bezeichnen die Komponenten des **inversen metrischen Tensors** (wenn er existiert) mit g^{jk}, das heißt, es gilt

$$g^{jk} g_{k\ell} = \delta^j_{\ \ell} . \tag{6.50}$$

Als Beispiel wollen wir den metrischen Tensor für die Algebra $\mathfrak{so}(3)$, berechnen. Aus den Kommutatorrelationen $[\hat{L}_i, \hat{L}_j] = \epsilon_{ijk} \hat{L}_k$ nach Gleichung (6.25) ergeben sich die Strukturkonstanten als $c^k_{ij} = \epsilon_{ijk}$ und die Komponenten des metrischen Tensors als $g_{jk} = \sum_{m\ell} \epsilon_{j\ell m} \epsilon_{km\ell}$, also, wenn wir nur die nicht-verschwindenden Terme anführen,

$$g_{11} = \epsilon_{123}\epsilon_{132} + \epsilon_{132}\epsilon_{123} = (+1)(-1) + (-1)(+1) = -2 \tag{6.51}$$

und genauso für die anderen Diagonalelemente. Die übrigen Matrixelemente sind gleich null. Also erhalten wir

$$g_{jk} = -2\delta_{jk} . \tag{6.52}$$

Homomorphismen, Isomorphismen und Darstellungen

Wenn wir über Abbildungen Φ zwischen einer Lie-Algebra $\mathscr{L}$ und einer Lie-Algebra $\mathscr{L}'$ sprechen, $\mathscr{L} \xrightarrow{\Phi} \mathscr{L}'$, so benötigen wir einige Begriffe, um ihre Eigenschaften zu charakterisieren. Ein **Homomorphismus** erhält dabei das Lie-Produkt,

$$\Phi\big([A, B]\big) = \big[\Phi(A), \Phi(B)\big] . \tag{6.53}$$

(Wir bemerken hier eventuell einen laxen Umgang mit der Notation, denn wir haben das gleiche Klammersymbol in beiden Algebren verwandt.) Ist die Abbildung Φ bijektiv, spricht man von einem **Isomorphismus** und für $\mathscr{L} = \mathscr{L}'$ von einem **Automorphismus**.

Die Lie-Algebra $\mathfrak{gl}(V)$ der linearen Abbildungen eines Vektorraums V auf sich selbst bildet eine Lie-Algebra mit dem Kommutator als Lie-Klammer. Eine **Darstellung** der Lie-Algebra $\mathscr{L}$ ist ein Homomorphismus Φ von $\mathscr{L}$ auf $\mathfrak{gl}(V)$. Die Dimension der Darstellung ist gleich der Dimension von V. Handelt es sich um einen Isomorphismus, heißt die Darstellung **treu**. Ein Unterraum W von V heißt **invariant**, falls er unter Φ auf sich selbst abgebildet wird, wenn also gilt $\Phi(A)B \in W$ für alle $A \in \mathscr{L}$ und alle $B \in W$. Dann liefert die Abbildung Φ von $\mathscr{L}$ auf $\mathfrak{gl}(W)$ wieder eine Darstellung von $\mathscr{L}$. Eine Darstellung, die keine invarianten Unterräume enthält, heißt **irreduzibel**.

Einige **Beispiele**: Die drei 3×3-Matrizen L_1, L_2, L_3 aus Gleichung (6.22) bilden eine dreidimensionale treue Darstellung der Algebra $\mathfrak{so}(3)$ aus (6.25) und die Matrixdarstellungen der Operatoren $\hat{a}$ und $\hat{a}^\dagger$ in den Oszillatoreigenzuständen $|n\rangle$ in Gleichung (3.96) liefern zusammen mit der Einheitsmatrix für die Identität eine unendlichdimensionale treue Darstellung der Algebra $\{\hat{I},\ \hat{a},\ \hat{a}^\dagger\}$ aus Gleichung (3.26).

Ein weiteres Beispiel sind die Erzeugenden der euklidischen Bewegungen, der Rotationen R_i und der Translationen P_k mit

$$R_i = x^j \frac{\partial}{\partial x^k} - x^k \frac{\partial}{\partial x^j} \ , \quad i, j, k = 1, 2, 3 \text{ zykl.} \ , \quad P_k = \frac{\partial}{\partial x^k} \ , \quad k = 1, 2, 3 , \tag{6.54}$$

die auf $C^\infty(\mathbb{R}^3)$ operieren und die Kommutatorrelationen

$$[R_i, R_j] = \epsilon_{ijk} R_k \ , \quad [R_i, P_j] = -\epsilon_{ijk} P_k \ , \quad [P_i, P_j] = 0 \tag{6.55}$$

erfüllen. Sie sind eine unendlichdimensionale Darstellung der durch (6.55) abstrakt definierten sechsdimensionalen Lie-Algebra, die üblicherweise als $\mathfrak{e}(3)$ bezeichnet wird.

Der wichtige **Satz von Ado** (nach dem russischen Mathematiker Igor Dmitrijewitsch Ado (1910–1983)) sagt aus, dass jede endlichdimensionale komplexe Lie-Algebra eine treue endlichdimensionale Darstellung hat. Insbesondere kann man jede endlichdimensionale komplexe Lie-Algebra als Unteralgebra einer Matrix-Algebra $\mathfrak{gl}(n)$ auffassen, d.h. als eine Matrix-Lie-Algebra.

Nimmt man die Lie-Algebra selbst als Vektorraum einer Darstellung, so kommt man zu dem Begriff der **adjungierten Darstellung** von $\mathscr{L}$ als eine Abbildung $\mathscr{L} \longrightarrow \mathscr{L}$ mit

$$A \stackrel{\mathrm{ad}_X}{\longrightarrow} [X, A] \,. \tag{6.56}$$

Dabei wird jedes Element X der Algebra durch die Abbildung ad_X dargestellt mit

$$\mathrm{ad}_X A = [X, A] \tag{6.57}$$

für alle $A \in \mathscr{L}$. Zunächst sollten wir uns vergewissern, dass dies wirklich ein Homomorphismus ist, dass also das Produkt auf das Lie-Produkt abgebildet wird. Das sieht man so:

$$\begin{aligned}
[\mathrm{ad}_X, \mathrm{ad}_Y] A &= \mathrm{ad}_X(\mathrm{ad}_Y A) - \mathrm{ad}_Y(\mathrm{ad}_X A) = \mathrm{ad}_X [Y, A] - \mathrm{ad}_Y [X, A] \\
&= [X, [Y, A]] - [Y, [X, A]] = [X, [Y, A]] + [Y, [A, X]] \\
&= -[A, [X, Y]] = [[X, Y], A] = \mathrm{ad}_{[X,Y]} A \,,
\end{aligned} \tag{6.58}$$

wobei wir bei dem Übergang zur letzten Zeile die Jacobi-Regel (6.3) benutzt haben.

Als ein einfaches Beispiel berechnen wir die adjungierte Darstellung der Lie-Algebra $\mathfrak{so}(3)$ aus (6.25) mit den Kommutatorrelationen $[L_1, L_2] = L_3$, $1,2,3$ zyklisch. Dann ergibt ad_{L_1} angewandt auf eine beliebige Linearkombination der L_j

$$\begin{aligned}
\mathrm{ad}_{L_1}(xL_1 + yL_2 + zL_3) &= [L_1, xL_1 + yL_2 + zL_3] \\
&= y[L_1, L_2] + z[L_1, L_3] = yL_3 - zL_2 \,,
\end{aligned} \tag{6.59}$$

oder in Matrixform

$$\begin{pmatrix} 0 \\ -z \\ y \end{pmatrix} = \begin{pmatrix} 0 & 0 & 0 \\ 0 & 0 & -1 \\ 0 & 1 & 0 \end{pmatrix} \begin{pmatrix} x \\ y \\ z \end{pmatrix} \quad \Longrightarrow \quad \mathrm{ad}_{L_1} = \begin{pmatrix} 0 & 0 & 0 \\ 0 & 0 & -1 \\ 0 & 1 & 0 \end{pmatrix} . \tag{6.60}$$

Genauso findet man

$$\mathrm{ad}_{L_2}(xL_1 + yL_2 + zL_3) = -xL_3 + zL_1 \quad \Longrightarrow \quad \mathrm{ad}_{L_2} = \begin{pmatrix} 0 & 0 & 1 \\ 0 & 0 & 0 \\ -1 & 0 & 0 \end{pmatrix} \tag{6.61}$$

und schließlich

$$\mathrm{ad}_{L_3}\left(xL_1 + yL_2 + zL_3\right) = xL_2 - yL_1 \quad \Longrightarrow \quad \mathrm{ad}_{L_3} = \begin{pmatrix} 0 & -1 & 0 \\ 1 & 0 & 0 \\ 0 & 0 & 0 \end{pmatrix}. \tag{6.62}$$

Jetzt könnte man sich davon überzeugen, dass diese Matrizen die Kommutatorrelationen der L_j erfüllen, was aber unnötig ist, denn sie stimmen mit der Matrixdarstellung in Gleichung (6.22) überein.

Aufgabe 6.3 (Lösung Seite 283): Bestimmen Sie die adjungierte Matrixdarstellung der dreidimensionalen Lie-Algebra $\{K_0, K_+, K_-\}$ mit den Lie-Klammern

$$\left[K_0, K_\pm\right] = \pm 2K_\pm \;, \quad \left[K_+, K_-\right] = K_0 \,,$$

die wir später als $\mathfrak{su}(1,1)$-Algebra kennen lernen, und überprüfen Sie, dass die Matrizen wirklich diese Relationen erfüllen.

Unteralgebren, Ideale und das Radikal

Ein Unterraum $\mathscr{T}$ der Lie-Algebra $\mathscr{L}$ heißt **Unteralgebra**, wenn er abgeschlossen ist bezüglich des Lie-Produkts, d.h. wenn aus $A, B \in \mathscr{T}$ folgt $[A,B] \in \mathscr{T}$, oder kurz: $[\mathscr{T}, \mathscr{T}] \subseteq \mathscr{T}$. Beispielsweise bilden in der Algebra $\mathfrak{e}(3)$ aus (6.55) die Rotationen $\{R_1, R_2, R_3,\}$ die Unteralgebra $\mathfrak{so}(3)$ und die Translationen $\{P_1, P_2, P_3\}$ die Unteralgebra $\mathfrak{t}(3)$.

Eine Unteralgebra $\mathscr{I}$ von $\mathscr{L}$ heißt **Ideal** von $\mathscr{L}$, wenn gilt

$$[X, A] \in \mathscr{I} \quad \text{für alle} \quad X \in \mathscr{L},\; A \in \mathscr{I}\,, \tag{6.63}$$

oder kurz: $[\mathscr{L}, \mathscr{I}] \subseteq \mathscr{I}$. Jede Lie-Algebra$\mathscr{L}$ besitzt zwei triviale Ideal, nämlich $\{0\}$ und $\mathscr{L}$ selbst. Ein Beispiel für ein nicht-triviales Ideal ist die oben erwähnte Unteralgebra $\mathfrak{t}(3)$ der Translationen. Sie ist ein Ideal von $\mathfrak{e}(3)$. Unter dem **Zentrum** einer Lie-Algebra versteht man das Ideal

$$\mathcal{Z} = \left\{X \in \mathscr{L} \mid \left[X, Y\right] = 0 \quad \text{für alle} \quad Y \in \mathscr{L}\right\}. \tag{6.64}$$

Aufgabe 6.4 (Lösung Seite 284): Vergewissern Sie sich davon, dass der Durchschnitt und die Summe zweier Ideale $\mathscr{I}_1$ und $\mathscr{I}_2$ in einer Lie-Algebra $\mathscr{L}$ wieder Ideale sind.

Eine Lie-Algebra $\mathscr{L}$ heißt **halbdirekte Summe** (oder **semidirekte Summe**), geschrieben als $\mathscr{L} = \mathscr{L}_1 \Subset \mathscr{L}_2$, des Ideals $\mathscr{L}_1$ und der Unteralgebra $\mathscr{L}_2$, wenn beide disjunkt sind, $\mathscr{L}_1 \cap \mathscr{L}_2 = \emptyset$, und wenn sich jedes Element $A \in \mathscr{L}$ eindeutig als Summe $A = A_1 + A_2$ mit $A_1 \in \mathscr{L}_1$ und $A_2 \in \mathscr{L}_2$ schreiben lässt. Ist dabei $\mathscr{L}_2$ ebenfalls ein Ideal, so spricht man von einer **direkten Summe** und schreibt $\mathscr{L} = \mathscr{L}_1 \oplus \mathscr{L}_2$.

Also gilt $\left[\mathscr{L}_1, \mathscr{L}_2\right] \subseteq \mathscr{L}_1$ für die halbdirekte Summe $\mathscr{L} = \mathscr{L}_1 \Subset \mathscr{L}_2$, da $\mathscr{L}_1$ ein Ideal ist, und $\left[\mathscr{L}_1, \mathscr{L}_2\right] = 0$ für die direkte Summe $\mathscr{L} = \mathscr{L}_1 \oplus \mathscr{L}_2$.

Als Beispiel können wir notieren

$$\mathfrak{e}(3) = \mathfrak{t}(3) \Subset \mathfrak{so}(3)\,. \tag{6.65}$$

Jetzt kommen wir zum Hauptthema dieses Abschnitts, der **Strukturanalyse**, einer Lie-Algebra, die mithilfe ihrer Ideale durchgeführt wird. Eine Lie-Algebra heißt **einfach**, wenn sie außer der Null und sich selbst keine weiteren Ideale enthält, und wenn ihre Dimension größer ist als eins. Beispielsweise ist die Algebra $\mathfrak{so}(3)$ einfach.

Ist eine Algebra $\mathscr{L}$ nicht einfach, dann kann ein Ideal $\mathscr{I}$ ausfaktorisiert werden, und es entsteht eine Algebra kleinerer Dimension. Hierzu definieren wir für ein $X \in \mathscr{L}$ die **Äquivalenzklasse** $\{X+\mathscr{I}\}$ mit X äquivalent zu Y (kurz $X \sim Y$), falls $Y = X+\mathscr{I}$, das heißt, X und Y unterscheiden sich nur um ein Element aus dem Ideal, und werden dann miteinander identifiziert. Wir bilden so die Menge der Äquivalenzklassen und definieren in dieser Menge das Lie-Produkt durch

$$[X+\mathscr{I}, Y+\mathscr{I}] = [X, Y]\,. \tag{6.66}$$

Die so konstruierte Lie-Algebra heißt **Quotientenalgebra** $\mathscr{L}/\mathscr{I}$. Beispielsweise können wir, da $\mathfrak{t}(3)$ ein Ideal von $\mathfrak{e}(3)$ ist, die Quotientenalgebra $\mathfrak{e}(3)/\mathfrak{t}(3)$ bilden. Eine kurze Überlegung zeigt uns, dass diese Quotientenalgebra isomorph ist zu $\mathfrak{so}(3)$.

Ein weiterer Typ von Lie-Algebren wird durch eine spezielle Folge von Idealen definiert. Zunächst betrachten wir die Menge aller $[X, Y]$ mit $X, Y \in \mathscr{L}$. Diese Menge, nennen wir sie $\mathscr{L}^{(1)}$, bildet eine Unteralgebra von $\mathscr{L}$. Sie ist aber auch ein Ideal, denn für $X \in \mathscr{L}$ und $A \in \mathscr{L}^{(1)}$ gilt trivialerweise $[X, A] \in \mathscr{L}^{(1)}$. Dies lässt sich fortsetzen, indem man mit $\mathscr{L}^{(0)} = \mathscr{L}$ die Folge

$$\mathscr{L}^{(1)} = [\mathscr{L}^{(0)}, \mathscr{L}^{(0)}]\;,\quad \mathscr{L}^{(2)} = [\mathscr{L}^{(1)}, \mathscr{L}^{(1)}]\;,\ldots,\quad \mathscr{L}^{(j+1)} = [\mathscr{L}^{(j)}, \mathscr{L}^{(j)}] \tag{6.67}$$

bildet, die sogenannte **abgeleitete Folge**. Dies ist eine Folge von Idealen, wovon wir uns überzeugen können: Sei $\mathscr{L}^{(j)}$ ein Ideal. Betrachten wir $X \in \mathscr{L}$ und $A \in \mathscr{L}^{(j+1)}$, dann gibt es Elemente $B, C \in \mathscr{L}^{(j)}$ mit $A = [B, C]$ und wir formen das Lie-Produkt mit der Jacobi-Regel um:

$$[X, A] = [X, [B, C]] = -[B, [C, X]] - [C, [X, B]]\,. \tag{6.68}$$

Da $\mathscr{L}^{(j)}$ ein Ideal ist, liegen auch $[C, X]$ und $[X, B]$ in $\mathscr{L}^{(j)}$. Dann sind $[B, [C, X]]$ und $[C, [X, B]]$ Elemente von $\mathscr{L}^{(j+1)}$ und damit auch $[X, A]$.

Wenn diese abgeleitete Folge von Idealen abbricht, wenn also gilt $\mathscr{L}^{(n)} = 0$ mit $n \in \mathbb{N}$, dann nennt man die Lie-Algebra $\mathscr{L}$ **auflösbar**.

Als Beispiel betrachten wir die vierdimensionale Unteralgebra $\mathscr{T} = \{R_3, P_1, P_2, P_3\}$ von $\mathfrak{e}(3)$ mit den Elementen aus Gleichung (6.54). Berechnet man mit (6.55) die Lie-Produkte dieser vier Elemente, so tauchen nur die Elemente P_1 und P_2 auf. Da dies Elemente aus $\mathscr{T}$ sind, sehen wir einerseits, dass wir es wirklich mit einer Unteralgebra zu tun haben, und andererseits haben wir auch schon $\mathscr{T}^{(1)} = \{P_1, P_2\}$ bestimmt. Da das Lie-Produkt dieser beiden Elemente verschwindet, ist $\mathscr{T}^{(2)} = 0$. Die Algebra $\mathscr{T}$ ist also auflösbar.

Eine einfache Algebra $\mathscr{L}$, wie beispielsweise $\mathfrak{so}(3)$, ist nicht auflösbar, da hier gilt $\mathscr{L}^{(n)} = \mathscr{L}$ für alle n. Es gilt also

$$\mathscr{L}\ \text{einfach} \quad\Longrightarrow\quad \mathscr{L}\ \text{nicht auflösbar}\,. \tag{6.69}$$

Neben der abgeleiteten Folge (6.67) können wir eine weitere Folge $\mathscr{L}^j$ definieren mit

$$\mathscr{L}^0 = \mathscr{L}\;,\quad \mathscr{L}^1 = [\mathscr{L}^0, \mathscr{L}]\;,\quad \mathscr{L}^2 = [\mathscr{L}^1, \mathscr{L}]\;,\ldots,\quad \mathscr{L}^{j+1} = [\mathscr{L}^j, \mathscr{L}]\,, \tag{6.70}$$

die **(untere) zentrale Folge**. Gilt $\mathscr{L}^n = 0$ für ein $n \in \mathbb{N}$, dann heißt die Lie-Algebra $\mathscr{L}$ **nilpotent**. Es muss dann also gelten

$$[X_1, [X_2, [\cdots, [X_n, Y]\cdots]]] = \mathrm{ad}_{X_1}\mathrm{ad}_{X_1}\cdots\mathrm{ad}_{X_n}Y = 0 \tag{6.71}$$

für alle $X_1, X_2, \cdots, X_n,\ Y \in \mathscr{L}$. Für endlichdimensionale Algebren lässt sich das nach einem **Theorem von Engel** (siehe *https://en.wikipedia.org/wiki/Nilpotent_Lie_algebra*) vereinfachen zu

$$[X, [X, [\cdots, [X, Y]\cdots]]] = (\mathrm{ad}_X)^n Y = 0 \quad \text{für alle} \quad X,\ Y \in \mathscr{L}\,. \tag{6.72}$$

Ein Beispiel ist die Lie-Algebra der oberen Dreiecksmatrizen (6.26). Sie ist nilpotent mit $n = 2$, wie man aus der Rechnung auf Seite 92 sieht.

Eine nilpotente Lie-Algebra ist auflösbar, aber nicht umgekehrt. Nilpotente Lie-Algebren sind also spezielle Typen der auflösbaren.

Das maximale auflösbare Ideal einer Lie-Algebra $\mathscr{L}$ heißt **Radikal** und wird mit $\mathrm{Rad}\mathscr{L}$ bezeichnet, oder kurz mit $\mathscr{R}$. Zwei Beispiele sollen das illustrieren:

Beispiel 1: Das Radikal der Algebra $\mathfrak{e}(3)$ ist gleich $\mathfrak{t}(3)$, denn es gilt $\mathfrak{e}(3) = \mathfrak{t}(3) \Subset \mathfrak{so}(3)$ nach Gleichung (6.65) und $\mathfrak{so}(3)$ ist einfach.

Beispiel 2: Die sechsdimensionale Algebra

$$\mathscr{L}_6 = \left\{\hat{I},\ \hat{a},\ \hat{a}^\dagger,\ \hat{a}^\dagger\hat{a} + \tfrac{1}{2},\ \tfrac{1}{2}\hat{a}^2,\ \tfrac{1}{2}\hat{a}^{\dagger 2}\right\} \tag{6.73}$$

(vgl. Gleichung (3.45)) besitzt das Radikal

$$\mathscr{R} = \left\{\hat{I},\ \hat{a},\ \hat{a}^\dagger\right\}. \tag{6.74}$$

Über das Radikal führt man den vierten, und für uns hier letzten, Typ von Lie-Algebren ein, der für die Strukturanalyse von Lie-Algebren unerlässlich ist:

$$\text{Ist } \mathscr{R} = \{0\}, \text{ heißt } \mathscr{L} \textbf{ halbeinfach}. \tag{6.75}$$

Da eine einfache Lie-Algebra außer der Null und sich selbst keine Ideale enthält, und da sie nicht auflösbar ist (vgl. Gleichung (6.69)), gilt

$$\mathscr{L} \text{ einfach} \quad \Longrightarrow \quad \mathscr{L} \text{ halbeinfach}. \tag{6.76}$$

Die Umkehrung gilt im Allgemeinen nicht.

Oft will man herausfinden, ob eine gegebene Lie-Algebra halbeinfach ist. Dafür kann man mit dem metrischen Tensor (g_{jk}) aus Gleichung (6.49) ein einfaches Kriterium formulieren:

Eine Lie-Algebra ist genau dann halbeinfach, wenn gilt $\det(g_{jk}) \neq 0$.

In diesem Fall existiert auch der inverse metrische Tensor mit den Komponenten g^{jk}. Beispielsweise erfüllt dies der (diagonale) metrische Tensor der Algebra $\mathfrak{so}(3)$ aus (6.52) und folglich ist diese Algebra halbeinfach. Sie ist sogar einfach, da sie keine nicht-trivialen Ideale enthält (Beweis siehe Seite 104).

Aus den Basiselementen Γ_j und den Komponenten g^{jk} des inversen metrischen Tensors lässt sich der Operator

$$C = \sum_{jk} g^{jk}\Gamma_j\Gamma_k \tag{6.77}$$

konstruieren, der **Casimir-Operator**, benannt nach dem niederländischen Physiker Hendrik Casimir (1909–2000). Für eine halbeinfache Lie-Algebra, in der also der inverse metrische Tensor existiert, vertauscht dieser mit *allen* Elementen der Algebra.

Ein Beispiel für einen solchen Casimir-Operator liefert die Algebra der quantenmechanischen oder klassischen Drehimpulse (siehe Seite 63 bzw. 94):

Aufgabe 6.5 (Lösung Seite 285): Zeigen Sie, dass sich für die Algebra $\mathfrak{so}(3)$ mit den Generatoren $\{L_1, L_2, L_3\}$ und den Lie-Klammern $[L_i, L_j] = \epsilon_{ijk} L_k$ der Casimir-Operator nach Gleichung (6.77) als

$$C = -\frac{1}{2}\left(L_1^2 + L_2^2 + L_3^2\right)$$

ergibt, und verifizieren Sie, dass C mit den L_j vertauscht.

Die folgenden **Struktursätze** helfen uns, größere Lie-Algebren aus bekannteren kleineren aufzubauen.

Satz (Levi-Malcev): Sei $\mathscr{L}$ eine beliebige (endlich dimensionale) Lie-Algebra. Dann existiert eine halbdirekte Summenzerlegung

$$\mathscr{L} = \mathscr{R} \Subset \mathscr{S} \tag{6.78}$$

mit einer halbeinfachen Unteralgebra $\mathscr{S}$, die isomorph ist zu der Quotientenalgebra $\mathscr{L}/\mathscr{R}$, und die bis auf Automorphismen in $\mathscr{L}$ eindeutig bestimmt ist.

Für die halbeinfache Algebra $\mathscr{S}$ existiert eine weitere direkte Summenzerlegung in einfache Ideale $\mathscr{S}_j$:

$$\mathscr{S} = \mathscr{S}_1 \oplus \mathscr{S}_2 \oplus \cdots \oplus \mathscr{S}_K . \tag{6.79}$$

Diese Zerlegung ist eindeutig.

Die Struktursätze garantieren also die Existenz einer **Summenzerlegung** einer beliebigen Lie-Algebra in einen auflösbaren und einen halbeinfachen Anteil, wobei der letztere weiter in einfache Ideale zerlegt werden kann, sodass sich die Algebra $\mathscr{L}$ als

$$\mathscr{L} = \mathscr{R} \Subset \left(\mathscr{S}_1 \oplus \mathscr{S}_2 \oplus \cdots \oplus \mathscr{S}_K\right) \tag{6.80}$$

schreiben lässt.

6.3 Kanonische Ähnlichkeitstransformationen

Ähnichkeitstransformationen sind von großer Bedeutung in der Quantenmechanik. Die Grundlagen solcher Transformationen haben wir in Abschnitt 1.1 dargestellt (siehe Seite 15). In diesem Abschnitt betrachten wir für die Lie-Algebra

$$\mathscr{L} = \{\Gamma_1, \Gamma_2, \ldots \Gamma_n\} \quad \text{mit} \quad [\Gamma_i, \Gamma_j] = \sum_k c_{ij}^k \Gamma_k \tag{6.81}$$

die Ähnlichkeitstransformationen

$$\hat{B}' = \mathrm{e}^{\hat{A}} \hat{B} \mathrm{e}^{-\hat{A}} \ , \ \hat{A}, \hat{B} \in \mathscr{L} \tag{6.82}$$

der Algebraelemente. Beispiele solcher Transformationen haben wir anhand der Verschiebungs- und Squeeze-Operatoren in Abschnitt 3.2 schon kennengelernt. Dabei werden die Basiselemente Γ_j der Algebra auf die Elemente

$$\Gamma_j' = \mathrm{e}^{\hat{A}} \Gamma_j \mathrm{e}^{-\hat{A}} \tag{6.83}$$

abgebildet, die auch eine Basis bilden. Bei dieser Transformation bleiben die Strukturkonstanten c_{ij}^k aus Gleichung (6.43) erhalten, denn es gilt

$$\begin{aligned} [\Gamma_i', \Gamma_j'] &= \Gamma_i'\Gamma_j' - \Gamma_j'\Gamma_i' \\ &= \mathrm{e}^{\hat{A}} \Gamma_j \mathrm{e}^{-\hat{A}} \mathrm{e}^{\hat{A}} \Gamma_i \mathrm{e}^{-\hat{A}} - \mathrm{e}^{\hat{A}} \Gamma_i \mathrm{e}^{-\hat{A}} \mathrm{e}^{\hat{A}} \Gamma_j \mathrm{e}^{-\hat{A}} \\ &= \mathrm{e}^{\hat{A}} [\Gamma_i, \Gamma_j] \mathrm{e}^{-\hat{A}} = \sum_k c_{ij}^k \mathrm{e}^{\hat{A}} \Gamma_k \mathrm{e}^{-\hat{A}} = \sum_k c_{ij}^k \Gamma_k' . \end{aligned} \tag{6.84}$$

Von besonderer Bedeutung für praktische Anwendungen sind **kanonische Ähnlichkeitstransformationen** durch die Basiselemente,

$$\Delta_k^{(j)}(z) = \mathrm{e}^{z\,\mathrm{ad}\,\Gamma_j} \Gamma_k = \mathrm{e}^{z\Gamma_j} \Gamma_k \mathrm{e}^{-z\Gamma_j} , \tag{6.85}$$

die man beispielsweise durch die Multikommutatorreihe (vgl. Gleichung (1.38))

$$\mathrm{e}^{z\Gamma_j} \Gamma_k \mathrm{e}^{-z\Gamma_j} = \Gamma_k + z[\Gamma_j, \Gamma_k] + \frac{z^2}{2!} [\Gamma_j, [\Gamma_j, \Gamma_k]] + \frac{z^3}{3!} [\Gamma_j, [\Gamma_j, [\Gamma_j, \Gamma_k]]] + \ldots . \tag{6.86}$$

berechnen kann. Da in dieser Reihe nur Elemente der Algebra auftreten, sind die $\Delta_k^{(j)}(z)$ Elemente der Lie-Algebra. Für die einfachsten Situationen gilt, wie man sofort sieht,

$$\Delta_k^{(j)}(0) = \Gamma_k \quad \text{und} \quad \Delta_k^{(k)}(z) = \Gamma_k . \tag{6.87}$$

In den folgenden beiden Abschnitten werden wir für einige wichtige Algebren diese kanonischen Transformationen genauer untersuchen.

6.4 Lie-Algebren der Dimension zwei

Neben der trivialen abelschen Lie-Algebra gibt es nur eine einzige zweidimensionale Lie-Algebra, die sogenannte **Shift-Algebra** $\mathscr{L} = \{X, Y\}$ mit dem Lie-Produkt

$$[X, Y] = Y , \tag{6.88}$$

abgesehen natürlich von Isomorphien. Diese Algebra ist auflösbar, denn die abgeleitete Folge (vgl. Gleichung (6.67))

$$\mathscr{L}^{(0)} = \mathscr{L} = \{X, Y\} \quad , \quad \mathscr{L}^{(1)} = \left[\mathscr{L}^{(0)}, \mathscr{L}^{(0)}\right] = \{Y\} \quad , \quad \mathscr{L}^{(2)} = \left[\mathscr{L}^{(1)}, \mathscr{L}^{(1)}\right] = \{0\} \tag{6.89}$$

endet bei der Null. Das Radikal der Algebra ist gleich $\mathrm{Rad}\,\mathscr{L} = \{Y\}$ und um ihre adjungierte Darstellung (vgl. Seite 97) zu bestimmen, berechnen wir für jedes Element $xX + yY$ der Algebra mit

$$\mathrm{ad}_X(xX + yY) = [X, xX + yY] = y[X, Y] = yY\,, \tag{6.90}$$

$$\mathrm{ad}_Y(xX + yY) = [Y, xX + yY] = x[Y, X] = -xY\,, \tag{6.91}$$

die 2 × 2-Matrizen

$$\mathrm{ad}_X = \mathbf{X} = \begin{pmatrix} 0 & 0 \\ 0 & 1 \end{pmatrix} \quad , \quad \mathrm{ad}_Y = \mathbf{Y} = \begin{pmatrix} 0 & 0 \\ -1 & 0 \end{pmatrix}. \tag{6.92}$$

Isomorph dazu ist die Algebra $\{X, Y\}$ mit

$$[X, Y] = aY\,, \quad a \neq 0 \tag{6.93}$$

mit der adjungierten Darstellung

$$\mathbf{X} = \begin{pmatrix} 0 & 0 \\ 0 & a \end{pmatrix} \quad , \quad \mathbf{Y} = \begin{pmatrix} 0 & 0 \\ -1 & 0 \end{pmatrix}. \tag{6.94}$$

Eine Realisierung dieser Algebra finden wir mithilfe der quantenmechanischen Orts- und Impulsoperatoren in der Form

$$\left[\hat{q}, \mathrm{e}^{-\frac{\mathrm{i}}{\hbar} a\hat{p}}\right] = a\,\mathrm{e}^{-\frac{\mathrm{i}}{\hbar} a\hat{p}}\,, \tag{6.95}$$

wobei der Translationsoperator $\hat{T}_a = \mathrm{e}^{-\frac{\mathrm{i}}{\hbar} a\hat{p}}$ aus Gleichung (3.5) eine Verschiebung im Ortsraum um a bewirkt. Eine weitere Realisierung findet man in dem Tight-Binding-Modell, das oft zur Beschreibung eines periodischen Quantensystems verwendet wird. Mehr dazu in Abschnitt 11.1.

Wir berechnen noch die kanonischen Ähnlichkeitstransformationen. Für die nicht-trivialen Fälle erhalten wir

$$\begin{aligned} \mathrm{e}^{z\,\mathrm{ad}\,X}\, Y &= \mathrm{e}^{zX}\, Y\, \mathrm{e}^{-zX} = Y + z[X, Y] + \tfrac{z^2}{2!}[X, [X, Y]] + \tfrac{z^3}{3!}[X, [X, [X, Y]]] + \ldots \\ &= Y + zaY + \tfrac{z^2}{2!}[X, aY] + \tfrac{z^3}{3!}[X, [X, aY]] + \ldots \\ &= Y + zaY + \tfrac{z^2 a^2}{2!}\, Y + \tfrac{z^3 a^3}{3!}\, Y + \ldots = \mathrm{e}^{az}\, Y \end{aligned} \tag{6.96}$$

$$\begin{aligned} \mathrm{e}^{z\,\mathrm{ad}\,Y}\, X &= \mathrm{e}^{zY}\, X\, \mathrm{e}^{-zY} = X + z[Y, X] + \tfrac{z^2}{2!}[Y, [Y, X]] + \tfrac{z^3}{3!}[Y, [Y, [Y, X]]] + \ldots \\ &= X - azY + \tfrac{z^2}{2!}[Y, -aY] + \tfrac{z^3}{3!}[Y, [Y, -aY]] + \ldots = X - azY \end{aligned} \tag{6.97}$$

oder für $a = 1$

$$\mathrm{e}^{z\,\mathrm{ad}\,X}\, Y = \mathrm{e}^{zX}\, Y\, \mathrm{e}^{-zX} = \mathrm{e}^{z}\, Y \quad \text{und} \quad \mathrm{e}^{z\,\mathrm{ad}\,Y}\, X = \mathrm{e}^{zY}\, X\, \mathrm{e}^{-zY} = X - zY\,. \tag{6.98}$$

In dem Beispiel 1 auf Seite 118 werden wir mehr über die Baker-Hausdorff-Relationen von Shift-Operatoren erfahren.

6.5 Einfache Lie-Algebren der Dimension drei

Es gibt nur zwei einfache Lie-Algebren der Dimension drei, die Algebren $\mathfrak{su}(2)$ und $\mathfrak{su}(1,1)$. Die beiden Algebren lassen sich beschreiben durch die Lie-Klammern der Basiselemente $\{K_0, K_+, K_-\}$:

$$[K_0, K_\pm] = \pm 2K_\pm \ , \quad [K_+, K_-] = \delta K_0 \ , \quad \delta = \begin{cases} +1 & \text{für } \mathfrak{su}(2) \\ -1 & \text{für } \mathfrak{su}(1,1) \end{cases} . \tag{6.99}$$

Wir wollen uns hier vergewissern, dass diese Algebren wirklich einfach sind, dass also ihre Ideale nur gleich der Algebra $\mathscr{L}$ selbst oder gleich 0 sind. Sei also $X = aK_+ + bK_- + cK_0$ ein Element aus dem Ideal $\mathscr{I}$. Dann gilt $[K_+, X] \in \mathscr{I}$ und daher auch $[K_+, [K_+, X]] \in \mathscr{I}$. Andererseits berechnen wir diesen Kommutator als

$$[K_+, [K_+, X]] = [K_+, b[K_+, K_-] + c[K_+, K_0]] = [K_+, b\delta K_0 + c2K_+] = -2\delta bK_+ . \tag{6.100}$$

Falls $b \neq 0$, muss dann auch K_+ in $\mathscr{I}$ liegen und, wegen $[K_+, K_-] = K_0$, auch K_0. Schließlich ist wegen $[K_0, K_-] = -2K_-$ auch K_- im Ideal. Also ist das Ideal gleich $\mathscr{L}$. Es bleibt noch der Fall $b = 0$. Dann ist für ein beliebiges Element $X = aK_+ + cK_0$ aus dem Ideal $[K_-, X] \in \mathscr{I}$ und damit auch $[K_-, [K_-, X]]$. Es gilt aber wie oben

$$[K_-, [K_-, X]] = [K_-, a[K_-, K_+] + c[K_-, K_0]] = [K_-, -a\delta K_0 + c2K_-] = -2\delta aK_- . \tag{6.101}$$

Für $a \neq 0$ ist dann auch $K_- \in \mathscr{I}$ im Widerspruch zu unserer Annahme. Folglich ist auch $a = 0$ und nur die Operatoren $X = cK_0$ liegen im Ideal. Dann folgt aus

$$[K_-, X] \in \mathscr{I} \quad \text{und} \quad [K_-, X] = c[K_-, K_0] = 2cK_- , \tag{6.102}$$

dass für $c \neq 0$ auch K_- im Ideal liegt, im Widerspruch zu unserer Annahme. Folglich ist auch $c = 0$ und damit $\mathscr{I} = 0$.

In dieser Lie-Algebra, wie in den meisten, findet man Unteralgebren:

Aufgabe 6.6 (Lösung Seite 285): Jede komplexe nicht-nilpotente Lie-Algebra enthält Elemente X, Y mit $[X, Y] = Y$, die eine zweidimensionale Unteralgebra bilden. Konstruieren Sie für die von $\{K_0, K_+, \hat{K}_-\}$ gebildete Algebra $\mathfrak{su}(2)$ zwei solche Elemente mit $X = aK_+ - a\hat{K}_-$.

Im Folgenden werden wir für die beiden Algebren $\mathfrak{su}(2)$ und $\mathfrak{su}(1,1)$ einige wichtige **Realisierungen** angeben. Dabei werden wir oft Operatoren auf einem Hilbert-Raum verwenden. Hier liefert der Kommutator das Lie-Produkt und es gilt die Leibniz-Regel, was Umformungen erleichtert.

Die Algebra $\mathfrak{su}(2)$: Die Algebra $\mathfrak{su}(2)$ ($\delta = +1$) lässt sich durch die quantenmechanischen Drehimpulsoperatoren $\hat{J}_x$, $\hat{J}_y$, $\hat{J}_z$ mit $[\hat{J}_x, \hat{J}_y] = \mathrm{i}\hat{J}_z$, x, y, z zyklisch, realisieren (vgl. Gleichung (4.2)). Die Operatoren $\hat{J}_\pm = \hat{J}_x \pm \mathrm{i}\hat{J}_y$ erfüllen nach Aufgabe 4.1 die Kommutatorrelationen

$$[\hat{J}_+, \hat{J}_-] = 2\hat{J}_z \ , \quad [\hat{J}_z, \hat{J}_\pm] = \pm\hat{J}_\pm , \tag{6.103}$$

und wenn wir definieren

$$\hat{K}_0 = 2\hat{J}_z \ , \quad \hat{K}_\pm = \hat{J}_\pm \, . \tag{6.104}$$

werden die Kommutatoren (6.103) zu

$$\left[\hat{K}_+, \hat{K}_-\right] = \hat{K}_0 \ , \quad \left[\hat{K}_0, \hat{K}_\pm\right] = \pm 2\hat{K}_\pm \, , \tag{6.105}$$

was mit den $\mathfrak{su}(2)$-Relationen aus Gleichung (6.99) übereinstimmt. Die Algebren $\mathfrak{su}(2)$ und $\mathfrak{so}(3)$ sind also isomorph. Eine alternative Darstellung dieser Algebren lässt sich mithilfe von Differentialoperatoren konstruieren:

Aufgabe 6.7 (Lösung Seite 286): Die drei Differentialoperatoren

$$J_z = u\frac{\mathrm{d}}{\mathrm{d}u} - \frac{n}{2} \ , \quad J_+ = nu - u^2\frac{\mathrm{d}}{\mathrm{d}u} \ , \quad J_- = \frac{\mathrm{d}}{\mathrm{d}u}$$

operieren auf dem $(n+1)$-dimensionalen Raum der Polynome in u vom Grad n. Zeigen Sie, dass sie die $\mathfrak{so}(3)$-Relationen $[J_z, J_\pm] = \pm J_\pm$, $[J_+, J_-] = 2J_z$ aus (6.103) erfüllen.

Eine weitere Realisierung der Algebra $\mathfrak{su}(2)$ ermöglichen die Oszillatoroperatoren $\hat{a}$, $\hat{a}^\dagger$, $\hat{b}$, $\hat{b}^\dagger$ mit den Kommutatoren

$$\left[\hat{a}, \hat{a}^\dagger\right] = 1 \ , \quad \left[\hat{b}, \hat{b}^\dagger\right] = 1 \ , \quad \left[\hat{a}, \hat{b}\right] = \left[\hat{a}, \hat{b}^\dagger\right] = \left[\hat{a}^\dagger, \hat{b}\right] = \left[\hat{a}^\dagger, \hat{b}^\dagger\right] = 0 \, . \tag{6.106}$$

Damit bilden wir die Operatoren

$$\hat{K}_0 = \hat{a}^\dagger\hat{a} - \hat{b}^\dagger\hat{b} \ , \quad \hat{K}_+ = \hat{a}^\dagger\hat{b} \ , \quad \hat{K}_- = \hat{a}\hat{b}^\dagger \tag{6.107}$$

mit den Kommutatoren

$$\begin{aligned}
\left[\hat{K}_+, \hat{K}_-\right] &= \left[\hat{a}^\dagger\hat{b}, \hat{a}\hat{b}^\dagger\right] = \hat{a}^\dagger\left[\hat{b}, \hat{a}\hat{b}^\dagger\right] + \left[\hat{a}^\dagger, \hat{a}\hat{b}^\dagger\right]\hat{b} \\
&= \hat{a}^\dagger\hat{a}\left[\hat{b}, \hat{b}^\dagger\right] + \hat{a}^\dagger\left[\hat{b}, \hat{a}\right]\hat{b}^\dagger + \hat{a}\left[\hat{a}^\dagger, \hat{b}^\dagger\right]\hat{b} + \left[\hat{a}^\dagger, \hat{a}\right]\hat{b}^\dagger\hat{b} \\
&= \hat{a}^\dagger\hat{a} - \hat{b}^\dagger\hat{b} = \hat{K}_0 \, ,
\end{aligned} \tag{6.108}$$

$$\begin{aligned}
\left[\hat{K}_0, \hat{K}_+\right] &= \left[\hat{a}^\dagger\hat{a} - \hat{b}^\dagger\hat{b}, \hat{a}^\dagger\hat{b}\right] = \left[\hat{a}^\dagger\hat{a}, \hat{a}^\dagger\hat{b}\right] - \left[\hat{b}^\dagger\hat{b}, \hat{a}^\dagger\hat{b}\right] \\
&= \hat{a}^\dagger\left[\hat{a}, \hat{a}^\dagger\hat{b}\right] + \left[\hat{a}^\dagger, \hat{a}^\dagger\hat{b}\right]\hat{a} - \hat{b}^\dagger\left[\hat{b}, \hat{a}^\dagger\hat{b}\right] - \left[\hat{b}^\dagger, \hat{a}^\dagger\hat{b}\right]\hat{b} \\
&= \hat{a}^\dagger\hat{a}^\dagger\left[\hat{a}, \hat{b}\right] + \hat{a}^\dagger\left[\hat{a}, \hat{a}^\dagger\right]\hat{b} + \hat{a}^\dagger\left[\hat{a}^\dagger, \hat{b}\right]\hat{a} + \left[\hat{a}^\dagger, \hat{a}^\dagger\right]\hat{b}\hat{a} \\
&\quad - \hat{b}^\dagger\hat{a}^\dagger\left[\hat{b}, \hat{b}\right] - \hat{b}^\dagger\left[\hat{b}, \hat{a}^\dagger\right]\hat{b} - \hat{a}^\dagger\left[\hat{b}^\dagger, \hat{b}\right]\hat{b} - \left[\hat{b}^\dagger, \hat{a}^\dagger\right]\hat{b}\hat{b} \\
&= \hat{a}^\dagger\hat{b} + \hat{a}^\dagger\hat{b} = 2\hat{K}_+ \, .
\end{aligned} \tag{6.109}$$

Genauso (oder durch Vertauschen von $\hat{a}$ und $\hat{b}$) findet man

$$\left[\hat{K}_0, \hat{K}_-\right] = -2\hat{K}_- \, . \tag{6.110}$$

Damit erhalten wir also die Kommutatorrelationen von $\mathfrak{su}(2)$. Wie man sicher schon bemerkt hat, ist dies nicht anderes als die Zwei-Moden-**Schwinger-Darstellung** der Drehimpuls-Algebra aus Abschnitt 4.4:

$$\hat{J}_x = \tfrac{1}{2}\left(\hat{a}^\dagger\hat{b} + \hat{a}\hat{b}^\dagger\right) \ , \quad \hat{J}_y = \tfrac{1}{2\mathrm{i}}\left(\hat{a}^\dagger\hat{b} - \hat{a}\hat{b}^\dagger\right) \ , \quad \hat{J}_z = \tfrac{1}{2}\left(\hat{a}^\dagger\hat{a} - \hat{b}^\dagger\hat{b}\right) \tag{6.111}$$

mit

$$\hat{J}_+ = \hat{J}_x + \mathrm{i}\hat{J}_y = \hat{a}^\dagger \hat{b} = \hat{K}_+ \;, \quad \hat{J}_- = \hat{J}_x - \mathrm{i}\hat{J}_y = \hat{a}\hat{b}^\dagger = \hat{K}_- \;, \quad \hat{J}_z = \tfrac{1}{2}\hat{K}_0 \,. \tag{6.112}$$

Die Algebra $\mathfrak{su}(1,1)$: Bei der Diskussion der Algebra des harmonischen Oszillators in Abschnitt 3.1 haben wir gesehen, dass die drei Operatoren $\hat{a}^\dagger \hat{a} + \frac{1}{2}$, $\frac{1}{2}\hat{a}^{\dagger 2}$ und $\frac{1}{2}\hat{a}^2$ eine sich schließende dreidimensionale Lie-Algebra bilden. Mit der Definition

$$\hat{K}_0 = \hat{a}^\dagger \hat{a} + \tfrac{1}{2} \;, \quad \hat{K}_+ = \tfrac{1}{2}\hat{a}^{\dagger 2} \;, \quad \hat{K}_- = \tfrac{1}{2}\hat{a}^2 \tag{6.113}$$

und den Kommutatorrelationen (3.47) finden wir

$$\big[\hat{K}_0, \hat{K}_\pm\big] = \pm 2\hat{K}_\pm \;, \quad \big[\hat{K}_+, \hat{K}_-\big] = -\hat{K}_0 \,, \tag{6.114}$$

und wir sehen, dass wir damit eine konkrete Realisierung der abstrakten Lie-Algebra $\mathfrak{su}(1,1)$ erhalten haben. Das Gleiche lässt sich auch mit den Orts- und Impulsoperatoren $\hat{q}$ und $\hat{p}$ realisieren:

Aufgabe 6.8 (Lösung Seite 287): In der klassischen Mechanik liefern die Phasenraumfunktionen $K_+ = p^2/2$, $K_- = q^2/2$ und $K_0 = pq$ mit der klassischen Poisson-Klammer eine Realisierung der $\mathfrak{su}(1,1)$-Algebra. Vergewissern Sie sich davon und überzeugen Sie sich, dass dies auch für die quantenmechanischen Impuls- und Ortsoperatoren $\hat{p}$ und $\hat{q}$ gilt, wobei man allerdings K_0 symmetrisieren muss als $\frac{1}{2}(pq + qp)$.

Die kanonischen Ähnlichkeitstransformationen (6.85) für die Generatoren K_0, K_+, K_- der Algebra berechnen wir mit der Multikommutatorentwicklung (1.35). Für K_+ und K_- also

$$\mathrm{e}^{zK_+} K_- \mathrm{e}^{-zK_+} = K_- + z\big[K_+, K_-\big] + \frac{z^2}{2!}\big[K_+, \big[K_+, K_-\big]\big] + \frac{z^3}{3!}\big[K_+, \big[K_+, \big[K_+, K_-\big]\big]\big] + \cdots . \tag{6.115}$$

Die ersten Kommutatoren sind $\big[K_+, K_-\big] = \delta\, K_0$, $\big[K_+, \big[K_+, K_-\big]\big] = \delta\,\big[K_+, K_0\big] = -2\delta\, K_+$ und $\big[K_+, \big[K_+, \big[K_+, K_-\big]\big]\big] = -2\delta\,\big[K_+, K_+\big] = 0$, und alle höheren Kommutatoren sind gleich null. Die Reihe bricht also ab, und wir erhalten

$$\mathrm{e}^{zK_+} K_- \mathrm{e}^{-zK_+} = K_- + \delta z K_0 - \delta z^2 K_+ \,. \tag{6.116}$$

Genauso ermittelt man die übrigen Ausdrücke, die in Tabelle 6.1 zusammengestellt sind. Eine alternative Herleitung mit einer treuen Matrixdarstellung findet man auf Seite 124.

Tabelle 6.1 K_j-entwickelte Generatoren $\mathrm{e}^{z\,\mathrm{ad}K_j} K_k = \mathrm{e}^{zK_j} K_k \,\mathrm{e}^{-zK_j}$

$K_j \backslash K_k$	K_0	K_+	K_-
K_0	K_0	$\mathrm{e}^{2z} K_+$	$\mathrm{e}^{-2z} K_-$
K_+	$K_0 - 2zK_+$	K_+	$\delta z K_0 - \delta z^2 K_+ + K_-$
K_-	$K_0 + 2zK_-$	$-\delta z K_0 + K_+ - \delta z^2 K_-$	K_-

Wie wir wissen, lassen die Ähnlichkeitstransformationen die Kommutatorrelationen invariant (siehe Gleichung (6.84)), aber wir prüfen das hier einmal nach:

Aufgabe 6.9 (Lösung Seite 287): Überzeugen Sie sich davon, dass die transformierten Generatoren in den Zeilen der Tabelle 6.1 die Kommutatorbeziehungen der Lie-Algebra erfüllen.

Als eine erste Anwendung der kanonischen Ähnlichkeitstransformationen wollen wir zeigen, dass die Elemente der Algebra durch

$$K = h_0 K_0 + h_+ K_+ + h_- K_- = z\,\mathrm{e}^{xK_+}\mathrm{e}^{yK_-}K_0\,\mathrm{e}^{-yK_-}\mathrm{e}^{-xK_+} \tag{6.117}$$

ausgedrückt werden können, also durch eine Ähnlichkeitstransformation von K_0 multipliziert mit einer Konstanten z. Das sieht man, wenn man den Operator auf der rechten Seite mithilfe der Relationen aus aus Tabelle 6.1 auswertet:

$$\begin{aligned} z\,\mathrm{e}^{xK_+}\mathrm{e}^{yK_-}K_0\,\mathrm{e}^{-yK_-}\mathrm{e}^{-xK_+} &= z\,\mathrm{e}^{xK_+}(K_0 + 2yK_-)\mathrm{e}^{-xK_+} \\ &= z(K_0 - 2xK_+) + 2zy(\delta x K_0 - \delta x^2 K_+ + K_-) \\ &= z(1 + 2\delta xy)K_0 - 2zx(1 + \delta xy)K_+ + 2zyK_-\,, \end{aligned} \tag{6.118}$$

wobei man für $h_- \neq 0$ die Parameter wählt wie

$$z = \sqrt{h_0^2 + \delta h_+ h_-}\ , \quad x = \delta\,\frac{h_0 - z}{h_-}\ , \quad y = \frac{h_-}{2z} \tag{6.119}$$

und andernfalls wie $z = h_0$, $x = -h_+/h_0$.

Die Transformation (6.117) lässt sich beispielsweise benutzen, um quantenmechanische Eigenwerte zu berechnen. Die Eigenwerte von $\hat{K}$ in (6.117) sind gleich denen von $\hat{K}_0$ multipliziert mit z, denn das Eigenwertspektrum ist invariant gegenüber Ähnlichkeitstransformationen (siehe Seite 20).

Wir benutzen dies hier für den Hamilton-Operator $\hat{H}_0 = 2\epsilon\hat{J}_z + 2v\hat{J}_x$ aus Gleichung (4.26). Dazu formen wir diesen Operator mit $\hat{J}_x = (\hat{J}_+ + \hat{J}_-)/2$ und $\hat{K}_0 = 2\hat{J}_z$ und $\hat{K}_\pm = \hat{J}_\pm$ nach (6.104) um zu einer Form wie links in (6.117),

$$\hat{H}_0 = 2\epsilon\hat{J}_z + 2v\hat{J}_x = 2\epsilon\hat{J}_z + v\big(\hat{J}_+ + \hat{J}_-\big) = \epsilon\,\hat{K}_0 + v\big(\hat{K}_+ + \hat{K}_-\big)\,. \tag{6.120}$$

Dann können wir über die rechte Seite dieser Gleichung sein Eigenwertspektrum bestimmen. Aus $h_0 = \epsilon$, $h_\pm = v$ und $\delta = 1$ erhalten wir $z = \sqrt{\epsilon^2 + v^2}$. Die Eigenwerte von $\hat{K}_0$ sind gleich $2m$ mit $m = -j, -j+1, \ldots, j$. Damit ergibt sich das Spektrum von $\hat{H}_0$ als

$$E_{j,m} = 2m\sqrt{\epsilon^2 + v^2}\ , \quad m = -j, -j+1, \ldots, j\,, \tag{6.121}$$

wie oben schon in Gleichung (4.31) angegeben. Genauso lässt sich so das Spektrum eines Bose-Hubbard-Dimers angeben (siehe Gleichung (13.90)).

6.6 Die erweiterte Oszillator-Algebra

Aus den Potenzen der Erzeugungs- und Vernichtungsoperatoren $\hat{a}^\dagger$ und $\hat{a}$ des harmonischen Oszillators lässt sich eine sechsdimensionale Lie-Algebra

$$\mathscr{L}_6 = \{\hat{a}^\dagger,\ \hat{a},\ \hat{I},\ \hat{a}^\dagger\hat{a}+\tfrac{1}{2}\hat{I},\ \tfrac{1}{2}\hat{a}^{\dagger 2},\ \tfrac{1}{2}\hat{a}^2\} \tag{6.122}$$

aufbauen (siehe Seite 39). Die drei Operatoren

$$\hat{K}_0 = \hat{a}^\dagger\hat{a}+\tfrac{1}{2}\hat{I}\,,\quad \hat{K}_+ = \tfrac{1}{2}\hat{a}^{\dagger 2}\,,\quad \hat{K}_- = \tfrac{1}{2}\hat{a}^2 \tag{6.123}$$

erfüllen die Kommutatorrelationen

$$[\hat{K}_0,\hat{K}_\pm] = \pm 2\hat{K}_\pm\,,\quad [\hat{K}_+,\hat{K}_-] = -\hat{K}_0 \tag{6.124}$$

(vgl. Gleichung (6.114)), sie bilden also eine dreidimensionale Unteralgebra von $\mathscr{L}_6$, die $\mathfrak{su}(1,1)$-Algebra. Diese Algebra ist einfach (vgl. Abschnitt 6.5). Mit den restlichen Kommutatorrelationen

$$\begin{aligned}&[\hat{a}^\dagger,\hat{K}_0] = -\hat{a}^\dagger\,,\quad [\hat{a}^\dagger,\hat{K}_+] = 0\,,\quad [\hat{a}^\dagger,\hat{K}_-] = -\hat{a}\\ &[\hat{a},\hat{K}_0] = \hat{a}\,,\quad [\hat{a},\hat{K}_+] = \hat{a}^\dagger\,,\quad [\hat{a},\hat{K}_-] = 0\end{aligned} \tag{6.125}$$

identifiziert man $\{\hat{I},\ \hat{a}^\dagger,\ \hat{a}\}$ als das Radikal und wir können unsere Algebra zerlegen als halbdirekte Summe

$$\mathscr{L}_6 = \{\hat{I},\ \hat{a}^\dagger,\ \hat{a}\} \Subset \{\hat{K}_0,\ \hat{K}_+,\ \hat{K}_-\}. \tag{6.126}$$

Die kanonischen Ähnlichkeitstransformationen $\mathrm{e}^{z\,\mathrm{ad}\Gamma_j}\Gamma_k$ für diese Algebra ermittelt man wieder mit der Multikommutatorentwicklung. Beispielsweise als

$$\mathrm{e}^{z\hat{a}}\,\hat{K}_0\,\mathrm{e}^{-z\hat{a}} = \hat{K}_0 + z\underbrace{[\hat{a},\hat{K}_0]}_{=\hat{a}} + \frac{z^2}{2!}\underbrace{[\hat{a},\underbrace{[\hat{a},\hat{K}_0]}_{=\hat{a}}]}_{=0} + \cdots = \hat{K}_0 + z\hat{a} \tag{6.127}$$

oder als

$$\mathrm{e}^{z\hat{K}_0}\,\hat{a}^\dagger\mathrm{e}^{-z\hat{K}_0} = \hat{a}^\dagger + z\underbrace{[\hat{K}_0,\hat{a}^\dagger]}_{=\hat{a}^\dagger} + \frac{z^2}{2!}\underbrace{[\hat{K}_0,\underbrace{[\hat{K}_0,\hat{a}^\dagger]}_{=\hat{a}^\dagger}]}_{=\hat{a}^\dagger} + \cdots = \big(1+z+\frac{z^2}{2!}\cdots\big)\,\hat{a}^\dagger = \mathrm{e}^z\,\hat{a}^\dagger, \tag{6.128}$$

und genauso ermittelt man die restlichen Relationen (vgl. auch Gleichung (3.60)). Sie sind in Tabelle 6.2 zusammengestellt.

Die Transformationen aus der Tabelle lassen sich weiter ausbauen, indem man die nützliche Formel $\mathrm{e}^{\hat{A}}\hat{F}(\hat{B})\,\mathrm{e}^{-\hat{A}} = \hat{F}\big(\mathrm{e}^{\hat{A}}\hat{B}\,\mathrm{e}^{-\hat{A}}\big)$ der Ähnlichkeitstransformationen aus Gleichung (1.34) benutzt. Beispielsweise erhalten wir mit

$$\mathrm{e}^{u\hat{a}^\dagger}\,\hat{a}\,\mathrm{e}^{-u\hat{a}^\dagger} = \hat{a} - u \tag{6.129}$$

aus der Tabelle (siehe auch Gleichung (3.60))

$$\mathrm{e}^{u\hat{a}^\dagger}\,\hat{f}(\hat{a})\mathrm{e}^{-u\hat{a}^\dagger} = \hat{f}(\hat{a}-u) \tag{6.130}$$

Tabelle 6.2 Kanonische Ähnlichkeitstransformationen $e^{z\,\mathrm{ad}\Gamma_j}\Gamma_k = e^{z\Gamma_j}\Gamma_k e^{-z\Gamma_j}$.

$\Gamma_j \backslash \Gamma_k$	$\hat{a}^\dagger$	$\hat{a}$	$\hat{1}$	$\hat{K}_0$	$\hat{K}_+$	$\hat{K}_-$
$\hat{a}^\dagger$	$\hat{a}^\dagger$	$\hat{a}-z\hat{1}$	$\hat{1}$	$\hat{K}_0-z\hat{a}^\dagger$	$\hat{K}_+$	$\hat{K}_- - z\hat{a}+\frac{1}{2}z^2\hat{1}$
$\hat{a}$	$\hat{a}^\dagger+z\hat{1}$	$\hat{a}$	$\hat{1}$	$\hat{K}_0+z\hat{a}$	$\hat{K}_+ + z\hat{a}^\dagger+\frac{1}{2}z^2\hat{1}$	$\hat{K}_-$
$\hat{1}$	$\hat{a}^\dagger$	$\hat{a}$	$\hat{1}$	$\hat{K}_0$	$\hat{K}_+$	$\hat{K}_-$
$\hat{K}_0$	$e^{z}\hat{a}^\dagger$	$e^{-z}\hat{a}$	$\hat{1}$	$\hat{K}_0$	$e^{2z}\hat{K}_+$	$e^{-2z}\hat{K}_-$
$\hat{K}_+$	$\hat{a}^\dagger$	$\hat{a}-z\hat{a}^\dagger$	$\hat{1}$	$\hat{K}_0-2z\hat{K}_+$	$\hat{K}_+$	$\hat{K}_- - z\hat{K}_0+z^2\hat{K}_+$
$\hat{K}_-$	$\hat{a}^\dagger+z\hat{a}$	$\hat{a}$	$\hat{1}$	$\hat{K}_0+2z\hat{K}_-$	$\hat{K}_+ + z\hat{K}_0+z^2\hat{K}_-$	$\hat{K}_-$

und speziell für die Exponentialfunktion $\hat{f}(\hat{a}) = e^{v\hat{a}}$

$$e^{u\hat{a}^\dagger} e^{v\hat{a}} e^{-u\hat{a}^\dagger} = e^{v(\hat{a}-u)} = e^{v\hat{a}} e^{-uv} \quad \Longrightarrow \quad e^{v\hat{a}^\dagger} e^{u\hat{a}} = e^{u\hat{a}} e^{v\hat{a}^\dagger} e^{-uv} , \tag{6.131}$$

wobei wir allerdings nur die BCH-Formel (3.59) reproduzieren konnten. Eine etwas anspruchsvollere Anwendung erhalten wir, wenn wir von

$$e^{z\hat{a}^\dagger\hat{a}}\hat{a}e^{-z\hat{a}^\dagger\hat{a}} = e^{-z}\hat{a} \ , \quad e^{z\hat{a}^\dagger\hat{a}}\hat{a}^\dagger e^{-z\hat{a}^\dagger\hat{a}} = e^{z}\hat{a}^\dagger \tag{6.132}$$

ausgehen. Das ergibt die Transformationsformel

$$e^{z\hat{a}^\dagger\hat{a}}\hat{f}(\hat{a},\hat{a}^\dagger)\, e^{-z\hat{a}^\dagger\hat{a}} = \hat{f}(e^{-z}\hat{a}, e^{z}\hat{a}^\dagger) , \tag{6.133}$$

die wir in ähnlicher Weise schon in Gleichung (3.79) für den Squeeze-Operator kennengelernt haben. Für die Funktionen $\hat{f}(\hat{a},\hat{a}^\dagger) = e^{y\hat{a}}$ oder $\hat{f}(\hat{a},\hat{a}^\dagger) = e^{y\hat{a}}$ finden wir die Umordnungen

$$e^{z\hat{a}^\dagger\hat{a}} e^{y\hat{a}} = e^{ye^{-z}\hat{a}} e^{z\hat{a}^\dagger\hat{a}} \quad \text{bzw.} \quad e^{z\hat{a}^\dagger\hat{a}} e^{y\hat{a}^\dagger} = e^{ye^{z}\hat{a}^\dagger} e^{z\hat{a}^\dagger\hat{a}} , \tag{6.134}$$

die wir in Aufgabe 6.12 noch einmal mit einer Matrix-Methode herleiten werden.

6.7 Deformierte Algebren

Die dreidimensionalen $\mathfrak{su}(2)$- und $\mathfrak{su}(1,1)$-Algebren, die wir in Abschnitt 6.5 beschrieben haben, sind charakterisiert durch die Kommutatorrelationen (6.99). Hier wollen wir sogenannte polynomiale Algebren vorstellen, nichtlineare Deformationen dieser Lie-Algebren, die in jüngerer Zeit vielfache Anwendungen in der Quantenmechanik gefunden haben. Ein Beispiel findet man in Abschnitt 12.2. Hier werden wir uns hauptsächlich mit polynomial deformierten dreidimensionalen Algebren befassen, abgeschlossen von einem kurzen Ausblick auf die q-deformierten Algebren. Dabei werden wir mit Operatoralgebren arbeiten, sodass die Leibniz-Regel gilt, die uns viele Umformungen vereinfacht oder erst ermöglicht. Wir gehen dabei aus von den dreidimensionalen Lie-Algebren mit den Generatoren $\hat{K}_0$, $\hat{K}_+$, $\hat{K}_-$ und den Kommutatoren

$$[\hat{K}_0, \hat{K}_\pm] = \pm\hat{K}_\pm \ , \quad [\hat{K}_+, \hat{K}_-] = 2\delta\hat{K}_0 \tag{6.135}$$

mit $\delta = 1$ für $\mathfrak{su}(2)$ und $\delta = -1$ für $\mathfrak{su}(1,1)$ (im Vergleich zu Gleichung (6.99) haben wir hier den Operator $\hat{K}_0$ durch $2\hat{K}_0$ ersetzt (vgl. auch Gleichung (6.104))) mit der bekannten Realisation durch die hermiteschen Drehimpulsoperatoren $\hat{J}_x$, $\hat{J}_y$ und $\hat{J}_z$, die wir ausführlich in Abschnitt 4.1 behandelt haben. Sie bilden mit den Operatoren $\hat{K}_0 = \hat{J}_z$ und $\hat{K}_\pm = \hat{J}_\pm = \hat{J}_x \pm \mathrm{i}\hat{J}_y$ eine $\mathfrak{su}(2)$-Algebra. Dabei gilt $\hat{K}_0^\dagger = \hat{K}_0$ und $\hat{K}_-^\dagger = \hat{K}_+$.

Bei einer Deformation dieser Algebren erweitern wir die Kommutatorrelationen (6.135) zu

$$\left[\hat{K}_0, \hat{K}_\pm\right] = \pm\hat{K}_\pm \ , \quad \left[\hat{K}_+, \hat{K}_-\right] = 2\hat{F}(\hat{K}_0) \quad \text{mit einem Polynom} \quad \hat{F}(\hat{K}_0) = \sum_{j=0}^{k} \alpha_j \hat{K}_0^j \tag{6.136}$$

und reellen Koeffizienten α_j, wenn man die Relationen $\hat{K}_0^\dagger = \hat{K}_0$ und $\hat{K}_+^\dagger = \hat{K}_-$ erhalten will. Man bezeichnet diese Algebra als eine **polynomial deformierte Algebra** und auch als eine **nichtlineare Algebra** im Gegensatz zu den linearen $\mathfrak{su}(2)$- oder $\mathfrak{su}(1,1)$-Algebren (6.135), auf die sie sich für $\hat{F}(\hat{K}_0) = \hat{K}_0$ bzw. $\hat{F}(\hat{K}_0) = -\hat{K}_0$ reduziert, oder zu der Oszillatoralgebra mit $\hat{K}_+ = \hat{a}^\dagger$, $\hat{K}_- = \hat{a}$ und $\hat{K}_0 = \hat{a}^\dagger\hat{a}$, die sich für $\hat{F}(\hat{K}_0) = 1$ ergibt. Wegen der Nichtlinearität ist eine solche deformierte Algebra keine Lie-Algebra. Allerdings ist die Jacobi-Regel erfüllt, denn es gilt

$$\begin{aligned}&\left[\hat{K}_+, \left[\hat{K}_-, \hat{K}_0\right]\right] + \left[\hat{K}_-, \left[\hat{K}_0, \hat{K}_+\right]\right] + \left[\hat{K}_0, \left[\hat{K}_+, \hat{K}_-\right]\right]\\ &\quad = \left[\hat{K}_+, \hat{K}_-\right] + \left[\hat{K}_-, \hat{K}_+\right] + \left[\hat{K}_0, 2\hat{F}(\hat{K}_0)\right] = 0 \,.\end{aligned} \tag{6.137}$$

Ein prominentes Beispiel einer deformierten Algebra ist die (kubische) **Higgs-Algebra** mit

$$\left[\hat{K}_+, \hat{K}_-\right] = 2\hat{K}_0 + 8\beta\hat{K}_0^3 \ , \quad \beta \in \mathbb{R}, \tag{6.138}$$

die ursprünglich als eine Symmetriealgebra bei der Behandlung des Kepler-Problems in gekrümmtem Räumen entstand.

Zunächst wollen wir zeigen, dass der Operator

$$\hat{C} = \hat{K}_-\hat{K}_+ + \hat{\phi}(\hat{K}_0) \tag{6.139}$$

mit den drei Basisoperatoren $\hat{K}_0$ und $\hat{K}_\pm$ der Algebra vertauscht, dass er also als ein Casimir-Operator der Algebra (6.136) betrachtet werden kann, falls $\hat{\phi}(\hat{K}_0)$ die Gleichung

$$\hat{\phi}(\hat{K}_0) - \hat{\phi}(\hat{K}_0 - 1) = 2\hat{F}(\hat{K}_0) \tag{6.140}$$

erfüllt. Da $\hat{F}(\hat{K}_0)$ ein Polynom ist, erwarten wir auch für $\hat{\phi}(\hat{K}_0)$ ein Polynom, wobei wir wegen der Subtraktion in (6.140) $\hat{\phi}(0)$ beliebig wählen können. Zunächst erinnern wir uns an den Casimir-Operator

$$\hat{J}^2 = \hat{J}_x^2 + \hat{J}_y^2 + \hat{J}_z^2 = \hat{K}_-\hat{K}_+ + \hat{K}_0 + \hat{K}_0^2 \tag{6.141}$$

der $\mathfrak{su}(2)$-Algebra (siehe Aufgabe 4.1) und prüfen, ob die Funktion $\hat{\phi}(\hat{K}_0) = \hat{K}_0 + \hat{K}_0^2$ die Bedingung (6.140) für $\hat{F}(\hat{K}_0) = \hat{K}_0$ erfüllt, was wir mit

$$\begin{aligned}&\hat{K}_0 + \hat{K}_0^2 - (\hat{K}_0 - 1) - (\hat{K}_0 - 1)^2\\ &\quad = \hat{K}_0 + \hat{K}_0^2 - \hat{K}_0 + 1 - \hat{K}_0^2 + 2\hat{K}_0 - 1 = 2\hat{K}_0 = 2\hat{F}(\hat{K}_0)\end{aligned} \tag{6.142}$$

bestätigen. Wir wollen also zeigen, dass der Operator $\hat{C}$ aus Gleichung (6.139) mit $\hat{K}_0$ und $\hat{K}_\pm$ vertauscht. Für $\hat{K}_0$ ist das sehr einfach:

$$\begin{aligned}\left[\hat{C}, \hat{K}_0\right] &= \left[\hat{K}_-\hat{K}_+, \hat{K}_0\right] + \left[\hat{\phi}(\hat{K}_0), \hat{K}_0\right]\\ &= \hat{K}_-\left[\hat{K}_+, \hat{K}_0\right] + \left[\hat{K}_-, \hat{K}_0\right]\hat{K}_+ = -\hat{K}_-\hat{K}_+ + \hat{K}_-\hat{K}_+ = 0 \,.\end{aligned}$$

Für das Weitere zunächst eine kleine Vorüberlegung. Dazu formen wir $\hat{K}_0\hat{K}_+ - \hat{K}_+\hat{K}_0 = \hat{K}_+$ um in $(\hat{K}_0 - 1)\hat{K}_+ = \hat{K}_+\hat{K}_0$. Dann gilt auch

$$(\hat{K}_0 - 1)^2\hat{K}_+ = (\hat{K}_0 - 1)(\hat{K}_0 - 1)\hat{K}_+ = (\hat{K}_0 - 1)\hat{K}_+\hat{K}_0 = \hat{K}_+\hat{K}_0^2 \tag{6.143}$$

und folglich

$$(\hat{K}_0 - 1)^n\hat{K}_+ = \hat{K}_+\hat{K}_0^n \quad \text{und} \quad \hat{\phi}(\hat{K}_0 - 1)\hat{K}_+ = \hat{K}_+\hat{\phi}(\hat{K}_0) \tag{6.144}$$

für jedes Polynom $\hat{\phi}(\hat{K}_0)$. Damit können wir den Kommutator mit $\hat{K}_+$ ermitteln:

$$\begin{aligned}
\left[\hat{C}, \hat{K}_+\right] &= \left[\hat{K}_-\hat{K}_+, \hat{K}_+\right] + \left[\hat{\phi}(\hat{K}_0), \hat{K}_+\right] = \left[\hat{K}_-, \hat{K}_+\right]\hat{K}_+ + \left[\hat{\phi}(\hat{K}_0), \hat{K}_+\right] \\
&= -2\hat{F}(\hat{K}_0)\hat{K}_+ + \left[\hat{\phi}(\hat{K}_0), \hat{K}_+\right] = -\left(\hat{\phi}(\hat{K}_0) - \hat{\phi}(\hat{K}_0 - 1)\right)\hat{K}_+ + \hat{\phi}(\hat{K}_0)\hat{K}_+ - \hat{K}_+\hat{\phi}(\hat{K}_0) \\
&= \hat{\phi}(\hat{K}_0 - 1)\hat{K}_+ - \hat{K}_+\hat{\phi}(\hat{K}_0) = \hat{K}_+\hat{\phi}(\hat{K}_0) - \hat{K}_+\hat{\phi}(\hat{K}_0) = 0\,.
\end{aligned} \tag{6.145}$$

Ganz genauso zeigt man auch $\left[\hat{C}, \hat{K}_-\right] = 0$.

Es bleibt noch die Aufgabe der Bestimmung eines Polynoms $\hat{\phi}(\hat{K}_0)$, das mit dem Polynom $\hat{F}(\hat{K}_0)$ durch die Gleichung (6.140) verknüpft ist. Ein solcher funktionaler Zusammenhang zwischen dem Polynomwert an den Stellen $\hat{K}_0$ und $\hat{K}_0 - 1$ ist den Polynom-Experten unter uns bekannt. Sie denken dann an die Relation

$$B_n(-x) - B_n(1 - x) = n(-1)^n x^{n-1} \tag{6.146}$$

der Bernoulli-Polynome $B_n(x)$, und tatsächlich führt der Ansatz

$$\hat{\phi}(\hat{K}_0) = 2\sum_{j=1}^{k} \frac{(-1)^{j+1}}{j+1}\,\alpha_j\left(B_{j+1}(-\hat{K}_0) - B_{j+1}\right) \tag{6.147}$$

mit den Bernoulli-Zahlen $B_n = B_n(0)$ zum Ziel, denn es ist

$$\begin{aligned}
\frac{1}{2}\left(\hat{\phi}(\hat{K}_0) - \hat{\phi}(\hat{K}_0 - 1)\right) &= \sum_{j=1}^{k} \frac{(-1)^{j+1}}{j+1}\,\alpha_j\left(B_{j+1}(-\hat{K}_0) - B_{j+1}(1 - \hat{K}_0)\right) \\
&= \sum_{j=1}^{k} \frac{(-1)^{j+1}}{j+1}\,\alpha_j\,(j+1)(-1)^{j+1}\hat{K}_0^j = \sum_{j=1}^{k} \alpha_j\hat{K}_0^j = \hat{F}(\hat{K}_0)\,.
\end{aligned} \tag{6.148}$$

Bis zur dritten Ordnung, $k = 3$, ergibt sich dann mit (6.147)

$$\hat{\phi}(\hat{K}_0) = \left(2\alpha_0 + \alpha_1 + \tfrac{\alpha_2}{3}\right)\hat{K}_0 + \left(\alpha_1 + \alpha_2 + \tfrac{\alpha_3}{2}\right)\hat{K}_0^2 + \left(\frac{2\alpha_2}{3} + \alpha_3\right)\hat{K}_0^3 + \tfrac{\alpha_3}{2}\hat{K}_0^4\,. \tag{6.149}$$

Wir können das Ganze auch in der Basis der Operatoren $\hat{J}_x$, $\hat{J}_y$ und $\hat{J}_z$ mit den Kommutatoren

$$[\hat{J}_y, \hat{J}_z] = \mathrm{i}\hat{J}_x\,, \quad [\hat{J}_z, \hat{J}_x] = \mathrm{i}\hat{J}_y\,, \quad [\hat{J}_x, \hat{J}_y] = \mathrm{i}\hat{F}(\hat{J}_z) \tag{6.150}$$

formulieren. Dann ist der Casimir-Operator (6.139) gleich

$$\hat{C} = \hat{J}_x^2 + \hat{J}_y^2 - \hat{F}(\hat{J}_z) + \hat{\phi}(\hat{J}_z) = \hat{J}_x^2 + \hat{J}_y^2 + \frac{1}{2}\left(\hat{\phi}(\hat{J}_z) + \hat{\phi}(\hat{J}_z - 1)\right), \tag{6.151}$$

und nach Gleichung (6.149) für Polynome bis zur dritten Ordnung gleich

$$\hat{C} = \hat{J}_x^2 + \hat{J}_y^2 + \tfrac{\alpha_2}{3}\,\hat{J}_z + \left(\alpha_1 + \tfrac{\alpha_3}{2}\right)\hat{J}_z^2 + \frac{2\alpha_2}{3}\,\hat{J}_z^3 + \tfrac{\alpha_3}{2}\,\hat{J}_z^4, \tag{6.152}$$

woraus sich im linearen Fall $F(J_z) = J_z$ wieder $C = J_x^2 + J_y^2 + J_z^2$ ergibt.

Ein-Moden-Realisierung: Offen bleibt noch die Frage einer möglichen Realisierung der deformierten $\mathfrak{su}(1,1)$-Algebren für physikalisch relevante Systeme. Wir wollen zeigen, dass dies durch die bosonischen Ein-Moden-Operatoren

$$\hat{K}_+ = \frac{1}{k^{k/2}}\,\hat{a}^{\dagger k}\ ,\quad \hat{K}_- = \frac{1}{k^{k/2}}\,\hat{a}^{k}\ ,\quad \hat{K}_0 = \frac{1}{k}\left(\hat{a}^\dagger\hat{a} + \frac{1}{k}\right) \tag{6.153}$$

ermöglicht wird. Wir berechnen dazu die Kommutatoren mit den Formeln $[\hat{a},\hat{a}^{\dagger k}] = k\hat{a}^{\dagger(k-1)}$ und $[\hat{a}^\dagger,\hat{a}^k] = -k\hat{a}^{k-1}$ nach (3.48) sowie $\hat{a}^k\hat{a}^{k\dagger} = \prod_{j=1}^k(\hat{a}^\dagger\hat{a}+j)$ und $\hat{a}^{k\dagger}\hat{a}^k = \prod_{j=1}^k(\hat{a}^\dagger\hat{a}+j-k)$ nach Gleichung (3.58):

$$[\hat{K}_0,\hat{K}_+] = \frac{1}{k\,k^{k/2}}[\hat{a}^\dagger\hat{a}+\tfrac{1}{k},\hat{a}^{\dagger k}] = \frac{1}{k\,k^{k/2}}\hat{a}^\dagger[\hat{a},\hat{a}^{\dagger k}] = \frac{1}{k^{k/2}}\hat{a}^\dagger\hat{a}^{\dagger(k-1)} = \frac{1}{k^{k/2}}\hat{a}^{\dagger k} = \hat{K}_+ \tag{6.154}$$

$$[\hat{K}_0,\hat{K}_-] = \frac{1}{k\,k^{k/2}}[\hat{a}^\dagger\hat{a}+\tfrac{1}{k},\hat{a}^{k}] = \frac{1}{k\,k^{k/2}}[\hat{a}^\dagger,\hat{a}^{k}]\hat{a} = -\frac{1}{k^{k/2}}\hat{a}^{k-1}\hat{a} = -\frac{1}{k^{k/2}}\hat{a}^{k} = -\hat{K}_- \tag{6.155}$$

$$\begin{aligned}\hat{K}_+\hat{K}_- &= \frac{1}{k^k}\hat{a}^{\dagger k}\hat{a}^k = \frac{1}{k^k}\prod_{j=1}^k(\hat{a}^\dagger\hat{a}+j-k)\\ &= \frac{1}{k^k}\prod_{j=1}^k(k\hat{K}_0-\tfrac{1}{k}+j-k) = \prod_{j=1}^k(\hat{K}_0-1+\tfrac{j}{k}-\tfrac{1}{k^2}),\end{aligned} \tag{6.156}$$

$$\begin{aligned}\hat{K}_-\hat{K}_+ &= \frac{1}{k^k}\hat{a}^{k}\hat{a}^{\dagger k} = \frac{1}{k^k}\prod_{j=1}^k(\hat{a}^\dagger\hat{a}+j)\\ &= \frac{1}{k^k}\prod_{j=1}^k(k\hat{K}_0-\tfrac{1}{k}+j) = \prod_{j=1}^k(\hat{K}_0+\tfrac{j}{k}-\tfrac{1}{k^2}),\end{aligned} \tag{6.157}$$

und für den Kommutator erhalten wir mit

$$\hat{\phi}^{(k)}(\hat{K}_0) = -\prod_{j=1}^k\left(\hat{K}_0+\frac{j}{k}-\frac{1}{k^2}\right) + \prod_{j=1}^k\left(\frac{j-k}{k}-\frac{1}{k^2}\right) \tag{6.158}$$

$$[\hat{K}_+,\hat{K}_-] = \hat{K}_+\hat{K}_- - \hat{K}_-\hat{K}_+ = \hat{\phi}^{(k)}(\hat{K}_0) - \hat{\phi}^{(k)}(\hat{K}_0-1) = 2\hat{F}(\hat{K}_0)\,. \tag{6.159}$$

Dabei wurde ein $\hat{K}_0$-unabhängiger Term in $\hat{\phi}^{(k)}(\hat{K}_0)$ ergänzt in Hinblick auf spätere Anwendungen. Der Casimir-Operator lautet dann

$$\hat{C} = \hat{K}_-\hat{K}_+ + \hat{\phi}^{(k)}(\hat{K}_0) = \hat{K}_+\hat{K}_- + \hat{\phi}^{(k)}(\hat{K}_0-1) = \prod_{j=1}^k\left(\frac{j-k}{k}-\frac{1}{k^2}\right). \tag{6.160}$$

Für $k=1$ reduziert die Algebra sich mit $\hat{K}_+ = \hat{a}^\dagger$, $\hat{K}_- = \hat{a}$ und $\hat{K}_0 = \hat{a}^\dagger\hat{a}+1$ auf die Oszillatoralgebra, für $k=2$ mit $\hat{K}_+ = \frac{1}{2}\hat{a}^{\dagger 2}$, $\hat{K}_- = \frac{1}{2}\hat{a}^2$, $\hat{K}_0 = \frac{1}{2}(\hat{a}^\dagger\hat{a}+\frac{1}{2})$ und dem Kommutator

$$[\hat{K}_+,\hat{K}_-] = [\tfrac{1}{2}\hat{a}^{\dagger 2},\tfrac{1}{2}\hat{a}^2] = -\hat{a}^\dagger\hat{a}-\tfrac{1}{2} = -2\hat{K}_0 \tag{6.161}$$

auf eine $\mathfrak{su}(1,1)$-Algebra, der wir in Abschnitt 13.5 als Swanson-Algebra (13.130) wieder begegnen werden. Wir haben also auf diese Weise durch die Operatoren (6.153) eine deformierte $\mathfrak{su}(1,1)$-Algebra realisiert.

Wir wollen noch eine geeignete Basis im Hilbert-Raum finden. Dazu gehen wir aus von dem Oszillator-Grundzustand $|0\rangle$ und den k Zuständen $|0\rangle$, $\hat{a}^\dagger|0\rangle$, $\hat{a}^{\dagger 2}|0\rangle, \cdots, \hat{a}^{\dagger(k-1)}|0\rangle$. Wir bezeichnen sie nach einer geeigneten Normierung, als $|q_\nu,0\rangle \sim \hat{a}^{\dagger\nu}|0\rangle$ mit $\nu = 0,\ldots,k-1$, und es gilt

$$\hat{K}_-|q_\nu,0\rangle = 0 \quad \text{sowie} \quad \hat{K}_0|q_\nu,0\rangle = q_\nu|q_\nu,0\rangle \quad \text{mit} \quad q_\nu = \frac{1+\nu k}{k^2}\,, \quad \nu = 0,\ldots,k-1\,. \tag{6.162}$$

Dabei ist die erste Gleichung offensichtlich erfüllt[2] wegen $\nu < k$. Die Eigenwerte q von $\hat{K}_0$ in der zweiten Gleichung berechnen wir mithilfe von $\hat{K}_+\hat{K}_-|q,0\rangle = 0$. Dann gilt nach Gleichung (6.156):

$$\hat{K}_+\hat{K}_-|q,0\rangle = \prod_{j=1}^{k}\big(\hat{K}_0 - 1 + \tfrac{j}{k} - \tfrac{1}{k^2}\big)|q,0\rangle = \prod_{j=1}^{k}\big(q - 1 + \tfrac{j}{k} - \tfrac{1}{k^2}\big)|q,0\rangle\,, \tag{6.163}$$

was erfüllt ist für

$$q = 1 - \frac{j}{k} + \frac{1}{k^2} = \frac{1+k(k-j)}{k^2} = \frac{1+k\nu}{k^2} = q_\nu \tag{6.164}$$

mit $\nu = k - j = 0,1,\ldots,k-1$. Zu jedem q-Eigenwert lassen sich jetzt aus den Grundzuständen $|n,q\rangle$ mit $|q,n\rangle \sim \hat{K}_+^n|q,0\rangle$ allgemeine Fock-Zustände aufbauen, und wir erhalten dann mit $\hat{K}_+^n \sim \hat{a}^{\dagger nk}$ und $|q,0\rangle \sim \hat{a}^{\dagger\nu}|0\rangle$ die orthonormierten Zustände

$$|q_\nu,n\rangle = \frac{1}{\sqrt{(k(n+q_\nu-1/k^2)!}}\,\hat{a}^{\dagger\,(k(n+q_\nu-1/k^2))}\,|0\rangle = \frac{1}{\sqrt{(kn+\nu)!}}\,\hat{a}^{\dagger\,(kn+\nu)}\,|0\rangle \tag{6.165}$$

(vgl. Gleichung (3.93)). Diese Zustände sind Eigenzustände von $\hat{K}_0$ und die $\hat{K}_\pm$ operieren als Leiteroperatoren, wovon wir uns überzeugen sollten:

Aufgabe 6.10 (Lösung Seite 288): Beweisen Sie: Für die Zustände $|q_\nu,n\rangle$ aus (6.165) und die $\hat{K}_0$, $\hat{K}_+$, $\hat{K}_-$ aus (6.153) gilt

$$\hat{K}_0\,|q_\nu,n\rangle = (q_\nu+n)|q_\nu,n\rangle\,,$$
$$\hat{K}_+|q_\nu,n\rangle = \Pi_{j=1}^{k}\sqrt{q_\nu+n+\tfrac{jk-1}{k^2}}\;|q_\nu,n+1\rangle\,,$$
$$\hat{K}_-|q_\nu,n\rangle = \Pi_{j=1}^{k}\sqrt{q_\nu+n-\tfrac{(j-1)k+1}{k^2}}\;|q_\nu,n-1\rangle\,.$$

Eine weitere Realisierung einer deformierten $\mathfrak{su}(2)$-Algebra ermöglichen die bosonischen Erzeuger und Vernichter $\hat{a}$, $\hat{a}^\dagger$ und $\hat{b}$, $\hat{b}^\dagger$ eines Zwei-Moden-Systems aus Abschnitt 3.5. Mehr dazu und eine Anwendung auf Mehrteilchen-Konversionsprozesse findet man in Abschnitt 12.2.

Die q-Deformation: Neben den polynomial deformierten Algebren, gibt es natürlich weitere Deformationsmöglichkeiten. Wohl die interessantesten und wichtigsten sind bekannt unter dem Namen **q-deformierte Algebren**. Dazu zunächst eine Worterklärung, denn es ist nicht allgemein bekannt, dass man in der Mathematik unter einem q-Analogon die Verallgemeinerung einer Aussage versteht mit einem (meist reellen) Parameter q, die für $q = 1$ wieder die ursprüngliche Aussage liefert. Beispielsweise ist für $0 < q \leq 1$

$$[n]_q = \frac{1-q^n}{1-q} \quad \text{mit} \quad [n]_q = 1 + q + q^2 + \cdots + q^{n-1} \quad \text{für} \quad n \geq 1 \tag{6.166}$$

[2] Eine mehrfache Anwendung von $\hat{a}\hat{a}^{\dagger\nu}|0\rangle = \big(\nu\hat{a}^{\dagger(\nu-1)} + \hat{a}^{\dagger\nu}\hat{a}\big)|0\rangle = \nu\hat{a}^{\dagger(\nu-1)}|0\rangle$ führt schnell zu einem Beweis.

das q-Analogon der natürlichen Zahlen, der Ausdruck $[n]_q! = [1]_q[2]_q \cdots [n]_q$ ist die q-Fakultät, und

$$\mathrm{e}_q(z) = \mathrm{e}_q^z = \sum_n \frac{z^n}{[n]_q!} \tag{6.167}$$

ist das q-Analogon der Exponentialfunktion, das q-Exponential, für reelles q und komplexes z eine ganze Funktion für $q > 1$ und für $0 < q < 1$ analytisch in der Kreisscheibe $|z| < 1/(1-q)$.

Unter dem q-deformierten harmonischen Oszillator versteht man den Hamilton-Operator

$$\hat{H} = \frac{\omega}{2}\left(\hat{a}^\dagger \hat{a} + \hat{a}\hat{a}^\dagger\right). \tag{6.168}$$

(Wir verwenden wieder Einheiten mit $\hbar = 1$ und setzen $\omega = 1$.) Dabei erfüllen die $\hat{a}$, $\hat{a}^\dagger$ die q-deformierte Kommutatorrelation

$$\left[\hat{a}, \hat{a}^\dagger\right]_q = \hat{a}\hat{a}^\dagger - q\hat{a}^\dagger \hat{a} \quad \text{mit} \quad 0 < q < 1. \tag{6.169}$$

Hier wollen wir (ausnahmsweise) ohne Beweise die wichtigsten Resultate anführen. Der Hamilton-Operator besitzt wieder unendlich viele diskrete Eigenzustände $|n\rangle$ (eigentlich müssten sie auch durch einen Index q gekennzeichnet werden) mit

$$\hat{H}|n\rangle = E_n|n\rangle\,,\; n = 0, 1, \ldots \quad \text{mit} \quad E_n = \frac{1}{2}\left(2[n]_q + q^n\right) = \frac{1}{2}\left([n]_q + [n+1]_q\right). \tag{6.170}$$

Die $\hat{a}$, $\hat{a}^\dagger$ operieren auf den normierten Eigenzuständen als Leiteroperatoren:

$$\hat{a}|n\rangle = \sqrt{[n]_q}\,|n-1\rangle\;, \quad \hat{a}^\dagger|n\rangle = \sqrt{[n+1]_q}\,|n+1\rangle\,, \tag{6.171}$$

und man kann die $|n\rangle$ durch sukzessive Anwendung der $\hat{a}^\dagger$ auf den Vakuumzustand $|0\rangle$ erzeugen:

$$|n\rangle = \frac{1}{\sqrt{[n]_q}}|n-1\rangle \qquad \Longrightarrow \qquad |n\rangle = \frac{1}{\sqrt{[n]_q!}}|0\rangle\,. \tag{6.172}$$

Die so konstruierten Zustände $|n\rangle$ sind orthonormiert und vollständig. Also gleichen fast alle Eigenschaften denen des „normalen" harmonischen Oszillators, den wir im Limit $q \to 1$ erhalten, allerdings gibt es einige Unterschiede. Zum Beispiel sind die Eigenwerte nicht äquidistant und das Spektrum ist nach oben begrenzt durch

$$E_\infty = \frac{1}{1-q}\,. \tag{6.173}$$

Für kleine Abweichungen des Parameters q von dem Wert eins, $q = 1 - \epsilon$ mit kleinen Werten von $\epsilon > 0$, wird das Spektrum quadratisch,

$$E_n = \left(n + \tfrac{1}{2} - \epsilon n^2 + O(\epsilon^2)\right), \tag{6.174}$$

und erlaubt eine näherungsweise Beschreibung von anharmonischen Oszillatoren, zum Beispiel von Molekülschwingungen.

Wir wollen noch einen kurzen Blick auf **q-deformierte kohärente Zustände** werfen, die Eigenzustände von $\hat{a}$, hier wieder als $|\alpha\rangle$ bezeichnet. Wir vermuten einen Ausdruck ähnlich Gleichung (3.109), also

$$|\alpha\rangle = c_0 \sum_{n=0}^{\infty} \frac{\alpha^n}{\sqrt{[n]_q!}}|n\rangle \tag{6.175}$$

mit einem Normierungsfaktor c_0. Dies bestätigt man mithilfe von $\hat{a}|n\rangle = \sqrt{[n]_q}\;|n-1\rangle$ aus (6.171):

$$\hat{a}\,|\alpha\rangle = c_0 \sum_{n=0}^{\infty} \frac{\alpha^n}{\sqrt{[n]_q!}}\,\hat{a}\,|n\rangle = c_0 \sum_{n=1}^{\infty} \frac{\alpha^n \sqrt{[n]_q}}{\sqrt{[n]_q!}}|n-1\rangle$$
$$= \alpha c_0 \sum_{n'=0}^{\infty} \frac{\alpha^{n'}}{\sqrt{[n']_q!}}|n'\rangle = \alpha\,|\alpha\rangle\,. \tag{6.176}$$

In Analogie zu den „normalen" kohärenten Zuständen lassen sich auch die q-deformierten durch einen (q-deformierten) Verschiebungsoperator aus dem Vakuumzustand erzeugen:

$$|\alpha\rangle = c_0 \sum_{n=0}^{\infty} \frac{\alpha^n}{\sqrt{[n]_q!}}\,|n\rangle = c_0 \sum_{n=0}^{\infty} \frac{(\alpha\hat{a}^\dagger)^n}{[n]_q!}\,|0\rangle = c_0\,\mathrm{e}_q^{\alpha\hat{a}^\dagger}\,|0\rangle \tag{6.177}$$

(vgl. Gleichung (3.123)). Die Normierungkonstante erhalten wir mit $\langle n|m\rangle = \delta_{nm}$ durch

$$\langle\alpha|\alpha\rangle = |c_0|^2 \sum_{n=0}^{\infty} \frac{|\alpha|^{2n}}{[n]_q!} = |c_0|^2\,\mathrm{e}_q^{|\alpha|^2} = 1 \qquad \Longrightarrow \qquad |c_0|^2 = 1/\mathrm{e}_q^{|\alpha|^2} = 1\Big/\sum_{n=0}^{\infty} \frac{|\alpha|^{2n}}{[n]_q!}\,. \tag{6.178}$$

Die q-Exponentialfunktion e_q^z besitzt einen Konvergenzkreis $|z| < 1/(1-q)$, und daher sind die q-kohärenten Zustände beschränkt auf die Kreisscheibe

$$|\alpha| < \frac{1}{\sqrt{1-q}}\,. \tag{6.179}$$

Wir ermitteln noch einige interessante Erwartungswerte. Zunächst den der Energie:

$$\langle\hat{H}\rangle = \frac{1}{2}\langle\alpha|\big(\hat{a}^\dagger\hat{a}^\dagger + \hat{a}\hat{a}^\dagger\big)|\alpha\rangle$$
$$= \frac{1}{2}\langle\alpha|\big(1 + (1+q)\hat{a}^\dagger\hat{a}^\dagger\big)|\alpha\rangle = \frac{1}{2} + \frac{1+q}{2}|\alpha|^2 < \frac{1}{1-q}\,. \tag{6.180}$$

Für den Ortsoperator, wir bezeichnen ihn hier mit $\hat{x} = \frac{1}{\sqrt{2}}(\hat{a}^\dagger + \hat{a})$, und den Impulsoperator $\hat{p} = \frac{\mathrm{i}}{\sqrt{2}}(\hat{a}^\dagger - \hat{a})$ ergibt sich

$$\langle\hat{x}\rangle = \langle\alpha|\hat{x}|\alpha\rangle = \frac{1}{\sqrt{2}}(\alpha^* + \alpha)\ , \quad \langle\hat{p}\rangle = \langle\alpha|\hat{p}|\alpha\rangle = \frac{\mathrm{i}}{\sqrt{2}}(\alpha^* - \alpha) \tag{6.181}$$
$$\langle\hat{x}^2\rangle = \langle\alpha|\hat{x}^2|\alpha\rangle = \langle\hat{H}\rangle + \frac{1}{\sqrt{2}}(\alpha^{*2} + \alpha^2)\ , \quad \langle\hat{p}^2\rangle = \langle\alpha|\hat{p}^2|\alpha\rangle = \langle\hat{H}\rangle - \frac{1}{\sqrt{2}}(\alpha^{*2} + \alpha^2)\,, \tag{6.182}$$

und damit erhält man für das Unschärfeprodukt mit (6.180)

$$\Delta p\,\Delta x = \langle\hat{H}\rangle - |\alpha|^2 = \frac{1}{2} - \frac{1-q}{2}|\alpha|^2\,. \tag{6.183}$$

Dieses Produkt ist für $0 < q < 1$ und jedes erlaubte α kleiner als als der Wert $\frac{1}{2}$ der „normalen" Quantenmechanik. Insbesondere sind die q-kohärenten Zustände keine Zustände minimaler Unschärfe (vgl. Gleichung (3.139)). Mehr dazu findet man in der Literatur, z.B. unter arXiv:0810.1967.

6.8 Treue Darstellungen und ihre Anwendungen

Eine treue Darstellung einer Lie-Algebra $\mathscr{L}$ ist eine bijektive Abbildung ϕ auf die Algebra $\mathfrak{gl}(n)$ der $n \times n$-Matrizen, die das Lie-Produkt respektiert:

$$\phi([A,B]) = [\phi(A),\phi(B)] \quad \text{für alle} \quad A,B \in \mathscr{L}\,. \tag{6.184}$$

Die Abbildung liefert also einen Isomorphismus zwischen der Lie-Algebra und einer Matrix-Algebra.

Wir haben eine solche treue Darstellung schon kennengelernt. Beispielsweise sind die 2×2-Matrizen

$$\mathbf{X} = \begin{pmatrix} 0 & 0 \\ 0 & \lambda \end{pmatrix}\,, \quad \mathbf{Y} = \begin{pmatrix} 0 & 0 \\ -1 & 0 \end{pmatrix} \tag{6.185}$$

(siehe Gleichung (6.94)) eine treue Darstellung der Shift-Algebra $\{X, Y\}$ mit $[X, Y] = \lambda Y$ und die drei 3×3-Matrizen $\mathbf{L}_1, \mathbf{L}_2, \mathbf{L}_3$ aus Gleichung (6.22),

$$\mathbf{L}_1 = \begin{pmatrix} 0 & 0 & 0 \\ 0 & 0 & -1 \\ 0 & 1 & 0 \end{pmatrix}\,, \quad \mathbf{L}_2 = \begin{pmatrix} 0 & 0 & 1 \\ 0 & 0 & 0 \\ -1 & 0 & 0 \end{pmatrix}\,, \quad \mathbf{L}_3 = \begin{pmatrix} 0 & -1 & 0 \\ 1 & 0 & 0 \\ 0 & 0 & 0 \end{pmatrix}\,, \tag{6.186}$$

sind eine dreidimensionale treue Darstellung der Algebra $\mathfrak{so}(3)$ mit der Basis L_1, L_2, L_3 aus (6.25) mit $\phi(L_j) = \mathbf{L}_j$ und die Kommutatorrelationen $\left[L_1, L_2\right] = L_3$, $1,2,3$ zykl., entsprechen $\left[\mathbf{L}_1, \mathbf{L}_2\right] = \mathbf{L}_3$, $1,2,3$ zykl., der Matrizen. Da es sich hier um die adjungierten Darstellungen handelt (vgl. Seite 103 und Aufgabe 6.3), sind sowohl die Lie-Algebra als auch der Vektorraum der Matrix-Darstellung zwei- bzw. dreidimensional, aber das ist in keiner Weise die Regel, wie die folgenden Beispiele demonstrieren werden.

Die abstrakten einfachen dreidimensionalen Lie-Algebren $\mathfrak{su}(2)$ und $\mathfrak{su}(1,1)$ mit den Basiselementen $\left\{K_0, K_+, K_-\right\}$ sind durch die Lie-Produkte

$$[K_+, K_-] = \delta K_0\,, \quad [K_0, K_\pm] = \pm 2 K_\pm \tag{6.187}$$

mit $\delta = +1$ ($\mathfrak{su}(2)$) oder $\delta = -1$ ($\mathfrak{su}(1,1)$) charakterisiert. Wir definieren eine Darstellung durch die Matrizen

$$\phi(K_0) = \mathbf{K}_0 = \begin{pmatrix} 1 & 0 \\ 0 & -1 \end{pmatrix}\,, \quad \phi(K_+) = \mathbf{K}_+ = \begin{pmatrix} 0 & \delta \\ 0 & 0 \end{pmatrix}\,, \quad \phi(K_-) = \mathbf{K}_- = \begin{pmatrix} 0 & 0 \\ 1 & 0 \end{pmatrix} \tag{6.188}$$

und überprüfen die Kommutatorbeziehungen

$$\left[\mathbf{K}_+, \mathbf{K}_-\right] = \begin{pmatrix} 0 & \delta \\ 0 & 0 \end{pmatrix}\begin{pmatrix} 0 & 0 \\ 1 & 0 \end{pmatrix} - \begin{pmatrix} 0 & 0 \\ 1 & 0 \end{pmatrix}\begin{pmatrix} 0 & \delta \\ 0 & 0 \end{pmatrix} = \begin{pmatrix} \delta & 0 \\ 0 & 0 \end{pmatrix} - \begin{pmatrix} 0 & 0 \\ 0 & \delta \end{pmatrix} = \begin{pmatrix} \delta & 0 \\ 0 & -\delta \end{pmatrix} = \delta \mathbf{K}_0\,, \tag{6.189}$$

$$\left[\mathbf{K}_0, \mathbf{K}_+\right] = \begin{pmatrix} 1 & 0 \\ 0 & -1 \end{pmatrix}\begin{pmatrix} 0 & \delta \\ 0 & 0 \end{pmatrix} - \begin{pmatrix} 0 & \delta \\ 0 & 0 \end{pmatrix}\begin{pmatrix} 1 & 0 \\ 0 & -1 \end{pmatrix} = \begin{pmatrix} 0 & \delta \\ 0 & 0 \end{pmatrix} - \begin{pmatrix} 0 & -\delta \\ 0 & \delta \end{pmatrix} = \begin{pmatrix} 0 & 2\delta \\ 0 & 0 \end{pmatrix} = 2\mathbf{K}_+\,, \tag{6.190}$$

$$[\mathbf{K}_0,\mathbf{K}_-]=\begin{pmatrix}1&0\\0&-1\end{pmatrix}\begin{pmatrix}0&0\\1&0\end{pmatrix}-\begin{pmatrix}0&0\\1&0\end{pmatrix}\begin{pmatrix}1&0\\0&-1\end{pmatrix}=\begin{pmatrix}0&0\\-1&0\end{pmatrix}-\begin{pmatrix}0&0\\1&0\end{pmatrix}=\begin{pmatrix}0&0\\-2&0\end{pmatrix}=-2\mathbf{K}_-\,. \quad (6.191)$$

Wie wir sehen, stimmen sie mit denen in (6.187) überein. Wir haben also eine treue Darstellung der beiden Lie-Algebren durch spurfreie 2×2-Matrizen gefunden mit der bijektiven Abbildung

$$\phi(x_0K_0+x_+K_++x_-K_-)=x_0\mathbf{K}_0+x_+\mathbf{K}_++x_-\mathbf{K}_-=\begin{pmatrix}x_0&x_+\\x_-&-x_0\end{pmatrix}. \quad (6.192)$$

Als ein weiteres Beispiel betrachten wir die drei Operatoren $\hat{a}$, $\hat{a}^\dagger$, $\hat{N}=\hat{a}^\dagger\hat{a}$, mit denen wir uns ausführlich bei der Untersuchung des quantenmechanischen harmonischen Oszillators in Kapitel 3 beschäftigt hatten. Zusammen mit der Identität $\hat{I}$ bilden sie die vierdimensionale Lie-Algebra $\{\hat{I},\ \hat{a},\ \hat{a}^\dagger,\ \hat{N}\}$ aus Gleichung (3.26) mit den Kommutatorrelationen

$$[\hat{a},\hat{a}^\dagger]=\hat{I}\ ,\quad [\hat{a},\hat{N}]=\hat{a}\ ,\quad [\hat{a}^\dagger,\hat{N}]=-\hat{a}^\dagger\ ,\quad [\hat{a},\hat{I}]=[\hat{a}^\dagger,\hat{I}]=[\hat{N},\hat{I}]=0\,. \quad (6.193)$$

Wir können jetzt eine abstrakte Lie-Algebra mit den Basiselementen $\{1,\ a,\ b,\ n\}$ definieren mit den Lie-Produkten

$$[a,b]=1\ ,\quad [a,n]=a\ ,\quad [b,n]=-b\ ,\quad [a,1]=[b,1]=[n,1]=0\,, \quad (6.194)$$

wobei wir, um Verwirrungen zu vermeiden, das Element $a^\dagger$ durch ein b ersetzt haben. (Die Unteralgebra $\{1,\ a,\ b\}$ wird auch als Heisenberg-Algebra bezeichnet (vgl. Seite 91).) Die quantenmechanischen Operatoren $\{\hat{I},\ \hat{a},\ \hat{a}^\dagger\}$ bilden also eine Realisierung dieser abstrakten Lie-Algebra, und, wenn wir sie als Matrizen in den Eigenzuständen des harmonischen Oszillators ausdrücken wie in Gleichung (3.96), dann erhalten wir eine unendlichdimensionale Darstellung dieser Algebra.

Es gibt aber eine einfachere dreidimensionale treue Darstellung, die wir in Gleichung (6.14) schon kennengelernt haben, und die wir hier übernehmen, ergänzt um eine Darstellung des Elements n. Das ergibt die Matrizen $\mathbf{1}=\phi(1)$, $\mathbf{a}=\phi(a)$, $\mathbf{b}=\phi(b)$, $\mathbf{n}=\phi(n)$ der Darstellung:

$$\mathbf{1}=\begin{pmatrix}0&0&1\\0&0&0\\0&0&0\end{pmatrix}\ ,\quad \mathbf{a}=\begin{pmatrix}0&1&0\\0&0&0\\0&0&0\end{pmatrix}\ ,\quad \mathbf{b}=\begin{pmatrix}0&0&0\\0&0&1\\0&0&0\end{pmatrix}\ ,\quad \mathbf{n}=\begin{pmatrix}0&0&0\\0&1&0\\0&0&0\end{pmatrix} \quad (6.195)$$

(vgl. Gleichung (6.14)). Man kann durch explizite Rechnung nachprüfen, dass die Darstellungsmatrizen die Kommutatorrelationen (6.194) erfüllen. Das lässt sich komfortabler formulieren mit den 3×3-Matrizen $\mathbf{E}^{(ij)}$, deren Matrixelement alle gleich null sind, mit Ausnahme einer Eins in der i-ten Zeile und j-ten Spalte. Diese Matrizen erfüllen die Produktformel

$$\mathbf{E}^{(ij)}\mathbf{E}^{(k\ell)}=\delta_{jk}\mathbf{E}^{(i\ell)}\,, \quad (6.196)$$

woraus folgt

$$\left(\mathbf{E}^{(ij)}\right)^2=\delta_{ij}\mathbf{E}^{(ii)}\,. \quad (6.197)$$

Für den Kommutator erhält man damit die Formel

$$\left[\mathbf{E}^{(ij)},\mathbf{E}^{(k\ell)}\right]=\delta_{jk}\mathbf{E}^{(i\ell)}-\delta_{i l}\mathbf{E}^{(kj)}\,. \quad (6.198)$$

Mit $\mathbf{1} = \mathbf{E}^{(13)}$, $\mathbf{a} = \mathbf{E}^{(12)}$, $\mathbf{b} = \mathbf{E}^{(23)}$ und $\mathbf{n} = \mathbf{E}^{(22)}$ folgen dann die gesuchten Relationen.

Eine Bemerkung erscheint hier angebracht. Bei der Abbildung ϕ der Darstellung wird *nur* das Lie-Produkt berücksichtigt und *nicht* das Matrixprodukt. Das heißt, das Bild $\phi(1)$ ist nicht die Einheitsmatrix und $\phi(n)$ hat nichts mit dem Produkt $\hat{a}^\dagger\hat{a}$ zu tun.

Eine wichtige Anwendung finden die treuen Darstellungen bei der Verifikation funktionaler Identitäten wie

$$f(A, B, \ldots) \equiv g(A, B, \ldots). \tag{6.199}$$

Um eine solche Gleichung zu beweisen, können wir von den Elementen $A, B, \ldots$ der Lie-Algebra zu ihrer treuen Darstellung $\mathbf{A}, \mathbf{B}, \ldots$ übergehen und stattdessen die äquivalente Identität

$$f(\mathbf{A}, \mathbf{B}, \ldots) \equiv g(\mathbf{A}, \mathbf{B}, \ldots) \tag{6.200}$$

betrachten, die einfacher auszuwerten ist. Wir erläutern diese Methode für ein exponentielles Produkt.

Exponentielle Umordnungen: Sehr häufig haben wir den Wunsch, ein Produkt von Exponentialfunktionen in eine andere Reihenfolge zu bringen, wie

$$\mathrm{e}^{g_1\Gamma_1}\mathrm{e}^{g_2\Gamma_2}\cdots\mathrm{e}^{g_n\Gamma_n} = \mathrm{e}^{h_{p_1}\Gamma_{p_1}}\mathrm{e}^{h_{p_2}\Gamma_{p_2}}\cdots\mathrm{e}^{h_{p_n}\Gamma_{p_n}} \tag{6.201}$$

für eine Lie-Algebra mit der Basis $\{\Gamma_1, \Gamma_2, \ldots, \Gamma_n\}$, wobei die $p_1, p_2, \ldots, p_n$ eine Permutation der $1, 2, \ldots, n$ sind. Hier sind zwei konkrete Beispiele für zwei- und dreidimensionale Lie-Algebren:

Beispiel 1: Wir beginnen mit einem einfachen Fall, der zweidimensionalen **Shift-Algebra** $\{X, Y\}$ mit $[X, Y] = \lambda Y$, und wir wollen ein gegebenes Produkt $\mathrm{e}^{aX}\mathrm{e}^{bY}$, falls möglich, als

$$\mathrm{e}^{aX}\mathrm{e}^{bY} = \mathrm{e}^{\alpha Y}\mathrm{e}^{\beta X} \tag{6.202}$$

umschreiben und dabei den funktionellen Zusammenhang der Koeffizienten in den Exponenten bestimmen. Dazu gehen wir zu der treuen Darstellung (6.185) der Algebra über und betrachten die Identität

$$\mathrm{e}^{a\mathbf{X}}\mathrm{e}^{b\mathbf{Y}} = \mathrm{e}^{\alpha\mathbf{Y}}\mathrm{e}^{\beta\mathbf{X}} \tag{6.203}$$

für die 2×2-Matrizen aus Gleichung (6.185). Hier ist die Exponentiation sehr einfach, denn $\mathbf{X} = \left(\begin{smallmatrix} 0 & 0 \\ 0 & \lambda \end{smallmatrix}\right)$ ist diagonal und die zweite Potenz von $\mathbf{Y} = \left(\begin{smallmatrix} 0 & 0 \\ -1 & 0 \end{smallmatrix}\right)$ ist gleich null. Also erhalten wir mit $\mathrm{e}^{b\mathbf{Y}} = 1 + b\mathbf{Y}$

$$\mathrm{e}^{a\mathbf{X}}\mathrm{e}^{b\mathbf{Y}} = \begin{pmatrix} 1 & 0 \\ 0 & \mathrm{e}^{\lambda a} \end{pmatrix}\begin{pmatrix} 1 & 0 \\ -b & 1 \end{pmatrix} = \begin{pmatrix} 1 & 0 \\ -b\mathrm{e}^{\lambda a} & \mathrm{e}^{\lambda a} \end{pmatrix} \tag{6.204}$$

$$\mathrm{e}^{\alpha\mathbf{Y}}\mathrm{e}^{\beta\mathbf{X}} = \begin{pmatrix} 1 & 0 \\ -\alpha & 1 \end{pmatrix}\begin{pmatrix} 1 & 0 \\ 0 & \mathrm{e}^{\lambda\beta} \end{pmatrix} = \begin{pmatrix} 1 & 0 \\ -\alpha & \mathrm{e}^{\lambda\beta} \end{pmatrix}. \tag{6.205}$$

Ein Vergleich ergibt $\beta = a$ und $\alpha = b\mathrm{e}^{\lambda a}$ und damit

$$\mathrm{e}^{a\mathbf{X}}\mathrm{e}^{b\mathbf{Y}} = \mathrm{e}^{b\mathrm{e}^{\lambda a}\mathbf{Y}}\mathrm{e}^{a\mathbf{X}}. \tag{6.206}$$

Aufgabe 6.11 (Lösung Seite 288): Beweisen Sie für die Lie-Algebra $\{X, Y\}$ mit $\{X, Y\} = \lambda X$ und $\lambda \neq 0$ die Formel

$$e^{xX+yY} = e^{xX} e^{\frac{y}{\lambda x}(1-e^{-\lambda x})Y} = e^{\frac{y}{\lambda x}(e^{\lambda x}-1)Y} e^{xX} .$$

Was geschieht im Grenzfall $\lambda \to 0$?

Beispiel 2: Die Oszillator-Algebra $\{\hat{I},\ \hat{a},\ \hat{a}^\dagger,\ \hat{N} = \hat{a}^\dagger \hat{a}\}$ hat die treue Darstellung

$$\mathbf{1} = \begin{pmatrix} 0 & 0 & 1 \\ 0 & 0 & 0 \\ 0 & 0 & 0 \end{pmatrix} , \quad \mathbf{a} = \begin{pmatrix} 0 & 1 & 0 \\ 0 & 0 & 0 \\ 0 & 0 & 0 \end{pmatrix} , \quad \mathbf{b} = \begin{pmatrix} 0 & 0 & 0 \\ 0 & 0 & 1 \\ 0 & 0 & 0 \end{pmatrix} , \quad \mathbf{n} = \begin{pmatrix} 0 & 0 & 0 \\ 0 & 1 & 0 \\ 0 & 0 & 0 \end{pmatrix} \tag{6.207}$$

aus Gleichung (6.195), wobei wir für die Matrixdarstellung von $\hat{a}^\dagger$ die Bezeichnung **b** gewählt hatten. Nach Gleichung (6.197) gilt dann

$$\mathbf{1}^2 = \mathbf{a}^2 = \mathbf{b}^2 = 0 \ , \quad \mathbf{n}^2 = \mathbf{n}, \tag{6.208}$$

sodass die Exponentialfunktionen dieser Matrizen sehr einfach auszuwerten sind:

$$e^{\alpha \mathbf{1}} = \sum_{\nu=0}^{\infty} \frac{\alpha^\nu}{\nu!} \mathbf{1}^\nu = \mathbf{I} + \alpha \mathbf{1} = \begin{pmatrix} 1 & 0 & \alpha \\ 0 & 1 & 0 \\ 0 & 0 & 1 \end{pmatrix} \tag{6.209}$$

mit der 3×3-Einheitsmatrix **I**. Genauso erhält man

$$e^{\beta \mathbf{a}} = \mathbf{I} + \beta \mathbf{a} = \begin{pmatrix} 1 & \beta & 0 \\ 0 & 1 & 0 \\ 0 & 0 & 1 \end{pmatrix} , \quad e^{\gamma \mathbf{b}} = \mathbf{I} + \gamma \mathbf{b} = \begin{pmatrix} 1 & 0 & 0 \\ 0 & 1 & \gamma \\ 0 & 0 & 1 \end{pmatrix} \tag{6.210}$$

$$e^{\delta \mathbf{n}} = \sum_{\nu=0}^{\infty} \frac{\delta^\nu}{\nu!} \mathbf{n}^\nu = \mathbf{I} \sum_{\nu=1}^{\infty} \frac{\delta^\nu}{\nu!} \mathbf{n} = \mathbf{I} + (e^\delta - 1)\mathbf{n} = \begin{pmatrix} 1 & 0 & 0 \\ 0 & e^\delta & 0 \\ 0 & 0 & 1 \end{pmatrix} . \tag{6.211}$$

Damit berechnet man die Darstellung des exponentiellen Produkts $e^{\delta \hat{n}} e^{\alpha \hat{I}} e^{\beta \hat{a}} e^{\gamma \hat{a}^\dagger}$ als

$$\begin{aligned} e^{\delta \mathbf{n}} e^{\alpha \mathbf{1}} e^{\beta \mathbf{a}} e^{\gamma \mathbf{b}} &= \begin{pmatrix} 1 & 0 & 0 \\ 0 & e^\delta & 0 \\ 0 & 0 & 1 \end{pmatrix} \begin{pmatrix} 1 & 0 & \alpha \\ 0 & 1 & 0 \\ 0 & 0 & 1 \end{pmatrix} \begin{pmatrix} 1 & \beta & 0 \\ 0 & 1 & 0 \\ 0 & 0 & 1 \end{pmatrix} \begin{pmatrix} 1 & 0 & 0 \\ 0 & 1 & \gamma \\ 0 & 0 & 1 \end{pmatrix} \\ &= \begin{pmatrix} 1 & 0 & \alpha \\ 0 & e^\delta & 0 \\ 0 & 0 & 1 \end{pmatrix} \begin{pmatrix} 1 & \beta & \beta\gamma \\ 0 & 1 & \gamma \\ 0 & 0 & 1 \end{pmatrix} = \begin{pmatrix} 1 & \beta & \beta\gamma + \alpha \\ 0 & e^\delta & \gamma e^\delta \\ 0 & 0 & 1 \end{pmatrix} . \end{aligned} \tag{6.212}$$

In ähnlicher Weise können wir die Darstellung anderer Exponentialfunktionen berechnen, wie beispielsweise $e^{u\hat{a}+v\hat{a}^\dagger}$. Dazu berechnen wir zunächst

$$u\mathbf{a}+v\mathbf{b}=\begin{pmatrix}0&u&0\\0&0&v\\0&0&0\end{pmatrix}\implies\begin{pmatrix}0&u&0\\0&0&v\\0&0&0\end{pmatrix}^2=\begin{pmatrix}0&u&0\\0&0&v\\0&0&0\end{pmatrix}\begin{pmatrix}0&u&0\\0&0&v\\0&0&0\end{pmatrix}=\begin{pmatrix}0&0&uv\\0&0&0\\0&0&0\end{pmatrix}$$

$$\implies\begin{pmatrix}0&u&0\\0&0&v\\0&0&0\end{pmatrix}^3=\begin{pmatrix}0&0&uv\\0&0&0\\0&0&0\end{pmatrix}\begin{pmatrix}0&u&0\\0&0&v\\0&0&0\end{pmatrix}=\begin{pmatrix}0&0&0\\0&0&0\\0&0&0\end{pmatrix} \tag{6.213}$$

und damit

$$\begin{aligned}e^{u\mathbf{a}+v\mathbf{b}}&=\mathbf{I}+(u\mathbf{a}+v\mathbf{b})+\tfrac{1}{2}(u\mathbf{a}+v\mathbf{b})^2\\&=\begin{pmatrix}1&0&0\\0&1&0\\0&0&1\end{pmatrix}+\begin{pmatrix}0&u&0\\0&0&v\\0&0&0\end{pmatrix}+\frac{1}{2}\begin{pmatrix}0&0&uv\\0&0&0\\0&0&0\end{pmatrix}=\begin{pmatrix}1&u&uv/2\\0&1&v\\0&0&1\end{pmatrix}.\end{aligned} \tag{6.214}$$

Wenn jetzt beide Exponentialfunktionen identisch sein sollen, wenn also gelten soll

$$e^{u\mathbf{a}+v\mathbf{b}}\equiv e^{\delta\mathbf{n}}\,e^{\alpha\mathbf{1}}\,e^{\beta\mathbf{a}}\,e^{\gamma\mathbf{b}}, \tag{6.215}$$

dann erhalten wir für die Koeffizienten durch Vergleich von (6.214) und (6.212)

$$\begin{pmatrix}1&u&uv/2\\0&1&v\\0&0&1\end{pmatrix}=\begin{pmatrix}1&\beta&\beta\gamma+\alpha\\0&e^\delta&\gamma e^\delta\\0&0&1\end{pmatrix}, \tag{6.216}$$

also $u=\beta$, $uv/2=\beta\gamma+\alpha$, $1=e^\delta$ und $v=\gamma e^\delta$, oder $\alpha=-uv/2$, $\beta=u$, $\gamma=v$, $\delta=0$, und daher

$$e^{u\hat{a}+v\hat{a}^\dagger}\equiv e^{-uv/2}\,e^{u\hat{a}}\,e^{v\hat{a}^\dagger}\equiv e^{uv/2}\,e^{v\hat{a}^\dagger}\,e^{u\hat{a}}, \tag{6.217}$$

was man natürlich sofort als eine Anwendung der Baker-Campbell-Hausdorff-Gleichung (1.45) erhalten hätte, da hier der Kommutator $[\hat{a},\hat{a}^\dagger]=1$ mit $\hat{a}$ und $\hat{a}^\dagger$ kommutiert. Anders sieht es jedoch aus, wenn man die Formel erweitert zu

$$e^{u\hat{a}+v\hat{a}^\dagger+w\hat{N}+z\hat{I}}\equiv e^{\delta\hat{N}}\,e^{\alpha\hat{I}}\,e^{\beta\hat{a}}\,e^{\gamma\hat{a}^\dagger}. \tag{6.218}$$

Hier hilft uns die BCH-Formel nicht, aber die obige Rechnung lässt sich problemlos auch für die Darstellung der linken Seite dieser Formel in gleicher Weise wie oben durchführen. Dabei erhält man an Stelle von Gleichung (6.216) die Matrixdarstellungen

$$e^{u\mathbf{a}+v\mathbf{b}+w\mathbf{n}+z\mathbf{1}}=\begin{pmatrix}1&\frac{u}{w}(e^w-1)&\frac{uv}{w^2}(e^w-1-w)\\0&e^w&\frac{v}{w}(e^w-1)\\0&0&1\end{pmatrix}\equiv e^{\delta\mathbf{n}}\,e^{\alpha\mathbf{1}}\,e^{\beta\mathbf{a}}\,e^{\gamma\mathbf{b}}=\begin{pmatrix}1&\beta&\beta\gamma+\alpha\\0&e^\delta&\gamma e^\delta\\0&0&1\end{pmatrix} \tag{6.219}$$

und ein Vergleich führt zu den Gleichungen

$$\alpha=\frac{uv}{w^2}\left(1-w-e^{-w}\right)+z\ ,\quad \beta=\frac{u}{w}\left(e^w-1\right)\ ,\quad \gamma=\frac{v}{w}\left(1-e^{-w}\right)\ ,\quad \delta=w, \tag{6.220}$$

oder umgekehrt

$$u = \frac{\beta\delta}{e^{\delta} - 1} \;, \quad v = \frac{\gamma\delta}{1 - e^{-\delta}} \;, \quad w = \delta \;, \quad z = \alpha - \frac{uv}{w^2}\left(1 - w - e^{-w}\right). \tag{6.221}$$

Das exponentielle Produkt rechts in (6.218) kann man mithilfe der BCH-Formel (6.217) noch umordnen und man erhält

$$e^{u\hat{a} + v\hat{a}^\dagger + w\hat{N} + z*\hat{I}} \equiv e^{\delta\hat{N}}\, e^{\alpha\hat{I}}\, e^{\beta\hat{a}}\, e^{\gamma\hat{a}^\dagger} \equiv e^{\delta\hat{N}}\, e^{\alpha'\hat{I}}\, e^{\gamma\hat{a}^\dagger}\, e^{\beta\hat{a}} \tag{6.222}$$

mit

$$\alpha' = \alpha + \beta\gamma = \frac{uv}{w^2}\left(e^{w} - 1 - w\right) + z. \tag{6.223}$$

Da $\hat{I}$ mit den anderen Matrizen kommutiert, kann auch $e^{\alpha\hat{I}}$ in den exponentiellen Produkten beliebig verschoben werden. Weitere Vertauschungen überlassen wir einer Aufgabe:

Aufgabe 6.12 (Lösung Seite 289): Leiten Sie mithilfe der treuen Matrixdarstellungen die folgenden Identitäten her:

$$e^{u\hat{a}}\, e^{v\hat{N}} = e^{v\hat{N}}\, e^{ue^{v}\hat{a}} \quad , \quad e^{u\hat{a}^\dagger}\, e^{v\hat{N}} = e^{v\hat{N}}\, e^{ue^{-v}\hat{a}^\dagger} .$$

Die Operatoren der Form

$$G(u, v, w, z) = e^{u\hat{a} + v\hat{a}^\dagger + w\hat{n} + z\hat{I}} \tag{6.224}$$

aus Gleichung (6.222) bilden eine Gruppe, das heißt, es gilt

$$G(u, v, w, z)\, G(u', v', w', z') = G(u'', v'', w'', z'') , \tag{6.225}$$

wobei die funktionale Abhängigkeit der $u'' = u''(u, v, w, z, u', v', w', z')$ usw. noch zu bestimmen ist. Dazu berechnen wir zunächst mit Gleichung (6.220) die Parameter der exponentiellen Produktdarstellungen und schreiben die Exponentialfunktion wieder um auf ein Produkt von Exponentialfunktionen wie in (6.222):

$$e^{u\hat{a} + v\hat{a}^\dagger + w\hat{n} + z\hat{I}} \equiv e^{\delta\hat{n}}\, e^{\alpha\hat{I}}\, e^{\beta\hat{a}}\, e^{\gamma\hat{a}^\dagger} = F(\delta, \alpha, \beta, \gamma) . \tag{6.226}$$

Mit $G(u, v, w, z) = F(\delta, \alpha, \beta, \gamma)$ erhalten wir die Gleichung

$$F(\delta, \alpha, \beta, \gamma)\, F(\delta', \alpha', \beta', \gamma') = F(\delta'', \alpha'', \beta'', \gamma'') . \tag{6.227}$$

Die linke Seite dieser Gleichung schreiben wir um mithilfe der exponentiellen Umordnungsformeln aus Aufgabe 6.12, was ein wenig Rechenarbeit erfordert:

$$\begin{aligned}
&e^{\delta\hat{n}}\, e^{\alpha\hat{I}}\, e^{\beta\hat{a}}\, e^{\gamma\hat{a}^\dagger} e^{\delta'\hat{n}}\, e^{\alpha'\hat{I}}\, e^{\beta'\hat{a}}\, e^{\gamma'\hat{a}^\dagger} = e^{\delta\hat{n}}\, e^{(\alpha+\alpha')\hat{I}}\, e^{\beta\hat{a}}\, \underbrace{e^{\gamma\hat{a}^\dagger} e^{\delta'\hat{n}}}_{=e^{\delta'\hat{n}}\, e^{\gamma e^{-\delta'}\hat{a}^\dagger}}\, e^{\beta'\hat{a}}\, e^{\gamma'\hat{a}^\dagger} \\
&= e^{\delta\hat{n}}\, e^{(\alpha+\alpha')\hat{I}}\, \underbrace{e^{\beta\hat{a}}\, e^{\delta'\hat{n}}}_{=e^{\delta'\hat{n}}\, e^{\beta e^{\delta'}\hat{a}}}\, e^{\gamma e^{-\delta'}\hat{a}^\dagger}\, e^{\beta'\hat{a}}\, e^{\gamma'\hat{a}^\dagger} = e^{(\delta+\delta')\hat{n}}\, e^{(\alpha+\alpha')\hat{I}}\, e^{\beta e^{\delta'}\hat{a}}\, \underbrace{e^{\gamma e^{-\delta'}\hat{a}^\dagger}\, e^{\beta'\hat{a}}}_{=e^{\beta'\hat{a}} e^{\gamma e^{-\delta'}\hat{a}^\dagger}\, e^{-\beta'\gamma e^{-\delta'}\hat{I}}}\, e^{\gamma'\hat{a}^\dagger} \\
&= e^{(\delta+\delta')\hat{n}}\, e^{(\alpha+\alpha'-\beta'\gamma e^{-\delta'})\hat{I}}\, e^{(\beta'+\beta e^{\delta'})\hat{a}}\, e^{(\gamma'+\gamma e^{-\delta'})\hat{a}^\dagger} = e^{\delta''\hat{n}}\, e^{\alpha''\hat{I}}\, e^{\beta''\hat{a}}\, e^{\gamma''\hat{a}^\dagger} .
\end{aligned} \tag{6.228}$$

Das liefert die gesuchten Transformationsformeln für die doppelt gestrichenen Größen,

$$\alpha'' = \alpha + \alpha' - \beta'\gamma \mathrm{e}^{-\delta'} \;, \quad \beta'' = \beta' + \beta \mathrm{e}^{\delta'} \;, \quad \gamma'' = \gamma' + \gamma \mathrm{e}^{-\delta'} \;, \quad \delta'' = \delta + \delta' \;, \tag{6.229}$$

die wir schließlich mit Gleichung (6.221) in u'', v'', w'', z'' umschreiben können.

Wir haben damit gezeigt, dass die Produktfunktion wieder auf die gleiche funktionale Form führt, wie die beiden Ausgangsfunktionen. Außerdem sind die Identität $G(0,0,0,0)$ und die Inverse $G(-u,-v,-w,-z)$ von $G(u,v,w,z)$ auch von dieser Form. Damit ist die Gruppeneigenschaft evident. Die Gruppe ist nicht kommutativ.

Beispiel 3: Die 2×2-Matrizen

$$\mathbf{K}_0 = \begin{pmatrix} 1 & 0 \\ 0 & -1 \end{pmatrix} \;, \quad \mathbf{K}_+ = \begin{pmatrix} 0 & \delta \\ 0 & 0 \end{pmatrix} \;, \quad \mathbf{K}_- = \begin{pmatrix} 0 & 0 \\ 1 & 0 \end{pmatrix} \tag{6.230}$$

sind eine treue Darstellung der dreidimensionalen Lie-Algebren $\mathfrak{su}(2)$ für $\delta = 1$ und $\mathfrak{su}(1,1)$ für $\delta = -1$ (siehe Gleichung (6.188)) mit den Kommutatorrelationen

$$[\mathbf{K}_+, \mathbf{K}_-] = \delta\, \mathbf{K}_0 \;, \quad [\mathbf{K}_0, \mathbf{K}_\pm] = \pm 2\mathbf{K}_\pm \,. \tag{6.231}$$

Oft lassen sich Rechnungen vereinfachen durch eine Umordnung exponentieller Produkte wie

$$\mathrm{e}^{d_+\mathbf{K}_+}\, \mathrm{e}^{d_0\mathbf{K}_0}\, \mathrm{e}^{d_-\mathbf{K}_-} = \mathrm{e}^{b_-\mathbf{K}_-}\, \mathrm{e}^{b_0\mathbf{K}_0}\, \mathrm{e}^{b_+\mathbf{K}_+} \,, \tag{6.232}$$

die man als **verallgemeinerte BCH-Gleichungen** bezeichnet (vgl. Gleichung (1.45)). Die Matrix $\mathbf{K}_0$ ist diagonal und die Quadrate der Matrizen $\mathbf{K}_\pm$ sind gleich null, $\mathbf{K}_\pm^2 = \mathbf{0}$. Also ist die Berechnung ihrer Exponentialfunktionen einfach und wir berechnen zunächst, beispielsweise durch Reihenentwicklung mit $\mathbf{K}_+^2 = \mathbf{K}_-^2 = 0$, die elementaren Exponentialfunktionen

$$\mathrm{e}^{z\mathbf{K}_0} = \begin{pmatrix} \mathrm{e}^{z} & 0 \\ 0 & \mathrm{e}^{-z} \end{pmatrix} \;, \quad \mathrm{e}^{z\mathbf{K}_+} = \mathbf{I} + z\mathbf{K}_+ = \begin{pmatrix} 1 & \delta z \\ 0 & 1 \end{pmatrix} \;, \quad \mathrm{e}^{z\mathbf{K}_-} = \mathbf{I} + z\mathbf{K}_- = \begin{pmatrix} 1 & 0 \\ z & 1 \end{pmatrix} , \tag{6.233}$$

und damit

$$\mathrm{e}^{d_+\mathbf{K}_+}\, \mathrm{e}^{d_0\mathbf{K}_0}\, \mathrm{e}^{d_-\mathbf{K}_-} = \begin{pmatrix} 1 & \delta d_+ \\ 0 & 1 \end{pmatrix} \begin{pmatrix} \mathrm{e}^{d_0} & 0 \\ 0 & \mathrm{e}^{-d_0} \end{pmatrix} \begin{pmatrix} 1 & 0 \\ d_- & 1 \end{pmatrix} = \begin{pmatrix} \mathrm{e}^{d_0} + \delta d_+ d_- \mathrm{e}^{-d_0} & \delta d_+ \mathrm{e}^{-d_0} \\ d_- \mathrm{e}^{-d_0} & \mathrm{e}^{-d_0} \end{pmatrix} , \tag{6.234}$$

sowie in einer anderen Reihenfolge der Faktoren

$$\mathrm{e}^{b_-\mathbf{K}_-}\, \mathrm{e}^{b_0\mathbf{K}_0}\, \mathrm{e}^{b_+\mathbf{K}_+} = \begin{pmatrix} 1 & 0 \\ b_- & 1 \end{pmatrix} \begin{pmatrix} \mathrm{e}^{b_0} & 0 \\ 0 & \mathrm{e}^{-b_0} \end{pmatrix} \begin{pmatrix} 1 & \delta b_+ \\ 0 & 1 \end{pmatrix} = \begin{pmatrix} \mathrm{e}^{b_0} & \delta b_+ \mathrm{e}^{b_0} \\ b_- \mathrm{e}^{b_0} & \mathrm{e}^{-b_0} + \delta b_+ b_- \mathrm{e}^{b_0} \end{pmatrix} . \tag{6.235}$$

Ein Vergleich der Matrizen (6.234) und (6.235) ergibt die Transformation

$$\mathrm{e}^{-d_0} = \mathrm{e}^{-b_0} + \delta b_+ b_- \mathrm{e}^{b_0} \;, \quad d_\pm = \frac{b_\pm}{\mathrm{e}^{-2b_0} + \delta b_+ b_-} \,, \tag{6.236}$$

oder umgekehrt

$$\mathrm{e}^{b_0} = \mathrm{e}^{d_0} + \delta d_+ d_- \mathrm{e}^{-d_0} \;, \quad b_\pm = \frac{d_\pm}{\mathrm{e}^{2d_0} + \delta d_+ d_-} \,. \tag{6.237}$$

Weitere Anordnungen wollen wir in einer Aufgabe untersuchen:

Aufgabe 6.13 (Lösung Seite 289) : Bestimmen Sie für die Anordnungen

$$(a) \quad \mathrm{e}^{d_+\mathbf{K}_+}\,\mathrm{e}^{d_0\mathbf{K}_0}\,\mathrm{e}^{d_-\mathbf{K}_-} = \mathrm{e}^{c_0\mathbf{K}_0}\,\mathrm{e}^{c_+\mathbf{K}_+}\,\mathrm{e}^{c_-\mathbf{K}_-} = \mathrm{e}^{g_0\mathbf{K}_0}\,\mathrm{e}^{g_-\mathbf{K}_-}\,\mathrm{e}^{g_+\mathbf{K}_+}$$

$$(b) \quad \mathrm{e}^{a_+\mathbf{K}_+}\,\mathrm{e}^{a_-\mathbf{K}_-}\,\mathrm{e}^{a_0\mathbf{K}_0} = \mathrm{e}^{f_-\mathbf{K}_-}\,\mathrm{e}^{f_+\mathbf{K}_+}\,\mathrm{e}^{f_0\mathbf{K}_0}$$

die Beziehungen zwischen den Koeffizienten.

Insgesamt gibt es sechs verschiedenen Anordnungen der exponentiellen Operatorprodukte. Sie sind hier noch einmal zusammengestellt:

$$\begin{aligned}&\mathrm{e}^{a_+\mathbf{K}_+}\,\mathrm{e}^{a_-\mathbf{K}_-}\,\mathrm{e}^{a_0\mathbf{K}_0} = \mathrm{e}^{b_-\mathbf{K}_-}\,\mathrm{e}^{b_0\mathbf{K}_0}\,\mathrm{e}^{b_+\mathbf{K}_+} = \mathrm{e}^{c_0\mathbf{K}_0}\,\mathrm{e}^{c_+\mathbf{K}_+}\,\mathrm{e}^{c_-\mathbf{K}_-} = \\ &\mathrm{e}^{d_+\mathbf{K}_+}\,\mathrm{e}^{d_0\mathbf{K}_0}\,\mathrm{e}^{d_-\mathbf{K}_-} = \mathrm{e}^{f_-\mathbf{K}_-}\,\mathrm{e}^{f_+\mathbf{K}_+}\,\mathrm{e}^{f_0\mathbf{K}_0} = \mathrm{e}^{g_0\mathbf{K}_0}\,\mathrm{e}^{g_-\mathbf{K}_-}\,\mathrm{e}^{g_+\mathbf{K}_+}\,. \end{aligned} \tag{6.238}$$

Die dreißig Transformationsgleichungen zwischen den Koeffizienten wollen wir hier nicht auflisten, aber man kann sie bei Bedarf bequem aus den Matrixdarstellungen (6.234), (6.235) und (15.125) – (15.134) erzeugen, die wir hier noch einmal zusammenstellen (gleiche Reihenfolge wie in den Anordnungen (6.238)):

$$\begin{aligned}&\begin{pmatrix}(1+\delta a_+a_-)\mathrm{e}^{a_0} & \delta a_+\mathrm{e}^{-a_0}\\ a_-\mathrm{e}^{a_0} & \mathrm{e}^{-a_0}\end{pmatrix} = \begin{pmatrix}\mathrm{e}^{b_0} & \delta b_+\mathrm{e}^{b_0}\\ b_-\mathrm{e}^{b_0} & \mathrm{e}^{-b_0}+\delta b_+b_-\mathrm{e}^{b_0}\end{pmatrix}\\ &= \begin{pmatrix}(1+\delta c_+c_-)\mathrm{e}^{c_0} & \delta c_+\mathrm{e}^{c_0}\\ c_-\mathrm{e}^{-c_0} & \mathrm{e}^{-c_0}\end{pmatrix} = \begin{pmatrix}\mathrm{e}^{d_0}+\delta d_+d_-\mathrm{e}^{-d_0} & \delta d_+\mathrm{e}^{-d_0}\\ d_-\mathrm{e}^{-d_0} & \mathrm{e}^{-d_0}\end{pmatrix}\\ &= \begin{pmatrix}\mathrm{e}^{f_0} & \delta f_+\mathrm{e}^{-f_0}\\ f_-\mathrm{e}^{f_0} & (1+\delta f_+f_-)\mathrm{e}^{-f_0}\end{pmatrix} = \begin{pmatrix}\mathrm{e}^{g_0} & \delta g_+\mathrm{e}^{g_0}\\ g_-\mathrm{e}^{-g_0} & (1+\delta g_+g_-)\mathrm{e}^{-g_0}\end{pmatrix}.\end{aligned} \tag{6.239}$$

Auch die rein exponentielle Form $\mathrm{e}^{h_0\mathbf{K}_0+h_+\mathbf{K}_++h_-\mathbf{K}_-}$ lässt sich so berechnen. Mithilfe einer allgemeinen Exponentiation einer 2×2-Matrix[3] erhält man mit

$$h_0\mathbf{K}_0 + h_+\mathbf{K}_+ + h_-\mathbf{K}_- = \begin{pmatrix}h_0 & \delta h_+\\ h_- & -h_0\end{pmatrix} \tag{6.240}$$

$$\mathrm{e}^{h_0\mathbf{K}_0+h_+\mathbf{K}_++h_-\mathbf{K}_-} = \begin{pmatrix}\cosh\lambda + \frac{h_0}{\lambda}\sinh\lambda & \delta\frac{h_+}{\lambda}\sinh\lambda\\ \frac{h_-}{\lambda}\sinh\lambda & \cosh\lambda - \frac{h_0}{\lambda}\sinh\lambda\end{pmatrix} \tag{6.241}$$

mit $\lambda = \sqrt{h_0^2 + \delta h_+ h_-}$. Durch Vergleich mit der Formel aus (6.239) erhält man

$$d_0 = -\ln\left(\cosh\lambda - \frac{h_0}{\lambda}\sinh\lambda\right), \quad d_\pm = \frac{h_\pm}{\lambda\coth\lambda - h_0} \tag{6.242}$$

und die inversen Beziehungen

$$h_0 = \lambda\,\frac{\cosh\lambda - \mathrm{e}^{-d_0}}{\sinh\lambda}, \quad h_\pm = \frac{\lambda d_\pm \mathrm{e}^{-d_0}}{\sinh\lambda} \quad \text{mit} \quad \cosh\lambda = \cosh d_0 + \delta\,\frac{d_+d_-}{2}\,\mathrm{e}^{-d_0}. \tag{6.243}$$

3 Siehe zum Beispiel die auf Seite 8 angegebenen Bücher *Physik mit 2x2-Matrizen* oder *Mathematik mit 2x2-Matrizen.*

Als eine Anwendung unserer Operatorumordnungen wollen wir uns davon überzeugen, dass die kohärenten Spinzustände

$$|\zeta\rangle = \hat{R}(\zeta)\,|j,-j\rangle = (1+|\tau|^2)^{-j}\,\mathrm{e}^{\tau\hat{K}_+}|j,-j\rangle \quad \text{mit} \quad \zeta = \tfrac{\theta}{2}\,\mathrm{e}^{-\mathrm{i}\phi}\;,\;\; \tau = \mathrm{e}^{-\mathrm{i}\phi}\tan\tfrac{\theta}{2} \tag{6.244}$$

aus Gleichung (4.50) kohärent bleiben unter einer Zeitentwicklung durch den Rotor-Hamilton-Operator $\hat{H}_0 = \epsilon\,\hat{K}_0 + v\left(\hat{K}_+ + \hat{K}_-\right)$ aus Gleichung (6.120). Dazu wählen wir den Zeitentwicklungsoperator $\hat{U}(t)$ in der exponentiellen Produktform[4] $\hat{U}(t) = \mathrm{e}^{d_+\hat{K}_+ +}\,\mathrm{e}^{d_0\hat{K}_0}\,\mathrm{e}^{d_-\hat{K}_-}$ (vgl. Gleichung (6.238)) und erhalten den zeitentwickelten Zustand

$$\hat{U}(t)|\zeta\rangle = (1+|\tau|^2)^{-j}\,\mathrm{e}^{d_+\hat{K}_+}\,\mathrm{e}^{d_0\hat{K}_0}\,\mathrm{e}^{d_-\hat{K}_-}\mathrm{e}^{\tau\hat{K}_+}|j,-j\rangle\,. \tag{6.245}$$

Ändern wir die Reihenfolge der drei Faktoren rechts mithilfe der Formel (6.239),

$$\begin{aligned}&\mathrm{e}^{d_0\hat{K}_0}\,\mathrm{e}^{d_-\hat{K}_-}\,\mathrm{e}^{\tau\hat{K}_+} = \mathrm{e}^{a_+\hat{K}_+}\,\mathrm{e}^{a_-\hat{K}_-}\,\mathrm{e}^{a_0\hat{K}_0}\\ &\qquad\text{mit}\quad \mathrm{e}^{-a_0} = (1+\tau d_-)\mathrm{e}^{-d_0}\;,\;\; a_+ = \tau\mathrm{e}^{g_0+a_0}\;,\;\; a_- = d_-\mathrm{e}^{-d_0-a_0}\,,\end{aligned} \tag{6.246}$$

und verwenden $\hat{K}_0|j,-j\rangle = 2\hat{J}_z|j,-j\rangle = -2j|j,-j\rangle$ sowie $\hat{K}_-|j,-j\rangle = |\varnothing\rangle$, so ergibt sich

$$\begin{aligned}&\hat{U}(t)|\zeta\rangle = (1+|\tau|^2)^{-j}\mathrm{e}^{-2a_0 j}\,\mathrm{e}^{(d_+ + a_+)\hat{K}_+}\,|j,-j\rangle = \left(\frac{1+|\tau'|^2}{1+|\tau|^2}\right)^j \mathrm{e}^{-2a_0 j}\,|\zeta'\rangle\\ &\qquad\text{mit}\quad \tau' = d_+ + a_+ = \mathrm{e}^{-\mathrm{i}\phi'}\tan\tfrac{\theta'}{2} \quad\text{und}\quad \zeta' = \tfrac{\theta'}{2}\,\mathrm{e}^{-\mathrm{i}\phi'}\,,\end{aligned} \tag{6.247}$$

also wieder ein kohärenter Spinzustand $|\zeta'\rangle$, multipliziert mit einem Faktor, ganz analog zu den „normalen" kohärenten Zuständen in den Gleichungen (3.144) und (8.9).

Man kann mithilfe der treuen Darstellungen auch die kanonischen Ähnlichkeitstransformationen bestimmen. Wir wollen das an dem Beispiel

$$\mathrm{e}^{zK_+}\,K_-\,\mathrm{e}^{-zK_+} = \delta z K_0 - \delta z^2 K_+ + K_- \tag{6.248}$$

aus Gleichung (6.116) demonstrieren. Mit $\mathbf{K}_- = \left(\begin{smallmatrix}0&0\\1&0\end{smallmatrix}\right)$ aus (6.230) und $\mathrm{e}^{z\mathbf{K}_+} = \left(\begin{smallmatrix}1&\delta z\\0&1\end{smallmatrix}\right)$ aus (6.233) erhalten wir

$$\mathrm{e}^{z\mathbf{K}_+}\mathbf{K}_-\mathrm{e}^{-z\mathbf{K}_+} = \begin{pmatrix}1&\delta z\\0&1\end{pmatrix}\begin{pmatrix}0&0\\1&0\end{pmatrix}\begin{pmatrix}1&-\delta z\\0&1\end{pmatrix} = \begin{pmatrix}1&\delta z\\0&1\end{pmatrix}\begin{pmatrix}0&0\\1&-\delta z\end{pmatrix} = \begin{pmatrix}\delta z&-z^2\\1&-\delta z\end{pmatrix}. \tag{6.249}$$

Vergleichen wir dies mit der allgemeinen Matrixform $h_0\mathbf{K}_0 + h_+\mathbf{K}_+ + h_-\mathbf{K}_- = \left(\begin{smallmatrix}h_0&\delta h_+\\h_-&-h_0\end{smallmatrix}\right)$ in (6.240), so ergibt sich $h_0 = \delta z$, $h_+ = -\delta z^2$ und $h_- = 1$ in Übereinstimmung mit (6.248). In gleicher Weise lassen sich die anderen Formeln aus Tabelle 6.1 herleiten.

6.9 Exponentielle Operatorprodukte

Exponentielle Operatorprodukte wie $\mathrm{e}^{d_+\mathbf{K}_+}\,\mathrm{e}^{d_0\mathbf{K}_0}\,\mathrm{e}^{d_-\mathbf{K}_-}$ in Gleichung (6.232) treten häufig in quantenmechanischen Formeln auf, beispielsweise in den Lie-algebraischen Lösungen der

[4] Wie man eine solche Produktform bestimmt, werden wir in Abschnitt 7.2.1 erfahren.

Schrödinger-Gleichung für den Zeitentwicklungsoperator $\hat{U}(t)$ in Kapitel 7, den man zweckmäßig in den Basis-Operatoren $\hat{\Gamma}_j$ der Algebra als Produkt

$$\hat{U}(t) = \mathrm{e}^{g_1(t)\hat{\Gamma}_1}\,\mathrm{e}^{g_2(t)\hat{\Gamma}_2}\ldots\mathrm{e}^{g_n(t)\hat{\Gamma}_n} \tag{6.250}$$

beschreibt, wobei die Koeffizienten $g_j(t)$ durch (nichtlineare) Differentialgleichungen bestimmt sind. Es ist wichtig festzuhalten, dass diese Koeffizienten von der gewählten Reihenfolge der Faktoren abhängen. Eine Permutation $1,2,\ldots,n \to p_1,p_2,\ldots,p_n$ führt zu

$$\hat{U}_p(t) = \mathrm{e}^{\gamma_{p_1}\hat{\Gamma}_{p_1}}\,\mathrm{e}^{\gamma_{p_2}\hat{\Gamma}_{p_2}}\ldots\mathrm{e}^{\gamma_{p_n}\hat{\Gamma}_{p_n}} = \mathrm{e}^{g_1\hat{\Gamma}_1}\,\mathrm{e}^{g_2\hat{\Gamma}_2}\ldots\mathrm{e}^{g_n\hat{\Gamma}_n} = \hat{U}(t)\,. \tag{6.251}$$

Unsere Aufgabe ist es nun, die neuen Koeffizienten γ_{p_k} durch die g_j auszudrücken. Das bezeichnet man dann als eine **verallgemeinerte Baker-Campbell-Hausdorff-Gleichung**, oder kurz **verallgemeinerte BCH-Gleichung** (vgl. Gleichung (1.45)).

Solche Relationen sind sehr nützlich, beispielsweise für einen Vergleich mit Resultaten anderer Arbeiten, in denen eine abweichende Reihenfolge benutzt wird, oder für einen Übergang zu einer bequemeren oder besser berechenbaren Form für Matrixelemente oder Erwartungswerte. Auch kann es wünschenswert sein, den Operator in einer Normalordnung (siehe Seite 40) auszudrücken.

Ein Beispiel für eine solche verallgemeinerte BCH-Relation ist die nützliche Formel aus der folgenden Aufgabe:

Aufgabe 6.14 (Lösung Seite 291) : Vergewissern Sie sich von der Gültigkeit der verallgemeinerten BCH-Formel

$$\mathrm{e}^{z^*\mathbf{K}_- - z\mathbf{K}_+} = \mathrm{e}^{-\tau\mathbf{K}_+}\,\mathrm{e}^{\ln(1+\delta|\tau|^2)\mathbf{K}_0/2}\,\mathrm{e}^{\tau^*\mathbf{K}_-} = \mathrm{e}^{\tau^*\mathbf{K}_-}\,\mathrm{e}^{-\ln(1+\delta|\tau|^2)\mathbf{K}_0/2}\,\mathrm{e}^{-\tau\mathbf{K}_+}$$

mit $z = r\,\mathrm{e}^{\mathrm{i}\theta}$ und $\tau = \mathrm{e}^{\mathrm{i}\theta}\tan r$ für die $\mathfrak{su}(2)$- und $\tau = \mathrm{e}^{\mathrm{i}\theta}\tanh r$ für die $\mathfrak{su}(1,1)$-Algebra.

In dem vorangehenden Abschnitt haben wir solche verallgemeinerten BCH-Relationen mithilfe einer treuen Darstellung der Lie-Algebra hergeleitet, in unseren einfachen Beispielen waren dies 2×2- oder 3×3-Matrizen. Hier werden wir eine alternative Methode vorstellen, die auf den kanonischen Ähnlichkeitstransformationen

$$\Delta_k^{(j)}(z) = \mathrm{e}^{z\,\mathrm{ad}\,\Gamma_j}\,\Gamma_k = \mathrm{e}^{z\Gamma_j}\,\Gamma_k\,\mathrm{e}^{-z\Gamma_j}\,, \tag{6.252}$$

der Basiselemente beruht.

Wir haben also die Aufgabe, zwei unterschiedliche Anordnungen des exponentiellen Produktes der Form (6.251), nennen wir sie $\hat{U}_p$ und $\hat{U}_q$, zu vergleichen und ihre Exponentialkoeffizienten ineinander zu transformieren. Dazu bilden wir jeweils die Transformierten der Basiselemente $\hat{\Gamma}_j$ mit

$$(\hat{\Gamma}_j)_p = \hat{U}_p^{-1}\hat{\Gamma}_j\hat{U}_p = \sum_{k=1}^{n}(\lambda_{jk})_p\hat{\Gamma}_k \quad \text{sowie} \quad (\hat{\Gamma}_j)_q = \hat{U}_q^{-1}\hat{\Gamma}_j\hat{U}_q = \sum_{k=1}^{n}(\lambda_{jk})_q\hat{\Gamma}_k \tag{6.253}$$

erhalten wir, wegen $(\hat{\Gamma}_j)_p = (\hat{\Gamma}_j)_q$, die Gleichungen

$$(\lambda_{jk})_p = (\lambda_{jk})_q\,. \tag{6.254}$$

Hier hängen die beiden Seiten von den jeweiligen Exponentialkoeffizienten der Produktordnung ab und erlauben eine Berechnung ihrer Transformationsgleichungen. Allerdings erhalten wir so eine Anzahl n^2 der Gleichungen für die n Koeffizienten, die also nicht alle zu ihrer Bestimmung erforderlich sind. Einige konkrete Beispiele sollen die Methode illustrieren.

Beispiel 1: Wir beginnen mit der zweidimensionalen **Shift-Algebra** $\mathscr{L} = \{X, Y\}$ mit dem Lie-Produkt $[X, Y] = Y$ (siehe Seite 102). Dann gibt es nur zwei mögliche exponentielle Produkte

$$U_p = \mathrm{e}^{aX}\mathrm{e}^{bY} \quad \text{und} \quad U_q = \mathrm{e}^{\alpha Y}\mathrm{e}^{\beta X}. \tag{6.255}$$

Damit berechnen wir zunächst mithilfe von $\mathrm{e}^{zX}\,Y\,\mathrm{e}^{-zX} = \mathrm{e}^{z}\,Y$ und $\mathrm{e}^{zY}\,X\,\mathrm{e}^{-zY} = X - zY$ nach Gleichung (6.98)

$$\begin{aligned} X_p &= \hat{U}_p^{-1}X\hat{U}_p = \mathrm{e}^{-bY}\mathrm{e}^{-aX}X\mathrm{e}^{aX}\mathrm{e}^{bY} = \mathrm{e}^{-bY}X\mathrm{e}^{bY} = X + bY \\ Y_p &= \hat{U}_p^{-1}Y\hat{U}_p = \mathrm{e}^{-bY}\mathrm{e}^{-aX}Y\mathrm{e}^{aX}\mathrm{e}^{bY} = \mathrm{e}^{-bY}(\mathrm{e}^{-a}Y)\mathrm{e}^{bY} = \mathrm{e}^{-a}Y \end{aligned} \tag{6.256}$$

und genauso

$$\begin{aligned} X_q &= \hat{U}_q^{-1}X\hat{U}_q = \mathrm{e}^{-\beta X}\mathrm{e}^{-\alpha Y}X\mathrm{e}^{\alpha Y}\mathrm{e}^{\beta X} = \mathrm{e}^{-\beta X}(X + \alpha Y)\mathrm{e}^{\beta X} = X + \alpha\mathrm{e}^{-\beta}Y \\ Y_q &= \hat{U}_q^{-1}Y\hat{U}_q = \mathrm{e}^{-\beta X}\mathrm{e}^{-\alpha Y}Y\mathrm{e}^{\alpha Y}\mathrm{e}^{\beta X} = \mathrm{e}^{-\beta X}Y\mathrm{e}^{\beta X} = \mathrm{e}^{-\beta}Y. \end{aligned} \tag{6.257}$$

Gleichsetzen der Koeffizienten in den Linearkombinationen rechts liefert

$$b = \alpha\mathrm{e}^{-\beta} \quad \text{und} \quad \mathrm{e}^{-a} = \mathrm{e}^{-\beta} \quad \text{oder} \quad \beta = a \quad \text{und} \quad \alpha = b\mathrm{e}^{a} \tag{6.258}$$

in Übereinstimmung mit (6.206).

Beispiel 2: Oben haben wir verallgemeinerte BCH-Relationen für die dreidimensionale Algebra $\{K_0, K_+, K_-\}$ hergeleitet (siehe Seite 122), beispielsweise für die Produktanordnungen

$$U_c = \mathrm{e}^{c_0K_0}\,\mathrm{e}^{c_+K_+}\,\mathrm{e}^{c_-K_-} = \mathrm{e}^{d_+K_+}\,\mathrm{e}^{d_0K_0}\,\mathrm{e}^{d_-K_-} = U_d. \tag{6.259}$$

Wir berechnen hier die transformierten Operatoren mithilfe der kanonischen Ähnlichkeitstransformationen aus Tabelle 6.1:

$$\begin{aligned} (K_0)_c &= \mathrm{e}^{-c_-K_-}\mathrm{e}^{-c_+K_+}\,\mathrm{e}^{-c_0K_0}\,K_0\mathrm{e}^{c_0K_0}\,\mathrm{e}^{c_+K_+}\mathrm{e}^{c_-K_-} = \mathrm{e}^{-c_-K_-}\,\underbrace{\mathrm{e}^{-c_+K_+}\,K_0\mathrm{e}^{c_+K_+}}_{=K_0+2c_+K_+}\,\mathrm{e}^{c_-K_-} \\ &= \mathrm{e}^{-c_-K_-}\big(K_0 + 2c_+K_+\big)\mathrm{e}^{c_-K_-} = \underbrace{\mathrm{e}^{-c_-K_-}\,K_0\mathrm{e}^{c_-K_-}}_{=K_0-2c_-K_-} + 2c_+\,\underbrace{\mathrm{e}^{-c_-K_-}\,K_+\mathrm{e}^{c_-K_-}}_{=\delta c_-K_0+K_+-\delta c_-^2K_-} \\ &= (1 + 2\delta c_+c_-)K_0 + 2c_+K_+ - 2c_-(1 + \delta c_+c_-)K_-\,, \end{aligned} \tag{6.260}$$

und in genau der gleichen Weise erhalten wir

$$(K_+)_c = \mathrm{e}^{-2c_0}\big(\delta c_-K_0 + K_+ - \delta c_-^2K_-\big), \tag{6.261}$$

$$(K_-)_c = \mathrm{e}^{+2c_0}\big(-\delta c_+(1 + \delta c_+c_-)K_0 - \delta c_+^2K_+ + (1 + \delta c_+c_-)^2K_-\big). \tag{6.262}$$

Für die anderen Anordnungen führen wir wieder nur die erste Rechnung detailliert aus und erhalten

$$
\begin{aligned}
(K_0)_d &= \mathrm{e}^{-d_-K_-}\mathrm{e}^{-d_0K_0}\underbrace{\mathrm{e}^{-d_+K_+}K_0\mathrm{e}^{d_+K_+}}_{=K_0+2d_+K_+}\mathrm{e}^{d_0K_0}\mathrm{e}^{d_-K_-}\\
&= \mathrm{e}^{-d_-K_-}\mathrm{e}^{-d_0K_0}(K_0+2d_+K_+)\mathrm{e}^{d_0K_0}\mathrm{e}^{d_-K_-}\\
&= \underbrace{\mathrm{e}^{-d_-K_-}K_0\mathrm{e}^{-d_-K_-}}_{=K_0-2d_-K_-}+2d_+\mathrm{e}^{-d_-K_-}\underbrace{\mathrm{e}^{-d_0K_0}K_+\mathrm{e}^{d_0K_0}}_{=\mathrm{e}^{-2d_0}K_+}\mathrm{e}^{d_-K_-}\\
&= K_0-2d_-K_-+2d_+\mathrm{e}^{-2d_0}\underbrace{\mathrm{e}^{-d_-K_-}K_+\mathrm{e}^{d_-K_-}}_{=\delta d_-K_0+K_+-\delta d_-^2K_-}\\
&= (1+2\delta d_+d_-\mathrm{e}^{-2d_0})K_0+2d_+\mathrm{e}^{-2d_0}K_+-2d_-(1+\delta d_+d_-\mathrm{e}^{-2d_0})K_-\,,
\end{aligned} \tag{6.263}
$$

$$
(K_+)_d = \mathrm{e}^{-2d_0}\left(\delta d_-K_0+K_+-\delta d_-^2K_-\right), \tag{6.264}
$$

$$
(K_-)_d = -d_+(\delta+d_+d_-\mathrm{e}^{-2d_0})\hat{K}_0-\delta d_+^2\mathrm{e}^{-2d_0}K_++(1+\delta d_+d_-\mathrm{e}^{-2d_0})K_-\,. \tag{6.265}
$$

Damit haben wir mehr als genug Beziehungen zwischen den Koeffizienten, um die Transformationsgleichungen zu bestimmen. Wir erhalten

$$
c_0 = d_0\;,\quad c_+ = d_+\mathrm{e}^{-2d_0}\;,\quad c_- = d_- \tag{6.266}
$$

in Übereinstimmung mit Gleichung (15.128).

Beispiel 3: Auch für die (auflösbare) harmonische Oszillator-Algebra $\mathscr{L}_4 = \{\hat{K}_0, \hat{a}^\dagger, \hat{a}, \hat{I}\}$ mit $\hat{K}_0 = \hat{a}^\dagger\hat{a}+\frac{1}{2}$ wollen wir die Transformation zwischen den beiden Produkt-Darstellungen

$$
\hat{U}_p = \mathrm{e}^{\alpha\hat{K}_0}\mathrm{e}^{\beta\hat{a}^\dagger}\mathrm{e}^{\gamma\hat{a}}\;,\quad \hat{U}_q = \mathrm{e}^{u\hat{a}}\mathrm{e}^{v\hat{K}_0}\mathrm{e}^{w\hat{a}^\dagger}\mathrm{e}^{z\hat{I}} \tag{6.267}
$$

bestimmen. Dazu berechnen wir zunächst jeweils ihre Wirkung auf $\hat{K}_0$ mithilfe der kanonischen Ähnlichkeitstransformationen aus Tabelle 6.2:

$$
\begin{aligned}
(\hat{K}_0)_p &= \hat{U}_p^{-1}\hat{K}_0\hat{U}_p = \mathrm{e}^{-\gamma\hat{a}}\mathrm{e}^{-\beta\hat{a}^\dagger}\mathrm{e}^{-\alpha\hat{K}_0}\hat{K}_0\mathrm{e}^{\alpha\hat{K}_0}\mathrm{e}^{\beta\hat{a}^\dagger}\mathrm{e}^{\gamma\hat{a}}\\
&= \mathrm{e}^{-\gamma\hat{a}}\underbrace{\mathrm{e}^{-\beta\hat{a}^\dagger}\hat{K}_0\mathrm{e}^{\beta\hat{a}^\dagger}}_{=\hat{K}_0+\beta\hat{a}^\dagger}\mathrm{e}^{\gamma\hat{a}} = \underbrace{\mathrm{e}^{-\gamma\hat{a}}\hat{K}_0\mathrm{e}^{\gamma\hat{a}}}_{=\hat{K}_0-\gamma\hat{a}}+\beta\underbrace{\mathrm{e}^{-\gamma\hat{a}}\hat{a}^\dagger\mathrm{e}^{\gamma\hat{a}}}_{=\hat{a}^\dagger-\gamma\hat{I}} = \hat{K}_0+\beta\hat{a}^\dagger-\gamma\hat{a}-\beta\gamma\hat{I}\,.
\end{aligned} \tag{6.268}
$$

$$
\begin{aligned}
(\hat{K}_0)_q &= \hat{U}_q^{-1}\hat{K}_0\hat{U}_q = \mathrm{e}^{-w\hat{a}^\dagger}\mathrm{e}^{-v\hat{K}_0}\underbrace{\mathrm{e}^{-u\hat{a}}\hat{K}_0\mathrm{e}^{u\hat{a}}}_{=\hat{K}_0-u\hat{a}}\mathrm{e}^{v\hat{K}_0}\mathrm{e}^{w\hat{a}^\dagger}\\
&= \underbrace{\mathrm{e}^{-w\hat{a}^\dagger}\hat{K}_0\mathrm{e}^{w\hat{a}^\dagger}}_{=\hat{K}_0+w\hat{a}^\dagger}-u\mathrm{e}^{-w\hat{a}^\dagger}\underbrace{\mathrm{e}^{-v\hat{K}_0}\hat{a}\mathrm{e}^{v\hat{K}_0}}_{=\mathrm{e}^{v}\hat{a}}\mathrm{e}^{w\hat{a}^\dagger} = \hat{K}_0+w\hat{a}^\dagger-u\mathrm{e}^{v}\mathrm{e}^{-w\hat{a}^\dagger}\hat{a}\mathrm{e}^{w\hat{a}^\dagger}\\
&= \hat{K}_0+w\hat{a}^\dagger-u\mathrm{e}^{v}\hat{a}-uw\mathrm{e}^{v}\hat{I}\,.
\end{aligned} \tag{6.269}
$$

Gleichsetzen der Koeffizienten führt zu $\beta = w$, $\gamma = u\mathrm{e}^{v}$ und $\beta\gamma = uw\mathrm{e}^{v}$. Die letzte Gleichung ist leider nur eine Konsequenz der beiden ersten. Also berechnen wir noch die Transformation von $\hat{a}$:

$$
\begin{aligned}
(\hat{a})_p &= \hat{U}_p^{-1}\hat{a}\hat{U}_p = \mathrm{e}^{-\gamma\hat{a}}\mathrm{e}^{-\beta\hat{a}^\dagger}\underbrace{\mathrm{e}^{-\alpha\hat{K}_0}\hat{a}\mathrm{e}^{\alpha\hat{K}_0}}_{=\mathrm{e}^{\alpha}\hat{a}}\mathrm{e}^{\beta\hat{a}^\dagger}\mathrm{e}^{\gamma\hat{a}}\\
&= \mathrm{e}^{\alpha}\mathrm{e}^{-\gamma\hat{a}}\underbrace{\mathrm{e}^{-\beta\hat{a}^\dagger}\hat{a}\mathrm{e}^{\beta\hat{a}^\dagger}}_{=\hat{a}+\beta\hat{I}}\mathrm{e}^{\gamma\hat{a}} = \mathrm{e}^{\alpha}(\hat{a}+\beta\hat{I})\,,
\end{aligned} \tag{6.270}
$$

$$(\hat{a})_q = \hat{U}_q^{-1}\,\hat{a}\,\hat{U}_q = \mathrm{e}^{-w\hat{a}^\dagger}\mathrm{e}^{-v\hat{K}_0}\mathrm{e}^{-u\hat{a}}\,\hat{a}\,\mathrm{e}^{u\hat{a}}\mathrm{e}^{v\hat{K}_0}\mathrm{e}^{w\hat{a}^\dagger} = \mathrm{e}^{-w\hat{a}^\dagger}\underbrace{\mathrm{e}^{-v\hat{K}_0}\,\hat{a}\,\mathrm{e}^{v\hat{K}_0}}_{=\mathrm{e}^{v}\hat{a}}\mathrm{e}^{w\hat{a}^\dagger}$$

$$= \mathrm{e}^{v}\mathrm{e}^{-w\hat{a}^\dagger}\,\hat{a}\,\mathrm{e}^{w\hat{a}^\dagger} = \mathrm{e}^{v}(\hat{a} + w\hat{I})\,. \tag{6.271}$$

Der Vergleich liefert $\alpha = v$ und $\beta = w$, also insgesamt

$$\mathrm{e}^{\alpha\hat{K}_0}\mathrm{e}^{\beta\hat{a}^\dagger}\mathrm{e}^{\gamma\hat{a}} = \mathrm{e}^{\gamma\mathrm{e}^{-\alpha}\hat{a}}\mathrm{e}^{\alpha\hat{K}_0}\mathrm{e}^{\beta\hat{a}^\dagger}\mathrm{e}^{-\gamma\beta\hat{I}}\,, \tag{6.272}$$

eine BCH-Gleichung, die man auch mithilfe der Formeln aus Aufgabe 6.12 erhalten kann.

7 Lie-algebraische Zeitentwicklung

Die Zeitentwicklung eines quantenmechanischen Systems kann man im Schrödinger-Bild durch den Zustandsvektor $|\psi(t)\rangle$ beschreiben, ein Lösung der zeitabhängigen Schrödinger-Gleichung [1]

$$\mathrm{i}\frac{\mathrm{d}}{\mathrm{d}t}|\psi(t)\rangle = \hat{H}(t)\,|\psi(t)\rangle \tag{7.1}$$

mit einer Anfangsbedingung $|\psi(t_0)\rangle$ zur Zeit t_0 oder durch den Zeitentwicklungsoperator $\hat{U}(t,t_0)$ mit $|\psi(t)\rangle = \hat{U}(t,t_0)|\psi(t_0)\rangle$, eine Lösung der Operator-Differentialgleichung

$$\mathrm{i}\frac{\partial}{\partial t}\hat{U}(t,t_0) = \hat{H}(t)\hat{U}(t,t_0) \quad \text{mit} \quad \hat{U}(t_0,t_0) = \hat{I} \tag{7.2}$$

(siehe Seite 28). Wir gehen davon aus, das unser Quantensystem durch eine n-dimensionale Lie-Algebra

$$\mathscr{L} = \left\{\hat{\Gamma}_1, \hat{\Gamma}_2, \cdots, \hat{\Gamma}_n\right\} \tag{7.3}$$

beschrieben werden kann, das heißt, wir nehmen an, dass der Hamilton-Operator $\hat{H}(t)$ ein Element dieser Algebra ist,

$$\hat{H}(t) = \sum_{j=1}^{n} h_j(t)\hat{\Gamma}_j\,. \tag{7.4}$$

Unser Ziel ist es, den Zeitentwicklungsoperator $\hat{U}(t,t_0)$, ein Element der zugehörigen Lie-Gruppe, mithilfe der Lie-Algebra darzustellen und damit auch die Zeitentwicklung der Observablen

$$\hat{A}(t) = \hat{U}^{\dagger}(t)\hat{A}\hat{U}(t) \tag{7.5}$$

und ihrer Erwartungswerte

$$\langle\hat{A}\rangle_t = \langle\psi(t)|\hat{A}(t_0)|\psi(t)\rangle = \langle\psi(0)|\hat{A}(t)|\psi(0)\rangle\,. \tag{7.6}$$

Für einen zeitunabhängigen Hamilton-Operator $\hat{H}$ ist diese Lösung durch

$$\hat{U}(t,t_0) = \mathrm{e}^{-\frac{\mathrm{i}}{\hbar}\hat{H}(t-t_0)} \tag{7.7}$$

gegeben. Ist das System aber explizit zeitabhängig, $\hat{H} = \hat{H}(t)$, dann ist die Lösung nicht mehr so einfach, wie schon auf Seite 29 beschrieben, und wir werden sehen, dass Lie-algebraische Methoden hier helfen können.

---

[1] Wir verwenden in diesem Kapitel Einheiten mit $\hbar = 1$.

Die Magnus-Darstellung: Das Resultat aus Gleichung (7.7) legt es nahe, auch für einen explizit zeitabhängigen Hamilton-Operator eine Lösung in exponentieller Form zu suchen, also als

$$\hat{U}(t,t_0)=\mathrm{e}^{-\mathrm{i}\hat{\Omega}(t,t_0)}\,, \tag{7.8}$$

man spricht auch von einer **Magnus-Darstellung**. Man kann zeigen, dass der Operator im Exponenten durch eine Multikommutator-Reihe $\hat{\Omega}(t,t_0)=\sum_j\hat{\Omega}_j(t,t_0)$ beschrieben werden kann, eine sogenannte **Magnus-Entwicklung**, benannt nach dem deutsch-amerikanischen Mathematiker Wilhelm Magnus (1907–1990). Dies ist eine Reihe von Multikommutatoren mit den ersten Termen

$$\begin{aligned}\hat{\Omega}_1(t,t_0)&=\int_{t_0}^{t}\mathrm{d}t_1\,\hat{H}(t_1)\ ,\quad \hat{\Omega}_2(t,t_0)=-\frac{\mathrm{i}}{2}\int_{t_0}^{t}\mathrm{d}t_2\int_{t_0}^{t_2}\mathrm{d}t_1\big[\hat{H}(t_2),\hat{H}(t_1)\big]\,,\\ \hat{\Omega}_3(t,t_0)&=\frac{1}{6}\int_{t_0}^{t}\mathrm{d}t_3\int_{t_0}^{t_3}\mathrm{d}t_2\int_{t_0}^{t_2}\mathrm{d}t_1\Big(\big[\hat{H}(t_3),\big[\hat{H}(t_2),\hat{H}(t_1)\big]+\big[\hat{H}(t_1),\big[\hat{H}(t_2),\hat{H}(t_3)\big]\big]\Big)\,.\end{aligned} \tag{7.9}$$

Wie man sieht, wird ihre Auswertung in der Regel nicht sehr angenehm sein, obwohl hier Lie-algebraische Methoden eingesetzt werden können, indem man den Operator im Exponenten in der Lie-Basis darstellt: $\Omega(t,t_0)=\sum_{j=1}^{n}f_j(t)\hat{\Gamma}_j$. Eine solche Magnus-Darstellung existiert zumindest lokal, also in einer Umgebung der Identität, und die $f_j(t)$ sind bestimmt durch nichtlineare Differentialgleichungen, die aber keine einfache Form aufweisen.

Ein weiterer Nachteil der rein exponentiellen Form für den Zeitentwicklungsoperator ist die Auswertung von Erwartungswerten (7.6) und von Matrixelementen. Das ist sogar schon der Fall für einen zeitunabhängigen Hamilton-Operator.

Die Wei-Norman-Darstellung: Ein Ausweg besteht darin, dass wir eine Darstellung als ein exponentielles Produkt

$$\hat{U}(t,t_0)=\mathrm{e}^{g_1(t)\hat{\Gamma}_1}\,\mathrm{e}^{g_2(t)\hat{\Gamma}_2}\cdots\mathrm{e}^{g_n(t)\hat{\Gamma}_n}\,. \tag{7.10}$$

Diese sogenannte **Wei-Norman-Darstellung**[2] ist einerseits für explizit zeitabhängige Systeme wesentlich einfacher zu berechnen als die Magnus-Darstellung und erlaubt andererseits eine bequeme Auswertung von Erwartungswerten, wie in den folgenden Anwendungen demonstriert wird. Allerdings muss darauf hingewiesen werden, dass diese Darstellung von der gewählten Reihenfolge der Operatoren abhängt, sodass man diese zweckmäßig wählen sollte oder sie, bei Bedarf, anschließend mit den oben schon beschriebenen Techniken umordnet.

Die Levi-Malcev-Zerlegung: Zunächst beginnen wir damit, unsere Algebra $\mathscr{L}$ in kleinere Unteralgebran zu zerlegen. Nach dem Satz von Levi-Malcev (siehe Seite 101) können wir sie darstellen als eine halbdirekte Summe

$$\mathscr{L}=\mathscr{R}\Subset\mathscr{S} \tag{7.11}$$

aus dem Radikal $\mathscr{R}=\mathrm{Rad}\,\mathscr{L}$ mit einer halbeinfachen Unteralgebra $\mathscr{S}$, die eine weitere direkte Summenzerlegung in einfache Ideale $\mathscr{S}_j$ erlaubt:

$$\mathscr{S}=\mathscr{S}_1\oplus\mathscr{S}_2\oplus\cdots\oplus\mathscr{S}_k\,. \tag{7.12}$$

2 siehe J. Wei, E. Norman, J. Math. Phys. 4, 575 (1963) und Proc. Am. Math. Soc. 15, 327 (1964)

Jetzt zerlegen wir den Hamilton-Operator als eine Summe und den Zeitentwicklungsoperator als ein Produkt

$$\hat{H} = \hat{H}_S + \hat{H}_R \,, \quad \hat{U} = \hat{U}_S \hat{U}_R \tag{7.13}$$

mit $\hat{H}_S \in \mathscr{S}$ und $\hat{H}_R \in \mathscr{R}$. Wir bilden zunächst den Zeitentwicklungsoperator $\hat{U}_S(t, t_0)$ für die halbeinfache Algebra $\mathscr{S}$ als Lösung von

$$\mathrm{i}\frac{\partial}{\partial t}\hat{U}_S = \hat{H}_S \hat{U}_S \tag{7.14}$$

mit $\hat{U}_S(t_0, t_0) = \hat{I}$. Da $\hat{H}_R$ im Radikal liegt, gilt das auch für die Ähnlichkeitstransformation $\hat{U}_S^{-1}\hat{H}_R\hat{U}_S$ und mit einer Lösung $\hat{U}_R(t, t_0)$ von

$$\mathrm{i}\frac{\partial}{\partial t}\hat{U}_R = \big(\hat{U}_S^{-1}\hat{H}_R\hat{U}_S\big)\hat{U}_R \tag{7.15}$$

mit $\hat{U}_R(t_0, t_0) = \hat{I}$. Das Produkt

$$\hat{U}(t, t_0) = \hat{U}_S(t, t_0)\,\hat{U}_R(t, t_0) \tag{7.16}$$

ergibt den gesuchten Zeitentwicklungsoperator für $\hat{H}$, denn es gilt

$$\begin{aligned} \mathrm{i}\frac{\partial}{\partial t}\hat{U} &= \mathrm{i}\frac{\partial}{\partial t}\big(\hat{U}_S\hat{U}_R\big) = \mathrm{i}\frac{\partial \hat{U}_S}{\partial t}\hat{U}_R + \mathrm{i}\hat{U}_S\frac{\partial \hat{U}_R}{\partial t} \\ &= \hat{H}_S\hat{U}_S\hat{U}_R + \hat{U}_S\big(\hat{U}_S^{-1}\hat{H}_R\hat{U}_S\big)\hat{U}_R = (\hat{H}_S + \hat{H}_R)\hat{U} = \hat{H}\hat{U}\,. \end{aligned} \tag{7.17}$$

Außerdem können wir im Falle einer Zerlegung von $\mathscr{S}$ wie in (7.12) mit $\hat{H}_S = \hat{H}_1 + \hat{H}_2 + \ldots + \hat{H}_k$ mit $\hat{H}_j \in \mathscr{S}_j$ den Operator $\hat{U}_S$ als ein Produkt von Zeitentwicklungsoperatoren $\hat{U}_j(t, t_0)$ der Lie-Algebren $\mathscr{S}_j$ darstellen:

$$\hat{U}_S = \hat{U}_1\hat{U}_2\cdots\hat{U}_k \quad \text{mit} \quad \mathrm{i}\frac{\partial}{\partial t}\hat{U}_j = \hat{H}_j\hat{U}_j \quad \text{und} \quad \hat{U}_j(t_0, t_0) = \hat{I}\,. \tag{7.18}$$

Auf diese Weise haben wir unser gesamtes Problem auf mehrere kleinere Probleme reduziert. Die folgenden Beispiele werden diese Methode illustrieren.

7.1 Operator-Zeitentwicklung und Erwartungswerte

Wie oben beschrieben, können wir einen Operator $\hat{A}$ aus der Lie-Algebra $\mathscr{L}$ in eine Summe eines Operators $\hat{A}_S$ aus dem halbeinfachen Algebra $\mathscr{S}$ und eines Operators $\hat{A}_R$ aus dem Radikal zerlegen,

$$\hat{A} = \hat{A}_R + \hat{A}_S\,, \tag{7.19}$$

man spricht auch von einer *Projektion* auf $\mathscr{R}$ bzw. $\mathscr{S}$. Die folgende Aufgabe untersucht zunächst das Zeitverhalten der Operatoren aus dem Radikal und aus der halbeinfachen Algebra nur unter den Propagatoren $\hat{U}_S$ und $\hat{U}_R$:

Aufgabe 7.1 (Lösung Seite 292): Für die Zeitentwicklung eines Operators unter $\hat{U}_R$ und unter $\hat{U}_S$ gilt trivialerweise $\hat{U}_S^{-1}\hat{A}\,\hat{U}_S \in \mathscr{S}$ für $\hat{A} \in \mathscr{S}$ und $\hat{U}_R^{-1}\hat{B}\,\hat{U}_R \in \mathscr{R}$ für $\hat{B} \in \mathscr{R}$. Zeigen Sie:

(a) Für $\hat{B} \in \mathscr{R}$ gilt $\hat{U}_S^{-1}\hat{B}\,\hat{U}_S \in \mathscr{R}$.

(b) Für $\hat{A} \in \mathscr{S}$ gilt $\hat{U}_R^{-1}\hat{A}\,\hat{U}_R = \hat{A} + \hat{D}$ mit $\hat{D} \in \mathscr{R}$.

Die volle Zeitentwicklung[3] $\hat{U}/t) = \hat{U}_S(t)\hat{U}_R(t)$ liefert einen Operator $\hat{A}(t)$, den man in Anteile aus $\mathscr{R}$ und $\mathscr{S}$ zerlegen kann,

$$\hat{A}(t) = \hat{U}^{-1}(t)\hat{A}\hat{U}(t) = \hat{A}_R(t) + \hat{A}_S(t)\,, \tag{7.20}$$

aber es ist hier Vorsicht geboten, denn es gilt zwar $\hat{A}_R(0) = \hat{A}_R$ und $\hat{A}_S(0) = \hat{A}_S$, aber es ist nicht klar, ob die beiden Operatoren $\hat{A}_R(t)$ und $\hat{A}_S(t)$ wirklich ihre Zeitentwicklung sind. Wir wollen dies mithilfe der Resultate aus Aufgabe 7.1 näher untersuchen:

$$\begin{aligned}
\hat{A}(t) &= \hat{U}^{-1}(t)\hat{A}\hat{U}(t) = \hat{U}_R^{-1}(t)\hat{U}_S^{-1}(t)\big(\hat{A}_R + \hat{A}_S\big)\,\hat{U}_S(t)\hat{U}_R(t)\\
&= \hat{U}_R^{-1}(t)\,\underbrace{\hat{U}_S^{-1}(t)\hat{A}_R\hat{U}_S(t)}_{=\hat{B}_R(t)\,\in\,\mathscr{R}}\,\hat{U}_R(t) + \hat{U}_R^{-1}(t)\,\underbrace{\hat{U}_S^{-1}(t)\hat{A}_S\hat{U}_S(t)}_{=\hat{B}_S(t)\,\in\,\mathscr{S}}\,\hat{U}_R(t)\\
&= \underbrace{\hat{U}_R^{-1}(t)\hat{B}_R(t)\hat{U}_R(t)}_{\in\,\mathscr{R}} + \underbrace{\hat{U}_R^{-1}(t)\hat{B}_S(t)\hat{U}_R(t)}_{=\hat{B}_S(t)+\hat{D}_R(t)\;,\;\hat{D}_R(t)\in\mathscr{R}}\;.
\end{aligned} \tag{7.21}$$

Damit haben wir die Projektion $\hat{A}_S(t)$ von $\hat{A}(t)$ auf $\mathscr{S}$ als $\hat{B}_S(t)$ ermittelt. Es gilt

$$\hat{A}_S(t) = \hat{U}_S^{-1}(t)\hat{A}_S\hat{U}_S(t)\,, \tag{7.22}$$

das heißt, die Projektion von $\hat{A}$ auf $\mathscr{S}$ entwickelt sich völlig unabhängig von der Zeitentwicklung durch das Radikal.

Wenn der Zeitentwicklungsoperator $\hat{U}(t)$ bekannt ist, dann können wir auch die Zeitentwicklung der Operatoren $\hat{A}(t) = \hat{U}^\dagger(t)\hat{A}\,\hat{U}(t)$ und ihrer Erwartungswerte

$$\langle\hat{A}\rangle_t = \langle\psi(t)|\hat{A}(t_0)|\psi(t)\rangle = \langle\psi(0)|\hat{A}(t)|\psi(0)\rangle \tag{7.23}$$

bestimmen.

In manchen Anwendungen ist der Zeitentwicklungsoperator $\hat{U}(t)$ nicht unitär, beispielsweise für den gedämpften harmonischen Oszillator in Kapitel 8. Wir formulieren daher unsere folgenden Formeln allgemeiner mit dem inversen Operator $\hat{U}^{-1}(t)$ anstelle von $\hat{U}^\dagger(t)$ (siehe Gleichung (2.39)).

Besonders einfach wird dies, wenn es sich um Operatoren aus der Lie-Algebra handelt, also als Linearkombinationen der Basis $\hat{\Gamma}_j$. Dann ist $\hat{A}(t)$ eine Linearkombination der Operatoren

$$\hat{\Gamma}_j(t) = \hat{U}^{-1}(t)\hat{\Gamma}_j\hat{U}(t)\,, \tag{7.24}$$

die eine zeitabhängige Basis unserer Lie-Algebra bilden mit den gleichen Strukturkonstanten (vgl. Seite 102). Wenn wir den Zeitentwicklungsoperator als exponentielles Produkt ansetzen, also in der Wei-Norman-Darstellung (7.10) als

$$\hat{U}(t) = \mathrm{e}^{g_1(t)\hat{\Gamma}_1}\,\mathrm{e}^{g_2(t)\hat{\Gamma}_2}\ldots\mathrm{e}^{g_n(t)\hat{\Gamma}_n}\,, \tag{7.25}$$

[3] Wir werden hier $t_0 = 0$ wählen und dies in der Notation unterdrücken.

dann müssen wir die folgende Größe auswerten

$$\begin{aligned}\hat{A}(t) &= \hat{U}^{-1}(t)\hat{A}\,\hat{U}(t) = \mathrm{e}^{-g_1\hat{\Gamma}_1}\,\mathrm{e}^{-g_2\hat{\Gamma}_2}\ldots\mathrm{e}^{-g_n\hat{\Gamma}_n}\,\hat{A}\,\mathrm{e}^{g_1\hat{\Gamma}_1}\,\mathrm{e}^{g_2\hat{\Gamma}_2}\ldots\mathrm{e}^{g_n\hat{\Gamma}_n}\\ &= \mathrm{e}^{-g_n\mathrm{ad}\hat{\Gamma}_n}\ldots\mathrm{e}^{-g_1\mathrm{ad}\hat{\Gamma}_1}\,\hat{A}\end{aligned} \tag{7.26}$$

mit der Adjungierten in der Schreibweise von Gleichung (1.37). Für alle weiteren Berechnungen ist es zweckmäßig, zunächst die Zeitentwicklung der Basiselemente zu bestimmen, also die

$$\hat{\Gamma}_k(t) = \hat{U}^{-1}(t)\hat{\Gamma}_k\,\hat{U}(t) = \mathrm{e}^{-g_n\mathrm{ad}\hat{\Gamma}_n}\ldots\mathrm{e}^{-g_1\mathrm{ad}\hat{\Gamma}_1}\,\hat{\Gamma}_k\,, \tag{7.27}$$

die man durch sukzessive Anwendung der kanonischen Ähnlichkeitstransformationen

$$\Delta_k^{(j)}(z) = \mathrm{e}^{z\,\mathrm{ad}\Gamma_j}\,\Gamma_k = \mathrm{e}^{z\Gamma_j}\,\Gamma_k\,\mathrm{e}^{-z\Gamma_j}\,, \tag{7.28}$$

aus Gleichung (6.85) erhalten kann, wie in den folgenden Beispielen demonstriert wird. Danach ergibt sich die Zeitentwicklung einer Größe $\hat{A} = \sum_k a_k\hat{\Gamma}_k$ einfach aus denen der zeitabhängigen Basiselemente als

$$\hat{A}(t) = \sum_k a_k\hat{\Gamma}_k(t)\,. \tag{7.29}$$

Wir können dabei berücksichtigen, dass sich nach Gleichung (7.22) die Anteile aus $\mathscr{S}$ in besonders einfacher Weise entwickeln.

7.2 Oszillator-Systeme

Wir wollen in diesem Abschnitt Lie-Algebren vorstellen, die zeitabhängige Oszillatorsysteme darstellen und aus maximal zwei Oszillatoren aufgebaut sind, beschrieben durch die Erzeugungs- und Vernichtungsoperatoren $\hat{a}^\dagger$ und $\hat{a}$ bzw. $\hat{b}^\dagger$ und $\hat{b}$ mit den einzigen nichtverschwindenden Kommutatoren $[\hat{a},\hat{a}^\dagger] = [\hat{b},\hat{b}^\dagger] = 1$ und deren Produkte. (Wir schreiben in diesem Abschnitt die Identität $\hat{I}$ oft einfach als 1.) Das ergibt maximal eine 15-dimensionale Algebra $\mathscr{L}_{15}$, durch deren Elemente man Quantensysteme mit einem hermiteschen Hamilton-Operator

$$\begin{aligned}\hat{H} = \omega_a\big(\hat{a}^\dagger\hat{a}+\tfrac{1}{2}\big)+\omega_b\big(\hat{b}^\dagger\hat{b}+\tfrac{1}{2}\big)+\alpha\hat{a}+\alpha^*\hat{a}^\dagger+\beta\hat{b}+\beta^*\hat{b}^\dagger+\gamma\hat{a}^2+\gamma^*\hat{a}^{\dagger 2}\\ +\delta\hat{b}^2+\delta^*\hat{b}^{\dagger 2}+\epsilon\hat{a}\hat{b}+\epsilon^*\hat{a}^\dagger\hat{b}^\dagger+\xi\hat{a}^\dagger\hat{b}+\xi^*\hat{a}\hat{b}^\dagger+\eta\hat{I}\end{aligned} \tag{7.30}$$

(für ω_a und ω_b reell) beschreiben kann.

Wie oben ausgeführt, kann man die Algebra in eine halbdirekte Summe $\mathscr{L} = \mathscr{R} \Subset \mathscr{S}$ aus dem Radikal $\mathscr{R}$ und einer halbeinfachen Algebra $\mathscr{S}$ zerlegen:

$$\mathscr{L}_{15} = \{\hat{I},\,\hat{a}^\dagger,\,\hat{a},\,\hat{b}^\dagger,\,\hat{b}\} \Subset \{\hat{a}^\dagger\hat{a}+\tfrac{1}{2},\,\hat{b}^\dagger\hat{b}+\tfrac{1}{2},\,\hat{a}^{\dagger 2},\,\hat{a}^2,\,\hat{b}^{\dagger 2},\,\hat{b}^2,\,\hat{a}^\dagger\hat{b}^\dagger,\,\hat{a}\hat{b},\,\hat{a}^\dagger\hat{b},\,\hat{a}\hat{b}^\dagger\}\,. \tag{7.31}$$

Durch ihre Unteralgebren lassen sich unterschiedliche physikalische Systeme modellieren. Beispielsweise beschreibt die elfdimensionale Algebra

$$\mathscr{L}_{11} = \{\hat{I},\,\hat{a}^\dagger,\,\hat{a},\,\hat{b}^\dagger,\,\hat{b}\} \Subset \{\hat{a}^\dagger\hat{a}+\tfrac{1}{2},\,\tfrac{1}{2}\hat{a}^{\dagger 2},\,\tfrac{1}{2}\hat{a}^2\} \oplus \{\hat{b}^\dagger\hat{b}+\tfrac{1}{2},\tfrac{1}{2}\hat{b}^{\dagger 2},\tfrac{1}{2}\hat{b}^2\} \tag{7.32}$$

zwei linear gekoppelte quadratische Oszillatoren ($\epsilon = \xi = 0$), die neundimensionale Algebra

$$\mathscr{L}_9 = \{\hat{I},\, \hat{a}^\dagger,\, \hat{a},\, \hat{b}^\dagger,\, \hat{b},\, \hat{a}^\dagger\hat{a} + \hat{b}^\dagger\hat{b}\} \Subset \{\hat{a}^\dagger\hat{a} - \hat{b}^\dagger\hat{b},\, \hat{a}^\dagger\hat{b},\, \hat{a}\hat{b}^\dagger\} \tag{7.33}$$

zwei wechselwirkende linear angetriebene Oszillatoren ohne Zweiquantenprozesse ($\gamma = \delta = \epsilon = 0$), eine weitere neundimensionale Algebra

$$\widetilde{\mathscr{L}}_9 = \{\hat{I},\, \hat{a}^\dagger,\, \hat{a},\, \hat{b}^\dagger,\, \hat{b},\, \hat{a}^\dagger\hat{a} - \hat{b}^\dagger\hat{b}\} \Subset \{\hat{a}^\dagger\hat{a} + \hat{b}^\dagger\hat{b} + 1,\, \hat{a}^\dagger\hat{b}^\dagger,\, \hat{a}\hat{b}\} \tag{7.34}$$

zwei wechselwirkende angetriebene Oszillatoren ohne direkten Quantenaustausch ($\gamma = \delta = \xi = 0$), die sechsdimensionale Algebra

$$\mathscr{L}_6 = \{\hat{a}^\dagger,\, \hat{a},\, \hat{I}\} \Subset \{\hat{a}^\dagger\hat{a} + \tfrac{1}{2},\, \tfrac{1}{2}\hat{a}^{\dagger 2},\, \tfrac{1}{2}\hat{a}^2\} \tag{7.35}$$

einen harmonischen Oszillator mit linearer und quadratischer Anregung ($\omega_b = \beta = \delta = \epsilon = \xi = 0$), und die beiden vierdimensionalen Algebren

$$\widetilde{\mathscr{L}}_4 = \{\hat{a}^\dagger\hat{a} + \hat{b}^\dagger\hat{b}\} \Subset \{\hat{a}^\dagger\hat{a} + \hat{b}^\dagger\hat{b},\, \hat{a}^\dagger\hat{b},\, \hat{a}\hat{b}^\dagger\} \text{ und } \mathscr{L}_4 = \{\hat{a}^\dagger,\, \hat{a},\, \hat{I}\} \Subset \{\hat{a}^\dagger\hat{a} + \tfrac{1}{2}\} \tag{7.36}$$

zwei wechselwirkende Oszillatoren in der Rotating-Wave-Approximation bzw. einen linearen angetriebenen Oszillator.

In allen oben angegebenen Fällen sind die in der Zerlegung $\mathscr{L} = \mathscr{R} \Subset \mathscr{S}$ auftretenden halbeinfachen Algebren $\mathscr{S}$ schon einfach. Im Folgenden werden wir einige dieser Algebren detaillierter beschreiben.

7.2.1 Die einfachen $\mathfrak{su}(2)$- und $\mathfrak{su}(1,1)$-Algebren

Die beiden dreidimensionalen Lie-Algebren $\mathfrak{su}(2)$ und $\mathfrak{su}(1,1)$ mit der Basis $\{\hat{K}_0,\, \hat{K}_+ . \hat{K}_-\}$ und den Kommutatorrelationen

$$[\hat{K}_0, \hat{K}_\pm] = \pm 2\hat{K}_\pm \;,\;\; [\hat{K}_+, \hat{K}_-] = \delta\hat{K}_0 \text{ mit } \delta = +1 \text{ für } \mathfrak{su}(2)\,,\;\; \delta = -1 \text{ für } \mathfrak{su}(1,1) \tag{7.37}$$

(siehe Gleichungen (6.114) und (6.187)) lassen sich durch Oszillator-Operatoren realisieren:

$$\hat{K}_0 = \hat{a}^\dagger\hat{a} + \tfrac{1}{2} \;,\quad \hat{K}_+ = \tfrac{1}{2}\hat{a}^{\dagger 2} \;,\quad \hat{K}_- = \tfrac{1}{2}\hat{a}^2 \quad \text{für} \quad \mathfrak{su}(1,1)\,, \tag{7.38}$$

$$\hat{K}_0 = \hat{a}^\dagger\hat{a} - \hat{b}^\dagger\hat{b} \;,\quad \hat{K}_+ = \hat{a}^\dagger\hat{b} \;,\quad \hat{K}_- = \hat{a}\hat{b}^\dagger \quad \text{für} \quad \mathfrak{su}(2)\,. \tag{7.39}$$

In beiden Fällen gilt

$$\hat{K}_0^\dagger = \hat{K}_0 \text{ und } \hat{K}_+^\dagger = \hat{K}_-\,. \tag{7.40}$$

Die Kommutatorrelationen für den ersten Fall wurden schon auf Seite 40 gezeigt, den zweiten Fall überlassen wir einer Aufgabe:

Aufgabe 7.2 (Lösung Seite 292): Verifizieren Sie für die Operatoren

$$\hat{K}_0 = \hat{a}^\dagger\hat{a} - \hat{b}^\dagger\hat{b} \;,\quad \hat{K}_+ = \hat{a}^\dagger\hat{b} \;,\quad \hat{K}_- = \hat{a}\hat{b}^\dagger$$

die $\mathfrak{su}(2)$-Kommutatoren $[\hat{K}_0, \hat{K}_\pm] = \pm 2\hat{K}_\pm$, $[\hat{K}_+, \hat{K}_-] = \hat{K}_0$ aus Gleichung (7.37).

Dann beschreibt der Hamilton-Operator

$$\hat{H}(t) = \omega_0(t)\hat{K}_0 + \omega_+(t)\hat{K}_+ + \omega_-(t)\hat{K}_-\,, \tag{7.41}$$

mit $\hbar = 1$ für die Realisierung (7.38) einen (eventuell explizit zeitabhängigen) Swanson-Oszillator

$$\hat{H} = \omega_0\big(\hat{a}^\dagger\hat{a} + \tfrac{1}{2}\big) + \tfrac{1}{2}\,\omega_+\hat{a}^{\dagger 2} + \tfrac{1}{2}\,\omega_-\hat{a}^2\,, \tag{7.42}$$

(mehr darüber in Abschnitt 13.5) und für die Realisierung (7.39) ein Bose-Hubbard-Dimer

$$\hat{H} = \epsilon(t)\big(\hat{a}^\dagger\hat{a} - \hat{b}^\dagger\hat{b}\big) + v(t)\big(\hat{a}^\dagger\hat{b} + \hat{a}\hat{b}^\dagger\big) \tag{7.43}$$

mit zwei Gitterplätzen mit der Energie ϵ bzw. $-\epsilon$ und Übergängen zwischen den Plätzen mit einer Hopping-Stärke v. Alle Systemparameter können eventuell explizit von der Zeit abhängen. Mehr darüber in Abschnitt 12.1.

Unser Ziel ist es, für den explizit zeitabhängigen Hamilton-Operator (7.41) den Zeitentwicklungsoperator $\hat{U}(t,t_0)$ mit

$$\mathrm{i}\,\frac{\partial\hat{U}}{\partial t} = \hat{H}(t)\,\hat{U}(t,t_0) \quad\text{und}\quad \hat{U}(t_0,t_0) = \hat{I} \tag{7.44}$$

zu bestimmen, den wir als ein exponentielles Produkt ansetzen:

$$\hat{U}(t,t_0) = \mathrm{e}^{c_0(t)\hat{K}_0}\,\mathrm{e}^{c_+(t)\hat{K}_+}\,\mathrm{e}^{c_-(t)\hat{K}_-}\,. \tag{7.45}$$

Im Gegensatz zu einer rein exponentiellen Form wie $\mathrm{e}^{u_0\hat{K}_0 + u_+\hat{K}_+ + u_-\hat{K}_-}$ macht uns hier die Zeitableitung keine Probleme da $\hat{K}_j$ mit $\mathrm{e}^{c_j\hat{K}_j}$ vertauscht. Mit $\dot{c}_j = \mathrm{d}c_j/\mathrm{d}t$ erhalten wir

$$\frac{\partial\hat{U}}{\partial t} = \dot{c}_0\hat{K}_0\mathrm{e}^{c_0\hat{K}_0}\mathrm{e}^{c_+\hat{K}_+}\mathrm{e}^{c_-\hat{K}_-} + \dot{c}_+\mathrm{e}^{c_0\hat{K}_0}\,\hat{K}_+\mathrm{e}^{c_+\hat{K}_+}\mathrm{e}^{c_-\hat{K}_-} + \dot{c}_-\mathrm{e}^{c_0\hat{K}_0}\mathrm{e}^{c_+\hat{K}_+}\,\hat{K}_-\mathrm{e}^{c_-\hat{K}_-}\,. \tag{7.46}$$

Im nächsten Schritt multiplizieren wir von rechts mit

$$\hat{U}^{-1} = \mathrm{e}^{-c_-\hat{K}_-}\,\mathrm{e}^{-c_+\hat{K}_+}\,\mathrm{e}^{-c_o\hat{K}_0}\,, \tag{7.47}$$

erhalten

$$\frac{\partial\hat{U}}{\partial t}\,\hat{U}^{-1} = \dot{c}_0\hat{K}_0 + \dot{c}_+\mathrm{e}^{c_0\hat{K}_0}\,\hat{K}_+\mathrm{e}^{-c_o\hat{K}_0} + \dot{c}_-\mathrm{e}^{c_0\hat{K}_0}\mathrm{e}^{c_+\hat{K}_+}\,\hat{K}_-\mathrm{e}^{-c_+\hat{K}_+}\mathrm{e}^{-c_o\hat{K}_0}\,, \tag{7.48}$$

und vereinfachen diesen Ausdruck mithilfe der kanonischen Ähnlichkeitstransformationen aus Tabelle 6.1:

$$\begin{aligned}
\frac{\partial\hat{U}}{\partial t}\,\hat{U}^{-1} &= \dot{c}_0\hat{K}_0 + \dot{c}_+\underbrace{\mathrm{e}^{c_0\hat{K}_0}\,\hat{K}_+\mathrm{e}^{-c_o\hat{K}_+}}_{=\mathrm{e}^{2c_o}\hat{K}_+} + \dot{c}_-\mathrm{e}^{c_0\hat{K}_0}\underbrace{\mathrm{e}^{c_+\hat{K}_+}\,\hat{K}_-\mathrm{e}^{-c_+\hat{K}_+}}_{\delta c_-\hat{K}_0 - \delta c_-^2\hat{K}_+ + \hat{K}_-}\mathrm{e}^{-c_o\hat{K}_0}\\
&= \dot{c}_0\hat{K}_0 + \dot{c}_+\mathrm{e}^{2c_o}\hat{K}_+ + \dot{c}_-\Big(\delta c_-\hat{K}_0 - \delta c_-^2\underbrace{\mathrm{e}^{c_0\hat{K}_0}\,\hat{K}_+\mathrm{e}^{-c_o\hat{K}_0}}_{=\mathrm{e}^{2c_0}\hat{K}_+} + \underbrace{\mathrm{e}^{c_0\hat{K}_0}\,\hat{K}_-\mathrm{e}^{-c_o\hat{K}_0}}_{=\mathrm{e}^{-2c_0}\hat{K}_-}\Big)\\
&= \big(\dot{c}_0 + \delta c_+\dot{c}_-\big)\hat{K}_0 + \big(\dot{c}_+ - \delta\dot{c}_-c_+^2\big)\mathrm{e}^{2c_0}\hat{K}_+ + \dot{c}_-\mathrm{e}^{-2c_0}\hat{K}_-\,.
\end{aligned} \tag{7.49}$$

Dies soll, multipliziert mit i, eine Lösung von (7.44) liefern, also mit $H(t)$ aus Gleichung (7.41) übereinstimmen. Daher müssen die Koeffizienten der Basisoperatoren übereinstimmen:

$$\mathrm{i}\big(\dot c_0 + \delta c_+ \dot c_-\big) = \omega_0 \ , \quad \mathrm{i}\big(\dot c_+ - \delta \dot c_- c_+^2\big)\mathrm{e}^{2c_0} = \omega_+ \ , \quad \mathrm{i}\dot c_- \mathrm{e}^{-2c_0} = \omega_- \,. \tag{7.50}$$

Wir lösen sukzessive auf, angefangen mit der letzten Gleichung, und erhalten das Differentialgleichungssystem

$$\begin{aligned} \mathrm{i}\,\dot c_0 &= \omega_0 - \delta\omega_- c_+ \mathrm{e}^{2c_0} \,, \\ \mathrm{i}\,\dot c_+ &= \omega_+ \mathrm{e}^{-2c_0} + \delta\omega_- c_+^2 \mathrm{e}^{2c_0} \,, \\ \mathrm{i}\,\dot c_- &= \omega_- \mathrm{e}^{2c_0} \end{aligned} \tag{7.51}$$

mit den Anfangsbedingungen $c_0(t_0) = c_+(t_0) = c_-(t_0) = 0$.
Für den einfachen Fall $\omega_\pm = 0$ vereinfachen sich diese Gleichungen und wir finden

$$c_0(t) = -\mathrm{i}\int_{t_0}^{t} \omega_0(\tau)\,\mathrm{d}\tau \quad \text{und} \quad c_+(t) = c_-(t) = 0\,, \tag{7.52}$$

was natürlich für eine zeitunabhängige Frequenz $\omega_0(t) = \omega$ mit $c_0 = -\mathrm{i}\omega(t - t_0)$ die Lösung

$$\hat U(t, t_0) = \mathrm{e}^{-\mathrm{i}\hat H(t-t_0)} = \mathrm{e}^{-\mathrm{i}\omega_0 \hat K_0 (t-t_0)} \tag{7.53}$$

reproduziert.
In allgemeinen Fall lassen sich die Gleichungen (7.51) durch die Variablentransformation

$$H = \mathrm{e}^{-c_0} \ , \quad G = c_+ \mathrm{e}^{+c_0} \ , \quad F = c_- \mathrm{e}^{-c_0} \tag{7.54}$$

auf die lineare Form

$$\mathrm{i}\dot H = -\omega_0 H + \delta\,\omega_- G \ , \quad \mathrm{i}\dot G = \omega_+ H + \omega_0 G, \tag{7.55}$$

bringen. Die Funktion $F(t)$ ergibt sich aus der Lösung der Gleichung

$$\dot H F - H \dot F = \mathrm{i}\omega_- \,, \tag{7.56}$$

und zusätzlich definieren wir noch die Variable

$$L = (1 + \delta F G)/H\,. \tag{7.57}$$

Dabei sind die Anfangsbedingungen als $H(t_0) = 1$ und $G(t_0) = F(t_0) = 0$ zu wählen. Die Koeffizienten in der Wei-Norman-Darstellung $\hat U(t) = \mathrm{e}^{c_0 \hat K_0} \mathrm{e}^{c_+ \hat K_+} \mathrm{e}^{c_- \hat K_-}$ sind dann

$$c_0 = -\ln H \ , \quad c_+ = GH \ , \quad c_- = F/H, \tag{7.58}$$

und für die Anordnung $\hat U(t) = \mathrm{e}^{d_+ \hat K_+}\, \mathrm{e}^{d_0 \hat K_0}\, \mathrm{e}^{d_- \hat K_-}$ notieren wir (vgl. die Lösung der Aufgabe 6.13)

$$d_0 = -\ln H \ , \quad d_+ = G/H \ , \quad d_- = F/H\,. \tag{7.59}$$

Es sei hier darauf hingewiesen, dass wir bisher *nicht* vorausgesetzt haben, dass der Hamilton-Operator (7.41) hermitesch ist, worauf wir in Abschnitt 13.5 zurückkommen werden. Zur Übung ermitteln wir in einer Aufgabe die Lösungen für ein zeitunabhängiges System:

Aufgabe 7.3 (Lösung Seite 293): Bestimmen Sie für einen zeitunabhängigen Hamilton-Operator $\hat{H} = \omega_0 \hat{K}_0 + \omega_+ \hat{K}_+ + \omega_- \hat{K}_-$ ($\hbar = 1$) die Koeffizienten eines Zeitentwicklungsoperators der Form $\hat{U}(t,0) = \mathrm{e}^{c_0 \hat{K}_0} \mathrm{e}^{c_+ \hat{K}_+} \mathrm{e}^{c_- \hat{K}_-}$.

Für hermitesche Systeme ist $\hat{U}(t)$ unitär, das heißt, der Operator $\hat{P}(t) = \hat{U}^\dagger(t)\hat{U}(t)$ ist zeitlich konstant, also gleich der Identität. Allgemein ist das aber nicht der Fall (mehr über diesen Normoperator findet man in Abschnitt 13.1). Hier wollen wir eine einfache Produktdarstellung dafür finden, wobei wir die Relationen $\hat{K}_0^\dagger = \hat{K}_0$ und $\hat{K}_+^\dagger = \hat{K}_-$ aus (7.40) voraussetzen. Ausgehend von $\hat{U}(t) = \mathrm{e}^{c_0 \hat{K}_0} \mathrm{e}^{c_+ \hat{K}_+} \mathrm{e}^{c_- \hat{K}_-}$ und $\hat{U}^\dagger(t) = \mathrm{e}^{c_-^* \hat{K}_-^\dagger} \mathrm{e}^{c_+^* \hat{K}_+^\dagger} \mathrm{e}^{c_0^* \hat{K}_0^\dagger} = \mathrm{e}^{c_-^* \hat{K}_+} \mathrm{e}^{c_+^* \hat{K}_-} \mathrm{e}^{c_0^* \hat{K}_0}$, also

$$
\begin{aligned}
\hat{P}(t) = \hat{U}^\dagger \hat{U} &= \mathrm{e}^{c_-^* \hat{K}_+} \mathrm{e}^{c_+^* \hat{K}_-} \mathrm{e}^{c_0^* \hat{K}_0} \mathrm{e}^{c_0 \hat{K}_0} \mathrm{e}^{c_+ \hat{K}_+} \mathrm{e}^{c_- \hat{K}_-} \\
&= \mathrm{e}^{c_-^* \hat{K}_+} \mathrm{e}^{c_+^* \hat{K}_-} \mathrm{e}^{(c_0^* + c_0)\hat{K}_0} \mathrm{e}^{c_+ \hat{K}_+} \mathrm{e}^{c_- \hat{K}_-}, \qquad (7.60)
\end{aligned}
$$

ordnen wir die drei mittleren Operatoren mithilfe der Gleichungen (6.232) und (6.236) um. Das ergibt

$$
\mathrm{e}^{c_+^* \hat{K}_-} \mathrm{e}^{(c_0^* + c_0)\hat{K}_0} \mathrm{e}^{c_+ \hat{K}_+} = \mathrm{e}^{s_+ \hat{K}_+} \mathrm{e}^{s_0 \hat{K}_0} \mathrm{e}^{s_- \hat{K}_-} \qquad (7.61)
$$

mit den Koeffizienten

$$
\mathrm{e}^{-s_0} = \mathrm{e}^{-c_0 - c_0^*} + \delta c_+ c_+^* \mathrm{e}^{c_0 + c_0^*}, \quad s_- = s_+^* = \frac{c_+^*}{\mathrm{e}^{-2(c_0 + c_0^*)} + \delta c_+ c_+^*} = c_+^* \mathrm{e}^{c_0 + c_0^*} \mathrm{e}^{s_0}, \qquad (7.62)
$$

und mit $s = s_- + c_-$ erhalten wir

$$
\hat{P}(t) = \mathrm{e}^{s^*(t)\hat{K}_+} \mathrm{e}^{s_0(t)\hat{K}_0} \mathrm{e}^{s(t)\hat{K}_-}. \qquad (7.63)
$$

Dabei können wir die exponentiellen Parameter ausdrücken als

$$
\begin{aligned}
\mathrm{e}^{-s_0} &= |H|^2 + \delta |GH|^2 / |H|^2 = |H|^2 + \delta |G|^2 \\
s &= G^* H^* |H|^{-2} \mathrm{e}^{s_0} + F/H = \left(F + \mathrm{e}^{s_0} G^*\right)/H. \qquad (7.64)
\end{aligned}
$$

Zeitentwicklung der Operatoren: Wir haben oben den Zeitentwicklungsoperator in der Produktform

$$
\hat{U}(t) = \mathrm{e}^{c_0(t)\hat{K}_0} \mathrm{e}^{c_+(t)\hat{K}_+} \mathrm{e}^{c_-(t)\hat{K}_-} \qquad (7.65)
$$

aus Gleichung (7.45) bestimmt. Auch hier wählen wir die Anfangszeit $t_0 = 0$ und unterdrücken dies in der Notation. Zunächst berechnen wir $\hat{K}_0(t)$ und $\hat{K}_\pm(t)$ nach Gleichung (7.27) mit den kanonischen Ähnlichkeitstransformationen aus Tabelle 6.1 und den Variablen H, G, F aus Gleichung (7.54) als

$$
\begin{aligned}
\hat{K}_0(t) &= \mathrm{e}^{-c_- \hat{K}_-} \mathrm{e}^{-c_+ \hat{K}_+} \mathrm{e}^{-c_0 \hat{K}_0} \hat{K}_0 \mathrm{e}^{c_0 \hat{K}_0} \mathrm{e}^{c_+ \hat{K}_+} \mathrm{e}^{c_- \hat{K}_-} \\
&= (1 + 2\delta c_+ c_-)\hat{K}_0 + 2c_+ \hat{K}_+ - 2c_-(1 + \delta c_+ c_-)\hat{K}_- \\
&= (1 + 2\delta FG)\hat{K}_0 + 2GH\hat{K}_+ - 2FL\hat{K}_-, \qquad (7.66) \\
\hat{K}_+(t) &= \mathrm{e}^{-2c_0}\left(\delta c_- \hat{K}_0 + \hat{K}_+ - \delta c_-^2 \hat{K}_-\right) \\
&= \delta FH\hat{K}_0 + H^2 \hat{K}_+ - \delta F^2 \hat{K}_-, \qquad (7.67) \\
\hat{K}_-(t) &= \mathrm{e}^{+2c_0}\big(- \delta c_+ (1 + \delta c_p c_-)\hat{K}_0 - \delta c_+^2 \hat{K}_+ + (1 - \delta c_+ c_-)^2 \hat{K}_- \\
&= -\delta GL\hat{K}_0 - \delta G^2 \hat{K}_+ + L^2 \hat{K}_- \qquad (7.68)
\end{aligned}
$$

(siehe die Gleichungen (6.260) bis (6.262)) mit $L = (1+\delta FG)/H$ aus Gleichung (7.57). Für die zeitabhängigen Koeffizienten gilt $c_0(0) = c_\pm(0) = 0$, also $H(0) = L(0) = 1$, $G(0) = F(0) = 0$, und daher $\hat{K}_0(0) = \hat{K}_0$ und $\hat{K}_\pm(0) = \hat{K}_\pm$. (Es sei darauf hingewiesen, dass im nicht-hermiteschen Fall im Allgemeinen $\hat{K}_0^\dagger(t) \neq \hat{K}_0(t)$ und $\hat{K}_+^\dagger(t) \neq \hat{K}_-(t)$ gilt.)

Die Erwartungswerte dieser Operatoren sind einfach zu berechnen, falls sich das System anfangs in einem Eigenzustand von $\hat{K}_0$ befindet:

$$|\psi_0\rangle = |n\rangle \quad \text{mit} \quad \hat{K}_0|n\rangle = \epsilon_n|n\rangle \quad \text{und} \quad \langle n|n\rangle = 1\,. \tag{7.69}$$

Zunächst können wir aus der Kommutatorrelation folgern, dass die Erwartungswerte von $\hat{K}_\pm$ gleich null sind:

$$\pm 2\langle n|\hat{K}_\pm|n\rangle = \langle n|\big[\hat{K}_0, \hat{K}_\pm\big]|n\rangle = \langle n|\hat{K}_0\hat{K}_\pm|n\rangle - \langle n|\hat{K}_\pm\hat{K}_0|n\rangle = (\epsilon_n^* - \epsilon)\langle n|\hat{K}_\pm|n\rangle = 0\,, \tag{7.70}$$

denn da $\hat{K}_0$ hermitesch ist, ist ϵ_n reell. Damit erhalten wir aus (7.66) bis (7.68) mit $\langle\hat{K}_0\rangle = \epsilon_n$ und $\langle\hat{K}_\pm\rangle = 0$

$$\begin{aligned}
\langle\hat{K}_0\rangle_t &= \langle n|\hat{K}_0(t)|n\rangle = (1+2\delta c_+c_-)\,\epsilon_n\,,\\
\langle\hat{K}_+\rangle_t &= \langle n|\hat{K}_+(t)|n\rangle = \delta c_- \mathrm{e}^{-2c_0}\epsilon_n\,,\\
\langle\hat{K}_-\rangle_t &= \langle n|\hat{K}_-(t)|n\rangle = -\delta c_+\big((1+\delta c_+c_-)\mathrm{e}^{+2c_0}\epsilon_n\,.
\end{aligned} \tag{7.71}$$

Der Erwartungswert von $\hat{H}$ aus (7.41), die mittlere Energie, ist gleich

$$\begin{aligned}
\langle\hat{H}\rangle_t &= \omega_0(t)\langle\hat{K}_0\rangle_t + \omega_+(t)\langle\hat{K}_+\rangle_t + \omega_-(t)\langle\hat{K}_-\rangle_t\\
&= \big((1+2\delta c_+c_-)\,\omega_0 + \delta c_-\mathrm{e}^{-2c_0}\,\omega_+ - \delta c_+\big((1+\delta c_p c_-)\mathrm{e}^{+2c_0}\omega_-\big)\epsilon_n\,.
\end{aligned} \tag{7.72}$$

7.2.2 Die auflösbaren Algebren

Gemäß ihrer Definition sind die Radikale $\mathscr{R}$ auflösbare Algebren. Für eine auflösbare Algebra $\mathscr{L}$ mit der Dimension ℓ existiert eine Kette von Idealen

$$0 \subset \mathscr{I}_\ell \subset \cdots \subset \mathscr{I}_1 = \mathscr{L}\,, \tag{7.73}$$

wobei das Ideal $\mathscr{I}_m$ die Dimension $\dim\mathscr{I}_m = \ell - m + 1$ besitzt. Dann kann man eine Basis $\hat{\Gamma}_1, \hat{\Gamma}_2, \cdots, \hat{\Gamma}_\ell$ der Algebra finden, sodass die $\hat{\Gamma}_m, \cdots, \hat{\Gamma}_\ell$ das Ideal $\mathscr{I}_m$ erzeugen. Dann lässt sich zeigen, dass die Koeffizienten $g_j(t)$ der Produktdarstellung (7.10)

$$\hat{U}(t,t_0) = \mathrm{e}^{g_1(t)\hat{\Gamma}_1}\,\mathrm{e}^{g_2(t)\hat{\Gamma}_2}\ldots\mathrm{e}^{g_\ell(t)\hat{\Gamma}_\ell} \tag{7.74}$$

durch einfache Quadraturen zu bestimmen sind. Mehr darüber findet man in der auf Seite 130 angegebenen Originalliteratur. Wir wollen das an einem Beispiel demonstrieren.

Das Radikal der Algebra $\mathscr{L}_4$ (siehe Gleichung (7.36)) ist gleich $\mathscr{R} = \{\hat{a}^\dagger, \hat{a}, \hat{I}\}$, eine auflösbare Algebra (bitte nachprüfen!). Setzen wir $\hat{\Gamma}_1 = \hat{a}^\dagger$, $\hat{\Gamma}_2 = \hat{a}$, $\hat{\Gamma}_3 = \hat{I}$, so sind die oben aufgeführten Kettenbedingungen erfüllt, und wir setzen den Zeitevolutionsoperator an als

$$\hat{U}(t,t_0) = \mathrm{e}^{g_1(t)\hat{a}^\dagger}\,\mathrm{e}^{g_2(t)\hat{a}}\,\mathrm{e}^{g_3(t)\hat{I}} \tag{7.75}$$

mit der Zeitableitung

$$\frac{\partial}{\partial t}\hat{U}(t,t_0) = \dot{g}_1\,\hat{a}^\dagger e^{g_1\,\hat{a}^\dagger}\, e^{g_2\,\hat{a}}\, e^{g_3\,\hat{I}} + \dot{g}_2\, e^{g_1\,\hat{a}^\dagger}\,\hat{a}\, e^{g_2\,\hat{a}}\, e^{g_3\,\hat{I}} + \dot{g}_3\, e^{g_1\,\hat{a}^\dagger}\, e^{g_2\,\hat{a}}\, e^{g_3,\hat{I}}\,. \tag{7.76}$$

Die Multiplikation von rechts mit $\hat{U}^{-1} = e^{-g_3\,\hat{I}}\, e^{-g_2\,\hat{a}}\, e^{-g_1\,\hat{a}^\dagger}$ ergibt

$$\Big(\frac{\partial}{\partial t}\hat{U}\Big)\,\hat{U}^{-1} = \dot{g}_1\,\hat{a}^\dagger + \dot{g}_2\,\underbrace{e^{g_1\,\hat{a}^\dagger}\,\hat{a}\, e^{-g_1\,\hat{a}^\dagger}}_{=\hat{a}-g_1\hat{I}} + \dot{g}_3 = \dot{g}_1\,\hat{a}^\dagger + \dot{g}_2\,\hat{a} - \dot{g}_2 g_1 + \dot{g}_3\,, \tag{7.77}$$

wobei wir eine kanonische Ähnlichkeitstransformation aus Tabelle 6.2 benutzt haben. Multiplikation mit i und Vergleich mit

$$\hat{U}_S^{-1}\,\hat{H}_R\,\hat{U}_S = h_1(t)\hat{a}^\dagger + h_2(t)\hat{a} + h_3(t)\hat{I} \tag{7.78}$$

(siehe Gleichung (7.15)) führt auf die Differentialgleichungen

$$\mathrm{i}\dot{g}_1 = h_1\ ,\quad \mathrm{i}\dot{g}_2 = h_2\ ,\quad \mathrm{i}\dot{g}_3 - \mathrm{i}\dot{g}_2 g_1 = \mathrm{i}\dot{g}_3 - h_2 g_1 = h_3\,, \tag{7.79}$$

die wir nacheinander integrieren können:

$$\begin{aligned} g_1(t) &= -\mathrm{i}\int_{t_0}^{t} h_1(\tau)\,\mathrm{d}\tau\ ,\quad g_2(t) = -\mathrm{i}\int_{t_0}^{t} h_2(\tau)\,\mathrm{d}\tau\,,\\ g_3(t) &= -\mathrm{i}\int_{t_0}^{t} \big(h_3(\tau) + h_2(\tau)g_1(\tau)\big)\,\mathrm{d}\tau\,, \end{aligned} \tag{7.80}$$

sie wurden also auf eine Quadratur zurückgeführt. Mehr dazu im folgenden Kapitel 8 über den angetriebenen gedämpften harmonischen Oszillator.

Die **erweiterte Oszillator-Algebra**

$$\mathscr{L}_6 = \{\hat{a}^\dagger,\ \hat{a},\ \hat{I},\ \hat{a}^\dagger\hat{a} + \tfrac{1}{2}\hat{I},\ \tfrac{1}{2}\hat{a}^{\dagger 2},\ \tfrac{1}{2}\hat{a}^2\} \tag{7.81}$$

haben wir schon kurz in Abschnitt 6.6 vorgestellt. Damit lässt sich ein Oszillatorsystem mit dem Hamilton-Operator

$$\hat{H}(t) = f_1(t)\hat{a}^\dagger + f_2(t)\hat{a} + f_3(t) + \omega_0(t)\big(\hat{a}^\dagger\hat{a} + \tfrac{1}{2}\hat{I}\big) + \tfrac{1}{2}\,\omega_+(t)\hat{a}^{\dagger 2} + \tfrac{1}{2}\,\omega_-(t)\hat{a}^2 \tag{7.82}$$

beschreiben. Det Operator ist hermitesch für $f_1(t) = f_2^*(t)$, $\omega_0(t)$ reell und $\omega_+(t) = \omega_-^*(t)$.

Mit den drei Operatoren $\hat{K}_0 = \hat{a}^\dagger\hat{a} + \frac{1}{2}\hat{I}$, $\hat{K}_+ = \frac{1}{2}\hat{a}^{\dagger 2}$ und $\hat{K}_- = \frac{1}{2}\hat{a}^2$, die die $\mathfrak{su}(1,1)$ Kommutatorrelationen

$$[\hat{K}_0, \hat{K}_\pm] = \pm 2\hat{K}_\pm\ ,\quad [\hat{K}_+, \hat{K}_-] = -\hat{K}_0 \tag{7.83}$$

erfüllen (vgl. Gleichung (7.37)), können wir die Algebra zerlegen als halbdirekte Summe des Radikals und einer einfachen dreidimensionalen Algebra,

$$\mathscr{L}_6 = \{\hat{a}^\dagger,\ \hat{a},\ \hat{I}\} \Subset \{\hat{K}_0,\ \hat{K}_+,\ \hat{K}_-\} \tag{7.84}$$

(vgl. Seite 108). Den Hamilton-Operator spalten wir auf in die Anteile $\hat{H}(t) = \hat{H}_R(t) + \hat{H}_S(t)$ mit

$$\hat{H}_R(t) = f_1(t)\hat{a}^\dagger + f_2(t)\hat{a} + f_3(t) \quad \text{und} \quad \hat{H}_S(t) = \omega_0(t)\hat{K}_0 + \omega_+(t)\hat{K}_+ + \omega_-(t)\hat{K}_-\,. \tag{7.85}$$

Zur Berechnung des Zeitentwicklungsoperators $\hat{U}(t) = \hat{U}_S(t)\hat{U}_R(t)$ stellen wir beide Anteile in der exponentiellen Produktform dar,

$$\hat{U}_S(t) = \mathrm{e}^{c_0(t)\hat{K}_0}\mathrm{e}^{c_+(t)\hat{K}_+}\mathrm{e}^{c_-(t)\hat{K}_-}\;, \quad \hat{U}_R(t) = \mathrm{e}^{c_1(t)\hat{a}^\dagger}\mathrm{e}^{c_2(t)\hat{a}}\mathrm{e}^{c_3(t)\hat{I}} \tag{7.86}$$

(wir haben wieder $t_0 = 0$ gewählt). Den Anteil $\hat{U}_S(t)$ haben wir in Gleichung (7.45) schon ermittelt. Zur Bestimmung von $\hat{U}_R(t)$ müssen wir zunächst den transformierten Hamilton-Operator $\hat{U}_S^{-1}\hat{H}_R\hat{U}_S$ von

$$\hat{H}_R(t) = f_1(t)\hat{a}^\dagger + f_2(t)\hat{a} + f_3(t) \tag{7.87}$$

bestimmen (siehe Gleichung (7.15)). Wir wissen, dieser Operator liegt im Radikal,

$$\hat{U}_S^{-1}\hat{H}_R\hat{U}_S = u_1(t)\hat{a}^\dagger + u_2(t)\hat{a} + u_3(t)\hat{I} \tag{7.88}$$

und unsere Aufgabe ist es zunächst, die Koeffizienten u_j zu ermitteln:

Aufgabe 7.4 (Lösung Seite 294): Verifizieren Sie für die Koeffizienten in (7.88) die Gleichungen

$$u_1 = f_1\mathrm{e}^{-c_0} + f_2\mathrm{e}^{c_0}c_+\;, \quad u_2 = -f_1\mathrm{e}^{-c_0}c_- + f_2\mathrm{e}^{c_0}(1 - c_+c_-)\;, \quad u_3 = f_3\,.$$

Zur Berechnung von $\hat{U}_R$ durch Lösung der Differentialgleichung $\mathrm{i}\partial\hat{U}_R/\partial t = (\hat{U}_S^{-1}\hat{H}_R\hat{U}_S)\hat{U}_R$ bilden wir die Zeitableitung von $\hat{U}_R$ aus (7.86),

$$\frac{\partial\hat{U}_R}{\partial t} = \dot{c}_1\hat{a}^\dagger\mathrm{e}^{c_1\hat{a}^\dagger}\mathrm{e}^{c_2\hat{a}}\mathrm{e}^{c_3\hat{I}} + \dot{c}_2\mathrm{e}^{c_1\hat{a}^\dagger}\hat{a}\mathrm{e}^{c_2\hat{a}}\mathrm{e}^{c_3\hat{I}} + \dot{c}_3\mathrm{e}^{c_1\hat{a}^\dagger}\mathrm{e}^{c_2\hat{a}}\mathrm{e}^{c_3,\hat{I}}\,. \tag{7.89}$$

Die Multiplikation von rechts mit $\hat{U}_R^{-1} = \mathrm{e}^{-c_3\hat{I}}\mathrm{e}^{-c_2\hat{a}}\mathrm{e}^{-c_1\hat{a}^\dagger}$ ergibt

$$\left(\frac{\partial\hat{U}_R}{\partial t}\right)\hat{U}_R^{-1} = \dot{c}_1\hat{a}^\dagger + \dot{c}_2\underbrace{\mathrm{e}^{c_1\hat{a}^\dagger}\hat{a}\mathrm{e}^{-c_1\hat{a}^\dagger}}_{=\hat{a}-c_1\hat{I}} + \dot{c}_3 = \dot{c}_1\hat{a}^\dagger + \dot{c}_2\hat{a} - \dot{c}_2c_1 + \dot{c}_3\,, \tag{7.90}$$

wobei wir die kanonische Ähnlichkeitstransformation aus Tabelle 6.1 benutzt haben. Multiplikation mit i und Vergleich mit

$$\hat{U}_S^{-1}\hat{H}_R\hat{U}_S = u_1\hat{a}^\dagger + u_2\hat{a} + u_3\hat{I} \tag{7.91}$$

(siehe Gleichung (7.88)) führt auf die Differentialgleichungen

$$\mathrm{i}\dot{c}_1 = u_1\;, \quad \mathrm{i}\dot{c}_2 = u_2\;, \quad \mathrm{i}\dot{c}_3 - \mathrm{i}\dot{c}_2c_1 = \mathrm{i}\dot{c}_3 - u_2c_1 = u_3\,, \tag{7.92}$$

die wir nacheinander integrieren können:

$$\begin{aligned} c_1(t) &= -\mathrm{i}\int_{t_0}^t u_1(\tau)\,\mathrm{d}\tau\;, \quad c_2(t) = -\mathrm{i}\int_{t_0}^t u_2(\tau)\,\mathrm{d}\tau\,, \\ c_3(t) &= -\mathrm{i}\int_{t_0}^t \big(u_3(\tau) + u_2(\tau)c_1(\tau)\big)\,\mathrm{d}\tau\,, \end{aligned} \tag{7.93}$$

wobei die $u_j(t)$ in Aufgabe 7.4 gegeben sind. Damit haben wir den Zeitentwicklungsoperator

$$\hat{U}(t) = \hat{U}_S(t)\,\hat{U}_R(t) = \mathrm{e}^{c_0(t)\hat{K}_0}\mathrm{e}^{c_+(t)\hat{K}_+}\mathrm{e}^{c_-(t)\hat{K}_-}\,\mathrm{e}^{c_1(t)\hat{a}^\dagger}\mathrm{e}^{c_2(t)\hat{a}}\mathrm{e}^{c_3(t)\hat{I}} \tag{7.94}$$

ermittelt mit den Koeffizienten c_0, $c_\pm$ aus Gleichung (7.58) und c_1, c_2, c_3 aus (7.93).

7.2.3 Observable im Heisenberg-Bild

Nun können wir uns an die Berechnung der Observablen und ihrer Erwartungswerte wagen. Wir beginnen mit der Zeitentwicklung der drei Operatoren $\hat{K}_0 = \hat{a}^\dagger\hat{a} + \frac{1}{2}\hat{I}$, $\hat{K}_+ = \frac{1}{2}\hat{a}^{\dagger 2}$ und $\hat{K}_- = \frac{1}{2}\hat{a}^2$. Diese Operatoren liegen in der einfachen Algebra $\mathscr{S}$. Wieder machen wir Gebrauch von den Transformationen aus Tabelle 6.2.

Für alle diese Rechnungen ist es zweckmäßig, zunächst einmal die Zeitentwicklung der Basisoperatoren unter $\hat{U}_R(t) = \mathrm{e}^{c_1\hat{a}^\dagger}\mathrm{e}^{c_2\hat{a}}\mathrm{e}^{c_3\hat{I}}$ zu bestimmen. Dabei spielt der Faktor $\mathrm{e}^{c_3\hat{I}}$ keine Rolle, da er mit allen Operatoren kommutiert.

Wir beginnen mit $\hat{K}_0$:

$$\begin{aligned}\hat{U}_R^{-1}\hat{K}_0\hat{U}_R &= \mathrm{e}^{-c_3\hat{I}}\mathrm{e}^{-c_2\hat{a}}\mathrm{e}^{-c_1\hat{a}^\dagger}\hat{K}_0\mathrm{e}^{c_1\hat{a}^\dagger}\mathrm{e}^{c_2\hat{a}}\mathrm{e}^{c_3\hat{I}} = \mathrm{e}^{-c_2\hat{a}}\underbrace{\mathrm{e}^{-c_1\hat{a}^\dagger}\hat{K}_0\mathrm{e}^{c_1\hat{a}^\dagger}}_{=\hat{K}_0+c_1\hat{a}^\dagger}\mathrm{e}^{c_2\hat{a}}\\ &= \underbrace{\mathrm{e}^{-c_2\hat{a}}\hat{K}_0\mathrm{e}^{c_2\hat{a}}}_{=\hat{K}_0-c_2\hat{a}} + c_1\underbrace{\mathrm{e}^{-c_2\hat{a}}\hat{a}^\dagger\mathrm{e}^{c_2\hat{a}}}_{=\hat{a}^\dagger-c_2} = \hat{K}_0 - c_2\hat{a} + c_1(\hat{a}^\dagger - c_2) = \hat{K}_0 + c_1\hat{a}^\dagger - c_2\hat{a} - c_1c_2\,. \end{aligned} \tag{7.95}$$

Genauso finden wir für $\hat{K}_\pm$

$$\hat{U}_R^{-1}\hat{K}_+\hat{U}_R = \mathrm{e}^{-c_2\hat{a}}\underbrace{\mathrm{e}^{-c_1\hat{a}^\dagger}\hat{K}_+\mathrm{e}^{c_1\hat{a}^\dagger}}_{=\hat{K}_+}\mathrm{e}^{c_2\hat{a}} = \mathrm{e}^{-c_2\hat{a}}\hat{K}_+\mathrm{e}^{c_2\hat{a}} = \hat{K}_+ - c_2\hat{a}^\dagger + \frac{c_2^2}{2} \tag{7.96}$$

$$\begin{aligned}\hat{U}_R^{-1}\hat{K}_-\hat{U}_R &= \mathrm{e}^{-c_2\hat{a}}\underbrace{\mathrm{e}^{-c_1\hat{a}^\dagger}\hat{K}_-\mathrm{e}^{c_1\hat{a}^\dagger}}_{=\hat{K}_-+c_1\hat{a}+c_1^2/2}\mathrm{e}^{c_2\hat{a}} = \underbrace{\mathrm{e}^{-c_2\hat{a}}\hat{K}_-\mathrm{e}^{c_2\hat{a}}}_{=\hat{K}_-} + c_1\mathrm{e}^{-c_2\hat{a}}\hat{a}\mathrm{e}^{c_2\hat{a}} + \frac{c_1^2}{2}\\ &= \hat{K}_- + c_1\hat{a} + \frac{c_1^2}{2}\,. \end{aligned} \tag{7.97}$$

Für die Zeitabhängigkeit von $\hat{K}_0$, also für den Operator $\hat{K}_0(t)$ im Heisenberg-Bild, ergibt sich dann mit $\hat{U}_S^{-1}\hat{K}_0\hat{U}_S$ aus Gleichung (7.66)

$$\begin{aligned}\hat{K}_0(t) &= \hat{U}^{-1}(t)\hat{K}_0\hat{U}(t) = \hat{U}_R^{-1}(t)\hat{U}_S^{-1}(t)\hat{K}_0\hat{U}_S(t)\hat{U}_R(t)\\ &= \hat{U}_R^{-1}\big((1-2c_+c_-)\hat{K}_0 + 2c_+\hat{K}_+ - 2c_-(1-c_+c_-)\hat{K}_-\big)\hat{U}_R\\ &= (1-2c_+c_-)\hat{U}_R^{-1}\hat{K}_0\hat{U}_R + 2c_+\hat{U}_R^{-1}\hat{K}_+\hat{U}_R - 2c_-(1-c_+c_-)\hat{U}_R^{-1}\hat{K}_-\hat{U}_R\,. \end{aligned} \tag{7.98}$$

Jetzt müssen wir nur noch unsere vorbereiteten Gleichungen (7.95) bis (7.97) einsetzen:

$$\begin{aligned}\hat{K}_0(t) = (1-2c_+c_-)\big(\hat{K}_0 + c_1\hat{a}^\dagger - c_2\hat{a} - c_1c_2\big) + 2c_+\big(\hat{K}_+ - c_2\hat{a}^\dagger + \tfrac{c_2^2}{2}\big)\\ -2c_-(1-c_+c_-)\big(\hat{K}_- + c_1\hat{a} + \tfrac{c_1^2}{2}\big)\,. \end{aligned} \tag{7.99}$$

Dies können wir in die Anteile in $\mathscr{R}$ und $\mathscr{S}$ zerlegen. Das ergibt insbesondere

$$(\hat{K}_0)_S(t) = (1-2c_+c_-)\hat{K}_0 + 2c_+\hat{K}_+ - 2c_-(1-c_+c_-)\hat{K}_-\,. \tag{7.100}$$

Dieser Ausdruck ist völlig unabhängig von den Parametern der Radikal-Zeitentwicklung, in Übereinstimmung mit Gleichung (7.22).

In gleicher Weise lassen sich auch die Heisenberg-Darstellungen $\hat{K}_+(t)$ und $\hat{K}_-(t)$ bestimmen.

Für einen Anfangszustand $|\psi(0)\rangle = |n\rangle$ mit einen Eigenzustand $|n\rangle$ von $\hat{K}_0 = \hat{a}^\dagger\hat{a} + \frac{1}{2}$,

$$\hat{K}_0|n\rangle = \big(\hat{a}^\dagger\hat{a} + \tfrac{1}{2}\big)|n\rangle = (n+\tfrac{1}{2})|n\rangle \tag{7.101}$$

(vgl. Gleichung (7.69)), ergibt sich der Erwartungswert für einen hermiteschen Hamilton-Operator, also für eine unitäre Zeitevolution, als

$$\begin{aligned}\langle\hat{K}_0\rangle_t^{(n)} = \langle n|\hat{K}_0(t)|n\rangle &= (1-2c_+c_-)\big(n+\tfrac{1}{2}-c_2c_1\big)+c_+c_2^2-c_-(1-c_+c_-)c_1^2\\ &= \big(LH-FG\big)\big(n+\tfrac{1}{2}-c_2c_1\big)+GHc_2^2-FLc_1^2\end{aligned}\tag{7.102}$$

in den Variablen H, G, F und L aus den Gleichungen (7.54) und (7.57).

Aufgabe 7.5 (Lösung Seite 295): Die Erwartungswerte $\langle\hat{K}_0\rangle_t^{(n)} = \langle n|\hat{K}_0(t)|n\rangle$ sind sehr einfach rekursiv zu berechnen. Verifizieren Sie die Rekursionsformel

$$\langle\hat{K}_0\rangle_t^{(n+1)} = 2\,\langle\hat{K}_0\rangle_t^{(n)} - \langle\hat{K}_0\rangle_t^{(n-1)}\,.$$

Im Folgenden wollen wir die Zeitabhängigkeit der Operatoren $\hat{a}(t)$ und $\hat{a}^\dagger(t)$ aus dem Radikal bestimmen. Zunächst berechnen wir wie oben mithilfe der Tabelle 6.2

$$\begin{aligned}\hat{U}_R^{-1}\,\hat{a}\,\hat{U}_R &= \mathrm{e}^{-c_3\hat{I}}\mathrm{e}^{-c_2\hat{a}}\underbrace{\mathrm{e}^{-c_1\hat{a}^\dagger}\,\hat{a}\mathrm{e}^{c_1\hat{a}^\dagger}}_{=\hat{a}+c_1}\mathrm{e}^{c_2\hat{a}}\mathrm{e}^{c_3\hat{I}} = \hat{a}+c_1\,,\\ \hat{U}_R^{-1}\,\hat{a}^\dagger\hat{U}_R &= \mathrm{e}^{-c_3\hat{I}}\mathrm{e}^{-c_2\hat{a}}\mathrm{e}^{-c_1\hat{a}^\dagger}\,\hat{a}^\dagger\mathrm{e}^{c_1\hat{a}^\dagger}\mathrm{e}^{c_3\hat{I}} = \mathrm{e}^{-c_2\hat{a}}\,\hat{a}^\dagger\mathrm{e}^{c_2\hat{a}} = \hat{a}^\dagger-c_2\end{aligned}\tag{7.103}$$

und danach

$$\begin{aligned}\hat{U}_S^{-1}\,\hat{a}\,\hat{U}_S &= \mathrm{e}^{-c_-\hat{K}_-}\,\mathrm{e}^{-c_+\hat{K}_+}\,\underbrace{\mathrm{e}^{-c_0\hat{K}_0}\,\hat{a}\mathrm{e}^{c_0\hat{K}_0}}_{=\mathrm{e}^{c_0}\,\hat{a}}\,\mathrm{e}^{c_+\hat{K}_+}\,\mathrm{e}^{c_-\hat{K}_-}\\ &= \mathrm{e}^{c_0}\mathrm{e}^{-c_-\hat{K}_-}\,\underbrace{\mathrm{e}^{-c_+\hat{K}_+}\,\hat{a}\mathrm{e}^{c_+\hat{K}_+}}_{=\hat{a}+c_+\hat{a}^\dagger}\,\mathrm{e}^{c_-\hat{K}_-} = \mathrm{e}^{c_0}\big(\mathrm{e}^{-c_-\hat{K}_-}\,\hat{a}\mathrm{e}^{c_-\hat{K}_-}+c_+\mathrm{e}^{-c_-\hat{K}_-}\,\hat{a}^\dagger\mathrm{e}^{c_-\hat{K}_-}\big)\\ &= \mathrm{e}^{c_0}\big(\hat{a}+c_+(\hat{a}^\dagger-c_-\hat{a})\big) = \mathrm{e}^{c_0}(1-c_+c_-)\hat{a}+c_+\mathrm{e}^{c_0}\,\hat{a}^\dagger\end{aligned}\tag{7.104}$$

sowie zum Abschluss

$$\begin{aligned}\hat{a}(t) = \hat{U}_R^{-1}\hat{U}_S^{-1}\,\hat{a}\,\hat{U}_S\hat{U}_R &= (1-c_+c_-)\mathrm{e}^{c_0}\,(\hat{a}+c_1)+c_+\mathrm{e}^{c_0}\,(\hat{a}^\dagger+c_2)\\ &= (1-c_+c_-)\mathrm{e}^{c_0}\,\hat{a}+c_+\mathrm{e}^{c_0}\,\hat{a}^\dagger+\big((1-c_+c_-)c_1-c_+c_2\big)\mathrm{e}^{c_0}\\ &= L(t)\hat{a}+G(t)\hat{a}^\dagger+L(t)c_1(t)-G(t)c_2(t)\end{aligned}\tag{7.105}$$

mit den Variablen H, G, F und L aus den Gleichungen (7.54) und (7.57).

Für $\hat{a}^\dagger(t)$ erhalten wir in gleicher Weise zunächst

$$\begin{aligned}\hat{U}_S^{-1}\,\hat{a}\,\hat{U}_S &= \mathrm{e}^{-c_-\hat{K}_-}\,\mathrm{e}^{-c_+\hat{K}_+}\,\underbrace{\mathrm{e}^{-c_0\hat{K}_0}\,\hat{a}^\dagger\mathrm{e}^{c_0\hat{K}_0}}_{=\mathrm{e}^{-c_0}\,\hat{a}^\dagger}\,\mathrm{e}^{c_+\hat{K}_+}\,\mathrm{e}^{c_-\hat{K}_-}\\ &= \mathrm{e}^{-c_0}\mathrm{e}^{-c_-\hat{K}_-}\,\underbrace{\mathrm{e}^{-c_+\hat{K}_+}\,\hat{a}^\dagger\mathrm{e}^{c_+\hat{K}_+}}_{=\hat{a}^\dagger}\,\mathrm{e}^{c_-\hat{K}_-} = \mathrm{e}^{-c_0}\big(\hat{a}^\dagger-c_-\hat{a}\big)\end{aligned}\tag{7.106}$$

und schließlich

$$\begin{aligned}\hat{a}^\dagger(t) = \hat{U}_R^{-1}\hat{U}_S^{-1}\,\hat{a}^\dagger\,\hat{U}_S\hat{U}_R &= \mathrm{e}^{-c_0}\big(\hat{U}_R^{-1}\,\hat{a}^\dagger\hat{U}_R-c_-\hat{U}_R^{-1}\,\hat{a}\hat{U}_R\big)\\ &= \mathrm{e}^{-c_0}\big((\hat{a}^\dagger+c_2-c_-(\hat{a}+c_1)\big) = \mathrm{e}^{-c_0}\,\hat{a}^\dagger-c_-\mathrm{e}^{-c_0}\,\hat{a}-(c_2+c_-c_1)\mathrm{e}^{-c_0}\\ &= H(t)\hat{a}^\dagger-F(t)\hat{a}-H(t)c_1(t)-F(t)c_2(t)\,.\end{aligned}\tag{7.107}$$

Man sollte sich hier davon überzeugen, dass $\hat{a}(0) = \hat{a}$, $\hat{a}^\dagger(0) = \hat{a}^\dagger$ und $\big[\hat{a}(t),\hat{a}^\dagger(t)\big] = 1$ erfüllt sind.

7.2.4 Matrixelemente und Übergangswahrscheinlichkeiten

Ein wichtiger Vorteil der Wei-Norman-Produktdarstellung des Zeitentwicklungsoperators ist die bequeme Berechnung von Matrixelementen und Übergangswahrscheinlichkeiten

$$p_{f\leftarrow i} = |\langle f|\psi(t)\rangle|^2 = |\langle f|\hat{U}(t)|i\rangle|^2 \tag{7.108}$$

für Übergänge zwischen einem Anfangszustand $|i\rangle$ und einem Endzustand $|f\rangle$.

Dazu benötigen wir die Matrixelemente der Exponentialoperatoren in den Oszillatorzuständen $|n\rangle$ mit $\hat{a}^\dagger\hat{a}|n\rangle = n|n\rangle$.

(1) Wir beginnen mit der Algebra $\{\hat{a},\, \hat{a}^\dagger,\, \hat{I}\}$ und berechnen die Matrixelemente des Zeitentwicklungsoperators $\hat{U}(t) = \mathrm{e}^{c_1(t)\hat{a}^\dagger}\mathrm{e}^{c_2(t)\hat{a}}\mathrm{e}^{c_3(t)\hat{I}}$ in der Oszillatorbasis,

$$\langle m|\hat{U}|n\rangle = \langle m|\mathrm{e}^{c_1\hat{a}^\dagger}\mathrm{e}^{c_2\hat{a}}\mathrm{e}^{c_3\hat{I}}|n\rangle = \mathrm{e}^{c_3}\langle m|\mathrm{e}^{c_1\hat{a}^\dagger}\mathrm{e}^{c_2\hat{a}}|n\rangle\,, \tag{7.109}$$

wobei wir die Formel für die Matrixelemente aus Gleichung (3.106) benutzen können. Das ergibt

$$\langle m|\hat{U}|n\rangle = \mathrm{e}^{c_3}\,M_{mn}(c_2,c_1) = \mathrm{e}^{c_3}\sqrt{n!m!}\sum_{k=0}^{\min(n,m)}\frac{c_2^{m-k}c_1^{n-k}}{(m-k)!(n-k)!k!}\,. \tag{7.110}$$

(2) Für die einfache $\mathfrak{su}(1,1)$-Algebra $\{\hat{K}_0,\, \hat{K}_+,\, \hat{K}_-\}$ mit $\hat{K}_0 = \hat{a}^\dagger\hat{a}+\frac{1}{2}$, $\hat{K}_+ = \frac{1}{2}\hat{a}^{\dagger 2}$, $\hat{K}_- = \frac{1}{2}\hat{a}^2$ berechnen wir die Matrixelemente von $\hat{U}(t) = \mathrm{e}^{c_0(t)(\hat{a}^\dagger\hat{a}+1/2)}\mathrm{e}^{c_+(t)\hat{a}^{\dagger 2}/2}\mathrm{e}^{c_-(t)\hat{a}^2/2}$ als

$$\begin{aligned}\langle m|\hat{U}|n\rangle &= \langle m|\mathrm{e}^{c_0(\hat{a}^\dagger\hat{a}+1/2)}\mathrm{e}^{c_+\hat{a}^{\dagger 2}/2}\mathrm{e}^{c_-\hat{a}^2/2}|n\rangle\\ &= \mathrm{e}^{c_0(m+1/2)}\langle m|\mathrm{e}^{f(\hat{a}^\dagger\hat{a}+1/2)}\mathrm{e}^{c_+\hat{a}^{\dagger 2}/2}\mathrm{e}^{c_-\hat{a}^2/2}|n\rangle = \mathrm{e}^{c_0(m+1/2)}\,N_{mn}\big(\tfrac{c_+}{2},\tfrac{c_-}{2}\big)\\ &= \mathrm{e}^{c_0(m+1/2)}\sqrt{n!m!}\sum_{k=0,\,n-k\text{ gerade}}^{\min(n,m)}\frac{(c_+/2)^{(m-k)/2}(c_-/2)^{(n-k)/2}}{((m-k)/2)!((n-k)/2)!k!}\end{aligned} \tag{7.111}$$

nach Gleichung (3.107).

(3) Durch Kombination der Formeln (7.110) und (7.111) erhalten wir die Matrixelemente des Zeitentwicklungsoperators für die Lie-Algebra $\mathscr{L}_6$:

$$\begin{aligned}\langle m|\hat{U}|n\rangle &= \langle m|\mathrm{e}^{c_0(\hat{a}^\dagger\hat{a}+1/2)}\mathrm{e}^{c_+\hat{a}^{\dagger 2}/2}\mathrm{e}^{c_-\hat{a}^2/2}\mathrm{e}^{c_1\hat{a}^\dagger}\mathrm{e}^{c_2\hat{a}}\mathrm{e}^{c_3\hat{I}}|n\rangle\\ &= \mathrm{e}^{c_0(m+1/2)+c_3}\sum_{k=0}^{\infty}N_{mk}\big(\tfrac{c_+}{2},\tfrac{c_-}{2}\big)\,M_{kn}(c_2,c_1)\,.\end{aligned} \tag{7.112}$$

(4) Auch für die gekoppelten Oszillatoren aus Abschnitt 3.5 lassen sich wichtige Matrixelemente analytisch berechnen. Für die $\mathfrak{su}(2)$-Algebra

$$\{\hat{K}_0,\,\hat{K}_+,\,\hat{K}_-\}\quad\text{mit}\quad \hat{K}_0 = \hat{a}^\dagger\hat{a}-\hat{b}^\dagger\hat{b}\,,\ \hat{K}_+ = \hat{a}^\dagger\hat{b}\,,\ \hat{K}_- = \hat{a}\hat{b}^\dagger \tag{7.113}$$

(siehe Seite 105) wählen wir als Basis die Fock-Zustände $|n,\nu\rangle$ mit $\hat{a}^\dagger\hat{a}|n,\nu\rangle = n|n,\nu\rangle$ und $\hat{b}^\dagger\hat{b}|n,\nu\rangle = \nu|n,\nu\rangle$. Dann erhalten wir zunächst $\hat{K}_0|n\nu\rangle = (n-\nu)|n\nu\rangle$ sowie

$$\hat{K}_+|n\nu\rangle = \sqrt{(n+1)\nu}\,|n+1,\nu-1\rangle\ ,\quad \hat{K}_-|n\nu\rangle = \sqrt{n(\nu+1)}\,|n-1,\nu+1\rangle \tag{7.114}$$

und mit den Leiteroperatoren (3.97)

$$\mathrm{e}^{z\hat{a}^\dagger\hat{b}}|n,\nu\rangle = \sum_{k=0}^{\infty}\frac{z^k}{k!}\hat{a}^{\dagger k}\hat{b}^k|n,\nu\rangle = \sum_{k=0}^{\nu}\frac{z^k}{k!}\sqrt{\frac{(n+k)!\,\nu!}{n!\,(\nu-k)!}}\,|n+k,\nu-k\rangle \tag{7.115}$$

$$\mathrm{e}^{z\hat{a}\hat{b}^\dagger}|n,\nu\rangle = \sum_{k=0}^{\infty}\frac{z^k}{k!}\hat{a}^{k}\hat{b}^{\dagger k}|n,\nu\rangle = \sum_{k=0}^{n}\frac{z^k}{k!}\sqrt{\frac{n!\,(\nu+k)!}{(n-k)!\,\nu!}}\,|n-k,\nu+k\rangle\,. \tag{7.116}$$

Das ergibt

$$\langle m,\mu|\mathrm{e}^{z\hat{a}^\dagger\hat{b}}|n,\nu\rangle = A_{m\mu n\nu}\,z^{m-n}\quad,\quad \langle m,\mu|\mathrm{e}^{z\hat{a}\hat{b}^\dagger}|n,\nu\rangle = A_{\mu m\nu n}\,z^{n-m}\,, \tag{7.117}$$

wobei die nicht-verschwindenden Matrixelemente gegeben sind durch

$$A_{m\mu n\nu} = \frac{1}{(m-n)!}\sqrt{\frac{\nu!\,m!}{\mu!\,n!}}\quad \text{für}\quad \mu\le\nu\,,\ m\ge n\quad\text{und}\quad m+\mu=n+\nu\,. \tag{7.118}$$

Abschließend erhalten wir zusammen mit

$$\langle m,\mu|\mathrm{e}^{c_0\hat{K}_0}\,|n,\nu\rangle = \langle m,\mu|\mathrm{e}^{c_0(\hat{a}^\dagger\hat{a}-\hat{b}^\dagger\hat{b})}\,|n,\nu\rangle = \mathrm{e}^{c_0(m-\mu)}\delta_{m.n}\,\delta_{\mu\nu} \tag{7.119}$$

unsere gesuchtem Matrixelemente als

$$\begin{aligned} M_{m\mu n\nu} &= \langle m,\mu|\mathrm{e}^{c_0\hat{K}_0}\,\mathrm{e}^{c_+\hat{K}_+}\,\mathrm{e}^{c_-\hat{K}_-}\,|n,\nu\rangle = \mathrm{e}^{c_0(m-\mu)}\langle m,\mu|\mathrm{e}^{c_+\hat{a}^\dagger\hat{b}}\,\mathrm{e}^{c_-\hat{a}\hat{b}^\dagger}\,|n,\nu\rangle \\ &= \mathrm{e}^{c_0(m-\mu)}\sum_{\ell,\tau}\langle m,\mu|\,\mathrm{e}^{c_+\hat{a}^\dagger\hat{b}}\,|\ell\tau\rangle\langle\ell,\tau|\,\mathrm{e}^{c_-\hat{a}\hat{b}^\dagger}\,|n,\nu\rangle \\ &= \sum_{\ell,\tau}A_{m\mu\ell\tau}\,A_{\tau\ell\nu n}\,c_+^{m-\ell}\,c_-^{n-\ell} \\ &= \mathrm{e}^{c_0(m-\mu)}\sqrt{\frac{m!n!}{\mu!\nu!}}\sum_{\ell=0}^{\min(m,n)}\frac{(n+\nu-\ell)!}{(m-\ell)!\,(n-\ell)!\,\ell!}\,c_+^{m-\ell}\,c_-^{n-\ell} \end{aligned} \tag{7.120}$$

für $m+\mu=n+\nu$ und $M_{m\mu n\nu}=0$ sonst.

(5) An dieser Stelle können wir auch die versprochene Berechnung der Erwartungswerte für die kohärenten Spinzustände durchführen:

Aufgabe 7.6 (Lösung Seite 295): Beweisen Sie für die Erwartungswerte der kohärenten Spinzustände $|\zeta\rangle = |\theta,\phi\rangle$ mit $\zeta = \frac{\theta}{2}\,\mathrm{e}^{-\mathrm{i}\phi}$ die Formeln aus Gleichung (4.55):

$$\langle\theta,\phi|\hat{J}_x|\theta,\phi\rangle = j\,\sin\theta\,\cos\ ,\ \ \langle\theta,\phi|\hat{J}_y|\theta,\phi\rangle = j\,\sin\theta\,\sin\phi\ ,\ \ \langle\theta,\phi|\hat{J}_z|\theta,\phi\rangle = -j\,\cos\phi\,.$$

Ein Anwendungsbeispiel findet man auf Seite 225.

Im folgenden Kapitel werden wir diese allgemeinen Überlegungen konkretisieren und so ein bekanntes System beschreiben, den angetriebenen gedämpften harmonischen Oszillator.

8 Harmonischer Oszillator mit Dämpfung und Antrieb

Schon in Abschnitt 3.1 hatten wir den beliebten angetriebenen harmonischen Oszillator betrachtet (siehe Gleichung (3.27)) und hier soll er ein einfaches Beispiel für eine Anwendung der oben beschriebenen Methoden liefern. Wir erlauben dabei zunächst auch eine Zeitabhängigkeit der Oszillatorfrequenz mit dem Hamilton-Operator (hier setzen wir $\hbar = 1$)

$$\hat{H}(t) = \omega(t)\left(\hat{a}^\dagger \hat{a} + \tfrac{1}{2}\right) + f(t)\hat{a} + f^*(t)\hat{a}^\dagger, \tag{8.1}$$

eine Linearkombination der Operatoren aus der Algebra $\mathcal{L}_4 = \left\{\hat{a}^\dagger, \hat{a}, \hat{I}\right\} \Subset \left\{\hat{a}^\dagger\hat{a} + \frac{1}{2}\right\}$ von Seite 134. Dabei verlangen wir hier aber *nicht* die Hermitizität von $\hat{H}(t)$, das heißt, die Frequenz $\omega(t)$ muss nicht reell sein.

Wir spalten den Hamilton-Operator auf in die Summe $\hat{H} = \hat{H}_R + \hat{H}_S$ des Hamilton-Operators $\hat{H}_R = f(t)\hat{a} + f^*(t)\hat{a}^\dagger$ aus dem Radikal $\mathcal{R} = \left\{\hat{a}^\dagger, \hat{a}, \hat{I}\right\}$ und in den Anteil $\hat{H}_S = \omega(t)\left(\hat{a}^\dagger\hat{a} + \frac{1}{2}\right)$ aus der einfachen Algebra $\mathcal{S} = \left\{\hat{a}^\dagger\hat{a} + \frac{1}{2}\right\}$. Damit erhalten wir im ersten Schritt (wieder mit der Anfangszeit $t_0 = 0$) als Lösung von $\mathrm{i}\partial\hat{U}_S/\partial t = \hat{H}_S\hat{U}_S$ in Gleichung (7.14)

$$\hat{U}_S(t) = \mathrm{e}^{g_0(t)\left(\hat{a}^\dagger\hat{a}+\frac{1}{2}\right)} \quad \text{mit} \quad g_0(t) = -\mathrm{i}\int_0^t \omega(t')\,\mathrm{d}t' \tag{8.2}$$

(siehe Gleichung (7.52)). Mithilfe der kanonischen Ähnlichkeitstransformationen aus Tabelle 6.2 finden wir dann den transformierten Hamilton-Operator:

$$\begin{aligned}\hat{U}_S^{-1}\hat{H}_R\hat{U}_S &= f(t)\underbrace{\mathrm{e}^{-g_0(t)(\hat{a}^\dagger\hat{a}+\frac{1}{2})}\hat{a}\,\mathrm{e}^{g_0(t)(\hat{a}^\dagger\hat{a}+\frac{1}{2})}}_{=\mathrm{e}^{g_0(t)}\hat{a}} + f^*(t)\underbrace{\mathrm{e}^{-g_0(t)(\hat{a}^\dagger\hat{a}+\frac{1}{2})}\hat{a}^\dagger\mathrm{e}^{g_0(t)(\hat{a}^\dagger\hat{a}+\frac{1}{2})}}_{=\mathrm{e}^{-g_0(t)}\hat{a}^\dagger}\\ &= f(t)\,\mathrm{e}^{g_0(t)}\hat{a} + f^*(t)\,\mathrm{e}^{-g_0(t)}\hat{a}^\dagger.\end{aligned} \tag{8.3}$$

Also sind die Koeffizienten aus

$$\hat{U}_S^{-1}\hat{H}_R\hat{U}_S = u_1\hat{a}^\dagger + u_2\hat{a} + u_3\hat{I} \tag{8.4}$$

(vgl. Gleichung (7.91)) gleich

$$u_1(t) = f^*(t)\,\mathrm{e}^{-g_0(t)}\;, \quad u_2(t) = f(t)\,\mathrm{e}^{g_0(t)}\;, \quad u_3(t) = 0, \tag{8.5}$$

und die Parameter von $\hat{U}_R(t) = \mathrm{e}^{g_1\hat{a}^\dagger}\mathrm{e}^{g_2\hat{a}}\mathrm{e}^{g_3\hat{I}}$ aus Gleichung (7.75) lauten

$$\begin{aligned}&g_1(t) = -\mathrm{i}\int_0^t f^*(t')\mathrm{e}^{-g_0(t')}\,\mathrm{d}t'\;, \quad g_2(t) = -\mathrm{i}\int_0^t f(t')\mathrm{e}^{g_0(t')}\,\mathrm{d}t,\\ &g_3(t) = -\mathrm{i}\int_0^t f(t')\mathrm{e}^{g_0(t')}g_1(t')\,\mathrm{d}t'.\end{aligned} \tag{8.6}$$

Zum Abschluss notieren wir noch den gesamten Zeitentwicklungsoperator $\hat{U} = \hat{U}_S\hat{U}_R$ nach Gleichung (7.16):

$$\hat{U}(t) = e^{g_0(t)\hat{K}_0} e^{g_1(t)\hat{a}^\dagger} e^{g_2(t)\hat{a}} e^{g_3(t)\hat{I}} \quad \text{mit} \quad \hat{K}_0 = \hat{a}^\dagger\hat{a} + \tfrac{1}{2}\,. \tag{8.7}$$

Für einen nicht-hermiteschen Hamilton-Operator ist der Zeitentwicklungsoperator nicht unitär und folglich ist $\hat{U}^\dagger(t)\hat{U}(t) \neq \hat{I}$. Wir bestimmen dieses Produkt in einer Aufgabe:

Aufgabe 8.1 (Lösung Seite 296): Zeigen Sie: Für $\hat{U} = e^{g_0\hat{K}_0} e^{g_1\hat{a}^\dagger} e^{g_2\hat{a}} e^{g_3}$ aus (8.7) gilt

$$\hat{U}^\dagger\hat{U} = e^{g_3+g_3^*+g_1g_1^*e^w} e^{(g_2^*+g_1e^w)\hat{a}^\dagger} e^{w\hat{K}_0} e^{(g_2+g_1^*e^w)\hat{a}} \quad \text{mit} \quad w = g_0 + g_0^*\,.$$

Eine wichtige Konsequenz der Linearität des Hamilton-Operators in den Generatoren der Algebra ist die Beibehaltung der Kohärenz. Dazu bestimmen wir die Zeitentwicklung eines kohärenten Anfangszustands $|\psi_\alpha(0)\rangle = |\alpha\rangle$ mithilfe der exponentiellen Produktdarstellung von $\hat{U}(t)$ aus Gleichung (8.7) und den Formeln (3.126) für die Operation der Generatoren auf einen kohärenten Zustand:

$$\begin{aligned}
|\psi_\alpha(t)\rangle = \hat{U}(t)|\alpha\rangle &= e^{g_0\hat{K}_0} e^{g_1\hat{a}^\dagger} e^{g_2\hat{a}} e^{g_3}|\alpha\rangle = e^{g_3+g_0/2+g_2\alpha} e^{g_0\hat{a}^\dagger\hat{a}} e^{g_1\hat{a}^\dagger}|\alpha\rangle \\
&= e^{g_3+g_0/2+g_2\alpha} e^{g_0\hat{a}^\dagger\hat{a}} e^{(|g_1|^2+g_1\alpha^*+g_1^*\alpha)/2}|\alpha+g_1\rangle \\
&= e^{g_3+g_0/2+g_2\alpha+(|g_1|^2+g_1\alpha^*+g_1\alpha)/2} e^{g_0\hat{a}^\dagger\hat{a}}|\alpha+g_1\rangle \\
&= e^{g_3+g_0/2+(|g_1|^2+g_1\alpha^*+g_1^*\alpha)/2+|\alpha+g_1|^2(e^{g_0+g_0^*}-1)/2}|e^{g_0}(\alpha+g_1)\rangle\,.
\end{aligned} \tag{8.8}$$

Also bleibt der Zustand kohärent,

$$|\psi_\alpha(t)\rangle = e^{c_\alpha(t)}|\alpha(t)\rangle \quad \text{mit} \quad \alpha(t) = e^{g_0(t)}(\alpha+g_1)\,, \tag{8.9}$$

abgesehen von einem zusätzlichen Faktor $e^{c_\alpha(t)}$ mit

$$\begin{aligned}
c_\alpha &= g_3 + g_2\alpha + \big(g_0 - |\alpha|^2 + |\alpha+g_1|^2 e^{g_0+g_0^*}\big)/2 \\
&= g_3 + g_2\alpha + \big(g_0 - |\alpha|^2 + |\alpha(t)|^2\big)/2\,.
\end{aligned} \tag{8.10}$$

Wie wir später sehen werden, folgt dabei der Parameter $\alpha(t)$ einer klassischen Dynamik (siehe Gleichung (8.19)). Dies ist eine Verallgemeinerung des Resultats (3.144) für den einfachen harmonischen Oszillator $\hat{H} = \omega(\hat{a}^\dagger\hat{a} + 1/2)$ und ein Beispiel einer allgemeineren Aussage:

> Wenn der Hamilton-Operator linear in den Generatoren der Lie-Algebra ist, bleibt ein kohärenter Zustand unter der Dynamik kohärent.

Dazu muss natürlich der kohärente Zustand entsprechend der Algebra definiert werden (vgl. Seite 124). Ein weiteres Beispiel dafür liefern die kohärenten Zustände für das Bose-Hubbard-Dimer (siehe Abschnitt 12.1), die in Abschnitt 13.4 beschrieben werden.

Da die Norm für eine nicht-unitäre Zeitentwicklung nicht erhalten bleibt, müssen wir renormieren und den instantanen Erwartungswert einer Observablen $\hat{A}$ durch

$$\langle\hat{A}\rangle_t = \frac{\langle\psi(t)|\hat{A}|\psi(t)\rangle}{\langle\psi(t)|\psi(t)\rangle} \tag{8.11}$$

berechnen. Für die Observable $\hat{a}$ und einen kohärenten Anfangszustand liefert dies mit $|\psi_\alpha(t)\rangle$ aus (8.9)

$$\hat{a}\,|\psi_\alpha(t)\rangle = c_\alpha\,\hat{a}\,|\alpha(t)\rangle = c_\alpha\,\alpha(t)\,|\alpha(t)\rangle = \alpha(t)\,|\psi_\alpha(t)\rangle \tag{8.12}$$

und daher das einfache Ergebnis

$$\begin{aligned}\langle\hat{a}\rangle_t &= \frac{\langle\psi_\alpha(t)|\hat{a}|\psi_\alpha(t)\rangle}{\langle\psi_\alpha(t)|\psi_\alpha(t)\rangle} = \alpha(t)\,\frac{\langle\psi_\alpha(t)|\psi_\alpha(t)\rangle}{\langle\psi_\alpha(t)|\psi_\alpha(t)\rangle}\\ &= \alpha(t) = \mathrm{e}^{g_0(t)}\,(\alpha + g_1(t))\end{aligned} \tag{8.13}$$

sowie für $\hat{a}^\dagger$ mit $\langle\alpha|\hat{a}^\dagger = \langle\alpha|\alpha^*$ entsprechend

$$\langle\hat{a}^\dagger\rangle_t = \mathrm{e}^{g_0^*(t)}\,(\alpha^* + g_1^*(t))\,. \tag{8.14}$$

Genauso lässt sich der Erwartungswert von $\hat{N} = \hat{a}^\dagger\hat{a}$ bestimmen. Mit

$$\begin{aligned}\langle\psi_\alpha(t)|\hat{a}^\dagger\hat{a}|\psi_\alpha(t)\rangle &= \langle\psi_\alpha(t)|\alpha^*(t)\alpha(t)|\psi_\alpha(t)\rangle|\psi_\alpha(t)\rangle\\ &= |\alpha(t)|^2\langle\psi_\alpha(t)|\psi_\alpha(t)\rangle = \mathrm{e}^{g_0+g_0^*}\,|\alpha+g_1|^2\langle\psi_\alpha(t)|\psi_\alpha(t)\rangle\end{aligned} \tag{8.15}$$

ergibt sich

$$\langle\hat{N}\rangle_t = \frac{\langle\psi_\alpha(t)|\hat{a}^\dagger\hat{a}|\psi_\alpha(t)\rangle}{\langle\psi_\alpha(t)|\psi_\alpha(t)\rangle} = |\alpha(t)|^2 = \mathrm{e}^{g_0+g_0^*}\,|\alpha+g_1|^2\,. \tag{8.16}$$

8.1 Klassische und quantenmechanische Grenzzyklen

Eine klassische Beschreibung unseres angetriebenen harmonischen Oszillators können wir erhalten, indem wir in dem Hamilton-Operator (8.1) die Observablen $\hat{a}$ und $\hat{a}^\dagger$ durch die komplexen Variablen α und α^* ersetzen, wobei der Operator $\hat{a}^\dagger\hat{a} + \frac{1}{2}$ zuerst zu symmetrisieren ist: $\hat{a}^\dagger\hat{a} + \frac{1}{2} = (\hat{a}^\dagger\hat{a} + \hat{a}\hat{a}^\dagger)/2 \implies (\alpha^*\alpha + \alpha\alpha^*)/2 = \alpha^*\alpha$. Das ergibt die Hamilton-Funktion

$$\mathscr{H} = \omega(t)\,\alpha^*\alpha + f(t)\alpha + f^*(t)\alpha^*, \tag{8.17}$$

und α und α^* übernehmen die Rolle der kanonischen Koordinaten und Impulse mit den hamiltonschen Bewegungsgleichungen

$$\mathrm{i}\dot{\alpha} = \frac{\partial\mathscr{H}}{\partial\alpha^*} = \omega(t)\,\alpha + f^*(t)\;,\quad \mathrm{i}\dot{\alpha}^* = -\frac{\partial\mathscr{H}^*}{\partial\alpha} = -\omega^*(t)\,\alpha^* + f(t)\,. \tag{8.18}$$

Sie besitzen die Lösung

$$\begin{aligned}&\alpha(t) = \mathrm{e}^{g_0(t)}\,(\alpha + g_1(t)) \quad \text{mit}\\ &g_0(t) = -\mathrm{i}\int_0^t \omega(t')\,\mathrm{d}t'\;,\quad g_1(t) = -\mathrm{i}\int_0^t f^*(t')\mathrm{e}^{-g_0(t')}\,\mathrm{d}t'\end{aligned} \tag{8.19}$$

für die Anfangsbedingung $\alpha(0) = \alpha$. Interessanterweise stimmt diese klassische Zeitentwicklung in Phasenraum genau mit der eines quantenmechanischen kohärenten Zustands in den Gleichungen (8.9) und (8.13) überein.

Wir wollen das klassische Verhalten noch etwas genauer untersuchen für den Fall, dass die Oszillatorfrequenz zwar komplex ist, aber zeitunabhängig, also für

$$\mathscr{H} = \widetilde{\omega}\,\alpha^*\alpha + f(t)\alpha + f^*(t)\alpha^* \ , \quad \text{mit} \quad \widetilde{\omega} = \omega - \mathrm{i}\gamma \ , \ \omega,\gamma > 0\,. \tag{8.20}$$

Zunächst betrachten wir den antriebsfreien Oszillator. Dazu wollen wir zunächst von der komplexen Variablen α zu den vertrauteren Orts- und Impulsvariablen q und p übergehen. Aus den Operatorgleichungen (3.18) erhalten wir für $\hbar = 1$ die Transformation

$$q = \sqrt{\tfrac{1}{2m\omega}}\left(\alpha^* + \alpha\right) \quad , \quad p = \mathrm{i}\sqrt{\tfrac{m\omega}{2}}\left(\alpha^* - \alpha\right). \tag{8.21}$$

Wenn wir die Zeitableitung bilden und die Gleichungen $\mathrm{i}\dot{\alpha} = (\omega - \mathrm{i}\gamma)\,\alpha$ und $\mathrm{i}\,\dot{\alpha}^* = -(\omega + \mathrm{i}\gamma)\,\alpha^*$ aus (8.18) einsetzen, erhalten wir

$$\dot{q} = \frac{p}{m} - \gamma q \ , \quad \dot{p} = -\omega^2 q - \gamma p\,. \tag{8.22}$$

Eine weitere Differentiation der ersten Gleichung nach der Zeit und Elimination des Impulses mithilfe der zweiten liefert

$$\ddot{q} + 2\gamma\dot{q} + \omega_0^2 q = 0\,. \tag{8.23}$$

Das ist die vertraute Schwingungsgleichung eines gedämpften harmonischen Oszillators mit einer Frequenz $\omega_0 = \sqrt{\omega^2 + \gamma^2}$, sodass die Lösungen immer unterkritisch sind, dass heißt, es liegt immer der Schwingfall vor mit

$$q(t) = A\mathrm{e}^{-\gamma t}\cos(\omega t + \varphi)\,, \tag{8.24}$$

was man allerdings auch schon an der Lösung der Bewegungsgleichung (8.19) für $\alpha(t)$ sieht, die man mit $g_0(t) = -\mathrm{i}\widetilde{\omega}t = -\gamma t - \mathrm{i}\omega t$ als $\alpha(t) = \alpha\mathrm{e}^{-\gamma t}\mathrm{e}^{-\mathrm{i}\omega t}$ erhält.

Die quantenmechanische Zeitentwicklung eines kohärenten Zustands $|\alpha\rangle$ ist nach (8.9) gleich

$$|\psi_\alpha(t)\rangle = c_\alpha\,|\alpha(t)\rangle = \mathrm{e}^{-\mathrm{i}\widetilde{\omega}t/2 + |\alpha|^2(\mathrm{e}^{-2\gamma t}-1)/2}\,|\mathrm{e}^{-\mathrm{i}\widetilde{\omega}t}\alpha\rangle\,, \tag{8.25}$$

und seine Norm geht für große Zeiten exponentiell gegen null.

Wenn wir zusätzlich einen harmonischen Antrieb $f(t) = f_0\cos\Omega t$ betrachten, dann können wir das Integral (8.19) für $g_1(t)$ in geschlossener Form berechnen:

$$\begin{aligned} g_1(t) &= -\mathrm{i}\int_0^t f_0\cos(\Omega t')\mathrm{e}^{\mathrm{i}\widetilde{\omega}t'}\,\mathrm{d}t' = -\mathrm{i}\frac{f_0}{2}\int_0^t \left(\mathrm{e}^{\mathrm{i}(\widetilde{\omega}+\Omega)t'} + \mathrm{e}^{\mathrm{i}(\widetilde{\omega}-\Omega)t'}\right)\mathrm{d}t' \\ &= -\frac{f_0}{2}\left(\frac{\mathrm{e}^{\mathrm{i}(\widetilde{\omega}+\Omega)t} - 1}{\widetilde{\omega}+\Omega} + \frac{\mathrm{e}^{\mathrm{i}(\widetilde{\omega}-\Omega)t} - 1}{\widetilde{\omega}-\Omega}\right). \end{aligned} \tag{8.26}$$

Für große Zeiten dominieren die Terme mit $\mathrm{e}^{\mathrm{i}\widetilde{\omega}t} = \mathrm{e}^{\mathrm{i}\omega t + \gamma t}$ und mit

$$g_1(t) \overset{t\to\infty}{\Longrightarrow} g_\infty(t) = -\frac{f_0}{2}\mathrm{e}^{\mathrm{i}\widetilde{\omega}t}\left(\frac{\mathrm{e}^{\mathrm{i}\Omega t}}{\widetilde{\omega}+\Omega} + \frac{\mathrm{e}^{-\mathrm{i}\Omega t}}{\widetilde{\omega}-\Omega}\right) \tag{8.27}$$

ergibt sich der Langzeitlimit von $\alpha(t)$ aus (8.19) als

$$\alpha(t) = \mathrm{e}^{-\gamma t - \mathrm{i}\omega t}\left(\alpha + g_1(t)\right) \quad \overset{t\to\infty}{\Longrightarrow} \quad \alpha_\infty(t) = -\frac{f_0}{2}\left(\frac{\mathrm{e}^{\mathrm{i}\Omega t}}{\widetilde{\omega}+\Omega} + \frac{\mathrm{e}^{-\mathrm{i}\Omega t}}{\widetilde{\omega}-\Omega}\right). \tag{8.28}$$

Das ist der bekannte **Grenzzyklus** der klassischen Dynamik. Damit haben wir gezeigt, dass sich der quantenmechanische Erwartungswert $\langle\hat{a}\rangle_t$ für lange Zeiten dem klassischen Grenzzyklus $\alpha_\infty(t)$ annähert.

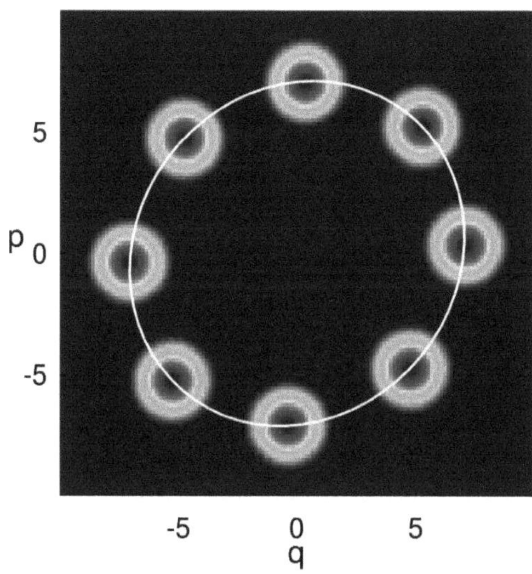

Bild 8.1 Quantenmechanischer Grenzzyklus für den angetriebenen und gedämpften harmonischen Oszillator: Husimi-Phasenraumdichte $Q(p,q;t)$ aus (8.33) zu acht äquidistanten Zeitpunkten während einer Periode. Die weiße Kurve zeigt den klassischen Grenzzyklus.

Aufgabe 8.2 (Lösung Seite 296): Berechnen Sie das Integral für $g_3(t)$ aus Gleichung (8.6) für den harmonischen Antrieb $f(t) = f_0 \cos\Omega t$ und verifizieren Sie den Langzeitlimit

$$g_3(t) \stackrel{t\to\infty}{\Longrightarrow} \frac{\mathrm{i} f_0^2 \widetilde{\omega}}{2(\widetilde{\omega}^2 - \Omega^2)}\, t\,.$$

Für den Zustandsvektor $|\psi_\alpha(t)\rangle = c_\alpha(t)\,|\alpha(t)\rangle$ aus (8.9) erhalten wir für große Zeiten

$$|\psi_\alpha(t)\rangle \stackrel{t\to\infty}{\Longrightarrow} |\psi_\infty(t)\rangle = \mathrm{e}^{\varphi_\infty(t)}|\alpha_\infty(t)\rangle\,, \tag{8.29}$$

wobei der Langzeitlimit des Exponenten $\varphi_\alpha(t)$ durch den Term $g_3 + g_0/2$ gegeben ist mit

$$\varphi_\infty(t) = -\frac{\mathrm{i}\widetilde{\omega}\, t}{2}\Big(1 - \frac{f_0^2}{\widetilde{\omega}^2 - \Omega^2}\Big)\,. \tag{8.30}$$

Wir können damit den quantenmechanischen Grenzzyklus in der Form

$$|\psi_\infty(t)\rangle = \mathrm{e}^{-\mathrm{i}\epsilon_0 t}|\alpha_\infty(t)\rangle \quad \text{mit} \quad \alpha_\infty(t+T) = \alpha_\infty(t) \tag{8.31}$$

schreiben, als ein $T = \frac{2\pi}{\Omega}$-periodischer Zustand multipliziert mit einem Phasenfaktor $\mathrm{e}^{-\mathrm{i}\epsilon_0 t}$. Dabei ist die Zeitentwicklung der Phase durch

$$\epsilon_0 = \frac{\widetilde{\omega}}{2}\Big(1 - \frac{f_0^2}{\widetilde{\omega}^2 - \Omega^2}\Big) \tag{8.32}$$

gegeben. Es handelt sich also um einen Floquet-Zustand mit der Quasienergie ϵ_0 (vgl. Gleichung (2.42)). Bild 8.1 zeigt eine quantenmechanische Phasenraumdichte, die Husimi-Dichte (siehe Seite 51)

$$Q(p,q;t) = |\langle\alpha|\alpha_\infty(t)\rangle|^2 = \mathrm{e}^{-|\alpha-\alpha_\infty(t)|^2} \tag{8.33}$$

über der komplexen $\alpha = (q + \mathrm{i}p)/\sqrt{2}$-Ebene (vgl. (3.130)) zu acht äquidistanten Zeitpunkten $t_n = nT/8$, $n = 0, 1, \ldots, 7$ für die Parameter $\omega = \Omega = f_0 = 1$, $\gamma = 0.1$. Zusätzlich ist der klassische Grenzzyklus $\alpha_\infty(t)$ als durchgehende Kurve eingezeichnet. Wie man sieht, folgt der quantenmechanische Mittelwert der klassischen Bewegung.

Neben diesem Grenzzyklus existieren noch weitere Quasienergiezustände mit den Quasienergien

$$\epsilon_n = \frac{\widetilde{\omega}}{2}\left(2n + 1 - \frac{f_0^2}{\widetilde{\omega}^2 - \Omega^2}\right). \tag{8.34}$$

Dabei ist $n = 0$ der stabilste Zustand, der im Grenzfall großer Zeiten erreicht wird, natürlich nur, wenn er im Anfangszustand besetzt war. Mehr dazu findet man in der Literatur[1].

8.2 Der ungedämpfte Oszillator

Im Folgenden beschränken wir uns auf einen hermiteschen Hamilton-Operator mit einer reellen Oszillatorfrequenz $\omega(t)$. In Abschnitt 13.2 findet man mehr über den nicht-hermiteschen Fall. Zunächst erhalten wir für die Parameter des Zeitentwicklungsoperators in Aufgabe 8.1

$$\begin{aligned}
g_0(t) &= -\mathrm{i}\int_0^t \omega(t')\,\mathrm{d}t' =: -\mathrm{i}\Phi(t) \quad \text{mit} \quad \Phi(t) \in \mathbb{R},\\
g_1(t) &= -\mathrm{i}\int_0^t f^*(t')\mathrm{e}^{\mathrm{i}\Phi(t')}\,\mathrm{d}t' =: g(t)\,, \quad g_2(t) = -\mathrm{i}\int_0^t f(t')\mathrm{e}^{-\mathrm{i}\Phi(t')}\,\mathrm{d}t = -g^*(t)\,,\\
g_3(t) &= -\mathrm{i}\int_0^t f^*(t')\mathrm{e}^{-\mathrm{i}\Phi(t')}g(t')\,\mathrm{d}t'\,,
\end{aligned} \tag{8.35}$$

und der Zeitentwicklungsoperator (8.7) lautet

$$\hat{U}(t) = \mathrm{e}^{-\mathrm{i}\Phi(t)\,(\hat{a}^\dagger\hat{a}+1/2)}\mathrm{e}^{g(t)\,\hat{a}^\dagger}\,\mathrm{e}^{-g^*(t)\,\hat{a}}\,\mathrm{e}^{g_3(t)\hat{I}}. \tag{8.36}$$

Die Formel für $\hat{U}^\dagger(t)\,\hat{U}(t)$ aus Aufgabe 8.1 vereinfacht sich deutlich:

Aufgabe 8.3 (Lösung Seite 297): Vergewissern Sie sich davon, dass $\hat{U}(t)$ aus Gleichung (8.36) unitär ist, dass also gilt $\hat{U}^\dagger(t)\,\hat{U}(t) = \hat{I}$. Beweisen Sie dabei die nützliche Formel $g_3^* + g_3 + gg^* = 0$.

Wegen der Unitarität bleibt die Norm bei der Zeitentwicklung erhalten, Außerdem sehen wir aus Gleichung (8.9), dass sich ein anfänglich kohärenter Zustand $|\alpha\rangle$ in den kohärenten Zustand $|\alpha(t)\rangle$ entwickelt:

$$\hat{U}(t)|\alpha\rangle = \mathrm{e}^{c_\alpha}|\alpha(t)\rangle\,, \quad \alpha(t) = \mathrm{e}^{-\mathrm{i}\Phi(t)}\,(\alpha + g(t))\,. \tag{8.37}$$

Dabei ist hier c_α aus Gleichung (8.10) rein imaginär, wovon man sich mit der in der Aufgabe angegebenen Hilfsformel überzeugen kann. Das heißt, e^{c_α} ist ein reiner Phasenfaktor, der die Norm invariant lässt, wie es für eine unitäre Evolution sein sollte.

1 Siehe zum Beispiel E.-M. Graefe, M. Höning, H. J. Korsch, J. Phys. A43 (2010) 075306.

Dieses Resultat ist für viele Anwendungen wichtig und wir wollen es deshalb noch einmal auf eine andere Weise herleiten. Dazu benötigen wir die Operatorvertauschungen

$$\hat{a}\,\mathrm{e}^{\sigma\hat{a}^\dagger\hat{a}} = \mathrm{e}^{z}\,\mathrm{e}^{z\hat{a}^\dagger\hat{a}}\,\hat{a} \quad \text{und} \quad \hat{a}\,\mathrm{e}^{z\hat{a}^\dagger} = \mathrm{e}^{\beta\hat{a}^\dagger}(\hat{a}+z)\,, \tag{8.38}$$

die wir mithilfe von Tabelle 6.2 bestätigen können. Damit erhalten wir

$$\begin{aligned}\hat{a}\,\hat{U}(t) &= \hat{a}\,\mathrm{e}^{-\mathrm{i}\Phi(\hat{a}^\dagger\hat{a}+1/2)}\mathrm{e}^{g(t)\,\hat{a}^\dagger}\,\mathrm{e}^{-g^*\,\hat{a}}\,\mathrm{e}^{g_3\hat{I}}\\ &= \mathrm{e}^{-\mathrm{i}\Phi}\mathrm{e}^{-\mathrm{i}\Phi(\hat{a}^\dagger\hat{a}+1/2)}\,\hat{a}\,\mathrm{e}^{g\,\hat{a}^\dagger}\,\mathrm{e}^{-g^*\,\hat{a}}\,\mathrm{e}^{g_3\hat{I}}\\ &= \mathrm{e}^{-\mathrm{i}\Phi}\mathrm{e}^{-\mathrm{i}\Phi(\hat{a}^\dagger\hat{a}+1/2)}\mathrm{e}^{g(t)\,\hat{a}^\dagger}(\hat{a}+g)\,\mathrm{e}^{-g^*\,\hat{a}}\,\mathrm{e}^{g_3\hat{I}} = \mathrm{e}^{-\mathrm{i}\Phi}\,\hat{U}(t)(\hat{a}+g)\,.\end{aligned} \tag{8.39}$$

Wenn wir dies auf einen kohärenten Zustand $|\alpha\rangle$ anwenden, ergibt sich

$$\hat{a}\,\hat{U}(t)|\alpha\rangle = \mathrm{e}^{-\mathrm{i}\Phi}\,\hat{U}(t)(\hat{a}+g)|\alpha\rangle = \mathrm{e}^{-\mathrm{i}\Phi}(\alpha+g)\,\hat{U}(t)|\alpha\rangle\,. \tag{8.40}$$

Der zeitentwickelte Zustand $\hat{U}(t)|\alpha\rangle$ ist damit ein Eigenzustand von $\hat{a}$ zum Eigenwert $\alpha(t) = \mathrm{e}^{-\mathrm{i}\Phi(t)}(\alpha+g(t))$, also (bis auf einen Phasenfaktor) ein kohärenter Zustand $|\alpha(t)\rangle$.

Diese Resultate sind für konstante Frequenz in Übereinstimmung mit denen aus Abschnitt 3.1. Dort findet man auch eine Formel für das Integral für $g(t)$ für einen harmonischen Antrieb $f(t) = f_0\cos\Omega t$ in Gleichung (3.35).

Die Zeitabhängigkeit des Erwartungswerts von $\hat{K}_0 = \hat{a}^\dagger\hat{a} + \frac{1}{2}$ für einen Anfangszustand $|n\rangle$ ist gleich

$$\begin{aligned}\langle\hat{K}_0\rangle_n(t) &= \langle n|\hat{K}_0(t)|n\rangle\\ &= \langle n|\big(\hat{K}_0 + g(t)\hat{a}^\dagger + g^*(t)\hat{a} + |g(t)|^2\big)|n\rangle\\ &= \langle n|\hat{K}_0|n\rangle + |g(t)|^2 = n + \tfrac{1}{2} + |g(t)|^2\,,\end{aligned} \tag{8.41}$$

wobei das Zeitverhalten unabhängig von n ist, und für einen kohärenten Anfangszustand $|\alpha\rangle$ ergibt sich

$$\langle\hat{a}\rangle_\alpha(t) = \langle\alpha|\hat{a}(t)|\alpha\rangle = \mathrm{e}^{\mathrm{i}\Phi(t)}(\alpha+g(t)) \tag{8.42}$$

$$\langle\hat{K}_0\rangle_\alpha(t) = g(t)\alpha^* + g^*(t)\alpha + |g(t)|^2\,. \tag{8.43}$$

Die Übergangsmatrixelemente sind nach Gleichung (7.110) gegeben durch

$$\langle m|\hat{U}|n\rangle = \mathrm{e}^{-\mathrm{i}\Phi(m+1/2)+g_3}\,M_{mn}(g,g^*) \tag{8.44}$$

mit

$$M_{mn}(g,g^*) = \sqrt{n!m!}\sum_{k=0}^{\min(n,m)}\frac{g^{*(m-k)}\,g^{n-k}}{(m-k)!(n-k)!k!}\,, \tag{8.45}$$

und mit der Formel

$$g_3^* + g_3 = -|g|^2 \tag{8.46}$$

aus Aufgabe 8.3 erhalten wir für die Wahrscheinlichkeiten für Übergänge $n\to m$

$$p_{mn}(t) = |\langle m|\hat{U}|n\rangle|^2\mathrm{e}^{g_3+g_3^*}\,|M_{mn}(g,g^*)|^2 = \mathrm{e}^{-|g|^2}\,|M_{mn}(g,g^*)|^2\,, \tag{8.47}$$

was sich für $n = 0$ vereinfacht zu

$$p_{m0} = \mathrm{e}^{-|g|^2} \frac{|g|^{2m}}{m!} \tag{8.48}$$

mit der Summe

$$\sum_{m=0}^{\infty} p_{m0} = \mathrm{e}^{-|g|^2} \sum_{m=0}^{\infty} \frac{|g|^{2m}}{m!} = \mathrm{e}^{-|g|^2} \mathrm{e}^{|g|^2} = 1\,, \tag{8.49}$$

also zu einer **Poisson-Verteilung** mit dem Mittelwert

$$\begin{aligned} \langle m \rangle &= \sum_{m=0}^{\infty} m p_{m0} = \mathrm{e}^{-|g|^2} \sum_{m=0}^{\infty} m \frac{|g|^{2m}}{m!} = \mathrm{e}^{-|g|^2} \sum_{m=1}^{\infty} \frac{|g|^{2m}}{(m-1)!} \\ &= \mathrm{e}^{-|g|^2} |g|^2 \sum_{m=0}^{\infty} \frac{|g|^{2m}}{m!} = \mathrm{e}^{-|g|^2} |g|^2 \mathrm{e}^{|g|^2} = |g(t)|^2 \end{aligned} \tag{8.50}$$

in Übereinstimmung mit Gleichung (8.41).

9 Erhaltungsgrößen und dynamische Invarianten

Wenn für ein System eine Größe existiert, die zeitlich konstant ist, so reduziert dies das mögliche Verhalten des Systems beträchtlich und erleichtert eine Analyse seiner Dynamik. Das bekannteste Beispiel ist hier wohl die Erhaltung der Energie für ein hamiltonsches System mit einer zeitunabhängiger Hamilton-Funktion in der klassischen oder mit einem zeitunabhängigem Hamilton-Operator in der quantenmechanischen Beschreibung. Ein weiteres Beispiel ist die Erhaltung des Drehimpulses bei einem rotationssymmetrischen System.

Der Zusammenhang zwischen Erhaltungsgrößen und Symmetrien wird durch das Noether-Theorem beschrieben, benannt nach der deutschen Mathematikerin Emmy Noether (1882–1935) mit der Aussage: „Zu jeder kontinuierlichen Symmetrie eines physikalischen Systems gehört eine Erhaltungsgröße." Ihre Umkehrung lautet: „Jede Erhaltungsgröße ist Generator einer Symmetriegruppe."

Im Folgenden werden wir uns zunächst mit nicht explizit zeitabhängingen Systemen befassen, die hinreichend viele Erhaltungsgrößen besitzen, sodass sie (klassisch) durch Quadratur lösbar sind, sogenannte **integrable Systeme**. Im folgenden Abschnitt werden wir sehen, dass auch explizit zeitabhängige Systeme, entgegen unserer Intuition, (zeitabhängige) Erhaltungsgrößen besitzen, sogenannte **dynamische Invarianten**.

9.1 Integrable Systeme

Betrachten wir zunächst ein klassisches hamiltonsches System mit n Freiheitsgraden, den (generalisierten) Orts- und Impulsvariablen $\mathbf{q} = (q_1, \ldots, q_n)$ und $\mathbf{p} = (p_1, \ldots, p_n)$ und mit einer zeitunabhängigen Hamilton-Funktion $H(\mathbf{q}, \mathbf{p})$. Eine **Erhaltungsgröße** ist eine Phasenraumfunktion $F(\mathbf{q}, \mathbf{p})$, die nicht explizit von der Zeit anhängt und deren Poisson-Klammer mit der Hamilton-Funktion gleich null ist:

$$\{F, H\} = 0. \tag{9.1}$$

Dann ist wegen $\mathrm{d}F/\mathrm{d}t = \{F, H\}$ nach Gleichung (6.32) der Wert von $F(\mathbf{q}, \mathbf{p}) = F$ zeitlich konstant. Das ist in jedem Fall gesichert für die Hamilton-Funktion selbst, $F = H$. Das ist die Energieerhaltung, durch die eine Bahn im Phasenraum auf eine Hyperfläche $H(\mathbf{q}, \mathbf{p}) = E$ eingeschränkt wird.

Ein zeitunabhängiges hamiltonsches System mit n Freiheitsgraden heißt **integrabel**, falls es n unabhängige Erhaltungsgrößen $F_j(\mathbf{q}, \mathbf{p})$, $j = 1, \ldots, n$, gibt mit $\{F_j, F_k\} = 0$. (Man sagt, sie sind „in Involution".)

Ein bekanntes Beispiel für ein solches integrables System ist ein Teilchen im dreidimensionalen Raum unter einer Zentralkraft. Dann gilt für die Hamilton-Funktion H, das Quadrat des Drehimpulses L^2 und seine z-Komponente L_z

$$\{L^2, H\} = 0 \ , \quad \{L_z, H\} = 0 \ , \quad \{L^2, L_z\} = 0 \tag{9.2}$$

(siehe auch Seite 69). Wir haben hier also ein System mit drei Freiheitsgraden, für das drei unabhängige Phasenraumfunktionen existieren, deren Poisson-Klammern verschwinden, ein sogenanntes **integrables System**.

Durch die n Bedingungen

$$F_j(\mathbf{q}, \mathbf{p}) = f_j = \text{konstant} \ , \quad j = 1, \ldots, n, \tag{9.3}$$

wird die Phasenbahn eingeschränkt auf eine n-dimensionale Untermannigfaltigkeit $\mathcal{M}$ des Phasenraums. Wir wollen kurz zeigen, dass dies ein n-dimensionaler Torus ist. Dazu konstruieren wir zunächst die Felder

$$\mathbf{v}_j = \left(-\nabla_{\mathbf{p}} F_j, \nabla_{\mathbf{q}} F_j\right) \quad j = 1, \ldots, n, \tag{9.4}$$

die überall auf $\mathcal{M}$ definiert und unabhängig sind, da die F_j es sind, sowie die Gradientenfelder

$$\mathbf{u}_k = \left(\nabla_{\mathbf{q}} F_k, \nabla_{\mathbf{p}} F_k\right) \quad k = 1, \ldots, n, \tag{9.5}$$

die senkrecht sind zu der Fläche $F_k(\mathbf{q}, \mathbf{p}) = f_k =$ konstant. Ihre Skalarprodukte sind gleich null:

$$\begin{aligned} \mathbf{v}_j \cdot \mathbf{u}_k &= \left(-\nabla_{\mathbf{p}} F_j, \nabla_{\mathbf{q}} F_j\right) \cdot \left(\nabla_{\mathbf{q}} F_k, \nabla_{\mathbf{p}} F_k\right) \\ &= -\nabla_{\mathbf{p}} F_j \nabla_{\mathbf{q}} F_k + \nabla_{\mathbf{q}} F_j \nabla_{\mathbf{p}} F_k = \{F_j, F_k\} = 0 \, . \end{aligned} \tag{9.6}$$

Die Felder $\mathbf{v}_j$, $j = 1, \ldots, n$, sind also parallel zu $\mathcal{M}$, das heißt, es existieren n unabhängige Vektorfelder auf $\mathcal{M}$, oder, bildhaft ausgedrückt, $\mathcal{M}$ lässt sich auf n verschiedene Weisen glatt „kämmen“. Das ist eine der möglichen Definitionen einer n-dimensionalen Torus-Fläche.

Ein solcher Torus heißt auch **invarianter Torus**, denn jede Bahn bleibt für immer auf dieser Fläche, sie ist unter der Dynamik invariant. Bild 9.1 zeigt einen solchen Torus für ein Teilchen, gebunden in einem zweidimensionalen Potential mit der Hamilton-Funktion

$$H = \frac{p_1^2}{2m} + \frac{p_2^2}{2m} + V(q_1, q_2) \, . \tag{9.7}$$

Eine typische, also nicht-periodische Bahn füllt die Torus-Oberfläche im Langzeitlimit dicht aus. Der gesamte vierdimensionale Phasenraum ist mit solchen ineinander verschachtelten Tori ausgefüllt.

Mithilfe dieser Tori lassen sich neue Variablen definieren, sogenannte **Wirkungs- Winkelvariablen**, die es dann erlauben, die Bewegungsgleichungen durch eine Quadratur zu lösen, sie also zu integrieren. Daher der Name *integrabel* für ein solches System. Darüber hinaus kann man in einer semiklassischen Näherung die quantenmechanischen Eigenwerte mit n Quantenzahlen auf klassische Größen zurückführen.

Bild 9.1 Zweidimensionaler Torus im Phasenraum mit der Bahn eines Teilchens, die für lange Zeiten die Torusoberfläche dicht ausfüllt

Das andere Extrem sind klassisch vollständig **ergodische Systeme**, bei denen die Phasenbahn im Langzeitlimit das energetisch erlaubte Phasenraumvolumen füllt, also jedem Punkt im Phasenraum beliebig nahe kommt. In der Quantenmechanik äußert sich das in einer deutlich unterschiedlichen Statistik der Niveauabstände benachbarter Eigenwerte des Hamilton-Operators. Ein klassisch integrables System zeigt hier eine Poisson-Statistik, bei der kleine Niveauabstände bevorzugt sind, während ein klassisch ergodisches System eine GOE-Niveaustatistik zeigt, bei der kleine Eigenwertabstände selten sind. Mehr dazu und illustrierende Beispile findet man in dem auf Seite 8 angegebenen Buch *Numerische Physik mit Octave und Matlab.*

Die quantenmechanische Entsprechung des klassischen Drehimpulses im dreidimensionalen Raum ist der Drehimpulsoperator (vgl. Kapitel 4). Für ein quantenmechanisches Teilchen in einem sphärisch symmetrischen Potential vertauscht der Hamilton-Operator $\hat{H}$ mit dem Operator $\hat{L}^2$ und mit den drei Komponenten $\hat{L}_x$, $\hat{L}_y$, $\hat{L}_z$. Die drei Operatoren $\hat{H}$, $\hat{L}^2$ und $\hat{L}_z$ kommutieren:

$$[\hat{L}^2, \hat{H}] = 0 \ , \quad [\hat{L}_z, \hat{H}] = 0 \ , \quad [\hat{L}^2, \hat{L}_z] = 0 \, . \tag{9.8}$$

Diese algebraischen Relationen entsprechen genau den klassischen in Gleichung (9.2), wobei der Kommutator die Rolle der klassischen Poisson-Klammer übernimmt.

Dies könnte dazu verleiten, einfach die Definition der klassischen Integrabilität auf die Quantenmechanik zu übertragen und nur die Poisson-Klammer durch den Kommutator zu ersetzen. Aber dieses naive Vorgehen führt nicht zum Ziel. Schon allein die quantenmechanische Definition eines Freiheitsgrades ist problematisch, beispielsweise für ein System mit einem endlich dimensionalen Hilbert-Raum, genau wie eine Forderung einer bestimmten Anzahl von miteinander und mit dem Hamilton-Operator $\hat{H}$ kommutierenden Operatoren, denn das erfüllen auch alle Projektoren auf die Eigenzustände von $\hat{H}$.

Daher ist in der Quantenmechanik eine präzise Definition eines integrablen Systems (leider) nicht einfach und bis heute konnte man sich noch auf keine zufriedenstellende Formulierung einer Quantenintegrabilität einigen.

Eine Möglichkeit für das Verständnis einer Quantenintegrabilität beruht auf einer Formulierung der Quantendynamik ganz ähnlich der klassischen im Phasenraum, wobei die Moyal-Klammer die Rolle der Poisson-Klammer übernimmt. Mehr dazu im folgenden Kapitel 10.

9.2 Dynamische Invarianten

Auch für Systeme mit explizit zeitabhängigen Hamilton-Operatoren $\hat{H}(t)$ können invariante Operatoren $\hat{I}(t)$ existieren.[1] Darunter versteht man Operatoren, deren Erwartungswerte zeitlich konstant sind. Es muss also für jeden Zustand $|\psi(t)\rangle$ gelten

$$\begin{aligned}\frac{\mathrm{d}}{\mathrm{d}t}\langle\psi|\hat{I}|\psi\rangle &= \langle\dot{\psi}|\hat{I}|\psi\rangle + \langle\psi|\hat{I}|\dot{\psi}\rangle + \langle\psi|\frac{\partial\hat{I}}{\partial t}|\psi\rangle \\ &= \frac{\mathrm{i}}{\hbar}\langle\psi|\hat{H}\hat{I}|\psi\rangle - \frac{\mathrm{i}}{\hbar}\langle\psi|\hat{I}\hat{H}|\psi\rangle + \langle\psi|\frac{\partial\hat{I}}{\partial t}|\psi\rangle = \langle\psi|\Big(\frac{\mathrm{i}}{\hbar}[\hat{H},\hat{I}] + \frac{\partial\hat{I}}{\partial t}\Big)|\psi\rangle \stackrel{!}{=} 0\end{aligned} \tag{9.9}$$

und damit

$$\frac{\mathrm{i}}{\hbar}\left[\hat{H},\hat{I}\right] + \frac{\partial\hat{I}}{\partial t} = 0. \tag{9.10}$$

Man bezeichnet die Lösungen $\hat{I}(t)$ dieser Differentialgleichung als **dynamische Invarianten**.

Um eventuelle Missverständnisse zu vermeiden: Trotz der Ähnlichkeit zu der Operator-Zeitentwicklung (2.33) handelt es sich in Gleichung (9.10) *nicht* um Operatoren im Heisenberg- sondern im Schrödinger-Bild, also voll ausgeschrieben als $\hat{I}_S$ und $\hat{H}_S$, und es gilt für $\hat{I}_S$, wie für jeden Operator,

$$\frac{\mathrm{d}\hat{I}_H}{\mathrm{d}t} = \hat{U}^\dagger\Big(\frac{\mathrm{i}}{\hbar}\left[\hat{H}_S,\hat{I}_S\right] + \frac{\partial\hat{I}_S}{\partial t}\Big)\hat{U} = \Big(\frac{\mathrm{i}}{\hbar}\left[\hat{H}_S,\hat{I}_S\right] + \frac{\partial\hat{I}_S}{\partial t}\Big)_H \tag{9.11}$$

(vgl. Gleichung (2.32)). Falls $\hat{I}_S(t)$ Gleichung (9.10) erfüllt, wenn es sich also um eine dynamische Invariante handelt, ist die Zeitableitung im Heisenberg-Bild gleich null: $\mathrm{d}\hat{I}_H/\mathrm{d}t = 0$ und damit auch die jedes Erwartungswerts (vgl. Gleichung (2.35)). Wir wollen im Folgenden den Schrödinger-Bild-Index S wieder fallen lassen.

Zunächst notieren wir, dass für einen hermiteschen Hamilton-Operator mit $\hat{I}$ auch $\hat{I}^\dagger$ die Gleichung (9.10) löst. Also kann wegen der Linearität die dynamische Invariante hermitesch gewählt werden: $\hat{I}^\dagger(t) = \hat{I}(t)$.

Die Existenz einer solchen dynamischen Invariante ermöglicht es, die Lösung der Schrödinger-Gleichung in ähnlicher Weise aufzubauen wie für einen zeitunabhängigen Hamilton-Operator.[2] Zunächst notieren wir, dass aus einer Lösung $|\psi(t)\rangle$ der Schrödinger-Gleichung

$$\mathrm{i}\hbar\frac{\partial}{\partial t}|\psi(t)\rangle = \hat{H}(t)|\psi(t)\rangle \quad \text{und mit} \quad \mathrm{i}\hbar\frac{\partial\hat{I}}{\partial t} = \left[\hat{H},\hat{I}\right] \tag{9.12}$$

die Gleichung

$$\begin{aligned}\mathrm{i}\hbar\frac{\partial}{\partial t}\Big(\hat{I}(t)|\psi(t)\rangle\Big) &= \Big(\mathrm{i}\hbar\frac{\partial\hat{I}}{\partial t}\Big)|\psi(t)\rangle + \hat{I}\Big(\mathrm{i}\hbar\frac{\partial}{\partial t}|\psi(t)\rangle\Big) \\ &= \left[\hat{H},\hat{I}\right]|\psi(t)\rangle + \hat{I}\hat{H}|\psi(t)\rangle = \hat{H}\big(\hat{I}|\psi(t)\rangle\big)\end{aligned} \tag{9.13}$$

folgt. Das heißt also, dass die Anwendung von $\hat{I}(t)$ auf eine Lösung der Schrödinger-Gleichung wieder eine Lösung erzeugt.

---

1 Es sei darauf hingewiesen, dass man diesen Operator nicht mit der Identität verwechseln sollte, die leider mit dem gleichen Symbol bezeichnet wird.

2 H. R. Lewis, W. B. Riesenfeld, J. Math. Phys. 10, 1458 (1969)

Wir beginnen mit der Konstruktion der Eigenwerte und der orthonormierten Eigenzustände von $\hat{I}(t)$, also von

$$\hat{I}(t)|\lambda\rangle = \lambda|\lambda\rangle \tag{9.14}$$

mit $\lambda \in \mathbb{R}$ für einen hermiteschen Operator $\hat{I}(t)$, wobei wir unterstellen, dass keine Entartung vorliegt. Zunächst wollen wir uns davon überzeugen, dass die Eigenwerte λ zeitunabhängig sind. Die Eigenzustände $|\lambda, t\rangle$ sind dann zeitabhängig.

Zunächst bilden wir das Skalarprodukt von $\mathrm{i}\hbar\,\partial\hat{I}/\partial t = \left[\hat{H},\hat{I}\right]$ aus Gleichung (9.12) mit den Eigenzuständen

$$\mathrm{i}\hbar\,\langle\lambda'|\frac{\partial\hat{I}}{\partial t}|\lambda\rangle = \langle\lambda'|\big(\hat{H}\hat{I}-\hat{I}\hat{H}\big)|\lambda\rangle = (\lambda-\lambda')\,\langle\lambda'|\hat{H}|\lambda\rangle\,, \tag{9.15}$$

woraus folgt

$$\langle\lambda|\frac{\partial\hat{I}}{\partial t}|\lambda\rangle = 0\,. \tag{9.16}$$

Wenn wir jetzt Gleichung (9.14) nach der Zeit differenzieren,

$$\frac{\partial\hat{I}}{\partial t}|\lambda\rangle + \hat{I}\,\frac{\partial|\lambda\rangle}{\partial t} = \frac{\partial\lambda}{\partial t}|\lambda\rangle + \lambda\,\frac{\partial|\lambda\rangle}{\partial t}\,, \tag{9.17}$$

und das Skalarprodukt mit $|\lambda\rangle$ bilden, erhalten wir

$$\langle\lambda|\frac{\partial\hat{I}}{\partial t}|\lambda\rangle + \lambda\langle\lambda|\frac{\partial|\lambda\rangle}{\partial t} = \frac{\partial\lambda}{\partial t}\,\langle\lambda|\lambda\rangle + \lambda\,\langle\lambda|\frac{\partial|\lambda\rangle}{\partial t} = \frac{\partial\lambda}{\partial t} + \lambda\,\langle\lambda|\frac{\partial|\lambda\rangle}{\partial t}\,. \tag{9.18}$$

Dabei heben sich in der linken und rechten Gleichung die Terme $\lambda\,\langle\lambda|\frac{\partial|\lambda\rangle}{\partial t}$ weg, und mit (9.16) ergibt sich

$$\frac{\partial\lambda}{\partial t} = \langle\lambda|\frac{\partial\hat{I}}{\partial t}|\lambda\rangle = 0\,. \tag{9.19}$$

Von Interesse ist es natürlich, die Eigenzustände von $\hat{I}(t)$ mit den Lösungen der Schrödinger-Gleichung zu verknüpfen. Eine Herleitung findet man in der oben angegebenen Arbeit von Lewis und Riesenfeld[3] und wir wollen hier nur das Resultat angeben. Dazu verdeutlichen wir die Notation und bezeichnen die Eigenzustände von $\hat{I}(t)$ zum Eigenwert λ als $|\lambda,\kappa;t\rangle$, wobei κ für alle weiteren notwendigen Eigenwerte steht. Dann ist

$$|\psi(t)\rangle = \sum_{\lambda\kappa} c_{\lambda\kappa}\mathrm{e}^{\mathrm{i}\alpha_{\lambda\kappa}(t)}\,|\lambda,\kappa;t\rangle \tag{9.20}$$

eine allgemeine Lösung der zeitabhängigen Schrödinger-Gleichung, wobei die $c_{\lambda\kappa}$ zeitunabhängige Koeffizienten sind, festgelegt durch den Anfangszustand. Die reelle **Lewis-Riesenfeld-Phase** $\alpha_{\lambda,\kappa}(t)$ ergibt sich durch Integration von

$$\hbar\frac{\mathrm{d}\alpha_{\lambda,\kappa}}{\mathrm{d}t} = \langle\lambda,\kappa;t|\left(\mathrm{i}\hbar\frac{\partial}{\partial t} - \hat{H}\right)|\lambda,\kappa;t\rangle\,. \tag{9.21}$$

[3] Dort wird angenommen, dass die dynamische Invariante keine Operation der Zeitdifferentiation enthält.

Wenn der Hamilton-Operator linear in den Basis-Operatoren $\hat{\Gamma}_i$ einer Lie-Algebra ist, dann können wir auch die dynamische Invariante in dieser Form ansetzen:

$$\hat{H}(t) = \sum_i h_i(t)\hat{\Gamma}_i \quad \text{und} \quad \hat{I}(t) = \sum_j u_j(t)\hat{\Gamma}_j\,. \tag{9.22}$$

Die Differentialgleichung (9.12) für die Invariante wird mit $[\Gamma_i, \Gamma_j] = \sum_k c_{ij}^k \Gamma_k$ und den Strukturkonstanten c_{ij}^k (siehe Gleichung (6.43)) zu

$$\mathrm{i}\hbar \sum_i \dot{u}_i \hat{\Gamma}_i = \sum_{i,j} h_i u_j [\hat{\Gamma}_i, \hat{\Gamma}_j] = \sum_{i,j,k} h_i u_j c_{ij}^k \hat{\Gamma}_k = \sum_i \Big(\sum_{jk} h_j u_k c_{jk}^i\Big)\hat{\Gamma}_i\,. \tag{9.23}$$

Damit erhalten wir für die Koeffizienten $u_i(t)$ der Invariante das lineare Differentialgleichungssystem

$$\mathrm{i}\hbar\, \dot{u}_i = \sum_{jk} c_{jk}^i h_j u_k = \sum_k \big(\sum_j c_{jk}^i h_j\big) u_k = \sum_k A_{ik} u_k \quad \text{mit} \quad A_{ik} = \sum_j c_{jk}^i h_j\,. \tag{9.24}$$

Einige Anwendungsbeispiele sollen dieses Vorgehen illustrieren. Wir beginnen mit einem der beliebtesten Systeme, dem harmonischen Oszillator, gefolgt von dem Zweiniveausystem.

9.2.1 Der harmonische Oszillator

Ein harmonischer Oszillator mit einer zeitabhängigen Frequenz, beschrieben durch den Hamilton-Operator[4]

$$\hat{H}(t) = \frac{1}{2}\hat{p}^2 + \frac{1}{2}\omega^2(t)\,\hat{q}^2\,, \tag{9.25}$$

war eines der ersten explizit zeitabhängigen Systeme, für die eine dynamische Invariante gefunden wurde (siehe Fußnote 2 auf Seite 156).

Um zu einer abgeschlossenen Lie-Algebra zu kommen, müssen wir die Opertoren $\frac{1}{2}\hat{p}^2$ und $\frac{1}{2}\hat{q}^2$ aus dem Hamilton-Operator durch $\frac{1}{2}(\hat{p}\hat{q} + \hat{q}\hat{p})$ ergänzen. Diese drei Operatoren bilden eine Basis für eine $\mathfrak{su}(1,1)$-Algebra (vgl. Aufgabe 6.8). Wir stellen unsere gesuchte dynamische Invariante in dieser Basis dar als

$$\hat{I}(t) = \frac{\alpha}{2}\hat{q}^2 + \frac{\beta}{2}\hat{p}^2 + \frac{\gamma}{2}\big(\hat{p}\hat{q} + \hat{q}\hat{p}\big) \tag{9.26}$$

und berechnen zur Lösung von $\frac{\mathrm{i}}{\hbar}[\hat{H}, \hat{I}] + \frac{\partial \hat{I}}{\partial t} = 0$ (siehe Gleichung (9.10)) nacheinander beide Terme.

Als eine kleine Vorarbeit notieren wir die folgenden Kommutatoren, die sich direkt aus $[\hat{q}, \hat{p}] = \mathrm{i}\hbar$ ergeben:

$$\begin{aligned} &[\hat{q}^2, \hat{p}] = 2\mathrm{i}\hbar\hat{q}\;, \quad [\hat{p}^2, \hat{q}] = -2\mathrm{i}\hbar\hat{p}\;, \quad [\hat{p}^2, \hat{q}^2] = -2\mathrm{i}\hbar(\hat{p}\hat{q} + \hat{q}\hat{p}) \\ &[\hat{p}\hat{q} + \hat{q}\hat{p}, \hat{q}^2] = -4\mathrm{i}\hbar\hat{q}^2\;, \quad [\hat{p}\hat{q} + \hat{q}\hat{p}, \hat{p}^2] = 4\mathrm{i}\hbar\hat{p}^2. \end{aligned} \tag{9.27}$$

[4] Wir wählen Einheiten, in denen die Masse gleich eins ist.

Damit erhalten wir für den Kommutator

$$
\begin{aligned}
[\hat{H},\hat{I}] &= \frac{1}{2}[\hat{p}^2, \frac{\alpha}{2}\hat{q}^2 + \frac{\beta}{2}\hat{p}^2 + \frac{\gamma}{2}(\hat{p}\hat{q}+\hat{q}\hat{p})] + \frac{\omega^2}{2}[\hat{q}^2, \frac{\alpha}{2}\hat{q}^2 + \frac{\beta}{2}\hat{p}^2 + \frac{\gamma}{2}(\hat{p}\hat{q}+\hat{q}\hat{p})] \\
&= \frac{1}{2}\Big(-\frac{\alpha}{2}2\mathrm{i}\hbar(\hat{p}\hat{q}+\hat{q}\hat{p}) - \frac{\gamma}{2}4\mathrm{i}\hbar\hat{p}^2\Big) + \frac{\omega^2}{2}\Big(\frac{\beta}{2}2\mathrm{i}\hbar(\hat{p}\hat{q}+\hat{q}\hat{p}) + \frac{\gamma}{2}4\mathrm{i}\hbar\hat{q}^2\Big).
\end{aligned}
\tag{9.28}
$$

Die Koeffizienten der Zeitableitung

$$
\frac{\partial\hat{I}}{\partial t} = \frac{\dot{\alpha}}{2}\hat{q}^2 + \frac{\dot{\beta}}{2}\hat{p}^2 + \frac{\dot{\gamma}}{2}(\hat{p}\hat{q}+\hat{q}\hat{p}) \tag{9.29}
$$

vergleichen wir mit denen von $\frac{\mathrm{i}}{\hbar}[\hat{H},\hat{I}]$ und erhalten mit (9.28)

$$
\dot{\alpha} = 2\gamma\omega^2 \ , \quad \dot{\beta} = -2\gamma \ , \quad \dot{\gamma} = -\alpha + \beta\omega^2. \tag{9.30}
$$

Zur Vereinfachung dieser Gleichungen definieren wir

$$
\beta(t) = \rho^2(t) \ \text{ mit } \ \dot{\beta} = 2\rho\dot{\rho} \ \text{ und } \ \gamma = -\rho\dot{\rho}. \tag{9.31}
$$

Differenzieren wir die letzte Gleichung, so finden wir mithilfe von $\dot{\gamma}$ aus (9.30)

$$
\dot{\gamma} = -(\dot{\rho}^2 + \rho\ddot{\rho}) = -\alpha + \beta\omega^2 \quad \text{oder} \quad \alpha = \rho(\ddot{\rho} + \omega^2\rho) + \dot{\rho}^2. \tag{9.32}
$$

Wir differenzieren auch diesen Ausdruck für α,

$$
\dot{\alpha} = \rho\frac{\mathrm{d}}{\mathrm{d}t}\Big(\ddot{\rho} + \omega^2\rho\Big) + \dot{\rho}(\ddot{\rho} + \omega^2\rho) + 2\dot{\rho}\ddot{\rho}, \tag{9.33}
$$

setzen das Resultat gleich $\dot{\alpha} = 2\gamma\omega^2 = -2\omega^2\rho\dot{\rho}$ aus der ersten Gleichung in (9.30) und erhalten

$$
\rho\frac{\mathrm{d}}{\mathrm{d}t}\Big(\ddot{\rho} + \omega^2\rho\Big) + 3\dot{\rho}(\ddot{\rho} + \omega^2\rho) = 0. \tag{9.34}
$$

Wie man nachprüft, ist das erfüllt für alle Lösungen der Differentialgleichung

$$
\ddot{\rho} + \omega^2(t)\rho = \frac{c}{\rho^3} \tag{9.35}
$$

mit einer Konstanten c. Dann haben wir

$$
\alpha = \dot{\rho}^2 + \frac{c}{\rho^2} \ , \quad \beta = \rho^2 \ , \quad \gamma = -\rho\dot{\rho} \tag{9.36}
$$

und die Invariante (9.26) ergibt sich als

$$
\begin{aligned}
\hat{I}(t) &= \big(\dot{\rho}^2 + \frac{c}{\rho^2}\big)\frac{1}{2}\hat{q}^2 + \frac{\rho^2}{2}\hat{p}^2 - \rho\dot{\rho}\frac{1}{2}(\hat{p}\hat{q}+\hat{q}\hat{p}) \\
&= \frac{1}{2}\Big(\frac{c}{\rho^2}\hat{q}^2 + (\rho\hat{p} - \dot{\rho}\hat{q})^2\Big).
\end{aligned}
\tag{9.37}
$$

Die Konstante c fungiert hier nur als eine Skalierungskonstante und mit $\rho \to c^{1/4}\rho$, $I \to c^{1/2}I$ lässt sich unser Resultat auf die Form

$$
\hat{I}(t) = \frac{1}{2\rho^2}\hat{q}^2 + \frac{1}{2}(\rho\hat{p} - \dot{\rho}\hat{q})^2 \quad \text{mit} \quad \ddot{\rho} + \omega^2(t)\rho = \frac{1}{\rho^3} \tag{9.38}
$$

bringen. Dabei wählen wir nur die reellen Lösungen der Hilfsgleichung für $\rho(t)$, um eine hermitesche Invariante zu erhalten.

Diese quantenmechanische Herleitung einer dynamischen Invariante für den harmonischen Oszillator lässt sich in diesem Fall direkt auf die klassische Dynamik übertragen:

Aufgabe 9.1 (Lösung Seite 297): Zeigen Sie: Für einen klassischen harmonischen Oszillator mit der Hamilton-Funktion $H(t) = \frac{1}{2}p^2 + \frac{1}{2}\omega^2(t)q^2$ erhalten wir die dynamische Invariante

$$I(t) = \frac{1}{2}\Big(\frac{q^2}{\rho^2} + (\rho p - \dot{\rho} q)^2\Big) \quad \text{mit} \quad \ddot{\rho} + \omega^2(t)\rho = \frac{1}{\rho^3},$$

wobei $\rho(t)$ eine reelle Lösung dieser Differentialgleichung ist.

Es soll noch erwähnt werden, dass zwischen den beiden Differentialgleichungen

$$\ddot{q} + \omega^2(t)q = 0 \quad \text{und} \quad \ddot{\rho} + \omega^2(t)\rho = \frac{1}{\rho^3} \tag{9.39}$$

interessante Beziehungen bestehen. Eine einzige beliebige Lösung $\rho(t)$ der nichtlinearen Differentialgleichung rechts, sie wird auch als **Milne-Gleichung** bezeichnet, erlaubt es, die allgemeine Lösung der linearen Gleichung links zu konstruieren:

$$q(t) = \alpha\rho(t)\sin(\varphi(t) + \beta) \quad \text{mit} \quad \varphi(t) = \int_{t_0}^{t} \frac{1}{\rho^2(t')}\,\mathrm{d}t'. \tag{9.40}$$

Umgekehrt ermöglichen es zwei linear unabhängige Lösungen $q_1(t)$, $q_2(t)$ der linearen Gleichung rechts mit der Wronski-Determinante $W = q_1\dot{q}_2 - q_2\dot{q}_1$, die allgemeine Lösung der Milne-Gleichung als

$$\rho(t) = \big(Aq_1^2(t) + Bq_2^2(t) + 2Cq_1(t)q_2(t)\big)^{1/2} \quad \text{mit} \quad AB - C^2 = W^{-2} \tag{9.41}$$

anzugeben.

Die direkte Korrespondenz zwischen Quantenmechanik und klassischer Mechanik, die in der Aufgabe 9.1 zu beobachten ist, ist eine Konsequenz der Isomorphie der beiden Lie-Algebren, die schon in Aufgabe 6.8 beobachtet wurde.

Wir wollen in Folgenden die Eigenwerte und Eigenzustände der dynamischen Invariante des harmonischen Oszillators bestimmen. Dazu definieren wir die Operatoren

$$\hat{a} = \frac{1}{\sqrt{2\hbar}}\Big(\frac{1}{\rho}\hat{q} + \mathrm{i}(\rho\hat{p} - \dot{\rho}\hat{q})\Big)\ , \quad \hat{a}^\dagger = \frac{1}{\sqrt{2\hbar}}\Big(\frac{1}{\rho}\hat{q} - \mathrm{i}(\rho\hat{p} - \dot{\rho}\hat{q})\Big) \tag{9.42}$$

mit der Umkehrung

$$\hat{q} = \sqrt{\frac{\hbar}{2}}\rho\big(\hat{a} + \hat{a}^\dagger\big)\ , \quad \hat{p} = \sqrt{\frac{\hbar}{2}}\Big(\big(\dot{\rho} - \frac{\mathrm{i}}{\rho}\big)\hat{a} + \big(\dot{\rho} + \frac{\mathrm{i}}{\rho}\big)\hat{a}^\dagger\Big), \tag{9.43}$$

was man durch eine kleine Rechnung bestätigt.

Diese Operatoren $\hat{a}$ und $\hat{a}^\dagger$ reduzieren sich für eine zeitunabhängige Frequenz ω auf die üblichen Vernichtungs- und Erzeugungsoperatoren aus Gleichung (3.17), denn dann ist $\rho = 1/\sqrt{\omega}$ eine Lösung der Hilfsgleichung (9.38) für ρ.

Wir berechnen zunächst die Produkte

$$
\begin{aligned}
\hat{a}\hat{a}^\dagger &= \frac{1}{2\hbar}\Big(\frac{1}{\rho}\hat{q} + \mathrm{i}(\rho\hat{p} - \dot{\rho}\hat{q})\Big)\Big(\frac{1}{\rho}\hat{q} - \mathrm{i}(\rho\hat{p} - \dot{\rho}\hat{q})\Big) \\
&= \frac{1}{2\hbar}\Big(\frac{1}{\rho^2}\hat{q}^2 + \mathrm{i}\big(\hat{q}\hat{p} - \frac{\dot{\rho}}{\rho}\hat{q}^2 - \hat{p}\hat{q} + \frac{\dot{\rho}}{\rho}\hat{q}^2\big) + \big(\rho\hat{p} - \dot{\rho}\hat{q}\big)^2\Big) \\
&= \frac{1}{2\hbar}\Big(\frac{1}{\rho^2}\hat{q}^2 - \hbar + \big(\rho\hat{p} - \dot{\rho}\hat{q}\big)^2\Big)
\end{aligned}
\tag{9.44}
$$

$$
\begin{aligned}
\hat{a}^\dagger\hat{a} &= \frac{1}{2\hbar}\Big(\frac{1}{\rho}\hat{q} - \mathrm{i}(\rho\hat{p} - \dot{\rho}\hat{q})\Big)\Big(\frac{1}{\rho}\hat{q} + \mathrm{i}(\rho\hat{p} - \dot{\rho}\hat{q})\Big) \\
&= \frac{1}{2\hbar}\Big(\frac{1}{\rho^2}\hat{q}^2 + \mathrm{i}\big(-\hat{q}\hat{p} + \frac{\dot{\rho}}{\rho}\hat{q}^2 + \hat{p}\hat{q} - \frac{\dot{\rho}}{\rho}\hat{q}^2\big) + \big(\rho\hat{p} - \dot{\rho}\hat{q}\big)^2\Big) \\
&= \frac{1}{2\hbar}\Big(\frac{1}{\rho^2}\hat{q}^2 + \hbar + \big(\rho\hat{p} - \dot{\rho}\hat{q}\big)^2\Big).
\end{aligned}
\tag{9.45}
$$

Daraus ergeben sich direkt die Beziehungen

$$
\big[\hat{a}, \hat{a}^\dagger\big] = \hat{a}\hat{a}^\dagger - \hat{a}^\dagger\hat{a} = 1 \quad \text{und} \quad I = \big(\hat{a}^\dagger\hat{a} + \tfrac{1}{2}\big)\hbar. \tag{9.46}
$$

Die $\hat{a}$ und $\hat{a}^\dagger$ wirken also auch hier als Leiteroperatoren

$$
\hat{a}|s\rangle = \sqrt{s}\,|s-1\rangle\ , \quad \hat{a}^\dagger|s\rangle = \sqrt{s+1}\,|s+1\rangle \tag{9.47}
$$

auf die Eigenzustände der Invariante $\hat{I}$,

$$
\hat{I}|s\rangle = \lambda_s|s\rangle \quad \text{mit den Eigenwerten} \quad \lambda_s = (s + \tfrac{1}{2})\hbar\ , \quad s = 0, 1, 2, \ldots, \tag{9.48}
$$

die wir wie $\langle s'|s\rangle = \delta_{s',s}$ normieren. Wie oben allgemein gezeigt wurde, sind die Eigenwerte zeitunabhängig. Die Eigenzustände sind jedoch zeitabhängig, sodass wir sie als $|s;t\rangle$ schreiben sollten.

Um die Lösung der Schrödinger-Gleichung wie in (9.20) zu bestimmen, müssen wir die Lewis-Riesenfeld-Phase $\alpha_s(t)$ aus Gleichung (9.21) berechnen, das heißt, wir müssen die Lösungen der Differentialgleichung

$$
\frac{\mathrm{d}\alpha_s}{\mathrm{d}t} = \langle s;t|\Big(\mathrm{i}\frac{\partial}{\partial t} - \frac{1}{\hbar}\hat{H}\Big)|s;t\rangle \tag{9.49}
$$

ermitteln. Hier benötigen wir nur die Diagonalelemente von $\hat{H}$ und $\partial/\partial t$, eine Fleißaufgabe:

Aufgabe 9.2 (Lösung Seite 298): Zeigen Sie, dass die Diagonalelemente von $\hat{H}$ und $\partial/\partial t$ in der Basis der Eigenzustände $|s\rangle$ der Invariante $\hat{I}$ durch

$$
\langle s|\hat{H}|s\rangle = \frac{\hbar}{2}\big(\dot{\rho}^2 + \omega^2\rho + \frac{1}{\rho^2}\big)\big(s + \frac{1}{2}\big)\ , \quad \langle s|\frac{\partial}{\partial t}|s\rangle = \frac{\mathrm{i}}{2}\big(\dot{\rho}\ddot{\rho} - \rho^2\big)\big(s + \frac{1}{2}\big),
$$

mit der Grundzustandskonvention $\langle 0|\frac{\partial}{\partial t}|0\rangle = \frac{\mathrm{i}}{4}\big(\dot{\rho}\ddot{\rho} - \rho^2\big)$ gegeben sind.

Mit den Formeln aus der Aufgabe können wir die Gleichung (9.49) für α_s mithilfe der Differentialgleichung aus (9.38) umformen,

$$
\begin{aligned}
\frac{\partial\alpha_s}{\partial t} &= \langle s|\Big(\mathrm{i}\frac{\partial}{\partial t} - \frac{1}{\hbar}\hat{H}\Big)|s\rangle = -\frac{1}{2}\big(\dot{\rho}\ddot{\rho} - \rho^2\big)\big(s + \frac{1}{2}\big) + \frac{1}{2}\big(\dot{\rho}^2 + \omega^2\rho + \frac{1}{\rho^2}\big)\big(s + \frac{1}{2}\big) \\
&= \frac{1}{2}\Big(\rho\ddot{\rho} - \dot{\rho}^2 + \dot{\rho}^2 + \omega^2\rho^2 + \frac{1}{\rho^2}\Big)\big(s + \frac{1}{2}\big) = -\frac{1}{\rho^2}\big(s + \frac{1}{2}\big),
\end{aligned}
\tag{9.50}
$$

und integrieren. Das ergibt unsere Endformel

$$\alpha_s(t) = -\left(s + \tfrac{1}{2}\right) \int_0^t \frac{\mathrm{d}t'}{\rho^2(t')} . \tag{9.51}$$

Es ist interessant, dass sich diese Größe in der klassischen Dynamik als ein Wirkungsintegral interpretieren lässt (siehe Gleichung (9.40)) .

Wir können also nach Gleichung (9.20) die allgemeine Lösung der Schrödinger-Gleichung als

$$|\psi(t)\rangle = \sum_{s=0}^{\infty} c_s \mathrm{e}^{\mathrm{i}\alpha_s(t)} |s\rangle \quad \text{mit} \quad c_s = \langle s|\psi(0)\rangle \tag{9.52}$$

formulieren.

Es ist natürlich mit etwas mehr Aufwand möglich, in gleicher Weise auch einen allgemeineren Hamilton-Operator wie

$$\hat{H}(t) = \tfrac{1}{2}\Big(x(t)\hat{q}^2 + y(t)(\hat{p}\hat{q} + \hat{q}\hat{p}) + z(t)\hat{p}^2\Big) \tag{9.53}$$

mit reellen Parametern x, y und z zu behandeln.[5] Wenn diese Parameter zeitunabhängig sind, wird dadurch ein harmonischer Oszillator mit der Frequenz $w = \sqrt{xz - y^2}$ beschrieben, falls $xz - y^2 > 0$, und daher können wir

$$w(t) = \sqrt{x(t)z(t) - y^2(t)} \tag{9.54}$$

als **instantane Frequenz** bezeichnen. Wir setzen die dynamische Invariante an als

$$\hat{I}(t) = \frac{1}{2}\Big(a(t)\hat{q}^2 + b(t)(\hat{p}\hat{q} + \hat{q}\hat{p}) + c(t)\hat{p}^2\Big) \tag{9.55}$$

und berechnen zur Lösung der Invariantengleichung $\frac{\mathrm{i}}{\hbar}\big[\hat{H}, \hat{I}\,\big] + \frac{\partial \hat{I}}{\partial t} = 0$ (siehe Gleichung (9.10)) den Kommutator, wieder mithilfe der Kommutatorrelationen (9.27). Die Koeffizienten sind dann Lösungen des Differentialgleichungssystems

$$\begin{pmatrix} \dot{a} \\ \dot{b} \\ \dot{c} \end{pmatrix} = \begin{pmatrix} -2y & 2x & 0 \\ -z & 0 & x \\ 0 & -2z & 2y \end{pmatrix} \begin{pmatrix} a \\ b \\ c \end{pmatrix} . \tag{9.56}$$

Setzt man an $c = z\rho^2$, dann findet man, dass $\rho(t)$ eine Lösung der Gleichung

$$\ddot{\rho}(t) + \Omega^2(t)\rho(t) = \frac{1}{\rho^3(t)} \quad \text{mit} \quad \Omega^2(t) = w^2 + \frac{\ddot{z}}{2z} - \frac{3\dot{z}^2}{z^2} - z\frac{\mathrm{d}}{\mathrm{d}t}\Big(\frac{y}{z}\Big) \tag{9.57}$$

ist, wieder vom Typ einer Milne-Gleichung (vgl. Seite 160). Die dynamische Invariante lässt sich dann schreiben als

$$\hat{I}(t) = \frac{1}{2r^2}\hat{q}^2 + \frac{1}{2}\Big(r\,\big(\hat{p} + \frac{y}{z}\big) - \frac{\dot{r}}{z}\hat{q}\Big)^2 \quad \text{mit} \quad r(t) = \sqrt{z}\,\rho(t) . \tag{9.58}$$

Auch hier können wir wieder Leiteroperatoren wie in (9.47)

$$\hat{a} = \frac{1}{\sqrt{2\hbar}}\Big(\frac{1}{\rho}\hat{q} + \mathrm{i}\Big(r\,\big(\hat{p} + \frac{y}{z}\hat{q}\big) - \frac{\dot{r}}{z}\hat{q}\Big)\Big) , \quad \hat{a}^\dagger = \frac{1}{\sqrt{2\hbar}}\Big(\frac{1}{\rho}\hat{q} - \mathrm{i}\Big(r\,\big(\hat{p} + \frac{y}{z}\hat{q}\big) - \frac{\dot{r}}{z}\hat{q}\Big)\Big) \tag{9.59}$$

---

5 D. B. Monteoliva *et. al.*, J. Phys. A27, 6897 (1994)

mit $[\hat{a},\hat{a}^\dagger]=1$ definieren. Damit hat die Invariante die bekannte Form

$$\hat{I}(t)=\big(\hat{a}^\dagger\hat{a}+\tfrac{1}{2}\big)\hbar \quad \text{mit den Eigenwerten} \quad \lambda_s=\big(s+\tfrac{1}{2}\big)\hbar\,,\ s=0,1,2,\ldots. \tag{9.60}$$

Zur Bestimmung der Lewis-Riesenfeld-Phase benötigen wir wieder die Diagonalelemente in den Eigenzuständen $|s\rangle$ von $\hat{I}$ wie in Aufgabe 9.2, die sich hier als

$$\langle s|\hat{H}|s\rangle=\frac{\hbar}{2}\Big(\frac{w^2}{z}r^2+\frac{z}{r^2}+\frac{\dot{r}^2}{z}\Big)\big(s+\tfrac{1}{2}\big)\,,\quad \langle s|\frac{\partial}{\partial t}|s\rangle=\frac{\mathrm{i}}{2}\Big(\frac{w^2}{z}r^2-\frac{z}{r^2}-\frac{\dot{r}^2}{z}\Big)\big(s+\tfrac{1}{2}\big) \tag{9.61}$$

ergeben. Damit erhält man die Phase

$$\alpha_s(t)=-\big(s+\tfrac{1}{2}\big)\int_0^t\frac{r^2w^2-\dot{r}^2}{2z}\,\mathrm{d}t'. \tag{9.62}$$

9.2.2 Zweiniveausysteme

Für ein Zweiniveausystem können wir den Hamilton-Operator durch die Spinmatrizen

$$\boldsymbol{\sigma}_x=\begin{pmatrix}0&1\\1&0\end{pmatrix},\quad \boldsymbol{\sigma}_y=\begin{pmatrix}0&-\mathrm{i}\\\mathrm{i}&0\end{pmatrix},\quad \boldsymbol{\sigma}_z=\begin{pmatrix}1&0\\0&-1\end{pmatrix}\quad \text{mit}\quad [\boldsymbol{\sigma}_x,\boldsymbol{\sigma}_y]=2\mathrm{i}\boldsymbol{\sigma}_z\quad \text{usw. zykl.} \tag{9.63}$$

(siehe Gleichungen (4.21) und (4.22)) als

$$\mathbf{H}=\frac{1}{2}\begin{pmatrix}z&x-\mathrm{i}y\\x+\mathrm{i}y&-z\end{pmatrix}=\tfrac{1}{2}\mathbf{r}(t)\cdot\boldsymbol{\sigma} \tag{9.64}$$

ausdrücken, mit $\boldsymbol{\sigma}=\big(\boldsymbol{\sigma}_x,\boldsymbol{\sigma}_y,\boldsymbol{\sigma}_z\big)^T$ und dem reellen Vektor $\mathbf{r}(t)=\big(x(t),y(t),z(t)\big)^T$, und die dynamische Invariante $\mathbf{I}(t)$ wird in der Algebra der Spinmatrizen zu

$$\mathbf{I}(t)=\mathbf{u}(t)\cdot\boldsymbol{\sigma}\,, \tag{9.65}$$

wobei der reelle Vektor $\mathbf{u}(t)$ das lineare Differentialgleichungssystem (9.24) erfüllt. Es ist zweckmäßig, dies für den Spezialfall der Spinmatrizen noch einmal direkt herzuleiten:

Aufgabe 9.3 (Lösung Seite 299): Für den Hamilton-Operator $\mathbf{H}=\frac{1}{2}(x\boldsymbol{\sigma}_x+y\boldsymbol{\sigma}_y+z\boldsymbol{\sigma}_z)$ ergibt sich für die Koeffizienten der dynamischen Invariante $\mathbf{I}=u_x\boldsymbol{\sigma}_x+u_y\boldsymbol{\sigma}_y+u_z\boldsymbol{\sigma}_z$ das Differentialgleichungssystem

$$\hbar\begin{pmatrix}\dot{u}_x\\\dot{u}_y\\\dot{u}_z\end{pmatrix}=\begin{pmatrix}0&-z&y\\z&0&-x\\-y&x&0\end{pmatrix}\begin{pmatrix}u_x\\u_y\\u_z\end{pmatrix}\quad \text{oder}\quad \hbar\dot{\mathbf{u}}=\mathbf{A}\mathbf{u}\quad \text{mit}\quad \mathbf{A}=\begin{pmatrix}0&-z&y\\z&0&-x\\-y&x&0\end{pmatrix}.$$

Die Integration der Gleichung $\hbar\dot{\mathbf{u}}=\mathbf{A}\mathbf{u}$ oder der äquivalenten Gleichung $\hbar\dot{\mathbf{u}}=\mathbf{r}\times\mathbf{u}$ ergibt $\mathbf{u}(t)$ und damit die dynamische Invariante $\mathbf{I}(t)$. Deren Eigenwerte berechnet man als

$$\lambda_\pm=\pm|\mathbf{u}| \tag{9.66}$$

(siehe Aufgabe 4.3) und verifiziert ihre Zeitunabhängigkeit durch Bilden der Zeitableitung von

$$\begin{aligned}\hbar\dot{\lambda}_\pm^2 &= 2\hbar\big(u_x\dot{u}_x + u_y\dot{u}_y + u_z\dot{u}_z\big)\\ &= 2\big(u_x(-zu_y + yu_z) + u_y(zu_x - xu_z) + u_z(-yu_x + xu_y)\big)\\ &= 2\big(-zu_xu_y + yu_xu_z + zu_yu_x - xu_yu_z - yu_zu_x + xu_zu_y\big) = 0\end{aligned} \tag{9.67}$$

(siehe dazu auch Seite 29). Mit den zugehörigen (zeitabhängigen) normierten Eigenvektoren

$$|\lambda_\pm\rangle = \sqrt{\frac{\lambda_\pm + u_z}{2\lambda_\pm}}\left(|1\rangle + \frac{u_x + \mathrm{i}u_y}{\lambda_\pm + u_z}|2\rangle\right) \tag{9.68}$$

berechnen wir die Diagonalelemente der Operatoren **H** und $\mathrm{i}\hbar\frac{\partial}{\partial t}$ als

$$\langle\lambda_\pm|\mathbf{H}|\lambda_\pm\rangle = \frac{1}{2\lambda_\pm}\mathbf{r}\cdot\mathbf{u}\ , \quad \mathrm{i}\hbar\,\langle\lambda_\pm|\frac{\partial}{\partial t}|\lambda_\pm\rangle = \frac{1}{2\lambda_\pm}\frac{\lambda_z\mathbf{r}\cdot\mathbf{u} - z\lambda_\pm^2}{\lambda_\pm + u_z} \tag{9.69}$$

und damit schließlich die Lewis-Riesenfeld-Phase aus Gleichung (9.21):

$$\alpha_{\lambda_\pm}(t) = -\frac{1}{2\hbar}\int_0^t \frac{z\lambda_\pm + \mathbf{r}\cdot\mathbf{u}}{\lambda_\pm + u_z}\,\mathrm{d}t'\,. \tag{9.70}$$

Mehr dazu, beispielsweise über eine periodische Parametervariation und die Beziehung zwischen der dynamischen Invariante und der geometrischen Berry-Phase, findet man in der in der Fußnote auf Seite 162 angegebenen Arbeit.

10 Quantenmechanik im Phasenraum

Schon bei mehreren Gelegenheiten wurde auf formale Ähnlichkeiten zwischen der klassischen Mechanik und der Quantenmechanik hingewiesen. In diesem Kapitel wird versucht, einen ersten Eindruck von einer Quantenmechanik im Phasenraum zu vermitteln. Erfahrungsgemäß ist dies kein einfaches Gebiet und daher beschränken wir uns hier auf die elementaren Grundlagen. Wer mehr darüber wissen möchte, der findet mehr als genug in dem anspruchsvollen und mathematisch orientierten Buch *Quantum Theory, Deformation and Integrability* von R. Carroll (Elsevier 2000) oder in der später angegebenen Literatur.

In den vorangehenden Kapiteln haben wir uns mit Lie-Algebren befasst, hauptsächlich in Form von Operator- oder Matrixalgebren. Ein weiteres physikalisch relevantes Beispiel einer Lie-Algebra bilden die glatten Funktionen auf einer symplektischen Mannigfaltigkeit (siehe Seite 18). Neben der normalen kommutativen Multiplikation fg solcher Funktionen f und g existiert noch eine weitere Verknüpfung, die **Poisson-Klammer**, eine Lie-Klammer für Phasenraumfunktionen der klassischen Mechanik (siehe Seite 92) mit den (generalisierten) Orts- und Impulsvariablen Der Phasenraum ist eine $2n$-dimensionale Mannigfaltigkeit, aufgespannt durch die Orts- und Impuls-Koordinaten $\mathbf{q} = (q_1, q_2, \ldots, q_n)$ und $\mathbf{p} = (p_1, p_2, \ldots, p_n)$ für ein System mit n Freiheitsgraden. (Diese Schreibweise soll aber in keiner Weise unterstellen, dass es sich hier um Vektoren handelt!) Die Poisson-Klammer (1.27)

$$\{f,g\} = \sum_{j=1}^{n} \left(\frac{\partial f}{\partial q_j} \frac{\partial g}{\partial p_j} - \frac{\partial f}{\partial p_j} \frac{\partial g}{\partial q_j} \right) \tag{10.1}$$

zweier Phasenraumfunktionen $f(\mathbf{q},\mathbf{p})$ und $g(\mathbf{q},\mathbf{p})$ können wir mit $\mathbf{x} = (\mathbf{q},\mathbf{p}) = (x_1, x_2, \ldots, x_{2n})$ sowie $\partial_u = \partial/\partial u$ und $\partial_j = \partial_{x_j}$ umschreiben als

$$\{f,g\} = f \Big(\sum_{j=1}^{n} \overleftarrow{\partial}_{q_j} \overrightarrow{\partial}_{p_j} - \overleftarrow{\partial}_{p_j} \overrightarrow{\partial}_{q_j} \Big) g = f \overleftrightarrow{\Lambda} g, \tag{10.2}$$

wobei wir den sogenannten symplektischen Operator $\overleftrightarrow{\Lambda}$ eingeführt haben, definiert durch

$$\overleftrightarrow{\Lambda} = \sum_{j=1}^{n} \overleftarrow{\partial}_{q_j} \overrightarrow{\partial}_{p_j} - \overleftarrow{\partial}_{p_j} \overrightarrow{\partial}_{q_j} = \overleftarrow{\partial}_i \, \alpha^{ij} \, \overrightarrow{\partial}_j \quad \text{mit} \quad \alpha = \begin{pmatrix} 0 & -I \\ I & 0 \end{pmatrix}. \tag{10.3}$$

Dabei deutet der Pfeil auf $\overrightarrow{\partial}$ oder $\overleftarrow{\partial}$ an, in welche Richtung der Formel die Ableitung wirkt. Die Matrix α mit der $n \times n$-Einheitsmatrix I bezeichnet man als **Poisson-Tensor**, und man vereinbart eine Summation über doppelt vorkommende Indizes. Allerdings wird vieles an den folgenden Überlegungen ungewohnt sein, und deshalb wollen wir uns hier auf einen zweidimensionalen Phasenraum beschränken. Dann lautet die Poisson-Klammer zweier Phasenraumfunktionen $f(q,p)$ und $g(q,p)$ einfach

$$\{f,g\} = f \overleftrightarrow{\Lambda} g = f \big(\overleftarrow{\partial}_q \overrightarrow{\partial}_p - \overleftarrow{\partial}_p \overrightarrow{\partial}_q \big) g = \frac{\partial f}{\partial q} \frac{\partial g}{\partial p} - \frac{\partial f}{\partial p} \frac{\partial g}{\partial q} \quad \text{mit} \quad \overleftrightarrow{\Lambda} = \overleftarrow{\partial}_q \overrightarrow{\partial}_p - \overleftarrow{\partial}_p \overrightarrow{\partial}_q. \tag{10.4}$$

Zur Erinnerung: Die Poisson-Klammer ist eine Lie-Klammer, die die Leibniz-Regel erfüllt. Es gilt also

$$\{f,g\} = -\{g,f\}\ , \quad \{f,\{g,h\}\} + \{g,\{h,f\}\} + \{h,\{f,g\}\} = 0$$
$$\{f,gh\} = g\{f,h\} + \{f,g\}h\,. \tag{10.5}$$

Die Zeitentwicklung einer dynamischen Größe $f(q,p;t)$ wird beschrieben durch die **Liouville-Gleichung**

$$\frac{\mathrm{d}f}{\mathrm{d}t} = \{f,H\} + \frac{\partial f}{\partial t} \tag{10.6}$$

(siehe Gleichung (6.27)) mit der Hamilton-Funktion $H(q,p;t)$).

In der Quantenmechanik werden dynamische Größen in der Regel durch lineare Operatoren auf einem Hilbert-Raum dargestellt, wie $\hat{q}$ und $\hat{p}$ für den Orts- und Impulsoperator oder allgemeiner $\hat{f}(\hat{q},\hat{p};t)$ für eine dynamische Größe, die von Ort, Impuls und (eventuell) explizit von der Zeit abhängt. Die Zeitentwicklung ihrer Erwartungswerte folgt der Gleichung

$$\frac{\mathrm{d}}{\mathrm{d}t}\langle\hat{f}\rangle = \frac{1}{\mathrm{i}\hbar}\langle[\hat{f},\hat{H}]\rangle + \left\langle\frac{\partial\hat{f}}{\partial t}\right\rangle . \tag{10.7}$$

mit dem Hamilton-Operator $\hat{H}$.

Sowohl klassisch als auch quantenmechanisch wird die Zeitentwicklung durch eine Lie-Klammer ausgedrückt, die auch die Leibniz-Regel erfüllt, die Poisson-Klammer der klassischen Mechanik entspricht also in gewisser Weise dem Kommutator der Quantenmechanik:

$$\{f,g\} \iff \frac{1}{\mathrm{i}\hbar}[\hat{f},\hat{g}]\,, \tag{10.8}$$

und es wird oft argumentiert, dass die Quantenmechanik für $\hbar \to 0$ in die klassische Mechanik übergeht. Jedoch ist dieser Übergang meist singulär, das heißt beispielsweise, dass $\hbar$ in den quantenmechanischen Größen im Nenner auftaucht.

Eine rein formale Ähnlichkeit wie in den Gleichungen oben erscheint allerdings unbefriedigend und man fragt sich, ob es nicht eine Beschreibung gibt, die einen stetigen Übergang zwischen beiden Theorien für $\hbar \to 0$ erlaubt. Das ist möglich (und auch nicht neu, aber nicht weithin bekannt) und soll im Folgenden skizziert werden. Allerdings sind dazu die notwendigen Beweise einzelner zentraler Formeln recht umfangreich, sodass wir hier auf sie verzichten müssen. Auch soll nicht verschwiegen werden, dass die resultierende Darstellung der Quantentheorie nicht unbedingt „bequem" ist, was konkrete Anwendungen betrifft. Wir folgen hier in im Wesentlichen der sehr empfehlenswerten Darstellung durch Thomas Spernat.[1]

Worum geht es also? Dazu sollten wir zunächst für die hier interessierenden algebraischen Methoden zwei Begriffe klären, nämlich den einer **kontrahierten** und den einer **deformierten Algebra** (siehe auch Abschnitt 6.7). Beginnen wir mit dem bekannten Beispiel aus der Gruppentheorie: Die Lorentz-Gruppe der Relativitätstheorie enthält den Parameter c, die Lichtgeschwindigkeit, und geht im Grenzfall $c \to \infty$ in die Galilei-Gruppe der nicht-relativistischen Mechanik über. Man nennt das eine Kontraktion der Lorentz-Gruppe und den umgekehrten Prozess eine Deformation der Galilei-Gruppe. In ähnlicher Weise lässt sich die oben beschriebene klassische Poisson-Algebra der C^∞-Funktionen auf dem Phasenraum durch den sinnvollen Einbau eines Parameter $\hbar$ zu einer quantenmechanischen Algebra deformieren. Man sprich daher auch von einer **Deformationsquantisierung**.

[1] T. Spernat: Clifford-Algebren in der Quantenmechanik, Diplomarbeit, Universität Dortmund, 2004

10.1 Weyl-Symbole und Wigner-Dichten

Zunächst wollen wir zeigen, wie man die dynamischen Größen der Quantenmechanik als Phasenraumfunktionen darstellen kann. Sei also der lineare Operator $\hat{f}(\hat{q},\hat{p})$ gegeben und $\langle q'|\hat{f}|q\rangle$ seine Matrixelemente in der Ortsdarstellung. Dann definieren wir durch das Integral

$$f_W(q,p) = \int \mathrm{d}u\,\mathrm{d}v\,\langle u|\hat{f}|v\rangle\,\mathrm{e}^{\mathrm{i}p(v-u)/\hbar}\,\delta(q-\frac{u+v}{2}) = \int \mathrm{d}y\,\langle q-\frac{y}{2}|\hat{f}|q+\frac{y}{2}\rangle\,\mathrm{e}^{\mathrm{i}py/\hbar} \tag{10.9}$$

das sogenannte **Weyl-Symbol** $f_W(q,p)$ von $\hat{f}$, benannt nach dem deutschen Mathematiker und Physiker Hermann Weyl (1885–1955). Es ist offensichtlich, dass sich für den adjungierten Operator $\hat{f}^\dagger$ die komplex konjugierte Funktion[2] $\overline{f}(q,p)$ ergibt. Wenn also $\hat{f}$ ein hermitescher Operator ist, ist $f_W(q,p)$ eine reelle Funktion. Das Weyl-Symbol der Identität ist identisch gleich einsm

$$\int \mathrm{d}y\,\langle q-\frac{y}{2}|\hat{I}|q+\frac{y}{2}\rangle\,\mathrm{e}^{\mathrm{i}py/\hbar} = \int \mathrm{d}y\,\langle q-\frac{y}{2}q+\frac{y}{2}\rangle\,\mathrm{e}^{\mathrm{i}py/\hbar} = \int \mathrm{d}y\,\delta(y)\,\mathrm{e}^{\mathrm{i}py/\hbar} = 1\,. \tag{10.10}$$

Die inverse Abbildung, die **Weyl-Abbildung**

$$\hat{f}(\hat{q},\hat{p}) = \Omega(f_W(q,p)), \tag{10.11}$$

erhält man durch

$$\hat{f}(\hat{q},\hat{p}) = \int \mathrm{d}\sigma\,\mathrm{d}\tau\,\widetilde{f}_W(\sigma,\tau)\,\mathrm{e}^{\mathrm{i}(\sigma\hat{q}+\tau\hat{p})/\hbar}\,. \tag{10.12}$$

Dabei ist $\widetilde{f}_W(\sigma,\tau)$ die Fourier-Transformierte von $f_W(q,p)$,

$$f_W(q,p) = \int \mathrm{d}\sigma\,\mathrm{d}\tau\,\widetilde{f}_W(\sigma,\tau)\,\mathrm{e}^{\mathrm{i}(\sigma q+\tau p)/\hbar}\,, \tag{10.13}$$

und es ist eine gute Rechenübung, durch Einsetzen von (10.12) in Gleichung (10.9) diesen Zusammenhang zu verifizieren. Aus der Definition folgt insbesondere

$$\Omega(q^n p^m) = \frac{1}{2^m}\sum_{r=0}^{m}\binom{m}{r}\hat{p}^{m-r}\hat{q}^n\hat{p}^r = \frac{1}{2^n}\sum_{r=0}^{n}\binom{n}{r}\hat{q}^{n-r}\hat{p}^m\hat{q}^r\,. \tag{10.14}$$

Wenn man $\hat{f}(\hat{q},\hat{p})$ in $\hat{q}$ und $\hat{p}$ symmetrisiert hat, dann kann man sich leicht davon überzeugen, dass man $f_W(q,p)$ einfach dadurch erhält, dass man in $\hat{f}(\hat{q},\hat{p})$ die Operatoren $\hat{q}$ und $\hat{p}$ durch q und p ersetzt. Sei also beispielsweise

$$\hat{f}(\hat{q},\hat{p}) = \tfrac{1}{2}\big(\hat{q}\hat{p}+\hat{p}\hat{q}\big), \tag{10.15}$$

dann ist sein Weyl-Symbol gleich

$$f_W(q,p) = \tfrac{1}{2}\big(qp+pq\big) = qp\,, \tag{10.16}$$

natürlich in Übereinstimmung mit (10.14).

[2] In diesem Kapitel kennzeichnen wir die komplexe Konjugation durch einen Querstrich.

Aufgabe 10.1 (Lösung Seite 300): Bestimmen Sie den Operator, der auf das Weyl-Symbol qp^2 abgebildet wird.

Im Folgenden unterdrücken wir den W-Index der Weyl-Symbole. Seien also die beiden Funktionen $f(q,p)$ und $g(q,p)$ die Weyl-Symbole der Operatoren $\hat{f}$ und $\hat{g}$, also ihre Phasenraumdarstellungen. Dann liefert das Integral über das Produkt dieser Funktionen die Spur des Operatorprodukts:

Aufgabe 10.2 (Lösung Seite 300): Beweisen Sie die Spurformel

$$\int \mathrm{d}q\,\mathrm{d}p\, f(q,p)\, g(q,p) = 2\pi\hbar\,\mathrm{spur}\,(\hat{f}\hat{g})$$

für das Operatorprodukt und das Phasenraumintegral ihrer Weyl-Symbole.

Unter dem Integral erscheint das kommutative Produkt der beiden Phasenraumfunktionen und rechts das nicht-kommutative Operatorprodukt. Deshalb sei darauf hingewiesen, dass man unter der Spur die Operatoren zyklisch vertauschen darf.

Eine wichtige quantenmechanische Phasenraumfunktion ist die **Wigner-Funktion**

$$\pi(q,p) = \int \mathrm{d}y\, \langle q - \tfrac{y}{2}|\hat{\rho}|q + \tfrac{y}{2}\rangle\, \mathrm{e}^{\mathrm{i}py/\hbar}\,, \tag{10.17}$$

benannt nach dem ungarisch-amerikanischen Physiker Eugene Paul Wigner (1902–1995), das **Weyl-Symbol** des Dichteoperators $\hat{\rho}$ multipliziert mit einem Normierungsfaktor. Für reine Zustände $\hat{\rho} = |\psi\rangle\langle\psi|$ wird daraus

$$\pi(q,p) = \int \mathrm{d}y\, \psi(q - \tfrac{y}{2})\psi(q + \tfrac{y}{2})\, \mathrm{e}^{\mathrm{i}py/\hbar}\,. \tag{10.18}$$

Wie die Husimi-Dichte (3.134) besitzt die Wigner-Funktion viele Eigenschaften einer Dichteverteilung im Phasenraum. Sie ist reell, da der Dichteoperator hermitesch ist, sie ist normiert

$$\iint \mathrm{d}q\mathrm{d}p\, \pi(q,p) = 2\pi\hbar\,\mathrm{spur}\hat{\rho} = 2\pi\hbar\,, \tag{10.19}$$

was aus der Spurformel aus Aufgabe 10.2 folgt, wenn man einen der beiden Operatoren als Identität wählt und den anderen als $\hat{\rho}$. Ihre Marginalverteilungen liefern die quantenmechanischen Orts- bzw. Impulsverteilungen,

$$\int \mathrm{d}p\, \pi(q,p) = 2\pi\hbar\,\langle q|\hat{\rho}|q\rangle\,, \quad \int \mathrm{d}q\, \pi(q,p) = 2\pi\hbar\,\langle p|\hat{\rho}|p\rangle\,. \tag{10.20}$$

Die linke Formel folgt direkt aus (10.17) durch Integration über p mit $\int \mathrm{d}p\, \mathrm{e}^{\mathrm{i}py/\hbar} = 2\pi\hbar\,\delta(y)$. Allerdings unterscheidet sich die Wigner-Funktion von einer „normalen" Wahrscheinlichkeitsdichte im Phasenraum, denn sie kann negative Werte annehmen. Das erkennt man beispielsweise, wenn man das Integral über das Produkt zweier Wigner-Funktionen betrachtet. Nach Aufgabe 10.2 ist

$$\int \mathrm{d}q\,\mathrm{d}p\, \pi_1(q,p)\, \pi_2(q,p) = \mathrm{spur}\,(\hat{\rho}_1\hat{\rho}_2)\,. \tag{10.21}$$

Wenn wir jetzt zwei Dichteoperatoren reiner Zustände betrachten, also $\hat{\rho}_j = |\psi_j\rangle\langle\psi_j|$ mit orthogonalen Zuständen $|\psi_1\rangle$ und $|\psi_2\rangle$, dann ist wegen $\hat{\rho}_1\hat{\rho}_2 = |\psi_1\rangle\langle\psi_1|\psi_2\rangle\langle\psi_1| = 0$ die rechte Seite der Gleichung (10.21) gleich null, was unmöglich ist für nicht-negative Wigner-Funktionen auf der linken Seite. [3]

10.2 Moyal-Produkt und Moyal-Klammer

Die Weyl-Abbildung Ω liefert eine bijektive Abbildung zwischen den linearen Operatoren auf dem Hilbert-Raum und den Phasenraumfunktionen. Es bleibt allerdings noch zu untersuchen, wie sich das nicht-kommutative Operatorprodukt auf die Phasenraumfunktionen überträgt. Das folgende Diagramm muss also kommutativ gemacht werden:

$$\begin{array}{ccc} \hat{f},\hat{g} & \xrightarrow{\text{Op.-Produkt}} & \hat{f}\hat{g} \\ \Omega\uparrow & & \downarrow\Omega^{-1} \\ f,g & \xrightarrow{*\text{-Produkt}} & f*g \end{array}$$

Das leistet das **Moyal-Produkt** (nach dem australischen Physiker José Enrique Moyal (1910–1998)), das auch als **Sternprodukt** bezeichnet wird,

$$\begin{aligned} f*g &= f\,\mathrm{e}^{\frac{\mathrm{i}\hbar}{2}\overleftrightarrow{\Lambda}}\,g = f\Big(\sum_{j=0}^{\infty}\frac{1}{j!}\big(\frac{\mathrm{i}\hbar}{2}\overleftrightarrow{\Lambda}\big)^j\Big)g \\ &= f\Big(1+\frac{\mathrm{i}\hbar}{2}(\overleftarrow{\partial}_q\overrightarrow{\partial}_p-\overleftarrow{\partial}_p\overrightarrow{\partial}_q)-\frac{1}{2}\frac{\hbar^2}{4}(\overleftarrow{\partial}_q\overrightarrow{\partial}_p-\overleftarrow{\partial}_p\overrightarrow{\partial}_q)^2+\cdots\Big)g, \end{aligned} \tag{10.22}$$

mit $\overleftrightarrow{\Lambda} = \overleftarrow{\partial}_q\overrightarrow{\partial}_p - \overleftarrow{\partial}_p\overrightarrow{\partial}_q$ aus Gleichung (10.4), oder ausgeschrieben,

$$f*g = \sum_{n,m=0}^{\infty}\frac{(-1)^m}{m!n!}\left(\frac{\mathrm{i}\hbar}{2}\right)^{m+n}(\partial_p^m\partial_q^n f)(\partial_q^m\partial_p^n g)\,. \tag{10.23}$$

Man erkennt dabei sofort die elementaren Eigenschaften

$$\begin{aligned} &f*(g_1+g_2) = f*g_1 + f*g_2\,, \quad (f_1+f_2)*g = f_1*g + f_2*g \\ &f*c = c*f = cf \quad \text{für} \quad c = \text{konstant}. \end{aligned} \tag{10.24}$$

Auch eine Erweiterung auf einen $2n$-dimensionalen Phasenraum ist möglich durch

$$\overleftrightarrow{\Lambda} = \sum_{j=1}^{n}\overleftarrow{\partial}_{q_j}\overrightarrow{\partial}_{p_j} - \overleftarrow{\partial}_{p_j}\overrightarrow{\partial}_{q_j}\,. \tag{10.25}$$

Das Moyal-Produkt erfüllt den **Weyl-Isomorphismus**

$$\Omega(f*g) = \Omega(f)\,\Omega(g)\,. \tag{10.26}$$

Beweisen wollen wir dies hier nicht, sondern es nur durch ein einfaches Beispiel illustrieren:

[3] Mehr über Wigner-Funktionen findet man in dem Buch W. P. Schleich: *Quantum Optics in Phase Space*, Wiley 2001

Aufgabe 10.3 (Lösung Seite 300): Prüfen Sie den Weyl-Isomorphismus

$$\Omega(f * g) = \Omega(f)\,\Omega(g)$$

aus Gleichung (10.26) für die Weyl-Symbole $f(q,p) = qp$ und $g(q,p) = p$ (vgl. dazu auch die Gleichungen (10.14) bis (10.16)).

Die Reihenentwicklung des Moyal-Produkts in Gleichung (10.22) ist nicht sehr benutzerfreundlich. Zwei Alternativen bieten sich an. Einmal können wir uns daran erinnern, dass der Operator $\mathrm{e}^{y\partial_q}$ eine Translation um y im Ort bewirkt, $\mathrm{e}^{y\partial_q}\psi(q) = \psi(q+y)$, und genauso beschreibt man eine Translation im Impuls. Damit lässt sich das Moyal-Produkt in drei unterschiedlichen Formen ausdrücken als

$$\begin{aligned} f * g &= f(q,p)\,\mathrm{e}^{\frac{\mathrm{i}\hbar}{2}\left(\overleftarrow{\partial}_q\overrightarrow{\partial}_p - \overleftarrow{\partial}_p\overrightarrow{\partial}_q\right)}\,g(q,p) = f(q, p - \tfrac{\mathrm{i}\hbar}{2}\overrightarrow{\partial}_q)\,g(q, p + \tfrac{\mathrm{i}\hbar}{2}\overleftarrow{\partial}_q) \\ &= f(q + \tfrac{\mathrm{i}\hbar}{2}\overrightarrow{\partial}_p, p - \tfrac{\mathrm{i}\hbar}{2}\overrightarrow{\partial}_q)\,g(q,p) = f(q,p)\,g(q - \tfrac{\mathrm{i}\hbar}{2}\overleftarrow{\partial}_p, p + \tfrac{\mathrm{i}\hbar}{2}\overleftarrow{\partial}_q)\,. \end{aligned} \tag{10.27}$$

In diesem **Bopp-Shift** wirken die Ableitungen $\overleftarrow{\partial}$ bzw. $\overrightarrow{\partial}$ jeweils nur auf f bzw. g. Wir wollen die Anwendung dieser vier Formeln kurz demonstrieren für das Beispiel $f(q,p) = qp$, $g(q,p) = p$ aus Aufgabe 10.3. Die erste Formel ergibt

$$\begin{aligned} f * g &= f(q, p - \tfrac{\mathrm{i}\hbar}{2}\overrightarrow{\partial}_q)\,g(q, p + \tfrac{\mathrm{i}\hbar}{2}\overleftarrow{\partial}_q) = q\big(p - \tfrac{\mathrm{i}\hbar}{2}\overrightarrow{\partial}_q\big)\big(p + \tfrac{\mathrm{i}\hbar}{2}\overleftarrow{\partial}_q\big) \\ &= qp\big(p + \tfrac{\mathrm{i}\hbar}{2}\overleftarrow{\partial}_q\big) = qp^2 + \tfrac{\mathrm{i}\hbar}{2}\,p\,. \end{aligned} \tag{10.28}$$

Noch bequemer dürfte die dritte Formel sein:

$$f * g = f(q,p)\,g(q - \tfrac{\mathrm{i}\hbar}{2}\overleftarrow{\partial}_p, p + \tfrac{\mathrm{i}\hbar}{2}\overleftarrow{\partial}_q) = f(q,p)\,\big(p + \tfrac{\mathrm{i}\hbar}{2}\overleftarrow{\partial}_q\big) = qp^2 + \tfrac{\mathrm{i}\hbar}{2}\,p\,. \tag{10.29}$$

Eine Alternative zu der Reihenentwicklung des Moyal-Produkts in Gleichung (10.22) bietet die Integraldarstellung

$$(f * g)(q,p) = \frac{1}{\pi^2\hbar^2}\int \mathrm{d}q'\mathrm{d}q''\mathrm{d}p'\mathrm{d}p''\; f(q',p')\,g(q'',p'')\,\mathrm{e}^{-\frac{4\mathrm{i}}{\hbar}A(q,p,q',p',q'',p'')} \tag{10.30}$$

mit

$$2A(q,p,q',p',q'',p'') = p(q''-q') + p'(q-q'') + p''(q'-q)\,. \tag{10.31}$$

Diese Integraldarstellung ist oft einfacher zu berechnen als die Ableitungsreihe (10.22) und erlaubt eine geometrische Interpretation. Dabei wird die Produktfunktion am Phasenraumpunkt (q,p) durch ein Überlappintegral aus verschobenen Funktionen $f(q',p')$ und $g(q'',p'')$ beschrieben, gewichtet mit einer Exponentialfunktion, deren Exponent durch eine orientierte Phasenraumfläche, eine Wirkung, bestimmt wird, wie die folgende Aufgabe zeigt:

Aufgabe 10.4 (Lösung Seite 301): Begründen Sie folgende Aussage der Vektorrechnung: Die Fläche A des von den drei Vektoren $\vec{x} = (q,p)$, $\vec{x}' = (q',p')$, $\vec{x}'' = (q'',p'')$ in der Phasenraumebene aufgespannten Dreiecks lässt sich ausdrücken als

$$2A(q,p,q',p',q'',p'') = p(q''-q') + p'(q-q'') + p''(q'-q)\,.$$

Zunächst sieht man an der Integraldarstellung, dass sich viele Eigenschaften der normalen Produkts von Funktionen auf das Moyal-Produkt übertragen lassen. Man kann beispielsweise recht einfach einsehen, dass man, falls die Funktionen f und g zusätzlich zeitabhängig sind, wie gewohnt nach der Produktregel differenzieren kann:

$$\frac{\partial(f * g)}{\partial t} = \frac{\partial f}{\partial t} * g + f * \frac{\partial g}{\partial t}, \tag{10.32}$$

und mit etwas mehr Aufwand lässt sich zeigen dass sich die Assoziativität des Operatorprodukts auf das Moyal-Produkt überträgt:

$$(f * g) * h = f * (g * h) = f * g * h. \tag{10.33}$$

Außerdem erhalten wir mit

$$A(q,p,q',p',q'',p'') = -A(q,p,q'',p'',q',p') \tag{10.34}$$

(folgt direkt aus der Formel in Aufgabe 10.4) die Hermitizitätsrelation

$$\overline{f * g} = \overline{g} * \overline{f}. \tag{10.35}$$

Man beachte dabei die Änderung der Reihenfolge der Faktoren analog zu der Operatorrelation $(\hat{A}\hat{B})^\dagger = \hat{B}^\dagger \hat{A}^\dagger$. Daraus folgt für reelle Funktionen f und g

$$g * f = \overline{f * g} = f \mathrm{e}^{-\frac{\mathrm{i}\hbar}{2}\overleftrightarrow{\Lambda}} g. \tag{10.36}$$

Auch eine interessante **Spureigenschaft** des Moyal-Produkts bei Integration über den gesamten Phasenraum,

$$\int \mathrm{d}q\,\mathrm{d}p\, f * g = \int \mathrm{d}q\,\mathrm{d}p\, f\, g = \int \mathrm{d}q\,\mathrm{d}p\, g * f = 2\pi\hbar\, \mathrm{spur}(\hat{f}\hat{g}), \tag{10.37}$$

lässt sich auf dies Weise herleiten. Das Integral über die Moyal-Produkte ist also gleich dem Integral über das normale Produkt der Funktionen und damit gleich der Spur des Produkts der zugehörigen Operatoren aus Aufgabe 10.2.

Mit dem Moyal-Produkt definiert man die **Moyal-Klammer**

$$[f,g]_* = f * g - g * f = f \mathrm{e}^{\frac{\mathrm{i}\hbar}{2}\overleftrightarrow{\Lambda}} g - f \mathrm{e}^{-\frac{\mathrm{i}\hbar}{2}\overleftrightarrow{\Lambda}} g = 2\mathrm{i} f \sin(\tfrac{\hbar}{2}\overleftrightarrow{\Lambda})\, g. \tag{10.38}$$

Nach Konstruktion ist die Klammer antisymmetrisch,

$$[f,g]_* = -[g,f]_*, \tag{10.39}$$

bilinear und erbt über die Weyl-Isometrie (10.26) die algebraischen Eigenschaften des Operatorprodukts. Sie erfüllt die Jacobi-Identität

$$[f,[g,h]_*]_* + [g,[h,f]_*]_* + [h,[f,g]_*]_* = 0, \tag{10.40}$$

ist also eine Lie-Klammer, und es gilt auch hier die Leibniz-Regel

$$[f * g,h]_* = f * [g,h]_* + [f,h]_* * g. \tag{10.41}$$

Es ist aber im Allgemeinen, abgesehen von Polynomen zweiten Grades,

$$[fg,h]_* \neq f[g,h]_* + [f,h]_* g. \tag{10.42}$$

Im Grenzfall $\hbar \to 0$ erhalten wir für das Moyal-Produkt (10.22) für kleine Werte von $\hbar$

$$f * g \approx f g + \frac{\mathrm{i}\hbar}{2} f \left(\overleftarrow{\partial}_q \overrightarrow{\partial}_p - \overleftarrow{\partial}_p \overrightarrow{\partial}_q\right) g, \tag{10.43}$$

und für die Moyal-Klammer ergibt sich

$$\begin{aligned}[f,g]_* &= f * g - g * f \approx \frac{\mathrm{i}\hbar}{2} f \left(\overleftarrow{\partial}_q \overrightarrow{\partial}_p - \overleftarrow{\partial}_p \overrightarrow{\partial}_q\right) g - \frac{\mathrm{i}\hbar}{2} g \left(\overleftarrow{\partial}_q \overrightarrow{\partial}_p - \overleftarrow{\partial}_p \overrightarrow{\partial}_q\right) f \\ &= \mathrm{i}\hbar f \left(\overleftarrow{\partial}_q \overrightarrow{\partial}_p - \overleftarrow{\partial}_p \overrightarrow{\partial}_q\right) g = \mathrm{i}\hbar \{f,g\}, \end{aligned} \tag{10.44}$$

also bis auf den Faktor $\mathrm{i}\hbar$ die klassische Poisson-Klammer.

Nun kann man sich fragen, ob es Systeme gibt, für die die Moyal- und die Poisson-Klammer (bis auf den Faktor $\mathrm{i}\hbar$) übereinstimmen. Das gilt, wovon man sich leicht überzeugt, für alle Polynome in p und q vom Grad zwei, mit der bekannten Konsequenz, dass für solche Systeme Klassik und Quantenmechanik oft zu gleichen Ergebnissen führen. Auch lässt sich zeigen, dass dies *nur* dann der Fall ist.

Die Moyal-Klammer der Phasenraumfunktionen ist das Weyl-Symbol des Kommutators der Operatoren im Hilbert-Raum. Sie hat die gleichen Eigenschaften und daher übertragen sich die algebraischen Eigenschaften. Es gelten also auch hier die BCH-Relationen, die kanonischen Ähnlichkeitstransformationen usw.

10.3 Zeitentwicklung

Im Schrödinger-Bild ist der Dichteoperator $\hat{\rho}$ zeitabhängig und daher auch seine Phasenraumdarstellung, die Wigner-Funktion (10.17):

$$\pi(q,p,t) = \int \mathrm{d}y \, \langle q - \tfrac{y}{2} | \hat{\rho}(t) | q + \tfrac{y}{2} \rangle \, \mathrm{e}^{\mathrm{i}py/\hbar}. \tag{10.45}$$

Die Observablen $\hat{f}$ werden dargestellt durch ihr Weyl-Symbol und sind zeitunabhängig, abgesehen von einer expliziten Zeitabhängigkeit, wir notieren dies als $f(q,p;t)$. Erwartungswerte berechnet man in der gewohnten Quantenmechanik als $\langle f \rangle = \mathrm{spur}\,(\hat{f}\hat{\rho})$. Daraus wird hier nach Gleichung (10.37) ein Integral über die Wigner-Funktion:

$$\langle f \rangle_t = \frac{1}{2\pi\hbar} \int \mathrm{d}q \, \mathrm{d}p \, f(q,p;t) \, \pi(q,p,t). \tag{10.46}$$

Auch ist es naheliegend, eine Zeitentwicklungsgleichung für die Wigner-Funktion zu bestimmen, ein Pendant der Von-Neumann-Gleichung $\mathrm{i}\hbar \frac{\mathrm{d}}{\mathrm{d}t} |\hat{\rho}(t)\rangle = \left[\hat{H}(t), \hat{\rho}(t)\right]$ aus (2.13). Als ersten Schritt dazu differenzieren wir Gleichung (10.45) nach der Zeit, setzen dann unter dem Integral die Von-Neumann-Gleichung ein und formen den Integranden um, sodass wir für den Dichteoperator $\hat{\rho}$ und den Hamilton-Operator $\hat{H}$ die Weyl-Symbole $\pi(q,p,t)$ und

$$H(q,p,t) = \int \mathrm{d}y \, \langle q - \tfrac{y}{2} | \hat{H} | q + \tfrac{y}{2} \rangle \, \mathrm{e}^{\mathrm{i}py/\hbar}, \tag{10.47}$$

aus (10.45) und (10.9) einsetzen können. Durch Bilden der komplex Konjugierten sehen wir, dass $H(q,p,t)$ reell ist für einen hermiteschen Hamilton-Operator, was wir hier voraussetzen wollen. Dann erhält man die einfache Formel

$$\mathrm{i}\hbar\frac{\partial\pi}{\partial t} = [H,\pi]_*, \tag{10.48}$$

eine Von-Neumann-Gleichung im Phasenraum für die Wigner-Funktion $\pi(q,p,t)$.

Auf diese Weise lässt sich die gesamte Quantenmechanik durch glatte Funktionen auf dem Phasenraum beschreiben, die die Rolle der Operatoren übernehmen. Betrachten wir zunächst einen einfachen Fall, der uns bekannt erscheinen sollte, nämlich eine Lösung π der Gleichung

$$H*\pi = E\pi, \tag{10.49}$$

die als **Sterneigenwertgleichung** bezeichnet wird. Wenn man dies integriert,

$$\int \mathrm{d}q\,\mathrm{d}p\, H*\pi = \int \mathrm{d}q\,\mathrm{d}p\, H(q,p)\pi(p,q) = E\int \mathrm{d}q\,\mathrm{d}p\,\pi(p,q) \tag{10.50}$$

(vgl. Gleichung (10.37)), dann sieht man, dass der Eigenwert E reell ist, da $H(q,p)$ und $\pi(q,p)$ es sind. Auch gilt dann $E\pi = \overline{H*\pi} = \overline{\pi}*\overline{H} = \pi*H$, also

$$\mathrm{i}\hbar\frac{\partial\pi}{\partial t} = [H,\pi]_* = H*\pi - \pi*H = E\pi - E\pi = 0. \tag{10.51}$$

Das zeigt, dass eine Lösung π der Sterneigenwertgleichung zeitlich konstant ist, entsprechend dem normalen Dichteoperator eines Eigenzustands.

Die **Zeitentwicklungsfunktion** $U(t) = U(q,p,t)$ ist eine Lösung der Differentialgleichung

$$\mathrm{i}\hbar\frac{\partial U}{\partial t} = H*U \tag{10.52}$$

mit der Anfangsbedingung $U = 1$ zur Zeit $t_0 = 0$. Ihre komplexe Konjugierte $\overline{U}$ erfüllt

$$-\mathrm{i}\hbar\frac{\partial\overline{U}}{\partial t} = \overline{H*U} = \overline{U}*\overline{H} \tag{10.53}$$

nach der Hermitizitätsrelation (10.35), und es gilt für den hermiteschen Fall $H\in\mathbb{R}$

$$\overline{U}(t)*U(t) = U(t)*\overline{U}(t) = 1 \quad \text{oder} \quad U^{-1}(t) = \overline{U}(t), \tag{10.54}$$

was man sofort durch Bilden der Zeitableitung einsieht. Dabei ist $U^{-1}(t)$ die Inverse von $U(t)$ bezüglich der Sternprodukts. Die Relation (10.54) entspricht der Unitarität des Zeitentwicklungsoperators im Operatorbild.

Für eine zeitunabhängige Hamilton-Funktion $H = H(q,p)$ erhält man eine Lösung von (10.52) durch das **Sternexponential**

$$U(t) = \mathrm{Exp}(Ht) = \mathrm{e}_*^{-\mathrm{i}Ht/\hbar} = \sum_{n=0}^{\infty}\frac{1}{n!}\left(\frac{t}{\mathrm{i}\hbar}\right)^n H^{n*} \quad \text{mit} \quad H^{n*} = \underbrace{H*H*\cdots*H}_{n\text{ mal}}, \tag{10.55}$$

vorausgesetzt natürlich, dass diese Reihe konvergiert. Mit den Sterneigenfunktionen π_n zum Eigenwert E_n (wir setzen hier ein diskretes Spektrum voraus), also den normierten Lösungen von $H\pi_n = E_n\pi_n$, lässt sich das Exponentialgesetz ausdrücken als

$$U(t) = \mathrm{Exp}(Ht) = \sum_n \pi_n \exp -\mathrm{i}E_n t/\hbar. \tag{10.56}$$

Aufgabe 10.5 (Lösung Seite 302): Beweisen Sie die Gleichung (10.56) für $U(t)$ und zeigen Sie dabei auch, dass die π_n orthogonale Projektoren sind, die die Vollständigkeitsrelation erfüllen:

$$\pi_{n'} * \pi_n = \delta_{n'n}\pi_n \ , \quad \sum_n \pi_n = 1 .$$

Die Zeitentwicklungsfunktion liefert mit

$$\pi(t) = U(t) * \pi(0) * \overline{U}(t) \tag{10.57}$$

die Wigner-Funktion, also eine Lösung der Von-Neumann-Gleichung (10.48). Das verifiziert man durch

$$\begin{aligned} \mathrm{i}\hbar \frac{\partial \pi}{\partial t} &= \mathrm{i}\hbar \frac{\partial U}{\partial t} * \pi(0) * \overline{U}(t) + \mathrm{i}\hbar U(t) * \pi(0) * \frac{\partial \overline{U}}{\partial t} \\ &= H * U(t) * \pi(0) * \overline{U}(t) - U(t) * \pi(0) * \overline{U}(t) * H = H * \pi(t) - \pi(t) * H = \left[H, \pi\right]_* . \end{aligned} \tag{10.58}$$

Bisher haben wir in einem Schrödinger-Bild gearbeitet. Die Zustände, beschrieben durch die Wigner-Funktion, sind zeitabhängig, die Observablen, beschrieben durch ihr Weyl-Symbol, sind zeitunabhängig, abgesehen von einer expliziten Zeitabhängigkeit. Durch

$$f_H(t) = \overline{U}(t) * f * U(t) \tag{10.59}$$

lässt sich auch hier ein **Heisenberg-Bild** der Observablen definieren. Dabei gilt wegen der Unitäritätsrelation (10.54)

$$(f * g)_H(t) = \overline{U}(t) * f * g * U(t) = \overline{U}(t) * f * U(t) * \overline{U}(t) * g * U(t) = f_H(t) * g_h(t) . \tag{10.60}$$

Die Zeitentwicklung entspricht der normalen Operatorgleichung (2.33) im Heisenberg-Bild:

Aufgabe 10.6 (Lösung Seite 302): Im Heisenberg-Bild entwickelt sich eine Phasenraumfunktion $f_H(q, p, t)$ zeitlich gemäß

$$\frac{\mathrm{d}}{\mathrm{d}t} f_H = \frac{1}{\mathrm{i}\hbar}\left[f_H, H_H\right]_* + \left(\frac{\partial f}{\partial t}\right)_H .$$

Leiten Sie dies her und untersuchen Sie den speziellen Fall von Ort und Impuls im Heisenberg-Bild.

Auch können wir uns durch eine kurze Rechnung davon überzeugen, dass das Moyal-Produkt zweier Observablen $(f_H * g_H)(t)$ sich zeitlich so entwickelt wie das Moyal-Produkt von $f_H(t)$ und $g_H(t)$, dass also gilt

$$(f_H * g_H)(t) = f_H(t) * g_H(t) . \tag{10.61}$$

Die Wigner-Funktion im Heisenberg-Bild ist zeitlich konstant und man identifiziert sie als

$$\pi_H(t) = \overline{U}(t) * \pi(t) * U(t) = \pi(0) \tag{10.62}$$

aus Gleichung (10.57). Damit werden die Erwartungswerte berechnet als

$$\langle f \rangle_t = \frac{1}{2\pi\hbar} \int \mathrm{d}q\, \mathrm{d}p\, f_H(q, p, t)\, \pi_H(q, p) . \tag{10.63}$$

10.4 Der harmonische Oszillator

In der oben beschriebenen Darstellung der Quantenmechanik werden alle interessierenden Größen durch Phasenraumfunktionen beschrieben. Diese Phasenraum-Darstellung sollte eine autonome Behandlung der gesamten Quantentheorie ermöglichen, allerdings ist das Vorgehen hier ungewohnt und erfordert etwas Übung. Hier wollen wir das an unserem beliebten Testsystem durchführen, dem harmonischen Oszillator. Da der Hamilton-Operator symmetrisch ist in $\hat{q}$ und $\hat{p}$, können wir ihr direkt in sein Weyl-Symbol übersetzen

$$\hat{H} = \frac{1}{2m}\hat{p}^2 + \frac{m\omega^2}{2}\hat{q}^2 \quad \Longleftrightarrow \quad H(q,p) = \frac{1}{2m}p^2 + \frac{m\omega^2}{2}q^2 \tag{10.64}$$

(siehe Seite 167). Zunächst gehen wir von den Phasenraumvariablen q und p zu den komplexen Variablen

$$a = \frac{1}{\sqrt{2m\hbar\omega}}\big(m\omega q + \mathrm{i}p\big)\ , \quad \overline{a} = \frac{1}{\sqrt{2m\hbar\omega}}\big(m\omega q - \mathrm{i}p\big), \tag{10.65}$$

(vgl. Gleichung (3.17)) über, in denen das Moyal-Produkt (10.22) die Form

$$f * g = f(a,\overline{a})\,\mathrm{e}^{\overleftrightarrow{\Lambda}}g(a,\overline{a}) \quad \text{mit} \quad \overleftrightarrow{\Lambda} = \tfrac{1}{2}\big(\overleftarrow{\partial}_a\overrightarrow{\partial}_{\overline{a}} - \overleftarrow{\partial}_{\overline{a}}\overrightarrow{\partial}_a\big) \tag{10.66}$$

annimmt, was man leicht mit $\partial_p = \mathrm{i}(\partial_a - \partial_{\overline{a}})/\sqrt{2m\hbar\omega}$ und $\partial_q = m\omega\mathrm{i}(\partial a + \partial_{\overline{a}})/\sqrt{2m\hbar\omega}$ usw. überprüft. Zu einer einfacheren Auswertung der Moyal-Produkte verwendet man oft die Bopp-Shift-Formeln (10.27), hier in der Form

$$\begin{aligned} f * g &= f(a,\overline{a})\,\mathrm{e}^{\overleftarrow{\partial}_a\overrightarrow{\partial}_{\overline{a}} - \overleftarrow{\partial}_{\overline{a}}\overrightarrow{\partial}_a}\,g(a,\overline{a}) \\ &= f\big(a + \tfrac{1}{2}\overrightarrow{\partial}_{\overline{a}}, \overline{a} - \tfrac{1}{2}\overrightarrow{\partial}_a\big)\,g(a,\overline{a}) = f(a,\overline{a})\,g\big(a - \tfrac{1}{2}\overleftarrow{\partial}_{\overline{a}}, \overline{a} + \tfrac{1}{2}\overleftarrow{\partial}_a\big) \end{aligned} \tag{10.67}$$

und damit

$$a * \overline{a} = \big(a + \tfrac{1}{2}\overrightarrow{\partial}_{\overline{a}}\big)\overline{a} = a\overline{a} + \frac{1}{2}\ , \quad \overline{a} * a = \big(\overline{a} - \tfrac{1}{2}\overrightarrow{\partial}_a\big)\,a = \overline{a}a - \frac{1}{2}, \tag{10.68}$$

$$a * a = \big(a + \tfrac{1}{2}\overrightarrow{\partial}_{\overline{a}}\big)\,a = a^2\ , \quad \overline{a} * \overline{a} = \big(\overline{a} - \tfrac{1}{2}\overrightarrow{\partial}_a\big)\overline{a} = \overline{a}^2, \tag{10.69}$$

$$a^{*n} = \underbrace{a * a * a \cdots * a}_{n-\text{mal}} = a^n\ , \quad \overline{a}^{*n} = \underbrace{\overline{a} * \overline{a} * \overline{a} \cdots * \overline{a}}_{n-\text{mal}} = \overline{a}^n\,. \tag{10.70}$$

Bildet man die Moyal-Klammer der komplexen Variablen, so erhält man

$$[a,\overline{a}]_* = a * \overline{a} - \overline{a} * a = \overline{a}a + \frac{1}{2} - (\overline{a}a - \frac{1}{2}) = 1, \tag{10.71}$$

ein Bild des Kommutators $[\hat{a}, \hat{a}^\dagger] = 1$ im Hilbert-Raum. Daraus folgt für die Potenzen mit $a^{*n} = a^n$ und $\overline{a}^{*n} = \overline{a}^n$ (vgl. (10.70)) für $n = 1, 2, \ldots$

$$\big[a,\overline{a}^n\big]_* = n\,\overline{a}^{n-1}\ , \quad \big[a^n,\overline{a}\big]_* = n\,a^{n-1}, \tag{10.72}$$

was wir durch Induktion beweisen. Beide Gleichungen sind richtig für $n = 1$. Angenommen sie sind richtig für n. Dann sehen wir mit

$$\begin{aligned} \big[a,\overline{a}^{n+1}\big]_* &= \overline{a} * \big[a,\overline{a}^n\big]_* + \big[a,\overline{a}\big]_* * \overline{a}^n = n\,\overline{a} * \overline{a}^{n-1} + \overline{a}^n \\ &= n\,\overline{a}^n + \overline{a}^n = (n+1)\,\overline{a}^n, \end{aligned} \tag{10.73}$$

wobei wir $\overline{a} * \overline{a}^{n-1} = \overline{a}^n$ benutzt haben. Genauso erhalten wir mit $a * a^{n-1} = a^n$

$$\begin{aligned}[a^{n+1}, \overline{a}]_* &= a * [a^n, \overline{a}]_* + [a, \overline{a}]_* * a^n \\ &= n\, a * a^{n-1} + a^n = n\, a^n + a^n = (n+1)\, a^n . \end{aligned} \tag{10.74}$$

Also gelten beide Formeln für alle $n = 1, 2, \ldots$.

Zuletzt betrachten wir noch die **Teilchenzahlfunktion**

$$\begin{aligned} N(a, \overline{a}) = \overline{a} * a \quad \text{mit} \quad & [a, N]_* = [a, \overline{a} * a]_* = [a, \overline{a}]_* * a = a , \\ & [\overline{a}, N]_* = [\overline{a}, \overline{a} * a]_* = \overline{a} * [\overline{a}, a]_* = -\overline{a} . \end{aligned} \tag{10.75}$$

Die Phasenraumfunktionen a, $\overline{a}$ und N bilden also zusammen mit der Identität 1, eine Phasenraumfunktion, die identisch gleich eins ist, mit der Moyal-Klammer eine vierdimensionale Lie-Algebra, die isomorph ist zu der Oszillatoralgebra der entsprechenden Hilbert-Raum Operatoren (siehe Seite 37).

Unsere Hamilton-Funktion des harmonischen Oszillators lautet jetzt

$$H = \hbar\omega \overline{a}\, a \quad \text{oder} \quad H = \hbar\omega\big(N + \tfrac{1}{2}\big) \quad \text{mit} \quad N = \overline{a} * a = \overline{a}\, a - \tfrac{1}{2} \quad \text{nach (10.68)}. \tag{10.76}$$

Wir wollen uns jetzt vergewissern, dass die (reellen!) Wigner-Funktionen

$$\pi_n = \frac{1}{n!} \overline{a}^n * \pi_0 * a^n \ , \quad n = 1, 2, \ldots \quad \text{mit} \quad \pi_0 = c\mathrm{e}^{-2\overline{a}a} \ , \quad c \in \mathbb{R}, \tag{10.77}$$

Lösungen der Sterneigenwertgleichung $N * \pi_n = n\pi_n$ sind und damit auch von $H * \pi_n = E_n \pi_n$ mit $E_n = \hbar\omega\big(n + \frac{1}{2}\big)$. Zum Beweis berechnen wir zunächst für $\pi_0 = c\,\mathrm{e}^{-2\overline{a}a}$

$$a * \pi_0 = a\mathrm{e}^{\frac{1}{2}\left(\overleftarrow{\partial}_a \vec{\partial}_{\overline{a}} - \overleftarrow{\partial}_{\overline{a}} \vec{\partial}_a\right)} \pi_0 = a\pi_0 + \frac{1}{2}\vec{\partial}_{\overline{a}} \pi_0 = a\pi_0 - a\pi_0 = 0 . \tag{10.78}$$

Daraus folgt

$$N * \pi_0 = (\overline{a}a * a) * \pi_0 = \overline{a}a * (a * \pi_0) = 0 . \tag{10.79}$$

Also ist π_0 Sterneigenfunktion von N zum Eigenwert $n = 0$. Im nächsten Schritt zeigen wir zunächst mithilfe von $a * \pi_0 = 0$ und Gleichung (10.72)

$$a * \overline{a}^n * \pi_0 = a * \overline{a}^n * \pi_0 - \overline{a}^n * a * \pi_0 = [a, \overline{a}^n]_* * \pi_0 = n\overline{a}^{n-1} * \pi_0 , \tag{10.80}$$

woraus folgt

$$a * \pi_n = \frac{1}{n!}\, a * \overline{a}^n * \pi_0 * a^n = \frac{1}{(n-1)!} \overline{a}^{n-1} * \pi_0 * a^{n-1} * a = \pi_{n-1} * a . \tag{10.81}$$

Damit sind wir am Ziel und erhalten

$$N * \pi_n = \overline{a} * a * \pi_n = \overline{a} * \pi_{n-1} * a = \frac{1}{(n-1)!} \overline{a}^n * \pi_0 * a^n = n\pi_n . \tag{10.82}$$

Das heißt, π_n ist Sterneigenfunktion von N zum Eigenwert n und damit auch von H zum Eigenwert $E_n = \hbar\omega\big(N + \frac{1}{2}\big)$.

Der Gleichung (10.82) können wir auch die Formel $\overline{a} * \pi_{n-1} * a = n\pi_n$ entnehmen. Wenn wir entsprechend zu Gleichung (10.80) mithilfe von $\pi_0 * \overline{a} = \overline{a * \pi_0} = 0$ den Ausdruck

$$\pi_0 * a^n * a = \pi_0 * a^n * a - \pi_0 * \overline{a} * a^n = \pi_0 * [a^n, \overline{a}]_* * = n\pi_0 * a^{n-1} \tag{10.83}$$

berechnen, dann erhalten wir

$$\begin{aligned} a*\pi_n*\overline{a} &= \frac{1}{n!}\,a*\overline{a}^n*\pi_0*a^n*\overline{a} = \frac{1}{(n-1)!}\,a*\overline{a}^n*\pi_0*a^{n-1} = a*\overline{a}*\pi_{n-1} \\ &= (1-\overline{a}*a)*\pi_{n-1} = (1-N)*\pi_{n-1} = n\pi_{n-1}\,. \end{aligned} \tag{10.84}$$

Es gelten also die Gleichungen

$$\overline{a}*\pi_n*a = (n+1)\,\pi_{n+1} \quad \text{und} \quad a*\pi_n*\overline{a} = n\pi_{n-1}\,, \tag{10.85}$$

die den Leitereigenschaften der Erzeuger und Vernichter in der Darstellung im Hilbert-Raum entsprechen.

Die Wigner-Funktionen π_n sind nach (10.19) normiert wie $\int \mathrm{d}q\mathrm{d}p\,\pi_n(q,p) = 2\pi\hbar$. Dies ist gewährleistet, wenn π_0 normiert ist. Das sieht man aus der Rekursionsgleichung

$$\int \mathrm{d}q\,\mathrm{d}p\,\pi_n = \frac{1}{n}\int \mathrm{d}q\,\mathrm{d}p\,N*\pi_n = \frac{1}{n}\int \mathrm{d}q\,\mathrm{d}p\,\overline{a}*\pi_{n-1}*a = \int \mathrm{d}q\,\mathrm{d}p\,\pi_{n-1} \tag{10.86}$$

mit $N*\pi_n = \overline{a}*a*\pi_n = \overline{a}*\pi_{n-1}*a$ aus Gleichung (10.82) und der linken Gleichung in (10.85). Wir müssen also nur die Grundzustandsfunktion

$$\pi_0(q,p) = c\,\mathrm{e}^{-2\overline{a}a} = c\,\mathrm{e}^{-m\omega q^2/\hbar - p^2/m\hbar\omega} \tag{10.87}$$

normieren durch Integration über den gesamten Phasenraum. Mit $\int_{-\infty}^{\infty}\mathrm{d}x\,\mathrm{e}^{-\lambda x^2} = \sqrt{\pi/\lambda}$ erhalten wir

$$\int \mathrm{d}q\,\mathrm{d}p\,\pi_0(q,p) = c\int \mathrm{d}q\,\mathrm{d}p\,\mathrm{e}^{-m\omega q^2/\hbar - p^2/m\hbar\omega} = c\pi\hbar\,, \tag{10.88}$$

oder mit $a = r\mathrm{e}^{\mathrm{i}\varphi}$, $\mathrm{d}q\,\mathrm{d}p = 2\hbar r\,\mathrm{d}r\,\mathrm{d}\varphi$ und $\int_0^{\infty}\mathrm{d}x\,x\,\mathrm{e}^{-\lambda x^2} = 1/\lambda^2$

$$\int \mathrm{d}q\,\mathrm{d}p\,\pi_0(q,p) = 2\hbar c\int_0^{\infty}\mathrm{d}r\,r\,\mathrm{e}^{-2r^2}\int_0^{2\pi}\mathrm{d}\varphi = 2\hbar c\frac{1}{4}2\pi = c\pi\hbar\,. \tag{10.89}$$

Setzen wir dies gleich $2\pi\hbar$ nach (10.19), so erhalten wir $c = 2$.

Unser nächstes Ziel ist es, die $\pi_n(a,\overline{a})$ explizit zu berechnen. Wir kennen schon die Wigner-Funktion $\pi_0(a,\overline{a}) = 2\mathrm{e}^{-2\overline{a}a}$ für den Grundzustand. Daraus erhalten wir zunächst $\pi_1 = \overline{a}*\pi_n*a$ nach Gleichung (10.85). Dann ergibt sich mit der Bopp-Shift-Formel (10.67)

$$\begin{aligned} \pi_1(a,\overline{a}) &= 2\overline{a}*\mathrm{e}^{-2\overline{a}a}*a = 2\big(\overline{a}-\tfrac{1}{2}\vec{\partial}_a\big)\,\mathrm{e}^{-2\overline{a}a}\,\big(a-\tfrac{1}{2}\overleftarrow{\partial}_{\overline{a}}\big) = 2\big(\overline{a}-\tfrac{1}{2}\vec{\partial}_a\big)\,2a\,\mathrm{e}^{-2\overline{a}a} \\ &= 4\overline{a}a\,\mathrm{e}^{-2\overline{a}a} - 2\vec{\partial}_a\big(a\mathrm{e}^{-2\overline{a}a}\big) = -2\mathrm{e}^{-2\overline{a}a}\big(1-4\overline{a}a\big) = -2\mathrm{e}^{-2\overline{a}a}\,L_1(4\overline{a}a) \end{aligned} \tag{10.90}$$

mit dem Laguerre-Polynom $L_1(x) = 1-x$. Mit etwas mehr Rechenarbeit (siehe die in der Fußnote auf Seite 166 angegebene Arbeit) lässt sich so auch π_n nach Gleichung (10.77) berechnen als

$$\pi_n(a\overline{a}) = \frac{1}{n!}\,\overline{a}^n*\pi_0*a^n = \frac{2}{n!}\big(\overline{a}-\tfrac{1}{2}\vec{\partial}_a\big)^n\,\mathrm{e}^{-2\overline{a}a}\,\big(a-\tfrac{1}{2}\overleftarrow{\partial}_{\overline{a}}\big)^n = 2(-1)^n\,\mathrm{e}^{-2\overline{a}a}\,L_n(4\overline{a}a) \tag{10.91}$$

mit dem Laguerre-Polynom L_n, was mit $L_0 = 1$ auch unser Resultat für π_0 reproduziert. Mit noch umfangreicherer Rechenarbeit wird dort das Sternexponential (10.55) berechnet und die Darstellung (10.56) durch Wigner-Funktionen (10.91) bestätigt:

$$U(t) = \mathrm{Exp}(Ht) = \mathrm{e}_*^{-\mathrm{i}Ht/\hbar} = \cos^{-1}\tfrac{\omega t}{2}\,\mathrm{e}^{-2\mathrm{i}\,\overline{a}a\tan\frac{\omega t}{2}} = \sum_n \pi_n\mathrm{e}^{-\mathrm{i}E_n t/\hbar}\,. \tag{10.92}$$

Zuletzt wollen wir uns noch die Wigner-Funktionen für einen kohärenten Zustand, lokalisiert bei α. ansehen, die wir als $\pi_\alpha(a,\overline{a})$ bezeichnen. Sie sind Sterneigenfunktionen von a zum Eigenwert α. Für $\alpha = 0$ haben wir schon eine solche Lösung gefunden, die Wigner-Funktion $\pi_0 = 2\,\mathrm{e}^{-2|a|^2} = 2\,\mathrm{e}^{-2\overline{a}a}$ des Grundzustands erfüllt nach Gleichung (10.78)

$$a * 2\,\mathrm{e}^{-2\overline{a}a} = \left(a + \tfrac{1}{2}\vec{\partial}_{\overline{a}}\right)2\,\mathrm{e}^{-2\overline{a}a} = 2a\,\mathrm{e}^{-2\overline{a}a} - 2a\,\mathrm{e}^{-2\overline{a}a} = 0\,. \tag{10.93}$$

Wir erinnern uns daran, dass die kohärenten Zustände um α verschobene Grundzustände sind, und versuchen es daher mit

$$\pi_\alpha(a,\overline{a}) = 2\,\mathrm{e}^{-2|a-\alpha|^2} = 2\,\mathrm{e}^{-2(\overline{a}-\overline{\alpha})(a-\alpha)}\,. \tag{10.94}$$

Dies erfüllt, wie erhofft, die Sterneigenwertgleichung:

$$\begin{aligned} a * \pi_\alpha(a,\overline{a}) &= a * 2\,\mathrm{e}^{-2(\overline{a}-\overline{\alpha})(a-\alpha)} = 2\left(a + \tfrac{1}{2}\vec{\partial}_{\overline{a}}\right)\mathrm{e}^{-2(\overline{a}-\overline{\alpha})(a-\alpha)} \\ &= 2a\,\mathrm{e}^{-2(\overline{a}-\overline{\alpha})(a-\alpha)} - 2(a-\alpha)\,\mathrm{e}^{-2(\overline{a}-\overline{\alpha})(a-\alpha)} = \alpha\,\pi_\alpha(a,\overline{a})\,. \end{aligned} \tag{10.95}$$

Es ist eine gute Übung, zu zeigen, dass man dieses Ergebnis auch erhält, wenn man den Hilbert-Raum-Dichteoperator aus Gleichung (3.123) in sein Weyl-Symbol übersetzt:

$$\hat{\rho}_\alpha = |\alpha\rangle\langle\alpha| = \mathrm{e}^{-|\alpha|^2}\mathrm{e}^{\alpha\hat{a}^\dagger}|0\rangle\langle 0|\,\mathrm{e}^{\overline{\alpha}\hat{a}} \quad\Longleftrightarrow\quad \pi_\alpha(a,\overline{a}) = \mathrm{e}^{-|\alpha|^2}\mathrm{e}_*^{\alpha\overline{a}} * \pi_0(a,\overline{a}) * \mathrm{e}_*^{\overline{\alpha}a}\,, \tag{10.96}$$

was wir noch auswerten müssen. Zunächst berechnen wir die Sternexponentiale, was hier aber einfach ist, denn es gilt nach (10.70) $a^{*n} = a^n$ und $\overline{a}^{*n} = \overline{a}^n$. Daher folgt für die Sternexponentiale

$$\mathrm{e}_*^{za} = \mathrm{e}^{za} \quad \text{und} \quad \mathrm{e}_*^{z\overline{a}} = \mathrm{e}^{z\overline{a}}\,. \tag{10.97}$$

Mit $\pi_0(a,\overline{a}) = 2\mathrm{e}^{-2\overline{a}a}$ berechnen wir zunächst mit der Translationsoperation $\mathrm{e}^{z\partial_x}f(x) = f(x+z)$

$$\mathrm{e}^{-2\overline{a}a} * \mathrm{e}^{\overline{\alpha}a} = \mathrm{e}^{-2\overline{a}a}\mathrm{e}_*^{\overline{\alpha}(a-\frac{1}{2}\overleftarrow{\partial}_{\overline{a}})} = \mathrm{e}^{\overline{\alpha}a}\mathrm{e}^{-2\overline{a}a}\mathrm{e}_*^{-\frac{\overline{\alpha}}{2}\overleftarrow{\partial}_{\overline{a}}} = \mathrm{e}^{\overline{\alpha}a}\mathrm{e}^{-2(\overline{a}-\frac{\overline{\alpha}}{2})a} = \mathrm{e}^{-2(\overline{a}-\overline{\alpha})a} \tag{10.98}$$

und damit

$$\begin{aligned} \pi_\alpha(a,\overline{a}) &= 2\mathrm{e}^{-|\alpha|^2}\mathrm{e}^{\alpha\overline{a}} * \mathrm{e}^{-2\overline{a}a} * \mathrm{e}_*^{\overline{\alpha}a} = 2\mathrm{e}^{-|\alpha|^2}\mathrm{e}^{\alpha\overline{a}} * \mathrm{e}^{-2(\overline{a}-\overline{\alpha})a} \\ &= 2\mathrm{e}^{-|\alpha|^2}\mathrm{e}^{\alpha(\overline{a}-\frac{1}{2}\vec{\partial}_a)}\mathrm{e}^{-2(\overline{a}-\overline{\alpha})a} = 2\mathrm{e}^{-|\alpha|^2}\mathrm{e}^{\alpha\overline{a}}\mathrm{e}^{-2(\overline{a}-\overline{\alpha})(a-\frac{\alpha}{2})} \\ &= 2\mathrm{e}^{-2(\overline{a}-\overline{\alpha})(a-\alpha)} = 2\mathrm{e}^{-2|a-\alpha|^2} \end{aligned} \tag{10.99}$$

in Übereinstimmung mit (10.94).

Zuletzt wollen wir noch einen kurzen Blick auf die Zeitentwicklung im Heisenberg-Bild werfen, natürlich wieder am Beispiel des angetriebenen harmonischen Oszillators (3.27). Wir verzichten hier wieder auf die Kennzeichnung durch den Index H. Das Weyl-Symbol des Hamilton-Operators

$$H(a,\overline{a}) = \hbar\omega(t)\,\overline{a}a + \hbar f(t)\,a + \hbar\overline{f}(t)\,\overline{a} \tag{10.100}$$

mit $\omega(t) \in \mathbb{R}$ entspricht hier genau der klassischen Hamilton-Funktion. Füu die Phasenraumvariable $a(t)$ lautet die Evolutionsgleichung (vgl. Aufgabe 10.6)

$$\frac{\mathrm{d}a}{\mathrm{d}t} = \frac{1}{\mathrm{i}\hbar}\left[a, \hbar\omega\,\overline{a}a + \hbar f\,a + \hbar\overline{f}\,\overline{a}\right]_* = -\mathrm{i}\omega\left[a,\overline{a}a\right]_* - \mathrm{i}\overline{f}\left[a,\overline{a}\right]_* = -\mathrm{i}\omega a - \mathrm{i}\overline{f}\,, \tag{10.101}$$

was genau der Operatorgleichung (3.32) entspricht.

11 Dynamik in angetriebenen Gittern

Die Quantendynamik von Teilchen in einem periodischen Potential unter Einwirkung einer Kraft war seit Beginn ihrer Entwicklung ein zentrales Thema der Quantenmechanik für die Beschreibung elektrischer Ströme in Festkörpern. Auch heute noch ist dies ein aktuelles Gebiet für experimentelle und theoretische Studien, beispielsweise für die Untersuchung von Bose-Einstein-Kondensaten in optischen Gittern. Um eine möglichst weitgehende theoretische und analytische Beschreibung zu ermöglichen, wird das System stark vereinfacht. Man reduziert die Anzahl der Teilchen, die räumliche Dimension, man idealisiert die Gitterstruktur und die Wechselwirkung zwischen den Gitterplätzen und erhält so ein lösbares Modell, das wir uns in den folgenden Abschnitten näher anschauen werden. Solch ein Modell ist natürlich nur nützlich, wenn es wirklich in der Lage ist, wichtige Aspekte realer Systeme näherungsweise korrekt zu beschreiben.

Wir werden im nächsten Abschnitt damit beginnen, das einfachste Modellsystem kennenzulernen und zu analysieren. Wir beschränken uns auf ein einziges Teilchen (mehrere Teilchen sind Thema des folgenden Kapitels), zunächst in einem simplen eindimensionalen Gitter, wobei nur Übergänge zwischen direkt benachbarten Gitterplätzen erlaubt sind. Hier findet man, trotz der Einfachheit des Modells, schon überraschende Effekte. Beispielsweise wird aus dem freien Transport in einem Energieband durch Einwirken einer konstanten Kraft eine periodische Schwingung in einem eingeschränkten Intervall, eine Bloch-Oszillation. Hauptsächlich soll dabei der Einsatz Lie-algebraischer Techniken demonstriert werden. In Abschnitt 11.2 wird diese Methode auf zweidimensionale Gitterstrukturen erweitert.

11.1 Eindimensionale Tight-Binding-Dynamik

Das Modellsystem mit dem Hamilton-Operator

$$\hat{H} = \frac{\Delta}{4} \sum_{n=-\infty}^{+\infty} \big(|n\rangle\langle n+1| + |n+1\rangle\langle n| \big) + dF \sum_{n=-\infty}^{+\infty} n\,|n\rangle\langle n| \tag{11.1}$$

ist bekannt als das **Tight-Binding-System**. Es beschreibt die Einteilchen-Dynamik in einem periodischen Gitter mit der Periode $d = 1$ und den Gitterplätzen mit den orthonormierten Zuständen

$$|n\rangle\,,\; n \in \mathbb{Z}, \quad \text{mit} \quad \langle n|n'\rangle = \delta_{nn'} \quad \text{und} \quad \hat{I} = \sum_{n=-\infty}^{+\infty} |n\rangle\langle n|\,, \tag{11.2}$$

die mit den ganzen Zahlen n von links nach rechts nummeriert sind. (Wenn man dieses System als Näherung an ein ortsperiodisches Potential $V(x) = V(x+d)$ erhält, dann ist der Zustand $|n\rangle$ der tiefste Wannier-Zustand am Gitterplatz n.) Der Operator $|n\rangle\langle n+1|+|n+1\rangle\langle n|$ bewirkt Übergänge zwischen benachbarten Gitterplätzen, und man bezeichnet diesen Ausdruck daher auch als den „Hopping-Term". Der zweite Term in (11.1) beschreibt ein (eventuell zeitabhängiges) Feld $F = F(t)$, das linear mit n variiert. In vielen Anwendungen wählt man einen harmonischen Antrieb

$$F(t) = F_0 - F_1 \cos(\omega t) . \tag{11.3}$$

Im feldfreien Fall hat dieses System nur ein einziges Energieband, also ein Energieintervall von (reellen) Eigenwerten, die wir parametrisieren als

$$E(\kappa) = \frac{\Delta}{2} \cos(\kappa d) , \tag{11.4}$$

die sogenannte **Dispersionsrelation** mit dem (reellen) Bloch-Index κ (siehe Gleichung (11.7)) und der Bandbreite Δ.

Trotz der Einfachheit des Modells ist seine Dynamik jedoch sehr reichhaltig, sodass viele Studien dazu existieren und viele unterschiedliche Lösungsmethoden entwickelt wurden. Hier werden wir einen Lie-algebraischen Ansatz verfolgen, der eine weitgehend analytische Lösung ermöglicht und es erlaubt, den Zeitentwicklungsoperator sowie viele Erwartungswerte zu berechnen.[1]

Wir definieren dazu die drei Operatoren

$$\hat{N} = \sum_{n=-\infty}^{+\infty} n\,|n\rangle\langle n| \ , \quad \hat{K} = \sum_{n=-\infty}^{+\infty} |n\rangle\langle n+1| \ , \quad \hat{K}^\dagger = \sum_{n=-\infty}^{+\infty} |n+1\rangle\langle n| \ , \tag{11.5}$$

die in einer sehr einfachen Weise auf die Gitterplatzzustände $|n\rangle$ operieren:

$$\hat{N}|n\rangle = n|n\rangle \quad , \quad \hat{K}|n\rangle = |n-1\rangle \ , \quad \hat{K}^\dagger|n\rangle = |n+1\rangle \ , \tag{11.6}$$

was sofort aus der Orthonormierung (11.2) folgt. $\hat{N}$ ist also ein Gitterplatzoperator, $\hat{K}$ ein Verschiebungsoperator um einen Gitterplatz nach links und $\hat{K}^\dagger$ ein Verschiebungsoperator um einen Gitterplatz nach rechts. Der Gitterplatzoperator ist hermitesch, $\hat{N} = \hat{N}^\dagger$, und die Verschiebungsoperatoren $\hat{K}$ und $\hat{K}^\dagger$ bilden ein hermitesch adjungiertes Paar und sind unitär, $\hat{K}\hat{K}^\dagger = \hat{K}^\dagger\hat{K} = \hat{I}$.

Die Bloch-Zustände: Die Zustände

$$|\kappa\rangle = \frac{1}{\sqrt{2\pi}} \sum_{n=-\infty}^{+\infty} \mathrm{e}^{\mathrm{i}n\kappa}\,|n\rangle \tag{11.7}$$

erfüllen die Gleichungen

$$\begin{aligned} \hat{K}|\kappa\rangle &= \frac{1}{\sqrt{2\pi}} \sum_{n',n=-\infty}^{+\infty} \mathrm{e}^{\mathrm{i}n\kappa}\,|n'\rangle\langle n'+1|n\rangle = \frac{1}{\sqrt{2\pi}} \sum_{n=-\infty}^{+\infty} \mathrm{e}^{\mathrm{i}n\kappa}\,|n-1\rangle \\ &= \frac{1}{\sqrt{2\pi}} \mathrm{e}^{\mathrm{i}\kappa} \sum_{m=-\infty}^{+\infty} \mathrm{e}^{\mathrm{i}m\kappa}\,|m\rangle = \mathrm{e}^{\mathrm{i}\kappa}|\kappa\rangle \qquad \text{und} \qquad \hat{K}^\dagger|\kappa\rangle = \mathrm{e}^{-\mathrm{i}\kappa}|\kappa\rangle \, . \end{aligned} \tag{11.8}$$

[1] Siehe dazu auch H. J. Korsch, S. Mossmann, Phys. Lett. A317, 54 (2003).

Diese **Bloch-Zustände** sind also Eigenzustände von $\hat{K}$ und $\hat{K}^\dagger$ zum Eigenwert $\mathrm{e}^{\mathrm{i}\kappa}$ bzw. $\mathrm{e}^{-\mathrm{i}\kappa}$ und normiert wie

$$\langle\kappa|\kappa'\rangle = \sum_{n=-\infty}^{+\infty} \delta(\kappa-\kappa'-2\pi n) = \delta_{2\pi}(\kappa-\kappa') \tag{11.9}$$

mit der 2π-periodischen Kammfunktion $\delta_{2\pi}$. In diesen Zuständen hat der Operator $\hat{N}$ die Matrixelemente

$$\langle\kappa|\hat{N}|\kappa'\rangle = \delta_{2\pi}(\kappa-\kappa')\,\frac{\mathrm{d}}{\mathrm{d}\kappa}\,, \tag{11.10}$$

und für die Matrixelemente von $\mathrm{e}^{-\mathrm{i}u\hat{N}}$ ergibt sich

$$\langle\kappa|\mathrm{e}^{-\mathrm{i}u\hat{N}}|\kappa'\rangle = \sum_n \langle\kappa|n\rangle\mathrm{e}^{-\mathrm{i}un}\langle n|\kappa'\rangle = \frac{1}{2\pi}\sum_n \mathrm{e}^{\mathrm{i}n(\kappa'-\kappa-u)} = \delta_{2\pi}(\kappa'-\kappa-u)\,. \tag{11.11}$$

Die Lie-Algebra: Für die Operatoren der Algebra gelten die Kommutatorrelationen

$$[\hat{K},\hat{n}] = \hat{K}\ ,\quad [\hat{K}^\dagger,\hat{N}] = -\hat{K}^\dagger\ ,\quad [\hat{K},\hat{K}^\dagger] = 0\,, \tag{11.12}$$

das heißt, die Operatoren bilden die Basis einer Lie-Algebra $\mathscr{L} = \{\hat{N},\hat{K},\hat{K}^\dagger\}$ und die beiden Unteralgebren $\{\hat{N},\hat{K}\}$ und $\{\hat{N},\hat{K}^\dagger\}$ identifizieren wir als Shift-Algebren aus Abschnitt 6.4. Wir notieren dazu die im Folgenden nützlichen Gleichungen

$$\begin{aligned}
&\mathrm{e}^{z\,\mathrm{ad}\,\hat{N}}\hat{K} = \mathrm{e}^{z\hat{N}}\hat{K}\mathrm{e}^{-z\hat{N}} = \mathrm{e}^{-z}\hat{K}\ ,\quad \mathrm{e}^{z\,\mathrm{ad}\,\hat{K}}\hat{N} = \mathrm{e}^{z\hat{K}}\hat{N}\mathrm{e}^{-z\hat{K}} = \hat{N}+z\hat{K}\\
&\mathrm{e}^{z\,\mathrm{ad}\,\hat{N}}\hat{K}^\dagger = \mathrm{e}^{z\hat{N}}\hat{K}^\dagger\mathrm{e}^{-z\hat{N}} = \mathrm{e}^{+z}\hat{K}^\dagger\ ,\quad \mathrm{e}^{z\,\mathrm{ad}\,\hat{K}^\dagger}\hat{N} = \mathrm{e}^{z\hat{K}^\dagger}\hat{N}\mathrm{e}^{-z\hat{K}^\dagger} = \hat{N}-z\hat{K}^\dagger\,.
\end{aligned} \tag{11.13}$$

Das Radikal ist gleich $\mathscr{R} = \{\hat{K},\hat{K}^\dagger\}$ und die Algebra ist die halbdirekte Summe $\mathscr{L} = \mathscr{R} \Subset \mathscr{S}$ mit dem einfachen Anteil $\mathscr{S} = \{\hat{N}\}$.

Der Zeitentwicklungsoperator: Für einen Hamilton-Operator $\hat{H} = \hat{H}_R + \hat{H}_S$ mit $\hat{H}_R \in \mathscr{R}$ und $\hat{H}_S \in \mathscr{S}$ können wir den Zeitentwicklungsoperator wie

$$\hat{U}(t) = \hat{U}_S(t)\hat{U}_R(t) \tag{11.14}$$

faktorisieren (siehe Seite 101), wobei die beiden Operatoren $\hat{U}_S(t)$ und $\hat{U}_R(t)$ die Differentialgleichungen

$$\mathrm{i}\hbar\,\frac{\mathrm{d}\hat{U}_S}{\mathrm{d}t} = \hat{H}_S\hat{U}_S \quad\text{und}\quad \mathrm{i}\hbar\,\frac{\mathrm{d}\hat{U}_R}{\mathrm{d}t} = \hat{H}'_R\hat{U}_R \quad\text{mit}\quad \hat{H}'_R = \hat{U}_S^{-1}\hat{H}_R\hat{U}_S \in \mathscr{R} \tag{11.15}$$

lösen für die Anfangsbedingung $\hat{U}_S(0) = \hat{U}_R(0) = \hat{I}$.

Wir schreiben unseren Hamilton-Operator (11.1) als

$$\hat{H} = \hbar g_t\big(\hat{K}+\hat{K}^\dagger\big) + \hbar f_t\hat{N} \quad\text{mit}\quad \hat{H}_R = \hbar g_t\big(\hat{K}+\hat{K}^\dagger\big)\,,\ \hat{H}_S = \hbar f_t\hat{N} \tag{11.16}$$

mit eventuell zeitabhängigen reellen Koeffizienten g_t und f_t und bestimmen zunächst den Zeitentwicklungsoperator für die einfache Algebra. Wir erhalten die Lösung von $\mathrm{i}\dot{\hat{U}}_S = f_t\hat{N}\hat{U}_S$ durch simple Integration als

$$\hat{U}_S(t) = \mathrm{e}^{-\mathrm{i}\eta_t\hat{N}}\ ,\quad \eta_t = \int_0^t f_\tau\,\mathrm{d}\tau\,. \tag{11.17}$$

Zur Berechnung von $\hat{U}_R(t)$ bestimmen wir zunächst den transformierten Hamilton-Operator

$$\begin{aligned}\hat{H}'_R = \hat{U}_S^{-1}\hat{H}_R\hat{U}_S &= \hbar g_t\left(\mathrm{e}^{\mathrm{i}\eta_t\hat{N}}\hat{K}\mathrm{e}^{-\mathrm{i}\eta_t\hat{N}} + \mathrm{e}^{\mathrm{i}\eta_t\hat{N}}\hat{K}^\dagger\mathrm{e}^{-\mathrm{i}\eta_t\hat{N}}\right)\\ &= \hbar g_t\left(\mathrm{e}^{-\mathrm{i}\eta_t}\hat{K} + \mathrm{e}^{+\mathrm{i}\eta_t}\hat{K}^\dagger\right)\end{aligned} \tag{11.18}$$

mithilfe der Relationen in Gleichung (11.13). Da $\hat{K}$ und $\hat{K}^\dagger$ kommutieren, können wir die Differentialgleichung $\mathrm{i}\dot{\hat{U}}_R = \hat{H}'_R\hat{U}_R$ auch hier wieder durch Integration lösen:

$$\hat{U}_R(t) = \mathrm{e}^{-\mathrm{i}(\chi_t\hat{K}+\chi_t^*\hat{K}^\dagger)} = \mathrm{e}^{-\mathrm{i}\chi_t\hat{K}}\,\mathrm{e}^{-\mathrm{i}\chi_t^*\hat{K}^\dagger} \tag{11.19}$$

mit

$$\chi_t = \int_0^t g_\tau \mathrm{e}^{-\mathrm{i}\eta_\tau}\,\mathrm{d}\tau = |\chi_t|\,\mathrm{e}^{-\mathrm{i}\phi_t}. \tag{11.20}$$

Damit erhalten wir unseren gesuchten Zeitentwicklungsoperator

$$\hat{U}(t) = \hat{U}_S(t)\hat{U}_R(t) = \mathrm{e}^{-\mathrm{i}\eta_t\hat{N}}\,\mathrm{e}^{-\mathrm{i}(\chi_t\hat{K}+\chi_t^*\hat{K}^\dagger)} = \mathrm{e}^{-\mathrm{i}\eta_t\hat{N}}\,\mathrm{e}^{-\mathrm{i}\chi_t\hat{K}}\,\mathrm{e}^{-\mathrm{i}\chi_t^*\hat{K}^\dagger}. \tag{11.21}$$

Matrixelemente: Diese Darstellung des Zeitentwicklungsoperators als exponentielles Produkt erleichtert die Berechnung von Matrixelementen. In der Basis der Bloch-Zustände erhalten wir mit $\langle\kappa|\mathrm{e}^{-\mathrm{i}u\hat{N}}|\kappa'\rangle = \delta_{2\pi}(\kappa'-\kappa-u)$ aus (11.11) für die Produktdarstellung (11.21)

$$\langle\kappa|\hat{U}(t)|\kappa'\rangle = \delta_{2\pi}(\kappa'-\kappa-\eta_t)\,\mathrm{e}^{-2\mathrm{i}|\chi_t|\cos(\kappa'-\phi_t)}. \tag{11.22}$$

Zur Berechnung der Matrixelemente in der Gitterplatzdarstellung können wir von der Erzeugenden der Bessel-Funktionen

$$\mathrm{e}^{u(\hat{B}-\hat{B}^{-1})} = \sum_{n=-\infty}^{+\infty} J_n(2u)\,\hat{B}^n \tag{11.23}$$

Gebrauch machen. Damit erhalten wir zunächst mit $\hat{B} = \mathrm{e}^{-\mathrm{i}(\phi_t+\pi/2)}\hat{K}$

$$\mathrm{e}^{-\mathrm{i}\chi_t\hat{K}-\mathrm{i}\chi_t^*\hat{K}^\dagger} = \sum_{n=-\infty}^{+\infty} J_n(2|\chi_t|)\,\mathrm{e}^{-\mathrm{i}n(\phi_t+\pi/2)}\,\hat{K}^n \tag{11.24}$$

sowie mit der Leitereigenschaft $\hat{K}^n|n'\rangle = |n'-n\rangle$ für $\hat{U}(t)$ aus Gleichung (11.21)

$$U_{nn'}(t) = \langle n|\hat{U}(t)|n'\rangle = \mathrm{e}^{-\mathrm{i}(n'-n)(\phi_t+\pi/2)-\mathrm{i}n\eta_t}\,J_{n'-n}(2|\chi_t|). \tag{11.25}$$

Observable und Erwartungswerte: Auch die zeitabhängigen Operatoren $\hat{K}(t)$ und $\hat{N}(t)$, also die Shift- und Positions-Operatoren im Heisenberg-Bild, lassen sich in einfacher Weise bestimmen. Wir beginnen mit dem Operator

$$\begin{aligned}\hat{K}(t) = \hat{U}^{-1}(t)\,\hat{K}\,\hat{U}(t) &= \mathrm{e}^{\mathrm{i}\chi_t^*\hat{K}^\dagger}\,\mathrm{e}^{\mathrm{i}\chi_t\hat{K}}\,\underbrace{\mathrm{e}^{\mathrm{i}\eta_t\hat{N}}\,\hat{K}\,\mathrm{e}^{-\mathrm{i}\eta_t\hat{N}}}_{=\mathrm{e}^{-\mathrm{i}\eta_t}\hat{K}}\,\mathrm{e}^{-\mathrm{i}\chi_t\hat{K}}\,\mathrm{e}^{-\mathrm{i}\chi_t^*\hat{K}^\dagger}\\ &= \mathrm{e}^{-\mathrm{i}\eta_t}\,\mathrm{e}^{\mathrm{i}\chi_t^*\hat{K}^\dagger}\,\mathrm{e}^{\mathrm{i}\chi_t\hat{K}}\,\hat{K}\,\mathrm{e}^{-\mathrm{i}\chi_t\hat{K}}\,\mathrm{e}^{-\mathrm{i}\chi_t^*\hat{K}^\dagger}\\ &= \mathrm{e}^{-\mathrm{i}\eta_t}\,\mathrm{e}^{\mathrm{i}\chi_t^*\hat{K}^\dagger}\,\hat{K}\,\mathrm{e}^{-\mathrm{i}\chi_t^*\hat{K}^\dagger} = \mathrm{e}^{-\mathrm{i}\eta_t}\,\hat{K},\end{aligned} \tag{11.26}$$

da $\hat{K}$ und $\hat{K}^\dagger$ vertauschen. Sein Erwartungswert ist daher

$$\langle\hat{K}\rangle_t = \mathrm{e}^{-\mathrm{i}\eta_t}\,\langle\hat{K}\rangle_0 = \mathrm{e}^{\mathrm{i}(\kappa_0-\eta_t)}\,|K| \quad \text{mit} \quad \langle\hat{K}\rangle_0 = K = |K|\mathrm{e}^{\mathrm{i}\kappa_0}, \tag{11.27}$$

und für das Quadrat erhalten wir

$$\langle \hat{K}^2 \rangle_t = \mathrm{e}^{-2\mathrm{i}\eta_t} \langle \hat{K}^2 \rangle_0 \quad \text{mit} \quad \hat{K}^2(t) = \mathrm{e}^{-2\mathrm{i}\eta_t} \hat{K}^2 . \tag{11.28}$$

In gleicher Weise können wir $\hat{N}(t)$ bestimmen:

$$\begin{aligned} \hat{N}(t) &= \hat{U}^{-1}(t)\, \hat{N}\, \hat{U}(t) = \mathrm{e}^{\mathrm{i}\chi_t^* \hat{K}^\dagger} \mathrm{e}^{\mathrm{i}\chi_t \hat{K}} \mathrm{e}^{\mathrm{i}\eta_t \hat{N}}\, \hat{N}\, \mathrm{e}^{-\mathrm{i}\eta_t \hat{N}} \mathrm{e}^{-\mathrm{i}\chi_t \hat{K}} \mathrm{e}^{-\mathrm{i}\chi_t^* \hat{K}^\dagger} \\ &= \mathrm{e}^{\mathrm{i}\chi_t^* \hat{K}^\dagger} \underbrace{\mathrm{e}^{\mathrm{i}\chi_t \hat{K}}\, \hat{N}\, \mathrm{e}^{-\mathrm{i}\chi_t \hat{K}}}_{\hat{N}+\mathrm{i}\chi_t \hat{K}} \mathrm{e}^{-\mathrm{i}\chi_t^* \hat{K}^\dagger} = \underbrace{\mathrm{e}^{\mathrm{i}\chi_t^* \hat{K}^\dagger}\, \hat{N}\, \mathrm{e}^{-\mathrm{i}\chi_t^* \hat{K}^\dagger}}_{=\hat{N}-\mathrm{i}\chi_t^* \hat{K}^\dagger} + \mathrm{i}\chi_t \hat{K} \\ &= \hat{N} + \mathrm{i}\big(\chi_t \hat{K} - \chi_t^* \hat{K}^\dagger\big) , \end{aligned} \tag{11.29}$$

und daher erhalten wir mit $\chi_t = |\chi_t|\,\mathrm{e}^{-\mathrm{i}\phi_t}$ für den zeitabhängigen Erwartungswert der Position auf dem Gitter

$$\langle \hat{N} \rangle_t = \langle \hat{N} \rangle_0 + \mathrm{i}(\chi_i \langle \hat{K} \rangle_0 - \chi_i^* \langle \hat{K}^\dagger \rangle_0) = \langle \hat{N} \rangle_0 + 2|K|\,|\chi_t|\, \sin(\phi_t - \kappa_0) . \tag{11.30}$$

Zur Berechnung der Varianz benötigen wir den Erwartungswert von $\hat{N}^2(t)$. Mit der Definition des Antikommutators

$$\hat{J} = \hat{N}\hat{K} + \hat{K}\hat{N} = \{\hat{N}, \hat{K}\} \tag{11.31}$$

erhalten wir für das Quadrat

$$\hat{N}^2(t) = \big(\hat{N} + \mathrm{i}(\chi_t \hat{K} - \chi_t^* \hat{K}^\dagger)\big)^2 = \hat{N}^2 + \mathrm{i}(\chi_t \hat{J} - \chi_t^* \hat{J}^\dagger) - \chi_t^2 \hat{K}^2 - \chi_t^{*2} \hat{K}^{\dagger 2} + 2|\chi_t|^2 \tag{11.32}$$

und, wenn wir noch

$$\langle \hat{J} \rangle_0 = J = |J|\mathrm{e}^{\mathrm{i}\mu} \quad \text{und} \quad \langle \hat{K}^2 \rangle_0 = L = |L|\mathrm{e}^{\mathrm{i}\nu} \tag{11.33}$$

definieren, ergibt sich

$$\langle \hat{N}^2 \rangle_t = \langle \hat{N}^2 \rangle_0 + 2|J| \sin(\phi_t - \mu) + 2|\chi_t|^2 \big(1 - |L| \cos(2\phi_t - \nu)\big) . \tag{11.34}$$

Daraus berechnen wir zu Abschluss die Varianz als

$$\begin{aligned} \Delta_N^2(t) = \langle \hat{N}^2 \rangle_t - \langle \hat{N} \rangle_t^2 &= \Delta_N^2(0) + 2|\chi_t|^2 \big(1 - |L| \cos(2\phi_t - \nu) - 2|K|^2 \sin^2(\phi_t - \kappa_0)\big) \\ &\quad + 2|\chi_t| \big(2\langle \hat{N} \rangle_0 |K| \sin(\phi_t - \kappa) + |J| \sin(\phi_t - \mu)\big) . \end{aligned} \tag{11.35}$$

Die Dynamik der Erwartungswerte hängt also von den drei Parametern K, J, L des normierten Anfangszustandes $|\psi\rangle = \sum_n c_c |n\rangle$ aus den Gleichungen (11.27) und (11.33) ab, die man als

$$K = \sum_n c_{n-1}^* c_n \;, \quad L = \sum_n c_{n-2}^* c_n \;, \quad J = \sum_n (2n-1) c_{n-1}^* c_n \tag{11.36}$$

bestimmen kann.

Aufgabe 11.1 (Lösung Seite 303): Zeigen Sie, dass sich für einen anfangs am Gitterplatz $n = 0$ lokalisierten Zustand für den $\hat{N}$-Erwartungswert und die Varianz die Werte

$$\langle \hat{N} \rangle_t = 0 \;, \quad \Delta_N^2(t) = 2|\chi_t|^2$$

ergeben, und für ein breites Gauß-Paket $c_n = g\,\mathrm{e}^{-\beta n^2 + \mathrm{i}n\kappa_0}$ (g ist ein Normierungsfaktor) im Grenzfall $\beta \to 0$ mit $\chi_t = |\chi_t|\,\mathrm{e}^{-\mathrm{i}\phi_t}$ die Werte

$$\langle \hat{N} \rangle_t = 2|\chi_t| \sin(\phi_t - \kappa_0) \;, \quad \Delta_N^2(t) = \Delta_N^2(0) .$$

Zwei spezielle Fälle des Hamilton-Operators (11.16) werden häufig genauer untersucht, ein zeitunabhängiges Feld und ein rein harmonischer Antrieb. Dabei ist $g(t) = g_0$, also zeitunabhängig. Diese beiden Fälle wollen wir hier genauer vorstellen, mehr findet man in der auf Seite 180 angegebenen Arbeit.

(a) Zeitunabhängiges Feld: Für $f_t = f_0$ sind die Integrale in den Gleichungen (11.17) und (11.20) gleich

$$\eta_t = f_0 t \quad \text{und} \quad \chi_t = \frac{2g_0}{f_0}\,\mathrm{e}^{-\mathrm{i}f_0 t/2}\sin(f_0 t/2)\,. \tag{11.37}$$

Zur Zeit $T = 2\pi/f_0$ ist dann $\chi_T = 0$ und $\eta_T = f_0 T = 2\pi$, sodass sich der Zeitentwicklungsoperator $\hat{U}(t) = \mathrm{e}^{-\mathrm{i}\eta_t\hat{N}}\mathrm{e}^{-\mathrm{i}\chi_t\hat{K}}\mathrm{e}^{-\mathrm{i}\chi_t^*\hat{K}^\dagger}$ aus Gleichung (11.21) als $\hat{U}(T_B) = \mathrm{e}^{-\mathrm{i}2\pi\hat{N}} = \hat{I}$ ergibt, denn es gilt $\mathrm{e}^{-\mathrm{i}2\pi\hat{N}}|n\rangle = \mathrm{e}^{-\mathrm{i}2\pi n}|n\rangle = |n\rangle$. Die Dynamik ist also periodisch, eine sogenannte **Bloch-Oszillation** mit der

$$\textbf{Bloch-Periode} \quad T_B = \frac{2\pi}{f_0} \quad \text{oder der } \textbf{Bloch-Frequenz} \quad \omega_B = f_0\,. \tag{11.38}$$

In diesem zeitunabhängigen Fall erhält man den Zeitentwicklungsoperator natürlich auch durch ein simples Exponenzieren des Hamilton-Operators (11.1) als

$$\hat{U}(t) = \mathrm{e}^{-\mathrm{i}\hat{H}t/\hbar} = \mathrm{e}^{-\mathrm{i}(g_0\hat{K}+g_0\hat{K}^\dagger+f_0\hat{N})\,t}\,. \tag{11.39}$$

Die Identität dieser Exponentialform mit dem exponentiellen Produkt (11.21) wird klar, wenn man die Formel aus der Aufgabe 6.11 betrachtet. Allerdings muss erwähnt werden, dass sich mit der Exponentialform (11.39) nicht in direkter einfacher Weise die Erwartungswerte berechnen lassen.

Als Beispiel zeigt Bild 11.1 die Realteile von $\langle n|\psi\rangle = c_n(t)$ des Zustands $|\psi(t)\rangle = \sum_n c_n(t)|n\rangle$ mit $c_n(t) = \sum_{n'} U_{nn'}(t)c_{n'}(0)$ und $U_{nn'}(t)$ aus Gleichung (11.25) für ein anfangs breites Gauß-Paket $c_{n'} = g\,\mathrm{e}^{-\beta n'^2+\mathrm{i}n'\kappa_0 d}$ mit $\beta = 0.01$ und $\kappa_0 = 0$ (g ist ein Normierungsfaktor) zu Zeit $t = 0$, jeweils dargestellt durch offene Kreise (∘), für zwei Zeiten (Parameter $f_0 = 1$ und $g_0 = -8$).

Nach einem Viertel der Bloch-Periode $T_B = 2\pi/f_0$ (linkes Bild) hat sich das Zentrum des Wellenpakets wie $\langle\hat{N}\rangle_t$ aus Aufgabe 11.1 nach links bewegt, während die Breite unverändert bleibt. Nach einer halben Bloch-Periode (rechtes Bild) erreicht $\langle\hat{N}\rangle_t$ seine maximale Auslenkung $\langle\hat{N}\rangle_{\max} = -4|g_0/f_0| = -32$ bei gleich bleibender Breite. Danach kehrt sich die Bewegung um,

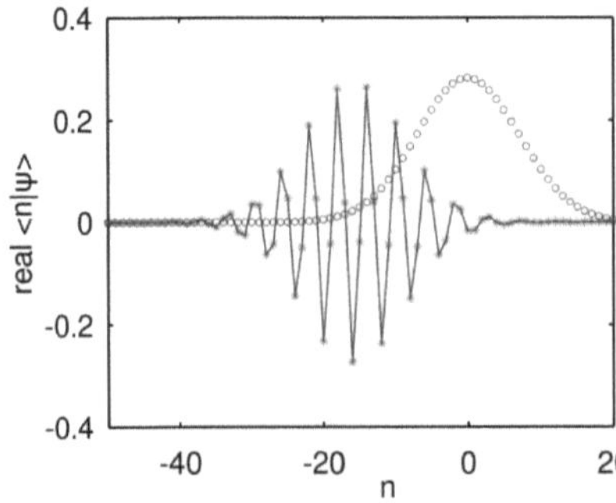

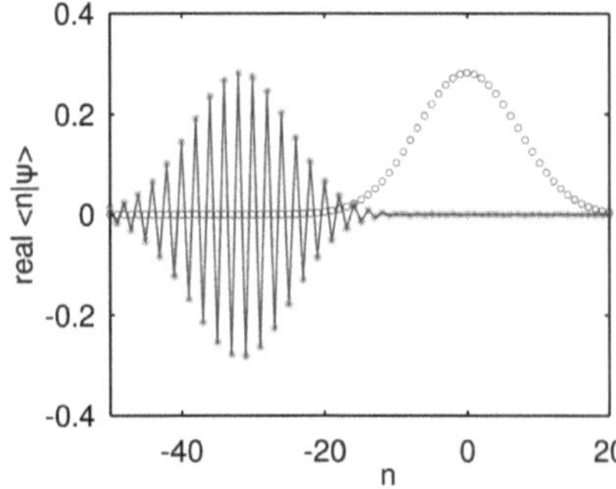

Bild 11.1 Bloch-Oszillation: Realteil der Wellenfunktion $\langle n|\psi(t)\rangle$ (∗) für ein anfangs breites Gauß-Paket (∘) zur Zeit $T_B/4$ (linkes Bild) und $T_B/2$ (rechtes Bild) für $f_0 = 1$ und $g_0 = -8$

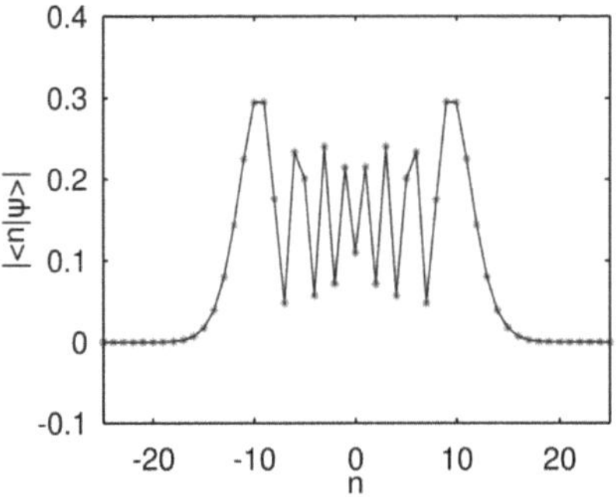

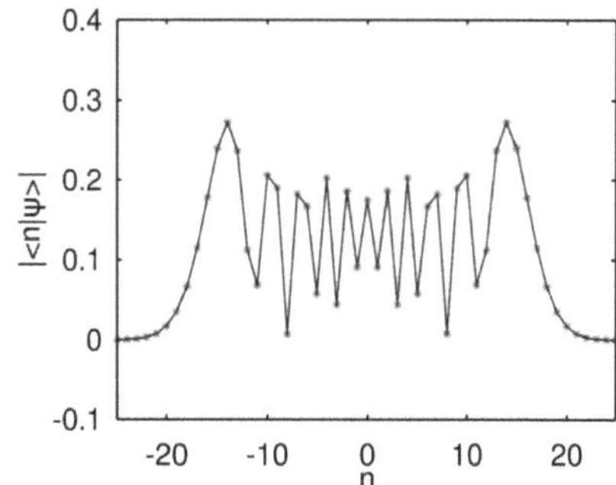

Bild 11.2 Bloch-Oszillation: Absolutwerte der Wellenfunktion $|\langle n|\psi(t)\rangle|$ $(*)$ für einen anfangs bei $n = 0$ lokalisierten Zustand zur Zeit $T_B/4$ (linkes Bild) und $T_B/2$ (rechtes Bild) für $f_0 = 2$ und $g_0 = -8$

und nach einer Bloch-Periode wird die Anfangsverteilung wieder erreicht. Die beobachteten Oszillationen des Realteils beruhen auf dem Phasenfaktor $\mathrm{e}^{-\mathrm{i}n\eta_t} = \mathrm{e}^{-\mathrm{i}nf_0t}|_{t=T_B/2} = (-1]^n$ des Matrixelements (11.25). Plottet man stattdessen den Betrag $|c_n|$, so findet man glatte Gauß-Kurven. Dieses Beispiel beschreibt eine **oszillierende Mode** der Bloch-Oszillation. Lokalisiert man die Anfangsverteilung bei $n = 0$, so erhält man eine Oszillation der Breite bei konstantem Mittelwert, eine **atmende Mode** (engl. „breathing mode"), wie in Aufgabe 11.1 beschrieben und in Bild 11.2 illustriert.

(b) Harmonischer Antrieb: Für einen harmonischen Antrieb

$$f_t = f_0 - f_1 \cos(\omega t) \quad \text{mit} \quad \eta_t = \int_0^t f_\tau \,\mathrm{d}\tau = f_0 t - \frac{f_1}{\omega} \sin(\omega t) \tag{11.40}$$

(vgl. (11.17)) erhalten wir aus der Bessel-Entwicklung (11.23) für den Parameter χ_t aus (11.20) die Reihendarstellung

$$\begin{aligned}\chi_t &= \int_0^t g_\tau \mathrm{e}^{-\mathrm{i}\eta_\tau}\,\mathrm{d}\tau = g_0 \int_0^t \mathrm{e}^{-\mathrm{i}f_0\tau + \mathrm{i}\frac{f_1}{\omega}\sin(\omega t)}\,\mathrm{d}\tau \\ &= g_0 \sum_{\nu=-\infty}^{+\infty} J_\nu\Big(\frac{f_1}{\omega}\Big) \int_0^t \mathrm{e}^{-\mathrm{i}\omega_\nu\tau}\,\mathrm{d}\tau \\ &= 2g_0 \sum_{\nu=-\infty}^{+\infty} J_\nu\Big(\frac{f_1}{\omega}\Big) \frac{1}{\omega_\nu} \mathrm{e}^{-\mathrm{i}\omega_\nu t/2} \sin(\omega_\nu t/2) \quad \text{für} \quad \omega_\nu = \omega_B - \nu\omega \neq 0\,.\end{aligned} \tag{11.41}$$

Von besonderem Interesse ist ein **resonanter Antrieb**, dessen Periode ein ganzzahliges Vielfaches der Bloch-Periode ist,

$$T = qT_B \quad \text{oder} \quad q\omega = \omega_B \quad \text{mit} \quad q = 1, 2, \ldots. \tag{11.42}$$

Dann liefert die Integration des q-ten Summanden in (11.41) einen linear anwachsenden Term, der für große Zeiten dominiert, und mit

$$\gamma_q = 2\,g_0\,J_q\Big(\frac{f_1}{\omega}\Big) \tag{11.43}$$

erhalten wir dann

$$\chi_t = \gamma_q \frac{t}{2} + 2g_0 \sum_{\nu\neq q} J_\nu\Big(\frac{f_1}{\omega}\Big) \frac{1}{\omega_\nu} \mathrm{e}^{-\mathrm{i}\omega_\nu t/2} \sin(\omega_\nu t/2)\,. \tag{11.44}$$

Für einen solchen resonanten Antrieb mit Periode $T = qT_B$ vereinfacht sich der Zeitentwicklungsoperator $\hat{U}(t) = \mathrm{e}^{-\mathrm{i}\eta_t\hat{N}}\mathrm{e}^{-\mathrm{i}\chi_t\hat{K}}\mathrm{e}^{-\mathrm{i}\chi_t^*\hat{K}^\dagger}$ aus Gleichung (11.21) über eine Zeitperiode, also der **Floquet-Operator** $\hat{U}(T)$ (siehe Aufgabe 2.4). Es gilt

$$\eta_T = f_0T - \tfrac{f_1}{\omega}\sin(\omega T) = f_0T = 2\pi q\,, \tag{11.45}$$

und für große Zeiten überwiegt in (11.44) der linear wachsende Term. Mit $\chi_T = \gamma_q T/2$ erhalten wir dann

$$\hat{U}(T) \approx \mathrm{e}^{-\mathrm{i}2\pi\hat{N}}\mathrm{e}^{-\mathrm{i}\gamma_q T/2\hat{K}}\mathrm{e}^{-\mathrm{i}\gamma_q T/2\hat{K}^\dagger} = \mathrm{e}^{-\mathrm{i}\gamma_q T/2\hat{K}}\mathrm{e}^{-\mathrm{i}\gamma_q T/2\hat{K}^\dagger}\,. \tag{11.46}$$

Da dieser Operator mit $\hat{K}$ kommutiert, lassen sich gemeinsame Eigenzustände

$$\begin{aligned}&\hat{K}\,|\psi_\kappa(T)\rangle = \mathrm{e}^{\mathrm{i}\kappa}\,|\psi_\kappa(T)\rangle\\ &\hat{U}(T)\,|\psi_\kappa(T)\rangle = \mathrm{e}^{-\mathrm{i}\gamma_q T/2(\mathrm{e}^{\mathrm{i}\kappa}+\mathrm{e}^{-\mathrm{i}\kappa}}\,|\psi_\kappa(T)\rangle = \mathrm{e}^{-\mathrm{i}\epsilon_\kappa T}\,|\psi_\kappa(T)\rangle\end{aligned} \tag{11.47}$$

konstruieren mit

$$\epsilon_\kappa = \gamma_q\cos\kappa\,, \tag{11.48}$$

also mit der Quasienergie $\epsilon_\kappa\hbar$.

Als Beispiel ist links in Bild 11.3 die Quasienergie ϵ_κ dargestellt als Funktion der Antriebsamplitude f_1/ω für 20 äquidistante Werte des Bloch-Index κ mit einem resonanten Antrieb $T = T_B$ (Parameter $g_0 = f_0 = 1$).

Für das Zeitverhalten eines Zustands hat dies die Konsequenz, dass die Breite eines anfangs stark am Gitterplatz $n = 0$ lokalisierten Zustands und die Ausbreitungsgeschwindigkeit für einen anfangs breiten Zustand proportional zu γ_q sind. Der Mittelwert der Position auf dem Gitter ist gleich

$$\langle\hat{N}\rangle_t = 2|\chi_t|\,\sin(\phi_t - \kappa_0) \tag{11.49}$$

(vgl. Aufgabe 11.1) mit $\chi_t = |\chi_t|\mathrm{e}^{\mathrm{i}\phi_t}$ aus Gleichung (11.44).

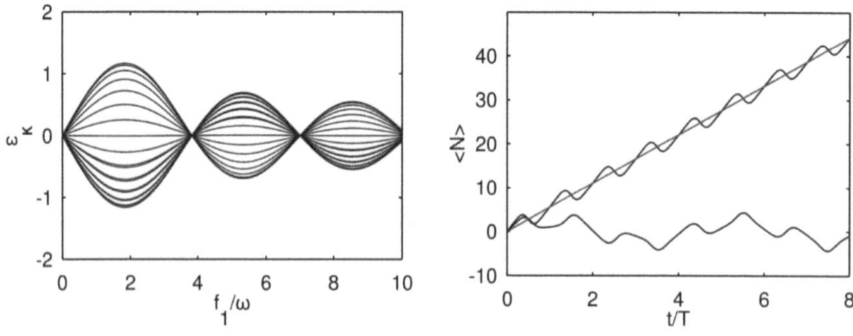

Bild 11.3 Angetriebenes Tight-Binding-Gitter: Quasienergie ϵ_κ als Funktion von f_1/ω für resonanten Antrieb $\omega = \omega_B$ (links) sowie Mittelwert $\langle\hat{N}\rangle_t$ als Funktion von t/T für nicht-resonanten und resonanten Antrieb (rechts)

Das Bild 11.3 zeigt rechts die mittlere Position $\langle\hat{N}\rangle_t$ als Funktion von t/T (Parameter $g_0 = f_0 = 1$ und $\kappa_0 = \pi/2$). Für einen nicht-resonanten Antrieb ($\omega = 1.3 \neq \omega_B = 1$) erhalten wir eine oszillierende Bewegung, und für einen resonanten Antrieb $\omega = \omega_B = 1$ ergibt sich eine gerichtete Bewegung, dominiert durch den Term γ_q, hier mit $q = 1$, der ebenfalls dargestellt ist und linear mit der Zeit anwächst wie

$$\langle\hat{N}\rangle_t = \gamma_q t\,. \tag{11.50}$$

Die Steigung, also die mittlere Transportgeschwindigkeit, ist proportional zur Bessel-Funktion $J_q(f_1/\omega)$ (siehe Gleichung (11.43)).

Ein sehr interessantes Phänomen tritt auf, wenn die Systemparameter so gewählt sind, dass für einen resonanten Antrieb mit $T = qT_B$ das Verhältnis f_1/ω mit einer Nullstelle der Bessel-Funktion zusammenfällt. Dann wird die mittlere Transportgeschwindigkeit gleich null und der Zustand bleibt, abgesehen von Oszillationen, an dem anfänglichen Gitterplatz lokalisiert. Für die Resonanz mit $q = 1$ ist das der Fall für $f_1/\omega = 3.8317$ oder 7.0156. An diesen Stellen kollabiert auch das Quasienergieband im linken Bild. Man bezeichnet dies als eine **dynamische Lokalisierung**.

Es ist auch von Interesse, die explizit zeitabhängigen Quasienergie- oder Floquet-Zustände zu konstruieren. Dazu vergewissern wir uns zunächst, dass die sogenannten **Houston-Zustände**

$$|\psi_\kappa(t)\rangle = \hat{U}(t)|\kappa\rangle = \frac{1}{\sqrt{2\pi}}\sum_n \mathrm{e}^{\mathrm{i}n\kappa_t - \mathrm{i}(\chi_t \mathrm{e}^{+\mathrm{i}\kappa} + \chi_t^* \mathrm{e}^{-\mathrm{i}\kappa})}|n\rangle \quad \text{mit} \quad \kappa_t = \kappa - \eta_t \tag{11.51}$$

die zeitabhängige Schrödinger-Gleichung

$$\Big(\mathrm{i}\hbar\frac{\partial}{\partial t} - \hat{H}\Big)|\psi_\kappa(t)\rangle = 0 \tag{11.52}$$

erfüllen und dass sie gleichzeitig Eigenzustände von $\hat{K}$ sind:

$$\hat{K}|\psi_\kappa(t)\rangle = \mathrm{e}^{\mathrm{i}\kappa_t}|\psi_\kappa(t)\rangle\,. \tag{11.53}$$

Mit $\eta_{t+T} = \eta_t + \omega_B T$, $\kappa_{t+T} = \kappa_t - \omega_B T$ und $\chi_{t+T} = \chi_t + \gamma_q T/2$ finden wir

$$\begin{aligned}|\psi_\kappa(t+T)\rangle &= \frac{1}{\sqrt{2\pi}}\sum_n \mathrm{e}^{\mathrm{i}n\kappa_{t+T} - \mathrm{i}(\chi_{t+T}\mathrm{e}^{+\mathrm{i}\kappa} + \chi_{t+T}^*\mathrm{e}^{-\mathrm{i}\kappa})}|n\rangle \\ &= \frac{1}{\sqrt{2\pi}}\sum_n \mathrm{e}^{-\mathrm{i}nf_0T - \mathrm{i}(\gamma_q T/2\mathrm{e}^{+\mathrm{i}\kappa} + \gamma_q^* T/2\mathrm{e}^{-\mathrm{i}\kappa})}\mathrm{e}^{\mathrm{i}n\kappa_t - \mathrm{i}(\chi_t\mathrm{e}^{+\mathrm{i}\kappa} + \chi_t^*\mathrm{e}^{-\mathrm{i}\kappa})}|n\rangle \\ &= \mathrm{e}^{-\mathrm{i}(\gamma_q T/2\mathrm{e}^{+\mathrm{i}\kappa} + \gamma_q T/2\mathrm{e}^{-\mathrm{i}\kappa})}|\psi_\kappa(t)\rangle = \mathrm{e}^{-\mathrm{i}\epsilon_\kappa T}|\psi_\kappa(t)\rangle\,.\end{aligned} \tag{11.54}$$

Folglich ist der Zustand

$$|u_\kappa(t)\rangle = \mathrm{e}^{\mathrm{i}\epsilon_\kappa T}|\psi_\kappa(t)\rangle \tag{11.55}$$

T-periodisch und eine Lösung der Schrödinger-Gleichung:

$$|u_\kappa(t+T)\rangle = |u_\kappa(t)\rangle\,, \quad \Big(\mathrm{i}\hbar\frac{\partial}{\partial t} - \hat{H}\Big)|u_\kappa(t)\rangle = \epsilon_\kappa\hbar|u_\kappa(t)\rangle\,, \tag{11.56}$$

das heißt, $|u_\kappa(t)\rangle$ ist ein Quasienergie-Zustand (siehe Abschnitt 2.3) mit $|u_\kappa(T)\rangle = |\kappa\rangle$.

11.1.1 Dynamische Invarianten

In Abschnitt 9.2 haben wir für explizit zeitabhängige Hamilton-Operatoren sogenannte **dynamische Invarianten** $\hat{I}(t)$ kennengelernt, dynamische Größen, deren Darstellung im Heisenberg-Bild zeitlich konstant ist. Sie sind Lösungen der Differentialgleichung (9.10)

$$\frac{\mathrm{i}}{\hbar}\left[\hat{H},\hat{I}\right]+\frac{\partial\hat{I}}{\partial t}=0. \tag{11.57}$$

Wie schon im Abschnitt 9.2 beschrieben, konstruieren wir die Invariante in unserer Lie-Algebra als hermitesche Linearkombination der Basis-Operatoren

$$\hat{I}(t)=\gamma(t)\hat{N}+\lambda(t)\hat{K}+\lambda^*(t)\hat{K}^\dagger \quad \text{mit} \quad \gamma_t\in\mathbb{R} \tag{11.58}$$

und bestimmen die zeitabhängigen Koeffizienten durch Auswerten von (11.57), wobei die partielle Zeitableitung nur auf die Koeffizienten wirkt:

$$\frac{\partial\hat{I}}{\partial t}=\dot{\gamma}\hat{N}+\dot{\lambda}\hat{K}+\dot{\lambda}^*\hat{K}^\dagger. \tag{11.59}$$

Mit dem Kommutator

$$\begin{aligned}\tfrac{1}{\hbar}[\hat{H},\hat{I}]&=[g\hat{K}+g\hat{K}^\dagger+f\hat{N},\gamma\hat{N}+\lambda\hat{K}+\lambda^*\hat{K}^\dagger]\\&=(f\lambda-g\gamma)[\hat{N},\hat{K}]+(f\lambda^*-g\gamma)[\hat{N},\hat{K}^\dagger]\\&=-(f\lambda-g\gamma)\hat{K}+(f\lambda^*-g\gamma)\hat{K}^\dagger\end{aligned} \tag{11.60}$$

ergibt sich dann

$$\dot{\gamma}=0\ ,\quad \dot{\lambda}=\mathrm{i}(f\lambda-g\gamma). \tag{11.61}$$

Also ist γ konstant und kann der Einfachheit halber als $\gamma=0$ gewählt werden. Das ergibt nach Gleichung (11.17)

$$\lambda_t=\mathrm{e}^{\mathrm{i}\eta_t} \quad \text{mit} \quad \eta_t=\int_0^t f_\tau\,\mathrm{d}\tau \quad \text{und} \quad \hat{I}(t)=\mathrm{e}^{\mathrm{i}\eta_t}\hat{K}+\mathrm{e}^{-\mathrm{i}\eta_t}\hat{K}^\dagger. \tag{11.62}$$

Zu Beginn von Kapitel 9 über die dynamischen Invarianten hatten wir schon gezeigt, dass mit $|\psi(t)\rangle$ auch $\hat{I}(t)\,|\psi(t)\rangle$ die zeitabhängige Schrödinger-Gleichung löst (siehe Gleichung (9.13)). Hier wollen wir dies am Beispiel eines Houston-Zustands $|\psi_\kappa(t)\rangle$ aus Gleichung (11.51) demonstrieren. Dabei benutzen wir die Beziehung

$$\hat{I}(t)\,|n\rangle=(\mathrm{e}^{\mathrm{i}\eta_t}\hat{K}+\mathrm{e}^{-\mathrm{i}\eta_t}\hat{K}^\dagger)\,|n\rangle=\mathrm{e}^{\mathrm{i}\eta_t}|n-1\rangle+\mathrm{e}^{-\mathrm{i}\eta_t}|n+1\rangle, \tag{11.63}$$

ersetzen in den Summen $n-1$ bzw. $n+1$ durch n' und benutzen $\kappa_t=\kappa-\eta_t$:

$$\begin{aligned}\hat{I}(t)\,|\psi_\kappa(t)\rangle&=\frac{1}{\sqrt{2\pi}}\sum_n \mathrm{e}^{\mathrm{i}n\kappa_t-\mathrm{i}(\chi_t\mathrm{e}^{+\mathrm{i}\kappa}+\chi_t^*\mathrm{e}^{-\mathrm{i}\kappa})}\,\hat{I}(t)\,|n\rangle\\&=\mathrm{e}^{\mathrm{i}\eta_t}\frac{1}{\sqrt{2\pi}}\sum_n \mathrm{e}^{\mathrm{i}n\kappa t-\mathrm{i}(\chi_t\mathrm{e}^{+\mathrm{i}\kappa}+\chi_t^*\mathrm{e}^{-\mathrm{i}\kappa})}|n-1\rangle+\mathrm{e}^{-\mathrm{i}\eta_t}\frac{1}{\sqrt{2\pi}}\sum_n \mathrm{e}^{\mathrm{i}n\kappa_t-\mathrm{i}(\chi_t\mathrm{e}^{+\mathrm{i}\kappa}+\chi_t^*\mathrm{e}^{-\mathrm{i}\kappa})}|n+1\rangle\\&=\mathrm{e}^{\mathrm{i}\eta_t+\mathrm{i}\kappa_t}\frac{1}{\sqrt{2\pi}}\sum_{n'} \mathrm{e}^{\mathrm{i}n'\kappa_t-\mathrm{i}(\chi_t\mathrm{e}^{+\mathrm{i}\kappa}+\chi_t^*\mathrm{e}^{-\mathrm{i}\kappa})}|n'\rangle+\mathrm{e}^{-\mathrm{i}\eta_t-\mathrm{i}\kappa_t}\frac{1}{\sqrt{2\pi}}\sum_{n'} \mathrm{e}^{\mathrm{i}n'\kappa_t-\mathrm{i}(\chi_t\mathrm{e}^{+\mathrm{i}\kappa}+\chi_t^*\mathrm{e}^{-\mathrm{i}\kappa})}|n'\rangle\\&=(\mathrm{e}^{\mathrm{i}\kappa}+\mathrm{e}^{-\mathrm{i}\kappa})\frac{1}{\sqrt{2\pi}}\sum_{n'} \mathrm{e}^{\mathrm{i}n'\kappa_t-\mathrm{i}(\chi_t\mathrm{e}^{+\mathrm{i}\kappa}+\chi_t^*\mathrm{e}^{-\mathrm{i}\kappa})}|n'\rangle=2\cos(\kappa)\,|\psi_\kappa(t)\rangle.\end{aligned} \tag{11.64}$$

Also sind die Houston-Zustände Eigenzustände der dynamischen Invariante mit den Eigenwerten $2\cos(\kappa)$, die zeitunabhängig sind, wie in Kapitel 9 allgemein gezeigt wurde.

11.1.2 Das Single-Band-Modell

Das bisher betrachtete Tight-Binding-Modell besitzt nur ein einziges Energieband, es ist ein spezielles Ein-Band-Modell (engl. „single band“) mit einer Kosinus-förmigen Dispersionsrelation (11.4) im feldfreien Fall. Es lässt sich in einfacher Weise erweitern, um auch realistischere Systeme zu beschreiben. Dazu verallgemeinern wir den Hamilton-Operator (11.16) zu

$$\hat{H} = \hbar \sum_{m=0}^{\infty} \left(g_m(t)\hat{K}^m + +g_m^*(t)\hat{K}^{\dagger m}\right) + \hbar f(t)\hat{N}. \tag{11.65}$$

Auch dieses System besitzt nur ein einziges Bloch-Band. Wenn die Koeffizienten g_m zeitunabhängig sind, ist die **Dispersionsrelation** gegeben durch

$$E(\kappa) = \hbar \sum_{m=0}^{\infty} \left(g_m \mathrm{e}^{\mathrm{i}m\kappa} + g_m^* \mathrm{e}^{-\mathrm{i}m\kappa}\right), \tag{11.66}$$

eine Verallgemeinerung der Gleichung (11.4).

Wie wir sehen werden, lässt sich auch dieses Single-Band-Modell algebraisch lösen. Dazu erweitern wir unsere Algebra zu $\mathscr{L} = \{\hat{N}, \hat{K}^m, \hat{K}^{\dagger m} \mid m \in \mathbb{N}\}$. Um zu sehen, dass die Algebra schließt, müssen wir neben den trivialen Relationen $[\hat{K}^m, \hat{K}^{\dagger n}] = 0$, eine Konsequenz von $[\hat{K}, \hat{K}^\dagger] = 0$ aus (11.12), die Kommutatoren mit $\hat{N}$ berechnen:

Aufgabe 11.2 (Lösung Seite 303): Beweisen Sie die Vertauschungsrelationen

$$[\hat{K}^m, \hat{N}] = m\hat{K}^m \ , \quad [\hat{K}^{\dagger m}, \hat{N}] = -m\hat{K}^{\dagger m} \quad \text{für} \quad m \in \mathbb{N}.$$

Wir erhalten also eine unendlichdimensionale Lie-Algebra $\mathscr{L} = \mathscr{R} \in \mathscr{S}$ mit dem Radikal, dem maximalen Ideal, $\mathscr{R} = \{\hat{K}^m, \hat{K}^{\dagger m} \mid m \in \mathbb{N}\}$ und der einfachen Algebra $\mathscr{S} = \{\hat{N}\}$.

Für den Hamilton-Operator $\hat{H} = \hat{H}_R + \hat{H}_S$ mit $\hat{H}_R \in \mathscr{R}$ und $\hat{H}_S \in \mathscr{S}$ bestimmen wir den faktorisierten Zeitentwicklungsoperator $\hat{U}(t) = \hat{U}_S(t)\hat{U}_R(t)$, wobei $\hat{U}_S(t)$ immer noch, wie in (11.17), durch

$$\hat{U}_S(t) = \mathrm{e}^{-\mathrm{i}\eta_t \hat{N}} \ , \quad \eta_t = \int_0^t f(\tau)\,\mathrm{d}\tau \tag{11.67}$$

gegeben ist. Mithilfe der Kommutatoren aus Aufgabe 11.2 ergibt sich dann, wie in Gleichung (11.18), der transformierte Hamilton-Operator

$$\hat{H}_R' = \hat{U}_S^{-1}\hat{H}_R\hat{U}_S = \hbar \sum_{m=0}^{\infty} \left(g_m(t)\mathrm{e}^{-\mathrm{i}m\eta_t\hat{N}}\hat{K}^m + g_m^*(t)\mathrm{e}^{+\mathrm{i}m\eta_t\hat{N}}\hat{K}^{\dagger m}\right), \tag{11.68}$$

und der Zeitentwicklungsoperator für das Radikal ist gleich

$$\hat{U}_R(t) = \exp\left\{-\mathrm{i}\sum_{m=0}^{\infty} \left(\chi_m(t)\hat{K}^m + \chi_m^*(t)\hat{K}^{\dagger m}\right)\right\} \tag{11.69}$$

mit

$$\chi_m(t) = \int_0^t g_m(\tau)\mathrm{e}^{-\mathrm{i}m\eta_\tau}\,\mathrm{d}\tau\,. \tag{11.70}$$

Auch die Zeitentwicklung der Operatoren lässt sich auf einfache Weise ermitteln. Zunächst ist, genau wie in Gleichung (11.26),

$$\hat{K}(t) = \mathrm{e}^{-\mathrm{i}\eta_t}\,\hat{K} \quad\Longrightarrow\quad \hat{K}^m(t) = \mathrm{e}^{-\mathrm{i}m\eta_t}\,\hat{K}^m\,, \tag{11.71}$$

und für den Ortsoperator erhalten wir mit

$$\mathrm{e}^{z\,\mathrm{ad}\,\hat{K}}\,\hat{N} = \mathrm{e}^{z\hat{K}}\,\hat{N}\mathrm{e}^{-z\hat{K}} = \hat{N} + z\hat{K} \tag{11.72}$$

aus Gleichung (11.13)

$$\hat{N}(t) = \hat{N} + \sum_{m=0}^{\infty} m\big(\chi_m(t)\hat{K}^m - \chi_m^*(t)\hat{K}^{\dagger m}\big)\,, \tag{11.73}$$

woraus man direkt die Erwartungswerte abliest als

$$\langle\hat{N}\rangle_t = \hat{N} + \sum_{m=0}^{\infty} m\big(\chi_m(t)\langle\hat{K}^m\rangle_t - \chi_m^*(t)\langle\hat{K}^{\dagger m}\rangle_t\big)\,. \tag{11.74}$$

11.2 Zweidimensionale Tight-Binding-Systeme

Das eindimensionale Tight-Binding-System aus Gleichung (11.1) lässt sich in einfacher Weise auf zwei Raumdimensionen erweitern[2]. Wir stellen uns dabei zwei orthogonale Raumrichtungen vor und führen in jeder Richtung Wannier-Zustände ein, also insgesamt zweidimensionale Wannier-Zustände $|m,n\rangle$ der Gitterplätze mit $\langle m',n'|m,n\rangle = \delta_{m'm}\delta_{n'n}$. Dann lautet der Hamilton-Operator mit dem gleichen Abstand $d=1$ der Gitterplätze entlang beider Achsen

$$\hat{H}_0 = \sum_{m,n=-\infty}^{+\infty} \Big(\frac{\Delta_1}{4}\big(|m,n\rangle\langle m+1,n| + |m+1,n\rangle\langle m,n|\big) + \frac{\Delta_2}{4}\big(|m,n\rangle\langle m,n+1| + |m,n+1\rangle\langle m,n|\big) + \big(F_1 m + F_2 n\big)|m,n\rangle\langle m,n|\Big)\,. \tag{11.75}$$

Analog zu dem eindimensionalen Fall definieren wir die Operatoren

$$\hat{N}_1 = \sum_{m,n=-\infty}^{+\infty} m\,|m,n\rangle\langle m,n|\;,\quad \hat{N}_2 = \sum_{m,n=-\infty}^{+\infty} n\,|m,n\rangle\langle m,n| \tag{11.76}$$

$$\hat{K}_1 = \sum_{m,n=-\infty}^{+\infty} |m,n\rangle\langle m+1,n|\;,\quad \hat{K}_2 = \sum_{m,n=-\infty}^{+\infty} |m,n\rangle\langle m,n+1| \tag{11.77}$$

und erhalten die Darstellung

$$\hat{H}_0 = \frac{\Delta_1}{4}\big(\hat{K}_1 + \hat{K}_1^\dagger\big) + \frac{\Delta_2}{4}\big(\hat{K}_2 + \hat{K}_2^\dagger\big) + F_1\hat{N}_1 + F_2\hat{N}_2 \tag{11.78}$$

des Hamilton-Operators. Die kommutierenden Operatoren $\hat{K}_1$ und $\hat{K}_2$ sind unitär,

$$\hat{K}_1^{-1} = \hat{K}_1^\dagger\;,\quad \hat{K}_2^{-1} = \hat{K}_2^\dagger\,, \tag{11.79}$$

[2] Wir folgen hier der Arbeit S. Mossmann, A. Schulze, D. Witthaut, H. J. Korsch, J. Phys. A38 (2005) 3381.

und beschreiben die Kopplung zwischen benachbarten Gitterplätzen entlang der beiden Achsen. Die hermiteschen Operatoren $\hat{N}_1$ und $\hat{N}_2$ lassen sich als Ortsoperatoren in den Richtungen 1 bzw. 2 interpretieren. Für die nicht-verschwindenden Kommutatoren erhält man aus den Gleichungen (11.76) und (11.77)

$$[\hat{K}_j, \hat{N}_j] = \hat{K}_j \;, \quad [\hat{K}_j^\dagger, \hat{N}_j] = -\hat{K}_j^\dagger \quad \text{für} \quad j = 1,2. \tag{11.80}$$

Die sechs Operatoren bilden daher eine Lie-Algebra

$$\mathscr{L} = \{\hat{N}_1, \hat{N}_2, \hat{K}_1, \hat{K}_2, \hat{K}_1^\dagger, \hat{K}_2^\dagger\} = \{\hat{N}_1, \hat{K}_1, \hat{K}_1^\dagger\} \oplus \{\hat{N}_2, \hat{K}_2, \hat{K}_2^\dagger\} = \mathscr{L}_1 \oplus \mathscr{L}_2 \tag{11.81}$$

mit $[\mathscr{L}_1, \mathscr{L}_2] = \{0\}$. Wie wollen diese triviale Darstellung als eine Summe zweier disjunkter Lie-Algebren eindimensionaler Tight-Binding Systeme erweitern, indem wir die Produkte

$$\hat{K}_1\hat{K}_2 = \sum_{m,n=-\infty}^{+\infty} |m,n\rangle\langle m+1, n+1| \;, \quad \hat{K}_1\hat{K}_2^\dagger = \sum_{m,n=-\infty}^{+\infty} |m,n\rangle\langle m+1, n-1| \tag{11.82}$$

sowie

$$\hat{K}_1^\dagger\hat{K}_2 = \sum_{m,n=-\infty}^{+\infty} |m+1,n-1\rangle\langle m, n| \;, \quad \hat{K}_1^\dagger\hat{K}_2^\dagger = \sum_{m,n=-\infty}^{+\infty} |m+1,n+1\rangle\langle m, n| \tag{11.83}$$

hinzunehmen und den Hamilton-Operator (11.78) um einen Term ergänzen, der eine Kopplung in Richtung der Hauptdiagonale beschreibt:

$$\hat{H} = \hat{H}_0 + \frac{\Delta_3}{4}\left(\hat{K}_1\hat{K}_2 + \hat{K}_1^\dagger\hat{K}_2^\dagger + \hat{K}_1\hat{K}_2^\dagger + \hat{K}_1^\dagger\hat{K}_2\right). \tag{11.84}$$

Die Produktoperatoren kommutieren miteinander und die Kommutatoren mit den $\hat{N}_j$ berechnet man als

$$\begin{aligned} &[\hat{K}_1\hat{K}_2, \hat{N}_j] = \hat{K}_1\hat{K}_2 \;, \quad [\hat{K}_1^\dagger\hat{K}_2^\dagger, \hat{N}_j] = -\hat{K}_1^\dagger\hat{K}_2^\dagger, \\ &[\hat{K}_1\hat{K}_2^\dagger, \hat{N}_j] = -(-1)^j\hat{K}_1\hat{K}_2^\dagger \;, \quad [\hat{K}_1^\dagger\hat{K}_2, \hat{N}_j] = (-1)^j\hat{K}_1^\dagger\hat{K}_2. \end{aligned} \tag{11.85}$$

Wir erhalten also insgesamt eine zehndimensionale Lie-Algebra

$$\mathscr{L} = \{\hat{N}_1, \hat{N}_2, \hat{K}_1, \hat{K}_2, \hat{K}_1^\dagger, \hat{K}_2^\dagger, \hat{K}_1\hat{K}_2, \hat{K}_1^\dagger\hat{K}_2^\dagger, \hat{K}_1\hat{K}_2^\dagger, \hat{K}_1^\dagger\hat{K}_2\}. \tag{11.86}$$

Um eine kompaktere Schreibweise zu ermöglichen, definieren wir die Operatoren

$$\hat{K}_{u,v} = \hat{K}_1^u\hat{K}_2^v \;, \quad (u,v) \in \mathbb{M} = \{(u,v) | u,v \in \{-1,0,+1\} \;, \; (u,v) \neq (0,0)\}, \tag{11.87}$$

wobei man die Unitarität (11.79) beachten sollte. Die Indizes u und v durchlaufen also die Zahlen $0, \pm 1$, wobei $(u,v) = (0,0)$ ausgeschlossen ist, das heißt die Algebra

$$\mathscr{L} = \{\hat{N}_1, \hat{N}_2, \hat{K}_{u,v} \,|\, (u,v) \in \mathbb{M}\} \tag{11.88}$$

enthält nicht die Identität $\hat{I} = \hat{K}_{0,0}$. Die Kommutatoren (11.85) lassen sich zusammenfassen zu dem Ausdruck

$$[\hat{K}_{u,v}, \hat{N}_j] = \epsilon_{u,v,j}\hat{K}_{u,v} \quad \text{mit} \quad \epsilon_{u,v,j} = u\delta_{j,1} + v\delta_{j,2} \;, \quad j = 1,2. \tag{11.89}$$

Auch hier werden wir wieder Relationen wie im eindimensionalen Gitter in Gleichung (11.13) benötigen, deren Herleitung wir einer Aufgabe überlassen:

Aufgabe 11.3 (Lösung Seite 304): Leiten Sie folgenden Ähnlichkeitstransformationen her:

$$\mathrm{e}^{z\hat{N}_j}\hat{K}_{u,v}\mathrm{e}^{-z\hat{N}_j} = \mathrm{e}^{-z\epsilon_{u,v,j}}\hat{K}_{u,v}\ ,\quad \mathrm{e}^{z\hat{K}_{u,v}}\hat{N}_j\mathrm{e}^{-z\hat{K}_{u,v}} = \hat{N}_j + z\epsilon_{u,v,j}\hat{K}_{u,v} \quad \text{für} \quad j=1,2.$$

Wir zerlegen die Algebra, wie oben in dem eindimensionalen System, in die halbdirekte Summe aus dem Radikal $\mathscr{R}$ und einer halbeinfachen Algebra $\mathscr{S}$,

$$\mathscr{L} = \mathscr{R} \Subset \mathscr{S} \quad \text{mit} \quad \mathscr{R} = \left\{\hat{K}_{u,v}\,|\,(u,v)\in\mathbb{M}\right\}\ ,\ \mathscr{S} = \left\{\hat{N}_1,\hat{N}_2\right\}, \tag{11.90}$$

und schreiben den Hamilton-Operator (11.84) als

$$\hat{H} = \hat{H}_R + \hat{H}_S \quad \text{mit} \quad \hat{H}_R = \hbar \sum_{(u,v)\in\mathbb{M}} g_{u,v}\hat{K}_{u,v} \quad \text{und} \quad \hat{H}_S = \hbar\sum_{j=1,2} f_j\hat{N}_j\,, \tag{11.91}$$

wobei die Koeffizienten $g_{u,v}$ als

$$g_{\pm1,0} = \frac{\Delta_1}{4\hbar}\ ,\quad g_{0,\pm1} = \frac{\Delta_2}{4\hbar}\ ,\quad g_{\pm1,\pm1} = g_{\pm1,\mp1} = \frac{\Delta_3}{4\hbar} \quad \text{und} \quad f_j = \frac{F_j}{\hbar} \tag{11.92}$$

definiert sind. Im Folgenden werden wir annehmen, dass die Parameter Δ_j, also die $g_{u,v}$, zeitunabhängig sind. Das Gleiche fordern wir auch für die Richtung des Feldes, und wir unterstellen eine rationale Feldrichtung, das heißt

$$\mathbf{f} = \begin{pmatrix} f_1\\ f_2\end{pmatrix} = \frac{f}{\sqrt{r_1^2+r_2^2}}\begin{pmatrix} r_1\\ r_2\end{pmatrix} \quad \text{mit} \quad r_1, r_2 \in \mathbb{Z} \quad \text{teilerfremd} \tag{11.93}$$

mit dem (eventuell zeitabhängigen) Betrag $f(t) = |\mathbf{f}(t)|$.

Jetzt können wir den Zeitentwicklungsoperator wieder faktorisieren als

$$\hat{U}(t) = \hat{U}_S(t)\hat{U}_R(t)\,, \tag{11.94}$$

wie schon in Gleichung (11.14) für den eindimensionalen Fall, wobei die beiden Faktoren Lösungen der Differentialgleichungen

$$\mathrm{i}\hbar\frac{\mathrm{d}\hat{U}_S}{\mathrm{d}t} = \hat{H}_S\hat{U}_S \quad \text{und} \quad \mathrm{i}\hbar\frac{\mathrm{d}\hat{U}_R}{\mathrm{d}t} = \hat{H}_R'\hat{U}_R \quad \text{mit} \quad \hat{H}_R' = \hat{U}_S^{-1}\hat{H}_R\hat{U}_S \tag{11.95}$$

sind unter der Anfangsbedingung $\hat{U}_S(0) = \hat{U}_R(0) = \hat{I}$. Die erste Gleichung hat die Lösung

$$\hat{U}_S(t) = \mathrm{e}^{-\mathrm{i}\left(\eta^{(1)}(t)\hat{N}_1 + \eta^{(2)}(t)\hat{N}_2\right)} = \mathrm{e}^{-\mathrm{i}\eta_t\left(r_1\hat{N}_1 + r_2\hat{N}_2\right)} \tag{11.96}$$

da die $\hat{N}_j$ kommutieren, mit

$$\eta^{(j)}(t) = \int_0^t f_j(\tau)\,\mathrm{d}\tau = r_j\eta_t\ ,\quad \eta_t = \frac{1}{\sqrt{r_1^2+r_2^2}}\int_0^t f(\tau)\,\mathrm{d}\tau\,. \tag{11.97}$$

Im nächsten Schritt ermitteln wir, wie in Gleichung (11.18), mithilfe der Ähnlichkeitstransformationen aus Aufgabe 11.3 den transformierten Hamilton-Operator für das Radikal:

$$\begin{aligned}\hat{H}_R' = \hat{U}_S^{-1}\hat{H}_R\hat{U}_S &= \hbar\sum_{(u,v)\in\mathbb{M}} g_{u,v}\,\mathrm{e}^{-\mathrm{i}\eta_t\left(r_1\hat{N}_1+r_2\hat{N}_2\right)}\hat{K}_{u,v}\,\mathrm{e}^{\mathrm{i}\eta_t\left(r_1\hat{N}_1+r_2\hat{N}_2\right)}\\ &= \hbar\sum_{(u,v)\in\mathbb{M}} g_{u,v}\,\mathrm{e}^{-\mathrm{i}\eta_t\left(r_1\epsilon_{u,v,1}+r_2\epsilon_{u,v,2}\right)}\hat{K}_{u,v}\,.\end{aligned} \tag{11.98}$$

Alle Operatoren $\hat{K}_{u,v}$ sind zeitunabhängig und kommutieren. Daher erhalten wir die Lösung von $\mathrm{i}\hbar\,\frac{\mathrm{d}\hat{U}_R}{\mathrm{d}t} = \hat{H}'_R\,\hat{U}_R$ aus (11.95) durch einfache Integration als

$$\hat{U}_R(t) = \mathrm{e}^{-\mathrm{i}\sum_{(u,v)\in\mathbb{M}}\chi_t^{(u,v)}\hat{K}_{u,v}} = \prod_{(u,v)\in\mathbb{M}} \mathrm{e}^{-\mathrm{i}\chi_t^{(u,v)}\hat{K}_{u,v}}\,, \tag{11.99}$$

wobei der Phasenfaktor gegeben ist durch das Integral

$$\chi_t^{(u,v)} = g_{u,v}\int_0^t \mathrm{e}^{-\mathrm{i}\eta_\tau\,(r_1\epsilon_{u,v,1}+r_2\epsilon_{u,v,2})}\,\mathrm{d}\tau \quad \text{mit} \quad \chi_t^{(-u,-v)} = \chi_t^{(u,v)\,*}\,. \tag{11.100}$$

11.2.1 Zeitunabhängige Felder

Für ein zeitlich konstantes Feld mit f = konstant ergibt das Integral (11.97)

$$\eta_t = \frac{f\,t}{\sqrt{r_1^2+r_2^2}} \tag{11.101}$$

und wir definieren für das zweidimensionale System eine **Bloch-Periode** und eine **Bloch-Frequenz** durch

$$T_B = \frac{2\pi}{f}\sqrt{r_1^2+r_2^2}\,,\quad \omega_B = \frac{2\pi}{T_B}\,. \tag{11.102}$$

Den Zeitentwicklungsoperator $\hat{U}_S(t)$ aus (11.96) können wir ausdrücken als

$$\hat{U}_S(t) = \mathrm{e}^{-\mathrm{i}\omega_B\left(r_1\hat{N}_1+r_2\hat{N}_2\right)t} \tag{11.103}$$

und das Integral (11.100) für $\chi_t^{(u,v)}$ berechnen wir als

$$\chi_t^{(u,v)} = \begin{cases} \dfrac{2g_{u,v}}{(ur_1+vr_2)\omega_B}\sin\big((ur_1+vr_2)\omega_B t/2\big) & \text{für}\quad ur_1+vr_2\neq 0 \\ g_{u,v}\,t & \text{für}\quad ur_1+vr_2 = 0\,. \end{cases} \tag{11.104}$$

Da das Spektrum der Operatoren $\hat{N}_j$ ganzzahlig ist, vereinfacht sich der Zeitentwicklungsoperator zur Bloch-Zeit T_B zu

$$\hat{U}(T_B) = \hat{U}_S(T_B)\hat{U}_R(T_B) = \hat{U}_R(T_B)\,, \tag{11.105}$$

und für den übrig bleibenden Operator gilt fast immer $\hat{U}_R(T_B) = \hat{I}$, da für $ur_1+vr_2\neq 0$ die Funktion $\chi_{T_B}^{(u,v)}$ nach Gleichung (11.104) für alle $(u,v)\in\mathbb{M}$ gleich null ist. Dann sind *alle* Zustände periodisch mit der Bloch-Periode T_B. Ausnahmen findet man nur für $ur_1+vr_2=0$. Hier können wir zwei Fälle unterscheiden:

(1) Zeigt das Feld in Richtung einer Achse, angenommen in Richtung der Achse 1, dann gilt mit $(r_1,r_2)=(1,0)$, dass dann $ur_1+vr_2=0$ nur für $u=0$ erfüllt ist. Wir haben also $\chi_{T_B}^{(0,\pm1)} = g_{0,\pm1}\,T_B$ und $\chi_{T_B}^{(u,v)}=0$ sonst. Falls also $\Delta_2=0$ gilt (keine Kopplung senkrecht zur Feldrichtung), dann ist die Dynamik T_B-periodisch.

(2) Zeigt das Feld in Richtung einer Hauptdiagonale, also $(r_1,r_2)=(\pm1,\pm1)$ oder $(r_1,r_2)=(\pm1,\mp1)$, dann gilt $ur_1+vr_2=0$ für $u=-v$ bzw. $u=v$, also $\chi_{T_B}^{(\pm1,\mp1)} = g_{\pm1,\mp1}\,T_B$. Wieder beobachten wir, dass diese Terme verschwinden, wenn in der Richtung senkrecht zum Feld die Gitterkopplung gleich null ist. Dann ist das System T_B-periodisch.

11.2.2 Lissajous-Dynamik

Doch zurück zu den (eventuell) zeitabhängigen Feldern. Wenn der Zeitentwicklungsoperator $\hat{U}(t) = \hat{U}_S(t)\hat{U}_R(t)$ aus Gleichung (11.94) mit den Lösungen (11.96) und (11.99) für $\hat{U}_S(t)$ und $\hat{U}_R(t)$ gegeben ist, dann lässt sich problemlos die Zeitabhängigkeit von Observablen im Heisenberg-Bild bestimmen, genau wie im eindimensionalen Fall (siehe Seite 182). Wir demonstrieren dies für die Operatoren $\hat{N}_1(t)$ und $\hat{N}_2(t)$.[3] Zunächst gilt

$$\hat{N}_j(t) = \hat{U}^{-1}(t)\hat{N}_j\hat{U}(t) = \hat{U}_R^{-1}(t)\hat{U}_S^{-1}(t)\hat{N}_1\hat{U}_S(t)\hat{U}_R(t) = \hat{U}_R^{-1}(t)\hat{N}_j\hat{U}_R(t)\,, \tag{11.106}$$

da $\hat{U}_s(t)$ nur von den kommutierenden Operatoren $\hat{N}_1$ und $\hat{N}_2$ abhängt. Wenn wir jetzt die Produktdarstellung (11.99) für $\hat{U}_R(t)$ einsetzen und die Transformationsgleichungen aus Aufgabe (11.2) anwenden, dann finden wir

$$\hat{N}_1(t) = \hat{N}_1 + \mathrm{i}\sum_{(u,v)\in\mathbb{M}} (-1)^u \chi_t^{(u,v)}\hat{K}_{u,v}\ , \quad \hat{N}_2(t) = \hat{N}_2 + \mathrm{i}\sum_{(u,v)\in\mathbb{M}} (-1)^v \chi_t^{(u,v)}\hat{K}_{u,v}\,. \tag{11.107}$$

und daraus auch ihre Quadrate $\hat{N}_j^2(t) = (\hat{N}_j(t))^2$. Dies führt jedoch zu deutlich umfangreicheren Formeln, die zwar unerlässlich sind für eine Analyse der Wellenpaket-Dispersion, aber diese Diskussion würde hier zu weit führen. Mehr dazu findet man in der auf Seite 190 angegebenen Arbeit.

Die Erwartungswerte $\langle\hat{N}_j\rangle_t = \langle\psi_0|\hat{N}_j(t)|\psi_0\rangle$ erhält man aus den Operatoren (11.107) als

$$\begin{aligned}\langle\hat{N}_1\rangle_t = \langle\hat{N}_1\rangle_0 &+ 2|\chi_t^{(1,0)}||K_{1,0}|\sin\big(\arg\chi_t^{(1,0)} - \kappa_{1,0}\big) + 2|\chi_t^{(1,1)}||K_{1,1}|\sin\big(\arg\chi_t^{(1,1)} - \kappa_{1,1}\big)\\ &+2|\chi_t^{(1,-1)}||K_{1,-1}|\sin\big(\arg\chi_t^{(1,-1)} - \kappa_{1,-1}\big) \qquad (11.108)\\ \langle\hat{N}_2\rangle_t = \langle\hat{N}_2\rangle_0 &+ 2|\chi_t^{(0,1)}||K_{0,1}|\sin\big(\arg\chi_t^{(0,1)} - \kappa_{0,1}\big) + 2|\chi_t^{(1,1)}||K_{1,1}|\sin\big(\arg\chi_t^{(1,1)} - \kappa_{1,1}\big)\\ &-2|\chi_t^{(1,-1)}||K_{1,-1}|\sin\big(\arg\chi_t^{(1,-1)} - \kappa_{1,-1}\big)\,, \qquad (11.109)\end{aligned}$$

wobei wir die $\chi_t^{(u,v)}$ in Amplituden und Phasen zerlegt haben,

$$\chi_t^{(u,v)} = |\chi_t^{(u,v)}|\,\mathrm{e}^{+\mathrm{i}\arg\chi_t^{(u,v)}}\ , \quad \chi_t^{(-u,-v)} = |\chi_t^{(u,v)}|\,\mathrm{e}^{-\mathrm{i}\arg\chi_t^{(u,v)}}\,, \tag{11.110}$$

die durch die Gitterkopplungen und das angelegte Feld bestimmt werden, und die Parameter

$$\langle\hat{K}_{u.v}\rangle = K_{u,v} = |K_{u,v}|\,\mathrm{e}^{\mathrm{i}\kappa_{u,v}}\,, \tag{11.111}$$

eingeführt haben, die den Anfangszustand charakterisieren.

Es ist hier nicht der Platz, näher auf das reichhaltige Verhalten der Lösungen einzugehen, und wir werden nur einen kurzen Blick auf die allereinfachste Situation werfen, nämlich auf ein zeitunabhängiges Feld, das *nicht* entlang einer der Achsen oder einer Hauptdiagonale gerichtet ist. Dann gilt immer $ur_1 + vr_2 \neq 0$ in Gleichung (11.104) und die Dynamik ist periodisch mit der Bloch-Periode T_B aus (11.102). Für ein anfangs breites Gauß-Paket

$$|\psi\rangle = \sum_{m,n} c_{m,n}|m,n\rangle\ , \quad c_{m,n} = g\,\mathrm{e}^{-\beta(m^2+n^2)+\mathrm{i}(k_1 m + k_2 n)} \tag{11.112}$$

(g ist ein Normierungsfaktor) mit $\langle\hat{N}_1\rangle_0 = \langle\hat{N}_2\rangle_0 = 0$ folgen die Ortsmittelwerte $\langle\hat{N}_1\rangle$, $\langle\hat{N}_2\rangle$ einer geschlossenen Kurve, wobei die Breite konstant bleibt (vgl. dazu Aufgabe 11.1). Besonders

[3] Wir kennzeichnen hier die Operatoren im Heisenberg-Bild durch explizite Angabe der Zeitabhängigkeit.

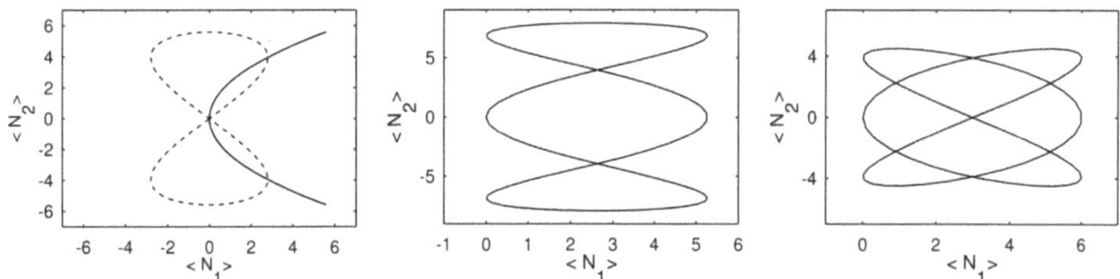

Bild 11.4 Bloch-Oszillationen im zweidimensionalen Gitter. $\Delta_1 = \Delta_2 = 1$, $\Delta_3 = 0$, $f = 0.1$ und Feldrichtungen $(r_1, r_2) = (2,1)$, $(3,1)$, $(3,2)$ von links nach rechts für eine Anfangsbedingung $(k_1, k_2) = (0, \frac{\pi}{2})$. Das erste Bild zeigt zusätzlich eine Bahn mit $(k_1, k_2) = (\frac{\pi}{2}, \frac{\pi}{2})$ als gestrichelte Linie.

einfach ist dies für den separablen Fall ohne diagonale Gitterkopplung ($\Delta_3 = 0$). Hierfür zeigt Bild 11.4 an drei Beispielen die entstehenden Lissajous-Figuren in der $(\langle\hat{N}_1\rangle, \langle\hat{N}_1\rangle)$-Ebene für die Parameter $\Delta_1 = \Delta_2 = 1$, $f = 0.1$ und $\hbar = 1$ und die Feldrichtungen $(r_1, r_2) = (2,1)$, $(3,1)$, $(3,2)$ von links nach rechts für ein breites Gauß-Paket im Ortsraum. Dann ist die Phase des Anfangszustands aus Gleichung (11.111) gleich

$$\kappa_{u,v} = k_1 u + k_2 v\,, \qquad (11.113)$$

wobei die Werte von k_1, k_2 die Bahnform bestimmen, was im linken Bild illustriert wird.

Wenn eine Gitterkopplung in Richtung der Diagonalen vorhanden ist, $\Delta_3 \neq 0$, dann werden die einfachen Lissajous-Oszillationen gestört. Dies ist dargestellt im Bild 11.5 für eine Feldrichtung $(r_1, r_2) = (3,2)$ und für wachsende Werte von Δ_3.

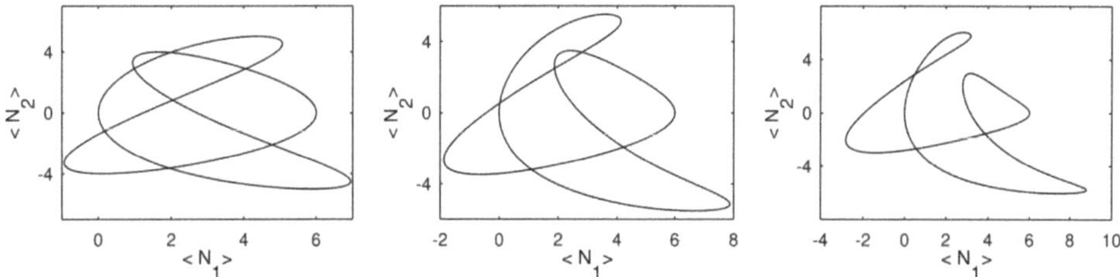

Bild 11.5 Wie Bild 11.4 für Feldrichtung $(r_1, r_2) = (3,2)$, jedoch für $\Delta_3 = 0.1$, 0.2 und 0.3 (von links nach rechts)

Als letztes Beispiel hier werfen wir einen kurzen Blick auf ein Feld in Richtung der Hauptdiagonale des Gitters für $\Delta_3 \neq 0$. Dann ist für $r_1 = r_2 = 1$ die Bedingung $ur_1 + vr_2 = 0$ für $(u, v) = (1, -1)$ erfüllt und der linear mit der Zeit anwachsende Term in (11.104) für $\chi_t^{(1,-1)}$ ist präsent. Bild 11.6 zeigt die resultierende Dynamik für $f = 0.1$ und $k_1 = 0$, $k_2 = \frac{\pi}{2}$ für sechs Bloch-Zeiten T_B. Wie man sieht, ist der Bloch-Oszillation eine lineare Bewegung senkrecht zur Feldrichtung überlagert. Wenn man jetzt in naiver Weise vermutet, dass hier die Ausbreitungsgeschwindigkeit mit der Feldstärke f anwächst, so wird man durch das rechte Bild mit $f = 0.2$ und Propagation über zwölf Bloch-Zeiten überrascht, denn es wird die gleiche Distanz zurückgelegt. Die Geschwindigkeit ist also unabhängig von der Feldstärke f.

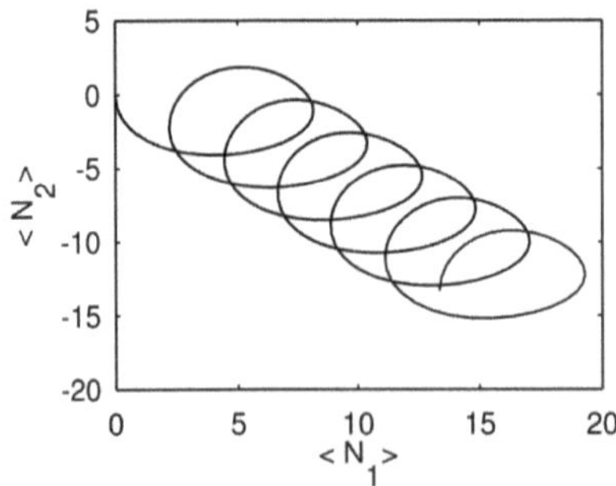

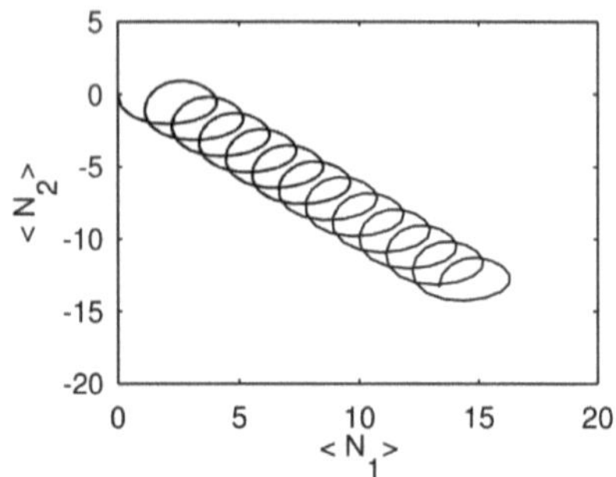

Bild 11.6 Wie Bild 11.4 für Feldrichtung $(r_1, r_2) = (1, 1)$, jedoch für $\Delta_3 = 0.1$ und $f = 0.1$ (links), $f = 0.2$ (rechts)

Zum Abschluss sei erwähnt, dass man wie in dem oben beschriebenen eindimensionalen Tight-Binding-Modell auch das zweidimensionale erweitern kann zu einem Single-Band-Modell, indem man zusätzliche Operatoren wie $\hat{K}_1 \hat{K}_1 \hat{K}_2$, $\hat{K}_1 \hat{K}_2^\dagger \hat{K}_2^\dagger \hat{K}_2^\dagger$, usw. einfügt. Auch diese Erweiterung ermöglicht eine algebraische Lösung.

Damit wollen wir hier unsere Überlegungen zu den zweidimensionalen Bloch-Oszillationen beenden. Mehr darüber findet man in der Literatur.

12 Mehrteilchen-Systeme

Bisher haben wir uns fast ausschließlich mit Quantensystemen beschäftigt, die ein einzelnes Teilchen beschreiben, also mit Einteilchensystemen. Nur in Abschnitt 3.4 wurde kurz auf Mehrteilchensysteme eingegangen und die grundsätzlichen Unterschiede bosonischer und fermionischer Systeme beschrieben. Allerdings ist es oft ein Frage der Interpretation, ob wir, wie beispielsweise für den harmonischen Oszillator, den Zustand $|n\rangle$ als den n-ten angeregten Zustand eines Einteilchensystems ansehen oder als einen Zustand mit n Quanten an einem einzelnen Gitterplatz. In diesem Kapitel wollen wir näher auf echte bosonische Mehrteilchensysteme eingehen.

12.1 Das Bose-Hubbard-Dimer

Das Bose-Hubbard-Modell beschreibt spinlose bosonische Teilchen auf einem (im einfachsten Fall eindimensionalen) Gitter und ist eines der Standardmodelle auf dem Gebiet der Physik ultrakalter Atome wie beispielsweise Bose-Einstein-Kondensate. Seine einfachste Version ist das zweimodige Bose-Hubbard-System, das **Bose-Hubbard-Dimer**, mit dem Hamilton-Operator

$$\hat{H} = \epsilon\left(\hat{a}^\dagger\hat{a} - \hat{b}^\dagger\hat{b}\right) + v\left(\hat{a}^\dagger\hat{b} + \hat{a}\hat{b}^\dagger\right) + \frac{c}{2}\left(\hat{a}^\dagger\hat{a} - \hat{b}^\dagger\hat{b}\right)^2 \tag{12.1}$$

und reellen (eventuell zeitabhängigen) Parametern ϵ, v und c. (Wir verwenden wieder Einheiten mit $\hbar = 1$.) Hier ist das Gitter auf nur zwei Gitterplätze reduziert mit den Moden-Energien $\pm\epsilon$, v beschreibt die Stärke der Kopplung zwischen den Moden und c die Stärke der Teilchen-Wechselwirkung (vgl. dazu die Bemerkungen auf Seite 57).

Die Operatoren $\hat{a}^\dagger$, $\hat{b}^\dagger$ und $\hat{a}$, $\hat{b}$ sind die Erzeuger und Vernichter auf den beiden Gitterplätzen mit den nichtverschwindenden Kommutatoren $[\hat{a}, \hat{a}^\dagger] = [\hat{b}, \hat{b}^\dagger] = \hat{I}$, und $\hat{n}_a = \hat{a}^\dagger\hat{a}$, $\hat{n}_b = \hat{b}^\dagger\hat{b}$ sind die Teilchenzahloperatoren in den beiden Moden.

Im wechselwirkungsfreien Fall, $c = 0$, ist der Hamilton-Operator (12.1) genau der zweier gekoppelter Oszillatoren in Gleichung (3.172), nur dass wir hier eine andere Sprachregelung verwenden und von Teilchenzahlen und Teilchenerzeugung sprechen.

Zunächst müssen wir uns mit dem Verhalten der Gesamtteilchenzahl

$$\hat{N} = \hat{a}^\dagger\hat{a} + \hat{b}^\dagger\hat{b} = \hat{n}_a + \hat{n}_b \tag{12.2}$$

beschäftigen. Wie man leicht nachrechnet, kommutiert der Operator $\hat{N}$ mit $\hat{H}$ (siehe Seite 57), und die Teilchenzahl N ist daher erhalten.

Trotz seiner vergleichsweise einfachen Struktur modelliert dieses System eine ganze Reihe interessanter physikalischer Phänomene wie beispielsweise das Verhalten ultrakalter Atome in einem Doppeltopfpotential. Es zeigt Josephson-Tunneloszillationen zwischen den beiden

Gitterplätzen, ein Selftrapping-Regime mit lokalisierten Teilchen auf einem Gitterplatz, und einen Phasenübergang zwischen einer superfluiden und einer isolierenden Phase. Interessant ist auch der makroskopische Limit großer Teilchenzahl N, der zu einer klassischen Beschreibung führt, dem Mean-Field-Modell. Auch kann man Systemparameter zeitlich modulieren und beispielsweise den Umschlag von regulärer in chaotische Dynamik untersuchen.[1] Hier sollen aber nur die Grundzüge einer algebraischen Behandlung dieses Systems dargestellt werden.

Oft wird man für eine theoretische Analyse den Hamilton-Operator (12.1) mithilfe der Schwinger-Darstellung der Drehimpuls-Operatoren der Algebra $\mathfrak{su}(2)$ aus Abschnitt 4.4

$$\hat{J}_x = \frac{1}{2}\big(\hat{a}^\dagger\hat{b} + \hat{a}\hat{b}^\dagger\big)\ ,\quad \hat{J}_y = \frac{1}{2\mathrm{i}}\big(\hat{a}^\dagger\hat{b} - \hat{a}\hat{b}^\dagger\big)\ ,\quad \hat{J}_z = \frac{1}{2}\big(\hat{a}^\dagger\hat{a} - \hat{b}^\dagger\hat{b}\big) \tag{12.3}$$

mit den Kommutatoren $[\hat{J}_x, \hat{J}_y] = \mathrm{i}\hat{J}_z$, x, y, z zyklisch, umschreiben auf die Form

$$\hat{H} = 2\epsilon\hat{J}_z + 2v\hat{J}_x + 2c\hat{J}_z^2 = 2\epsilon\hat{J}_z + v(\hat{J}_+ + \hat{J}_-) + 2c\hat{J}_z^2 \tag{12.4}$$

mit $\hat{J}_\pm = \hat{J}_x \pm \mathrm{i}\hat{J}_y$ nach Gleichung (4.8). Der Operator $\hat{J}_z$ beschreibt hier die Besetzungsdifferenz der beiden Moden und $\hat{J}_\pm$ die Übergänge zwischen ihnen. Dabei erscheint die Erhaltung von $\hat{N}$ als die von $\hat{J}^2 = \hat{J}_x^2 + \hat{J}_y^2 + \hat{J}_z^2$ (bitte nachprüfen!) mit der Drehimpulsquantenzahl $j = \frac{N}{2}$, das heißt dem Eigenwert $\frac{N}{2}(\frac{N}{2}+1)$ von $\hat{J}^2$ (vgl. Kapitel 4).

Die heisenbergschen Bewegungsgleichungen für die $\hat{J}_j$ lauten

$$\begin{aligned}
\frac{\mathrm{d}}{\mathrm{d}t}\hat{J}_x &= \mathrm{i}\big[\hat{H}, \hat{J}_x\big] = \big[2\epsilon\hat{J}_z + 2v\hat{J}_x + 2c\hat{J}_z^2, \hat{J}_x\big]\big] \\
&= 2\epsilon\mathrm{i}\big[\hat{J}_z, \hat{J}_x\big] + 2v\mathrm{i}\big[\hat{J}_x, \hat{J}_x\big] + 2c\mathrm{i}\big[\hat{J}_z^2, \hat{J}_x\big] \\
&= -2\epsilon\hat{J}_y + 2c\mathrm{i}\hat{J}_z\big[\hat{J}_z, \hat{J}_x\big] + 2c\mathrm{i}\big[\hat{J}_z, \hat{J}_x\big]\hat{J}_z\big] \\
&= = -2\epsilon\hat{J}_y - 2c\hat{J}_y\hat{J}_z - 2c\hat{J}_z\hat{J}_y = -2\epsilon\hat{J}_y - 2c\big\{\hat{J}_y, \hat{J}_z\big\}
\end{aligned} \tag{12.5}$$

mit dem Antikommutator $\{\hat{A}, \hat{B}\} = \hat{A}\hat{B} + \hat{B}\hat{A}$. Genauso findet man

$$\frac{\mathrm{d}}{\mathrm{d}t}\hat{J}_y = 2\epsilon\hat{J}_x - 2v\hat{J}_z + 2c\big\{\hat{J}_z, \hat{J}_x\big\}\ ,\quad \frac{\mathrm{d}}{\mathrm{d}t}\hat{J}_z = 2v\hat{J}_y\,. \tag{12.6}$$

Für die Erwartungswerte der Drehimpulsoperatoren ergeben sich damit im Heisenberg-Bild nach (2.35) die Bewegungsgleichungen

$$\begin{aligned}
\frac{\mathrm{d}\langle\hat{J}_x\rangle}{\mathrm{d}t} &= -2\epsilon\langle\hat{J}_y\rangle - 2c\langle\{\hat{J}_y, \hat{J}_z\}\rangle\,, \\
\frac{\mathrm{d}\langle\hat{J}_y\rangle}{\mathrm{d}t} &= 2\epsilon\langle\hat{J}_x\rangle - 2v\langle\hat{J}_z\rangle + 2c\langle\{\hat{J}_z, \hat{J}_x\}\rangle \\
\frac{\mathrm{d}\langle\hat{J}_z\rangle}{\mathrm{d}t} &= 2v\langle\hat{J}_y\rangle\,.
\end{aligned} \tag{12.7}$$

Für den wechselwirkungsfreien Fall, $c = 0$, sind diese Gleichungen linear und man kann (und sollte) sich durch eine kleine Rechnung davon überzeugen, dass die Summe der Quadrate der Erwartungswerte $\langle\hat{J}_j\rangle^2$ zeitlich konstant ist, was natürlich eine Konsequenz der Erhaltung von $\hat{J}^2$ ist. Der Vektor der (reellen) Erwartungswerte $\big(\langle\hat{J}_x\rangle, \langle\hat{J}_x\rangle, \langle\hat{J}_x\rangle\big)$ bewegt sich also auf der Oberfläche einer Kugel, der sogenannten **Bloch-Kugel**. Dazu später mehr. Für Teilchen mit Wechselwirkung ist die Beschränkung auf die Bloch-Kugel aber nicht mehr gewährleistet.

[1] siehe z.B. M. P. Strzys, E. M. Graefe, H. J. Korsch, New J. Phys. 10, 013024 (2008)

Man kann die $N+1$ Energieeigenwerte E_n des Hamilton-Operators (12.4) mithilfe einer Darstellung der Hamilton-Matrix in der Drehimpulsbasis $|j,m\rangle$ berechnen. Dabei ist die Matrix von $\hat{J}_z$ diagonal und in der von $\hat{J}_\pm$ ist nur jeweils eine Nebendiagonale besetzt (siehe Aufgabe 4.2). Die Hamilton-Matrix ist also tridiagonal und ihre Eigenwerte können rekursiv oder algebraisch berechnet werden, wie auf Seite 67 erläutert ist.

Für $N = 10$ ergeben sich dann beispielsweise die $N+1$ Eigenwerte wie in Bild 12.1 mit Sequenzen fast vermiedener Kreuzungen. Es ist hier nicht unser Thema, dieses Kreuzungsverhalten näher zu diskutieren, aber wir werden im Rahmen einer Mean-Field-Näherung wenigstens das Grundgerüst ermitteln, das diesen Eigenwertkurven zugrunde liegt.[2]

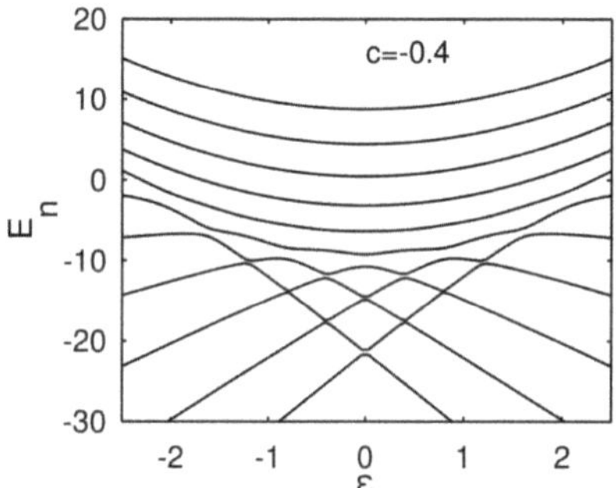

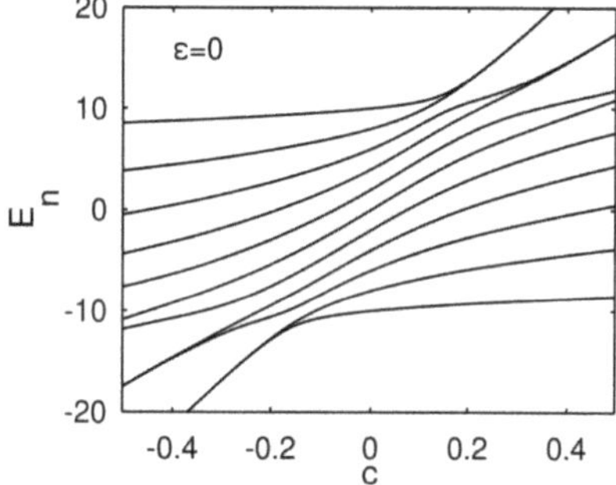

Bild 12.1 Bose-Hubbard-Dimer: Eigenwerte für $N = 10$ Teilchen und $v = 1$ in Abhängigkeit von ϵ mit $c = -0.4$ (links) bzw. von c mit $\epsilon = 0$ (rechts)

Die Mean-Field-Näherung: In der Mean-Field-Näherung wird ein Vielteilchensystem durch eine einzige quasi makroskopische Einteilchen-Wellenfunktion beschrieben, wobei die Wechselwirkung als ein effektives Potential eingeht. Die Wahrscheinlichkeitsdichte beschreibt dann eine mittlere Teilchendichte. Hier können wir nur einen kurzen Einblick in diese Näherung bieten. Für unser Vielteilchensystem lässt sich diese Näherung durch den Grenzfall $N \to \infty$ erzeugen. Dabei werden die quantenmechanischen Operatoren wie $\hat{a}$, $\hat{a}^\dagger$ oder $\hat{A}(\hat{a},\hat{a}^\dagger)$ durch komplexe Zahlen a, a^* oder $A(a,a^*)$ dargestellt. Da die quantenmechanischen Operatoren nicht vertauschen, im Gegensatz zu den komplexen Zahlen, sollte man sie vorher symmetrisieren, etwa wie

$$\hat{a}^\dagger\hat{a} = \frac{1}{2}(\hat{a}^\dagger\hat{a} + \hat{a}\hat{a}^\dagger - 1) \quad \longrightarrow \quad \frac{1}{2}(a^*a + aa^* - 1) = a^*a - \tfrac{1}{2}\,. \tag{12.8}$$

Für die Gesamtteilchenzahl $\hat{N} = \hat{a}^\dagger\hat{a} + \hat{b}^\dagger\hat{b}$ ergibt sich also

$$\hat{N} = \frac{1}{2}\big(\hat{a}^\dagger\hat{a} + \hat{a}\hat{a}^\dagger + \hat{b}^\dagger\hat{b} + \hat{b}\hat{b}^\dagger - 2\big) \quad \longrightarrow \quad N = a^*a + b^*b - 1 = |a|^2 + |b|^2 - 1\,, \tag{12.9}$$

also $|a|^2 + |b|^2 = N+1 =: N_s$. Außerdem ist es zweckmäßig, zu normierten Größen überzugehen und Operatoren wie $\hat{a}$ und $\hat{a}^\dagger$ durch $\sqrt{N_s}\,a$ und $\sqrt{N_s}\,a^*$ zu ersetzen. Operatoren wie $\hat{H}$ werden dann zu $N_s H$.

[2] Mehr dazu findet man in dem auf Seite 8 angegebenen Buch *Numerische Physik mit Octave und Matlab.*

Im N-Teilchensystem lässt sich die Dynamik im Heisenberg-Bild durch die Gleichungen wie $\mathrm{i}\frac{\mathrm{d}\hat{a}}{\mathrm{d}t} = [\hat{a}, \hat{H}]$ beschreiben. Im Übergang zum Mean-Field-Beschreibung führt das zu

$$\mathrm{i}\frac{\mathrm{d}}{\mathrm{d}t}\begin{pmatrix} a \\ b \end{pmatrix} = \begin{pmatrix} \epsilon + g\kappa & v \\ v & -\epsilon - g\kappa \end{pmatrix}\begin{pmatrix} a \\ b \end{pmatrix} \quad \text{mit} \quad g = Nc \quad \text{mit} \quad \kappa = |a|^2 - |b|^2 . \tag{12.10}$$

Dabei entspricht g der Gesamtwechselwirkung zwischen den Teilchen und κ ist die Besetzungsdifferenz der beiden Moden. (Bitte nachprüfen!) Die Gleichung (12.10) ist bekannt als diskrete nichtlineare Schrödinger-Gleichung, oder auch als diskrete Gross-Pitaevskii-Gleichung. Trotz des nichtlinearen Terms $g\kappa$ lässt diese Gleichung die Norm $|a|^2 + |b|^2$ invariant, wovon man sich leicht überzeugen kann.

Der (hermitesche) Hamilton-Operator (12.1) wird in dieser Mean-Field-Beschreibung zu der (reellen) Hamilton-Funktion

$$H = \epsilon\,(a^*a - b^*b) + v\,(a^*b + ab^*) + \frac{g}{2}(a^*a - b^*b)^2 , \tag{12.11}$$

und man sieht, dass die klassischen hamiltonschen Gleichungen

$$\begin{aligned} \mathrm{i}\dot{a} &= \frac{\partial H}{\partial a^*} , \quad \mathrm{i}\dot{a}^* = -\frac{\partial H}{\partial a} , \\ \mathrm{i}\dot{b} &= \frac{\partial H}{\partial b^*} , \quad \mathrm{i}\dot{b}^* = -\frac{\partial H}{\partial b} \end{aligned} \tag{12.12}$$

auf die Mean-Field-Gleichungen (12.10) führen. Hier ist eine kurze Erläuterung zu dem Wort „klassisch“ angebracht. Oben hatten wie Einheiten mit $\hbar = 1$ gewählt. Wenn man dies unterlässt, sieht man, dass in den Gleichungen (12.10) statt i ein $\mathrm{i}\hbar$ auftaucht. Es handelt sich also um echte „quantenmechanische“ Gleichungen, daher auch ihre Bezeichnung als nichtlineare Schrödinger-Gleichung, und mit dem klassischen Limit ist nicht der Grenzfall $\hbar \to 0$ gemeint, sondern der Grenzfall großer Teilchenzahlen N, wobei $1/N$ die Rolle von $\hbar$ übernimmt. Die quantenmechanischen Kommutatoren gehen dabei in die klassischen Poisson-Klammern über, für unser Bose-Hubbard-Dimer also wie

$$\left[\hat{A}, \hat{B}\right] \quad \longrightarrow \quad \mathrm{i}\left\{A, B\right\} = \partial_a A\,\partial_{a^*}B - \partial_a B\,\partial_{a^*}A + \partial_b A\,\partial_{b^*}B - \partial_b B\,\partial_{b^*}A , \tag{12.13}$$

und die Bewegungsgleichungen ergeben sich damit für eine nicht explizit zeitabhängige Funktion A wie in der klassischen Bewegungsgleichung (6.27) als

$$\dot{A} = \left\{A, H\right\} . \tag{12.14}$$

Analog zu der Schwinger-Darstellung (12.3) aus Abschnitt 4.4 können wir die reellen Spinvariablen

$$s_x = \frac{1}{2}\left(a^*b + ab^*\right) , \quad s_y = \frac{1}{2\mathrm{i}}\left(a^*b - ab^*\right) , \quad s_z = \frac{1}{2}\left(a^*a - b^*b\right) \tag{12.15}$$

einführen, deren Poisson-Klammern

$$\left\{s_z, s_x\right\} = s_y , \quad \left\{s_y, s_z\right\} = s_x , \quad \left\{s_x, s_y\right\} = s_z \tag{12.16}$$

die einer $\mathfrak{su}(2)$-Algebra erfüllen, was man leicht nachprüft. Die Hamilton-Funktion wird zu

$$H = 2\epsilon s_z + 2v s_x + 2g s_z^2 \tag{12.17}$$

und die Bewegungsgleichungen (12.10) transformieren sich in

$$\begin{aligned} \dot{s}_x &= -2\epsilon s_y - 4g s_y s_z \\ \dot{s}_y &= 2\epsilon s_x - 2v s_z + 4g s_x s_z \\ \dot{s}_z &= 2v s_y\,, \end{aligned} \tag{12.18}$$

was man mithilfe der Bewegungsgleichungen $\dot{s}_j = \{s_j, H\}$ nach Gleichung (12.14) überprüfen kann. Diese nichtlinearen Gleichungen erhalten die Normierung

$$s_x^2 + s_y^2 + s_z^2 = \frac{1}{4}\,, \tag{12.19}$$

eine Casimir-Funktion der Algebra (siehe Seite 101), wovon man sich in einer kurzen Rechnung überzeugen sollte:

$$\begin{aligned} \frac{\mathrm{d}}{\mathrm{d}t}\left(s_x^2 + s_y^2 + s_z^2\right) &= 2s_x\dot{s}_x + 2s_y\dot{s}_y + 2s_z\dot{s}_z \\ &= 2s_x(-2\epsilon s_y - 4g s_y s_z) + 2s_y(2\epsilon s_x - 2v s_z + 4g s_x s_z) + 2s_z(2v s_y) \\ &= -4\epsilon s_x s_y - 8g s_x s_y s_z + 4\epsilon s_x s_y - 4v s_y s_z + 8g s_x s_y s_z + 4v s_y s_z = 0\,. \end{aligned} \tag{12.20}$$

Der dreidimensionale Bloch-Vektor (s_x, s_y, s_z) bewegt sich also auch für $g \neq 0$ auf der Oberfläche einer Kugel, der **Bloch-Kugel**.

Wichtig für die Dynamik sind die **stationären Punkte**, die **Fixpunkte** von (12.18), die wir in einer Aufgabe erkunden:

Aufgabe 12.1 (Lösung Seite 304): Zeigen Sie, dass die s_z-Komponenten der Fixpunkte als Nullstellen eines Polynoms vierten Grades auftreten. Bestimmen Sie auch explizit die Fixpunkte für das symmetrische Dimer mit $\epsilon = 0$.

Da die Fixpunkte reell sein müssen, gibt es also maximal vier Fixpunkte. An diesen Punkten hat die Energiefunktion $E^{\mathrm{MF}} = H(s_x, s_y, s_z)$ aus Gleichung (12.17) Minima, Maxima oder Sattelpunkte. Nach einem Theorem von Euler ist auf einer geschlossenen Mannigfaltigkeit die Anzahl der Minima und Maxima abzüglich der der Sattelpunkte gleich ihrer Euler-Charakteristik, die auf einer Kugel gleich zwei ist. Also haben wir immer mindestens je ein Minimum und ein Maximum oder aber drei Minima/Maxima und einen Sattelpunkt.

Für den wechselwirkungsfreien Fall $g = 0$ liegen die Fixpunkte für $\epsilon \neq 0$ bei

$$s_z = \pm\frac{\epsilon}{2\sqrt{\epsilon^2 + v^2}}\,, \quad s_y = 0\,, \quad s_x = \frac{v}{\epsilon}\,s_z \tag{12.21}$$

mit der Energie

$$E_\pm^{\mathrm{MF}} = \pm\sqrt{\epsilon^2 + v^2}\,, \tag{12.22}$$

also ein Minimum und ein Maximum. Für schwache Wechselwirkung ändert sich dies nicht wesentlich, was Bild 12.2 demonstriert. Die Vielteilchen-Eigenwerte E_n liegen zwischen diesen Werten: $N_s E_-^{\mathrm{MF}} \leq E_n \leq N_s E_+^{\mathrm{MF}}$ (vergleiche dazu auch Bild 4.1).

Mit wachsender Wechselwirkung nimmt die Deformation der Eigenwert- und Fixpunkt-Kurven zu und für $|g| \geq |v|$ treten vier reelle Fixpunkte auf, das Minimum (für $c < 0$) bifurkiert

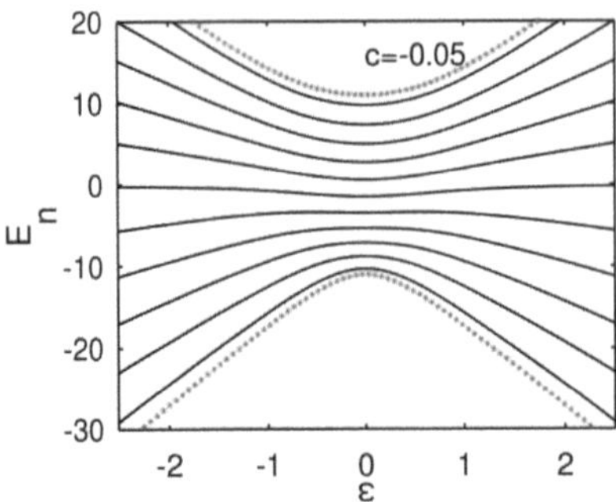

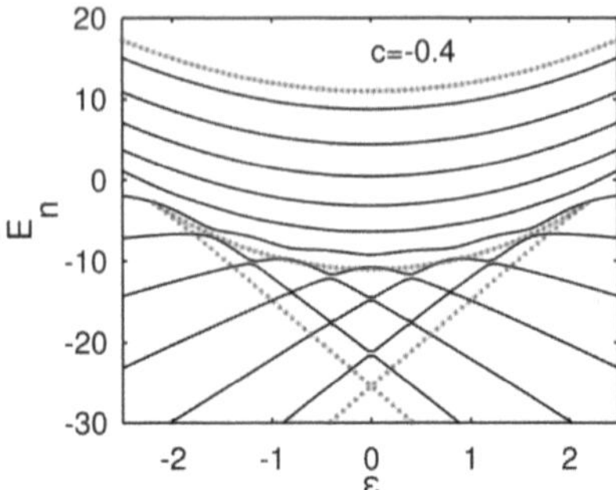

Bild 12.2 Bose-Hubbard-Dimer: Eigenwerte für $N = 10$ Teilchen und $v = 1$ in Abhängigkeit von ϵ mit $c = -0.05$ (links) und $c = -0.4$ (rechts). Zusätzlich dargestellt sind die Mean-Field-Energien der stationären Punkte (punktierte Kurven).

in zwei Minima und einen Sattelpunkt. (Für $c > 0$ geschieht das Gleiche mit dem Maximum.) Dieses Verhalten am kritischen Punkt $|g| = |v|$ ist evident für den Fall $\epsilon = 0$ in Aufgabe 12.1. Für $c = -0.4$ und $N = 10$, also $2|g| = 2|cN_s| <= 8.8 > |v| = 1$, zeigt die untere Fixpunkt-Kurve eine charakteristische Schwalbenschwanzstruktur (siehe rechts in Bild 12.2), die das Verhalten der Vielteilchen-Eigenwerte sehr gut beschreibt. Mit etwas mehr Aufwand lassen sich in einer semiklassischen Theorie sogar (näherungsweise) die quantenmechanischen Eigenwerte E_n aus der klassischen Mean-Field-Approximation zurückgewinnen.[3]

Die so beschriebene Mean-Field-Näherung beruht natürlich auf simplen Ad-hoc-Annahmen, die nicht weiter begründet wurden. Ein alternatives Vorgehen bringt hier mehr Klarheit. Wie wir oben gesehen haben, bleibt ein kohärenter Spinzustand zeitlich kohärent, wenn der Hamilton-Operator linear in den Generatoren der Algebra ist (siehe Seite 124), also hier für den wechselwirkungsfreien Fall. Wir wollen aber annehmen, dass dies immer so ist. Jetzt gehen wir über zu der oben beschriebenen Darstellung durch Drehimpulsoperatoren und betrachten die Zeitentwicklung der Erwartungswerte

$$\begin{aligned}
\frac{\mathrm{d}\langle\hat{J}_x\rangle}{\mathrm{d}t} &= -2\epsilon\langle\hat{J}_y\rangle - 2c\langle\{\hat{J}_y,\hat{J}_z\}\rangle\,,\\
\frac{\mathrm{d}\langle\hat{J}_y\rangle}{\mathrm{d}t} &= 2\epsilon\langle\hat{J}_x\rangle - 2v\langle\hat{J}_z\rangle + 2c\langle\{\hat{J}_z,\hat{J}_x\}\rangle\,,\\
\frac{\mathrm{d}\langle\hat{J}_z\rangle}{\mathrm{d}t} &= 2v\langle\hat{J}_y\rangle\,.
\end{aligned} \tag{12.23}$$

aus Gleichung (12.7). Die dort auftretenden Erwartungswerte der Antikommutatoren $\{\hat{J}_i,\hat{J}_j\}$ lassen sich für kohärente Spinzustände berechnen. Sie faktorisieren dann wie

$$\langle\{\hat{J}_i,\hat{J}_j\}\rangle = 2\big(1-\tfrac{1}{N}\big)\langle\hat{J}_i\rangle\langle\hat{J}_j\rangle + \delta_{ij}\frac{N}{2}\,. \tag{12.24}$$

Wenn wir dies in Gleichung (12.23) einsetzen, für die Erwartungswerte die Bezeichnungen

$$s_i = \frac{\langle\hat{J}_j\rangle}{N} \tag{12.25}$$

[3] siehe E. M. Graefe, H. J. Korsch, Phys. Rev. A76, 032116 (2007)

verwenden und wie oben $g = Nc$ setzen, so erhalten wir

$$\begin{aligned}\dot{s}_x &= -2\epsilon s_y - 4g\big(1-\frac{1}{N}\big)s_y s_z\\ \dot{s}_y &= 2\epsilon s_x - 2v s_z + 4g\big(1-\frac{1}{N}\big)s_x s_z\\ \dot{s}_z &= 2v s_y\,, \end{aligned} \tag{12.26}$$

also im Grenzfall $N \to \infty$ bei konstantem g genau die obigen Mean-Field-Gleichungen (12.18). Mehr über die Mean-Field-Näherung finden wir in Abschnitt 13.4, wo wir zerfallende Dimere betrachten.

12.2 Vielteilchen-Konversion

Ein beliebtes Modell zur Beschreibung der Umwandlung von Teilchen liefert der Hamilton-Operator[4]

$$\hat{H} = \epsilon_a \hat{a}^\dagger \hat{a} + \epsilon_b \hat{b}^\dagger \hat{b} + \frac{v}{2\sqrt{N^{m+n-2}}}\big(\hat{a}^{\dagger\, m}\hat{b}^n + \hat{a}^m \hat{b}^{\dagger\, n}\big) \tag{12.27}$$

(Einheiten mit $\hbar = 1$) für ein bosonisches Teilchensystem, ein Zweimodensystem mit den Moden A und B, zwischen denen Übergänge möglich sind. (Es lassen sich auch Wechselwirkungsterme wie $\hat{a}^\dagger \hat{a}\hat{a}^\dagger \hat{a}$, $\hat{b}^\dagger \hat{b}\hat{b}^\dagger \hat{b}$ und $\hat{a}^\dagger \hat{a}\hat{b}^\dagger \hat{b}$ hinzufügen, aber das soll hier nicht betrachtet werden.) Man könnte sich beispielsweise „Atome" vorstellen, die „Moleküle" vom Typ A oder B bilden können. Die Operatoren $\hat{a}^\dagger$, $\hat{a}$ bzw. $\hat{b}^\dagger$, $\hat{b}$ beschreiben die Erzeugung und Vernichtung eines solchen Moleküls A oder B. Ihre nicht-verschwindenden Kommutatoren sind wieder $[\hat{a}, \hat{a}^\dagger] = [\hat{b}, \hat{b}^\dagger] = 1$. Die Operatoren $\hat{a}^\dagger\hat{a}$ bzw. $\hat{b}^\dagger\hat{b}$ beschreiben die jeweiligen Teilchenzahlen der molekularen Moden mit den Energien ϵ_a und ϵ_b. Jedes Molekül A besteht aus n Teilchen, jedes Molekül B aus m Teilchen. Die Moleküle können sich umwandeln, wobei m Moleküle der Mode A in n Moleküle der Sorte B übergehen. Dabei bleibt die Gesamtteilchenzahl erhalten: $N = nN_A + mN_B = n(N_A - m) + m(N_B + n)$. Quantenmechanisch heißt das, dass der Gesamtteilchenzahloperator

$$\hat{N} = n\hat{a}^\dagger\hat{a} + m\hat{b}^\dagger\hat{b} \tag{12.28}$$

mit $\hat{H}$ kommutiert, wovon wir uns später in Aufgabe 12.2 überzeugen.

Der Parameter v im Hamilton-Operator beschreibt die Umwandlungsstärke pro Teilchen und der N-abhängigen Skalierungsfaktor bewirkt, dass alle Terme linear mit N skalieren.

Wegen der Erhaltung der Gesamtteilchenzahl können wir einen konstanten $\hat{N}$-abhängigen Term $(m\epsilon_a + n\epsilon_b)\hat{N}/2mn$ im Hamilton-Operator (12.27) weglassen und werden stattdessen im Folgenden den Operator

$$\hat{H} = \frac{\epsilon}{2mn}\big(n\hat{a}^\dagger\hat{a} - m\epsilon_b\hat{b}^\dagger\hat{b}\big) + \frac{v}{2\sqrt{N^{m+n-2}}}\big(\hat{a}^{\dagger\, m}\hat{b}^n + \hat{a}^m \hat{b}^{\dagger\, n}\big) \tag{12.29}$$

betrachten mit der Energiedifferenz

$$\epsilon = m\epsilon_a - n\epsilon_b\,. \tag{12.30}$$

[4] Wir folgen hier der Arbeit E.-M. Graefe, H. J. Korsch, A. Rush, Phys. Rev. A93, 042102 (2016).

Wie es sein sollte, stimmt dieser Operator für $m = n = 1$ mit dem Hamilton-Operator (12.1) für das Bose-Hubbard-Dimer überein, natürlich ohne den Term der Wechselwirkung, die wir hier nicht berücksichtigen.

Die Analyse unseres Konversionssystems, beschrieben durch den Hamilton-Operator (12.29), wird erleichtert durch das Hilfsmittel der deformierten Lie-Algebren, genauer die polynomial deformierten Lie-Algebren, die wir Abschnitt 6.7 vorgestellt haben.

Dazu definieren wir zunächst eine verallgemeinerte Jordan-Schwinger-Darstellung (siehe Abschnitt 4.4) durch die Operatoren

$$\hat{s}_x = \frac{\hat{a}^{\dagger m}\hat{b}^n + \hat{a}^m\hat{b}^{\dagger n}}{2\sqrt{N^{m+n-2}}}\ , \quad \hat{s}_y = \frac{\hat{a}^{\dagger m}\hat{b}^n - \hat{a}^m\hat{b}^{\dagger n}}{2\mathrm{i}\sqrt{N^{m+n-2}}}\ , \quad \hat{s}_z = \frac{n\hat{a}^\dagger\hat{a} - m\hat{b}^\dagger\hat{b}}{2mn}\,, \tag{12.31}$$

die mit dem Gesamtteilchenzahloperator $\hat{N}$ aus (12.28) vertauschen. Das zeigen wir in einer Aufgabe:

Aufgabe 12.2 (Lösung Seite 305): Zeigen Sie, dass der Hamilton-Operator $\hat{H}$ aus (12.27) und die Operatoren $\hat{s}_x, \hat{s}_y$, $\hat{s}_z$ aus (12.31) mit dem Teilchenzahloperator $\hat{N} = n\hat{a}^\dagger\hat{a} + m\hat{b}^\dagger\hat{b}$ aus (12.28) kommutieren.

Die Kommutatoren dieser $\hat{s}_j$ lauten

$$[\hat{s}_z, \hat{s}_x] = \mathrm{i}\,\hat{s}_y\ , \quad [\hat{s}_y, \hat{s}_z] = \mathrm{i}\,\hat{s}_x\ , \quad [\hat{s}_x, \hat{s}_y] = \mathrm{i}\,\hat{F}(\hat{s}_z)\,. \tag{12.32}$$

Dabei ist die Operatorfunktion $\hat{F}(\hat{s}_z)$ ein Polynom vom Grad $m+n-1$ in $\hat{s}_z$, gegeben durch

$$\hat{F}(\hat{s}_z) = -\frac{n^n m^m}{2N^{m+n-2}}\Big(\hat{P}(\hat{s}_z) - \hat{P}(\hat{s}_z - 1)\Big)\,, \tag{12.33}$$

das die Struktur der Formel (6.140) aus Abschnitt 6.7 besitzt. Dabei ist $\hat{P}$ ein Polynom, definiert durch

$$\hat{P}(\hat{s}_z) = \Pi_{\mu=1}^m\Big(\frac{\hat{N}}{2mn} + \hat{s}_z + \frac{\mu}{m}\Big)\,\Pi_{\nu=1}^n\Big(\frac{\hat{N}}{2mn} - \hat{s}_z - 1 + \frac{\nu}{n}\Big)\,. \tag{12.34}$$

und der Casimir-Operator, der mit allen $\hat{s}_j$ vertauscht, ist gegeben durch

$$\hat{C} = \hat{s}_x^2 + \hat{s}_y^2 + \hat{G}(\hat{s}_z) \quad \text{mit} \quad \hat{G}(\hat{s}_z) = -\frac{n^n m^m}{2N^{m+n-2}}\Big(\hat{P}(\hat{s}_z) + \hat{P}(\hat{s}_z - 1)\Big)\,. \tag{12.35}$$

Dieser Casimir-Operator lässt sich natürlich modifizieren durch weitere Terme, die nur von dem Teilchenzahloperator $\hat{N}$ abhängen, der ebenfalls mit allen $\hat{s}_j$ kommutiert.

Wenn man n und m vertauscht, transformieren sich die Polynome $\hat{F}(\hat{s}_z)$ und $\hat{G}(\hat{s}_z)$ wie

$$\hat{F}(\hat{s}_z) \longleftrightarrow -\hat{F}(-\hat{s}_z)\ , \quad \hat{G}(\hat{s}_z) \longleftrightarrow \hat{G}(-\hat{s}_z) \quad \text{für} \quad (m,n) \longleftrightarrow (n,m)\,, \tag{12.36}$$

und für $m = n$ gelten die Symmetrien

$$\hat{F}(-\hat{s}_z) = -\hat{F}(\hat{s}_z) \quad \text{und} \quad \hat{G}(-\hat{s}_z) = \hat{G}(\hat{s}_z)\,, \tag{12.37}$$

d.h. $\hat{F}(\hat{s}_z)$ und $\hat{G}(\hat{s}_z)$ sind dann ungerade bzw. gerade Polynome.

Ausgedrückt in den Operatoren (12.31) schreibt sich der Hamilton-Operator (12.29) in der einfachen Form

$$\hat{H} = \epsilon \hat{s}_z + v \hat{s}_x , \tag{12.38}$$

und die heisenbergschen Bewegungsgleichungen $\mathrm{i}\frac{\mathrm{d}}{\mathrm{d}t}\hat{A} = [\hat{A}, \hat{H}]$ für die Operatoren (12.31) lauten

$$\frac{\mathrm{d}}{\mathrm{d}t}\hat{s}_x = -\epsilon \hat{s}_y \ , \quad \frac{\mathrm{d}}{\mathrm{d}t}\hat{s}_y = \epsilon \hat{s}_x - v \ , \quad \frac{\mathrm{d}}{\mathrm{d}t}\hat{s}_z = v \hat{s}_y . \tag{12.39}$$

Sie erhalten neben der Teilchenzahl $\hat{N}$ den Casimir-Operator $\hat{C}(\hat{s}_x, \hat{s}_y, \hat{s}_z)$, das heißt, es gilt

$$\hat{s}_x^2 + \hat{s}_y^2 = \hat{C} - \hat{G}(\hat{s}_z) \qquad \text{und deshalb} \quad \langle \hat{s}_x^2 \rangle + \langle \hat{s}_y^2 \rangle = \langle \hat{C} \rangle - \langle \hat{G}(\hat{s}_z) \rangle . \tag{12.40}$$

Die Mittelwerte bewegen sich also auf einer Fläche, eine Verallgemeinerung der Bloch-Kugel (12.19), die man als eine **Kummer-Fläche** (engl. „Kummer shape“)[5] bezeichnet, eine Deformation der Bloch-Kugel.

Die Dimension unseres Hilbert-Raums bei fester Teilchenzahl N ist gleich $[\frac{N}{mn}]_< + 1$ und man sollte zweckmäßigerweise die Teilchenzahl so wählen, dass sie durch mn teilbar ist, Eine geeignete Basis liefern die Fock-Zustände (Wir folgen hier der auf Seite 203 angegebenen Arbeit.)

$$|j,k\rangle = \frac{1}{\sqrt{j!k!}}\hat{a}^{\dagger j}\underline{\mathrm{d}}^k|0,0\rangle \ \text{ mit } \ \langle j',k'|j,k\rangle = \delta_{j',j}\delta_{k',k} \, , \ \langle j',k'|\hat{a}^\dagger\hat{a}|j,k\rangle = j\,\delta_{j',j}\,\delta_{k',k} \tag{12.41}$$

sowie

$$\langle j',k'|\hat{a}^{\dagger m}|j,k\rangle = \sqrt{\frac{(j+m)!}{j!}}\,\delta_{j',j+m}\,\delta_{k',k} \, , \ \langle j',k'|\hat{a}^m|j,k\rangle = \sqrt{\frac{j!}{(j-m)!}}\,\delta_{j',j-m}\,\delta_{k',k} \tag{12.42}$$

und genauso für $\hat{b}$, wobei j durch k ersetzt wird. Der $N(mn+1$-dimensionale Teilraum für feste Teilchenzahl N wird aufgespannt durch die Vektoren

$$|\mu\rangle = |\mu m, \frac{N}{m} + \mu n\rangle \quad \text{mit} \quad \mu = 0, 1, \ldots, \frac{N}{mn} \tag{12.43}$$

und wir erhalten für die Operatoren $\hat{s}_x$, $\hat{s}_y$, $\hat{s}_z$ die Matrixelemente

$$\begin{aligned}
\langle \mu'|\hat{s}_x|\mu\rangle &= \frac{1}{2}\Big(\sqrt{\beta_{\mu+1}}\,\delta_{\mu',\mu+1} + \sqrt{\beta_\mu}\,\delta_{\mu',\mu-1}\Big) ,\\
\langle \mu'|\hat{s}_y|\mu\rangle &= \frac{1}{2\mathrm{i}}\Big(\sqrt{\beta_{\mu+1}}\,\delta_{\mu',\mu+1} - \sqrt{\beta_\mu}\,\delta_{\mu',\mu-1}\Big) ,\\
\langle \mu'|\hat{s}_z|\mu\rangle &= \Big(\mu - \frac{N}{2mn}\Big)\delta_{\mu',\mu}
\end{aligned} \tag{12.44}$$

mit

$$\beta_\mu = \frac{1}{N^{m+n-2}}\,\frac{(\mu m)!}{(\mu m - m)!}\,\frac{(\frac{N}{m} - \mu n + n)!}{(\frac{N}{m} - \mu n)!} . \tag{12.45}$$

[5] Mehr darüber findet man in dem Buch D. D. Holm, *Geometric Mechanics, Part I: Dynamics and Symmetry*, Imperial Collge Press, 2008.

Einfache Beispiele: Wir wollen uns einige Fälle genauer ansehen.

(1) $(m,n) = (1,1)$: In diesem einfachen Fall haben wir es mit der $\mathfrak{su}(2)$-Algebra zu tun mit

$$\hat{F}(\hat{s}_z) = \hat{s}_z \ , \quad \hat{G}(\hat{s}_z) = \hat{s}_z^2 - \frac{\hat{N}}{2}\left(\frac{\hat{N}}{2}+1\right) \tag{12.46}$$

und dem Casimir-Operator

$$\hat{C} = \hat{s}_x^2 + \hat{s}_y^2 + \hat{s}_z^2 - \frac{\hat{N}}{2}\left(\frac{\hat{N}}{2}+1\right) . \tag{12.47}$$

Bis auf unbedeutende $\hat{N}$-abhängige Terme ist dieser Operator bekannt als $\hat{J}^2$ in der Drehimpuls-Algebra. Er beschreibt eine Beschränkung auf die Oberfläche der Bloch-Kugel, was man ausdrücken kann als

$$\hat{s}_x^2 + \hat{s}_y^2 = \hat{C} + \frac{\hat{N}}{2}\left(\frac{\hat{N}}{2}+1\right) - \hat{s}_z^2 . \tag{12.48}$$

(2) $(m,n) = (2,1)$: Dieser Fall beschreibt eine Umwandlung zweier Atome in zweiatomige Moleküle und wurde recht intensiv untersucht. Hier haben wir

$$\hat{F}(\hat{s}_z) = \frac{6}{N}\hat{s}_z^2 + \frac{\hat{N}}{N}\hat{s}_z - \frac{\hat{N}^2}{8N} - \frac{\hat{N}}{2N}, \tag{12.49}$$

$$\hat{G}(\hat{s}_z) = \frac{4}{N}\hat{s}_z^3 + \frac{\hat{N}}{N}\hat{s}_z^2 + \frac{8-\hat{N}^2-4\hat{N}}{4N}\hat{s}_z - \frac{4\hat{N}^3}{N} + \frac{4\hat{N}^2}{N} . \tag{12.50}$$

Bild 12.3 zeigt für $N = 80$ Teilchen die (hier numerisch berechneten) $N/2+1 = 41$ Eigenwerte für $v = 1$ als Funktion von ϵ.

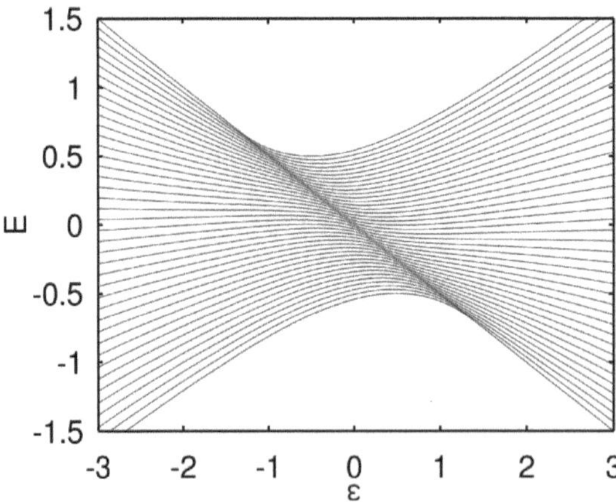

Bild 12.3 Vielteilchen-Konversion für $(m,n) = (2,1)$: Eigenwerte (skaliert) für $N = 80$ Teilchen und $v = 1$ in Abhängigkeit von ϵ

Wir beobachten eine Einschränkung der Eigenwerte auf ein (ϵ-abhängiges) Intervall mit einer Anhäufung längs einer diagonalen Gerade mit negativer Steigung. Alle diese Eigenwerte sind nicht-entartet und daher sind alle Kreuzungen vermieden. Genau wie im Fall des einfachen Bose-Hubbard-Dimers gibt auch hier die Mean-Field-Beschreibung einen direkten Einblick in die Struktur der quantenmechanischen Eigenwertspektren. Mehr dazu später.

(3) $(m,n) = (2,2)$: In diesem Fall lauten die Polynome für $\hat{F}(\hat{s}_z)$ und $\hat{G}(\hat{s}_z)$

$$\hat{F}(\hat{s}_z) = \frac{4}{N^2}\left(-8\hat{s}_z^3 + \left(\frac{\hat{N}^2}{8} + \frac{\hat{N}}{2} - 1\right)\hat{s}_z\right) \tag{12.51}$$

$$\hat{G}(\hat{s}_z) = \frac{4}{N^2}\left(-4\hat{s}_z^4 + \left(\frac{\hat{N}^2}{8} + \frac{\hat{N}}{2} - 5\right)\hat{s}_z^2 - 4\left(\frac{\hat{N}}{8}\right)^4 - 4\left(\frac{\hat{N}}{8}\right)^3 + \left(\frac{\hat{N}}{8}\right)^2 + \frac{\hat{N}}{8}\right), \tag{12.52}$$

wobei $\hat{F}(\hat{s}_z)$ ein ungerades Polynom in $\hat{s}_z$ ist und $\hat{G}(\hat{s}_z)$ ein gerades (siehe Gleichung (12.37)). Es sei angemerkt, dass diese Algebra als kubische Higgs-Algebra bekannt ist, wie schon in Abschnitt 6.7 erwähnt (siehe Gleichung (6.138)).

Bevor wir weiter ins Detail gehen, ist es zweckmäßig, dass wir uns im nächsten Abschnitt mit einer wichtigen asymptotischen näherungsweisen Beschreibung dieser Vielteilchensysteme beschäftigen, der sogenannten „Mean-Field-Näherung".

Die Mean-Field-Näherung: Wie oben dargestellt (siehe Seite 199), lässt sich diese Näherung für unser Vielteilchensystem durch den Grenzfall $N \to \infty$ erzeugen. Dabei werden die quantenmechanischen Operatoren wie $\hat{a}$, $\hat{a}^\dagger$ oder $\hat{A}(\hat{a},\hat{a}^\dagger)$ durch komplexe Größen a, a^* oder $A(a,a^*)$ dargestellt und der Kommutator durch die Poisson-Klammer.

Die Mean-Field-Spinvariablen aus Gleichung (12.31) gehen dann über in

$$s_x = \frac{a^{*m}b^n + a^m b^{*n}}{2\sqrt{(nm)^{m+n-2}}}\,,\quad s_y = \frac{a^m b^{*n} - a^m b^{*n}}{2\mathrm{i}\sqrt{(nm)^{m+n-2}}}\,,\quad s_z = \frac{na^*a - mb^*b}{2mn}\,, \tag{12.53}$$

mit

$$a^*a = m\left(\frac{1}{2} + s_z\right)\,,\quad b^*b = m\left(\frac{1}{2} - s_z\right), \tag{12.54}$$

und die Kommutatorrelationen (12.32) der $\hat{s}_j$ in der deformierten Algebra gehen über in die Beziehungen

$$\{s_z, s_x\} = s_y\,,\quad \{s_y, s_z\} = s_x\,,\quad \{s_x, s_y\} = f(s_z) \tag{12.55}$$

der Poisson-Klammern mit

$$f(s_z) = \tfrac{1}{2}m^{2-n}n^{2-m}\left(n\left(\tfrac{1}{2} + s_z\right)^m\left(\tfrac{1}{2} - s_z\right)^{n-1} - m\left(\tfrac{1}{2} + s_z\right)^{m-1}\left(\tfrac{1}{2} - s_z\right)^n\right). \tag{12.56}$$

Die Hamilton-Funktion lautet

$$H = v s_x + \epsilon s_z \tag{12.57}$$

und erzeugt nach $\dot{s}_j = \{s_j, H\}$ die Bewegungsgleichungen

$$\dot{s}_x = -\epsilon s_y\,,\quad \dot{s}_y = \epsilon s_x - v f(s_z)\,,\quad \dot{s}_z = v s_y\,. \tag{12.58}$$

Die s_j bilden eine (klassische) deformierte $\mathfrak{su}(2)$-Algebra mit der Casimir-Funktion

$$C(s_x, s_y, s_z) = s_x^2 + s_y^2 + g(s_z) \tag{12.59}$$

mit

$$g(s_z) = -m^{2-n}n^{2-m}\left(\tfrac{1}{2} + s_z\right)^m\left(\tfrac{1}{2} - s_z\right)^n, \tag{12.60}$$

die Mean-Field-Näherung von Gleichung (12.35). Während jedoch die nicht-deformierten klassischen und quantenmechanischen Algebren isomorph sind, unterscheiden sie sich im deformierten Fall, zum Beispiel gilt hier (bitte nachprüfen!)

$$\frac{\mathrm{d}g}{\mathrm{d}s_z} = 2f(s_z), \tag{12.61}$$

was keine quantenmechanische Entsprechung hat. Damit können wir beispielsweise problemlos zeigen, dass die Poisson-Klammer $\{s_j, C\}$ der Funktion $C(s_x, s_y, s_z)$ aus Gleichung (12.59) und allen s_j gleich null ist, dass sie also wirklich eine Casimir-Funktion ist. Dazu eine Aufgabe:

Aufgabe 12.3 (Lösung Seite 305): Beweisen Sie zunächst die Formeln

$$\{s_x, h(s_z)\} = -s_y h'(s_z) \ , \quad \{s_y, h(s_z)\} = s_x h'(s_z)$$

der Poisson-Klammern für eine differenzierbare Funktion $h(s_z)$, und zeigen Sie dann $\{C, s_j\} = 0$ für alle s_j und $C(s_x, s_y, s_z) = s_x^2 + s_y^2 + g(s_z)$ mit $g(s_z)$ aus Gleichung (12.59).

Da $C(s_x, s_y, s_z)$ mit allen s_j vertauscht, gilt auch $\{C, H\} = 0$, das heißt, C ist eine Erhaltungsgröße. Der Vektor $\mathbf{s} = (s_x, s_y, s_z)$ bewegt sich zeitlich auf einer Kurve im $\mathbb{R}^3$, auf der die Casimir-Funktion konstant ist, $C(\mathbf{s}) = C$. Wählen wir ihren Wert gleich null, dann muss gelten

$$r^2(s_z) = s_x^2 + s_y^2 = -g(s_z) = m^{2-n} n^{2-m} \left(\tfrac{1}{2} + s_z\right)^m \left(\tfrac{1}{2} - s_z\right)^n, \tag{12.62}$$

eine Rotationsfläche um die s_z-Achse mit einem s_z-abhängigen Radius $r(s_z)$, eine Verallgemeinerung der Bloch-Kugel mit

$$r^2(s_z) = s_x^2 + s_y^2 = \frac{1}{4} - s_z^2. \tag{12.63}$$

Bild 12.4 zeigt den Radius $r(s_z)$ für verschiedene Werte von (m, n).

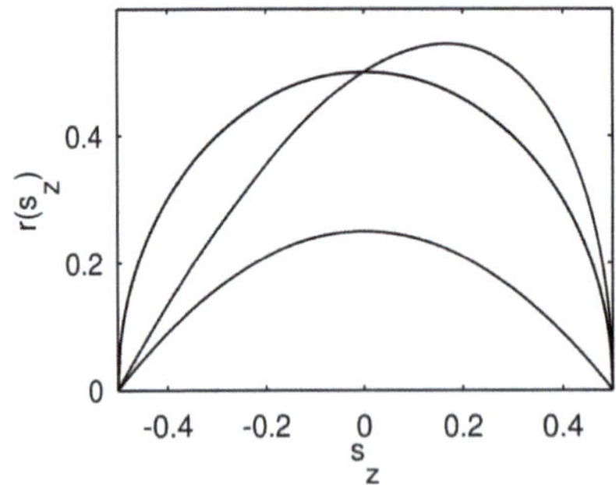

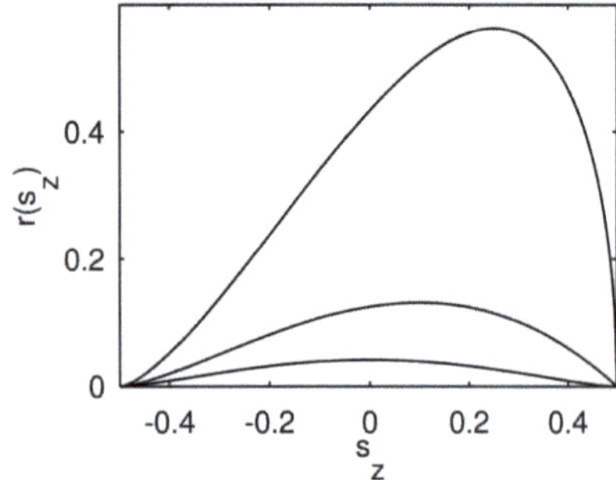

Bild 12.4 Radius $r(s_z)$ der Kummer-Fläche (12.62) für $(mn) = (1,1)$, $(2,1)$, $(2,2)$ (links) und $(3,1)$, $(3,2)$, $(3,3)$ (rechts)

Man bezeichnet diese Fläche (12.62) als eine **kummersche Fläche** (engl. „Kummer shape"), benannt nach Arbeiten von M. Kummer. Bild 12.5 zeigt einige dieser Flächen mit ausgewählten Trajektorien, also Lösungen der Bewegungsgleichungen (12.58). Alternativ lassen sich diese Bahnkurven auch erzeugen als Schnittkurven der kummerschen Flächen mit den Energieflächen $H(\mathbf{s}) = E$, also Ebenen für unsere lineare Hamilton-Funktion $H = v s_x + \epsilon s_z$.

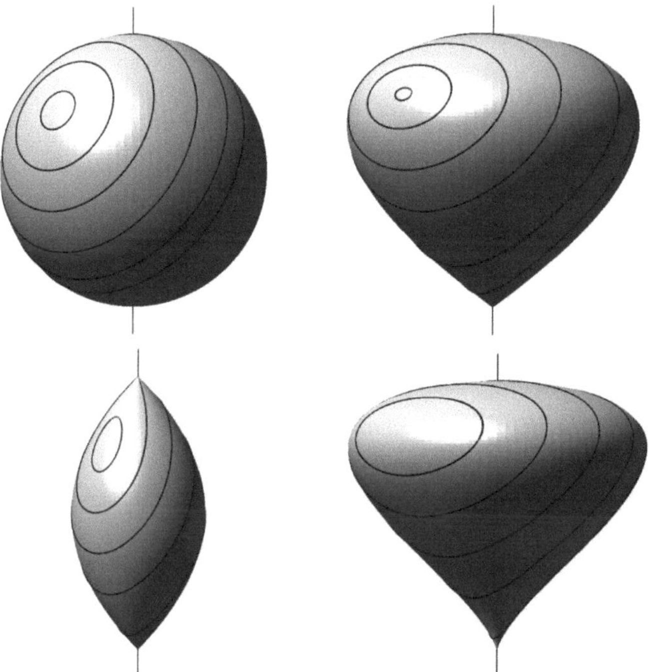

Bild 12.5 Kummersche Flächen für $(m,n) = (1,1)$ und $(m,n) = (2,1)$ (oben links bzw. rechts) und $(2,2)$ $(3,1)$ (unten links bzw. rechts) sowie ausgewählte Trajektorien für $\epsilon = 0.5$, $v = 1$

Noch ein paar Worte zu den kummerschen Flächen. Es sind Mannigfaltigkeiten mit den möglichen Ausnahmen der Pole $\mathbf{s}_\pm = (0,0,\pm\frac{1}{2})$. Dort ist die kummersche Fläche glatt für $n = 1$ am Nordpol $\mathbf{s}_+$ und am Südpol $\mathbf{s}_-$ für $m = 1$. (Für $m = n = 1$ erhalten wir eine Kugel, unsere bekannte Bloch-Kugel.) Ist dieser Wert gleich zwei, so findet man dort eine Spitze, wie bei den Beispielen mit $m = 2$, $n = 1$ rechts oben und $m = 2$, $n = 2$ links unten in Bild 12.5, und für höhere Werte eine scharfe Spindelform (im Bild unten rechts für $m = 3$).

Die **Fixpunkte** der Dynamik bilden wichtige Strukturelemente der Mean-Field-Dynamik. Aus der Bewegungsgleichung (12.58) erhält man für $\dot{s}_j = 0$

$$s_y = 0 \quad \text{und} \quad \epsilon s_x = v f(s_z)\,, \tag{12.64}$$

also mit $s_x^2 + s_y^2 = r^2(s_z)$ die Fixpunktbedingung

$$v^2 f^2(s_z) = \epsilon^2 r^2(s_z) \quad \text{mit} \quad -\frac{1}{2} \le s_z \le \frac{1}{2}\,. \tag{12.65}$$

Für $n > 1$ ist $f(\frac{1}{2}) = 0$ und für $m > 1$ ist $f(-\frac{1}{2}) = 0$ (siehe Gleichung (12.56)). Da an den Polen die Gleichung $r(\pm\frac{1}{2}) = 0$ erfüllt ist, ist dann dort immer ein Fixpunkt. Man kann nach Einsetzen der Gleichungen (12.56) und (12.59) die Fixpunktbedingung noch weiter vereinfachen, aber wir wollen das hier nur für einen speziellen Fall durchführen:

Aufgabe 12.4 (Lösung Seite 306): Berechnen Sie die Fixpunkte für ein Konversionssystem mit $(m,n) = (2,1)$, und zeigen Sie, dass man immer mindestens zwei Fixpunkte erhält und für $\epsilon^2 < 2v^2$ deren drei.

In Bild 12.3 wurden die Eigenwerte E für $(m,n) = (2,1)$ in Abhängigkeit von ϵ für $v = 1$ und $N = 80$ Teilchen dargestellt, die eine deutliche Struktur zeigen. Aufklärung dieses Verhaltens geben die Mean-Field-Energien der stationären Punkte aus Aufgabe 12.4, die im Bild 12.6 zusätzlich eingetragen sind. Hier sind die kritischen Werte $\epsilon_\pm = \pm v\sqrt{2}$ durch Pfeile gekennzeichnet. Außerhalb des Intervalls $\epsilon_- \le \epsilon \le \epsilon_+$ haben wir zwei Fixpunkte, den Südpol $s_z^{(o)} = -\frac{1}{2}$ und den Punkt $s_z^{(+)}$ (vgl. die Lösung von Aufgabe 12.4), jeweils ein Maximum und ein Minimum der Mean-Field-Energie, also Zentren in der Dynamik. Kreuzt ϵ einen kritischen Punkt, dann nähert sich der Fixpunkt $s_z^{(-)}$ dem Südpol, und wird für $\epsilon_- \le \epsilon \le \epsilon_+$ zu einem dritten erlaubten Fixpunkt, einem Maximum oder Minimum auf der kummerschen Fläche. Dabei geht der Charakter des Fixpunkts $s_z^{(o)}$ am Südpol in einen Sattelpunkt über.

Mehr zu den quantenmechanischen Konversionssystemen findet man in der auf Seite 203 angegebenen Arbeit.

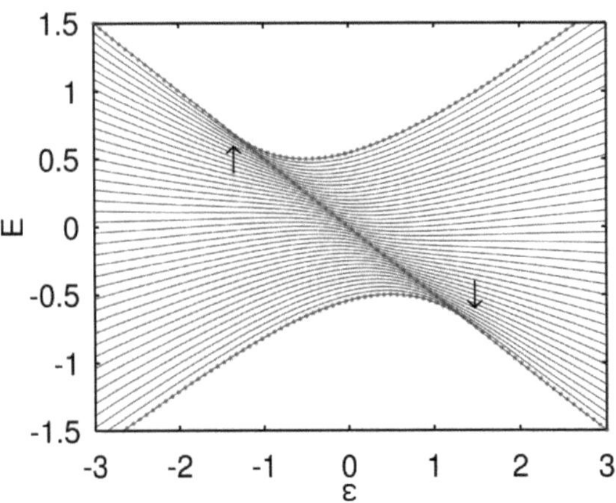

Bild 12.6 Vielteilchen-Konversion für $(m,n) = (2,1)$: Eigenwerte (skaliert) für $N = 80$ Teilchen und $v = 1$ in Abhängigkeit von ϵ und Mean-Field-Energien der stationären Punkte (gepunktete Kurven). Die beiden Pfeile kennzeichnen die kritischen Werte bei $\epsilon = \pm v\sqrt{2}$.

13 Aspekte nicht-hermitescher Dynamik

In den bisherigen Anwendungen algebraischer Methoden auf Quantensysteme haben wir uns auf hermitesche Systeme beschränkt. Systeme, beschrieben durch nicht-hermitesche Hamilton-Operatoren, sind jedoch von zunehmender Bedeutung zur Beschreibung von offenen Quantensystemen, in denen Verlust- und Verstärkungsprozesse vorkommen, die sich auf diese Weise effizient modellieren lassen. Die meisten der oben beschriebenen algebraischen Methoden lassen sich auch auf nicht-hermitesche Systeme übertragen. Dabei sind allerdings einige wichtige Unterschiede zu beachten, die in diesem Kapitel beschrieben werden.

Für ein nicht-hermitesches Quantensystem mit einem Hamilton-Operator $\hat{H} \neq \hat{H}^\dagger$ sind seine Eigenwerte im Allgemeinen komplex und die Eigenvektoren nicht orthogonal, genau wie die Eigenwerte und Eigenvektoren von $\hat{H}^\dagger$. Die beiden Eigenwertsysteme stehen aber in einem engen Zusammengang. Zunächst gilt: Wenn E Eigenwert von $\hat{H}$ ist, dann ist E^* Eigenwert von $\hat{H}^\dagger$. Das lässt sich, zumindest falls der Operator $\hat{H}$ eine endliche Matrixdarstellung hat, sehr einfach zeigen, denn die Determinante einer adjungierten Matrix ist gleich dem komplex konjugierten Wert der Determinante. Also gilt

$$\det(\hat{H}^\dagger - E^* \hat{I}) = \det(\hat{H} - E\hat{I})^\dagger = \big(\det(\hat{H} - E\hat{I})\big)^* = 0\,, \tag{13.1}$$

und damit ist E^* Eigenwert von $\hat{H}^\dagger$. Die Eigenzustände

$$\hat{H}|\varphi_n\rangle = E_n|\varphi_n\rangle\,, \quad \hat{H}^\dagger|\overline{\varphi}_n\rangle = E_n^*|\overline{\varphi}_n\rangle \tag{13.2}$$

der beiden Operatoren bilden ein biorthogonales System. Das heißt, die Eigenzustände zu verschiedenen Eigenwerten sind orthogonal, denn es gilt

$$\langle\overline{\varphi}_m|\hat{H}|\varphi_n\rangle = \begin{cases} \langle\overline{\varphi}_m|\big(\hat{H}|\varphi_n\rangle\big) = E_n\langle\overline{\varphi}_m|\varphi_n\rangle \\ \big(\hat{H}^\dagger|\overline{\varphi}_m\rangle\big)^\dagger|\varphi_n\rangle = E_m\langle\overline{\varphi}_m|\varphi_n\rangle \end{cases} \quad\Longrightarrow\quad (E_n - E_m)\langle\overline{\varphi}_m|\varphi_n\rangle = 0\,. \tag{13.3}$$

Diese Zustände sind also **biorthogonal** und wir normieren sie wie

$$\langle\overline{\varphi}_m|\varphi_n\rangle = \delta_{mn} \tag{13.4}$$

für ein nicht-entartetes Spektrum. Das gilt so für zeitunabhängige Hamilton-Operatoren; für explizit zeitabhängige bezeichnen wir diese Zustände zu einer festen Zeit als **instantane Eigenzustände** zu instantanen Eigenwerten.

Oft ist es zweckmäßig, mit beiden der biorthogonalen Basen der Eigenzustände des Operators $\hat{H}$ zugleich zu arbeiten. Wenn wir dann einen Zustand in der rechten Eigenbasis darstellen,

$$|\psi\rangle = \sum_n c_n|\varphi_n\rangle\,, \tag{13.5}$$

dann liefert ein Skalarprodukt mit den linken Eigenvektoren $|\overline{\varphi}_m\rangle$ wegen (13.4) die Koeffizienten c_m:

$$\langle\overline{\varphi}_m|\psi\rangle = \sum_n c_n \langle\overline{\varphi}_m|\varphi_n\rangle = c_m\,. \tag{13.6}$$

Genauso können wir die Darstellung

$$|\psi\rangle = \sum_n \widetilde{c}_n|\overline{\varphi}_n\rangle \quad \text{mit} \quad \widetilde{c}_n = \langle\varphi_n|\overline{\varphi}_n\rangle \tag{13.7}$$

in der linken Basis verwenden. Stellen wir einen weiteren Vektor ebenso dar,

$$|\phi\rangle = \sum_n d_n|\varphi_n\rangle = \sum_n \widetilde{d}_n|\overline{\varphi}_n\rangle\,, \tag{13.8}$$

dann erhalten wir für die Skalarprodukte und die Matrixelemente des Operators $\hat{H}$ bequeme Formeln für die Skalarprodukte

$$\langle\phi|\psi\rangle = \sum_n \widetilde{d}_n^* c_n = \sum_n d_n^* \widetilde{c}_n \tag{13.9}$$

und Matrixelemente, wie beispielsweise

$$\langle\phi|\hat{H}|\psi\rangle = \sum_n \widetilde{d}_n^* c_n E_n = \sum_n d_n^* \widetilde{c}_n E_n \tag{13.10}$$

mit den Eigenwerten E_n von $\hat{H}$.

Ein weiteres erwähnenswertes Problem, das für nicht-hermitesche Systeme mit unendlichdimensionalen Räumen auftritt, ist die Tatsache, dass die Existenz eines vollständigen Satzes von Eigenzuständen $|\varphi_n\rangle$ nicht die Existenz eines vollständigen Satzes des Systems $|\overline{\varphi}_n\rangle$ impliziert. Wie aber schon erwähnt, wollen wir hier die Phänomene unendlichdimensionaler Räume nicht näher untersuchen.[1]

In der Quantenmechanik spielen hermitesche Operatoren eine besondere Rolle als Repräsentanten physikalischer Observablen, weil ihre Eigenwerte reell sind und die (reellen) Messwerte dieser Größen liefern. In neuerer Zeit wird aber zusätzlich einer weiteren Klasse von Operatoren ein beträchtliches Interesse gewidmet, die eine sogenannte **PT-Symmetrie** aufweisen, eine Invarianz bei einer kombinierten Paritätsoperation P und einer Zeitspiegelung T. Solche PT-symmetrischen Systeme können in bestimmten Parameterbereichen ein reelles Spektrum besitzen. Man spricht dann von einer ungebrochenen PT-Symmetrie, andernfalls von einer gebrochenen PT-Symmetrie. An den Übergängen zwischen diesen Bereichen finden wir sogenannte **exzeptionelle Punkte**. An einem solchen Punkt im Parameterraum liegt eine Entartung vor, bei der nicht nur Eigenwerte übereinstimmen, sondern auch ihre Eigenvektoren.

Im Folgenden werden wir dieses Verhalten anhand von Beispielen genauer darstellen, wie zum Beispiel dem Bose-Hubbard-Dimer (siehe Abschnitt 13.4) oder dem Swanson-Oszillator (siehe Abschnitt 13.5). Weitere Informationen dazu finden sich in der Literatur, beispielsweise in den Buch *„Physik mit 2x2-Matrizen“* (siehe Seite 8).

1 Mehr darüber findet man beispielsweise im Buch C. Heil, *A Basis Theory Primer*, Birkhäuser, Boston, 2011.

13.1 Biunitäre Zeitentwicklung

Die Zeitentwicklung der Zustände wird durch die Schrödinger-Gleichung

$$\mathrm{i}\frac{\mathrm{d}}{\mathrm{d}t}|\psi(t)\rangle = \hat{H}|\psi(t)\rangle\ , \quad \mathrm{i}\frac{\mathrm{d}}{\mathrm{d}t}|\overline{\psi}(t)\rangle = \hat{H}^{\dagger}|\overline{\psi}(t)\rangle \tag{13.11}$$

($\hbar = 1$) beschrieben, oder durch

$$|\psi(t)\rangle = \hat{U}(t)|\psi(0)\rangle\ , \quad |\overline{\psi}(t)\rangle = \hat{\overline{U}}(t)|\overline{\psi}(0)\rangle\,, \tag{13.12}$$

beschreiben. Dabei sind die Operatoren $\hat{U}(t)$ und $\hat{\overline{U}}(t)$ Lösungen der Gleichungen

$$\mathrm{i}\frac{\mathrm{d}}{\mathrm{d}t}\hat{U}(t) = \hat{H}\hat{U}(t)\ , \quad \mathrm{i}\frac{\mathrm{d}}{\mathrm{d}t}\hat{\overline{U}}(t) = \hat{H}^{\dagger}\hat{\overline{U}}(t) \tag{13.13}$$

für die Anfangsbedingungen $\hat{U}(0) = \hat{\overline{U}}(0) = \hat{I}$. Aus der Relation

$$\mathrm{i}\frac{\mathrm{d}}{\mathrm{d}t}\big(\hat{\overline{U}}^{\dagger}\hat{U}\big) = \big(\mathrm{i}\frac{\mathrm{d}}{\mathrm{d}t}\hat{\overline{U}}^{\dagger}\big)\hat{U} + \hat{\overline{U}}^{\dagger}\big(\mathrm{i}\frac{\mathrm{d}}{\mathrm{d}t}\hat{U}\big) = -\hat{\overline{U}}^{\dagger}\hat{H}\hat{\overline{U}} + \hat{\overline{U}}^{\dagger}\hat{H}\hat{\overline{U}} = 0 \tag{13.14}$$

sehen wir, dass diese Operatoren **biunitär** sind:

$$\hat{\overline{U}}^{\dagger}\hat{U} = \hat{I} = \hat{U}^{\dagger}\hat{\overline{U}}\ , \quad \text{das heißt} \quad \hat{\overline{U}}^{\dagger} = \hat{U}^{-1}\,. \tag{13.15}$$

Die biunitäre Zeitentwicklung (13.12) lässt das Skalarprodukt invariant:

$$\langle\overline{\psi}(t)|\varphi(t)\rangle = \langle\overline{\psi}(0)|\hat{\overline{U}}^{\dagger}(t)\hat{U}(t)|\varphi(0)\rangle = \langle\overline{\psi}(0)|\varphi(0)\rangle\,. \tag{13.16}$$

Im nicht-hermiteschen Fall ist die Norm nicht erhalten und wir müssen daher die instantanen Erwartungswerte eines Operators $\hat{A}$ zur Zeit t als

$$\langle\hat{A}\rangle_t = \frac{\langle\psi(t)|\hat{A}|\psi(t)\rangle}{\langle\psi(t)|\psi(t)\rangle} = \frac{\langle\psi(0)|\hat{U}^{\dagger}(t)\hat{A}\hat{U}(t)|\psi(0)\rangle}{\langle\psi(0)|\hat{U}^{\dagger}(t)\hat{U}(t)|\psi(0)\rangle} \tag{13.17}$$

berechnen.

Die oben beschriebene nicht-hermitesche Zeitentwicklung der Zustandsvektoren entspricht dem **Schrödinger-Bild** im hermiteschen Fall. Eine Zeitentwicklung der Operatoren, also ein **Heisenberg-Bild**, können wir anstelle der üblichen Form $\hat{A}_H(t) = \hat{U}^{\dagger}(t,t_0)\,\hat{A}\,\hat{U}(t,t_0)$ als

$$\hat{A}_H(t) = \hat{\overline{U}}^{\dagger}(t,t_0)\,\hat{A}\,\hat{U}(t,t_0) = \hat{U}^{-1}(t)\hat{A}\,\hat{U}(t) \tag{13.18}$$

definieren mit $\hat{A}_H(t_0) = \hat{A}$, wie schon in Zusammenhang mit Gleichung (2.39) erwähnt. Dies hat einige wichtige Vorteile: Zum einen erhält man die Zeitevolution der Operatoren in der gewohnten Form (2.33) als

$$\mathrm{i}\frac{\mathrm{d}}{\mathrm{d}t}\hat{A}_H = \big[\hat{A}_H, \hat{H}_H\big] + \mathrm{i}\Big(\frac{\partial}{\partial t}\hat{A}\Big)_H\,, \tag{13.19}$$

und zum anderen bleiben Produktrelationen erhalten,

$$(\hat{A}\hat{B})_H = \hat{U}^{-1}\hat{A}\hat{B}\,\hat{U} = \hat{U}^{-1}\hat{A}\,\hat{U}\,\hat{U}^{-1}\hat{B}\,\hat{U} = \hat{A}_H\hat{B}_H\,, \tag{13.20}$$

und damit auch Kommutator-Relationen und algebraische Strukturen. Dazu muss man sich nur vergewissern, dass die Beweise dieser Eigenschaften auf Seite 30 genauso geführt werden können, wenn man $\hat{U}^\dagger$ durch $\hat{U}^{-1}$ ersetzt. Jedoch impliziert hier die Hermitizität eines Operators im Schrödinger-Bild *nicht* seine Hermitizität im Heisenberg-Bild wie im Fall einer unitären Zeitevolution. Im Allgemeinen ist

$$\hat{A}_H^\dagger(t) \neq \left(\hat{A}_H(t)\right)^\dagger . \tag{13.21}$$

Im Folgenden betrachten wir nur Operatoren $\hat{A}$ *ohne* eine intrinsische Zeitabhängigkeit (außer dem Hamilton-Operator selbst) und wir bezeichnen das Heisenberg-Bild $\hat{A}_H(t)$ einfach durch Angabe der Zeitabhängigkeit als $\hat{A}(t)$ mit dem Operator $\hat{A} = \hat{A}(t_0) = \hat{A}(0)$ im Schrödinger-Bild für $t_0 = 0$. Wir betrachten also die heisenbergschen Bewegungsgleichungen

$$\mathrm{i}\frac{\mathrm{d}}{\mathrm{d}t}\hat{A}(t) = \left[\hat{A}(t), \hat{H}(t)\right] \quad \text{für} \quad \hat{A}(0) = \hat{A} \tag{13.22}$$

mit der Lösung

$$\hat{A}(t) = \hat{U}^{-1}(t)\hat{A}\hat{U}(t) \tag{13.23}$$

in der biunitären Darstellung. Ist der Hamilton-Operator $\hat{H}$ zeitunabhängig, haben wir einfach

$$\hat{A}(t) = \mathrm{e}^{+\mathrm{i}\hat{H}t}\hat{A}\mathrm{e}^{-\mathrm{i}\hat{H}t} . \tag{13.24}$$

Für hermitesche Systeme ist die Kenntnis der Zeitentwicklung $\hat{A}(t)$ einer Observablen im Heisenberg-Bild ausreichend für eine Berechnung der instantanen Erwartungswerte $\langle\hat{A}\rangle_t = \langle\psi_0|\hat{A}(t)|\psi_0\rangle$ für einen Anfangszustand $|\psi_0\rangle$. Im nicht-hermiteschen Fall benötigen wir jedoch zusätzlich die Zeitentwicklung der Norm. Dazu ist es zweckmäßig, den **Normoperator**

$$\hat{P}(t) = \hat{U}^\dagger(t)\,\hat{U}(t) \tag{13.25}$$

einzuführen. Neben $\hat{P}(0) = \hat{I}$ besitzt er die Eigenschaften

$$\hat{P}^\dagger(t) = \left(\hat{U}^\dagger(t)\hat{U}(t)\right)^\dagger = \hat{U}^\dagger(t)\hat{U}(t) = \hat{P}(t) , \tag{13.26}$$

$$\langle\psi_0|\hat{P}|\psi_0\rangle = \langle\psi(t)|\psi(t)\rangle \geq 0 \tag{13.27}$$

$$\hat{P}^{-1}(t) = \hat{\bar{U}}^\dagger(t)\hat{\bar{U}}(t) , \tag{13.28}$$

dass heißt, $\hat{P}(t)$ ist hermitesch, positiv und invertierbar.

Der Operator $\hat{P}(t)$ kann für eine Berechnung von Erwartungswerten verwendet werden. Mit

$$\hat{U}^\dagger(t)\hat{A}\hat{U}(t) = \hat{U}^\dagger(t)\hat{U}(t)\hat{U}^{-1}(t)\hat{A}\hat{U}(t) = \hat{P}(t)\hat{A}(t) \tag{13.29}$$

erhält man

$$\langle\psi(t)|\hat{A}|\psi(t)\rangle = \langle\psi_0|\hat{U}^\dagger(t)\hat{A}\hat{U}(t)|\psi_0\rangle = \langle\psi_0|\hat{P}(t)\hat{A}(t)|\psi_0\rangle , \tag{13.30}$$

und insbesondere

$$\langle\psi(t)|\psi(t)\rangle = \langle\psi_0|\hat{P}(t)|\psi_0\rangle =: P(t) , \tag{13.31}$$

sowie

$$\langle \hat{A} \rangle_t = \frac{\langle \psi_0 | \hat{P}(t) \hat{A}(t) | \psi_0 \rangle}{\langle \psi_0 | \hat{P}(t) | \psi_0 \rangle} = P^{-1}(t)\, \langle \psi_0 | \hat{P}(t) \hat{A}(t) | \psi_0 \rangle \,. \tag{13.32}$$

Für einen zeitunabhängigen Hamilton-Operator ist der Normoperator gleich

$$\hat{P}(t) = \mathrm{e}^{\mathrm{i}\hat{H}^\dagger t} \mathrm{e}^{-\mathrm{i}\hat{H} t} \tag{13.33}$$

und, falls $\hat{H}$ mit $\hat{H}^\dagger$ vertauscht, also normal ist ($\hat{H}\hat{H}^\dagger = \hat{H}^\dagger \hat{H}$, vgl. Seite 15), gilt einfach

$$\hat{P}(t) = \mathrm{e}^{-\mathrm{i}(\hat{H} - \hat{H}^\dagger) t} = \mathrm{e}^{-\hat{\Gamma} t} \quad \text{mit} \quad \hat{\Gamma} = \mathrm{i}(\hat{H} - \hat{H}^\dagger) \,. \tag{13.34}$$

Von Nutzen sind auch die Relationen

$$\langle \varphi_m | \hat{P}(t) | \varphi_n \rangle = \mathrm{e}^{\mathrm{i}(E_m^* - E_n) t} \langle \varphi_m | \varphi_n \rangle \tag{13.35}$$

und, mit den biorthogonalen Eigenzuständen (13.2),

$$\hat{P}(t) = \sum_{m,n} \mathrm{e}^{\mathrm{i}(E_m^* - E_n) t} |\overline{\varphi}_m \rangle \langle \varphi_m | \varphi_n \rangle \langle \overline{\varphi}_n | \,. \tag{13.36}$$

Wenn alle Eigenwerte von $\hat{H}$ reellwertig sind, oszilliert $\hat{P}(t)$ für alle Zeiten. Sind alle Eigenwerte komplex, $E_n = \epsilon_n - \mathrm{i}\gamma_n$, verhält sich die Norm eines Anfangszustands $|\psi(0)\rangle = \sum_n c_n |\varphi_n\rangle$ asymptotisch wie

$$\langle \psi(t) | \psi(t) \rangle = \langle \psi(0) | \hat{P}(t) | \psi(0) \rangle \quad \longrightarrow \quad |c_{n_0}|^2 \langle \varphi_{n_0} | \varphi_{n_0} \rangle \mathrm{e}^{-2\gamma_{n_0} t} \,, \tag{13.37}$$

wobei n_0 der stabilste Zustand ist, also der mit dem kleinsten Wert γ_n für $c_n \neq 0$, vorausgesetzt, es gibt nur einen Zustand mit dieser Eigenschaft.

13.2 Der angetriebene gedämpfte harmonische Oszillator

Als eine erste Anwendung des Heisenberg-Bildes für nicht-hermitesche Systeme wollen wir den angetriebenen harmonischen Oszillator mit einer komplexwertigen Frequenz

$$\hat{H}(t) = \widetilde{\omega}\big(\hat{a}^\dagger \hat{a} + \tfrac{1}{2}\big) + f(t)\hat{a} + f^*(t)\hat{a}^\dagger \quad \text{mit} \quad \widetilde{\omega} = \omega - \mathrm{i}\gamma \quad , \quad \omega, \gamma > 0 \,, \tag{13.38}$$

noch einmal betrachten (wir wählen Einheiten mit $\hbar = 1$), den wir schon ausführlich in vorangehenden Abschnitten behandelt haben (siehe Seite 36 und Seite 145).

Dabei werden wir die Ähnlichkeitstransformationen der Algebra $\mathscr{L}_4 = \{\hat{I},\, \hat{a}^\dagger,\, \hat{a},\, \hat{a}^\dagger\hat{a}\}$ aus Tabelle 6.2 benötigen, die hier noch einmal zusammengefasst sind:

$$\begin{aligned} &\mathrm{e}^{z\hat{a}} \hat{a}^\dagger \mathrm{e}^{-z\hat{a}} = \hat{a}^\dagger + z\hat{I} \quad , \quad \mathrm{e}^{z\hat{a}^\dagger} \hat{a} \mathrm{e}^{-z\hat{a}^\dagger} = \hat{a} - z\hat{I} \quad , \quad \mathrm{e}^{z\hat{a}} \hat{a}^\dagger \hat{a} \mathrm{e}^{-z\hat{a}} = \hat{a}^\dagger \hat{a} + z\hat{a} \,, \\ &\mathrm{e}^{z\hat{a}^\dagger} \hat{a}^\dagger \hat{a} \mathrm{e}^{-z\hat{a}^\dagger} = \hat{a}^\dagger \hat{a} - z\hat{a}^\dagger \quad , \quad \mathrm{e}^{z\hat{a}^\dagger \hat{a}} \hat{a}^\dagger \mathrm{e}^{-z\hat{a}^\dagger \hat{a}} = \mathrm{e}^{z} \hat{a}^\dagger \quad , \quad \mathrm{e}^{z\hat{a}^\dagger \hat{a}} \hat{a} \mathrm{e}^{-z\hat{a}^\dagger \hat{a}} = \mathrm{e}^{-z} \hat{a} \,. \end{aligned} \tag{13.39}$$

(1) Wir betrachten zunächst den kräftefreien Fall $f(t) = 0$. Dann ist mit dem Zeitentwicklungsoperator $\hat{U}(t) = \mathrm{e}^{-\mathrm{i}\hat{H}t} = \mathrm{e}^{-\mathrm{i}\tilde{\omega}(\hat{a}^\dagger\hat{a}+\frac{1}{2})t}$ der Normoperator einfach zu berechnen,

$$\hat{P}(t) = \hat{U}^\dagger(t)\hat{U}(t) = \mathrm{e}^{\mathrm{i}\tilde{\omega}^*(\hat{a}^\dagger\hat{a}+1/2)t}\mathrm{e}^{-\mathrm{i}\tilde{\omega}(\hat{a}^\dagger\hat{a}+1/2)t} = \mathrm{e}^{-2\gamma(\hat{a}^\dagger\hat{a}+1/2)t}, \tag{13.40}$$

und die Norm fällt ab wie wie

$$P(t) = \langle\psi_0|\hat{P}(t)|\psi_0\rangle = \langle\psi_0|\mathrm{e}^{-2\gamma(\hat{a}^\dagger\hat{a}+\frac{1}{2})t}|\psi_0\rangle\,. \tag{13.41}$$

Die Operatoren $\hat{a}(t)$ und $\hat{a}^\dagger(t)$ im Heisenberg-Bild (13.18) erhalten wir mit den Transformationsformeln aus (13.39) als

$$\begin{aligned}\hat{a}(t) &= \hat{U}^{-1}(t)\,\hat{a}\,\hat{U}(t) = \mathrm{e}^{\mathrm{i}\tilde{\omega}(\hat{a}^\dagger\hat{a}+\frac{1}{2})t}\,\hat{a}\,\mathrm{e}^{-\mathrm{i}\tilde{\omega}(\hat{a}^\dagger\hat{a}+\frac{1}{2})t} = \mathrm{e}^{-\mathrm{i}\tilde{\omega}t}\,\hat{a} = \mathrm{e}^{-\mathrm{i}\omega t}\mathrm{e}^{-\gamma t}\,\hat{a}\\ \hat{a}^\dagger(t) &= \hat{U}^{-1}(t)\,\hat{a}^\dagger\,\hat{U}(t) = \mathrm{e}^{\mathrm{i}\tilde{\omega}(\hat{a}^\dagger\hat{a}+\frac{1}{2})t}\,\hat{a}^\dagger\,\mathrm{e}^{-\mathrm{i}\tilde{\omega}(\hat{a}^\dagger\hat{a}+\frac{1}{2})t} = \mathrm{e}^{+\mathrm{i}\tilde{\omega}t}\,\hat{a}^\dagger = \mathrm{e}^{+\mathrm{i}\omega t}\mathrm{e}^{+\gamma t}\,\hat{a}^\dagger,\end{aligned} \tag{13.42}$$

und wie erwartet gilt $\hat{a}^\dagger(t) \neq (\hat{a}(t))^\dagger$ und $(\hat{a}^\dagger\hat{a})(t) = \hat{a}^\dagger(t)\hat{a}(t)$ sowie $\left[\hat{a}(t), \hat{a}^\dagger(t)\right] = \left[\hat{a}, \hat{a}^\dagger\right] = 1$. Der Teilchenzahloperator $\hat{N} = \hat{a}^\dagger\hat{a}$ bleibt zeitlich konstant:

$$\hat{N}(t) = \hat{U}^{-1}(t)\,\hat{a}^\dagger\hat{a}\,\hat{U}(t) = \mathrm{e}^{\mathrm{i}\tilde{\omega}(\hat{a}^\dagger\hat{a}+\frac{1}{2})t}\,\hat{a}^\dagger\hat{a}\,\mathrm{e}^{-\mathrm{i}\tilde{\omega}(\hat{a}^\dagger\hat{a}+\frac{1}{2})t} = \hat{a}^\dagger\hat{a} = \hat{N}\,. \tag{13.43}$$

Für den Erwartungswert erhalten wir damit

$$\langle\hat{a}\rangle_t = \frac{\langle\psi_0|\hat{P}(t)\hat{a}(t)|\psi_0\rangle}{\langle\psi_0|\hat{P}(t)|\psi_0\rangle} = \mathrm{e}^{-\mathrm{i}\tilde{\omega}t}\frac{\langle\psi_0|\hat{P}(t)\hat{a}|\psi_0\rangle}{\langle\psi_0|\hat{P}(t)|\psi_0\rangle}\,,\quad \langle\hat{a}^\dagger\rangle_t = \mathrm{e}^{+\mathrm{i}\tilde{\omega}t}\frac{\langle\psi_0|\hat{P}(t)\hat{a}^\dagger|\psi_0\rangle}{\langle\psi_0|\hat{P}(t)|\psi_0\rangle}\,, \tag{13.44}$$

und

$$\langle\hat{N}\rangle_t = \frac{\langle\psi_0|\hat{P}(t)\hat{N}(t)|\psi_0\rangle}{\langle\psi_0|\hat{P}(t)|\psi_0\rangle} = \frac{\langle\psi_0|\hat{P}(t)\hat{a}^\dagger\hat{a}|\psi_0\rangle}{\langle\psi_0|\hat{P}(t)|\psi_0\rangle}\,. \tag{13.45}$$

Für einen kohärenten Anfangszustand $|\psi_0\rangle = |\alpha_0\rangle$ mit $\hat{a}|\alpha_0\rangle = \alpha_0|\alpha_0\rangle$ also

$$\langle\hat{a}\rangle_t = \mathrm{e}^{-\mathrm{i}\tilde{\omega}t}\alpha_0\frac{\langle\alpha_0|\hat{P}(t)|\alpha_0\rangle}{\langle\alpha_0|\hat{P}(t)|\alpha_0\rangle} = \mathrm{e}^{-\mathrm{i}\tilde{\omega}t}\alpha_0 = \mathrm{e}^{-\mathrm{i}\omega t}\mathrm{e}^{-\gamma t}\alpha_0 = \alpha(t)\,. \tag{13.46}$$

Zur Berechnung der Erwartungswerte von $\hat{a}^\dagger$ und $\hat{N}$ ordnen wir mit $\mathrm{e}^{z\hat{a}^\dagger\hat{a}}\hat{a}^\dagger = \mathrm{e}^z\hat{a}^\dagger\mathrm{e}^{z\hat{a}^\dagger\hat{a}}$ aus (13.39) das Produkt um,

$$\hat{P}(t)\hat{a}^\dagger = \mathrm{e}^{-2\gamma(\hat{a}^\dagger\hat{a}^\dagger+1/2)t}\,\hat{a}^\dagger = \mathrm{e}^{-2\gamma t}\,\hat{a}^\dagger\mathrm{e}^{-2\gamma(\hat{a}^\dagger\hat{a}^\dagger+1/2)t} = \mathrm{e}^{-2\gamma t}\,\hat{a}^\dagger\hat{P}(t)\,, \tag{13.47}$$

und erhalten mit $\hat{a}|\alpha_0\rangle = \alpha_0|\alpha_0\rangle$ und $\langle\alpha_0|\hat{a}^\dagger = \langle\alpha_0|\alpha_0^*$

$$\langle\hat{a}^\dagger\rangle_t = \mathrm{e}^{+\mathrm{i}\tilde{\omega}t}\mathrm{e}^{-2\gamma t}\frac{\langle\alpha_0|\hat{a}^\dagger\hat{P}(t)|\alpha_0\rangle}{\langle\alpha_0|\hat{P}(t)|\alpha_0\rangle} = \mathrm{e}^{+\mathrm{i}\omega t}\mathrm{e}^{-\gamma t}\alpha_0^* = \alpha^*(t)\,. \tag{13.48}$$

Der Erwartungswert der Teilchenzahl nimmt zeitlich exponentiell ab:

$$\langle\hat{N}\rangle_t = \mathrm{e}^{-2\gamma t}\frac{\langle\alpha_0|\hat{a}^\dagger\hat{P}(t)\hat{a}|\alpha_0\rangle}{\langle\alpha_0|\hat{P}(t)|\alpha_0\rangle} = \mathrm{e}^{-2\gamma t}\alpha_0^*\alpha_0\frac{\langle\alpha_0|\hat{P}(t)|\alpha_0\rangle}{\langle\alpha_0|\hat{P}(t)|\alpha_0\rangle} = |\alpha(t)|^2 = n_0\,\mathrm{e}^{-2\gamma t} \tag{13.49}$$

mit $n_0 = |\alpha_0|^2$.

(2) Für den angetriebenen Oszillator ist etwas mehr Aufwand erforderlich. Den Zeitentwicklungsoperator hatten wir schon in Gleichung (8.7) als

$$\hat{U}(t) = \mathrm{e}^{g_0(\hat{a}^\dagger\hat{a}+\frac{1}{2})}\mathrm{e}^{g_1\hat{a}^\dagger}\mathrm{e}^{g_2\hat{a}}\mathrm{e}^{g_3} \tag{13.50}$$

ermittelt. Dabei ist $g_0(t) = -\mathrm{i}\tilde{\omega}t = -\mathrm{i}\omega t - \gamma t$ und $g_1(t)$, $g_2(t)$ und $g_3(t)$ sind durch die Integrale (8.6) gegeben. Den Normoperator können wir aus Aufgabe 8.1 übernehmen:

$$\hat{P}(t) = \hat{U}^\dagger(t)\hat{U}(t) = \mathrm{e}^{g_3+g_3^*+g_1g_1^*\mathrm{e}^w}\mathrm{e}^{(g_2^*+g_1\mathrm{e}^w)\hat{a}^\dagger}\mathrm{e}^{w\hat{K}_0}\mathrm{e}^{(g_2+g_1^*\mathrm{e}^w)\hat{a}} \quad \text{mit } w = g_0 + g_0^* . \tag{13.51}$$

Im Folgenden wollen wir noch die Zeitentwicklung der Algebra-Operatoren $\hat{A}(t) = \hat{U}^{-1}(t)\hat{A}\hat{U}(t)$ im Heisenberg-Bild (2.39) bestimmen. Zunächst betrachten wir $\hat{a}(t)$ und $\hat{a}^\dagger(t)$:

$$\begin{aligned}
\hat{a}(t) &= \mathrm{e}^{-g_2\hat{a}}\mathrm{e}^{-g_1\hat{a}^\dagger}\underbrace{\mathrm{e}^{-g_0(\hat{a}^\dagger\hat{a}+\frac{1}{2})}\hat{a}\,\mathrm{e}^{g_0(\hat{a}^\dagger\hat{a}+\frac{1}{2})}}_{=\mathrm{e}^{g_0}\hat{a}}\mathrm{e}^{g_1\hat{a}^\dagger}\mathrm{e}^{g_2\hat{a}} \\
&= \mathrm{e}^{g_0}\mathrm{e}^{g_2\hat{a}}\underbrace{\mathrm{e}^{-g_1\hat{a}^\dagger}\hat{a}\,\mathrm{e}^{g_1\hat{a}^\dagger}}_{=\hat{a}+g_1}\mathrm{e}^{g_2\hat{a}} = \mathrm{e}^{g_0}\big(\hat{a}+g_1\big),
\end{aligned} \tag{13.52}$$

$$\begin{aligned}
\hat{a}^\dagger(t) &= \mathrm{e}^{-g_2\hat{a}}\mathrm{e}^{-g_1\hat{a}^\dagger}\underbrace{\mathrm{e}^{-g_0(\hat{a}^\dagger\hat{a}+\frac{1}{2})}\hat{a}^\dagger\mathrm{e}^{g_0(\hat{a}^\dagger\hat{a}+\frac{1}{2})}}_{=\mathrm{e}^{-g_0}\hat{a}^\dagger}\mathrm{e}^{g_1\hat{a}^\dagger}\mathrm{e}^{g_2\hat{a}} \\
&= \mathrm{e}^{-g_0}\mathrm{e}^{-g_2\hat{a}}\hat{a}^\dagger\mathrm{e}^{g_2\hat{a}} = \mathrm{e}^{-g_0}\big(\hat{a}^\dagger - g_2\big).
\end{aligned} \tag{13.53}$$

Den Operator $\hat{K}_0(t) = \hat{N}(t)$ können wir entweder durch das Produkt von $\hat{a}^\dagger(t)$ und $\hat{a}(t)$ erhalten (vgl. Gleichung (13.20)),

$$\begin{aligned}
\hat{K}_0(t) &= \hat{a}^\dagger(t)\hat{a}(t) + \tfrac{1}{2} = \mathrm{e}^{-g_0}\big(\hat{a}^\dagger - g_2\big)\mathrm{e}^{g_0}\big(\hat{a}+g_1\big) + \tfrac{1}{2} \\
&= \hat{a}^\dagger\hat{a} + \tfrac{1}{2} + g_1\hat{a}^\dagger - g_2\hat{a} - g_1g_2 = \hat{K}_0 + g_1\hat{a}^\dagger - g_2\hat{a} - g_1g_2 ,
\end{aligned} \tag{13.54}$$

oder durch direkte Rechnung:

$$\begin{aligned}
\hat{K}_0(t) &= \mathrm{e}^{-g_3\hat{I}}\mathrm{e}^{-g_2\hat{a}}\mathrm{e}^{-g_1\hat{a}^\dagger}\mathrm{e}^{-g_0(\hat{a}^\dagger\hat{a}+\frac{1}{2})}\hat{K}_0\,\mathrm{e}^{g_0(\hat{a}^\dagger\hat{a}+\frac{1}{2})}\mathrm{e}^{g_1\hat{a}^\dagger}\mathrm{e}^{g_2\hat{a}}\mathrm{e}^{g_3\hat{I}} \\
&= \mathrm{e}^{-g_2\hat{a}}\underbrace{\mathrm{e}^{-g_1\hat{a}^\dagger}\hat{K}_0\,\mathrm{e}^{g_1\hat{a}^\dagger}}_{=\hat{K}_0+g_1\hat{a}^\dagger}\mathrm{e}^{g_2\hat{a}} = \underbrace{\mathrm{e}^{-g_2\hat{a}}\hat{K}_0\,\mathrm{e}^{g_2\hat{a}}}_{=\hat{K}_0-g_2\hat{a}} + g_1\underbrace{\mathrm{e}^{-g_2\hat{a}}\hat{a}^\dagger\mathrm{e}^{g_2\hat{a}}}_{=\hat{a}^\dagger-g_2} \\
&= \hat{K}_0 + g_1\hat{a}^\dagger - g_2\hat{a} - g_1g_2 .
\end{aligned} \tag{13.55}$$

Zusammengefasst erhalten wir also für die Operatoren

$$\hat{a}(t) = \mathrm{e}^{-\mathrm{i}\tilde{\omega}t}\big(\hat{a} + g_1(t)\big) , \quad \hat{a}^\dagger(t) = \mathrm{e}^{+\mathrm{i}\tilde{\omega}t}\big(\hat{a}^\dagger - g_2(t)\big) \tag{13.56}$$

$$\hat{N}(t) = \hat{N} + g_1(t)\hat{a}^\dagger - g_2(t)\hat{a} - g_1(t)g_2(t) \tag{13.57}$$

mit $\hat{a}(0) = \hat{a}$, $\hat{a}^\dagger(0) = \hat{a}^\dagger$ und $\hat{N}(0) = \hat{N}$. Es sollte noch darauf hingewiesen werden, dass hier die Hermitizitätsrelationen nicht erhalten bleiben, das heißt, es gilt $\hat{a}(t) \neq \hat{a}^\dagger(t)$ und $\hat{N}(t) \neq (\hat{N}(t)^\dagger$, da $g_2(t) \neq -g_1^*(t)$. Außerdem kann man sich davon überzeugen, dass man die Resultate für $\hat{a}(t)$ und $\hat{a}^\dagger(t)$ auch aus den allgemeineren in (7.105) und (7.107) erhält, wenn man dort $c_\pm = 0$ setzt und die Koeffizienten c_j in g_j umbenennt.

Aufgabe 13.1 (Lösung Seite 307): Überzeugen Sie sich davon, dass die Operatoren $\hat{a}(t)$, $\hat{a}^\dagger(t)$ und $\hat{N}(t)$ aus Gleichungen (13.56) und (13.57) die heisenbergschen Bewegungsgleichungen $\mathrm{i}\frac{\mathrm{d}}{\mathrm{d}t}\hat{A}(t) = \big[\hat{A}(t), \hat{H}(t)\big]$ mit $\hat{A}(0) = \hat{A}$ erfüllen.

Die Erwartungswerte eines kohärenten Anfangszustands $|\alpha_0\rangle$ bestimmen wir nach der gleichen Rechnung wie oben. So erhalten wir direkt

$$\langle\hat{a}\rangle_t = \mathrm{e}^{-\mathrm{i}\tilde{\omega}(t)}\big(\alpha_0 + g_1(t)\big), \tag{13.58}$$

aber zur Berechnung von $\langle\hat{a}^\dagger\rangle_t$ und $\langle\hat{N}\rangle_t$ müssen wir zunächst wie in Gleichung (13.47) umformen, was wir einer Aufgabe überlassen:

Aufgabe 13.2 (Lösung Seite 307): Zeigen Sie: $\hat{P}(t)\hat{a}^\dagger$ lässt sich umschreiben als

$$\hat{P}(t)\hat{a}^\dagger = (\mathrm{e}^{w}\hat{a}^\dagger + g_2 + g_1^*\mathrm{e}^{w})\hat{P}(t)$$

und es gilt mit $\hat{a}^\dagger(t)$, $\hat{N}(t)$ aus (13.56) und (13.57) für einen kohärenten Anfangszustand $|\alpha_0\rangle$

$$\langle\hat{a}^\dagger\rangle_t = \mathrm{e}^{g_0^*}(\alpha_0^* + g_1^*)\ , \quad \langle\hat{N}\rangle_t = \mathrm{e}^{-2\gamma t}|\alpha_0 + g_1(t)|^2 .$$

Diese Resultate sind in Übereinstimmung mit den Ergebnissen im Schrödinger-Bild in den Gleichungen (8.13), (8.14) und (8.16), die sich allerdings wesentlich bequemer berechnen ließen.

13.3 Nicht-hermitesche Zweiniveaudynamik

Einfache, aber sehr lehrreiche Systeme mit einer nicht-hermiteschen Dynamik sind Zweiniveausysteme, die in vielen Studien zur Modellierung offener Quantensysteme oder der Wellenpropagation in optischen Systemen mit Verlust und Verstärkung herangezogen wurden. Für solche 2 × 2-Matrixsysteme ergeben sich durch die algebraischen Methoden allerdings kaum Vorteile, sie bieten aber eine gute Grundlage für die Beschreibung komplexerer Systeme.

Die Matrizen

$$\mathbf{K}_0 = \begin{pmatrix} 1 & 0 \\ 0 & -1 \end{pmatrix}\ , \quad \mathbf{K}_+ = \begin{pmatrix} 0 & 1 \\ 0 & 0 \end{pmatrix}\ , \quad \mathbf{K}_- = \begin{pmatrix} 0 & 0 \\ 1 & 0 \end{pmatrix} \tag{13.59}$$

liefern eine Darstellung der Algebra $\mathfrak{su}(2)$ (siehe Gleichung (6.188)) und ihre Linearkombination

$$\mathbf{H} = \omega_0\mathbf{K}_0 + \omega_+\mathbf{K}_+ + \omega_-\mathbf{K}_- = \begin{pmatrix} \omega_0 & \omega_+ \\ \omega_- & -\omega_0 \end{pmatrix}, \tag{13.60}$$

ergibt einen spurlosen Hamilton-Operator, wobei $\omega_0(t)$ und $\omega_\pm(t)$ zeitabhängig und komplexwertig sein können. Eine Verallgemeinerung $\mathbf{H} + h(t)\mathbf{I}$ führt nur zu einem trivialen Vorfaktor $\mathrm{e}^{-\mathrm{i}\int_0^t h(\tau)\mathrm{d}\tau}$ des Zeitentwicklungsoperators. (Hier setzen wir wieder $\hbar = 1$.)

In diesem einfachen 2×2-Fall kann man die Zeitentwicklungsmatrix direkt aus dem exponentiellen Produkt (7.45) erhalten, denn es gilt wegen $\mathbf{K}_+^2 = \mathbf{K}_-^2 = \mathbf{0}$

$$\mathrm{e}^{c_0 \mathbf{K}_0} = \begin{pmatrix} \mathrm{e}^{c_0} & 0 \\ 0 & \mathrm{e}^{-c_0} \end{pmatrix} , \quad \mathrm{e}^{c_+ \mathbf{K}_+} = \begin{pmatrix} 1 & c_+ \\ 0 & 1 \end{pmatrix} \quad \text{und} \quad \mathrm{e}^{c_- \mathbf{K}_-} = \begin{pmatrix} 1 & 0 \\ c_- & 1 \end{pmatrix} \tag{13.61}$$

nach Ausmultiplizieren

$$\mathbf{U}(t) = \mathrm{e}^{c_0 \mathbf{K}_0}\, \mathrm{e}^{c_+ \mathbf{K}_+}\, \mathrm{e}^{c_- \mathbf{K}_-} = \begin{pmatrix} (1 + c_+ c_-)\mathrm{e}^{c_0} & c_+ \mathrm{e}^{c_0} \\ c_- \mathrm{e}^{-c_0} & \mathrm{e}^{-c_0} \end{pmatrix} = \begin{pmatrix} L & G \\ F & H \end{pmatrix} \tag{13.62}$$

mit den Variablen H, G, F, definiert in Gleichung (7.54), und $L = (1 + FG)/H$ nach Gleichung (7.57). Die Differentialgleichungen (7.55) und (7.56) für diese Funktionen,

$$\mathrm{i}\frac{\mathrm{d}}{\mathrm{d}t}\begin{pmatrix} G \\ H \end{pmatrix} = \begin{pmatrix} \omega_0 & \omega_+ \\ \omega_- & -\omega_0 \end{pmatrix}\begin{pmatrix} G \\ H \end{pmatrix} , \quad \mathrm{i}\frac{\mathrm{d}}{\mathrm{d}t}\begin{pmatrix} F \\ L \end{pmatrix} = \begin{pmatrix} -\omega_0 & \omega_+ \\ \omega_- & \omega_0 \end{pmatrix}\begin{pmatrix} F \\ L \end{pmatrix} , \tag{13.63}$$

sind identisch mit denen für die Matrixelemente von $\mathbf{U}(t)$, die durch $\mathrm{i}\,\mathrm{d}\mathbf{U}/\mathrm{d}t = \mathbf{HU}$ bestimmt sind. Die Zeitentwicklung lässt die Determinante von $\mathbf{U}$ invariant, $\det \mathbf{U} = 1$, eine Konsequenz von $\operatorname{spur} \mathbf{H} = 0$ (siehe Seite 29). Ein beliebiger Zustandsvektor $\mathbf{x} = (x_1, x_2)^T$ mit Anfangswerten $\mathbf{x}(0) = (x_1(0), x_2(0))^T$ entwickelt sich zeitlich gemäß $\mathbf{x}(t) = \mathbf{U}(t)\mathbf{x}(0)$, oder

$$\begin{pmatrix} x_1(t) \\ x_2(t) \end{pmatrix} = \begin{pmatrix} L(t) & G(t) \\ F(t) & H(t) \end{pmatrix}\begin{pmatrix} x_1(0) \\ x_2(0) \end{pmatrix} = \begin{pmatrix} L(t)x_1(0) + G(t)x_2(0) \\ F(t)x_1(0) + H(t)x_2(0) \end{pmatrix} , \tag{13.64}$$

was natürlich nicht anderes ist als die Lösung der Differentialgleichung $\mathrm{i}\dot{\mathbf{x}} = \mathbf{Hx}$, also

$$\mathrm{i}\frac{\mathrm{d}}{\mathrm{d}t}\begin{pmatrix} x_1 \\ x_2 \end{pmatrix} = \begin{pmatrix} \omega_0 & \omega_+ \\ \omega_- & -\omega_0 \end{pmatrix}\begin{pmatrix} x_1 \\ x_2 \end{pmatrix} \quad \text{mit} \quad \mathbf{x}(0) = (x_1(0), x_2(0))^T . \tag{13.65}$$

Die Matrix des Normoperators erhält man durch Ausführen der Matrixmultiplikation:

$$\mathbf{P}(t) = \mathbf{U}^\dagger(t)\mathbf{U}(t) = \begin{pmatrix} L^* & F^* \\ G^* & H^* \end{pmatrix}\begin{pmatrix} L & G \\ F & H \end{pmatrix} = \begin{pmatrix} |L|^2 + |F|^2 & L^*G + HF^* \\ LG^* + H^*F & |H|^2 + |G|^2 \end{pmatrix} . \tag{13.66}$$

$\mathbf{P}(t)$ ist symmetrisch mit $\det \mathbf{P}(t) = 1$. Speziell für die Anfangszustände $|\psi_+\rangle = \binom{1}{0}$ und $|\psi_-\rangle = \binom{0}{1}$ haben wir

$$P_+(t) = \langle \psi_+ | \mathbf{P}(t) | \psi_+ \rangle = |L|^2 + |F|^2 \ , \quad P_-(t) = \langle \psi_- | \mathbf{P}(t) | \psi_- \rangle = |H|^2 + |G|^2 . \tag{13.67}$$

Um den Erwartungswert von $\mathbf{K}_0(t)$ zu bestimmen, das heißt die Besetzungsdifferenz der oberen und des unteren Niveaus, berechnen wir zuerst aus (7.66)

$$\mathbf{K}_0(t) = \begin{pmatrix} 1 + 2FG & 2GH \\ -2FL & -1 - 2FG \end{pmatrix} \tag{13.68}$$

und daraus mit geringem Rechenaufwand für einen Anfangszustand $|\psi_+\rangle$ bzw. $|\psi_-\rangle$

$$\langle \mathbf{K}_0 \rangle_+(t) = \frac{\langle \psi_+ | \mathbf{P}(t)\mathbf{K}_0(t) | \psi_+ \rangle}{P_+(t)} = \frac{|L|^2 - |F|^2}{|L|^2 + |F|^2} \tag{13.69}$$

$$\langle \mathbf{K}_0 \rangle_-(t) = \frac{\langle \psi_- | \mathbf{P}(t)\mathbf{K}_0(t) | \psi_- \rangle}{P_-(t)} = \frac{|G|^2 - |H|^2}{|G|^2 + |H|^2} . \tag{13.70}$$

Zunächst wollen wir die Dynamik für den einfachen Fall zeitunabhängiger Parameter $\omega_0 = \mathrm{i}\gamma$ und $\omega_+ = \omega_- = v$ betrachten mit reellen γ und v, das heißt für $\gamma > 0$ Verstärkung im oberen und Verlust im unteren Zustand. Setzen wir die Lösungen für $H(t)$, $F(t)$ und $G(t)$ aus den Gleichungen (15.155) und (15.157) ein, ergibt sich die Zeitentwicklungsmatrix als

$$\mathbf{U}(t) = \begin{pmatrix} \cos\omega t + \frac{\gamma}{\omega}\sin\omega t & -\mathrm{i}\frac{v}{\omega}\sin\omega t \\ -\mathrm{i}\frac{v}{\omega}\sin\omega t & \cos\omega t - \frac{\gamma}{\omega}\sin\omega t \end{pmatrix} \tag{13.71}$$

mit $\omega = \sqrt{v^2 - \gamma^2}$ (siehe Gleichung (15.154)), wobei $\pm\sqrt{v^2-\gamma^2}$ die Eigenwerte des Hamilton-Operators $\mathbf{H}$ sind. Dieses Resultat lässt sich hier natürlich auch durch die einfache Exponentiation $\mathbf{U}(t) = \mathrm{e}^{-\mathrm{i}\mathbf{H}t}$ gewinnen.

Der Hamilton-Operator

$$\mathbf{H} = \mathrm{i}\gamma\mathbf{K}_0 + v\mathbf{K}_+ + v\mathbf{K}_- = \begin{pmatrix} \mathrm{i}\gamma & v \\ v & -\mathrm{i}\gamma \end{pmatrix} \quad \text{mit} \quad \gamma, v \in \mathbb{R} \tag{13.72}$$

ist PT-symmetrisch (siehe Seite 212), das heißt invariant unter den kombinierten Transformationen T: $t \to -t$, $\mathrm{i} \to -\mathrm{i}$, eine Zeitspiegelung, und der Parität P, dem Vertauschen der Zustände, was sich insgesamt mit dem Paritätsoperator $\boldsymbol{\sigma}_x = \left(\begin{smallmatrix} 0 & 1 \\ 1 & 0 \end{smallmatrix}\right)$ schreiben lässt als $\boldsymbol{\sigma}_x\mathbf{H}^*\boldsymbol{\sigma}_x = \mathbf{H}$. Das wollen wir kurz nachprüfen:

$$\begin{pmatrix} 0 & 1 \\ 1 & 0 \end{pmatrix}\begin{pmatrix} \mathrm{i}\gamma & v \\ v & -\mathrm{i}\gamma \end{pmatrix}^*\begin{pmatrix} 0 & 1 \\ 1 & 0 \end{pmatrix} = \begin{pmatrix} 0 & 1 \\ 1 & 0 \end{pmatrix}\begin{pmatrix} -\mathrm{i}\gamma & v \\ v & \mathrm{i}\gamma \end{pmatrix}\begin{pmatrix} 0 & 1 \\ 1 & 0 \end{pmatrix} = \begin{pmatrix} 0 & 1 \\ 1 & 0 \end{pmatrix}\begin{pmatrix} v & -\mathrm{i}\gamma \\ \mathrm{i}\gamma & v \end{pmatrix} = \begin{pmatrix} \mathrm{i}\gamma & v \\ v & -\mathrm{i}\gamma \end{pmatrix}. \tag{13.73}$$

Die Eigenwerte $\epsilon_\pm = \pm\sqrt{v^2-\gamma^2}$ von $\mathbf{H}$ sind reell für $\gamma \le |v|$, also für ungebrochene PT-Symmetrie, und sonst komplex-konjugiert. Für $v \neq 0$ stimmen an den kritischen Punkten $\gamma_c = \pm v$ nicht nur die Eigenwerte überein, sondern auch die Eigenvektoren $\left(\begin{smallmatrix} v \\ \epsilon_\pm - \mathrm{i}\gamma \end{smallmatrix}\right)$, das heißt, dies ist ein exzeptioneller Punkt.

Für eine hermitesche Dynamik ($\gamma = 0$) ergibt sich eine harmonische Schwingung zwischen den beiden Niveaus, wobei die Norm des Zustandsvektors erhalten bleibt. Als ein Beispiel einer nicht-hermiteschen Dynamik zeigt Bild 13.1 die Besetzungsdifferenz $\langle\mathbf{K}_0\rangle_+$ und die Gesamtbesetzung P_+ als Funktion von t/T ($T = 2\pi/\omega$) für einen anfangs im oberen Niveau lokalisierten Zustand für $v = 0.5$ und $\gamma = 0.4$ sowie für $\gamma = 0.49$, knapp unterhalb des kritischen

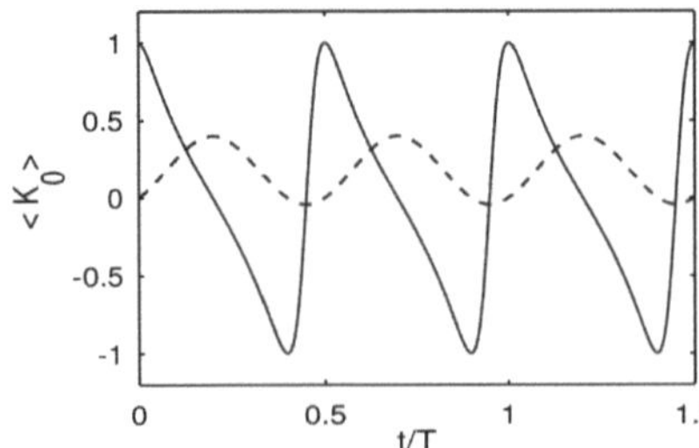

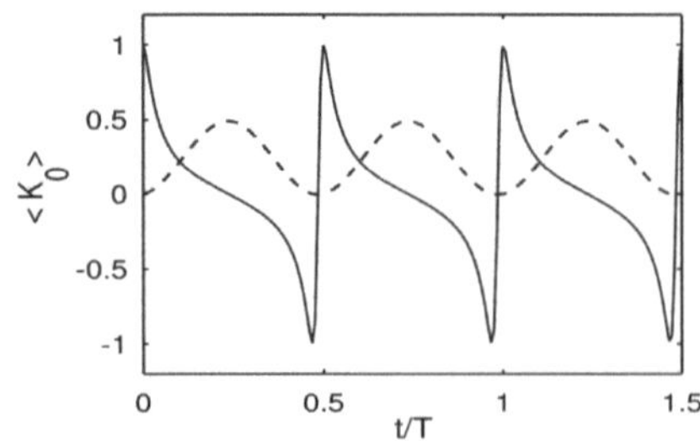

Bild 13.1 PT-symmetrische Zweiniveaudynamik ($v = 0.5$): Besetzungsdifferenz $\langle\mathbf{K}_0\rangle_+$ für $\gamma = 0.4$ (links) und $\gamma = 0.49$ (rechts). Die gestrichelten Kurven zeigen die totale Besetzung $P_+(t)$, verschoben und skaliert wie $\frac{1}{10}\big(P_+(t)-1\big)$ bzw. $\frac{1}{100}\big(P_+(t)-1\big)$.

Wertes $\gamma_c = 0.5$. Die Norm, die totale Besetzung $P_+(t)$, oszilliert harmonisch mit einem Maximum, das stark anwächst, wenn γ sich dem kritischen Wert nähert. Die Besetzungsdifferenz $\langle \mathbf{K}_0 \rangle_+$ zeigt einen relativ langsamen Abfall von dem oberen Zustand mit Verstärkung in den zerfallenden unteren Zustand, gefolgt von einem schnellen Übergang zurück in den oberen. Wenn γ in Richtung des kritischen Punktes vergrößert wird, wachsen die Amplitude und die Unterschiede zwischen den beiden Prozessen an, wie im rechten Bild für $\gamma = 0.49$ zu sehen.

Doch kommen wir zurück zu dem explizit zeitabhängigen Zweiniveausystem, um einige wichtige Eigenschaften periodisch angetriebener Systeme zu erläutern. Dazu betrachten wir den Floquet-modulierten Hamiton-Operator

$$\mathbf{H}(t) = \begin{pmatrix} \omega_0(t) & v \\ v & -\omega_0(t) \end{pmatrix} \quad \text{mit} \quad \omega_0(t) = f \sin \Omega t - \mathrm{i}\gamma . \tag{13.74}$$

Wegen $\omega_0^*(-t) = -\omega_0(t)$ ist $\mathbf{H}(t)$ invariant unter der Transformation $\mathrm{i} \to -\mathrm{i}$, $t \to -t$ mit der Parität $\boldsymbol{\sigma}_x$,

$$\mathbf{H}(t) \longrightarrow \boldsymbol{\sigma}_x \mathbf{H}^*(-t)\, \boldsymbol{\sigma}_x = \mathbf{H}(t), \tag{13.75}$$

und ist daher PT-symmetrisch. Das hat die direkte Konsequenz, dass $\boldsymbol{\sigma}_x \mathbf{U}^*(-t) \boldsymbol{\sigma}_x$ die gleiche Bewegungsgleichung erfüllt wie $\mathbf{U}(t)$ bei gleicher Anfangsbedingung. Also gilt

$$\mathbf{U}(t) = \boldsymbol{\sigma}_x \mathbf{U}^*(-t)\, \boldsymbol{\sigma}_x \quad \text{oder} \quad \boldsymbol{\sigma}_x \mathbf{U}^*(t)\, \boldsymbol{\sigma}_x = \mathbf{U}(-t). \tag{13.76}$$

Insbesondere ist dann zur Zeit $T = 2\pi/\Omega$ mit $\mathbf{U}(-T) = (\mathbf{U}(T))^{-1}$ nach Gleichung (2.20)

$$\boldsymbol{\sigma}_x \mathbf{U}^*(T)\, \boldsymbol{\sigma}_x = \mathbf{U}^{-1}(T), \tag{13.77}$$

mit der Konsequenz, dass die Matrixelemente $H_T = H(T)$ und $L_T = L(T)$ auf der Diagonale in Gleichung (13.62) reell sind und dass für die anderen beiden $G_T = G(T) = -F^*(T)$ gilt. Also hat die PT-symmetrische Floquet-Matrix die Struktur

$$\mathbf{U}(T) = \begin{pmatrix} L_T & G_T \\ -G_T^* & H_T \end{pmatrix} \tag{13.78}$$

mit $H_T, L_T \in \mathbb{R}$ und $\det \mathbf{U}(T) = L_T H_T + |G_T|^2 = 1$. Eine solche Matrix bezeichnet man als $\boldsymbol{\sigma}_x$-pseudo-hermitesch. Ihre Eigenwerte

$$u_\pm = \frac{1}{2}\big(H_T + L_T \pm \sqrt{(H_T + L_T)^2 - 4}\,\big) \quad \text{mit} \quad (H_T + L_T) \in \mathbb{R} \tag{13.79}$$

sind komplex-konjugiert und liegen auf dem Einheitskreis für $|H_T + L_T| < 2$. Sonst sind sie reell. Am kritischen Punkt mit $|H_T + L_T| = 2$ sind auch die Eigenvektoren degeneriert für $G_T \neq 0$, das heißt, dies ist ein exzeptioneller Punkt. Die zugehörigen Quasienergien $\epsilon_\pm$ mit $u\pm = \mathrm{e}^{-\mathrm{i}\epsilon_\pm T}$ ergeben sich als

$$\epsilon_\pm = \pm\epsilon \quad \text{mit} \quad \epsilon T = \arccos \frac{H_T + L_T}{2} . \tag{13.80}$$

Sie sind nur modulo Ω definiert und können auf die erste Brillouin-Zone $-\Omega/2 \leq \epsilon_\pm < \Omega/2$ reduziert werden. Sie sind reell in der Region ungebrochener PT-Symmetrie und rein imaginär andererseits. Der Übergang zwischen beiden Bereichen liegt im Zentrum der Brillouin-Zone.

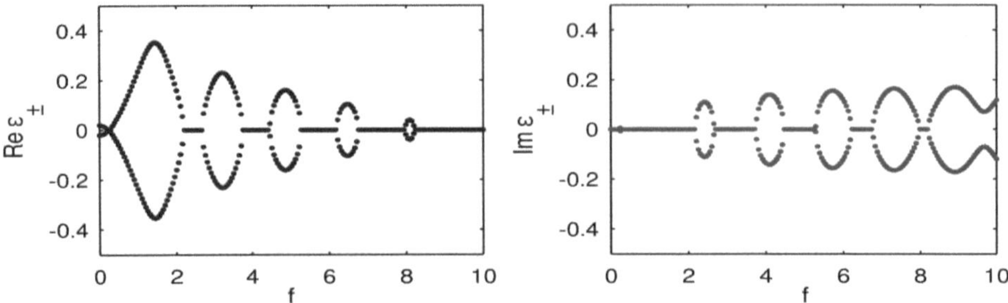

Bild 13.2 Angetriebenes PT-symmetrisches Zweiniveausystem: Realteile (links) und Imaginärteile (rechts) der Quasienergien $\epsilon_\pm$ für $v = 1$, $\Omega = 1$ und $\gamma = 0.2$ in Abhängigkeit von der Amplitude f der Antriebskraft

Bild 13.2 zeigt als Beispiel die Quasienergien als Funktion der Antriebskraft f für $v = 1, \Omega = 1$ und $\gamma = 0.2$. Man beobachtetet Bereiche mit ungebrochener PT-Symmetrie, in der die Quasienergien reell sind. Ein weiteres Beispiel findet man in Bild 13.4, das die Quasienergien in Abhängigkeit von der Zerfallsrate γ zeigt.

Wie oben beschrieben, bestimmt die Zeitentwicklungsmatrix $\mathbf{U}(t)$ über eine Antriebsperiode $0 \le t \le T$ den weiteren Zeitverlauf. Insbesondere erhält man nach $n = 1, 2, \ldots$ Perioden mit dem Floquet-Operator $\mathbf{U}(nT) = \mathbf{U}_T^n$ (siehe Gleichung (2.45)) in einfacher Weise die Erwartungswerte. Beispielsweise ergeben sich Normoperator $\mathbf{P}(t)$ und Besetzungsdifferenz $\mathbf{K}_0(t)$ nach n Perioden als

$$\mathbf{P}(nT) = \mathbf{U}^\dagger(nT)\mathbf{U}(nT) = \mathbf{U}_T^{\dagger n}\mathbf{U}_T^n\ , \quad \mathbf{K}_0(nT) = \mathbf{U}^\dagger(nT)\mathbf{K}_0\mathbf{U}(nT) = \mathbf{U}_T^{\dagger n}\mathbf{K}_0\mathbf{U}_T^n\,, \qquad (13.81)$$

und die Erwartungswerte, beispielsweise für den extremalen Zustand $|\psi_+\rangle = \binom{1}{0}$, erhält man als

$$P_+(nT) = \langle\psi_+|\mathbf{P}(nT)|\psi_+\rangle\ , \quad \langle\mathbf{K}_0\rangle_{nT} = \langle\psi_+||\mathbf{P}(nT)\mathbf{K}_0(nT)|\psi_+\rangle/P_+(nT)\,. \qquad (13.82)$$

Bild 13.3 zeigt als Beispiel für des System aus Bild 13.2 die Zeitentwicklung über 15 Perioden. Im linken Bild wurde die Anregungsamplitude als $f = 0.5$ gewählt, also im Bereich reeller Quasienergien, hier $\epsilon_\pm \approx \pm 0.057$. Die Norm $P_+(nT)$ oszilliert harmonisch mit einer Frequenz $2\epsilon T$ und auch die Besetzungsdifferenz zeigt eine Schwingung mit dieser Frequenz. Im linken Bild für $f = 2.2$ sind die Quasienergien $\epsilon_\pm \approx \pm 0.035\,\mathrm{i}$ rein imaginär (vgl. Bild 13.2), die Norm wächst für große Zeiten exponentiell $\sim \mathrm{e}^{-2in\epsilon_+ T}$, und die Besetzungsdifferenz nähert sich einem konstanten Wert, hier etwa -0.32. Dieser Verhalten lässt sich in einfacher Weise erklären, wenn man sich überlegt, dass sich der (renormierte) Systemzustand im Langzeitlimit dem dominierenden Eigenzustand des Floquet-Operators annähert, also dem mit der kleinsten Zerfallsrate. Berechnet man für diesen Zustand die Besetzungsdifferenz, so ergibt sich der beobachtete Wert. Es sei an dieser Stelle den interessierten Leserinnen und Lesern überlassen, eventuell auch mithilfe der rechten und linken Eigenvektoren des Floquet-Operators, diese Überlegungen genauer zu untersuchen und zu verifizieren. Dabei hilft die Formel

$$\mathbf{A}^n = \frac{1}{\sin\theta}\big(\sin(n\theta)\,\mathbf{A} - \sin((\mathbf{n}-\mathbf{1})\theta)\,\mathbf{I}\big) \quad \text{mit} \quad \cos\theta = \tfrac{1}{2}\,\mathrm{spur}\,\mathbf{A} \qquad (13.83)$$

für die Potenzen einer 2×2-Matrix $\mathbf{A}$ mit $\det\mathbf{A} = 1$, bekannt als ein **Theorem von Sylvester**.

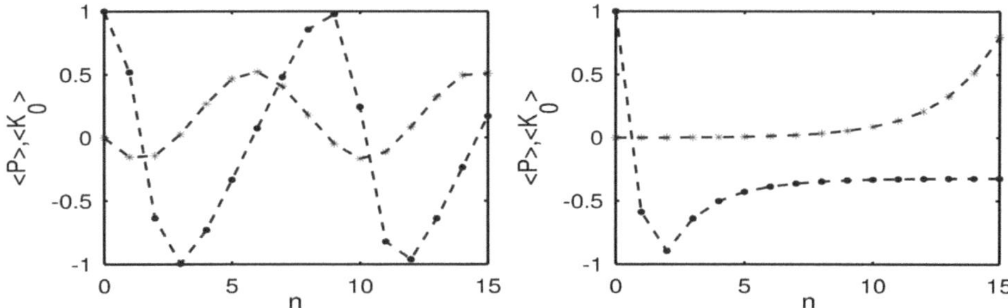

Bild 13.3 Angetriebenes PT-symmetrisches Zweiniveausystem: Besetzungsdifferenz $\langle \mathbf{K}_0 \rangle_+$ (•) und totale Besetzung $P_+(t)$ (∗) für $f = 0.5$ (links) und $f = 2.2$ (rechts). Die Werte von $P_+(t)$ sind verschoben und skaliert wie $\frac{1}{2}\big(P_+(t) - 1\big)$ (links) bzw. $\frac{1}{3000}\big(P_+(t) - 1\big)$ (rechts).

Als Beispiel betrachten wir den Normoperator im Bereich reeller Quasienergien (13.80). Propagiert über eine Periode haben wir

$$\mathbf{P}(T) = \mathbf{U}_t^\dagger \mathbf{U}_T = \begin{pmatrix} L_T & -G_T \\ G_T^* & H_T \end{pmatrix} \begin{pmatrix} L_T & G_T \\ -G_T^* & H_T \end{pmatrix} = \begin{pmatrix} L_T^2 + |G_T|^2 & (L_T - H_T)G_T \\ (L_T - H_T)G_T^* & H_T^2 + |G_T|^2 \end{pmatrix} \tag{13.84}$$

(L_T und H_T sind reell). Über n Perioden finden wir zunächst nach nach dem Theorem von Sylvester (13.83) mit $\frac{1}{2}\,\mathrm{spur}\,\mathbf{U} = \frac{1}{2}\,(L_T + H_T) = \cos(\epsilon T)$ (vgl. Gleichung (13.80))

$$\mathbf{U}_T^n = \frac{1}{\sin\epsilon T}\big(\sin(n\epsilon T)\,\mathbf{U}_T - \sin((n-1)\epsilon T)\,\hat{I}\big), \tag{13.85}$$

und mit Gleichung (13.81)

$$\begin{aligned} \mathbf{P}(nT) = \mathbf{U}_T^{\dagger n}\mathbf{U}_T^n &= \frac{1}{\sin^2\epsilon T}\big(\sin(n\epsilon T)\,\mathbf{U}_T^\dagger - \sin((n-1)\epsilon T)\,\hat{I}\big)\big(\sin(n\epsilon T)\,\mathbf{U}_T - \sin((n-1)\epsilon T)\,\hat{I}\big) \\ &= \frac{1}{\sin^2\epsilon T}\big(\sin^2(n\epsilon T)\,\mathbf{P}(T) - 2\sin((n-1)\epsilon T)\sin(n\epsilon T)\,\hat{D} + \sin^2((n-1)\epsilon T)\hat{I}\big) \end{aligned} \tag{13.86}$$

mit $\hat{D} = \begin{pmatrix} L_T & 0 \\ 0 & H_T \end{pmatrix}$. Die trigonometrischen Formeln $\sin^2\alpha = (1 - \cos 2\alpha)/2$ und $2\sin\alpha\sin\beta = \cos(\alpha - \beta) - \cos(\alpha - \beta)$ zeigen uns, dass $\mathbf{P}(nT)$ periodisch ist in n (als kontinuierliche Variable aufgefasst) mit der Frequenz $2\epsilon T$. Genauso lassen sich andere Größen wie $\mathbf{K}_0(nT)$ ermitteln.

13.4 Das PT-symmetrische Bose-Hubbard-Dimer

Ein Bose-Hubbard-Dimer (siehe Abschnitt 12.1) für Teilchen ohne Wechselwirkung und einem Ausgleich von Verlust und Verstärkung lässt sich durch den nicht-hermiteschen Hamilton-Operator

$$\hat{H} = (\epsilon + \mathrm{i}\gamma)\big(\hat{a}_1^\dagger \hat{a}_1 - \hat{a}_2^\dagger \hat{a}_2\big) + v\big(\hat{a}_1^\dagger \hat{a}_2 + \hat{a}_1 \hat{a}_2^\dagger\big) \tag{13.87}$$

modellieren. Dabei sind $\hat{a}_j^\dagger$ und $\hat{a}_j$ bosonische Erzeugungs- und Vernichtungsoperatoren am Platz j, $\pm\epsilon \in \mathbb{R}$ sind die (Gitter-)Energien am Platz j, $v \in \mathbb{R}$ die Hoppingstärke und $\gamma > 0$ die

Zerfallsrate am Platz 2 und die Verstärkungsrate am Platz 1. Vergleicht man mit dem Hamilton-Operator (12.1), so sieht man, dass zum einen die Bezeichnungen von $\hat{a}$, $\hat{b}$ in $\hat{a}_1$, $\hat{a}_2$ geändert wurden, was sich anbietet für eine eventuelle Erweiterung auf mehr als zwei Gitterplätze, und zum zweiten wurde eine Wechselwirkung hier nicht berücksichtigt, dafür aber eine komplexwertige Oszillatorfrequenz eingeführt.

Der Hamilton-Operator vertauscht mit dem Teilchenzahl-Operator $\hat{N} = \hat{a}_1^\dagger \hat{a}_1 + \hat{a}_2^\dagger \hat{a}_2$ und die Teilchenzahl N ist daher erhalten. Im Einteilchenfall $N = 1$ reduziert sich das System auf das Zweiniveausystem aus dem vorangehenden Abschnitt.

Für eine algebraische Beschreibung formulieren wir den Hamilton-Operator mit den Operatoren

$$\hat{K}_0 = \hat{a}_1^\dagger \hat{a}_1 - \hat{a}_2^\dagger \hat{a}_2 \ , \quad \hat{K}_+ = \hat{a}_1^\dagger \hat{a}_2 \quad \text{und} \quad \hat{K}_- = \hat{a}_1 \hat{a}_2^\dagger , \tag{13.88}$$

die die $\mathfrak{su}(2)$-Kommutatorrelationen (7.37) erfüllen, als

$$\hat{H} = \omega_0 \hat{K}_0 + \omega_+ \hat{K}_+ + \omega_- \hat{K}_- \quad \text{mit} \quad \omega_0 = \epsilon + \mathrm{i}\gamma \ , \ \omega_\pm = v . \tag{13.89}$$

Dieser Operator hat die gleiche Form wie der Hamilton-Operator (7.41), und wir können die dort hergeleiteten Resultate benutzen.

Für zeitunabhängige Systemparameter sind die $N+1$ Energieeigenwerte für $\epsilon = 0$ gleich

$$\epsilon_n = (2n - N)\sqrt{v^2 - \gamma^2} \quad \text{mit} \quad n = 0, \ldots, N , \tag{13.90}$$

was sich direkt aus der Ähnlichkeitstransformation in den Gleichungen (6.118) und (6.119) mit $\delta = 1$, $h_0^2 = \omega_0^2 = -\gamma^2$ und $h_+ = h_- = v$ ergibt, genau wie die Eigenwerte in (6.121).

Der Hamilton-Operator ist PT-symmetrisch, (siehe Seite 212), das heißt invariant unter der kombinierten Zeitspiegelung T mit $t \to -t$, $\mathrm{i} \to -\mathrm{i}$ und der Paritätsoperation P, der Vertauschung der beiden Gitterplätze. Das hat die Konsequenz, dass die Eigenwerte (13.90) reell sind für $\gamma \le |v|$, der Region ungebrochener PT-Symmetrie, und imaginär sonst. Für $v \neq 0$ sind die kritischen Punkte $\gamma_c = \pm v$ exzeptionelle Punkte, für die nicht nur die Eigenwerte, sondern auch die Eigenzustände zusammenfallen.

Wie im vorangehenden Abschnitt für das Zweiniveausystem, betrachten wir hier eine zeitperiodische Modulation der Gitterplatzenergien unseres N-Teilchensystems wie

$$\epsilon(t) = f \sin \Omega t . \tag{13.91}$$

Wir wählen den Zeitentwicklungsoperator $\hat{U}(t)$ in der exponentiellen Produktform

$$\hat{U}(t) = \mathrm{e}^{d_+ \hat{K}_+} \, \mathrm{e}^{d_0 \hat{K}_0} \, \mathrm{e}^{d_- \hat{K}_-} , \tag{13.92}$$

wobei die d-Parameter als

$$d_0 = -\ln H \ , \ d_+ = G/H \ , \ d_- = F/H \tag{13.93}$$

ausgedrückt werden können (siehe Gleichung (7.59)). Die Funktionen $F(t)$, $G(t)$ und $H(t)$ werden durch die Differentialgleichungen (7.55) und (7.56) bestimmt, genau wie im Zweiniveausystem des vorangehenden Abschnitts, das mit dem Einteilchenfall übereinstimmt. Also ist der Hauptteil der Dynamik unabhängig von der Teilchenzahl N.

Es sollte betont werden, dass die algebraische Lösungsmethode eine Lösung von nur drei Differentialgleichungen für die komplexen Parameter $H(t)$, $G(t)$ und $F(t)$ erfordert, um die gesamte N-Teilchen Dynamik zu bestimmen. Im Hinblick auf die Gleichungen (2.41) und (2.45) ist sogar nur eine Lösung über eine einzige Antriebsperiode $T = 2\pi/\Omega$ erforderlich, um den gesamten Zeitverlauf zu ermitteln. Auch werden wir sehen, dass die resultierenden Werte H_T und G_T zur Zeit T das Quasienergiespektrum für jede Teilchenzahl N festlegen.

Quasienergiespektrum: Die Quasienergien E_n, also die Eigenwerte $\mathrm{e}^{-\mathrm{i}E_n T}$ des Floquet-Operators $\hat{U}(T)$, lassen sich bequem analysieren, wenn man den Zeitentwicklungsoperator in der Magnus-Form

$$\hat{U}(t) = \mathrm{e}^{h_0 \hat{K}_0 + h_+ \hat{K}_+ + h_- \hat{K}_-}, \tag{13.94}$$

ausdrückt, wobei die h-Koeffizienten durch die d-Koeffizienten in den Gleichungen (6.242) und (6.243) gegeben sind. Dabei lassen sich die Relationen (6.243) umschreiben als

$$h_0 = \frac{\lambda(L-H)}{2\sinh\lambda}\,, \quad h_+ = \frac{\lambda G}{\sinh\lambda}\,, \quad h_- = \frac{\lambda F}{\sinh\lambda} \quad \text{mit} \quad \cosh\lambda = \frac{H+L}{2}. \tag{13.95}$$

Die h-Koeffizienten erfüllen $h_0^2 + h_+ h_- = \lambda^2$, und wir können daher die Quasienergien, die Eigenwerte des Operators im Exponenten von $\hat{U}(T)$ in (13.94), wie in (13.90) als

$$\epsilon_n = \frac{2n-N}{T}\lambda = \frac{2n-N}{T}\arccos\frac{H_T + L_T}{2} \tag{13.96}$$

schreiben. Für ein Einteilchendimer stimmt das mit dem Zweiniveauresultat (13.80) überein.

Es lassen sich also für jede beliebige Teilchenzahl N das Quasienergiespektrum und die kritischen Punkte aus dem Einteilchenspektrum bestimmen, das heißt aus dem Zweiniveausystem. Insbesondere, wenn wir an den Quasienergien interessiert sind, müssen wir nur die beiden Gleichungen (7.55) über eine Periode integrieren, also im hier betrachteten Fall

$$\mathrm{i}\dot{H} = -f\sin\Omega t\, H + vG\,, \quad \mathrm{i}\dot{G} = vH + f\sin\Omega t\, G, \tag{13.97}$$

um H_T und G_T zu bestimmen. Als ein Beispiel zeigt das Bild 13.4 die Real- und Imaginärteile der Quasienergien für $v = 2$, $\omega = 1$, $f = 1$ als Funktion der Zerfallsrate γ. Die Spektren für $N = 3$ Teilchen in den oberen Bildern enthalten das Einteilchenspektrum aus den unteren Bildern. Wieder erkennt man die Bereiche ungebrochener PT-Symmetrie mit rein reellen Quasienergiespektren und die Bereiche gebrochener PT-Symmetrie mit komplex konjugierten Paaren.

Übergangswahrscheinlichkeiten: Im Rest dieses Abschnitts wollen wir für einige Fälle die Übergangswahrscheinlichkeiten für das angetriebene N-Teilchen-Dimer berechnen. Wie oben gezeigt, bestimmen die drei Funktionen $H(t)$, $G(t)$ und $F(t)$ über eine Periode die gesamte Dynamik des Vielteilchensystems für jede Teilchenzahl N. Wir wählen $\hat{P}(t)$ in der Anordnung $\hat{P}(t) = \mathrm{e}^{c_0\hat{K}_0}\,\mathrm{e}^{c_+\hat{K}_+}\,\mathrm{e}^{c_-\hat{K}_-}$, denn die Matrixelemente

$$M_{m\mu n\nu} = \langle m,\mu|\hat{P}(t)|n,\nu\rangle = \langle m,\mu|\mathrm{e}^{c_0\hat{K}_0}\,\mathrm{e}^{c_+\hat{K}_+}\,\mathrm{e}^{c_-\hat{K}_-}|n,\nu\rangle \tag{13.98}$$

zwischen den Fock-Zuständen $|n,\nu\rangle$ mit Teilchenzahl n am Platz 1 und $\nu = N-n$ am Platz 2 sind uns aus Gleichung (7.120) bekannt.

Als ein Beispiel berechnen wir die Norm und die Besetzungsdifferenz für den extremen Zustand $|\psi_-\rangle = |0,N\rangle$, bei dem anfangs alle Teilchen den zweiten Platz besetzen. (Zur Erinnerung:

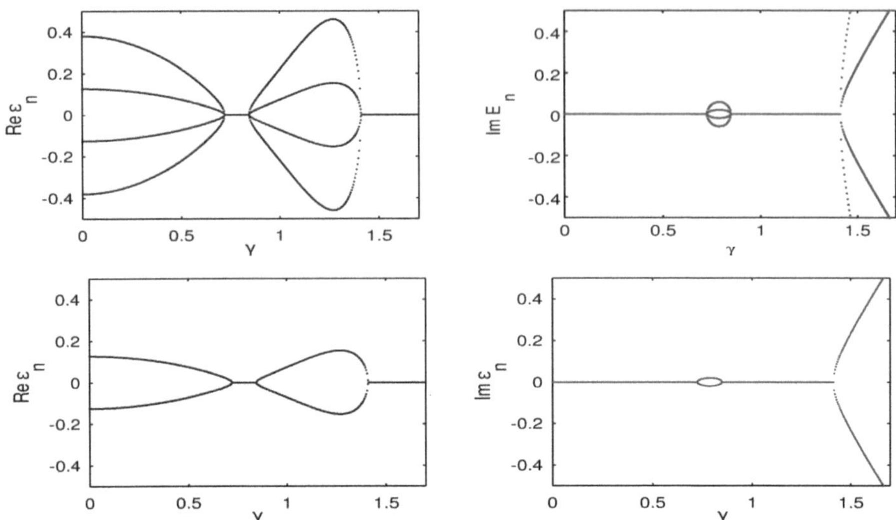

Bild 13.4 Angetriebenes Bose-Hubbard-Dimer: Realteile (links) und Imaginärteile (rechts) der Quasienergien E_n mit $v = 2$, $\omega = 1$, $f = 1$ für $N = 3$ Teilchen (oben) und $N = 1$ Teilchen (unten)

Am ersten Platz mit $\gamma > 0$ haben wir Verstärkung, am zweiten Zerfall.) Hier vereinfacht sich die Summe in (7.120) für die benötigten Matrixelemente zu

$$M_{0,N,0,N} = \mathrm{e}^{-c_0 N} \ , \quad M_{0,N,1,N-1} = \mathrm{e}^{-c_0 N}\sqrt{N}\, c_- \, . \tag{13.99}$$

Zunächst kann man den Normoperator

$$\hat{P}(t) = \mathrm{e}^{s^* \hat{K}_+}\, \mathrm{e}^{s_0 \hat{K}_0}\, \mathrm{e}^{s \hat{K}_-} \quad \text{mit} \quad \mathrm{e}^{-s_0} = |H|^2 + |G|^2 \ , \quad s = (F + \mathrm{e}^{s_0} G^*)/H \tag{13.100}$$

aus den Gleichungen (7.63) und (7.64) umordnen zu der Form $\hat{P}(t) = \mathrm{e}^{c_0 \hat{K}_0}\, \mathrm{e}^{c_+ \hat{K}_+}\, \mathrm{e}^{c_- \hat{K}_-}$, die Gleichung (13.99) zugrunde liegt. Dabei sind die Parameter nach (15.127) verknüpft durch $c_0 = s_0$, $c_+ = s^* \mathrm{e}^{-2s_0}$, $c_- = s$ und wir erhalten

$$P_-(t) = \langle 0, N|\hat{P}(t)|0, N\rangle = \mathrm{e}^{-s_0 N} = \left(|H|^2 + |G|^2\right)^N . \tag{13.101}$$

Zur Berechnung der Erwartungswerte benötigen wir das Matrixelement $\langle\psi(0)|\hat{P}(t)\hat{K}_0(t|\psi(0)\rangle$. Die Zeitentwicklung des Operators $\hat{K}_0(t)$ können wir aus Abschnitt 7.2.1 für die $\mathfrak{su}(2)$-Algebra übernehmen als

$$\hat{K}_0(t) = \kappa_0(t)\hat{K}_0 + \kappa_+(t)\hat{K}_+ + \kappa_-(t)\hat{K}_- = (1 + 2FG)\hat{K}_0 + 2GH\hat{K}_+ - 2FL\hat{K}_- \tag{13.102}$$

mit $\kappa_0 = 1 + 2FG$, $\kappa_+ = 2GH$ und $\kappa_- = -2FL$ (siehe Gleichung (7.66)), wobei $G(t)$ und $H(t)$ Lösungen der linearen Differentialgleichungen

$$\mathrm{i}\dot{H} = -\omega_0 H + \omega_- G \ , \quad \mathrm{i}\dot{G} = \omega_+ H + \omega_0 G, \tag{13.103}$$

sind. Die Funktionen $F(t)$ und $L(t)$ erhält man durch $\dot{H}F - H\dot{F} = \mathrm{i}\omega_-$ und $L = (1+FG)/H$ (siehe Gleichungen (7.55) bis (7.57)). Dann ergibt sich mit der Leiterformel (7.114)

$$\begin{aligned}\langle 0,N|\hat{P}(t)\hat{K}_0(t)|0,N\rangle &= -\kappa_0 N\,\langle 0,N|\hat{P}(t)|0,N\rangle + \kappa_+\sqrt{N}\,\langle 0,N|\hat{P}(t)|1,N-1\rangle\\ &= N(-\kappa_0+\kappa_+ s)\,\mathrm{e}^{-s_0 N} = N\big(-1-2FG+2GHs\big)\,\mathrm{e}^{-s_0 N}\\ &= N\big(-1-2FG+2G(F+\mathrm{e}^{s_0}G^*\big)\,\mathrm{e}^{-s_0 N} = N\big(-1+2\mathrm{e}^{s_0}|G|^2\big)\,\mathrm{e}^{-s_0 N}\\ &= N\mathrm{e}^{s_0}\big(-\mathrm{e}^{-s_0}+2|G|^2\big)\,\mathrm{e}^{-s_0 N} = N\mathrm{e}^{s_0}\big(|G|^2-|H|^2\big)\,\mathrm{e}^{-s_0 N}.\end{aligned} \tag{13.104}$$

Im letzten Schritt dividieren wir durch die Norm (13.101) mit einem überraschend einfachen Resultat für den gesuchten Erwartungswert:

$$\langle\hat{K}_0\rangle_-(t) = \frac{\langle 0,N|\hat{P}(t)\hat{K}_0(t)|0,N\rangle}{\langle 0,N|\hat{P}(t)|0,N\rangle} = N\,\frac{|G|^2-|H|^2}{|G|^2+|H|^2}. \tag{13.105}$$

In gleicher Weise lassen sich auch Norm und Erwartungswert für den Anfangszustand $|\psi_+(0)\rangle = |N,0\rangle$ berechnen, mit dem Ergebnis

$$P_+(t) = \big(|L|^2+|F|^2\big)^N\;,\quad \langle\hat{K}_0\rangle_+(t) = N\,\frac{|L|^2-|F|^2}{|L|^2+|F|^2}. \tag{13.106}$$

Die N-Teilchen-Norm ist also jeweils einfach die N-te Potenz der Einteilchen-Norm (13.67) und die N-Teilchen-Besetzungsdifferenz ist das Einteilchen-Resultat (13.70) multipliziert mit der Teilchenzahl. Dies gilt jedoch für die hier gewählten Anfangszustände und nicht allgemein.

Alternatives Vorgehen: Oben haben wir den Hamilton-Operator (13.87) für das Bose-Hubbard-Dimer durch Generatoren $\hat{K}_0$, $\hat{K}_+$, $\hat{K}_-$ einer $\mathfrak{su}(2)$-Algebra beschrieben, deren Zeitabhängigkeit $\hat{K}_0(t)$, $\hat{K}_+(t)$, $\hat{K}_-(t)$ wir schon in Abschnitt 7.2.1 ermittelt hatten. Für unser Dimer bietet sich aber auch ein einfaches direktes Vorgehen an, denn die Operatoren im Heisenberg-Bild der Dynamik erhalten die Produktrelationen $(\hat{A}\hat{B})(t) = \hat{A}(t)\hat{B}(t)$. Wir bestimmen also die Zeitabhängigkeit der $\hat{a}_j(t)$ and $\hat{a}^\dagger{}_j(t)$ und erhalten daraus problemlos alle ihre Operatorprodukte, also auch die $\hat{K}_0(t)$, $\hat{K}_\pm(t)$.

Beginnen wir mit $\hat{a}_1(t)$ und berechnen zunächst mit $\omega_0 = \epsilon + \mathrm{i}\gamma$ und dem Hamilton-Operator (13.87)

$$\begin{aligned}\mathrm{i}\frac{\mathrm{d}}{\mathrm{d}t}\hat{a}_1(t) &= \big[\hat{a}_1(t),\hat{H}\big]\\ &= \big[\hat{a}_1(t),\omega_0\big(\hat{a}_1^\dagger(t)\hat{a}_1(t)-\hat{a}_2^\dagger(t)\hat{a}_2(t)\big)+v\big(\hat{a}_1^\dagger(t)\hat{a}_2(t)+\hat{a}_2^\dagger(t)\hat{a}_1(t)\big)\big]\\ &= \omega_0\big[\hat{a}_1(t),\hat{a}_1^\dagger(t)\hat{a}_1(t)\big]+v\big[\hat{a}_1(t),\hat{a}_1^\dagger(t)\hat{a}_2(t)\big] = \omega_0\hat{a}_1(t)+v\hat{a}_2(t)\end{aligned} \tag{13.107}$$

und genauso

$$\mathrm{i}\frac{\mathrm{d}}{\mathrm{d}t}\hat{a}_2(t) = -\omega_0\hat{a}_2(t)+v\hat{a}_1(t). \tag{13.108}$$

Diese Differentialgleichungen können wir lösen durch den Ansatz

$$\hat{a}_1(t) = L(t)\hat{a}_1+G(t)\hat{a}_2\;,\quad \hat{a}_2(t) = F(t)\hat{a}_1+H(t)\hat{a}_2 \tag{13.109}$$

mit $L(0) = H(0) = 1$, $F(0) = G(0) = 0$. Einsetzen in (13.107) und (13.108) ergibt die Differentialgleichungen

$$\mathrm{i}\frac{\mathrm{d}}{\mathrm{d}t}\begin{pmatrix}G\\H\end{pmatrix} = \begin{pmatrix}\omega_0 & v\\ v & -\omega_0\end{pmatrix}\begin{pmatrix}G\\H\end{pmatrix}\;,\quad \mathrm{i}\frac{\mathrm{d}}{\mathrm{d}t}\begin{pmatrix}F\\L\end{pmatrix} = \begin{pmatrix}-\omega_0 & v\\ v & \omega_0\end{pmatrix}\begin{pmatrix}F\\L\end{pmatrix}, \tag{13.110}$$

die uns schon aus Gleichung (13.63) bekannt sind. Da für eine nicht-hermitesche Dynamik im Allgemeinen $\hat{A}^\dagger(t) \neq (\hat{A}(t))^\dagger$ gilt, benötigen wir auch die Operatoren $\hat{a}_1^\dagger(t)$ und $\hat{a}_2^\dagger(t)$. Genauso wie oben erhalten wir die Differentialgleichungen

$$\mathrm{i}\frac{\mathrm{d}}{\mathrm{d}t}\hat{a}_1^\dagger(t) = -\omega_0\hat{a}_1^\dagger(t) - v\hat{a}_2^\dagger(t) \ , \quad \mathrm{i}\frac{\mathrm{d}}{\mathrm{d}t}\hat{a}_2^\dagger(t) = \omega_0\hat{a}_2^\dagger(t) - v\hat{a}_1^\dagger(t) \tag{13.111}$$

und lösen sie mit dem Ansatz

$$\hat{a}_1^\dagger(t) = L'(t)\hat{a}_1^\dagger + G'(t)\hat{a}_2^\dagger \ , \quad \hat{a}_2^\dagger(t) = F'(t)\hat{a}_1^\dagger + H'(t)\hat{a}_2^\dagger \tag{13.112}$$

mit $L'(0) = H'(0) = 1$, $F'(0) = G'(0) = 0$, der auf die Differentialgleichungen

$$\mathrm{i}\frac{\mathrm{d}}{\mathrm{d}t}\begin{pmatrix} G' \\ H' \end{pmatrix} = \begin{pmatrix} -\omega_0 & -v \\ -v & \omega_0 \end{pmatrix}\begin{pmatrix} G' \\ H' \end{pmatrix} \ , \quad \mathrm{i}\frac{\mathrm{d}}{\mathrm{d}t}\begin{pmatrix} F' \\ L' \end{pmatrix} = \begin{pmatrix} \omega_0 & -v \\ -v & -\omega_0 \end{pmatrix}\begin{pmatrix} F' \\ L' \end{pmatrix} \tag{13.113}$$

führt. Vergleichen wir mit (13.110), so muss gelten $L' = H$, $H' = L$, $F' = -G$ und $G' = -F$, also

$$\hat{a}_1^\dagger(t) = H(t)\hat{a}_1^\dagger - F(t)\hat{a}_2^\dagger \ , \quad \hat{a}_2^\dagger(t) = -G(t)\hat{a}_1^\dagger + L(t)\hat{a}_2^\dagger . \tag{13.114}$$

Mit den Resultaten (13.109) und (13.114) lassen sich dann alle Produkte berechnen. Zunächst kann (und sollte !) man zeigen, dass die Kommutatorrelation wie $[\hat{a}_1(t), \hat{a}_1^\dagger(t)] = 1$ erfüllt sind, und durch Berechnen von

$$\hat{K}_0(t) = \hat{a}_1^\dagger(t)\hat{a}_1(t) - \hat{a}_2^\dagger(t)\hat{a}_2(t) = (1+2FG)\hat{K}_0 + 2GH\hat{K}_+ - 2FL\hat{K}_- \tag{13.115}$$

mit zeitabhängigen $F(t)$, $G(t)$, $H(t)$ und $L(t)$ können wir die Gleichung (13.102) bestätigen. Hier wollen wir die noch fehlenden Operatoren $\hat{K}_\pm(t)$ ermitteln. Wir erhalten

$$\begin{aligned}\hat{K}_+(t) &= \hat{a}_1^\dagger(t)\hat{a}_2(t) = (H\hat{a}_1^\dagger - F\hat{a}_2^\dagger)(F\hat{a}_1 + H\hat{a}_2)\\ &= HF(\hat{a}_1^\dagger\hat{a}_1 - \hat{a}_2^\dagger\hat{a}_2) + H^2\hat{a}_1^\dagger\hat{a}_2 - F^2\hat{a}_2^\dagger\hat{a}_1 = HF\hat{K}_0 + H^2\hat{K}_+ - F^2\hat{K}_- \,, \qquad (13.116)\\ \hat{K}_-(t) &= \hat{a}_2^\dagger(t)\hat{a}_1(t) = (-G\hat{a}_1^\dagger + L\hat{a}_2^\dagger)(L\hat{a}_1 + G\hat{a}_2)\\ &= -LG(\hat{a}_1^\dagger\hat{a}_1 - \hat{a}_2^\dagger\hat{a}_2) - G^2\hat{a}_1^\dagger\hat{a}_2 + L^2\hat{a}_2^\dagger\hat{a}_1 = -LG\hat{K}_0 - G^2\hat{K}_+ + L^2\hat{K}_- \,, \qquad (13.117)\end{aligned}$$

wobei man natürlich nachprüft, dass die Kommutatorrelation $\big[\hat{K}_+(t), \hat{K}_-(t)\big] = \hat{K}_0(t)$ erfüllt ist.

Kohärente Zustände: Die Lie-Algebra $\{\hat{K}_0, \hat{K}_+, \hat{K}_-\}$ aus Gleichung (13.88) ist isomorph zu der Drehimpuls-Algebra $\{\hat{J}_z, \hat{J}_+, \hat{J}_-\}$ mit $\hat{K}_0 = 2\hat{J}_z$ und $\hat{K}_\pm = \hat{J}_\pm$. Also können wir auch hier die (nicht-normierten) kohärenten Spinzustände $|\vec{x}\rangle = |x_1, x_2\rangle$ aus Abschnitt 4.3 verwenden, allerdings werden wir dabei auf ihre Normierung verzichten. Ausgedrückt in den Fock-Zuständen $|n_1, n_2\rangle$ mit $n_2 = N - n_1$ sind das die Zustände

$$\begin{aligned}|\vec{x}\rangle &= \sum_{n=0}^{N}\sqrt{\binom{N}{n}}\,x_1^n x_2^{N-n}|n, N-n\rangle = \frac{1}{\sqrt{N!}}\big(x_1\hat{a}_1^\dagger + x_2\hat{a}_2^\dagger\big)^N|0,0\rangle\\ &\quad \text{mit} \quad \langle\vec{x}|\vec{x}\rangle = \big(|x_1|^2 + |x_2|^2\big)^N \qquad (13.118)\end{aligned}$$

(vgl. Gleichung (4.67)). Wie wir gezeigt haben (siehe Seite 124), bleibt ein solcher Zustand zeitlich kohärent, wenn der Hamilton-Operator linear in den Generatoren der Algebra ist, was für $\hat{H}$ aus (13.87) gewährleistet ist. Ein solcher Ansatz ist die Grundlage der Mean-Field-Näherung (siehe Seite 199), gefolgt von einem Limit großer Teilchenzahl N. Wenn wir also zur Zeit $t = 0$

von einem kohärenten Zustand $|\vec{x}(0)\rangle$ ausgehen, erhalten wir in der Zeitentwicklung einen Zustand $|\vec{x}(t)\rangle$. Wie schon oben erläutert, besitzt die Mean-Field-Dynamik eine klassische hamiltonsche Struktur, wobei $H(x_j, x_j^*) = \langle\vec{x}|\hat{H}|\vec{x}\rangle/N$ die Rolle einer Hamilton-Funktion übernimmt. Um die $x_1(t)$ und $x_2(t)$ zu bestimmen, berechnen wir also zunächst den Erwartungswert des Hamilton-Operators $\hat{H} = (\epsilon+\mathrm{i}\gamma)\big(\hat{a}_1^\dagger\hat{a}_1 - \hat{a}_2^\dagger\hat{a}_2\big) + v\big(\hat{a}_1^\dagger\hat{a}_2 + \hat{a}_2^\dagger\hat{a}_1\big)$ aus Gleichung (13.87). Mit den Matrixelementen

$$\langle\vec{x}|\hat{a}_i^\dagger\hat{a}_j\vec{x}\rangle = N x_j^* x_k\big(|x_1|^2 + |x_2|^2\big)^{N-1} \tag{13.119}$$

aus Aufgabe 4.6 ergibt dies eine klassische Hamilton-Funktion

$$H(x_1, x_2, x_1^*, x_2^*) = \langle\vec{x}|\hat{H}|\vec{x}\rangle/N = (\epsilon+\mathrm{i}\gamma)\big(x_1^* x_1 - x_2^* x_2\big) + v\left(x_1^* x_2 + x_1 x_2^*\right) \tag{13.120}$$

mit zeitabhängigen $x_n(t)$. Die hamiltonschen Bewegungsgleichungen

$$\mathrm{i}\frac{\mathrm{d}x_1}{\mathrm{d}t} = \frac{\mathrm{d}H}{\mathrm{d}x_1^*}\ ,\quad \mathrm{i}\frac{\mathrm{d}x_1^*}{\mathrm{d}t} = -\frac{\mathrm{d}H^*}{\mathrm{d}x_1}\ ,\quad \mathrm{i}\frac{\mathrm{d}x_2}{\mathrm{d}t} = \frac{\mathrm{d}H}{\mathrm{d}x_2^*}\ ,\quad \mathrm{i}\frac{\mathrm{d}x_2^*}{\mathrm{d}t} = -\frac{\mathrm{d}H^*}{\mathrm{d}x_2}\,. \tag{13.121}$$

führen auf

$$\begin{aligned} \mathrm{i}\dot{x}_1 &= +(\epsilon+\mathrm{i}\gamma)x_1 + v x_2\ ,\quad \mathrm{i}\dot{x}_1^* = -(\epsilon-\mathrm{i}\gamma)x_1^* - v x_2^* \\ \mathrm{i}\dot{x}_2 &= -(\epsilon+\mathrm{i}\gamma)x_2 + v x_1\ ,\quad \mathrm{i}\dot{x}_2^* = +(\epsilon-\mathrm{i}\gamma)x_2^* - v x_1^*\,, \end{aligned} \tag{13.122}$$

wie im hermiteschen System in Gleichung (12.12). Man beachte jedoch, dass im nicht-hermiteschen Fall in den kanonischen Gleichungen (13.121) ein H^* auftritt, mit der Konsequenz $x_n^*(t) = (x_n(t))^*$.

In der Mean-Field-Beschreibung wird das N-Teilchen-System durch ein effektives Einteilchen-System dargestellt, und entsprechend stimmen die Mean-Field-Gleichungen (13.121) mit den Einteilchen-Gleichungen (13.65) überein. Um dies zu erhärten, berechnen wir zum Abschluss noch den Erwartungswert von $\hat{K}_0 = \hat{a}_1^\dagger\hat{a}_1 - \hat{a}_2^\dagger\hat{a}_2$, wie oben mit den Matrixelementen (13.119):

$$\langle\hat{K}_0\rangle(t) = \frac{\langle\vec{x}(t)|(\hat{a}_1^\dagger\hat{a}_1 - \hat{a}_2^\dagger\hat{a}_2)|\vec{x}(t)\rangle}{\langle\vec{x}(t)|\vec{x}(t)\rangle} = N\,\frac{|x_1(t)|^2 - |x_2(t)|^2}{|x_1(t)|^2 + |x_2(t)|^2}\,. \tag{13.123}$$

Für die speziellen Anfangsbedingungen $x_1(0) = 0$, $x_2(0) = 1$, also für einen anfänglichen Fock-Zustand $|0, N\rangle$, stimmt dies mit unserem Resultat aus Gleichung (13.105) überein, genauso wie für $x_1(0) = 1$, $x_2(0) = 0$, dem anfänglichen Fock-Zustand $|N, 0\rangle$, mit Gleichung (13.106).

Wenn man eine Wechselwirkung der Teilchen berücksichtigt, wie beispielsweise durch den additiven Term $\frac{c}{2}\left(\hat{a}^\dagger\hat{a} - \hat{b}^\dagger\hat{b}\right)^2$ im Hamilton-Operator (12.1), dann ist die Mean-Field-Beschreibung eine Näherung, und wir erhalten analog zum hermiteschen Fall in Gleichung (12.11) einen additiven Zusatzterm zur Mean-Field Hamilton-Funktion H aus Gleichung (13.120), also die Hamilton-Funktion

$$H = (\epsilon+\mathrm{i}\gamma)\big(x_1^* x_1 - x_2^* x_2\big) + v\left(x_1^* x_2 + x_1 x_2^*\right) + \frac{g}{2}\,\frac{\big(|x_1|^2 - |x_2|^2\big)^2}{|x_1|^2 + |x_2|^2} \tag{13.124}$$

mit $g = Nc$. Die daraus resultierenden hamiltonschen Gleichungen für die x_n lassen sich vereinfachen durch Transformation aud die Variablen $\psi_n = \mathrm{e}^{\mathrm{i}\beta}x_n$, wobei die (irrelevante) Phase durch $\dot{\beta} = -g\kappa^2$ mit

$$\kappa = \frac{|x_1|^2 - |x_2|^2}{|x_1|^2 + |x_2|^2} = \frac{|\psi_1|^2 - |\psi_2|^2}{|\psi_1|^2 + |\psi_2|^2} \tag{13.125}$$

bestimmt ist. Dies führt auf die Differentialgleichungen

$$\mathrm{i}\frac{\mathrm{d}}{\mathrm{d}t}\begin{pmatrix}\psi_1\\ \psi_2\end{pmatrix}=\begin{pmatrix}\epsilon+\mathrm{i}\gamma+g\kappa & v\\ v & -\epsilon-\mathrm{i}\gamma-g\kappa\end{pmatrix}\begin{pmatrix}\psi_1\\ \psi_2\end{pmatrix}, \tag{13.126}$$

eine nicht-hermitesche Version von Gleichung (12.10) und, wie diese, eine diskrete nichtlineare Schrödinger-Gleichung vom Gross-Pitaevskii-Typ.

Mehr dazu, beispielsweise zu einer verallgemeinerten Bloch-Vektor-Dynamik, zur Struktur der stationären Punkte und zum Vergleich von N-Teilchen- und Mean-Field-Dynamik findet man in der Literatur.[2]

13.5 Der Swanson-Oszillator

Die Beispiele nicht-hermitescher Dynamik aus den beiden vorangehenden Abschnitten sind recht einfach, weil der Hilbert-Raum endlichdimensional ist und alle Operatoren beschränkt sind. Dies ist anders für den Hamilton-Operator

$$\hat{H}=\omega_0\big(\hat{a}^\dagger\hat{a}+\tfrac{1}{2}\big)+\tfrac{1}{2}\,\omega_+\hat{a}^{\dagger 2}+\tfrac{1}{2}\,\omega_-\hat{a}^2\,, \tag{13.127}$$

bekannt unter dem Namen **Swanson-Oszillator**.[3] Für reelle zeitunabhängige Parameter $\omega_0>0$, ω_+ und ω_-, was wir im Folgenden unterstellen, ist $\hat{H}$ nicht-hermitesch und nicht-normal für $\omega_+\neq\omega_-$ und hat, wie wir sehen werden, ein harmonisches Energiespektrum

$$E_n=\omega\big(n+\tfrac{1}{2}\big)\quad\text{mit}\quad \omega=\sqrt{\omega_0^2-\omega_+\omega_-} \tag{13.128}$$

($\hbar=1$). Die Eigenwerte sind reell für $\omega_0^2>\omega_+\omega_-$ und andernfalls imaginär.

Man kann zeigen, dass der Grundzustand normierbar ist für

$$-2\omega_0<\omega_++\omega_-<2\omega_0\,, \tag{13.129}$$

was $\omega_0^2>\omega_+\omega_-$ impliziert, und dass die anderen Eigenzustände ebenfalls normierbar sind und durch Leiteroperatoren erzeugt werden können. Für $\omega_0^2=\omega_+\omega_-$ findet man einen hoch entarteten exzeptionellen Punkt.

Im Folgenden wollen wir für reelle Parameter mit (13.129) die Zeitentwicklung untersuchen. Eine direkte Konsequenz der äquidistanten reellen Eigenwerte (13.128) ω ist die Periodizität aller Lösungen $|\psi(t)\rangle$ der Schrödinger-Gleichung mit der Periode $T=2\pi/\omega$, ähnlich dem harmonischen Oszillator, jedoch ist für den Swanson-Oszillator (13.127) mit $\omega_+\neq\omega_-$ die Norm des Zustands nicht erhalten. Mehr als das, sie kann sogar divergieren. Das demonstriert eine rein numerische Rechnung in Bild 13.5, die die Norm $P(t)=|\langle\psi(t)|\psi(t)\rangle|^2$ zeigt für die Parameterwerte $\omega_0=5$, $\omega_-=2$, $\hbar=1$ und fünf ausgewählte ω_+-Werte von $\omega_+=2$ für den hermiteschen Fall bis zu dem kritischen Wert $\omega_+=\omega_0=5$. Als Anfangszustand wurde ein kohärenter Zustand $|\alpha\rangle$ gewählt mit $\alpha=(q_0+\mathrm{i}p_0)/\sqrt{2}$ und $q_0=0$, $p_0=1$. Wie wir sehen, ist $P(t)$ für $\omega_+=1$

[2] E. M. Graefe, H. J. Korsch, A. Niederle, Phys. Rev. Lett. 101, 150408 (2008); Phys. Rev. A82, 013629 (2010)

[3] nach M. S. Swanson, J. Math. Phys. 45 (2004) 585

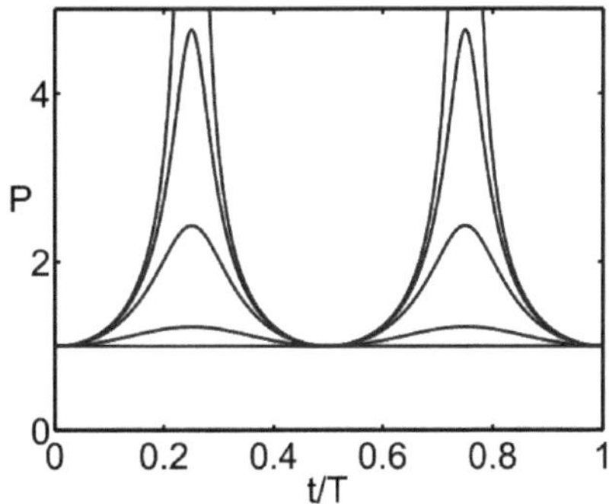

Bild 13.5 Swanson-Oszillator: Norm $P(t)$ für einen kohärenten Anfangszustand als Funktion der Zeit in Einheiten von $T = 2\pi/\omega$ für $\omega_0 = 5$, $\omega_- = 2$ und $\omega_+ = 2, 4, 4.8, 4.95, 5.0$

konstant gleich eins und für andere Werte periodisch mit der Periode $T/2$. Für die Zeiten $T/4$, $3T/4, \ldots$ finden sich Maxima, die für den Wert $\omega_+ = 5$ anscheinend zu einer Divergenz führen. (Hier sei angemerkt, dass der kritische Wert innerhalb des Bereichs (13.129) liegt, in dem die nicht-hermiteschen Eigenzustände normierbar sind.) Dieses Verhalten soll im Folgenden genauer analysiert werden.

Wir wollen hier den Swanson-Oszillator (13.127) algebraisch behandeln und schreiben, wie schon auf Seite 135 erwähnt, den Hamilton-Operator als

$$\hat{H} = \omega_0 \hat{K}_0 + \omega_+ \hat{K}_+ + \omega_- \hat{K}_- \quad \text{mit} \quad \hat{K}_0 = \hat{a}^\dagger \hat{a} + \tfrac{1}{2}\ , \quad \hat{K}_+ = \tfrac{1}{2}\hat{a}^{\dagger 2}\ , \quad \hat{K}_- = \tfrac{1}{2}\hat{a}^2 . \tag{13.130}$$

Die Operatoren bilden eine $\mathfrak{su}(1,1)$-Lie-Algebra mit den Kommutatorrelationen (6.114) und es gilt $\hat{K}_0^\dagger = \hat{K}_0$ und $\hat{K}_\pm^\dagger = \hat{K}_\mp$. Das Resultat (13.128) für die Eigenwerte folgt dann direkt aus den Ähnlichkeitstransformationen in den Gleichungen (6.117) bis (6.119) mit $\delta = -1$.

Die Operatoren $\hat{K}_\pm$ wirken auf die Zustände $|n\rangle$ eines harmonischen Oszillators, die Eigenzustände von $\hat{K}_0$, als Leiteroperatoren:

$$\hat{K}_+|n\rangle = \tfrac{1}{2}\sqrt{(n+1)(n+2)}\,|n+2\rangle\ , \quad \hat{K}_-|n\rangle = \tfrac{1}{2}\sqrt{n(n-1)}\,|n-2\rangle \text{ für} n \ge 2 \tag{13.131}$$

und $\hat{K}_-|1\rangle = \hat{K}_-|0\rangle = |\emptyset\rangle$.

Nach Gleichung (7.45) kann der Zeitentwicklungsoperator als

$$\hat{U}(t) = \mathrm{e}^{c_0(t)\hat{K}_0}\,\mathrm{e}^{c_+(t)\hat{K}_+}\,\mathrm{e}^{c_-(t)\hat{K}_-} \tag{13.132}$$

ausgedrückt werden, wobei die Parameter c_0, $c_\pm$ die Differentialgleichungen (7.51) erfüllen. Es ist zweckmäßig, sie auf die Variablen $H = \mathrm{e}^{-c_0}$, $G = c_+\mathrm{e}^{+c_0}$ und $F = c_-\mathrm{e}^{-c_0}$ zu transformieren (siehe Gleichung (7.54)), die auf die die linearen Differentialgleichungen (7.55) führen. Die Zeitentwicklung der Basisoperatoren der Algebra wurde schon in Abschnitt 7.2.1 bestimmt (siehe dazu auch Aufgabe 7.3). Insbesondere sei erwähnt, dass die Frequenz $\omega = \sqrt{\omega_0^2 - \omega_+\omega_-}$ in (15.154) die in Gleichung (13.128) angegebene reproduziert.

Wir notieren hier noch einmal die Lösungen aus Aufgabe 7.3:

$$H(t) = \cos\omega t + \frac{\mathrm{i}\omega_0}{\omega}\sin\omega t\ , \quad G(t) = -\frac{\mathrm{i}\omega_+}{\omega}\sin\omega t\ , \quad F(t) = -\frac{\mathrm{i}\omega_-}{\omega}\sin\omega t . \tag{13.133}$$

Für reelle Parameter und reelles ω sind diese Funktionen periodisch (Periode $T = 2\pi/\omega$) mit den Betragsquadraten

$$|H|^2 = 1 + \frac{\omega_+\omega_-}{\omega^2}\sin^2\omega t\ , \quad |G|^2 = \frac{\omega_+^2}{\omega^2}\sin^2\omega t\ , \quad |F|^2 = \frac{\omega_-^2}{\omega^2}\sin^2\omega t . \tag{13.134}$$

Wir erhalten dann mit

$$H = |H|\,\mathrm{e}^{\mathrm{i}\phi} \quad , \quad \sin\phi = \frac{\omega_0}{\omega|H|}\sin\omega t \tag{13.135}$$

die c-Parameter des exponentiellen Produkts (13.132) als

$$\begin{aligned} c_0(t) &= -\ln H(t) = -\ln|H(t)| - \mathrm{i}\phi(t), \\ c_+(t) &= GH = \frac{\omega_0\omega_+}{\omega^2}\sin^2\omega t - \frac{\mathrm{i}\omega_+}{2\omega}\sin 2\omega t, \\ c_-(t) &= \frac{F}{H} = \frac{1}{|H|^2}\left\{-\frac{\omega_0\omega_-}{\omega^2}\sin^2\omega t - \frac{\mathrm{i}\omega_-}{2\omega}\sin 2\omega t\right\} \end{aligned} \tag{13.136}$$

und die exponentiellen Koeffizienten der Anordnung

$$\hat{P}(t) = \mathrm{e}^{s^*(t)\hat{K}_+}\,\mathrm{e}^{s_0(t)\hat{K}_0}\,\mathrm{e}^{s(t)\hat{K}_-}, \tag{13.137}$$

in Gleichung (7.63) sind

$$\mathrm{e}^{-s_0} = |H(t)|^2 - |G(t)|^2 = 1 - \frac{\omega_+(\omega_+ - \omega_-)}{\omega^2}\sin^2\omega t \tag{13.138}$$

$$s(t) = \left(F + \mathrm{e}^{s_0}G^*\right)/H = \mathrm{e}^{s_0}\,\frac{\omega_+ - \omega_-}{\omega^2}\left(\omega_0\sin\omega t + \mathrm{i}\omega\cos\omega t\right)\sin\omega t \tag{13.139}$$

mit

$$|s(t)|^2 = \mathrm{e}^{2s_0}\left(\frac{\omega_+ - \omega_-}{\omega}\right)^2\left(1 + \frac{\omega_+\omega_-}{\omega^2}\sin^2\omega t\right)\sin^2\omega t. \tag{13.140}$$

13.5.1 Übergangsmatrixelemente

In der Swanson-Arbeit in Fußnote 3 wurden die Matrixelemente $\langle m|\hat{U}|n\rangle$ für Übergänge zwischen den harmonischen Oszillatorzuständen $n = 0$ und $m = 2$ für eine nicht-unitäre Zeitentwicklung berechnet. Wir wollen dieses Resultat rekonstruieren, indem wir die exponentielle Anordnung (13.132) benutzen. Mit den Leitereigenschaften (13.131) erhalten wir dann

$$\begin{aligned} \langle 2|\hat{U}(t)|0\rangle &= \langle 2|\mathrm{e}^{c_0\hat{K}_0}\,\mathrm{e}^{c_+\hat{K}_+}\,\mathrm{e}^{c_-\hat{K}_-}|0\rangle = \mathrm{e}^{c_0(2+1/2)}\langle 2|\mathrm{e}^{c_+\hat{K}_+}|0\rangle \\ &= \mathrm{e}^{5c_0/2}\langle 2|\left(|0\rangle + \frac{c_+}{2}\sqrt{2}\,|2\rangle + \ldots\right) = \mathrm{e}^{5c_0/2}\,\frac{c_+}{\sqrt{2}} \end{aligned} \tag{13.141}$$

und genauso

$$\begin{aligned} \langle 0|\hat{U}(t)|2\rangle &= \langle 0|\mathrm{e}^{c_0\hat{K}_0}\,\mathrm{e}^{c_+\hat{K}_+}\,\mathrm{e}^{c_-\hat{K}_-}|2\rangle = \mathrm{e}^{c_0/2}\langle 0|\mathrm{e}^{c_-\hat{K}_-}|2\rangle \\ &= \mathrm{e}^{c_0/2}\left(\langle 0| + \frac{c_-}{2}\sqrt{2}\,\langle 2| + \ldots\right)|2\rangle = \mathrm{e}^{c_0/2}\,\frac{c_-}{\sqrt{2}}. \end{aligned} \tag{13.142}$$

Das lässt sich leicht auf allgemeine Matrixelemente erweitern mit dem Resultat aus Formel (3.107). Danach sind die Matrixelemente $\langle n|\hat{U}(t)|m\rangle$ für ungerade Indexdifferenz $n-m$ gleich null und andernfalls gleich

$$\begin{aligned} \langle m|\hat{U}(t)|n\rangle &= \langle m|\mathrm{e}^{c_0\hat{K}_0}\,\mathrm{e}^{c_+\hat{K}_+}\,\mathrm{e}^{c_-\hat{K}_-}|n\rangle = \mathrm{e}^{c_0(m+1/2)}\,\langle m|\mathrm{e}^{c_+\hat{K}_+}\,\mathrm{e}^{c_-\hat{K}_-}|n\rangle \\ &= \mathrm{e}^{c_0(m+1/2)}\sqrt{m!n!}\sum_{k\geq 0,\,n-k\,\text{gerade}}^{\min(m,n)}\frac{(c_+/2)^{(m-k)/2}(c_-/2)^{(n-k)/2}}{\left((m-k)/2\right)!\left((n-k)/2\right)!\,k!}. \end{aligned} \tag{13.143}$$

Die Diagonalelemente dieser Gleichung vereinfachen sich zu

$$\langle n|\hat{U}(t)|n\rangle = \mathrm{e}^{c_0(n+1/2)}\, n! \sum_{k=0}^{k_{\max}} \frac{(c_+c_-/4)^k}{k!^2(n-2k)!} \tag{13.144}$$

mit $k_{\max} = (n-1)/2$ oder $k_{\max} = n/2$ für n ungerade bzw. n gerade, und

$$c_+c_- = FG = -\frac{\omega_+\omega_-}{\omega^2}\sin^2\omega t\,. \tag{13.145}$$

Wie wollen auch noch die Matrixelemente von $\hat{P}(t)$ in dieser Basis bestimmen. Dazu ist es von Vorteil, zunächst die Anordnung von Gleichung (13.137) zu ändern in

$$\hat{P}(t) = \mathrm{e}^{s^*\hat{K}_+}\,\mathrm{e}^{s_0\hat{K}_0}\,\mathrm{e}^{s\hat{K}_-} = \mathrm{e}^{u_0\hat{K}_0}\,\mathrm{e}^{u_+\hat{K}_+}\,\mathrm{e}^{u_-\hat{K}_-} \tag{13.146}$$

mit $u_0 = s_0$, $u_+ = s^*\mathrm{e}^{-2s_0}$, $u_- = s$ (vgl. Aufgabe 6.13, Gleichung (15.128)). Die Matrixelemente $\langle n|\hat{P}(t)|m\rangle$ können wir dann direkt von Gleichung (13.143) übernehmen, indem wir die Parameter c_0, $c_\pm$ durch u_0, $u_\pm$ ersetzen. Für die Diagonalelemente, also für die Normierung der Zeitentwicklung der Basiszustände $|\psi_n(t)\rangle$ mit $|\psi_n(0)\rangle = |n\rangle$, erhalten wir

$$P_n(t) = \langle\psi_n(t)|\psi_n(t)\rangle = \langle n|\hat{P}(t)|n\rangle = \mathrm{e}^{s_0(n+1/2)} \sum_{k=0}^{k_{\max}} \frac{n!\lambda^k(t)}{k!^2(n-2k)!} \tag{13.147}$$

mit $k_{\max} = (n-1)/2$ oder $k_{\max} = n/2$ für n ungerade oder n gerade und

$$\lambda(t) = \tfrac{1}{4}\,u_+u_- = \tfrac{1}{4}\,|s|^2\mathrm{e}^{-2s_0} = \Big(\frac{\omega_+-\omega_-}{\omega}\Big)^2\Big(1+\frac{\omega_+\omega_-}{\omega^2}\sin^2\omega t\Big)\sin^2\omega t. \tag{13.148}$$

mit $|s|^2$ aus Gleichung (13.140).

Es sei noch angemerkt, dass der Vorfaktor in (13.147) gleich

$$\mathrm{e}^{s_0} = \Big(1-\frac{\omega_+(\omega_+-\omega_-)}{\omega^2}\sin^2\omega t\Big)^{-1} \tag{13.149}$$

ist (vgl. Gleichung (13.138)) und daher, wie am am Ende des folgenden Abschnitts näher erläutert, divergiert die Norm zu einer endlichen Zeit für Parameter in einem Bereich, in dem der Nenner in (13.149) null werden kann.

13.5.2 Zeitentwicklung kohärenter Zustände

Die Zeitentwicklung eines kohärenten Anfangszustands $|\psi(0)\rangle = |\alpha_0\rangle$ (siehe Abschnitt 3.3.2) lässt sich leichter auswerten, wenn wir die Anordnung (13.132) des Exponentialprodukts ändern. Aus Gleichung (15.128) erhalten wir

$$\hat{U}(t) = \mathrm{e}^{c_0\hat{K}_0}\,\mathrm{e}^{c_+\hat{K}_+}\,\mathrm{e}^{c_-\hat{K}_-} = \mathrm{e}^{c_+\mathrm{e}^{2c_0}\hat{K}_+}\,\mathrm{e}^{c_0\hat{K}_0}\,\mathrm{e}^{c_-\hat{K}_-} \tag{13.150}$$

Das ergibt mit $\hat{K}_- = \hat{a}^2/2$ und $\hat{a}|\alpha\rangle = \alpha|\alpha\rangle$

$$\begin{aligned} |\psi(t)\rangle = \hat{U}(t)|\alpha_0\rangle &= \mathrm{e}^{c_+(t)\mathrm{e}^{2c_0(t)}\hat{K}_+}\,\mathrm{e}^{c_0(t)\hat{K}_0}\,\mathrm{e}^{c_-(t)\hat{K}_-}|\alpha_0\rangle \\ &= \mathrm{e}^{c_+(t)\mathrm{e}^{2c_0(t)}\hat{K}_+}\,\mathrm{e}^{c_0(t)\hat{K}_0}|\alpha_0\rangle\,\mathrm{e}^{c_-(t)\alpha_0^2/2} \end{aligned} \tag{13.151}$$

mit der Projektion auf kohärente Zustände

$$\begin{aligned}\langle\alpha|\psi(t)\rangle &= \mathrm{e}^{c_+(t)\mathrm{e}^{2c_0(t)}\alpha^{*2}/2}\,\langle\alpha|\mathrm{e}^{c_0(t)\hat{K}_0}|\alpha_0\rangle\,\mathrm{e}^{c_-(t)\alpha_0^2/2}\\ &= \mathrm{e}^{c_+(t)\mathrm{e}^{2c_0(t)}\alpha^{*2}/2+c_0(t)/2+c_-(t)\alpha_0^2/2}\,\langle\alpha|\mathrm{e}^{c_0(t)\hat{a}^\dagger\hat{a}}|\alpha_0\rangle\,. \end{aligned}\tag{13.152}$$

Mit den Matrixelementen (3.129) von $\mathrm{e}^{c_0\hat{a}^\dagger\hat{a}}$ in kohärenten Zuständen finden wir schließlich

$$\langle\alpha|\psi(t)\rangle = \mathrm{e}^{c_0(t)/2}\mathrm{e}^{-|\alpha|^2/2-|\alpha_0|^2/2+c_+(t)\mathrm{e}^{2c_0(t)}\alpha^{*2}/2+\mathrm{e}^{c_0(t)}\alpha^*\alpha_0+c_-(t)\alpha_0^2/2}\,.\tag{13.153}$$

Dies ist offensichtlich für alle Zeiten eine Gauß-Verteilung im Phasenraum, ähnlich einem gequetschten kohärenten Zustand (3.158).

Das exponentielle Produkt für $\hat{P}(t)$ in Gleichung (7.63) ermöglicht eine einfache Berechnung der Matrixelemente für kohärente Zustände $|\alpha\rangle$ und $|\beta\rangle$, wieder mithilfe von (3.129):

$$\begin{aligned}\langle\alpha|\hat{P}(t)|\beta\rangle &= \langle\alpha|\mathrm{e}^{s^*(t)\hat{K}_+}\,\mathrm{e}^{s_0(t)\hat{K}_0}\,\mathrm{e}^{s(t)\hat{K}_-}|\beta\rangle\\ &= \mathrm{e}^{s^*\alpha^{*2}/2}\,\langle\alpha|\mathrm{e}^{s_0\hat{K}_0}|\beta\rangle\,\mathrm{e}^{s\beta^2/2} = \mathrm{e}^{s^*\alpha^{*2}/2}\,\mathrm{e}^{s_0/2}\,\langle\alpha|\mathrm{e}^{s_0\hat{a}^\dagger\hat{a}}|\beta\rangle\,\mathrm{e}^{s\beta^2/2}\\ &= \mathrm{e}^{s^*\alpha^{*2}/2}\,\mathrm{e}^{s_0/2}\,\mathrm{e}^{-|\beta|^2/2-|\alpha|^2/2+\mathrm{e}^{s_0}\alpha^*\beta}\,\mathrm{e}^{s\beta^2/2}\\ &= E_\alpha\,\mathrm{e}^{-|\beta|^2/2+\mathrm{e}^{s_0}\alpha^*\beta+s\beta^2/2}\quad\text{mit}\quad E_\alpha = \mathrm{e}^{s_0/2}\mathrm{e}^{-|\alpha|^2/2+s^*\alpha^{*2}/2}\,,\end{aligned}\tag{13.154}$$

wobei man $\mathrm{e}^{s_0(t)}$ und $s(t)$ in den Gleichungen (13.138) und (13.139) findet.

Für die Diagonalelemente, also für die Norm eines kohärenten Anfangszustands, ergibt das

$$P_t(\alpha) = \langle\alpha|\hat{P}(t)|\alpha\rangle = \mathrm{e}^{s_0/2}\,\mathrm{e}^{(\mathrm{e}^{s_0}-1)|\alpha|^2+s^*\alpha^{*2}/2+s\alpha^2/2}\,.\tag{13.155}$$

Dieses analytische Ergebnis deckt sich mit den numerischen in Bild 13.5.

Die Singularität der Gesamtwahrscheinlichkeit, die man in Bild 13.5 beobachtet, stammt daher von dem α-unabhängigen Vorfaktor $\mathrm{e}^{s_0/2}$ in (13.155) mit

$$\mathrm{e}^{-s_0} = |H(t)|^2 - |G(t)|^2 = 1 - \frac{\omega_+(\omega_+-\omega_-)}{\omega^2}\sin^2\omega t\tag{13.156}$$

(siehe Gleichung (13.149)). Der Vorfaktor des $\sin^2$ ist größer als eins für $\omega_+ > \omega_0$ und e^{s_0} divergiert dann zu den Zeiten t_c mit $\omega_+(\omega_+-\omega_-)\sin^2\omega t_c = \omega^2$ und der Operator $\hat{P}(t)$ ist nicht beschränkt.

13.5.3 Zeitentwicklung der Operatoren und Erwartungswerte

In diesem Abschnitt wollen wir die Zeitentwicklung der Operatoren $\hat{a}(t)$ und $\hat{a}^\dagger(t)$ unter der Swanson-Dynamik genauer untersuchen. Wir beginnen mit der Berechnung von $\hat{a}(t)$ und $\hat{a}^\dagger(t)$ in der biunitären Darstellung in einer Aufgabe:

Aufgabe 13.3 (Lösung Seite 308): Berechnen Sie für die exponentiellle Produktdarstellung $\hat{U}(t) = \mathrm{e}^{c_0\hat{K}_0}\,\mathrm{e}^{c_+\hat{K}_+}\,\mathrm{e}^{c_-\hat{K}_-}$ die Operatoren $\hat{a}(t) = \hat{U}^{-1}(t)\hat{a}\,\hat{U}(t)$ und $\hat{a}^\dagger(t) = \hat{U}^{-1}(t)\hat{a}^\dagger\hat{U}(t)$ mithilfe der Ähnlichkeitstransformationen aus Tabelle 6.2.

Die Resultate

$$\hat{a}(t) = \mathrm{e}^{c_0}(1 - c_+ c_-)\hat{a} + \mathrm{e}^{c_0} c_+ \hat{a}^\dagger = (1 - GF)/H\,\hat{a} + G\hat{a}^\dagger \tag{13.157}$$

$$\hat{a}^\dagger(t) = \mathrm{e}^{-c_0}\hat{a}^\dagger - c_-\mathrm{e}^{-c_0}\hat{a}^\dagger = H\hat{a} - F\hat{a} \tag{13.158}$$

aus der Aufgabe könnten wir natürlich ebenso aus dem komplexeren System in den Gleichungen (7.105) und (7.107) übernehmen, indem wir die hier nicht auftretenden Koeffizienten c_1 und c_2 gleich null setzen.

Für einen Swanson-Oszillator mit zeitunabhängigen Koeffizienten können wir mit den Koeffizienten aus Gleichung (13.133) die Lösungen als

$$\hat{a}(t) = \left(\cos\omega t - \mathrm{i}\frac{\omega_0}{\omega}\sin\omega t\right)\hat{a} - \mathrm{i}\frac{\omega_+}{\omega}\sin\omega t\,\hat{a}^\dagger \tag{13.159}$$

$$\hat{a}^\dagger(t) = \left(\cos\omega t + \mathrm{i}\frac{\omega_0}{\omega}\sin\omega t\right)\hat{a}^\dagger + \mathrm{i}\frac{\omega_-}{\omega}\sin\omega t\,\hat{a}\,. \tag{13.160}$$

angeben. Diese Ergebnisse erfüllen die heisenbergschen Bewegungsgleichungen

$$\frac{\mathrm{d}\hat{a}}{\mathrm{d}t} = \mathrm{i}[\hat{H}, \hat{a}] \quad \text{und} \quad \frac{\mathrm{d}\hat{a}^\dagger}{\mathrm{d}t} = \mathrm{i}[\hat{H}, \hat{a}^\dagger]\,, \tag{13.161}$$

was man unbedingt überprüfen sollte! Die Impuls- und Ortsoperatoren sind dann

$$\hat{p}(t) = \frac{\mathrm{i}}{\sqrt{2}}\left(\hat{a}^\dagger(t) - \hat{a}(t)\right) = \left(\cos\omega t + \mathrm{i}\frac{\omega_+ - \omega_-}{2\omega}\sin\omega t\right)\hat{p} - \frac{2\omega_0 + \omega_+ + \omega_-}{2\omega}\sin\omega t\,\hat{q} \tag{13.162}$$

$$\hat{q}(t) = \frac{1}{\sqrt{2}}\left(\hat{a}^\dagger(t) + \hat{a}(t)\right) = \frac{2\omega_0 - \omega_+ - \omega_-}{2\omega}\sin\omega t\,\hat{p} + \left(\cos\omega - \mathrm{i}\frac{\omega_+ - \omega_-}{2\omega}\sin\omega t\right)\hat{q}\,. \tag{13.163}$$

Es sei angemerkt, dass $\hat{p}(t)$, $\hat{q}(t)$ für $\omega_+ \neq \omega_-$ nicht hermitesch sind, denn es gilt $(\hat{a}(t))^\dagger \neq \hat{a}^\dagger(t)$.

Um die Erwartungswerte zeitabhängiger Operatoren wie $\hat{a}(t)$ zu berechnen, benötigt man Matrixelemente dieser Operatoren, die als Linearkombinationen von Operatoren im Schrödinger-Bild gegeben sind, also den Operatoren zur Zeit $t = 0$ wie in Gleichung (13.159). Es ist daher sinnvoll, zunächst die Erwartungswerte dieser Schrödinger-Bild-Operatoren zu bestimmen. Wie beginnen mit $\hat{a}(0) = \hat{a}$ und setzen voraus, dass anfangs ein kohärenter Zustand $|\alpha\rangle$ vorliegt. Dann haben wir für den Erwartungswert von $\hat{a}$ das simple Resultat

$$\langle\hat{a}\rangle = \frac{\langle\alpha|\hat{P}(t)\hat{a}|\alpha\rangle}{\langle\alpha|\hat{P}(t)|\alpha\rangle} = \frac{\alpha\langle\alpha|\hat{P}(t)|\alpha\rangle}{\langle\alpha|\hat{P}(t)|\alpha\rangle} = \alpha\,. \tag{13.164}$$

Für $\hat{a}^\dagger$ müssen wir deutlich mehr Arbeit leisten. Dazu berechnen wir zuerst das Integral

$$\langle\alpha|\hat{P}(t)\hat{a}^\dagger|\alpha\rangle = \int\frac{\mathrm{d}^2\beta}{\pi}\langle\alpha|\hat{P}(t)|\beta\rangle\langle\beta|\hat{a}^\dagger|\alpha\rangle\,. \tag{13.165}$$

Mit $\langle\alpha|\hat{P}(t)|\beta\rangle$ aus Gleichung (13.154) und

$$\langle\beta|\hat{a}^\dagger|\alpha\rangle = \beta^*\langle\beta|\alpha\rangle = \beta^*\mathrm{e}^{-|\alpha|^2/2 - |\beta|^2/2 + \beta^*\alpha} \tag{13.166}$$

nach (3.112) erhalten wir ein Gauß-Integral, das wir mit der Formel (B.14) aus dem Anhang auswerten können:

$$\begin{aligned}\langle\alpha|\hat{P}(t)\hat{a}^\dagger|\alpha\rangle &= E_\alpha(t)\,\mathrm{e}^{-|\alpha|^2/2}\int\frac{\mathrm{d}^2\beta}{\pi}\beta^*\,\mathrm{e}^{-|\beta|^2 + s\beta^2/2 + \mathrm{e}^{s_0}\alpha^*\beta + \alpha\beta^*}\\ &= (s\alpha + \mathrm{e}^{s_0}\alpha^*)E_\alpha(t)\mathrm{e}^{-|\alpha|^2 s\alpha^2/2 + \mathrm{e}^{s_0}|\alpha|^2}\,.\end{aligned} \tag{13.167}$$

Mit $\langle\alpha|\hat{P}(t)|\alpha\rangle$ aus (13.155) ergibt sich schließlich

$$\langle\hat{a}^\dagger\rangle = \frac{\langle\alpha|\hat{P}(t)\hat{a}^\dagger|\alpha\rangle}{\langle\alpha|\hat{P}(t)|\alpha\rangle} = s\,\alpha + \mathrm{e}^{s_0}\alpha^*\,, \tag{13.168}$$

ein Ausdruck, der wegen $\mathrm{e}^{s_0} = \mathrm{e}^{s_0(t)}$ und $s = s(t)$ aus (13.138) und (13.139) zeitabhängig ist. Die abschließende Berechnung des Erwartungswertes von $\hat{a}(t)$ ist trivial. Aus (13.159) und den obigen Resultaten erhalten wir

$$\begin{aligned}\langle\hat{a}\rangle_t &= \big(\cos\omega t - \tfrac{\mathrm{i}\omega_0}{\omega}\,\sin\omega t\big)\langle\hat{a}\rangle - \tfrac{\mathrm{i}\omega_+}{\omega}\,\sin\omega\langle\hat{a}^\dagger\rangle\\ &= \mathrm{e}^{s_0(t)})\big(\big(\cos\omega t - \mathrm{i}\frac{\omega_0}{\omega}\sin\omega t\big)\alpha - \mathrm{i}\frac{\omega_+}{\omega}\sin\omega t\,\alpha^*\big)\end{aligned} \tag{13.169}$$

sowie mit (13.160),

$$\langle\hat{a}^\dagger\rangle_t = \mathrm{e}^{s_0(t)}\big(\big(\cos\omega t + \mathrm{i}\frac{\omega_0}{\omega}\sin\omega t\big)\alpha^* + \mathrm{i}\frac{\omega_+}{\omega}\sin\omega t\,\alpha\big) = \big(\langle\hat{a}\rangle_t\big)^*\,. \tag{13.170}$$

Mit $\alpha = (q_0 + \mathrm{i}p_0)/\sqrt{2}$ lassen sich dann auch die (reellen) Erwartungswerte für Impuls und Ort ermitteln:

$$\langle\hat{p}\rangle_t = \frac{\mathrm{i}}{\sqrt{2}}\big(\langle\hat{a}\rangle_t - \langle\hat{a}^\dagger\rangle_t\big) = \mathrm{e}^{s_0(t)}\big(p_0\cos\omega t - \frac{\omega_0+\omega_+}{\omega}q_0\sin\omega t\big) \tag{13.171}$$

$$\langle\hat{q}\rangle_t = \frac{1}{\sqrt{2}}\big(\langle\hat{a}\rangle_t + \langle\hat{a}^\dagger\rangle_t\big) = \mathrm{e}^{s_0(t)}\,\big(\,\frac{\omega_0-\omega_+}{\omega}p_0\sin\omega t + q_0\cos\omega t\big)\,. \tag{13.172}$$

Als ein Beispiel zeigt Bild 13.6 $\langle\hat{p}\rangle_t$ und $\langle\hat{q}\rangle_t$ für einen kohärenten Anfangszustand lokalisiert bei $q_0 = 0$ und $p_0 = 1$ für die Parameter $\omega_0 = 5$, $\omega_- = 2$ und $\omega_- = 4.8$ unterhalb des kritischen Wertes $\omega_- = \omega_0$, bei dem die Norm divergiert, für $t_c = T/4, 3T/4, \ldots$ (vgl. Bild 13.5), eine Konsequenz der Singularität von

$$\mathrm{e}^{s_0(t)} = \big(1 - \tfrac{\omega_+(\omega_+-\omega_-)}{\omega^2}\,\sin^2\omega t\big)^{-1} \tag{13.173}$$

aus (13.149). Im Phasenraum zeigt die Bahn eine Hantelform (rechtes Bild). (Alle diese Bilder zeigen die analytischen Resultate als Kurven im Vergleich zu rein numerischen Werten zu äquidistanten Zeiten (Sterne).) Wenn man den Parameter ω_+ erhöht auf den kritischen Wert $\omega_+ = \omega_0$, an dem die Norm divergiert, wird $\langle\hat{p}\rangle_t$ ebenfalls singulär bei t_c, aber in diesem Fall bleibt der Ortserwartungswert endlich. (Warum?)

Mit der gleichen Technik lassen sich auch die Erwartungswerte der Operatoren $\hat{K}_0(t)$, $\hat{K}_+(t)$ und $\hat{K}_-(t)$ berechnen. In den Gleichungen (7.66) bis (7.68) haben wir sie als Linearkombination

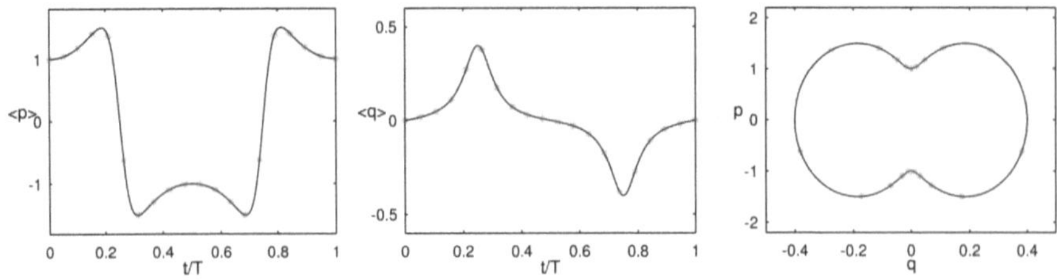

Bild 13.6 Swanson-Oszillator: Erwartungswerte des Impulses, $\langle\hat{p}\rangle_t$ und des Ortes, $\langle\hat{q}\rangle_t$, als Funktion der Zeit sowie ein Phasenraumbild für einen kohärenten Anfangszustand mit $q_0 = 0$, $p_0 = 1$. (Parameter $\omega_0 = 5$, $\omega_- = 2$, $\omega_+ = 4.8$.)

der Operatoren $\hat{K}_0(0) = \hat{K}_0 = \hat{a}^\dagger\hat{a} + 1/2$, $\hat{K}_+(0) = \hat{K}_+ = \hat{a}^{\dagger 2}/2$ und $\hat{K}_-(0) = \hat{K}_- = \hat{a}^2/2$ angegeben, sodass wir nur noch deren Erwartungswerte bestimmen müssen. Wir gehen wieder von einem kohärenten Anfangszustand $|\psi(0)\rangle = |\alpha\rangle$ aus. Mit (3.112) erhalten wir die Matrixelemente

$$\begin{aligned}
&\langle\beta|\hat{K}_0|\alpha\rangle = (\beta^*\alpha + \tfrac{1}{2})\,\mathrm{e}^{-|\alpha|^2/2-|\beta|^2/2+\beta^*\alpha}\;, \quad \langle\beta|\hat{K}_+|\alpha\rangle = \tfrac{1}{2}\,\beta^{*2}\,\mathrm{e}^{-|\alpha|^2/2-|\beta|^2/2+\beta^*\alpha}\\
&\langle\beta|\hat{K}_-|\alpha\rangle = \tfrac{1}{2}\,\alpha^2\,\mathrm{e}^{-|\alpha|^2/2-|\beta|^2/2+\beta^*\alpha}\,.
\end{aligned} \tag{13.174}$$

Dazu benötigen wir nur noch $\langle\alpha|\hat{P}(t)|\beta\rangle = E_\alpha\,\mathrm{e}^{-|\beta|^2/2+s\alpha^*\beta+s\beta^2/2}$ aus (13.154) sowie die Gauß-Integrale (B.13), (B.14) und (B.17), um die gesuchten drei Matrixelemente auszuwerten:

$$\begin{aligned}
\langle\alpha|\hat{P}(t)\hat{K}_0|\alpha\rangle &= E_\alpha\,\mathrm{e}^{-|\alpha|^2/2}\int\frac{\mathrm{d}^2\beta}{\pi}\,(\beta^*\alpha + \tfrac{1}{2})\,\mathrm{e}^{-|\beta|^2+s\beta^2/2+\mathrm{e}^{s_0(t)}\alpha^*\beta+\alpha\beta^*}\\
&= \big(\alpha(s\alpha + \mathrm{e}^{s_0(t)}\alpha^*) + \tfrac{1}{2}\big)E(\alpha)\,\mathrm{e}^{-|\alpha|^2+s\alpha^2/2+\mathrm{e}^{s_0(t)}|\alpha|^2}, && (13.175)\\
\langle\alpha|\hat{P}(t)\hat{K}_+|\alpha\rangle &= E_\alpha\,\mathrm{e}^{-|\alpha|^2/2}\int\frac{\mathrm{d}^2\beta}{2\pi}\,\beta^{*2}\,\mathrm{e}^{-|\beta|^2+s\beta^2/2+\mathrm{e}^{s_0(t)}\alpha^*\beta+\alpha\beta^*}\\
&= \big(s + (s\alpha + \mathrm{e}^{s_0(t)}\alpha^*)^2\big)\,E_\alpha\,\mathrm{e}^{-|\alpha|^2+s\alpha^2/2+\mathrm{e}^{s_0(t)}|\alpha|^2}, && (13.176)\\
\langle\alpha|\hat{P}(t)\hat{K}_-|\alpha\rangle &= E_\alpha\,\mathrm{e}^{-|\alpha|^2/2}\,\frac{\alpha^2}{2}\int\frac{\mathrm{d}^2\beta}{\pi}\,\mathrm{e}^{-|\beta|^2+s\beta^2/2+\mathrm{e}^{s_0(t)}\alpha^*\beta+\alpha\beta^*}\\
&= \frac{\alpha^2}{2}\,E_\alpha\mathrm{e}^{-|\alpha|^2+s\alpha^2/2+\mathrm{e}^{s_0(t)}|\alpha|^2}\,. && (13.177)
\end{aligned}$$

Nach Division durch $\langle\alpha|\hat{P}(t)|\alpha\rangle$ aus (13.155) erhalten wir dann die gesuchten Erwartungswerte:

$$\langle\hat{K}_0\rangle = s\alpha^2 + \mathrm{e}^{s_0(t)}|\alpha|^2 + \frac{1}{2}\;,\quad \langle\hat{K}_+\rangle = \frac{1}{2}\big(s + (s\alpha + \mathrm{e}^{s_0(t)}\alpha^*)^2\big)\;,\quad \langle\hat{K}_-\rangle = \frac{1}{2}\,\alpha^2\,. \tag{13.178}$$

Damit lassen sich dann die Erwartungswerte von Linearkombinationen dieser Operatoren in den zeitentwickelten Generatoren $\hat{K}_0(t)$, $\hat{K}_+(t)$ und $\hat{K}_-(t)$ direkt berechnen, genau wie alle ihre weiteren Linearkombinationen. Ein einfaches Beispiel soll dies erhellen. Das Quadrat des Ortsoperators lässt sich als die Summe der Generatoren schreiben, $\hat{q}^2 = \frac{1}{2}\big(\hat{a}^\dagger + \hat{a}\big)^2 = \hat{K}_0 + \hat{K}_+ + \hat{K}_-$. Einsetzten dieser Operatoren aus (7.66) – (7.68) und eine kleine Umformung ergibt

$$\begin{aligned}
\hat{q}^2(t) &= \hat{K}_0(t) + \hat{K}_+(t) + \hat{K}_-(t)\\
&= (1 - 2FG - FH + GH^*)\hat{K}_0 + (G+H)^2\hat{K}_+ + (F - H^*)^2\hat{K}_-\,,
\end{aligned} \tag{13.179}$$

und den gesuchten Erwartungswert findet man mithilfe von (13.178):

$$\begin{aligned}
\langle\hat{q}^2\rangle_t &= (1 - 2FG - FH + GH^*)\langle\hat{K}_0\rangle + (G+H)^2\langle\hat{K}_+\rangle + (F - H^*)^2\langle\hat{K}_-\rangle\\
&= (1 - 2FG - FH + GH^*)(s\alpha^2 + \mathrm{e}^{s_0(t)}|\alpha|^2 + \tfrac{1}{2})\\
&\qquad + \tfrac{1}{2}(G+H)^2\big(s + (s\alpha + \mathrm{e}^{s_0(t)}\alpha^*)^2\big) + \tfrac{\alpha^2}{2}(F - H^*)^2\,.
\end{aligned}$$

Mit $\alpha = (q + \mathrm{i}p)/\sqrt{2}$ und Einsetzen der Lösungen für den zeitunabhängigen Oszillator aus (13.133) erhalten wir

$$\begin{aligned}
\langle\hat{q}^2\rangle_t = \mathrm{e}^{2s_0(t)}\Big(&\tfrac{1}{2} + q^2 + 2pq\,\frac{\omega_0 - \omega_+}{\omega}\,\sin\omega t\cos\omega t\\
&-\Big(\frac{\omega_+(\omega_0 - \omega_-)}{\omega^2} - \frac{(\omega_0 - \omega_+)^2}{\omega^2}\,p^2 + q^2\Big)\sin^2\omega t + \frac{\omega_+^2(\omega_+ - \omega_-)(2\omega_0 - \omega_+ - \omega_-)}{2\omega^4}\,\sin^4\omega t\Big).
\end{aligned} \tag{13.180}$$

Das Impulsquadrat $\hat{p}^2 = -\frac{1}{2}(\hat{a}^\dagger - \hat{a})^2 = \hat{K}_0 - \hat{K}_+ - \hat{K}_-$ berechnen wir in gleicher Weise

$$\begin{aligned} \hat{p}^2(t) &= \hat{K}_0(t) - \hat{K}_+(t) - \hat{K}_-(t) \\ &= (1-2FG+FH-GH^*)\hat{K}_0 - (G-H)^2\hat{K}_+ - (F+H^*)^2\hat{K}_-\,, \end{aligned} \tag{13.181}$$

woraus sich der Erwartungswert ergibt:

$$\begin{aligned} \langle\hat{p}^2\rangle_t &= (1-2FG+FH-GH^*)\langle\hat{K}_0\rangle - (G-H)^2\langle\hat{K}_+\rangle - (F+H^*)^2\hat{K}_-\rangle \\ &= (1-2FG+FH-GH^*)(w\alpha^2 + \mathrm{e}^{s_0(t)}|\alpha|^2 + \tfrac{1}{2}) \\ &\quad -\tfrac{1}{2}(G-H)^2\big(w + (w\alpha + \mathrm{e}^{s_0(t)}\alpha^*)^2\big) - \tfrac{\alpha^2}{2}(F+H^*)^2, \end{aligned}$$

und, wieder nach Einsetzen der Lösungen,

$$\begin{aligned} \langle\hat{p}^2\rangle_t &= \mathrm{e}^{2s_0(t)}\Big(\tfrac{1}{2} + p^2 - 2pq\,\frac{\omega_0+\omega_+}{\omega}\,\sin\omega t\cos\omega t \\ &+\Big(\frac{\omega_+(\omega_0+\omega_-)}{\omega^2} + \frac{(\omega_0+\omega_+)^2}{\omega^2}q^2 - p^2\Big)\sin^2\omega t - \frac{\omega_+^2(\omega_+-\omega_-)(2\omega_0+\omega_++\omega_-)}{2\omega^4}\sin^4\omega t\Big). \end{aligned} \tag{13.182}$$

Diese Gleichungen vereinfachen sich beträchtlich, wenn die quadrierten Erwartungswerte aus (13.171) und (13.172) subtrahiert werden, Die resultierenden Unbestimmtheiten

$$\begin{aligned} (\Delta p_t)^2 &= \frac{\mathrm{e}^{s_0(t)}}{2}\Big(1 + \frac{\omega_+(2\omega_0+\omega_++\omega_-)}{\omega^2}\sin^2\omega t\Big) \\ (\Delta q_t)^2 &= \frac{\mathrm{e}^{s_0(t)}}{2}\Big(1 - \frac{\omega_+(2\omega_0-\omega_+-\omega_-)}{\omega^2}\sin^2\omega t\Big) \end{aligned} \tag{13.183}$$

sind unabhängig von der Phasenraumposition des Anfangszustands. Sie sind dargestellt in Bild 13.7, gemeinsam mit dem Unbestimmtheitsprodukt $\Delta p\Delta q$ für das Beispiel aus Bild 13.6. Für das Unbestimmtheitsprodukt gilt

$$\Delta p_t\Delta q_t \geq \tfrac{1}{2}, \tag{13.184}$$

wobei die minimale Unschärfe $1/2$ für $t_j = jT/4$, $j = 0, 1, \ldots$ angenommen wird. Für gerade Werte von j ist $\Delta p_t\Delta q_t = 1/2$, für ungerade Werte divergiert Δp. Im Grenzfall $\omega_+ \to \omega_0$ und Δq wird gleich null, wobei ihr Produkt gegen den minimal möglichen Wert $1/2$ konvergiert.

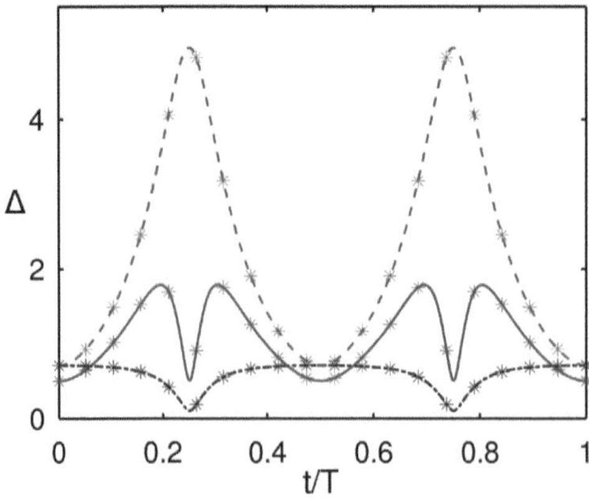

Bild 13.7 Swanson-Oszillator: Unbestimmtheiten Δp (- - -), Δq (-.-.-.) und Unbestimmtheitsprodukt $\Delta p\Delta q$ (—) (gleiche Parameter wie in Bild 13.6).

14 Offene Quantensysteme und Lindblad-Dynamik

In den meisten Fällen betrachtet man in der Quantenmechanik isolierte Systeme, die also keinerlei Wechselwirkungen mit ihrer Umgebung aufweisen. Dann wird der Systemzustand durch einen Vektor im Hilbert-Raum beschrieben, ein sogenannter **reiner Zustand**, und in der Zeitentwicklung bleibt diese Eigenschaft erhalten. Auch die Norm dieses Zustandes ist zeitlich konstant, neben sonstigen Erhaltungsgrößen wie beispielsweise Energie, Drehimpuls oder Teilchenzahl. Wechselwirkt ein Quantensystem mit der Umgebung, so ist dieses Verhalten nicht mehr gegeben. Dabei muss man sich vor Augen halten, dass eine solche Kopplung an die Systemumgebung im Prinzip unvermeidbar ist. Sie lässt sich zwar reduzieren, aber nicht gänzlich ausschließen. Ein isoliertes Quantensystem ist eine Idealisierung, und eigentlich ist jedes Quantensystem ein sogenanntes **offenes Quantensystem**. Für eine eingehende Darstellung der physikalischen Konzepte der Beschreibung offener Quantensysteme und der dabei eingesetzten mathematischen Methoden muss auf die Literatur verweisen werden.[1] Hier wollen wir nur beispielhaft einige (allerdings wichtige) Teilaspekte herausarbeiten.

Ein minimalistischer Ansatz besteht darin, dass man auf eine geschickte Weise die Wechselwirkung zwischen System und Umgebung näherungsweise durch eine geeignet modifizierte Dynamik unseres interessierenden Quantensystems ersetzt. Ein einfaches Beispiel liefert die nicht-hermitesche Beschreibung aus dem vorangehenden Kapitel. Damit lassen sich einige Eigenschaften des Zerfalls (oder auch des Wachstums) eines Systems modellieren. Wesentlich mehr Möglichkeiten bietet hier eine Beschreibung durch die **Lindblad-Gleichung**, die wir im folgenden Abschnitt vorstellen und dann durch eine beispielhafte Anwendung illustrieren.

14.1 Lindblad-Dynamik

Wir gehen von einer Beschreibung der Systemdynamik im Dichteoperator-Formalismus aus. Der Zustand unseres Systems wird dabei durch den **Dichteoperator** (Man verwendet oft auch die Bezeichnung **Dichtematrix**, die sich dann allerdings auf eine gewählte Basis bezieht.) $\hat{\rho}(t)$ dargestellt (siehe Seite 26), dessen Zeitentwicklung üblicherweise durch die Von-Neumann-Gleichung (2.13) beschrieben wird. Für ein offenes System wird sie, um einen Term $\hat{D}(\hat{\rho})$ erweitert, zu der Lindblad-Gleichung, benannt nach dem schwedischen Physiker Göran Lind-

[1] Ein empfehlenswertes Buch ist H.-P. Breuer, F. Petruccione, *The Theory of Open Quantum Systems*, Oxford University Press 2002

blad (1940–2022), auch als Lindblad-Gorini-Kossakowski-Sudarshan-Gleichung bezeichnet,

$$\frac{\mathrm{d}\hat{\rho}}{\mathrm{d}t} = -\mathrm{i}\big[\hat{H},\hat{\rho}\big] + \hat{D}(\hat{\rho}) = \hat{L}(\hat{\rho}) \quad \text{mit} \quad \hat{D}(\hat{\rho}) = \frac{1}{2}\sum_j \big(2\hat{L}_j\hat{\rho}\hat{L}_j^\dagger - \hat{L}_j^\dagger\hat{L}_j\hat{\rho} - \hat{\rho}\hat{L}_j^\dagger\hat{L}_j\big) \tag{14.1}$$

mit dem Lindblad-Operator $\hat{L}(\hat{\rho})$. (Wir benutzen wieder Einheiten mit $\hbar = 1$.) Dabei beschreiben die Operatoren $\hat{L}_j$ unterschiedliche Kopplungsmechanismen zwischen System und Umgebung, wie beispielsweise Energieverlust oder Teilchenaustausch. Die spezielle Form (14.1) der Lindblad-Gleichung erhält die wichtigsten Eigenschaften des Dichteoperators, jedenfalls für einen endlichen Hilbert-Raum, das heißt, $\hat{\rho}$ bleibt hermitesch mit Spur gleich eins und positiv. Dabei ist die Invarianz der beiden ersten Eigenschaften leicht einzusehen, wenn man $(\hat{A}\hat{B})^\dagger = \hat{B}^\dagger\hat{A}^\dagger$ und $\mathrm{spur}(\hat{A}\hat{B}) = \mathrm{spur}(\hat{B}\hat{A})$ beachtet, aber die Positivität lässt sich nur aufwendiger beweisen und wir wollen hier darauf verzichten. Interessant ist noch, dass diese Gleichung die allgemeinste Erweiterung der Von-Neumann-Gleichung darstellt, die diese drei Eigenschaften aufweist.

Den Erwartungswert einer Observablen $\hat{A}$ erhält man durch

$$\langle\hat{A}\rangle_t = \mathrm{spur}\big(\hat{A}\hat{\rho}(t)\big) \quad \text{mit} \quad \mathrm{spur}\,\hat{\rho}(t) = 1\,, \tag{14.2}$$

und für einen hermiteschen Hamilton-Operator $\hat{H}$ gilt

$$\langle\hat{A}^\dagger\rangle_t = \langle\hat{A}\rangle_t^*\,. \tag{14.3}$$

Entsprechend dem Heisenberg-Bild lässt sich die Lindblad-Dynamik auf die Operatoren verschieben, während der Dichteoperator zeitunabhängig bleibt, $\hat{\rho}(t) = \hat{\rho}(0) = \hat{\rho}$. Wir unterstellen hier, dass der Operator $\hat{A}$ in Schrödinger-Bild nicht explizit von der Zeit abhängt, und wir verzichten wieder auf die explizite Kennzeichnung der Operatoren im Heisenberg-Bild durch einen Index wie $\hat{A}_H(t)$, sondern kennzeichnen sie auch hier durch die Angabe ihrer Zeitabhängigkeit als $\hat{A}(t)$ mit $\hat{A}(0) = \hat{A}$.

Man kann sich davon überzeugen, dass die Operatoren $\hat{A}(t)$ im Heisenberg-Bild die Lindblad-Gleichung

$$\begin{aligned}\frac{\mathrm{d}\hat{A}(t)}{\mathrm{d}t} &= \mathrm{i}\big[\hat{H},\hat{A}(t)\big] + \frac{1}{2}\sum_j \big(2\hat{L}_j^\dagger\hat{A}(t)\hat{L}_j - \hat{L}_j^\dagger\hat{L}_j\hat{A}(t) - \hat{A}(t)\hat{L}_j^\dagger\hat{L}_j\big)\\ &= \mathrm{i}\big[\hat{H},\hat{A}(t)\big] + \frac{1}{2}\sum_j \big(\hat{L}_j^\dagger\big[\hat{A}(t),\hat{L}_j\big] + \big[\hat{L}_j^\dagger,\hat{A}(t)\big]\hat{L}_j\big)\end{aligned} \tag{14.4}$$

erfüllen, wobei die Gleichung in der zweiten Zeile nur eine alternative Schreibweise der ersten darstellt. Hier ergibt sich der Erwartungswert für einen (jetzt konstanten) Dichteoperator $\hat{\rho}$ durch

$$\langle\hat{A}\rangle_t = \mathrm{spur}\big(\hat{A}(t)\hat{\rho}\big) \quad \text{mit} \quad \mathrm{spur}\,\hat{\rho} = 1\,. \tag{14.5}$$

Aufgabe 14.1 (Lösung Seite 309): Leiten Sie eine Differentialgleichung für die Erwartungswerte (14.2) der Lindblad-Dynamik her, und überzeugen Sie sich davon, dass sich im Heisenberg-Bild die gleiche Formel ergibt.

Als Erstes können wir uns davon vergewissern, dass die Identität $\hat{I}(t) = \hat{I}$ eine Lösung der Operator-Lindblad-Gleichung (14.4) ist, was nichts anderes bedeutet als die Invarianz von spur $\hat{\rho}$, also der Normierung.

Bilden wir die hermitesch konjugierte Gleichung von (14.4), so erhalten wir für einen hermiteschen Hamilton-Operator

$$\begin{aligned}\left(\frac{\mathrm{d}\hat{A}(t)}{\mathrm{d}t}\right)^\dagger &= -\mathrm{i}\big[\hat{H},\hat{A}(t)\big]^\dagger + \frac{1}{2}\sum_j\big(2\hat{L}_j^\dagger\hat{A}(t)\hat{L}_j - \hat{L}_j^\dagger\hat{L}_j\hat{A}(t) - \hat{A}(t)\hat{L}_j^\dagger\hat{L}_j\big)^\dagger\\ &= -\mathrm{i}\big[\hat{A}^\dagger(t),\hat{H}^\dagger\big] + \frac{1}{2}\sum_j\big(2\hat{L}_j^\dagger\hat{A}^\dagger(t)\hat{L}_j - \hat{A}^\dagger(t)\hat{L}_j^\dagger\hat{L}_j - \hat{L}_j^\dagger\hat{L}_j\hat{A}^\dagger(t)\big)\\ &= \mathrm{i}\big[\hat{H},\hat{A}^\dagger(t)\big] + \frac{1}{2}\sum_j\big(2\hat{L}_j^\dagger\hat{A}^\dagger(t)\hat{L}_j - \hat{L}_j^\dagger\hat{L}_j\hat{A}^\dagger(t) - \hat{A}^\dagger(t)\hat{L}_j^\dagger\hat{L}_j\big) = \frac{\mathrm{d}\hat{A}^\dagger(t)}{\mathrm{d}t}.\end{aligned} \quad (14.6)$$

Es gilt also

$$\hat{A}^\dagger(t) = (\hat{A}(t))^\dagger, \quad (14.7)$$

und ein anfangs hermitescher Operator behält daher diese Eigenschaft. Es sei darauf hingewiesen, dass im Heisenberg-Bild die Zeitevolution eines Operatorprodukts *nicht* gleich dem Produkt der Zeitentwicklungen der Operatoren ist und dass daher die Kommutatorrelationen *nicht* erhalten bleiben, das heißt, es gilt in den meisten Fällen

$$(\hat{A}\hat{B})(t) \neq \hat{A}(t)\hat{B}(t) \text{ und } [\hat{A}(t),\hat{B}(t)] \neq \hat{C}(t) \text{ falls } [\hat{A},\hat{B}] = \hat{C} \text{ im Schrödinger-Bild.} \quad (14.8)$$

Wir werden dies im Folgenden an Beispielen belegen. Die fehlende Invarianz der Kommutatorrelationen unter der Lindblad-Dynamik sollte aber auch durch kurzes Nachdenken klar werden: Betrachten wir ein nicht explizit zeitabhängiges System. Dann nähert sich der Dichteoperator (nicht in jedem Fall, aber in den meisten) einem Langzeitlimit $\hat{\rho}_\infty$ und die Erwartungswerte streben gegen spur$\big(\hat{A}\hat{\rho}_\infty\big) = A_\infty$ im Schrödinger-Bild bzw. gegen spur$\big(\hat{A}(t=\infty)\hat{\rho}\big)$ im Heisenberg-Bild. Diese Werte müssen für alle $\hat{\rho}$ übereinstimmen, was nur möglich ist für $\hat{A}(t=\infty) = A_\infty\hat{I}$. Im Langzeitlimit sind also alle Operatoren im Heisenberg-Bild proportional zur Identität und kommutieren daher. Also kann der Kommutator nicht erhalten bleiben.

In den folgenden Abschnitten werden wir einige wichtige Aspekte der Lindblad-Dynamik näher beschreiben. Wir betrachten dazu zunächst ein einfaches Zweiniveausystem und dann ein System, das uns schon bekannt ist, nämlich den harmonischen Oszillator.

14.2 Zweiniveausystem mit spontaner Emission

Als ein erstes Beispiel einer Lindblad-Dynamik betrachten wir wieder ein Zweiniveausystem mit den orthonormierten Basiszuständen $|0\rangle$ und $|1\rangle$. Als Lindblad-Operatoren wählen wir

$$\hat{L}_0 = \sqrt{\tfrac{\gamma}{2}}\,|0\rangle\langle 0| \quad \text{und} \quad \hat{L}_1 = \sqrt{\tfrac{\gamma}{2}}\,|1\rangle\langle 1|, \quad (14.9)$$

womit sich ein System, beispielsweise ein Qubit, mit reiner Dekohärenz beschreiben lässt. Dann lautet die Lindblad-Gleichung, wenn wir hier keinen Hamilton-Term berücksichtigen,

$$\frac{\mathrm{d}\hat{\rho}}{\mathrm{d}t} = \frac{1}{2}\Big(2\hat{L}_0\hat{\rho}\hat{L}_0^\dagger - \hat{L}_0^\dagger\hat{L}_0\hat{\rho} - \hat{\rho}\hat{L}_0^\dagger\hat{L}_0 + 2\hat{L}_1\hat{\rho}\hat{L}_1^\dagger - \hat{L}_1^\dagger\hat{L}_1\hat{\rho} - \hat{\rho}\hat{L}_1^\dagger\hat{L}_1\Big) = \frac{\gamma}{2}\,\hat{D}(\hat{\rho}) \tag{14.10}$$

mit

$$\hat{D}(\hat{\rho}) = 2\,|0\rangle\langle 0|\,\hat{\rho}\,|0\rangle\langle 0| - |0\rangle\langle 0|\,\hat{\rho} - \hat{\rho}\,|0\rangle\langle 0| + 2\,|1\rangle\langle 1|\,\hat{\rho}|1\rangle\langle 1| - |1\rangle\langle 1|\,\hat{\rho} - \hat{\rho}\,|1\rangle\langle 1|\,. \tag{14.11}$$

Wir wollen zeigen, dass der Dichteoperator

$$\hat{\rho}(t) = \mathrm{e}^{-\gamma t}\,|+\rangle\langle +| + \frac{1}{2}\big(1-\mathrm{e}^{-\gamma t}\big)\,\hat{I} \quad \text{mit} \quad |+\rangle = \frac{1}{\sqrt{2}}\big(|0\rangle + |1\rangle\big) \tag{14.12}$$

eine Lösung der Lindblad-Gleichung ist. Dazu berechnen wir zunächst den linearen Operator $\hat{D}(\hat{\rho})$ für die beiden Terme in (14.12). Trivialerweise ist für die Identität $\hat{I} = |0\rangle\langle 0| + |1\rangle\langle 1|$ der Lindblad-Term gleich null, $\hat{D}(\hat{I}) = 0$, aber der zweite Term $\hat{D}(|+\rangle\langle +|)$ erfordert etwas mehr Arbeit. Zunächst ist

$$\langle 0|+\rangle\langle +|0\rangle = \langle 1|+\rangle\langle +|1\rangle = \tfrac{1}{2}\,, \tag{14.13}$$

und damit erhalten wir nach kurzer Umformung

$$\begin{aligned}\hat{D}(|+\rangle\langle +|) &= |0\rangle\langle 0| - |0\rangle\langle 0|+\rangle\langle +| - |+\rangle\langle +|0\rangle\langle 0| + |1\rangle\langle 1| - |1\rangle\langle 1|+\rangle\langle +| - |+\rangle\langle +|1\rangle\langle 1|\\ &= |0\rangle\langle 0| + |1\rangle\langle 1| - \big(|0\rangle\langle 0| + |1\rangle\langle 1|\big)|+\rangle\langle +| - |+\rangle\langle +|\big(|0\rangle\langle 0| + |1\rangle\langle 1|\big)\\ &= \hat{I} - \hat{I}\,|+\rangle\langle +| - |+\rangle\langle +|\hat{I} = \hat{I} - 2\,|+\rangle\langle +|\,,\end{aligned} \tag{14.14}$$

insgesamt also

$$\hat{D}(\hat{\rho}) = \mathrm{e}^{-\gamma t}\,\hat{D}(|+\rangle\langle +|) + \frac{1}{2}\big(1-\mathrm{e}^{-\gamma t}\big)\,\hat{D}(\hat{I}) = \mathrm{e}^{-\gamma t}\,\big(\hat{I} - 2\,|+\rangle\langle +|\big)\,. \tag{14.15}$$

Andererseits ist

$$\frac{\mathrm{d}\hat{\rho}}{\mathrm{d}t} = -\lambda\,\mathrm{e}^{-\gamma t}\big(|+\rangle\langle +| - \tfrac{1}{2}\,\hat{I}\big), \quad \text{also gleich} \quad \frac{\gamma}{2}\,\hat{D}(\hat{\rho})\,. \tag{14.16}$$

In dieser Lösung (14.12) der Lindblad-Gleichung entwickelt sich der reine Anfangszustand $\hat{\rho}(0) = |+\rangle\langle +|$, eine Überlagerung der beiden Basiszustände, in den gemischten Endzustand

$$\lim_{t\to\infty}\hat{\rho}(t) = \tfrac{1}{2}\,\hat{I} = \tfrac{1}{2}\,\big(|0\rangle\langle 0| + |1\rangle\langle 1|\big)\,, \tag{14.17}$$

also in eine inkohärente Gleichverteilung auf die beiden Basiszustände. Dabei wächst die Entropie $S(t) = -\mathrm{spur}\,(\hat{\rho}(t)\ln\hat{\rho}(t))$ bzw. $S(t) = -\ln\big(\mathrm{spur}\,\hat{\rho}^2(t)\big)$ (vgl. Gleichung (2.6)), dargestellt im Bild 14.1, monoton von null auf den maximalen Wert $S = \ln 2$ für ein Zweiniveausystem, ein Maß für die zunehmende Dekohärenz. Dabei bleibt die Besetzungswahrscheinlichkeit beider Basiszustände konstant gleich 1/2.

Oben in Gleichung (14.12) wurde eine Lösung der Lindblad-Gleichung präsentiert und wir wollen nun zeigen, wie man eine solche Lösung findet. Dazu schreiben wir den Dichteoperator und die Lindblad-Operatoren als 2×2-Matrizen,

$$\hat{\rho} \to \boldsymbol{\rho} = \begin{pmatrix} x_1 & x_2\\ x_3 & x_4\end{pmatrix}\,, \quad |0\rangle\langle 0| \to \begin{pmatrix} 1 & 0\\ 0 & 0\end{pmatrix}\,, \quad |1\rangle\langle 1| \to \begin{pmatrix} 0 & 0\\ 0 & 1\end{pmatrix}\,, \tag{14.18}$$

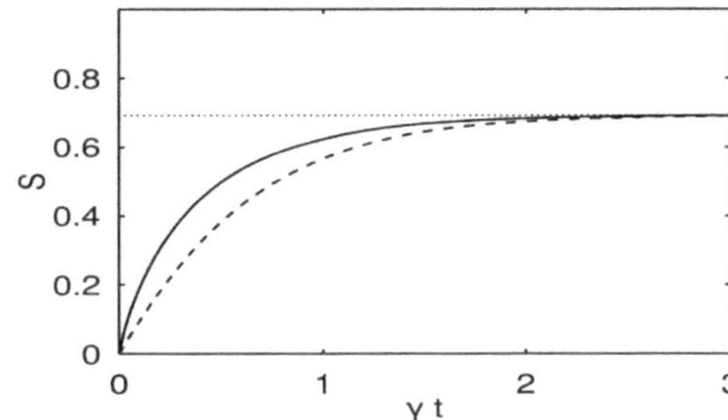

Bild 14.1 Zeitverhalten der Entropie $S(t)$ für die Shannon-Entropie (durchgezogene Kurve) und die Korrelationsentropie (gestrichelte Kurve)

und berechnen die Matrixdarstellung von $\hat{D}(\hat{\rho})$ aus Gleichung (14.11):

$$\begin{aligned}\mathbf{D}(\boldsymbol{\rho}) &= 2\begin{pmatrix}1&0\\0&0\end{pmatrix}\begin{pmatrix}x_1&x_2\\x_3&x_4\end{pmatrix}\begin{pmatrix}1&0\\0&0\end{pmatrix}-\begin{pmatrix}1&0\\0&0\end{pmatrix}\begin{pmatrix}x_1&x_2\\x_3&x_4\end{pmatrix}-\begin{pmatrix}x_1&x_2\\x_3&x_4\end{pmatrix}\begin{pmatrix}1&0\\0&0\end{pmatrix}\\ &\quad+2\begin{pmatrix}0&0\\0&1\end{pmatrix}\begin{pmatrix}x_1&x_2\\x_3&x_4\end{pmatrix}\begin{pmatrix}0&0\\0&1\end{pmatrix}-\begin{pmatrix}0&0\\0&1\end{pmatrix}\begin{pmatrix}x_1&x_2\\x_3&x_4\end{pmatrix}-\begin{pmatrix}x_1&x_2\\x_3&x_4\end{pmatrix}\begin{pmatrix}0&0\\0&1\end{pmatrix}\\ &=2\begin{pmatrix}1&0\\0&0\end{pmatrix}\begin{pmatrix}x_1&0\\x_3&0\end{pmatrix}-\begin{pmatrix}x_1&x_2\\0&0\end{pmatrix}-\begin{pmatrix}x_1&0\\x_3&0\end{pmatrix}+2\begin{pmatrix}0&0\\0&1\end{pmatrix}\begin{pmatrix}0&x_2\\0&x_4\end{pmatrix}-\begin{pmatrix}0&0\\x_3&x_4\end{pmatrix}-\begin{pmatrix}0&x_2\\0&x_4\end{pmatrix}\\ &=2\begin{pmatrix}x_1&0\\0&0\end{pmatrix}-\begin{pmatrix}2x_1&x_2\\x_3&0\end{pmatrix}+2\begin{pmatrix}0&0\\0&x_4\end{pmatrix}-\begin{pmatrix}0&x_2\\x_3&2x_4\end{pmatrix}=-2\begin{pmatrix}0&x_2\\x_3&0\end{pmatrix}.\end{aligned} \tag{14.19}$$

Damit lautet die Lindblad-Gleichung (14.10)

$$\frac{\mathrm{d}}{\mathrm{d}t}\begin{pmatrix}x_1&x_2\\x_3&x_4\end{pmatrix}=-\gamma\begin{pmatrix}0&x_2\\x_3&0\end{pmatrix}\quad\text{oder}\quad \dot{x}_1=0\ ,\ \dot{x}_2=-\gamma x_2\ ,\ \dot{x}_3=-\gamma x_3\ ,\ \dot{x}_4=0 \tag{14.20}$$

mit der Lösung

$$x_1(t)=x_1(0)\ ,\quad x_2(t)=x_2(0)\,\mathrm{e}^{-\gamma t}\ ,\quad x_3(t)=x_3(0)\,\mathrm{e}^{-\gamma t}\ ,\quad x_4(t)=x_4(0)\,, \tag{14.21}$$

oder in Matrixform mit den Anfangsbedingungen $x_1(0)=x_2(0)=x_3(0)=x_4(0)=1/2$

$$\boldsymbol{\rho}(t)=\begin{pmatrix}x_1(t)&x_2(t)\\x_3(t)&x_4(t)\end{pmatrix}=\frac{1}{2}\begin{pmatrix}1&\mathrm{e}^{-\gamma t}\\\mathrm{e}^{-\gamma t})&1\end{pmatrix}, \tag{14.22}$$

was für $|+\rangle\langle+|\ \to\ \frac{1}{2}\left(\begin{smallmatrix}1&1\\1&1\end{smallmatrix}\right)$ mit der Lösung in Gleichung (14.12) übereinstimmt. An dieser Stelle können wir auch die Entropien aus Bild 14.1 mithilfe der Eigenwerte $\lambda_\pm=\frac{1}{2}(1\pm\mathrm{e}^{-\lambda t})$ von $\boldsymbol{\rho}$ nach Gleichung (2.7) berechnen. Besonders einfach ist das Ergebnis für die Korrelationsentropie, nämlich

$$S(t)=-\ln\tfrac{1}{2}\big(1+\mathrm{e}^{-2\lambda t}\big)\,. \tag{14.23}$$

Bisher haben wir keinen hamiltonschen Term in der Lindblad-Gleichung berücksichtigt, aber wir können problemlos eine Hamilton-Matrix $\mathbf{H}=\left(\begin{smallmatrix}-\epsilon&0\\0&\epsilon\end{smallmatrix}\right)$ mit reellen Niveauenergien $\pm\epsilon$ einbauen. Dann erhalten wir mit

$$[\mathbf{H},\boldsymbol{\rho}]=\begin{pmatrix}-\epsilon&0\\0&\epsilon\end{pmatrix}\begin{pmatrix}x_1&x_2\\x_3&x_4\end{pmatrix}-\begin{pmatrix}-\epsilon&0\\0&\epsilon\end{pmatrix}\begin{pmatrix}x_1&x_2\\x_3&x_4\end{pmatrix}=\begin{pmatrix}0&-2\epsilon x_2\\2\epsilon x_3&2\end{pmatrix} \tag{14.24}$$

aus der Lindblad-Gleichung (14.1) für die Differentialgleichungen (14.20)

$$\dot{x}_1 = 0\ , \quad \dot{x}_2 = (2\mathrm{i}\epsilon - \gamma)x_2\ , \quad \dot{x}_3 = (-2\mathrm{i}\epsilon - \gamma x_3)\ , \quad \dot{x}_4 = 0\,. \tag{14.25}$$

Wir multiplizieren diese Differentialgleichungen mit i und schreiben sie vektoriell mit dem Spaltenvektor $\mathbf{x} = (x_1, x_2, x_3, x_4)^T$ als

$$\mathrm{i}\dot{\mathbf{x}} = \mathbf{K}\mathbf{x} \quad \text{mit der nicht-hermiteschen Matrix} \quad \mathbf{K} = \begin{pmatrix} 0 & 0 & 0 & 0 \\ 0 & -2\epsilon - \mathrm{i}\gamma & 0 & 0 \\ 0 & 0 & 2\epsilon - \mathrm{i}\gamma & 0 \\ 0 & 0 & 0 & 0 \end{pmatrix}. \tag{14.26}$$

Hier ist die Matrix **K** diagonal und die Lösungen sind trivial. Das ist nicht mehr der Fall für eine nicht-diagonale Hamilton-Matrix $\mathbf{H} = \left(\begin{smallmatrix} -\epsilon & v \\ v & \epsilon \end{smallmatrix}\right)$ oder für andere Lindblad-Operatoren, aber in jedem Fall haben wir es mit einem linearen Differentialgleichungssystem der bekannten Form $\mathrm{i}\dot{\mathbf{x}} = \mathbf{K}\mathbf{x}$ zu tun mit der Lösung

$$\mathbf{x}(t) = \mathrm{e}^{-\mathrm{i}\mathbf{K}t}\mathbf{x}(0) \tag{14.27}$$

für nicht explizit zeitabhängige Systeme. Also haben wir die Matrix-Lindblad-Gleichung in eine Vektor-Gleichung überführt, wir haben sie „vektorisiert".

Hier haben wir ein relativ einfaches 2×2-System betrachtet. Für höherdimensionale Systeme lässt sich diese Vektorisierung auch durchführen, wobei die Dimensionen aber deutlich anwachsen. Für eine $n \times n$-Dichtematrix $\boldsymbol{\rho}$ ist **x** ein n^2-dimensionaler Vektor. In Abschnitt 14.3.3 werden wir eine solche Vektorisierung am Beispiel eines harmonischen Oszillators demonstrieren.

14.3 Der gedämpfte harmonische Oszillator

In dem folgenden Beispiel werden wir (wieder einmal) einen angetriebenen und gedämpften harmonischen Oszillator untersuchen, charakterisiert durch den Hamilton-Operator

$$\hat{H} = \omega\big(\hat{a}^\dagger\hat{a} + 1/2\big) + f(t)\,\hat{a} + f^*(t)\,\hat{a}^\dagger \tag{14.28}$$

mit zeitunabhängiger Frequenz $\omega > 0$. Dabei sind $\hat{a}^\dagger$ und $\hat{a}$ die bekannten Erzeugungs- und Vernichtungsoperatoren mit dem Kommutator $[\hat{a}, \hat{a}^\dagger] = 1$. Der Operator $\hat{n} = \hat{a}^\dagger\hat{a}$ mit den Eigenwerten $n = 0, 1, \ldots$ beschreibt die Anzahl der Oszillator-Quanten in den Zuständen $|n\rangle$, manchmal auch bezeichnet als Photonen oder einfach als Teilchen (vgl. Abschnitt 3.4). Als konkrete Anwendung können wir damit beispielsweise die kohärente Anregung eines Hohlraumfeldes durch einen Laser modellieren. Zur Beschreibung der Kopplung an die Umgebung definieren wir zwei Lindblad-Operatoren durch $\hat{L}_1 = \sqrt{\mu}\,\hat{a}$ und $\hat{L}_2 = \sqrt{\nu}\,\hat{a}^\dagger$ mit positiven Dämpfungsparametern μ und ν. Oft wird es zweckmäßig sein, sie durch die Diffusions- und Dissipationskoeffizienten γ' und γ mit

$$\mu = \gamma' + \gamma\ , \quad \nu = \gamma' - \gamma \quad \text{oder} \quad \gamma' = (\mu + \nu)/2\ , \quad \gamma = (\mu - \nu)/2 \tag{14.29}$$

zu ersetzen. Wie wollen annehmen, dass $\mu > \nu \geq 0$ erfüllt ist, sodass γ' und γ positiv sind. Die Bedeutung dieser beiden Lindblad-Operatoren wird in den folgenden Anwendungen klarer werden. Damit erhalten wir die Lindblad-Evolutionsgleichung

$$\frac{\mathrm{d}\hat{\rho}}{\mathrm{d}t} = \hat{L}(\hat{\rho}) = -\mathrm{i}\left[\hat{H},\hat{\rho}\right] + \frac{\mu}{2}\left(2\hat{a}\hat{\rho}\hat{a}^\dagger - \hat{a}^\dagger\hat{a}\hat{\rho} - \hat{\rho}\hat{a}^\dagger\hat{a}\right) + \frac{\nu}{2}\left(2\hat{a}^\dagger\hat{\rho}\hat{a} - \hat{a}\hat{a}^\dagger\hat{\rho} - \hat{\rho}\hat{a}\hat{a}^\dagger\right). \tag{14.30}$$

Wir wollen uns zwei spezielle Fälle genauer ansehen. Zunächst betrachten wir ein kräftefreies System, $f(t) = 0$, für das wir eine einfache analytische Lösung herleiten werden, die sich im Langzeitlimit für $\nu > 0$ der kanonischen Gleichgewichtsverteilung

$$\hat{\rho}_\mathrm{s} = \left(1 - \frac{\nu}{\mu}\right)\mathrm{e}^{\hat{n}\ln\frac{\nu}{\mu}} = \left(1 - \frac{\nu}{\mu}\right)\left(\frac{\nu}{\mu}\right)^{\hat{n}} \tag{14.31}$$

annähert. Mit den bekannten Summenformeln $\sum_{n=0}^{\infty} q^n = 1/(1-q)$ und $\sum_{n=0}^{\infty} nq^n = q/(1-q)^2$ der geometrischen Reihe bestätigt man leicht die Gleichungen

$$\mathrm{spur}\,\hat{\rho}_\mathrm{s} = 1 \quad \text{und} \quad \langle\hat{n}\rangle_\mathrm{s} = \mathrm{spur}\left(\hat{n}\hat{\rho}_\mathrm{s}\right) = \frac{\nu}{\mu - \nu} = \frac{\nu}{2\gamma} = \overline{n}, \tag{14.32}$$

wobei $\overline{n}$ der mittleren Photonenanzahl der Systemumgebung entspricht. Für $\nu = 0$ nähert sich der Dichteoperator dem des Oszillator-Grundzustands, $|0\rangle\langle 0|$.

In der Darstellung durch die Oszillatoreigenzustände $|n\rangle$ mit $\hat{a}^\dagger\hat{a}|n\rangle = \hat{n}|n\rangle = n|n\rangle$ beschreibt

$$p_n(t) = \langle n|\hat{\rho}(t)|n\rangle \tag{14.33}$$

die Besetzungswahrscheinlichkeit des n-ten Niveaus.

Aufgabe 14.2 (Lösung Seite 310): Leiten Sie für den kräftefreien Oszillator die Mastergleichung

$$\frac{\mathrm{d}p_n}{\mathrm{d}t} = \mu\big((n+1)p_{n+1} - np_n\big) + \nu\big(np_{n-1} - (n+1)p_n\big)$$

für die Besetzungswahrscheinlichkeiten $p_n(t)$ her und bestimmen Sie die stationäre Lösung $p_n^{(\mathrm{s})}$ sowie die mittlere Besetzung $\overline{n} = \sum_{n=0}^{\infty} np_n^{(\mathrm{s})}$.

Wir werden in den folgenden Abschnitten die Lindblad-Gleichung für den angetriebenen Oszillator lösen. Dazu schlagen wir zwei Wege ein, die einen unterschiedlichen Ansatz verfolgen. Zunächst suchen wir nach einer möglichen Lösung in einer recht einfachen Form. Das Resultat ist allerdings nicht die allgemeine Lösung. Um die zu finden, müssen wir sehr viel weiter ausholen und die Lindblad-Gleichung, eine Matrixgleichung für die Dichtematrix, in eine Vektorgleichung überführen. Die Technik einer solchen **Vektorisierung** lernen wir in Abschnitt 14.3.3 kennen. Doch zunächst betrachten wir die Erwartungswerte.

Zeitentwicklung der Erwartungswerte: Wenn man im Besitz der Lösung $\hat{\rho}(t)$ der Lindblad-Gleichung ist, dann kann man natürlich problemlos über die Spur die Erwartungswerte interessierender Größen berechnen. Es besteht aber auch eine alternative Möglichkeit, jedenfalls für unser Oszillatorsystem. Wir werden zeigen, wie man die Erwartungswerte von $\hat{a}$, $\hat{a}^\dagger$ und damit natürlich auch die von $\hat{q}$ und $\hat{p}$ sowie $\hat{n}$ in einfachster Weise berechnen kann.

Wir beginnen mit dem Operator $\hat{a}$. Die Zeitableitung von $\langle\hat{a}\rangle_t = \mathrm{spur}(\hat{a}\hat{\rho}(t))$ ergibt

$$\begin{aligned}\frac{\mathrm{d}\langle\hat{a}\rangle}{\mathrm{d}t} &= \mathrm{spur}\Big(\hat{a}\frac{\mathrm{d}\hat{\rho}}{\mathrm{d}t}\Big)\\ &= -\mathrm{i}\omega\,\mathrm{spur}\big(\hat{a}[\hat{a}^\dagger\hat{a},\hat{\rho}]\big) - \mathrm{i}\,\mathrm{spur}\big(\hat{a}[f(t)\hat{a}+f^*(t)\hat{a}^\dagger]\big)\\ &\quad+\frac{\mu}{2}\mathrm{spur}\big(2\hat{a}\hat{a}\hat{\rho}\hat{a}^\dagger-\hat{a}\hat{a}^\dagger\hat{a}\hat{\rho}-\hat{a}\hat{\rho}\hat{a}^\dagger\hat{a}\big)+\frac{\nu}{2}\mathrm{spur}\big(2\hat{a}\hat{a}^\dagger\hat{\rho}\hat{a}-\hat{a}\hat{a}\hat{a}^\dagger\hat{\rho}-\hat{a}\hat{\rho}\hat{a}\hat{a}^\dagger\big).\end{aligned} \tag{14.34}$$

Dies können wir mit $\mathrm{spur}(\hat{A}\hat{B}) = \mathrm{spur}(\hat{B}\hat{A})$ vereinfachen und erhalten zunächst

$$\begin{aligned}&\mathrm{spur}\big(\hat{a}[\hat{a}^\dagger\hat{a},\hat{\rho}]\big) = \mathrm{spur}\big(\hat{a}\hat{a}^\dagger\hat{a}\hat{\rho}-\hat{a}\rho\hat{a}^\dagger\hat{a}\big) = \mathrm{spur}\big(\hat{a}\hat{a}^\dagger\hat{a}\hat{\rho}-\hat{a}^\dagger\hat{a}\hat{a}\hat{\rho}\big) = \mathrm{spur}\big(\hat{a}\rho\big)\\ &\mathrm{spur}\big(2\hat{a}\hat{a}\hat{\rho}\hat{a}^\dagger-\hat{a}\hat{a}^\dagger\hat{a}\hat{\rho}-\hat{a}\hat{\rho}\hat{a}^\dagger\hat{a}\big) = \mathrm{spur}\big(2\hat{a}^\dagger\hat{a}\hat{a}\hat{\rho}-\hat{a}\hat{a}^\dagger\hat{a}\hat{\rho}-\hat{a}^\dagger\hat{a}\hat{a}\hat{\rho}\big)\\ &\quad= \mathrm{spur}\big(\hat{a}^\dagger\hat{a}\hat{a}\hat{\rho}-\hat{a}\hat{a}^\dagger\hat{a}\hat{\rho}\big) = \mathrm{spur}\big([\hat{a}^\dagger,\hat{a}]\hat{a}\hat{\rho}\big) = -\mathrm{spur}\big(\hat{a}\hat{\rho}\big)\\ &\mathrm{spur}\big(2\hat{a}\hat{a}^\dagger\hat{\rho}\hat{a}-\hat{a}\hat{a}\hat{a}^\dagger\hat{\rho}-\hat{a}\hat{\rho}\hat{a}\hat{a}^\dagger\big) = \mathrm{spur}\big(2\hat{a}\hat{a}\hat{a}^\dagger\hat{\rho}-\hat{a}\hat{a}\hat{a}^\dagger\hat{\rho}-\hat{a}\hat{a}^\dagger\hat{a}\hat{\rho}\big)\\ &\quad= \mathrm{spur}\big(\hat{a}\hat{a}\hat{a}^\dagger\hat{\rho}-\hat{a}\hat{a}^\dagger\hat{a}\hat{\rho}\big) = \mathrm{spur}\big(\hat{a}[\hat{a},\hat{a}^\dagger]\hat{a}\hat{\rho}\big) = \mathrm{spur}\big(\hat{a}\hat{\rho}\big)\end{aligned} \tag{14.35}$$

und mit $\gamma = (\mu-\nu)/2$ dann insgesamt

$$\frac{\mathrm{d}\langle\hat{a}\rangle}{\mathrm{d}t} = -(\mathrm{i}\omega+\gamma)\langle\hat{a}\rangle - \mathrm{i}f^*(t) \quad\Longrightarrow\quad \langle\hat{a}\rangle_t = \mathrm{e}^{-(\mathrm{i}\omega+\gamma)t}\langle\hat{a}\rangle_0 + F(t) \tag{14.36}$$

mit

$$F(t) = \mathrm{i}\int_0^t \mathrm{d}\tau\, f^*(\tau)\,\mathrm{e}^{-(\mathrm{i}\omega+\gamma)(t-\tau)}\,. \tag{14.37}$$

In gleicher Weise kann man eine Gleichung für $\langle\hat{a}^\dagger\rangle_t$ herleiten, die mit $\langle\hat{a}\rangle_t^*$ übereinstimmt (siehe Gleichung (14.3)). Damit haben wir auch eine Lösung für die Erwartungswerte der Orts- und Impulsoperatoren $\hat{q} = (\hat{a}^\dagger + \hat{a})/\sqrt{2\omega}$ und $\hat{p} = \mathrm{i}\sqrt{\omega/2}\,(\hat{a}^\dagger - \hat{a})$ gefunden. Sie erfüllen für reelles $f(t)$ die Differentialgleichungen

$$\frac{\mathrm{d}\langle\hat{q}\rangle}{\mathrm{d}t} = \langle\hat{p}\rangle - \gamma\,\langle\hat{q}\rangle\;,\quad \frac{\mathrm{d}\langle\hat{p}\rangle}{\mathrm{d}t} = -\omega^2\,\langle\hat{q}\rangle - \gamma\,\langle\hat{p}\rangle + \sqrt{2\omega}\,f(t)\,, \tag{14.38}$$

oder, wenn man die zweite Ableitung bildet und $\langle\hat{p}\rangle$ eliminiert,

$$\frac{\mathrm{d}^2\langle\hat{q}\rangle}{\mathrm{d}t^2} + 2\gamma\frac{\mathrm{d}\langle\hat{q}\rangle}{\mathrm{d}t} + (\omega^2+\gamma^2)\,\langle\hat{q}\rangle = \sqrt{2\omega}\,f(t)\,. \tag{14.39}$$

Diese Differentialgleichung stimmt mit der Bewegungsgleichung für einen nicht-hermiteschen Hamilton-Operator mit komplexer Frequenz $\omega - \mathrm{i}\gamma$ überein (siehe Seite 148).

Für eine zeitperiodische Kraft $f(t) = f(t+2\pi/\Omega)$ lässt sich das Integral (14.37) durch Fourier-Entwicklung auswerten,

$$f(t) = \sum_k c_k\,\mathrm{e}^{ik\Omega t} \quad\Longrightarrow\quad F(t) = \sum_k c_k^*\,\frac{\mathrm{e}^{ik\Omega t} - \mathrm{e}^{-(\mathrm{i}\omega+\gamma)t}}{\omega + k\Omega - \mathrm{i}\gamma}\,, \tag{14.40}$$

und für einen rein harmonischen Antrieb $f(t) = f_0\cos\Omega t$ erhält man daraus

$$F(t) = \frac{f_0}{2}\Big(\frac{\mathrm{e}^{\mathrm{i}\Omega t} - \mathrm{e}^{-(\mathrm{i}\omega+\gamma)t}}{\omega+\Omega-\mathrm{i}\gamma} + \frac{\mathrm{e}^{-\mathrm{i}\Omega t} - \mathrm{e}^{-(\mathrm{i}\omega+\gamma)t}}{\omega-\Omega-\mathrm{i}\gamma}\Big)\,. \tag{14.41}$$

Das ergibt für große Zeiten

$$F(t) \stackrel{t\to\infty}{\longrightarrow} F_{\ell c}(t) = \frac{f_0}{2}\Big(\frac{e^{i\Omega t}}{\omega+\Omega-i\gamma} + \frac{e^{-i\Omega t}}{\omega-\Omega-i\gamma}\Big), \tag{14.42}$$

und von (14.36) erhalten wir

$$\langle\hat{a}\rangle_t \stackrel{t\to\infty}{\longrightarrow} \langle\hat{a}\rangle_{\ell c}(t) = F_{\ell c}(t), \tag{14.43}$$

den Erwartungswert für den quantenmechanischen Grenzzyklus, der dann die asymptotischen Werte $\langle q\rangle_{\ell c}(t)$ und $\langle p\rangle_{\ell c}(t)$ für Ort und Impuls liefert. Das ergibt dann den Grenzzyklus

$$\langle\hat{q}\rangle_{\ell c}(t) = A_q\cos(\Omega t+\phi_q), \tag{14.44}$$

wobei die Bewegung der äußeren Kraft folgt, verschoben um die Phase ϕ_q mit einer Amplitude A_q, gegeben durch

$$\phi_q = -\arctan\frac{2\gamma\Omega}{\omega^2+\gamma^2-\Omega^2}\ ,\quad A_q = \frac{\sqrt{2\omega}f_0}{\sqrt{(\omega^2+\gamma^2-\Omega^2)^2+(2\gamma\Omega)^2}}\,. \tag{14.45}$$

Für den Impuls finden wir

$$\langle\hat{p}\rangle_{\ell c}(t) = \mathrm{d}\langle\hat{q}\rangle/\mathrm{d}t + \gamma\langle\hat{q}\rangle = -\Omega A_q\sin(\Omega t+\phi_q) + \gamma A_q\cos(\Omega t+\phi_q), \tag{14.46}$$

und im Phasenraum folgen die Erwartungswerte der Ellipse

$$\big(\langle\hat{p}\rangle - \gamma\langle\hat{q}\rangle\big)^2/\Omega^2 + \langle\hat{q}\rangle^2 = A_q^2. \tag{14.47}$$

Zum Abschluss berechnen wir den Erwartungswert des Teilchenzahloperators $\hat{n}$. Die Bewegungsgleichung

$$\frac{\mathrm{d}\langle\hat{n}\rangle}{\mathrm{d}t} = \mathrm{spur}\big(\hat{n}\,\frac{\mathrm{d}\hat{\rho}}{\mathrm{d}t}\big) = \mathrm{spur}\big(-i\omega\hat{n}[\hat{a}^\dagger\hat{a},\boldsymbol{\rho}] + i\big(\hat{n}[f^*(t)\hat{a}^\dagger + f(t)\hat{a},\hat{\rho}]\big)\big) \tag{14.48}$$

$$+\frac{\mu}{2}\,\mathrm{spur}\big(2\hat{n}\hat{a}\hat{\rho}\hat{a}^\dagger - \hat{n}\hat{a}^\dagger\hat{a}\hat{\rho} - \hat{n}\hat{\rho}\hat{a}^\dagger\hat{a}\big) + \frac{\nu}{2}\,\mathrm{spur}\big(2\hat{n}\hat{a}^\dagger\hat{\rho}\hat{a} - \hat{n}\hat{a}\hat{a}^\dagger\hat{\rho} - \hat{n}\hat{\rho}\hat{a}\hat{a}^\dagger\big) \tag{14.49}$$

lässt sich wie oben vereinfachen zu

$$\frac{\mathrm{d}\langle\hat{n}\rangle}{\mathrm{d}t} = \nu - 2\gamma\langle\hat{n}\rangle + i f^*(t)\langle\hat{a}^\dagger\rangle - i f(t)\langle\hat{a}\rangle\,. \tag{14.50}$$

Für den kräftefreien Oszillator ergibt sich die Lösung als

$$\langle n\rangle_t = \frac{\nu}{2\gamma} + \Big(n_0 - \frac{\nu}{2\gamma}\Big)e^{-2\gamma t} \quad \text{mit} \quad \langle n\rangle_t \stackrel{t\to\infty}{\longrightarrow} \frac{\nu}{2\gamma}\,. \tag{14.51}$$

Für das harmonisch angetriebene System mit $f(t) = f_0\cos\Omega t$ lautet Gleichung (14.50)

$$\frac{\mathrm{d}\langle\hat{n}\rangle}{\mathrm{d}t} = \nu - 2\gamma\langle\hat{n}\rangle + \frac{1}{\omega}\langle\hat{p}\rangle, \tag{14.52}$$

und mithilfe von (14.46) findet man das Langzeitverhalten

$$\langle\hat{n}\rangle_{\ell c}(t) = \overline{n} + \frac{f_0 A_q}{2\sqrt{2\omega}}\cos(2\Omega t+\phi_q) \quad \text{mit} \quad \overline{n} = \frac{\nu}{2\gamma} + \frac{f_0 A_q}{2\gamma\sqrt{2\omega}}\Big(\gamma\cos\phi_q - \Omega\sin\phi_q\Big), \tag{14.53}$$

eine Lösung der Differentialgleichung (14.50). Das heißt, der Erwartungswert von $\hat{n}$ oszilliert mit der doppelten Anregungsfrequenz, wiederum verschoben um die gleiche Phase ϕ_q, mit dem Mittelwert $\overline{n}$.

14.3.1 Eine spezielle Klasse von Lösungen

Wir haben schon an vielen Beispielen gesehen, dass die Operatoren $\hat{I}$, $\hat{a}$, $\hat{a}^\dagger$ und $\hat{n} = \hat{a}^\dagger\hat{a}$ eine Lie-Algebra bilden. Das erlaubte es beispielsweise in Kapitel 8, den quantenmechanischen Zeitentwicklungsoperator $\hat{U}(t)$ in exponentieller Form zu konstruieren. In diesem Abschnitt werden wir zeigen, dass dies auch für die Lindblad-Evolution möglich ist. Durch das exponentielle Operatorprodukt

$$\hat{\rho}(t) = \mathrm{e}^{c(t)}\,\mathrm{e}^{\beta(t)\hat{a}^\dagger}\,\mathrm{e}^{\sigma(t)\hat{a}^\dagger\hat{a}}\,\mathrm{e}^{\beta^*(t)\hat{a}} \quad \text{mit} \quad c,\sigma\in\mathbb{R} \tag{14.54}$$

erhält man eine Lösung der Lindblad-Gleichung, wovon wir uns überzeugen wollen.

Zunächst sehen wir, dass $\hat{\rho}(t)$ hermitesch ist. Den Faktor $\mathrm{e}^{c(t)}$ können wir festlegen, indem wir die Forderung $\mathrm{spur}\hat{\rho} = 1$ erfüllen. Dazu berechnen wir die Spur von $\hat{\rho}$ aus Gleichung (14.54) in einer Basis kohärenter Zustände $|\alpha\rangle$:

$$\begin{aligned}\mathrm{spur}\left(\mathrm{e}^{\beta\hat{a}^\dagger}\,\mathrm{e}^{\sigma\hat{a}^\dagger\hat{a}}\,\mathrm{e}^{\beta^*\hat{a}}\right) &= \int\frac{\mathrm{d}^2\alpha}{\pi}\,\langle\alpha|\mathrm{e}^{\beta\hat{a}^\dagger}\,\mathrm{e}^{\sigma\,\hat{a}^\dagger\hat{a}}\,\mathrm{e}^{\beta^*\hat{a}}|\alpha\rangle\\ &= \int\frac{\mathrm{d}^2\alpha}{\pi}\,\mathrm{e}^{\beta\alpha^*}\,\langle\alpha|\mathrm{e}^{\sigma\,\hat{a}^\dagger\hat{a}}|\alpha\rangle\,\mathrm{e}^{\beta^*\alpha} = \int\frac{\mathrm{d}^2\alpha}{\pi}\,\mathrm{e}^{\beta\alpha^*-b|\alpha|^2+\beta^*\alpha} = \frac{1}{b}\,\mathrm{e}^{\beta^*\beta/b}\end{aligned} \tag{14.55}$$

mit

$$b = 1-\mathrm{e}^{\sigma}\,. \tag{14.56}$$

Dabei haben wir das Matrixelement $\langle\alpha|\mathrm{e}^{\sigma\,\hat{a}^\dagger\hat{a}}|\alpha\rangle$ nach Gleichung (3.129) eingesetzt und das Integral aus (B.13) übernommen. Das ergibt für den Normierungsfaktor

$$\mathrm{e}^{c} = b\,\mathrm{e}^{-\beta^*\beta/b}\,, \tag{14.57}$$

woraus folgt, dass $b>0$ gelten muss, das heißt $\mathrm{e}^{\sigma}<1$ oder $\sigma<0$.

Es ist offensichtlich, dass die Klasse von Dichteoperatoren (14.54) in keiner Weise alle möglichen einschließt, aber immerhin werden einige wichtige Fälle abgedeckt, wie beispielsweise der einer kanonischen Verteilung (14.31) für $b=0$, und der eines reinen kohärenten Zustands $\hat{\rho} = |\beta\rangle\langle\beta|$ im Grenzfall $\sigma\to-\infty$. Das sieht man so: Zunächst ist in diesem Limit $b=1$ und mit

$$\lim_{\sigma\to-\infty}\mathrm{e}^{\sigma\hat{n}} = \lim_{\sigma\to-\infty}\sum_{n=0}^{\infty}\mathrm{e}^{\sigma n}|n\rangle\langle n| = |0\rangle\langle 0| \tag{14.58}$$

finden wir

$$\lim_{\sigma\to-\infty}\hat{\rho} = \mathrm{e}^{-|\beta|^2}\mathrm{e}^{\beta\hat{a}^\dagger}|0\rangle\langle 0|\mathrm{e}^{\beta^*\hat{a}} = |\beta\rangle\langle\beta| \tag{14.59}$$

mit dem kohärenten Zustand $|\beta\rangle = \mathrm{e}^{-|\beta|^2/2}\mathrm{e}^{\beta\hat{a}^\dagger}|0\rangle$ (vgl. Gleichung (3.123)). Später werden wir sehen, dass wir auch den Dichteoperator des Grenzzyklus in dieser Weise beschreiben können.

Im Folgenden wollen wir zeigen, dass man mit dem Ansatz (14.54) die Lindblad-Gleichung lösen kann. Dazu notieren wir zur Vorbereitung einige Operator-Identitäten aus Tabelle 6.2:

$$\mathrm{e}^{-\beta\hat{a}^\dagger}\,\hat{a}\,\mathrm{e}^{\beta\hat{a}^\dagger} = \hat{a}+\beta\;,\quad \mathrm{e}^{-\sigma\hat{a}^\dagger\hat{a}}\,\hat{a}\,\mathrm{e}^{\sigma\hat{a}^\dagger\hat{a}} = \mathrm{e}^{\sigma}\,\hat{a}\,, \tag{14.60}$$

$$\mathrm{e}^{\beta\hat{a}}\,\hat{a}^\dagger\,\mathrm{e}^{-\beta\hat{a}} = \hat{a}^\dagger+\beta\;,\quad \mathrm{e}^{\sigma\hat{a}^\dagger\hat{a}}\,\hat{a}^\dagger\,\mathrm{e}^{-\sigma\hat{a}^\dagger\hat{a}} = \mathrm{e}^{\sigma}\,\hat{a}^\dagger\,, \tag{14.61}$$

oder umgeschrieben

$$\hat{a}\,\mathrm{e}^{\beta\hat{a}^\dagger} = \mathrm{e}^{\beta\hat{a}^\dagger}(\hat{a}+\beta) \quad , \quad \hat{a}\,\mathrm{e}^{\sigma\hat{a}^\dagger\hat{a}} = \mathrm{e}^{\sigma}\,\mathrm{e}^{\sigma\hat{a}^\dagger\hat{a}}\,\hat{a}, \tag{14.62}$$

$$\mathrm{e}^{\beta\hat{a}}\,\hat{a}^\dagger = (\hat{a}^\dagger+\beta)\mathrm{e}^{\beta\hat{a}} \quad , \quad \mathrm{e}^{\sigma\hat{a}^\dagger\hat{a}}\,\hat{a}^\dagger = \mathrm{e}^{\sigma}\,\hat{a}^\dagger\,\mathrm{e}^{\sigma\hat{a}^\dagger\hat{a}}. \tag{14.63}$$

Eine kurze Rechnung liefert dann mithilfe dieser Relationen für $\hat{\rho}$ aus (14.54)

$$\hat{a}\hat{\rho} = \mathrm{e}^{\sigma}\,\hat{\rho}\hat{a} + \beta\hat{\rho} \quad , \quad \hat{\rho}\hat{a}^\dagger = \mathrm{e}^{\sigma}\,\hat{a}^\dagger\hat{\rho} + \beta^*\,\hat{\rho}, \tag{14.64}$$

und die Zeitableitung von $\hat{\rho} = \mathrm{e}^{c}\,\mathrm{e}^{\beta\hat{a}^\dagger}\,\mathrm{e}^{\sigma\hat{a}^\dagger\hat{a}}\,\mathrm{e}^{\beta^*\hat{a}}$ ist gleich

$$\begin{aligned}\frac{\mathrm{d}\hat{\rho}}{\mathrm{d}t} &= \dot{c}\,\hat{\rho} + \dot{\beta}\hat{a}^\dagger\hat{\rho} + \dot{\sigma}\mathrm{e}^{c}\,\mathrm{e}^{\beta\hat{a}^\dagger}\,\hat{a}^\dagger\hat{a}\,\mathrm{e}^{\sigma\hat{a}^\dagger\hat{a}}\mathrm{e}^{\beta^*\hat{a}} + \dot{\beta}^*\,\hat{\rho}\,\hat{a}\\ &= \dot{c}\,\hat{\rho} + \dot{\beta}\hat{a}^\dagger\hat{\rho} + \dot{\sigma}\mathrm{e}^{\sigma}\,\hat{a}^\dagger\hat{\rho}\hat{a} + \dot{\beta}^*\,\hat{\rho}\,\hat{a},\end{aligned} \tag{14.65}$$

wobei wir mit der rechten Gleichung in (14.62) umgeformt haben:

$$\mathrm{e}^{c}\,\mathrm{e}^{\beta\hat{a}^\dagger}\,\hat{a}^\dagger\hat{a}\,\mathrm{e}^{\sigma\hat{a}^\dagger\hat{a}}\mathrm{e}^{\beta^*\hat{a}} = \mathrm{e}^{c}\,\mathrm{e}^{\beta\hat{a}^\dagger}\mathrm{e}^{\sigma}\,\mathrm{e}^{\sigma\hat{a}^\dagger\hat{a}}\,\hat{a}\,\mathrm{e}^{\beta^*\hat{a}} = \mathrm{e}^{\sigma}\,\hat{a}^\dagger\,\mathrm{e}^{c}\mathrm{e}^{\beta\hat{a}^\dagger}\mathrm{e}^{\sigma\hat{a}^\dagger\hat{a}}\mathrm{e}^{\beta^*\hat{a}}\,\hat{a} = \mathrm{e}^{\sigma}\,\hat{a}^\dagger\hat{\rho}\,\hat{a}. \tag{14.66}$$

Unser Ziel ist es nun, im nächsten Schritt $\hat{L}(\hat{\rho})$ aus Gleichung (14.30) zu berechnen und mit (14.65) zu vergleichen. Dazu ordnen wir zunächst mithilfe von $\hat{a}\hat{a}^\dagger = \hat{a}^\dagger\hat{a}+1$ die Lindblad-Terme um:

$$\begin{aligned}&\frac{\mu}{2}\left(2\hat{a}\hat{\rho}\hat{a}^\dagger - \hat{a}^\dagger\hat{a}\hat{\rho} - \hat{\rho}\hat{a}^\dagger\hat{a}\right) + \frac{\nu}{2}\left(2\hat{a}^\dagger\hat{\rho}\hat{a} - \hat{a}\hat{a}^\dagger\hat{\rho} - \hat{\rho}\hat{a}\hat{a}^\dagger\right)\\ &\quad= \mu\hat{a}\hat{\rho}\hat{a}^\dagger - \frac{\mu}{2}\,\hat{a}^\dagger\hat{a}\hat{\rho} - \frac{\mu}{2}\,\hat{\rho}\hat{a}^\dagger\hat{a} + \nu\hat{a}^\dagger\hat{\rho}\hat{a} - \frac{\nu}{2}\,(\hat{a}^\dagger\hat{a}+1)\hat{\rho} - \frac{\nu}{2}\,\hat{\rho}(\hat{a}^\dagger\hat{a}+1)\\ &\quad= \mu\hat{a}\hat{\rho}\hat{a}^\dagger + \nu\hat{a}^\dagger\hat{\rho}\hat{a} - \gamma'\,\hat{a}^\dagger\hat{a}\hat{\rho} - \gamma'\,\hat{\rho}\hat{a}^\dagger\hat{a} - \nu\hat{\rho}.\end{aligned} \tag{14.67}$$

Der hier auftretende Term $\hat{a}\hat{\rho}\hat{a}^\dagger$ fehlt in Gleichung (14.65), und wir formen ihn daher mithilfe der Relationen (14.62) bis (14.64) um:

$$\begin{aligned}\hat{a}\hat{\rho}\hat{a}^\dagger &= \mathrm{e}^{\sigma}\,\hat{\rho}\hat{a}\hat{a}^\dagger + \beta\hat{\rho}\hat{a}^\dagger = \mathrm{e}^{\sigma}\,\hat{\rho}(\hat{a}^\dagger\hat{a}+1) + \beta\mathrm{e}^{\sigma}\,\hat{a}^\dagger\hat{\rho} + |\beta|^2\,\hat{\rho}\\ &= \mathrm{e}^{2\sigma}\,\hat{a}^\dagger\hat{\rho}\hat{a} + \mathrm{e}^{\sigma}\beta^*\,\hat{\rho}\hat{a} + \beta\mathrm{e}^{\sigma}\,\hat{a}^\dagger\hat{\rho} + (\mathrm{e}^{\sigma}+|\beta|^2)\hat{\rho}.\end{aligned} \tag{14.68}$$

Jetzt werten den Kommutator mit dem Hamilton-Operator (14.28) aus:

$$\begin{aligned}\left[\hat{H},\hat{\rho}\right] &= \left[\omega\left(\hat{a}^\dagger\hat{a}+1/2\right) + f\hat{a} + f^*\,\hat{a}^\dagger,\,\hat{\rho}\right]\\ &= \omega\hat{a}^\dagger\hat{a}\hat{\rho} - \omega\hat{\rho}\hat{a}^\dagger\hat{a} + f\hat{a}\hat{\rho} - f\hat{\rho}\hat{a} + f^*\,\hat{a}^\dagger\hat{\rho} - f^*\,\hat{\rho}\hat{a}^\dagger\end{aligned} \tag{14.69}$$

und setzen alles zusammen:

$$\begin{aligned}\hat{L}(\hat{\rho}) &= (-\mathrm{i}\omega+\gamma')\hat{a}^\dagger\hat{a}\hat{\rho} + (\mathrm{i}\omega-\gamma')\hat{\rho}\hat{a}^\dagger\hat{a} - \nu\hat{\rho}\\ &\qquad + \mathrm{i}f^*\,\hat{a}^\dagger\hat{\rho} + \mathrm{i}f\hat{a}\hat{\rho} - \mathrm{i}f^*\,\hat{\rho}\hat{a}^\dagger - \mathrm{i}f\hat{\rho}\hat{a} + \mu\hat{a}\hat{\rho}\hat{a}^\dagger + \nu\hat{a}^\dagger\hat{\rho}\hat{a}\\ &= (-\mathrm{i}\omega+\gamma')\hat{a}^\dagger(\mathrm{e}^{\sigma}\,\hat{\rho}\hat{a} + \beta\hat{\rho}) + (\mathrm{i}\omega-\gamma')(\mathrm{e}^{\sigma}\,\hat{a}^\dagger\hat{\rho} + \beta^*\,\hat{\rho})\hat{a} - \nu\hat{\rho}\\ &\qquad + \mathrm{i}f^*\,\hat{a}^\dagger\hat{\rho} + \mathrm{i}f(\mathrm{e}^{\sigma}\,\hat{\rho}\hat{a} + \beta\boldsymbol{\rho}) - \mathrm{i}f^*(\mathrm{e}^{\sigma}\,\hat{a}^\dagger\hat{\rho} + \beta^*\,\hat{\rho}) - \mathrm{i}f\hat{\rho}\hat{a} + \mu\hat{a}\hat{\rho}\hat{a}^\dagger + \nu\hat{a}^\dagger\hat{\rho}\hat{a}\\ &= \left(\mathrm{i}f\beta - \mathrm{i}f^*\beta^* - \nu + \mu(\mathrm{e}^{\sigma}+|\beta|^2)\right)\hat{\rho} + \left(\mathrm{i}f^*(1-\mathrm{e}^{\sigma}) + (-\mathrm{i}\omega-\gamma')\beta + \mu\beta\mathrm{e}^{\sigma}\right)\hat{a}^\dagger\hat{\rho}\\ &\qquad + \left(\mathrm{i}f(1-\mathrm{e}^{\sigma}) + (\mathrm{i}\omega-\gamma')\beta^* + \mu\beta^*\mathrm{e}^{\sigma}\right)\boldsymbol{\rho}\,\hat{a} + \left(\mu\mathrm{e}^{2\sigma} - 2\gamma'\mathrm{e}^{\sigma} + \nu\right)\hat{a}^\dagger\hat{\rho}\hat{a}.\end{aligned} \tag{14.70}$$

Der Vergleich mit der Zeitableitung (14.65) zeigt, dass die Koeffizienten die Differentialgleichungen

$$\dot{c} = \mathrm{i} f\beta - \mathrm{i}\beta^* - \nu + \mu(\mathrm{e}^{\sigma} + |\beta|^2) \tag{14.71}$$

$$\dot{\beta} = \mathrm{i} f^*(1 - \mathrm{e}^{\sigma}) + (-\mathrm{i}\omega - \gamma')\beta + \mu\beta\mathrm{e}^{\sigma} \tag{14.72}$$

$$\dot{\sigma} = -2\gamma' + \mu\mathrm{e}^{\sigma} + \nu\mathrm{e}^{-\sigma} \tag{14.73}$$

erfüllen müssen. Dabei ist die letzte Gleichung unabhängig von den anderen. Eine Substitution $u = \mathrm{e}^{\sigma}$ transformiert sie auf die Form

$$\dot{u} = \nu - 2\gamma' u + \mu u^2 , \tag{14.74}$$

eine Riccati-Gleichung mit konstanten Koeffizienten. Für die Anfangsbedingung $0 < u(0) = u_0 < 1$ (also $\sigma(0) < 0$, vgl. Seite 248) wird sie durch

$$u(t) = \frac{\mu u_0 - \nu + \nu(1 - u_0)\,\mathrm{e}^{2\gamma t}}{\mu u_0 - \nu + \mu(1 - u_0)\,\mathrm{e}^{2\gamma t}} \tag{14.75}$$

gelöst. Die Funktion $u(t)$ erfüllt $u(t) < 1$, ist monoton fallend für $u_0 > \nu/\mu$, monoton wachsend für $u_0 < \nu/\mu$ und strebt für große Zeiten gegen ν/μ. Für $\nu = 0$ reduziert sie sich auf

$$u(t) = \frac{u_0}{u_0 + (1 - u_0)\,\mathrm{e}^{2\gamma t}} . \tag{14.76}$$

Die Gleichung (14.72) für $\beta(t)$ können wir vereinfachen durch die Transformation $\beta = \alpha\,(1 - u)$. Das ergibt

$$\dot{\alpha} = -(\mathrm{i}\omega + \gamma)\alpha + \mathrm{i} f^*(t) \tag{14.77}$$

mit der Anfangsbedingung $\alpha(0) = \beta(0)/(1 - u(0))$ und führt auf

$$\alpha(t) = \mathrm{e}^{-(\mathrm{i}\omega+\gamma)t}\alpha(0) + F(t) \quad \text{mit} \quad F(t) = \mathrm{i}\int_0^t \mathrm{d}t' f^*(t')\,\mathrm{e}^{-(\mathrm{i}\omega+\gamma)(t-t')} . \tag{14.78}$$

Auf eine Lösung der Differentialgleichung (14.71) können wir verzichten, denn $c(t)$ ist uns aus Gleichung (14.57) bekannt. Wir wollen diesen Term jetzt umbenennen in

$$Z = b\mathrm{e}^{-\beta^*\beta/b} \quad \text{mit} \quad b = 1 - \mathrm{e}^{\sigma} = 1 - u \quad \text{und} \quad \beta = b\alpha = (1 - u)\alpha . \tag{14.79}$$

Damit haben wir gezeigt, dass der Dichteoperator

$$\hat{\rho}(t) = Z(t)\,\mathrm{e}^{\beta(t)\hat{a}^\dagger}\mathrm{e}^{\sigma(t)\hat{a}^\dagger\hat{a}}\mathrm{e}^{\beta^*(t)\hat{a}} , \tag{14.80}$$

unter der Lindblad-Dynamik forminvariant ist. Darüber hinaus ist der Parameter $\sigma(t) = \ln u(t)$ mit $u(t)$ aus (14.75) explizit bekannt, und $\beta(t)$ ist durch das Integral (14.78) bestimmt, das, wie wir sehen werden, für einen harmonischen Antrieb in geschlossener Form angegeben werden kann.

Bisher haben wir den Dichteoperator in Form eines exponentiellen Produkts dargestellt. Allerdings gibt es Anwendungen, für die eine rein exponentielle Form zweckmäßiger ist. Das erreicht man problemlos mithilfe der Formel (6.223) mit dem Resultat

$$\hat{\rho}(t) = b(t)\,\mathrm{e}^{\sigma(t)\left(|\alpha(t)|^2 + \hat{a}^\dagger\hat{a} - \alpha(t)\hat{a}^\dagger - \alpha^*(t)\hat{a}\right)} . \tag{14.81}$$

Wir wollen noch die Erwartungswerte für $\hat{a}$ und $\hat{a}^\dagger$ berechnen, und damit auch für die Orts- und die Impulsvariablen $\hat{q}$ und $\hat{p}$, sowie für den Teilchenzahloperator $\hat{n}$. Das überlassen wir einer Aufgabe:

Aufgabe 14.3 (Lösung Seite 310): Berechnen Sie die Erwartungswerte $\langle\hat{A}\rangle_t = \mathrm{spur}\big(\hat{A}\hat{\rho}(t)\big)$ der Lindblad-Dynamik des gedämpften harmonischen Oszillators für $\hat{a}$, $\hat{a}^\dagger$ und $\hat{n}$, bestätigen Sie die folgenden Formeln

$$\langle\hat{a}\rangle_t = \alpha(t)\ ,\quad \langle\hat{a}^\dagger\rangle_t = \alpha^*(t)\ ,\quad \langle\hat{n}\rangle_t = 1/b(t) - 1 + |\alpha(t)|^2$$

mit $\alpha(t)$ aus (14.78), $b(t) = 1 - u(t)$ aus (14.75) und vergleichen Sie mit den Formeln (14.36) und (14.50).

In Hinblick auf die Formel für den Erwartungswert von $\hat{n}$ aus der Lösung der Aufgabe kann man mit ein paar Zeilen Rechenarbeit die folgende einfache Formel herleiten:

$$\frac{1}{b(t)} - 1 = \frac{1}{b(0)} - 1 + \frac{\mu}{2\gamma}\left(1 - \mathrm{e}^{-2\gamma t}\right). \tag{14.82}$$

Mit den Resultaten aus Aufgabe 14.2 erhalten wir für Ort und Impuls

$$\langle\hat{q}\rangle_t = \tfrac{1}{\sqrt{2\omega}}\big(\alpha^*(t) + \alpha(t)\big)\ ,\quad \langle\hat{p}\rangle_t = \mathrm{i}\sqrt{\tfrac{\omega}{2}}\big(\alpha^*(t) - \alpha(t)\big). \tag{14.83}$$

Statt die Erwartungswerte explizit über die Spur zu berechnen, wie in der Lösung der Aufgabe, lässt sich auch eine Methode verwenden, die man von dem Umgang mit der kanonischen Zustandssumme der statistischen Physik kennt, um Mittelwerte durch Parameter-Ableitungen zu ermitteln. Wir gehen aus von

$$\hat{\rho}(t) = Z\hat{\rho}' \quad \text{mit} \quad \hat{\rho}' = \mathrm{e}^{\beta\hat{a}^\dagger}\mathrm{e}^{\sigma\hat{a}^\dagger\hat{a}}\mathrm{e}^{\beta^*\hat{a}} \quad \text{und} \quad Z = b\,\mathrm{e}^{-\beta^*\beta/b}. \tag{14.84}$$

Wenn wir die Gleichung $1 = \mathrm{spur}\big(Z\hat{\rho}'\big) = Z\,\mathrm{spur}\hat{\rho}'$ nach einem Parameter x differenzieren, erhalten wir

$$0 = \frac{\partial Z}{\partial x}\mathrm{spur}\,\hat{\rho}' + Z\,\mathrm{spur}\frac{\partial\hat{\rho}'}{\partial x} = \frac{1}{Z}\frac{\partial Z}{\partial x} + Z\,\mathrm{spur}\frac{\partial\hat{\rho}'}{\partial x} \quad\Longrightarrow\quad Z\,\mathrm{spur}\frac{\partial\hat{\rho}'}{\partial x} = -\frac{1}{Z}\frac{\partial Z}{\partial x}. \tag{14.85}$$

Ist beispielsweise $\partial\hat{\rho}'/\partial x = \hat{A}\hat{\rho}'$, dann erhält man

$$\langle\hat{A}\rangle = \mathrm{spur}\big(\hat{A}\hat{\rho}\big) = Z\,\mathrm{spur}\big(\hat{A}\hat{\rho}'\big) = Z\,\mathrm{spur}\Big(\frac{\partial\hat{\rho}'}{\partial x}\Big) = -\frac{1}{Z}\frac{\partial Z}{\partial x}. \tag{14.86}$$

Für $\hat{\rho}$ aus Gleichung (14.84) und mit den Ableitungen

$$\frac{\partial\hat{\rho}'}{\partial\beta^*} = \hat{\rho}'\,\hat{a}\ ,\quad \frac{\partial\hat{\rho}'}{\partial\beta} = \hat{a}^\dagger\,\hat{\rho}' \tag{14.87}$$

ergibt sich damit direkt

$$\langle\hat{a}\rangle = -\frac{1}{Z}\frac{\partial Z}{\partial\beta^*} = \frac{\beta}{b} = \alpha \quad \text{und} \quad \langle\hat{a}^\dagger\rangle = -\frac{1}{Z}\frac{\partial Z}{\partial\beta} = \frac{\beta^*}{b} = \alpha^* \tag{14.88}$$

mit $\alpha = \alpha(t)$ aus Gleichung (14.78).

Um die Erwartungswerte von $\hat{a}^\dagger\hat{a}$ oder $\hat{a}^{\dagger 2}$, $\hat{a}^2$ etc. zu berechnen, muss man etwas mehr investieren. Als ein Beispiel betrachten wir $\hat{n} = \hat{a}^\dagger\hat{a}$. Wir differenzieren $\hat{\rho}'$ aus (14.84) nach σ und formen mit Gleichung (14.62) um:

$$\begin{aligned}\frac{\partial\hat{\rho}'}{\partial\sigma} &= \mathrm{e}^{\beta\hat{a}^\dagger}\,\hat{a}^\dagger\hat{a}\,\mathrm{e}^{\sigma\hat{a}^\dagger\hat{a}}\mathrm{e}^{\beta^*\hat{a}} = \hat{a}^\dagger\mathrm{e}^{\beta\hat{a}^\dagger}\,\hat{a}\,\mathrm{e}^{\sigma\hat{a}^\dagger\hat{a}}\mathrm{e}^{\beta^*\hat{a}}\\ &= \hat{a}^\dagger(\hat{a}-\beta)\mathrm{e}^{\beta\hat{a}^\dagger}\,\mathrm{e}^{\sigma\hat{a}^\dagger\hat{a}}\mathrm{e}^{\beta^*\hat{a}} = \hat{a}^\dagger\hat{a}\,\hat{\rho}' - \beta\hat{a}^\dagger\,\hat{\rho}'.\end{aligned} \tag{14.89}$$

Daraus finden wir

$$\langle\hat{n}\rangle = -\frac{1}{Z}\frac{\partial Z}{\partial\sigma} + \beta\,\langle\hat{a}^\dagger\rangle = \frac{1}{b} - 1 + \frac{|\beta|^2}{b^2} = \frac{1}{b} - 1 + |\alpha|^2\,. \tag{14.90}$$

Es ergeben sich also wieder die Formeln aus Aufgabe 14.2.

Aus Gleichung (14.84) erhält man auch einen einfachen Ausdruck für die Diagonalelemente des Dichteoperators in kohärenten Zuständen,

$$\begin{aligned} Q(\alpha,t) = \langle\alpha|\hat{\rho}(t)|\alpha\rangle &= b\,\mathrm{e}^{-|\beta|^2/b}\langle\alpha|\mathrm{e}^{\beta\hat{a}^\dagger}\mathrm{e}^{\sigma\hat{a}^\dagger\hat{a}}\mathrm{e}^{\beta^*\hat{a}}|\alpha\rangle \\ &= \beta\,\mathrm{e}^{-|\beta|^2/b}\mathrm{e}^{\beta\hat{a}^\dagger}\langle\alpha|\mathrm{e}^{\sigma\hat{a}^\dagger\hat{a}}|\alpha\rangle\,\mathrm{e}^{\beta^*\alpha} \\ &= \beta\,\mathrm{e}^{-|\beta|^2/b+\beta\alpha^*+b|\alpha|^2+\beta^*\alpha} = b\,\mathrm{e}^{\beta\alpha^*+\beta^*\alpha}\,, \end{aligned} \tag{14.91}$$

wobei die Matrixelemente

$$\langle\alpha|\mathrm{e}^{\sigma\hat{a}^\dagger\hat{a}}|\alpha\rangle = \mathrm{e}^{-(1-\mathrm{e}^\sigma)\alpha^*\alpha} \tag{14.92}$$

aus Gleichung (3.129) benutzt wurden. Die Verteilung $Q(\alpha,t)$ ist bekannt als **Husimi-Dichte** (siehe Seite 51), eine (Quasi-)Dichteverteilung im Phasenraum (q,p) mit $q = (\alpha^* + \alpha)/\sqrt{2\omega}$ und $p = \mathrm{i}\sqrt{\omega/2}\,(\alpha^* - \alpha)$. Die Husimi-Dichte (14.91) lässt sich mit $\beta = b\alpha$ umschreiben in eine Gauß-Verteilung

$$Q(\alpha,t) = b(t)\,\mathrm{e}^{-b(t)\,|\alpha-\alpha(t)|^2}\,, \tag{14.93}$$

wobei $\alpha(t)$ die Bewegung des Zentrums der Dichteverteilung im Phasenraum beschreibt, also den Mittelwert von $\hat{a}$. Ihre Breite ist durch $1/\sqrt{2b(t)}$ gegeben. Für den speziellen Fall $\nu = 0$ erhalten wir durch $u(t)$ aus (14.76) für den Breite-Parameter

$$b(t) = \frac{b_0}{b_0 + (1-b_0)\,\mathrm{e}^{-2\gamma t}} \tag{14.94}$$

mit $b(t) \to 1$ für $t \to \infty$.

Wir wollen uns einige Beispiele näher ansehen. Zunächst betrachten wir ein kräftefreies System. Dann wird Gleichung (14.77) gelöst durch

$$\alpha(t) = \alpha_0\,\mathrm{e}^{-(\mathrm{i}\omega+\gamma)t} \quad \text{mit} \quad \alpha_0 = \alpha(0)\,, \tag{14.95}$$

und wir sehen, dass das Zentrum der gaußförmigen Husimi-Dichte (14.91) sich längs des Weges $\alpha(t)$ zu dem Zentrum $\alpha = 0$ bewegt, wobei der Breiteparameter $b(t)$ sich dem Wert $2\gamma/\mu$ annähert. Dieser Grenzfall stimmt mit der kanonischen Verteilung (14.31) überein. Für ein harmonisch angetriebenes System $f(t) = f_0\cos\Omega t$ können wir leicht verifizieren, dass $\alpha(t)$ gegeben ist durch

$$\alpha(t) = \alpha_0\,\mathrm{e}^{-(\mathrm{i}\omega+\gamma)t} - \frac{f_0}{2}\Big(\frac{\mathrm{e}^{-(\mathrm{i}\omega+\gamma)t} - \mathrm{e}^{\mathrm{i}\Omega t}}{\omega+\Omega-\mathrm{i}\gamma} + \frac{\mathrm{e}^{-(\mathrm{i}\omega+\gamma)t} - \mathrm{e}^{-\mathrm{i}\Omega t}}{\omega-\Omega-\mathrm{i}\gamma}\Big)\,, \tag{14.96}$$

und der Erwartungswert von $\hat{n}$ ist nach Gleichung (14.90) gleich

$$\langle\hat{n}\rangle_t = \frac{1}{b(t)} - 1 + |\alpha(t)|^2\,. \tag{14.97}$$

Im Langzeitlimit haben wir

$$\alpha(t) \longrightarrow \alpha_{\ell c}(t) = \frac{f_0}{2}\Big(\frac{e^{i\Omega t}}{\omega+\Omega-i\gamma} + \frac{e^{-i\Omega t}}{\omega-\Omega-i\gamma}\Big). \tag{14.98}$$

Das stimmt genau mit dem Ergebnis (8.28) überein, und daher gilt, wegen $b \to 2\gamma/\mu$,

$$\langle \hat{n}\rangle_t \longrightarrow \frac{\nu}{2\gamma} + |\alpha_{\ell c}|^2 . \tag{14.99}$$

Der Dichteoperator (14.80) konvergiert für große Zeiten gegen die Grenzzyklus-Verteilung

$$\hat{\rho}_{\ell c}(t) = \frac{2\gamma}{\mu}\, e^{-\frac{2\gamma}{\mu}|\alpha_{\ell c}(t)|^2}\, e^{\frac{2\gamma}{\mu}\alpha_{\ell c}(t)\hat{a}^\dagger}\, e^{\ln\frac{\nu}{\mu}\hat{n}}\, e^{\frac{2\gamma}{\mu}\alpha^*_{\ell c}(t)\hat{a}}, \tag{14.100}$$

wobei wir $b \to 2\gamma/\mu$ und $\sigma = \ln(1-b) \to \ln(\nu/\mu)$ benutzt haben. Außerdem sehen wir, dass die Phasenraumverteilung für den Grenzzyklus einfach durch

$$Q_{\ell c}(\alpha, t) = \frac{2\gamma}{\mu}\, e^{-\frac{2\gamma}{\mu}|\alpha-\alpha_{\ell c}(t)|^2} \tag{14.101}$$

gegeben ist, eine periodische Lösung mit der Periode $T = 2\pi/\Omega$, also eine zyklische Gleichgewichtsverteilung. Daraus folgt $\langle\hat{a}\rangle_{\ell c}(t) = \alpha_{\ell c}(t)$. Für den speziellen Fall $\nu = 0$ ist die Grenzzyklus-Verteilung die Dichteverteilung eines kohärenten Zustands:

$$Q_{\ell c}(\alpha, t) = e^{-|\alpha-\alpha_{\ell c}(t)|^2} . \tag{14.102}$$

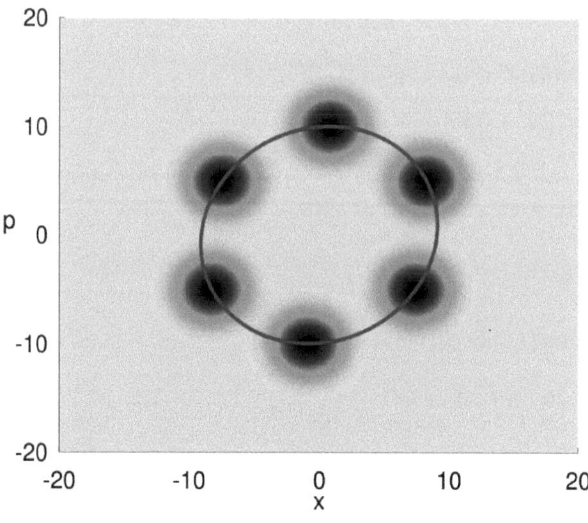

Bild 14.2 Husimi-Phasenraumverteilung $Q_{\ell c}(\alpha, t)$ für den Grenzzyklus (14.101) zu sechs äquidistanten Zeiten. Das Zentrum der Verteilung folgt der Ellipse $\alpha_{\ell c}(t)$ aus Gleichung (14.98), dargestellt durch eine durchgezogene Kurve (Parameter $\omega = 1.1$, $\Omega = 1.0954$, $f_0 = 1.4$, $\mu = 0.6$, $\nu = 0.4$).

Bild 14.2 illustriert die Langzeitdynamik für ein System mit Verlust und Verstärkung ($\mu = 0.6$ und $\nu = 0.4$) für $\omega = 1.1$ und resonantem Antrieb $\Omega = \Omega_R = \sqrt{\omega_0^2 - \gamma^2} = 1.0954$ mit der Amplitude $f_0 = 1.4$. Es zeigt die Husimi-Dichte $Q_{\ell c}(t)$ in der (q, p)-Ebene $(\alpha = (\omega q + ip)/\sqrt{2\omega})$ für den

Grenzzyklus aus Gleichung (14.101) zu sechs äquidistanten Zeiten in einer Periode $2\pi/\Omega$. Das sehr ähnliche Bild 8.1 stammt aus einer Beschreibung der quantenmechanischen Dämpfung durch einen Imaginärteil der Oszillatorfrequenz.

Es sollte zum Abschluss noch erwähnt werden, dass der Grenzzyklus für $\nu = 0$ ein kohärenter Zustand ist. Das bedeutet, dass sich *jede* Anfangsverteilung in einen kohärenten Zustand entwickelt. Andererseits wissen wir, dass ein kohärenter Zustand unter der Zeitentwicklung kohärent bleibt (vgl. Gleichung (8.37)). Da sich ein solcher Zustand auch dem Grenzzyklus annähert, hat dies die unvermeidliche Konsequenz, dass der Grenzzyklus ein kohärenter Zustand sein muss.

Schon mehrfach wurde darauf hingewiesen, dass kohärente Zustände auch für die Lindblad-Evolution eine besondere Rolle spielen. Wir wollen dies in einer Aufgabe noch einmal verdeutlichen:

Aufgabe 14.4 (Lösung Seite 311): Zeigen Sie, dass man für den angetriebenen harmonischen Oszillator durch den kohärenten Dichteoperator $\hat{\rho}(t) = |\alpha(t)\rangle\langle\alpha(t)|$ eine Lösung der Lindblad-Gleichung für $\nu = 0$ erhält und ermitteln Sie $\alpha(t)$.

Zum Abschluss dieses Abschnitts werfen wir noch einen kurzen Blick auf die **Shannon-Entropie**

$$S(t) = -\text{spur}\big(\hat{\rho}(t)\ln\hat{\rho}(t)\big)\,, \tag{14.103}$$

die wir auf die einfachste Weise auswerten, indem wir die rein exponentielle Form des Dichteoperators $\hat{\rho} = b\,\mathrm{e}^{\sigma(|\alpha|^2+\hat{n}-\alpha\hat{a}^\dagger-\alpha^*\hat{a})}$ aus Gleichung (14.81) verwenden. Dann erhalten wir

$$\begin{aligned} S(t) &= -\text{spur}\big(\hat{\rho}\,(\ln b + \sigma(|\alpha|^2 + \hat{n} - \alpha\hat{a}^\dagger - \alpha^*\hat{a}))\big) \\ &= -\ln b - \sigma\big(|\alpha|^2 + \langle\hat{n}\rangle - \alpha\langle\hat{a}^\dagger\rangle - \alpha^*\langle\hat{a}\rangle\big)\,. \end{aligned} \tag{14.104}$$

Setzen wir die Erwartungswerte $\langle\hat{a}\rangle = \alpha$, $\langle\hat{a}^\dagger\rangle = \alpha^*$ und $\langle\hat{n}\rangle = 1/b - 1 + |\alpha|^2$ aus den Gleichungen (14.88) und (14.90) ein, so erhalten wir mit $b = 1 - \mathrm{e}^\sigma$ und $\sigma = \ln u$

$$S(t) = -\ln\big(1 - u(t)\big) - \frac{u(t)}{1 - u(t)}\ln u(t)\,, \tag{14.105}$$

wobei $u(t)$ in Gleichung (14.75) gegeben ist. Wegen

$$\frac{\mathrm{d}S}{\mathrm{d}u} = -\frac{\ln u}{(1-u)^2} > 0 \quad \text{für} \quad 0 < u < 1 \tag{14.106}$$

und der Monotonie von $u(t)$ (siehe Seite 250) ist die Entropie monoton fallend für $u_0 > \nu/\mu$ und wachsend für $u_0 < \nu/\mu$. Es ist hervorzuheben, dass $u(t)$ und daher auch die Entropie $S(t)$ nur von den Lindblad-Parametern μ und ν abhängen und nicht von denen des Oszillators. Im Langzeitlimit nähert sich $u(t)$ dem Wert ν/μ und der resultierende Entropiewert S_∞ ist

$$S_\infty = -\frac{1}{2\gamma}\Big(\nu\ln\nu - \mu\ln\mu + 2\gamma\ln 2\gamma\Big)\,. \tag{14.107}$$

Insbesondere ist $S_\infty = 0$ für $\nu = 0$ in Übereinstimmung mit unserer Identifizierung des Grenzzyklus als ein kohärenter, also als ein reiner Zustand.

14.3.2 Operatorevolution im Heisenberg-Bild

Für die Lindblad-Dynamik im Heisenberg-Bild lautet die Evolutionsgleichung (14.4) für einen Operator $\hat{A}(t)$ mit dem Hamilton-Operator $\hat{H} = \omega(\hat{a}^\dagger\hat{a} + \frac{1}{2})$ (wir betrachten hier nur den kräftefreien Oszillator)

$$\frac{\mathrm{d}\hat{A}(t)}{\mathrm{d}t} = \mathrm{i}\omega\big[\hat{a}^\dagger\hat{a}, \hat{A}(t)\big] + \frac{\mu}{2}\left(2\hat{a}^\dagger\hat{A}(t)\hat{a} - \hat{a}^\dagger\hat{a}\hat{A}(t) - \hat{A}(t)\hat{a}^\dagger\hat{a}\right) + \frac{\nu}{2}\left(2\hat{a}\hat{A}(t)\hat{a}^\dagger - \hat{a}\hat{a}^\dagger\hat{A}(t) - \hat{A}(t)\hat{a}\hat{a}^\dagger\right). \tag{14.108}$$

Wir wollen uns davon überzeugen, dass diese Gleichung durch

$$\hat{a}(t) = \hat{a}\,\mathrm{e}^{(-\mathrm{i}\omega-\gamma)t}\,, \quad \hat{a}^\dagger(t) = \hat{a}^\dagger\mathrm{e}^{(\mathrm{i}\omega-\gamma)t}\,, \quad \hat{n}(t) = \left(\hat{a}^\dagger\hat{a}\right)(t) = \hat{a}^\dagger\hat{a}\,\mathrm{e}^{-2\gamma t} + \overline{n}\left(1 - \mathrm{e}^{-2\gamma t}\right) \tag{14.109}$$

gelöst wird. Dabei ist $\overline{n} = \nu/(\mu - \nu) = \nu/2\gamma$ die mittlere Teilchenzahl der Systemumgebung (vgl. Gleichung (14.32)).

Zunächst zeigen wir, dass $\hat{a}(t) = \hat{a}\,\mathrm{e}^{(-\mathrm{i}\omega-\gamma)t}$ eine Lösung ist. Dafür werten wir für $\hat{A}(t) = \hat{a}(t)$ die Gleichung (14.108) aus. Der Kommutator mit $\hat{a}^\dagger\hat{a}$ ist gleich

$$\omega\big[\hat{a}^\dagger\hat{a}, \hat{a}(t)\big] = \omega\big[\hat{a}^\dagger\hat{a}, \hat{a}\big]\,\mathrm{e}^{(-\mathrm{i}\omega-\gamma)t} = -\omega\hat{a}\,\mathrm{e}^{(-\mathrm{i}\omega-\gamma)t} \tag{14.110}$$

und für die Lindblad-Terme erhalten wir

$$\begin{aligned}&\frac{\mu}{2}\left(2\hat{a}^\dagger\hat{a}(t)\hat{a} - \hat{a}^\dagger\hat{a}\hat{a}(t) - \hat{a}(t)\hat{a}^\dagger\hat{a}\right) + \frac{\nu}{2}\left(2\hat{a}\hat{a}(t)\hat{a}^\dagger - \hat{a}\hat{a}^\dagger\hat{a}(t) - \hat{a}(t)\hat{a}\hat{a}^\dagger\right)\\ &\quad= \left(\frac{\mu}{2}\left(2\hat{a}^\dagger\hat{a}\hat{a} - \hat{a}^\dagger\hat{a}\hat{a} - \hat{a}\hat{a}^\dagger\hat{a}\right) + \frac{\nu}{2}\left(2\hat{a}\hat{a}\hat{a}^\dagger - \hat{a}\hat{a}^\dagger\hat{a} - \hat{a}\hat{a}\hat{a}^\dagger\right)\right)\mathrm{e}^{(-\mathrm{i}\omega-\gamma)t},\end{aligned} \tag{14.111}$$

wobei sich der Ausdruck in den Klammern vereinfacht zu

$$\frac{\mu}{2}\left(\hat{a}^\dagger\hat{a}\hat{a} - \hat{a}\hat{a}^\dagger\hat{a}\right) + \frac{\nu}{2}\left(\hat{a}\hat{a}\hat{a}^\dagger - \hat{a}\hat{a}^\dagger\hat{a}\right) = -\frac{\mu}{2}\left[\hat{a}, \hat{a}^\dagger\right]\hat{a} + \frac{\nu}{2}\,\hat{a}\left[\hat{a}, \hat{a}^\dagger\right] = -\gamma\hat{a}\,. \tag{14.112}$$

Also erscheint auf der rechten Seite von (14.108) insgesamt $(-\mathrm{i}\omega - \gamma)\hat{a}\,\mathrm{e}^{(-\mathrm{i}\omega-\gamma)t}$, was mit der Zeitableitung

$$\frac{\mathrm{d}\hat{a}(t)}{\mathrm{d}t} = \frac{\mathrm{d}}{\mathrm{d}t}\left(\hat{a}\,\mathrm{e}^{(-\mathrm{i}\omega-\gamma)t}\right) = (-\mathrm{i}\omega - \gamma)\hat{a}\,\mathrm{e}^{(-\mathrm{i}\omega-\gamma)t} \tag{14.113}$$

übereinstimmt. Also löst $\hat{a}(t) = \mathrm{e}^{(-\mathrm{i}\omega-\gamma)t}\,\hat{a}$ die Lindblad-Gleichung (14.108). Nach Gleichung (14.7) ist $\hat{a}^\dagger(t)$ gleich $(\hat{a}(t))^\dagger$, also gleich $\hat{a}^\dagger(t) = \mathrm{e}^{+\mathrm{i}\omega t}\mathrm{e}^{-\gamma t}\,\hat{a}^\dagger$. Damit ergibt sich für den Kommutator

$$\left[\hat{a}(t), \hat{a}^\dagger(t)\right] = \mathrm{e}^{-2\gamma t}\left[\hat{a}, \hat{a}^\dagger\right] = \mathrm{e}^{-2\gamma t}\,. \tag{14.114}$$

Der Kommutator bleibt also *nicht* erhalten, sondern nimmt exponentiell ab, sodass die Operatoren im Langzeitlimit kommutieren, wie schon auf Seite 241 erwähnt.

Die Erwartungswerte für einen kohärenten Anfangszustand sind dann

$$\begin{aligned}\langle\hat{a}\rangle_t &= \mathrm{spur}\left(\hat{a}(t)\hat{\rho}\right) = \mathrm{spur}\left(\hat{a}(t)|\alpha\rangle\langle\alpha|\right)\\ &= \mathrm{e}^{(-\mathrm{i}\omega-\gamma)t}\alpha\;\mathrm{spur}\left(|\alpha\rangle\langle\alpha|\right) = \mathrm{e}^{(-\mathrm{i}\omega-\gamma)t}\alpha\,,\end{aligned} \tag{14.115}$$

$$\begin{aligned}\langle\hat{a}^\dagger\rangle_t &= \mathrm{spur}\left(\hat{a}^\dagger(t)\hat{\rho}\right) = \mathrm{spur}\left(\hat{\rho}\hat{a}^\dagger(t)\right)\\ &= \mathrm{e}^{(+\mathrm{i}\omega-\gamma)t}\alpha^*\;\mathrm{spur}\left(|\alpha\rangle\langle\alpha|\right) = \mathrm{e}^{(+\mathrm{i}\omega-\gamma)t}\alpha\,,\end{aligned} \tag{14.116}$$

also gleich den Resultaten in Gleichung (14.88).

Wir wollen noch die in Gleichung (14.109) angegebene Formel für den Teilchenzahloperator

$$\hat{n}(t) = \big(\hat{a}^\dagger \hat{a}\big)(t) = \hat{a}^\dagger \hat{a}\,\mathrm{e}^{-2\gamma t} + \overline{n}\big(1 - \mathrm{e}^{-2\gamma t}\big) \tag{14.117}$$

bestätigen. Der Kommutator mit dem Hamilton-Operator liefert

$$\big[\hat{H}, \hat{n}(t)\big] = \omega\big[\hat{a}^\dagger \hat{a}, \big(\hat{a}^\dagger \hat{a}\big)(t)\big] = \omega\big[\hat{a}^\dagger \hat{a}, \hat{a}^\dagger \hat{a}\big]\,\mathrm{e}^{(-\mathrm{i}\omega-\gamma)t} = \omega \hat{a}\,\mathrm{e}^{-2\gamma t} = 0\,, \tag{14.118}$$

und der Lindblad-Operator-Term ergibt mit $2\gamma = \mu - \nu$

$$\begin{aligned}
&\tfrac{\mu}{2}\big(2\hat{a}^\dagger \hat{n}(t)\hat{a} - \hat{a}^\dagger \hat{a}\hat{n}(t) - \hat{a}(t)\hat{a}^\dagger \hat{n}\big) + \tfrac{\nu}{2}\big(2\hat{a}\hat{n}(t)\hat{a}^\dagger - \hat{a}\hat{a}^\dagger \hat{n}(t) - \hat{n}(t)\hat{a}\hat{a}^\dagger\big)\\
&\quad = \Big(\tfrac{\mu}{2}\big(2\hat{a}^\dagger \hat{a}^\dagger \hat{a}\hat{a} - \hat{a}^\dagger \hat{a}\hat{a}^\dagger \hat{a} - \hat{a}^\dagger \hat{a}\hat{a}^\dagger \hat{a}\big) + \tfrac{\nu}{2}\big(2\hat{a}\hat{a}^\dagger \hat{a}\hat{a}^\dagger - \hat{a}\hat{a}^\dagger \hat{a}^\dagger \hat{a} - \hat{a}^\dagger \hat{a}\hat{a}\hat{a}^\dagger\big)\Big)\mathrm{e}^{-2\gamma t}\\
&\quad = \Big(\mu\big(\hat{a}^\dagger(\hat{a}^\dagger \hat{a} - \hat{a}\hat{a}^\dagger)\hat{a}\big) + \tfrac{\nu}{2}\big(\hat{a}\hat{a}^\dagger(\hat{a}\hat{a}^\dagger - \hat{a}^\dagger \hat{a}) + (\hat{a}\hat{a}^\dagger - \hat{a}^\dagger \hat{a})\hat{a}\hat{a}^\dagger\big)\Big)\mathrm{e}^{-2\gamma t}\\
&\quad = \big(-\mu\,\hat{a}^\dagger \hat{a} + \nu\,\hat{a}\hat{a}^\dagger\big)\mathrm{e}^{-2\gamma t} = \big(-\mu\,\hat{a}^\dagger \hat{a} + \nu\,\hat{a}^\dagger \hat{a} + \nu\big)\mathrm{e}^{-2\gamma t} = (-2\gamma\,\hat{a}\hat{a}^\dagger + \nu)\,\mathrm{e}^{-2\gamma t}\,,
\end{aligned} \tag{14.119}$$

was mit der Zeitableitung

$$\begin{aligned}
\frac{\mathrm{d}\big(\hat{a}^\dagger \hat{a}\big)(t)}{\mathrm{d}t} &= \frac{\mathrm{d}}{\mathrm{d}t}\Big(\hat{a}^\dagger \hat{a}\,\mathrm{e}^{-2\gamma t} + \overline{n}\big(1 - \mathrm{e}^{-2\gamma t}\big)\Big)\\
&= -2\gamma\,\hat{a}^\dagger \hat{a}\,\mathrm{e}^{-2\gamma t} + 2\gamma\overline{n}\,\mathrm{e}^{-2\gamma t} = \big(-2\gamma\,\hat{a}^\dagger \hat{a} + \nu\big)\,\mathrm{e}^{-2\gamma t}
\end{aligned} \tag{14.120}$$

übereinstimmt, wobei wir $\overline{n} = 2\nu/\gamma$ eingesetzt haben.

Wir sehen hier, dass offenbar gilt

$$(\hat{a}^\dagger \hat{a})(t) = \hat{a}^\dagger \hat{a}\,\mathrm{e}^{-2\gamma t} + \overline{n}\big(1 - \mathrm{e}^{-2\gamma t}\big) \neq \hat{a}^\dagger(t)\hat{a}(t) = \hat{a}^\dagger \hat{a}\,\mathrm{e}^{-2\gamma t} \tag{14.121}$$

für $\overline{n} \neq 0$ oder $\nu \neq 0$, wie oben schon erwähnt, und wir erhalten im Langzeitlimit

$$\hat{n}(t) = (\hat{a}^\dagger \hat{a})(t) \;\overset{t\to\infty}{\Longrightarrow}\; \overline{n}\,\hat{I}\,. \tag{14.122}$$

Außerdem bestätigt man für einen kohärenten Anfangszustand den oben in Gleichung (14.51) berechneten Erwartungswert.

Abschließend sei angemerkt, dass man für $\nu = 0$, also für ein System mit alleinigem Teilchenverlust, die Dynamik auch beschreiben kann durch einen nicht-hermiteschen Hamilton-Operator mit komplexwertiger Frequenz $\hat{H} = (\omega - \mathrm{i}\gamma)(\hat{a}^\dagger \hat{a} + 1/2)$ mit $\gamma = \mu/2$, was in Abschnitt 13.2 dargestellt wurde. Dabei finden sich sowohl Ähnlichkeiten als auch Unterschiede, auf die wir hier etwas näher eingehen wollen. Wir beschränken uns dabei auf den kräftefreien Oszillator im Heisenberg-Bild. Wichtig ist hier, sich darüber im Klaren zu sein, dass die zeitabhängigen Operatoren in beiden Fällen voneinander *verschieden* sind. Wir wollen also hier die Operatoren der Lindblad-Dynamik mit $\hat{A}_L(t)$ und die der nicht-hermiteschen Dynamik mit $\hat{A}_N(t)$ bezeichnen. Im Allgemeinen gilt dann $\hat{A}_L(t) \neq \hat{A}_N(t)$, aber ihre Erwartungswerte können übereinstimmen. Die wichtigsten Unterschiede bestehen in den Hermitizitätsrelationen und in der Zeitentwicklung von Produkten:

$$\begin{aligned}
&\hat{A}_L^\dagger(t) = \big(\hat{A}_L(t)\big)^\dagger\;, \quad \hat{A}_N^\dagger(t) \neq \big(\hat{A}_N(t)\big)^\dagger\,,\\
&(\hat{A}\hat{B})_L(t) \neq \hat{A}_L(t)\,\hat{B}_L(T)\;, \quad (\hat{A}\hat{B})_N(t) = \hat{A}_N(t)\,\hat{B}_N(t)\,,\\
&\big[\hat{A}_L(t), \hat{B}_L(t)\big] \neq \big[\hat{A}, \hat{B}\big]\;, \quad \big[\hat{A}_N(t), \hat{B}_N(t)\big] = \big[\hat{A}, \hat{B}\big]\,.
\end{aligned} \tag{14.123}$$

Also bleibt in der Lindblad-Dynamik ein hermitescher Operator hermitesch und in der nicht-hermiteschen Dynamik entwickeln sich Operatorprodukte in einfacher Weise, insbesondere bleiben die Kommutator-Relationen erhalten, also die Lie-algebraische Struktur. Beispielhaft sehen wir dies für die Erzeuger und Vernichter mit

$$\begin{aligned} &\hat{a}_L(t) = \hat{a}\,\mathrm{e}^{(-\mathrm{i}\omega-\gamma)t}\,, \quad \hat{a}^\dagger_L(t) = \hat{a}\,\mathrm{e}^{(+\mathrm{i}\omega-\gamma)t}\,,\\ &\hat{a}_N(t) = \hat{a}\,\mathrm{e}^{(-\mathrm{i}\omega-\gamma)t}\,, \quad \hat{a}^\dagger_N(t) = \hat{a}\,\mathrm{e}^{(+\mathrm{i}\omega+\gamma)t}\\ &\left(\hat{a}^\dagger\hat{a}\right)_L(t) = \hat{a}^\dagger\hat{a}\,\mathrm{e}^{-2\gamma t}\,, \quad \left(\hat{a}^\dagger\hat{a}\right)_N(t) = \hat{a}^\dagger{}_N(t)\,\hat{a}_N(t) = \hat{a}^\dagger\hat{a} \end{aligned} \tag{14.124}$$

nach Gleichungen (14.109) und (13.42).

14.3.3 Allgemeine Lindblad-Lösung

Bisher haben wir für den gedämpften und angetriebenen harmonischen Oszillator eine spezielle Lösungsklasse gefunden, aber noch keine allgemeine Lösung der Lindblad-Gleichung. Das wollen wir jetzt nachholen. Dazu müssen wir allerdings weiter ausholen und eine sehr nützliche Technik kennen lernen, die es erlaubt, eine solche Lösung zu erzeugen. Die Lindblad-Gleichung für den Dichteoperator $\hat{\rho}$ wird in einer Basisdarstellung zu einer Matrixgleichung. Solche Matrix-Differentialgleichungen lassen sich in aller Regel nicht so einfach handhaben wie Vektor-Differentialgleichungen und es stehen weit weniger effiziente Methoden zu ihrer Lösung zur Verfügung. Also könnte man davon profitieren, wenn man die Lindblad-Gleichung umformen könnte in eine Vektorform, wenn man sie also *vektorisierte*. Dazu zunächst einige Vorbereitungen.

Kronecker-Produkt: Das Kronecker-Produkt[2] einer $m\times n$-Matrix $\mathbf{A} = (a_{ij})$ und einer $k\times \ell$-Matrix $\mathbf{B} = (b_{ij})$ ist benannt nach dem deutschen Mathematiker Leopold Kronecker (1823–1891), bekannt auch durch sein Delta-Symbol δ_{mn}. Das Produkt ist definiert als

$$\mathbf{A}\otimes\mathbf{B} = \begin{pmatrix} a_{11}\mathbf{B} & \cdots & a_{1n}\mathbf{B}\\ \vdots & \ddots & \vdots\\ a_{m1}\mathbf{B} & \cdots & a_{mn}\mathbf{B}\end{pmatrix} \tag{14.125}$$

und ergibt eine $mk\times n\ell$-Blockmatrix. Hier ein simples Beispiel für 2×2-Matrizen:

$$\begin{pmatrix} a_{11} & a_{12}\\ a_{21} & a_{22}\end{pmatrix} \otimes \begin{pmatrix} b_{11} & b_{12}\\ b_{21} & b_{22}\end{pmatrix} = \begin{pmatrix} a_{11}b_{11} & a_{11}b_{12} & a_{12}b_{11} & a_{12}b_{12}\\ a_{11}b_{21} & a_{11}b_{22} & a_{12}b_{21} & a_{12}b_{22}\\ a_{21}b_{11} & a_{21}b_{12} & a_{22}b_{11} & a_{22}b_{12}\\ a_{21}b_{21} & a_{22}b_{12} & a_{22}b_{21} & a_{22}b_{22}\end{pmatrix}. \tag{14.126}$$

Eigenschaften des Kronecker-Produkts (hier ohne Beweise): Das Kronecker-Produkt ist nicht-kommutativ, aber assoziativ,

$$\mathbf{A}\otimes\mathbf{B} \neq \mathbf{B}\otimes\mathbf{A}\,, \quad \mathbf{A}\otimes(\mathbf{B}\otimes\mathbf{C}) = (\mathbf{A}\otimes\mathbf{B})\otimes\mathbf{C}, \tag{14.127}$$

[2] Wir folgen der Darstellung in H. J. Korsch, *Numerische Physik mit Octave und Matlab*, Anhang B (siehe Seite 8).

und verträglich mit der Matrixaddition und der Multiplikation mit einem Skalar:

$$\mathbf{A}\otimes(\mathbf{B}+\mathbf{C}) = \mathbf{A}\otimes\mathbf{B}+\mathbf{A}\otimes\mathbf{C}\ , \quad (\mathbf{A}+\mathbf{B})\otimes\mathbf{C} = \mathbf{A}\otimes\mathbf{C}+\mathbf{B}\otimes\mathbf{C} \tag{14.128}$$

$$\lambda(\mathbf{A}\otimes\mathbf{B} = (\lambda\mathbf{A})\otimes\mathbf{B} = \mathbf{A}\otimes(\lambda\mathbf{B})\,. \tag{14.129}$$

Weitere unmittelbar einleuchtende Eigenschaften sind

$$(\mathbf{A}\otimes\mathbf{B})^{\mathrm{T}} = \mathbf{A}^{\mathrm{T}}\otimes\mathbf{B}^{\mathrm{T}}\ , \quad (\mathbf{A}\otimes\mathbf{B})^{*} = \mathbf{A}^{*}\otimes\mathbf{B}^{*}\ , \quad (\mathbf{A}\otimes\mathbf{B})^{\dagger} = \mathbf{A}^{\dagger}\otimes\mathbf{B}^{\dagger}\,, \tag{14.130}$$

und es gilt die wichtige Beziehung

$$(\mathbf{AC})\otimes(\mathbf{BD}) = (\mathbf{A}\otimes\mathbf{B})(\mathbf{C}\otimes\mathbf{D})\,, \tag{14.131}$$

die das Kronecker-Produkt mit dem normalen Matrixprodukt verknüpft.

Quadratische Matrizen: Für die Spur, die Determinante und die Eigenwerte quadratischer Matrizen gelten die Beziehungen

$$\mathrm{spur}\,(\mathbf{A}\otimes\mathbf{B}) = \mathrm{spur}\,\mathbf{A}\ \mathrm{spur}\,\mathbf{B}\quad , \quad \det(\mathbf{A}\otimes\mathbf{B}) = \det{}^{m}\mathbf{A}\ \det{}^{n}\mathbf{B}\,, \tag{14.132}$$

wenn **A** eine $n\times n$- und **B** eine $m\times m$-Matrix ist.

Falls die Matrix **A** die Eigenwerte λ_i besitzt und **B** die Eigenwerte μ_j, dann sind die Eigenwerte von $\mathbf{A}\otimes\mathbf{B}$ gleich $\lambda_i\mu_j$.

Die Inverse des Kronecker-Produkts $\mathbf{A}\otimes\mathbf{B}$ lässt sich in einfacher Weise bestimmen als

$$(\mathbf{A}\otimes\mathbf{B})^{-1} = \mathbf{A}^{-1}\otimes\mathbf{B}^{-1}\,. \tag{14.133}$$

Für $n\times n$-Matrizen impliziert die Formel $(\mathbf{A}\otimes\mathbf{B})(\mathbf{C}\otimes\mathbf{D}) = (\mathbf{AC})\otimes(\mathbf{BD})$ aus (14.131) außerdem, dass für Potenzen die einfache Beziehung

$$(\mathbf{A}\otimes\mathbf{B})^{n} = \mathbf{A}^{n}\otimes\mathbf{B}^{n} \tag{14.134}$$

gilt, und damit

$$\mathrm{e}^{\mathbf{A}\otimes\mathbf{B}} = \sum_{n=0}^{\infty}\frac{1}{n!}(\mathbf{A}\otimes\mathbf{B})^{n} = \sum_{n=0}^{\infty}\frac{1}{n!}\mathbf{A}^{n}\otimes\mathbf{B}^{n}\,. \tag{14.135}$$

Wenn eine der beiden Matrizen die Einheitsmatrix **I** ist, ergibt sich daraus

$$\mathrm{e}^{\mathbf{A}\otimes\mathbf{I}} = \mathrm{e}^{\mathbf{A}}\otimes\mathbf{I}\ , \quad \mathrm{e}^{\mathbf{I}\otimes\mathbf{A}} = \mathbf{I}\otimes\mathrm{e}^{\mathbf{A}}\,, \tag{14.136}$$

und mit

$$(\mathbf{A}\otimes\mathbf{I})(\mathbf{I}\otimes\mathbf{B}) = (\mathbf{AI})\otimes(\mathbf{IB}) = \mathbf{A}\otimes\mathbf{B} = (\mathbf{IA})\otimes(\mathbf{BI}) = (\mathbf{I}\otimes\mathbf{B})(\mathbf{A}\otimes\mathbf{I}), \tag{14.137}$$

sieht man, dass $\mathbf{A}\otimes\mathbf{I}$ und $\mathbf{I}\otimes\mathbf{B}$ kommutieren. Folglich ergibt sich

$$\mathrm{e}^{\mathbf{A}\otimes\mathbf{I}+\mathbf{I}\otimes\mathbf{B}} = \mathrm{e}^{\mathbf{A}\otimes\mathbf{I}}\,\mathrm{e}^{\mathbf{I}\otimes\mathbf{B}} = (\mathrm{e}^{\mathbf{A}}\otimes\mathbf{I})(\mathbf{I}\otimes\mathrm{e}^{\mathbf{B}}) = \mathrm{e}^{\mathbf{A}}\otimes\mathrm{e}^{\mathbf{B}}\,. \tag{14.138}$$

Matrix-Vektor-Transformation: Die folgende Formel ist für Anwendungen des Kronecker-Produkts von großer Bedeutung, denn mit ihrer Hilfe lässt sich eine Gleichung für Matrizen in eine Gleichung für Vektoren umschreiben. Wir definieren dazu zunächst eine **Vektorisierung**

einer $\ell \times m$-Matrix **X**, indem wir ihre m *Spalten* als Vektoren $\vec{x}_1, \vec{x}_2, \ldots, \vec{x}_m$ auffassen, und diese dann zu einem Spaltenvektor der Länge ℓm zusammensetzen:

$$\mathbf{X} = \left(\vec{x}_1, \vec{x}_2, \ldots, \vec{x}_m\right) \quad \Longleftrightarrow \quad \mathrm{vec}\,(\mathbf{X}) = \left(\vec{x}_1, \ldots, \vec{x}_m\right)^T \tag{14.139}$$

Betrachten wir die Gleichung $\mathbf{AXB} = \mathbf{C}$ für die $k \times \ell$-Matrix **A**, die $m \times n$-Matrix **B** und die $k \times n$-Matrix **C**, so lässt sich zeigen, dass sie zu einer Matrix-Vektor-Gleichung äquivalent ist:

$$\mathbf{AXB} = \mathbf{C} \quad \Longleftrightarrow \quad (\mathbf{B}^T \otimes \mathbf{A})\,\mathrm{vec}\,(\mathbf{X}) = \mathrm{vec}\,(\mathbf{C})\,. \tag{14.140}$$

Daraus folgt trivialerweise auch

$$\mathbf{AX} = \mathbf{C} \Longleftrightarrow (\mathbf{I} \otimes \mathbf{A})\,\mathrm{vec}\,(\mathbf{X}) = \mathrm{vec}\,(\mathbf{C})\;, \quad \mathbf{XB} = \mathbf{C} \Longleftrightarrow (\mathbf{B}^T \otimes \mathbf{I})\,\mathrm{vec}\,(\mathbf{X}) = \mathrm{vec}\,(\mathbf{C})\,. \tag{14.141}$$

Wegen der großen Bedeutung dieser Transformation für das Folgende sollte man sich damit etwas eingehender befassen:

Aufgabe 14.5 (Lösung Seite 312): Beweisen Sie die Äquivalenz in Gleichung (14.140).

Alternativ können wir die $\ell \times m$-Matrix **X** auch vektorisieren, indem wir ihre ℓ *Zeilen* als m-dimensionale Vektoren $\vec{x}_1, \vec{x}_2, \ldots, \vec{x}_\ell$ auffassen, die wir dann zu einem Spaltenvektor der Länge ℓm zusammensetzen:

$$\mathbf{X} = \left(\vec{x}_1, \vec{x}_2, \ldots, \vec{x}_\ell\right)^T \quad \Longleftrightarrow \quad \mathrm{vec}\,(\mathbf{X}) = \left(\vec{x}_1, \ldots, \vec{x}_\ell\right)^T. \tag{14.142}$$

Dann müssen wir die Gleichungen (14.140) und (14.141) modifizieren zu

$$\mathbf{AXB} = \mathbf{C} \quad \Longleftrightarrow \quad (\mathbf{A} \otimes \mathbf{B}^T)\,\mathrm{vec}\,(\mathbf{X}) = \mathrm{vec}\,(\mathbf{C})\,, \tag{14.143}$$

$$\mathbf{AX} = \mathbf{C} \Longleftrightarrow (\mathbf{A} \otimes \mathbf{I})\,\mathrm{vec}\,(\mathbf{X}) = \mathrm{vec}\,(\mathbf{C})\;, \tag{14.144}$$

$$\mathbf{XB} = \mathbf{C} \Longleftrightarrow (\mathbf{I} \otimes \mathbf{B}^T)\,\mathrm{vec}\,(\mathbf{X}) = \mathrm{vec}\,(\mathbf{C})\,. \tag{14.145}$$

Eine wichtige **Anwendung des Kronecker-Produkts** besteht in der Transformation einer Matrix-Differentialgleichung in eine vektorisierte Form:

$$\frac{\mathrm{d}\mathbf{X}}{\mathrm{d}t} = \mathbf{AXB} \quad \Longleftrightarrow \quad \frac{\mathrm{d}\vec{\mathbf{x}}}{\mathrm{d}t} = (\mathbf{A} \otimes \mathbf{B}^T)\,\vec{\mathbf{x}}, \tag{14.146}$$

$$\frac{\mathrm{d}\mathbf{X}}{\mathrm{d}t} = \mathbf{AX} + \mathbf{XB} \quad \Longleftrightarrow \quad \frac{\mathrm{d}\vec{\mathbf{x}}}{\mathrm{d}t} = (\mathbf{A} \otimes \mathbf{I} + \mathbf{I} \otimes \mathbf{B}^T)\,\vec{\mathbf{x}}, \tag{14.147}$$

wobei wir die alternative Form der Matrix-Vektorisierung über die *Zeilenvektoren* in (14.142),

$$\mathbf{X} = (x_{jk}) \quad \Longleftrightarrow \quad \vec{\mathbf{x}} = \left(x_{11}, x_{12}, \ldots, x_{21}, x_{22}, \ldots\right)^T, \tag{14.148}$$

benutzt haben, sowie

$$\mathbf{AXB} \Longleftrightarrow (\mathbf{A} \otimes \mathbf{B}^T)\,\vec{\mathbf{x}}\,, \quad \mathbf{AX} + \mathbf{XB} \Longleftrightarrow (\mathbf{A} \otimes \mathbf{I} + \mathbf{I} \otimes \mathbf{B}^T)\,\vec{\mathbf{x}}. \tag{14.149}$$

Lie-algebraische Lindblad-Lösung: In Abschnitt 14.2 haben wir die Technik der Vektorisierung an einem einfachen 2×2-System kennengelernt. Hier werden wir sie benutzen, um die Lindblad-Gleichung (14.30)

$$\mathrm{i}\,\frac{\mathrm{d}\hat{\rho}}{\mathrm{d}t} = \left[\hat{H}, \hat{\rho}\right] + \mathrm{i}\,\hat{D}(\hat{\rho}) \tag{14.150}$$

für den Hamilton-Operator

$$\hat{H} = \omega\big(\hat{a}^\dagger\hat{a} + 1/2\big) + f(t)\,\hat{a} + f^*(t)\,\hat{a}^\dagger \tag{14.151}$$

aus Gleichung (14.28) mit dem Lindblad-Term

$$\hat{D}(\hat{\rho}) = \frac{\mu}{2}\left(2\hat{a}\hat{\rho}\hat{a}^\dagger - \hat{a}^\dagger\hat{a}\hat{\rho} - \hat{\rho}\hat{a}^\dagger\hat{a}\right) + \frac{\nu}{2}\left(2\hat{a}^\dagger\hat{\rho}\hat{a} - \hat{a}\hat{a}^\dagger\hat{\rho} - \hat{\rho}\hat{a}\hat{a}^\dagger\right) \tag{14.152}$$

in eine Schrödinger-Form

$$\mathrm{i}\,\frac{\mathrm{d}\vec{\boldsymbol{\rho}}}{\mathrm{d}t} = \hat{\mathbf{H}}\vec{\boldsymbol{\rho}} \quad \text{mit} \quad \hat{\mathbf{H}} = \hat{\mathbf{H}}_0 + \mathrm{i}\,\hat{\mathbf{D}} \tag{14.153}$$

zu transformieren, wobei der Vektor $\vec{\boldsymbol{\rho}}$ den Dichteoperator $\hat{\rho}(t)$ darstellt. Der nicht-hermitesche Hamilton-Operator $\hat{\mathbf{H}}$ besteht aus zwei Anteilen: $\hat{\mathbf{H}}_0$ repräsentiert den Hamilton- und $\hat{\mathbf{D}}$ den Lindblad-Term. Beide sind hermitesch.

Wir können für die Operatoren $\hat{a}$, $\hat{a}^\dagger$ und $\hat{n} = \hat{a}^\dagger\hat{a}$ die Matrixdarstellungen $\mathbf{a}$, $\mathbf{a}^\dagger$ und $\mathbf{n} = \mathbf{a}^\dagger\mathbf{a}$ aus Gleichung (3.96) verwenden mit der Eigenschaft

$$\mathbf{a}^T = \mathbf{a}^\dagger \quad \text{und} \quad \mathbf{n}^T = \mathbf{n}\,. \tag{14.154}$$

Damit liefert die Matrix-Vektor-Transformation für den hamiltonschen Anteil

$$[\mathbf{H},\boldsymbol{\rho}] = \mathbf{H}\boldsymbol{\rho} - \boldsymbol{\rho}\mathbf{H} \quad \Longleftrightarrow \quad \left(\mathbf{H}\otimes\mathbf{I} - \mathbf{I}\otimes\mathbf{H}^T\right)\vec{\boldsymbol{\rho}} = \mathbf{H}_0\vec{\boldsymbol{\rho}}\,, \tag{14.155}$$

und mit $\mathbf{H}^T = \mathbf{H}$ finden wir

$$\mathbf{H}_0 = \omega\left(\mathbf{n}\otimes\mathbf{I} - \mathbf{I}\otimes\mathbf{n}\right) + f(\mathbf{a}\otimes\mathbf{I} + \mathbf{a}^\dagger\otimes\mathbf{I} - \mathbf{I}\otimes\mathbf{a}^\dagger - \mathbf{I}\otimes\mathbf{a})\,. \tag{14.156}$$

Die Bestimmung des Lindblad-Terms ist Gegenstand einer Aufgabe:

Aufgabe 14.6 (Lösung Seite 313): Zeigen Sie: Der Lindblad-Term

$$\hat{D}(\hat{\rho}) = \frac{\mu}{2}\left(2\hat{a}\hat{\rho}\hat{a}^\dagger - \hat{a}^\dagger\hat{a}\hat{\rho} - \hat{\rho}\hat{a}^\dagger\hat{a}\right) + \frac{\nu}{2}\left(2\hat{a}^\dagger\hat{\rho}\hat{a} - \hat{a}\hat{a}^\dagger\hat{\rho} - \hat{\rho}\hat{a}\hat{a}^\dagger\right)$$

wird repräsentiert durch $\mathbf{D} = \mu\mathbf{a}\otimes\mathbf{a} + \nu\mathbf{a}^\dagger\otimes\mathbf{a}^\dagger - \gamma'\left(\mathbf{n}\otimes\mathbf{I} + \mathbf{I}\otimes\mathbf{n} + \mathbf{I}\otimes\mathbf{I}\right) + \gamma\mathbf{I}\otimes\mathbf{I}$.

Jetzt ist es unser Ziel, die Schrödinger-Gleichung (14.153) für die hermiteschen Operatoren

$$\begin{aligned}\hat{H}_0 &= \omega\left(\hat{n}\otimes\hat{1} - \hat{1}\otimes\hat{n}\right) - f(\hat{a}^\dagger\otimes\hat{1} + \hat{a}\otimes\hat{1} - \hat{1}\otimes\hat{a}^\dagger - \hat{1}\otimes\hat{a})\\ \hat{D} &= \mu\hat{a}\otimes\hat{a} + \nu\hat{a}^\dagger\otimes\hat{a}^\dagger - \gamma'\left(\hat{n}\otimes\hat{1} + \hat{1}\otimes\hat{n} + \hat{1}\otimes\hat{1}\right) + \gamma\,\hat{1}\otimes\hat{1}\end{aligned} \tag{14.157}$$

zu lösen, wobei wir wieder zu unserer Operator-Notation zurückgekehrt sind. Dabei haben wir die Identität als $\hat{1}$ bezeichnet.

Wieder wollen wir die Lösung durch algebraische Methoden bestimmen. Dazu definieren wir die Operatoren

$$\hat{K}_0 = \hat{n}\otimes\hat{1} + \hat{1}\otimes\hat{n} + \hat{1}\otimes\hat{1}\;, \quad \hat{K}_+ = \hat{a}^\dagger\otimes\hat{a}^\dagger\,, \quad \hat{K}_- = \hat{a}\otimes\hat{a} \tag{14.158}$$

mit $\hat{K}_0 = \hat{K}_0^\dagger$, $\hat{K}_- = \hat{K}_+^\dagger$ (vgl. Gleichung (14.130)). Sie erfüllen die $\mathfrak{su}(1,1)$-Kommutatorrelationen

$$\left[\hat{K}_0, \hat{K}_\pm\right] = \pm 2\hat{K}_\pm\;, \quad \left[\hat{K}_+, \hat{K}_-\right] = -\hat{K}_0 \tag{14.159}$$

(vgl. (6.114)), was man leicht nachprüft. Zusätzlich definieren wir die vier Operatoren

$$\hat{I} = \hat{1}\otimes\hat{1}\;, \quad \hat{N} = \hat{n}\otimes\hat{1} - \hat{1}\otimes\hat{n}\;, \quad \hat{A} = \hat{a}\otimes\hat{1}\;, \quad \hat{B} = \hat{1}\otimes\hat{a}\,. \tag{14.160}$$

Aufgabe 14.7 (Lösung Seite 313): Verifizieren Sie für die Operatoren $\hat{K}_0$, $\hat{K}_\pm$ aus (14.158) die $\mathfrak{su}(1,1)$-Kommutatorrelationen $\left[\hat{K}_0, \hat{K}_\pm\right] = \pm 2\hat{K}_\pm$, $\left[\hat{K}_+, \hat{K}_-\right] = -\hat{K}_0$ in (14.159) und zeigen Sie, dass die Operatoren mit $\hat{I}$ und $\hat{N}$ aus (14.160) kommutieren.

Die Adjungierten der Operatoren $\hat{A}$ und $\hat{B}$ sind $\hat{A}^\dagger = \hat{a}^\dagger \otimes \hat{1}$ und $\hat{B}^\dagger = \hat{1} \otimes \hat{a}^\dagger$. Mit ihrer Hilfe lassen sich $\hat{K}_0$ und $\hat{K}_\pm$ umschreiben:

$$\begin{aligned}
\hat{K}_0 &= (\hat{a}^\dagger \hat{a}) \otimes \hat{1} + \hat{1} \otimes (\hat{a}^\dagger \hat{a}) + \hat{1} \otimes \hat{1} = (\hat{a}^\dagger \otimes \hat{1})(\hat{a} \otimes \hat{1}) + (\hat{1} \otimes \hat{a}^\dagger)(\hat{1} \otimes \hat{a}) + \hat{1} \otimes \hat{1} = \hat{A}^\dagger \hat{A} + \hat{B}^\dagger \hat{B} + \hat{I} \\
\hat{K}_+ &= \hat{a}^\dagger \otimes \hat{a}^\dagger = (\hat{a}^\dagger \otimes \hat{1})(\hat{1} \otimes \hat{a}^\dagger) = \hat{A}^\dagger \hat{B}^\dagger \\
\hat{K}_- &= \hat{a} \otimes \hat{a} = (\hat{a} \otimes \hat{1})(\hat{1} \otimes \hat{a}) = \hat{A}\hat{B} .
\end{aligned} \tag{14.161}$$

Genauso finden wir

$$\hat{A}^\dagger \hat{A} - \hat{B}^\dagger \hat{B} = (\hat{a}^\dagger \otimes \hat{1})(\hat{a} \otimes \hat{1}) - (\hat{1} \otimes \hat{a}^\dagger)(\hat{1} \otimes \hat{a}) = \hat{n} \otimes \hat{1} - \hat{1} \otimes \hat{n} = \hat{N} . \tag{14.162}$$

Der Operator $\hat{I}$ kommutiert mit allen Operatoren der Algebra, und mit einiger Fleißarbeit können wir die folgenden Kommutatorrelationen bestätigen:

$$\begin{aligned}
&\left[\hat{A}, \hat{B}\right] = \left[\hat{A}, \hat{B}^\dagger\right] = \left[\hat{A}^\dagger, \hat{B}\right] = \left[\hat{A}^\dagger, \hat{B}^\dagger\right] = 0 \\
&\left[\hat{A}, \hat{A}^\dagger\right] = \left[\hat{B}, \hat{B}^\dagger\right] = \hat{1} \otimes \hat{1} = \hat{I} \\
&\left[\hat{N}, \hat{A}\right] = -\hat{A} \ , \quad \left[\hat{N}, \hat{A}^\dagger\right] = \hat{A}^\dagger \ , \quad \left[\hat{N}, \hat{B}\right] = \hat{B} \ , \quad \left[\hat{N}, \hat{B}^\dagger\right] = -\hat{B}^\dagger
\end{aligned} \tag{14.163}$$

sowie

$$\left[\hat{N}, \hat{K}_0\right] = \left[\hat{N}, \hat{K}_+\right] = \left[\hat{N}, \hat{K}_-\right] = 0 \tag{14.164}$$

und

$$\begin{aligned}
&\left[\hat{K}_0, \hat{A}\right] = -\hat{A} \ , \quad \left[\hat{K}_+, \hat{A}\right] = -\hat{B}^\dagger \ , \quad \left[\hat{K}_-, \hat{A}\right] = 0 , \\
&\left[\hat{K}_0, \hat{A}^\dagger\right] = \hat{A}^\dagger \ , \quad \left[\hat{K}_+, \hat{A}^\dagger\right] = 0 \ , \quad \left[\hat{K}_-, \hat{A}^\dagger\right] = \hat{B} , \\
&\left[\hat{K}_0, \hat{B}\right] = -\hat{B} \ , \quad \left[\hat{K}_+, \hat{B}\right] = -\hat{A}^\dagger \ , \quad \left[\hat{K}_-, \hat{B}\right] = 0 , \\
&\left[\hat{K}_0, \hat{B}^\dagger\right] = \hat{B}^\dagger \ , \quad \left[\hat{K}_+, \hat{B}^\dagger\right] = 0 \ , \quad \left[\hat{K}_-, \hat{B}^\dagger\right] = \hat{A} .
\end{aligned} \tag{14.165}$$

Wie wir sehen, schließt die Algebra $\mathscr{L}$ der neun Operatoren. Sie lässt sich zerlegen in eine halbdirekte Summe $\mathscr{L} = \mathscr{R} \Subset \mathscr{S}$ (vgl. Seite 133) des Radikals $\mathscr{R} = \{\hat{A}^\dagger, \hat{A}, \hat{B}^\dagger, \hat{B}, \hat{I}, \hat{N}\}$ und der halbeinfachen Algebra $\mathscr{S} = \{\hat{K}_0, \hat{K}_+, \hat{K}_-\}$. In der Tat ist diese Algebra nichts anderes die Algebra $\widetilde{\mathscr{L}}_9$ aus Gleichung (7.34).

Für unsere weitere Analyse werden wir kanonische Ähnlichkeitstransformationen der Operatoren $\hat{\Gamma}_k$ unserer Algebra benötigen, das heißt die Operatoren

$$\mathrm{e}^{z\hat{\Gamma}_j} \hat{\Gamma}_k \mathrm{e}^{-z\hat{\Gamma}_j} = \hat{\Gamma}_k + z\,[\hat{\Gamma}_j, \hat{\Gamma}_k] + \frac{z^2}{2!}\,[\hat{\Gamma}_j, [\hat{\Gamma}_j, \hat{\Gamma}_k]\,] + \ldots \tag{14.166}$$

(siehe Gleichung (1.35)), wie zum Beispiel

$$\mathrm{e}^{z\hat{A}} \hat{A}^\dagger \mathrm{e}^{-z\hat{A}} = \hat{A}^\dagger + z\,[\hat{A}, \hat{A}^\dagger] + \frac{z^2}{2!}\,[\hat{A}, [\hat{A}, \hat{A}^\dagger]\,] + \ldots = \hat{A}^\dagger + z , \tag{14.167}$$

Tabelle 14.1 Kanonische Ähnlichkeitstransformationen $e^{z\,\mathrm{ad}\Gamma_j}\Gamma_k = e^{z\Gamma_j}\Gamma_k e^{-z\Gamma_j}$

$\Gamma_j \backslash \Gamma_k$	$\hat{A}^\dagger$	$\hat{A}$	$\hat{B}^\dagger$	$\hat{B}$
$\hat{K}_0$	$e^z\hat{A}^\dagger$	$e^{-z}\hat{A}$	$e^z\hat{B}^\dagger$	$e^{-z}\hat{B}$
$\hat{K}_+$	$\hat{A}^\dagger$	$\hat{A}-z\hat{B}^\dagger$	$\hat{B}^\dagger$	$\hat{B}-z\hat{A}^\dagger$
$\hat{K}_-$	$\hat{A}^\dagger+z\hat{B}$	$\hat{A}$	$\hat{B}^\dagger+z\hat{A}$	$\hat{B}$
$\hat{N}$	$e^z\hat{A}^\dagger$	$e^{-z}\hat{A}$	$e^{-z}\hat{B}^\dagger$	$e^z\hat{B}$

wegen $[\hat{A},\hat{A}^\dagger]=1$, oder

$$e^{z\hat{A}^\dagger}\hat{A}e^{-z\hat{A}^\dagger} = \hat{A}+z[\hat{A}^\dagger,\hat{A}]+\frac{z^2}{2!}[\hat{A}^\dagger,[\hat{A}^\dagger,\hat{A}]]+\ldots=\hat{A}-z. \tag{14.168}$$

Die gleichen Relationen gelten auch für $\hat{B}$ und $\hat{B}^\dagger$. Einige weitere sind in Tabelle 14.1 aufgeführt (vgl. auch die ähnlichen Tabellen 6.1 und 6.2).

Für die weiteren Rechnungen notieren wir die Formeln

$$e^{x\hat{N}}e^{y\hat{A}}e^{-x\hat{N}} = e^{ye^{-x}\hat{A}}\,,\quad e^{x\hat{N}}e^{y\hat{A}^\dagger}e^{-x\hat{N}} = e^{ye^{x}\hat{A}^\dagger}\,, \tag{14.169}$$

$$e^{x\hat{N}}e^{y\hat{B}}e^{-x\hat{N}} = e^{ye^{x}\hat{B}}\,,\quad e^{x\hat{N}}e^{y\hat{B}^\dagger}e^{-x\hat{N}} = e^{ye^{-x}\hat{B}^\dagger}\,, \tag{14.170}$$

die man aus denen in Tabelle 14.1 erhält, wenn man die Exponentialfunktion in eine Reihe entwickelt.

Jetzt können wir die Operatoren aus (14.157) ausdrücken als

$$\hat{H}_0=\omega\hat{N}-f(\hat{A}^\dagger+\hat{A}-\hat{B}^\dagger-\hat{B})\ ,\quad \hat{D}=\mu\hat{K}_-+\nu\hat{K}_+-\gamma'\hat{K}_0+\gamma\hat{I} \tag{14.171}$$

und mit dem nicht-hermiteschen Hamilton-Operator[3] $\hat{H}=\hat{H}_0+\mathrm{i}\hat{D}$ für den Zeitentwicklungs-operator $\hat{U}(t)$, definiert durch $\vec{\rho}(t)=\hat{U}(t)\vec{\rho}(0)$, eine Lösung von

$$\mathrm{i}\frac{\mathrm{d}}{\mathrm{d}t}\hat{U}(t)=\hat{H}\hat{U}(t)\quad\text{mit}\quad \hat{U}(0)=\hat{I} \tag{14.172}$$

konstruieren. Dazu zerlegen wir den Hamilton-Operator wie $\hat{H}=\hat{H}_S+\hat{H}_R$ mit

$$\hat{H}_S=\mathrm{i}\mu\hat{K}_-+\mathrm{i}\nu\hat{K}_+-\mathrm{i}\gamma'\hat{K}_0\in\mathscr{S}\ ,\quad \hat{H}_R=\omega\hat{N}-f(\hat{A}^\dagger+\hat{A}-\hat{B}^\dagger-\hat{B})+\mathrm{i}\gamma\hat{I}\in\mathscr{R}, \tag{14.173}$$

und faktorisieren den Zeitentwicklungsoperator

$$\hat{U}=\hat{U}_S\hat{U}_R, \tag{14.174}$$

wobei $\hat{U}_S$ und $\hat{U}_R$ Lösungen von

$$\mathrm{i}\frac{\mathrm{d}}{\mathrm{d}t}\hat{U}_S=\hat{H}_S\hat{U}_S\ ,\quad \mathrm{i}\frac{\mathrm{d}}{\mathrm{d}t}\hat{U}_R=\left(\hat{U}_S^{-1}\hat{H}_R\hat{U}_S\right)\hat{U}_R \tag{14.175}$$

sind, wie wir es in Kapitel 7 beschrieben haben. Dabei gilt $\hat{U}_S^{-1}\hat{H}_R\hat{U}_S\in\mathscr{R}$, denn $\mathscr{R}$ ist das Radikal.

[3] Diesen Operator in der Vektorisierung sollte man nicht mit dem ursprünglichen Hamilton-Operator (14.28) verwechseln!

Wir konstruieren zunächst U_S als exponentielles Produkt

$$\hat{U}_S(t) = \mathrm{e}^{d_+(t)\hat{K}_+}\mathrm{e}^{d_0(t)\hat{K}_0}\mathrm{e}^{d_-(t)\hat{K}_-}\,, \tag{14.176}$$

wobei wir hier die d-Koeffizienten auf sehr einfache Weise erhalten können, denn H_S ist zeitunabhängig. Daher gilt

$$\hat{U}_S(t) = \mathrm{e}^{-\mathrm{i}\hat{H}_S t} = \mathrm{e}^{\mu t\hat{K}_- + \nu t\hat{K}_+ - \gamma' t\hat{K}_0}\,. \tag{14.177}$$

Dies kann man in die Produktform (14.176) überführen durch die Transformationsgleichungen

$$\mathrm{e}^{-d_0(t)} = \cosh(\gamma t) + \frac{\gamma'}{\gamma}\sinh(\gamma t) = \lambda(t) \tag{14.178}$$

$$d_+(t) = \frac{\nu}{\gamma\lambda(t)}\sinh(\gamma t)\ , \quad d_-(t) = \frac{\mu}{\gamma\lambda(t)}\sinh(\gamma t) \tag{14.179}$$

der Parameter aus Gleichung (6.242). Es sei angemerkt, dass $d_\pm$, d_0 und λ reell sind.

Im nächsten Schritt konstruieren wir $\hat{U}_R(t)$. Zuerst berechnen wir

$$\hat{\mathscr{H}}_R' = \hat{U}_S^{-1}\hat{\mathscr{H}}_R\hat{U}_S = \hat{U}_S^{-1}\left(\omega\hat{N} - f(\hat{A}^\dagger + \hat{A} - \hat{B}^\dagger - \hat{B}) + \mathrm{i}\gamma\hat{I}\right)\hat{U}_S\,. \tag{14.180}$$

Der erste und der letzte Term in der Summe (14.180) sind trivial, $\hat{U}_S^{-1}\hat{N}\hat{U}_S = \hat{N}$ und $\hat{U}_S^{-1}\hat{I}\hat{U}_S = \hat{I}$, weil $\hat{N}$ und $\hat{I}$ mit $\hat{K}_0$ und $\hat{K}_\pm$ vertauschen. Die anderen Terme können leicht mithilfe der Tabelle 14.1 berechnen, wie zum Beispiel

$$\begin{aligned}\hat{U}_S^{-1}\hat{A}^\dagger\hat{U}_S &= \mathrm{e}^{-d_-\hat{K}_-}\mathrm{e}^{-d_0\hat{K}_0}\mathrm{e}^{-d_+\hat{K}_+}\hat{A}^\dagger\mathrm{e}^{d_+\hat{K}_+}\mathrm{e}^{d_0\hat{K}_0}\mathrm{e}^{d_-\hat{K}_-}\\ &= \mathrm{e}^{-d_-\hat{K}_-}\mathrm{e}^{-d_0\hat{K}_0}\hat{A}^\dagger\mathrm{e}^{d_0\hat{K}_0}\mathrm{e}^{d_-\hat{K}_-} = \mathrm{e}^{-d_0}\mathrm{e}^{-d_-\hat{K}_-}\hat{A}^\dagger\mathrm{e}^{d_-\hat{K}_-} = \mathrm{e}^{-d_0}(\hat{A}^\dagger - d_-\hat{B})\end{aligned} \tag{14.181}$$

und genauso

$$\begin{aligned}\hat{U}_S^{-1}\hat{A}\hat{U}_S &= (\mathrm{e}^{d_0} - d_+d_-\mathrm{e}^{-d_0})\hat{A} + d_+\mathrm{e}^{-d_0}\hat{B}^\dagger\,,\\ \hat{U}_S^{-1}\hat{B}^\dagger\hat{U}_S &= \mathrm{e}^{-d_0}(\hat{B}^\dagger - d_-\hat{A})\,,\\ \hat{U}_S^{-1}\hat{B}\hat{U}_S &= (\mathrm{e}^{d_0} - d_+d_-\mathrm{e}^{-d_0})\hat{B} + d_+\mathrm{e}^{-d_0}\hat{A}^\dagger\,.\end{aligned} \tag{14.182}$$

Damit erhalten wir

$$\begin{aligned}\hat{H}_R' &= \omega\hat{N} - f(1-d_+)\mathrm{e}^{-d_0}(\hat{A}^\dagger - \hat{B}^\dagger) - f(\mathrm{e}^{d_0} + (1-d_+)d_-\mathrm{e}^{-d_0})(\hat{A} - \hat{B}) + \mathrm{i}\gamma\hat{I}\\ &= c_1\hat{N} + c_2\hat{A} + c_3\hat{A}^\dagger + c_4\hat{B} + c_5\hat{B}^\dagger + c_6\hat{I}\,,\end{aligned} \tag{14.183}$$

mit

$$\begin{aligned}&c_1 = \omega\ , \quad c_2 = -c_4 = -f(\mathrm{e}^{d_0} + (1-d_+)d_-\mathrm{e}^{-d_0})\,,\\ &c_3 = -c_5 = -f(1-d_+)\mathrm{e}^{-d_0}\ , \quad c_6 = \mathrm{i}\gamma\,.\end{aligned} \tag{14.184}$$

Wir können uns leicht vergewissern, dass

$$\mathrm{e}^{d_0} + (1-d_+)d_-\mathrm{e}^{-d_0} = (1-d_+)\mathrm{e}^{-d_0} = \mathrm{e}^{\gamma t} \tag{14.185}$$

gilt, und mit

$$c_2 = c_3 = -c_4 = -c_5 = -f(t)\,\mathrm{e}^{\gamma t} = c(t) \in \mathbb{R} \tag{14.186}$$

erhalten wir

$$\hat{H}_R' = \omega\hat{N} + c(t)\,(\hat{A} + \hat{A}^\dagger - \hat{B} - \hat{B}^\dagger) + \mathrm{i}\gamma\hat{I}\,. \tag{14.187}$$

Für das exponentielle Produkt

$$\hat{U}_R = \mathrm{e}^{g_1\hat{N}}\mathrm{e}^{g_2\hat{A}}\mathrm{e}^{g_3\hat{A}^\dagger}\mathrm{e}^{g_4\hat{B}}\mathrm{e}^{g_5\hat{B}^\dagger}\mathrm{e}^{g_6\hat{I}} \tag{14.188}$$

finden wir mit $\mathrm{e}^{x\hat{N}}\hat{A} = \mathrm{e}^{-x}\hat{A}\mathrm{e}^{x\hat{N}}$, $\mathrm{e}^{x\hat{N}}\hat{A}^\dagger = \mathrm{e}^{x}\hat{A}^\dagger\mathrm{e}^{x\hat{N}}$ und $\mathrm{e}^{x\hat{N}}\hat{B} = \mathrm{e}^{x}\hat{B}\mathrm{e}^{x\hat{N}}$, $\mathrm{e}^{x\hat{N}}\hat{B}^\dagger = \mathrm{e}^{-x}\hat{B}^\dagger\mathrm{e}^{x\hat{N}}$ (siehe Tabelle 14.1) sowie $\mathrm{e}^{x\hat{A}}\hat{A}^\dagger = (\hat{A}^\dagger + x)\mathrm{e}^{x\hat{A}}$ und $\mathrm{e}^{x\hat{B}}\hat{B}^\dagger = (\hat{B}^\dagger + x)\mathrm{e}^{x\hat{B}}$ (siehe Gleichung (14.168))

$$\begin{aligned}\frac{\mathrm{d}\hat{U}_R}{\mathrm{d}t} &= \dot{g}_1\hat{N}\mathrm{e}^{g_1\hat{N}}\mathrm{e}^{g_2\hat{A}}\mathrm{e}^{g_3\hat{A}^\dagger}\mathrm{e}^{g_4\hat{B}}\mathrm{e}^{g_5\hat{B}^\dagger}\mathrm{e}^{g_6\hat{I}} + \dot{g}_2\mathrm{e}^{g_1\hat{N}}\hat{A}\mathrm{e}^{g_2\hat{A}}\mathrm{e}^{g_3\hat{A}^\dagger}\mathrm{e}^{g_4\hat{B}}\mathrm{e}^{g_5\hat{B}^\dagger}\mathrm{e}^{g_6\hat{I}}\\ &\quad+\dot{g}_3\mathrm{e}^{g_1\hat{N}}\mathrm{e}^{g_2\hat{A}}\hat{A}^\dagger\mathrm{e}^{g_3\hat{A}^\dagger}\mathrm{e}^{g_4\hat{B}}\mathrm{e}^{g_5\hat{B}^\dagger}\mathrm{e}^{g_6\hat{I}} + \dot{g}_4\mathrm{e}^{g_1\hat{N}}\mathrm{e}^{g_2\hat{A}}\mathrm{e}^{g_3\hat{A}^\dagger}\hat{B}\mathrm{e}^{g_4\hat{B}}\mathrm{e}^{g_5\hat{B}^\dagger}\mathrm{e}^{g_6\hat{I}}\\ &\quad+\dot{g}_5\mathrm{e}^{g_1\hat{N}}\mathrm{e}^{g_2\hat{A}}\mathrm{e}^{g_3\hat{A}^\dagger}\mathrm{e}^{g_4\hat{B}}\hat{B}^\dagger\mathrm{e}^{g_5\hat{B}^\dagger}\mathrm{e}^{g_6\hat{I}} + \dot{g}_6\mathrm{e}^{g_1\hat{N}}\mathrm{e}^{g_2\hat{A}}\mathrm{e}^{g_3\hat{A}^\dagger}\mathrm{e}^{g_4\hat{B}}\mathrm{e}^{g_5\hat{B}^\dagger}\hat{I}\mathrm{e}^{g_6\hat{I}}\\ &= \big(\dot{g}_1\hat{N} + \dot{g}_2\mathrm{e}^{-g_1}\hat{A} + \dot{g}_3\mathrm{e}^{g_1}\hat{A}^\dagger + \dot{g}_4\mathrm{e}^{-g_1}\hat{B} + \dot{g}_5\mathrm{e}^{g_1}\hat{B}^\dagger + \dot{g}_3 g_2 + \dot{g}_5 g_4 + \dot{g}_6\big)\hat{U}_R.\end{aligned} \tag{14.189}$$

Wenn wir dies zusammen mit Gleichung (14.183) in $\mathrm{i}\frac{\mathrm{d}\hat{U}_R}{\mathrm{d}t} = \hat{H}_R'\hat{U}_R$ einsetzen und beide Seiten vergleichen, sehen wir dass die $g_j(t)$ die Differentialgleichungen

$$\begin{aligned}&\dot{g}_1 = -\mathrm{i}c_1\;,\quad \dot{g}_2 = -\mathrm{i}c_2\mathrm{e}^{g_1}\;,\quad \dot{g}_3 = -\mathrm{i}c_3\mathrm{e}^{-g_1}\;,\quad \dot{g}_4 = -\mathrm{i}c_4\mathrm{e}^{-g_1}\,,\\ &\dot{g}_5 = -\mathrm{i}c_5\mathrm{e}^{g_1}\;,\quad \dot{g}_6 = -\mathrm{i}(c_6 - c_3g_2\mathrm{e}^{-g_1} - c_5g_4\mathrm{e}^{g_1})\,,\end{aligned} \tag{14.190}$$

mit $g_j(0) = 0$ erfüllen, die durch eine einfache Integration gelöst werden können. Mit $c_1 = \omega$, $c_6 = \mathrm{i}\gamma$ und den Beziehungen (14.186) zwischen den $c_2, \ldots, c_5$ erhalten wir dann

$$g_1(t) = -\mathrm{i}\omega t\,, \tag{14.191}$$

$$g_2(t) = -\mathrm{i}\int_0^t c(t')\mathrm{e}^{-\mathrm{i}\omega t'}\,\mathrm{d}t'\;,\qquad g_3(t) = -\mathrm{i}\int_0^t c(t')\mathrm{e}^{\mathrm{i}\omega t'}\,\mathrm{d}t'\,, \tag{14.192}$$

$$g_4(t) = +\mathrm{i}\int_0^t c(t')\mathrm{e}^{+\mathrm{i}\omega t'}\,\mathrm{d}t'\;,\qquad g_5(t) = \mathrm{i}\int_0^t c(t')\mathrm{e}^{-\mathrm{i}\omega t'}\,\mathrm{d}t'\,, \tag{14.193}$$

$$g_6(t) = \gamma t + \mathrm{i}\int_0^t c(t')\big(g(t')\mathrm{e}^{-\mathrm{i}\omega t'} - g^*(t')\mathrm{e}^{\mathrm{i}\omega t'}\big)\,\mathrm{d}t' \in \mathbb{R}\,, \tag{14.194}$$

und mit

$$g(t) = g_3(t) = -g_2^*(t) = -g_4(t) = g_5^*(t) \tag{14.195}$$

ergibt sich das (vorläufige) Endresultat

$$\hat{U}_R(t) = \mathrm{e}^{-\mathrm{i}\omega t\hat{N}}\mathrm{e}^{-g^*(t)\hat{A}}\mathrm{e}^{g(t)\hat{A}^\dagger}\mathrm{e}^{-g(t)\hat{B}}\mathrm{e}^{g^*(t)\hat{B}^\dagger}\mathrm{e}^{g_6(t)\hat{I}}\,. \tag{14.196}$$

Wir haben so mit $\hat{U}_S(t)$ aus Gleichung (14.176) erfolgreich den allgemeinen Zeitentwicklungsoperator $\hat{U}(t) = \hat{U}_S(t)\hat{U}_R(t)$ in der Verktorisierung konstruiert.

Rücktransformation: Unser Ziel war es, eine allgemeine Lösung der Lindblad-Gleichung für den Dichteoperator $\hat{\rho}(t)$ herzuleiten. Also bleibt noch die Aufgabe einer Rücktransformation von der Vektorisierung zur ursprünglichen Matrixdarstellung. Dazu betrachten wir zunächst nur $\hat{U}_S$ und beginnen damit, $\hat{K}_0$ aus Gleichung (14.161) einzusetzen und mit (14.138) umzuformen:

$$\mathrm{e}^{d_0 \hat{K}_0} = \mathrm{e}^{d_0 (\hat{n}\otimes\hat{1}+\hat{1}\otimes\hat{n}+\hat{1}\otimes\hat{1})} = \mathrm{e}^{d_0 \hat{1}} \otimes \mathrm{e}^{d_0 \hat{n}} \otimes \mathrm{e}^{d_0 \hat{n}} . \tag{14.197}$$

Genauso verfahren wir mit $\hat{K}_\pm$ und erhalten

$$\begin{aligned} U_S &= \mathrm{e}^{d_+ \hat{K}_+} \mathrm{e}^{d_0 \hat{K}_0} \mathrm{e}^{d_- \hat{K}_-} = \mathrm{e}^{d_+ \hat{a}^\dagger \otimes \hat{a}^\dagger} \mathrm{e}^{d_0 \hat{K}_0} \mathrm{e}^{d_- \hat{a}\otimes\hat{a}} \\ &= \mathrm{e}^{d_0 \hat{1}} \otimes \sum_{j,k} \frac{d_+^j d_-^k}{j!k!} (\hat{a}^\dagger \otimes \hat{a}^\dagger)^j (\mathrm{e}^{d_0 \hat{n}} \otimes \mathrm{e}^{d_0 \hat{n}}) (\hat{a}\otimes\hat{a})^k . \end{aligned} \tag{14.198}$$

Wir schreiben den Operator in der Summe um,

$$\begin{aligned} (\hat{a}^\dagger \otimes \hat{a}^\dagger)^j (\mathrm{e}^{d_0 \hat{n}} \otimes \mathrm{e}^{d_0 \hat{n}}) (\hat{a}\otimes\hat{a})^k &= (\hat{a}^{\dagger j} \otimes \hat{a}^{\dagger j}) (\mathrm{e}^{d_0 \hat{n}} \otimes \mathrm{e}^{d_0 \hat{n}}) (\hat{a}^k \otimes \hat{a}^k) \\ &= (\hat{a}^{\dagger j} \mathrm{e}^{d_0 \hat{n}} \hat{a}^k) \otimes (\hat{a}^{\dagger j} \mathrm{e}^{d_0 \hat{n}} \hat{a}^k) = (\hat{a}^{\dagger j} \mathrm{e}^{d_0 \hat{n}} \hat{a}^k) \otimes (\hat{a}^{\dagger k} \mathrm{e}^{d_0 \hat{n}} \hat{a}^j)^T , \end{aligned} \tag{14.199}$$

und erhalten mit $\hat{a}^\dagger = \hat{a}^T$ und $\hat{n}^T = \hat{n}$ in der Matrix-Darstellung (vgl. Gleichung (14.154))

$$\hat{U}_S(t) = \mathrm{e}^{d_0 \hat{1}} \otimes \sum_{j,k} \frac{d_+^j d_-^k}{j!k!} (\hat{a}^{\dagger j} \mathrm{e}^{d_0 \hat{n}} \hat{a}^k) \otimes (\hat{a}^{\dagger k} \mathrm{e}^{d_0 \hat{n}} \hat{a}^j)^T \tag{14.200}$$

und damit

$$\vec{\rho}(t) = \hat{U}_S(t) \vec{\rho}(0) = \mathrm{e}^{d_0 \hat{1}} \otimes \sum_{j,k} \frac{d_+^j d_-^k}{j!k!} (\hat{a}^{\dagger j} \mathrm{e}^{d_0 \hat{n}} \hat{a}^k) \otimes (\hat{a}^{\dagger k} \mathrm{e}^{d_0 \hat{n}} \hat{a}^j)^T \vec{\rho}(0) . \tag{14.201}$$

Diese Vektordarstellung können wir in den anfänglichen Matrixraum zurücktransformieren als

$$\begin{aligned} \hat{\rho}(t) &= \mathrm{e}^{d_0} \sum_{j,k} \frac{d_+^j d_-^k}{j!k!} \hat{a}^{\dagger j} \mathrm{e}^{d_0 \hat{n}} \hat{a}^k \, \hat{\rho}(0) \, \hat{a}^{\dagger k} \mathrm{e}^{d_0 \hat{n}} \hat{a}^j \\ &= \mathrm{e}^{d_0} \sum_j \frac{d_+^j}{j!} \hat{a}^{\dagger j} \mathrm{e}^{d_0 \hat{n}} \Big(\sum_k \frac{d_-^k}{k!} \hat{a}^k \, \hat{\rho}(0) \, \hat{a}^{\dagger k} \Big) \mathrm{e}^{d_0 \hat{n}} \hat{a}^j \end{aligned} \tag{14.202}$$

(vgl. Transformationsgleichung (14.149)). Für den kräftefreien Oszillator haben wir

$$\hat{U}(t) = \mathrm{e}^{d_+ \hat{K}_+} \mathrm{e}^{d_0 \hat{K}_0} \mathrm{e}^{d_- \hat{K}_-} \mathrm{e}^{g_1 \hat{N}} \mathrm{e}^{g_6 \hat{I}} \tag{14.203}$$

mit $g_1 = -\mathrm{i}\omega t$ und $g_6 = \gamma t$. Die Operatoren $\hat{N}$ und $\hat{I}$ vertauschen mit den $\hat{K}_j$ und wir können dies schreiben als $\hat{U}(t) = \mathrm{e}^{d_+ \hat{K}_+} \mathrm{e}^{\hat{X}} \mathrm{e}^{d_- \hat{K}_-}$ mit

$$\begin{aligned} \hat{X} &= g_6 \hat{I} + g_1 \hat{N} + d_0 \hat{K}_0 \\ &= (d_0 + g_6)(\hat{1}\otimes\hat{1}) + (d_0 + g_1)(\hat{n}\otimes\hat{1})(d_0 - g_1)(\hat{1}\otimes\hat{n}) . \end{aligned} \tag{14.204}$$

In gleicher Weise erhalten wir

$$\hat{U}(t) = \mathrm{e}^{d_0 + g_6} \sum_{j,k} \frac{d_+^j d_-^k}{j!k!} (\hat{a}^{\dagger j} \mathrm{e}^{(d_0 + g_1)\hat{n}} \hat{a}^k) \otimes (\hat{a}^{\dagger k} \mathrm{e}^{(d_0 - g_1)\hat{n}} \hat{a}^j)^T \tag{14.205}$$

und daher mit $\mathrm{e}^{-d_0} = \lambda$, $g_1 = -\mathrm{i}\omega t$ und $g_6 = \gamma t$ die **allgemeine Lösung** für $\hat{U}_S(t)$:

$$\begin{aligned}\hat{\rho}(t) &= \mathrm{e}^{d_0+g_6} \sum_{j,k} \frac{d_+^j d_-^k}{j!k!} \hat{a}^{\dagger j} \mathrm{e}^{(d_0+g_1)\hat{n}} \hat{a}^k \hat{\rho}(0) \hat{a}^{\dagger k} \mathrm{e}^{-g_1)\hat{n}} \hat{a}^j \\ &= \frac{\mathrm{e}^{\gamma t}}{\lambda} \sum_j \frac{d_+^j}{j!} \hat{a}^{\dagger j} \mathrm{e}^{(-\mathrm{i}\omega t - \log\lambda)\hat{n}} \Big(\sum_k \frac{d_-^k}{k!} \hat{a}^k \hat{\rho}(0) \hat{a}^{\dagger k} \Big) \mathrm{e}^{(\mathrm{i}\omega t - \log\lambda)\hat{n}} \hat{a}^j \,. \end{aligned} \tag{14.206}$$

Diese Gleichung vereinfacht sich beträchtlich für spezielle Anfangszustände. Dazu definieren wir zur Abkürzung $\beta = -\mathrm{i}\omega t - \log\lambda$.

(a) Für den Grundzustand $\hat{\rho}(0) = |0\rangle\langle 0|$ bricht die innere Summe zusammen, und mit

$$\mathrm{e}^{\beta\hat{n}} \Big(\sum_k \frac{d_-^k}{k!} \hat{a}^k |0\rangle\langle 0| \hat{a}^{\dagger k} \Big) \mathrm{e}^{\beta^* \hat{n}} = \mathrm{e}^{\beta\hat{n}} |0\rangle\langle 0| \mathrm{e}^{\beta^*\hat{n}} = |0\rangle\langle 0| \tag{14.207}$$

erhalten wir mit $\hat{a}^{\dagger j} |0\rangle = \sqrt{j!}\,|j\rangle$ und $\langle 0|\hat{a}^j = \sqrt{j!}\,\langle j|$

$$\hat{\rho}(t) = \frac{\mathrm{e}^{\gamma t}}{\lambda} \sum_j \frac{d_+^j}{j!} \hat{a}^{\dagger j} |0\rangle\langle 0| \hat{a}^j = \frac{\mathrm{e}^{\gamma t}}{\lambda} \sum_j d_+^j |j\rangle\langle j| \hat{a}^j = \frac{\mathrm{e}^{\gamma t}}{\lambda} \mathrm{e}^{\ln d_+ \hat{n}} . \tag{14.208}$$

(b) Für einen kohärenten Zustand $\hat{\rho}(0) = |\alpha\rangle\langle\alpha|$ ergibt sich mit $\hat{a}|\alpha = \alpha|\alpha\rangle$ und, nach Gleichung (3.126), $\mathrm{e}^{\beta\hat{n}} |\alpha\rangle = \mathrm{e}^{|\alpha|^2(\mathrm{e}^{\beta+\beta^*}-1)/2} |\mathrm{e}^{\beta}\alpha\rangle$

$$\begin{aligned}&\mathrm{e}^{\beta\hat{n}} \Big(\sum_k \frac{d_-^k}{k!} \hat{a}^k |\alpha\rangle\langle\alpha| \hat{a}^{\dagger k} \Big) \mathrm{e}^{\beta^*\hat{n}} = \mathrm{e}^{\beta\hat{n}} \Big(\sum_k \frac{d_-^k}{k!} |\alpha|^{2k} |\alpha\rangle\langle\alpha| \Big) \mathrm{e}^{\beta^*\hat{n}} = \mathrm{e}^{d_-|\alpha|^2} \mathrm{e}^{\beta\hat{n}} |\alpha\rangle\langle\alpha| \mathrm{e}^{\beta^*\hat{n}} \\ &= \mathrm{e}^{d_-|\alpha|^2} \mathrm{e}^{|\alpha|^2(\mathrm{e}^{\beta+\beta^*}-1)} |\mathrm{e}^{\beta}\alpha\rangle\langle \mathrm{e}^{\beta}\alpha| \mathrm{e}^{d_-|\alpha|^2} \mathrm{e}^{|\alpha|^2(\mathrm{e}^{\beta+\beta^*}-1)} |\mathrm{e}^{\beta}\alpha\rangle\langle \mathrm{e}^{\beta}\alpha| . \end{aligned} \tag{14.209}$$

Zur weiteren Auswertung benötigen wir noch die nützliche Formel

$$\sum_{j=0}^{\infty} \frac{z^j}{j!} \hat{a}^{\dagger j} |\alpha\rangle\langle\alpha| \hat{a}^j = \mathrm{e}^{-|\alpha|^2} \mathrm{e}^{\alpha\hat{a}^\dagger} \mathrm{e}^{\ln z\,\hat{n}} \mathrm{e}^{\alpha^*\hat{a}} , \tag{14.210}$$

die sich mit $|\alpha\rangle = \mathrm{e}^{-|\alpha|^2/2} \mathrm{e}^{\alpha\hat{a}^\dagger} |0\rangle$ und $\hat{a}^{\dagger j} |0\rangle = \sqrt{j!}\,|j\rangle$ in wenigen Schritten beweisen lässt:

$$\begin{aligned}\sum_{j=0}^{\infty} \frac{z^j}{j!} \hat{a}^{\dagger j} |\alpha\rangle\langle\alpha| \hat{a}^j &= \mathrm{e}^{-|\alpha|^2} \sum_{j=0}^{\infty} \frac{z^j}{j!} \hat{a}^{\dagger j} \mathrm{e}^{\alpha\hat{a}^\dagger} |0\rangle\langle 0| \mathrm{e}^{\alpha^*\hat{a}} \hat{a}^j \\ &= \mathrm{e}^{-|\alpha|^2} \mathrm{e}^{\alpha\hat{a}^\dagger} \Big(\sum_{j=0}^{\infty} \frac{z^j}{j!} \hat{a}^{\dagger j} |0\rangle\langle 0| \hat{a}^j \Big) \mathrm{e}^{\alpha^*\hat{a}} = \mathrm{e}^{-|\alpha|^2} \mathrm{e}^{\alpha\hat{a}^\dagger} \Big(\sum_{j=0}^{\infty} z^j |j\rangle\langle j| \Big) \mathrm{e}^{\alpha^*\hat{a}} \\ &= \mathrm{e}^{-|\alpha|^2} \mathrm{e}^{\alpha\hat{a}^\dagger} \mathrm{e}^{\ln z\,\hat{n}} \mathrm{e}^{\alpha^*\hat{a}} \quad \text{mit} \quad \hat{n} = \sum_{j=0}^{\infty} j\,|j\rangle\langle j| . \end{aligned} \tag{14.211}$$

Setzen wir nun (14.209) in die allgemeine Lösung (14.206) ein und verwenden Formel (14.210), so ergibt sich

$$\begin{aligned}\hat{\rho}(t) &= \frac{\mathrm{e}^{\gamma t}}{\lambda} \mathrm{e}^{d_-|\alpha|^2} \mathrm{e}^{|\alpha|^2(\mathrm{e}^{\beta+\beta^*}-1)} \sum_j \frac{d_+^j}{j!} \hat{a}^{\dagger j} |\mathrm{e}^{\beta}\alpha\rangle\langle \mathrm{e}^{\beta}\alpha| \hat{a}^j \\ &= \frac{\mathrm{e}^{\gamma t}}{\lambda} \mathrm{e}^{d_-|\alpha|^2} \mathrm{e}^{|\alpha|^2(\mathrm{e}^{\beta+\beta^*}-1)} \mathrm{e}^{-|\alpha|^2 \mathrm{e}^{\beta+\beta^*}} \mathrm{e}^{\alpha\mathrm{e}^{\beta}\hat{a}^\dagger} \mathrm{e}^{\ln d_+ \hat{n}} \mathrm{e}^{\alpha^*\mathrm{e}^{\beta^*}\hat{a}} \\ &= \frac{\mathrm{e}^{\gamma t}}{\lambda} \mathrm{e}^{(d_- - 1)|\alpha|^2} \mathrm{e}^{\alpha\mathrm{e}^{\beta}\hat{a}^\dagger} \mathrm{e}^{\ln d_+ \hat{n}} \mathrm{e}^{\alpha^*\mathrm{e}^{\beta^*}\hat{a}} \\ &= \frac{\mathrm{e}^{\gamma t}}{\lambda} \mathrm{e}^{(d_- - 1)|\alpha|^2} \mathrm{e}^{\alpha\mathrm{e}^{-\mathrm{i}\omega t - \log\lambda}\hat{a}^\dagger} \mathrm{e}^{\ln d_+ \hat{n}} \mathrm{e}^{\alpha^*\mathrm{e}^{\mathrm{i}\omega t - \log\lambda}\hat{a}} . \end{aligned} \tag{14.212}$$

Für $\alpha = 0$ geht diese Formel in Gleichung (14.208) über, genau wie erwartet, denn der Grundzustand ist auch ein kohärenter Zustand.

Zum Abschluss müssen wir noch den angetriebenen Oszillator mit dem Zeitentwicklungsoperator

$$\hat{U}(t) = \hat{U}_S(t)\hat{U}_R(t) \quad \text{mit} \quad \hat{U}_R(t) = \mathrm{e}^{g_1\hat{N}}\mathrm{e}^{g_6\hat{I}}\mathrm{e}^{g_2\hat{A}}\mathrm{e}^{g_3\hat{A}^\dagger}\mathrm{e}^{g_4\hat{B}}\mathrm{e}^{g_5\hat{B}^\dagger} \tag{14.213}$$

betrachten. Der Term $\mathrm{e}^{g_1\hat{N}}\mathrm{e}^{g_6\hat{I}}$ kann genauso behandelt werden, wie es oben beschrieben wurde, und die restlichen Terme lassen sich umschreiben als

$$\begin{aligned}\mathrm{e}^{g_2\hat{A}}\mathrm{e}^{g_3\hat{A}^\dagger}\mathrm{e}^{g_4\hat{B}}\mathrm{e}^{g_5\hat{B}^\dagger} &= \mathrm{e}^{g_2\,\hat{a}\otimes\hat{1}}\mathrm{e}^{g_3\,\hat{a}^\dagger\otimes\hat{1}}\mathrm{e}^{g_4\,\hat{1}\otimes\hat{a}}\mathrm{e}^{g_5\,\hat{1}\otimes\hat{a}^\dagger}\\ &= \left(\mathrm{e}^{g_2\hat{a}}\mathrm{e}^{g_3\hat{a}^\dagger}\right)\otimes\left(\mathrm{e}^{g_4\hat{a}}\mathrm{e}^{g_5\hat{a}^\dagger}\right) = \left(\mathrm{e}^{g_2\hat{a}}\mathrm{e}^{g_3\hat{a}^\dagger}\right)\otimes\left(\mathrm{e}^{g_5\hat{a}}\mathrm{e}^{g_4\hat{a}^\dagger}\right)^T.\end{aligned} \tag{14.214}$$

In Verbindung mit Gleichung (14.205) haben wir dann

$$\hat{U}(t) = \mathrm{e}^{d_0+g_6}\sum_{j,k}\frac{d_+^j d_-^k}{j!k!}\left(\hat{a}^{\dagger j}\mathrm{e}^{(d_0+g_1)\hat{n}}\hat{a}^k\mathrm{e}^{g_2\hat{a}}\mathrm{e}^{g_3\hat{a}^\dagger}\right)\otimes\left(\mathrm{e}^{g_5\hat{a}}\mathrm{e}^{g_4\hat{a}^\dagger}\hat{a}^{\dagger k}\mathrm{e}^{(d_0-g_1)\hat{n}}\hat{a}^j\right)^T \tag{14.215}$$

und daher mit $\mathrm{e}^{d_0} = 1/\lambda$

$$\begin{aligned}\hat{\rho}(t) &= \mathrm{e}^{d_0+g_6}\sum_{j,k}\frac{d_+^j d_-^k}{j!k!}\,\hat{a}^{\dagger j}\mathrm{e}^{(d_0+g_1)\hat{n}}\hat{a}^k\,\mathrm{e}^{g_2\hat{a}}\mathrm{e}^{g_3\hat{a}^\dagger}\hat{\rho}(0)\mathrm{e}^{g_5\hat{a}}\mathrm{e}^{g_4\hat{a}^\dagger}\,\hat{a}^{\dagger k}\mathrm{e}^{(d_0-g_1)\hat{n}}\hat{a}^j\\ &= \frac{\mathrm{e}^{g_6}}{\lambda}\sum_j\frac{d_+^j}{j!}\,\hat{a}^{\dagger j}\mathrm{e}^{(d_0+g_1)\hat{n}}\left(\sum_k\frac{d_-^k}{k!}\,\hat{a}^k\,\mathrm{e}^{g_2\hat{a}}\mathrm{e}^{g_3\hat{a}^\dagger}\hat{\rho}(0)\mathrm{e}^{g_5\hat{a}}\mathrm{e}^{g_4\hat{a}^\dagger}\,\hat{a}^{\dagger k}\right)\mathrm{e}^{(d_0-g_1)\hat{n}}\hat{a}^j\end{aligned} \tag{14.216}$$

oder, wenn wir g_j aus Gleichung (14.195) einsetzen und die BCH-Gleichung (6.217) benutzen,

$$\mathrm{e}^{g_2\hat{a}}\mathrm{e}^{g_3\hat{a}^\dagger}\hat{\rho}(0)\mathrm{e}^{g_5\hat{a}}\mathrm{e}^{g_4\hat{a}^\dagger} = \mathrm{e}^{-g^*\hat{a}}\mathrm{e}^{g\hat{a}^\dagger}\hat{\rho}(0)\mathrm{e}^{g^*\hat{a}}\mathrm{e}^{-g\hat{a}^\dagger} = \mathrm{e}^{-|g|^2}\mathrm{e}^{-g^*\hat{a}+g\hat{a}^\dagger}\hat{\rho}(0)\mathrm{e}^{g^*\hat{a}-g\hat{a}^\dagger}. \tag{14.217}$$

Damit erhalten wir endlich(!) für $\hat{U}(t) = \hat{U}_S(t)\hat{U}_R(t)$ die gesuchte **allgemeine Lösung**

$$\hat{\rho}(t) = \frac{\mathrm{e}^{\delta}}{\lambda}\sum_j\frac{d_+^j}{j!}\,\hat{a}^{\dagger j}\mathrm{e}^{(-\mathrm{i}\omega t-\log\lambda)\hat{n}}\left(\sum_k\frac{d_-^k}{k!}\,\hat{a}^k\,\hat{\rho}_0^{(\mathrm{f})}(t)\,\hat{a}^{\dagger k}\right)\mathrm{e}^{(\mathrm{i}\omega t-\log\lambda)\hat{n}}\hat{a}^j \tag{14.218}$$

mit $\delta(t) = g_6(t) - |g(t)|^2$ und

$$\hat{\rho}_0^{(\mathrm{f})}(t) = \hat{D}(g(t))\hat{\rho}(0)\hat{D}^\dagger(g(t)). \tag{14.219}$$

Dabei ist $\hat{D}(g) = \mathrm{e}^{g\hat{a}^\dagger - g^*\hat{a}}$ der Verschiebungsoperator (3.63). Diese Gleichung ähnelt sehr der Lösung (14.206) für das kräftefreie System. Der einzige Unterschied besteht in dem Normierungsfaktor e^{δ} und in der Ersetzung von $\hat{\rho}(0)$ durch $\hat{\rho}_0^{(\mathrm{f})}(t)$, wodurch ein Anfangszustand beschrieben wird, der im Phasenraum um g verschoben ist (siehe Gleichung (3.124)). Man sollte noch erwähnen, dass $\hat{\rho}(t)$ hermitesch ist, wenn $\hat{\rho}(0)$ es ist, und dass Gleichung (14.218) sich für spezielle Anfangsverteilungen sehr vereinfacht. Für den Grundzustand $\hat{\rho}(0) = |0\rangle\langle 0|$ haben wir mit $\hat{D}(g)|0\rangle = |g\rangle$ nach (3.124)

$$\hat{\rho}_0^{(\mathrm{f})}(t) = \hat{D}(g)|0\rangle\langle 0|\hat{D}^\dagger(g) = |g\rangle\langle g|, \tag{14.220}$$

also eine kohärente Verteilung. Genauso erhalten wir für eine kohärente Anfangsverteilung $\hat{\rho}(0) = |\alpha\rangle\langle\alpha|$ mit $|\alpha\rangle = \hat{D}(\alpha)|0\rangle$ und $\hat{D}(g)|\alpha\rangle = \hat{D}(g)\hat{D}(\alpha)|0\rangle = \mathrm{e}^{(\alpha g^* - \alpha^* g)/2}\hat{D}(\alpha+g)|0\rangle$ (vgl. Gleichung (3.65))

$$\hat{\rho}_0^{(\mathrm{f})}(t) = \hat{D}(g)|\alpha\rangle\langle\alpha|\hat{D}^\dagger(g) = |\alpha+g\rangle\langle\alpha+g|\,, \tag{14.221}$$

also ebenfalls eine kohärente Verteilung. Wir können daher die Formel für den Dichteoperator aus Gleichung (14.212) übernehmen:

$$\hat{\rho}(t) = \frac{\mathrm{e}^{\gamma t}}{\lambda}\,\mathrm{e}^{(d_- -1)|\alpha+g|^2}\,\mathrm{e}^{(\alpha+g)\mathrm{e}^{-\mathrm{i}\omega t - \log\lambda}\hat{a}^\dagger}\mathrm{e}^{\ln d_+\,\hat{n}}\mathrm{e}^{(\alpha^*+g^*)\mathrm{e}^{\mathrm{i}\omega t-\log\lambda}\hat{a}}\,. \tag{14.222}$$

Die allgemeine Lösung (14.218) für den Dichteoperator hängt ab von den Parametern $\lambda(t)$ und $d_\pm(t)$ in den Gleichungen (14.178) und (14.179), genau wie im kräftefreien System. Der Kraftterm $f(t)$ tritt nur in den Parametern

$$g(t) = \mathrm{i}\int_0^t f(t')\mathrm{e}^{(\gamma+\mathrm{i}\omega)t'}\,\mathrm{d}t'\,, \tag{14.223}$$

$$\delta(t) = \gamma t + \mathrm{i}\int_0^t f(t')\big(g^*(t')\mathrm{e}^{(\gamma+\mathrm{i}\omega)t'} - g(t')\mathrm{e}^{(\gamma-\mathrm{i}\omega)t'}\big)\,\mathrm{d}t' - |g(t)|^2 \tag{14.224}$$

aus den Gleichungen (14.193) und (14.194) auf, wobei wir $c(t) = -f(t)\,\mathrm{e}^{\gamma t}$, definiert in (14.186), eingesetzt haben.

Für einen harmonischen Antrieb $f(t) = f_0\cos(\Omega t)$ lassen sich die Integrale in geschlossener Form angeben als

$$g(t) = \frac{f_0}{2}\left(\frac{\mathrm{e}^{(\mathrm{i}\omega+\mathrm{i}\Omega+\gamma)t}-1}{\omega+\Omega-\mathrm{i}\gamma} + \frac{\mathrm{e}^{(\mathrm{i}\omega-\mathrm{i}\Omega+\gamma)t}-1}{\omega-\Omega-\mathrm{i}\gamma}\right)\,,\quad \delta(t) = \gamma t + \mathrm{Re}(J(t)) - |g(t)|^2 \tag{14.225}$$

mit

$$J(t) = \frac{f_0^2}{4}\left(\frac{\mathrm{e}^{2(\gamma-\mathrm{i}\Omega)t}-1}{(\gamma+\mathrm{i}\omega-\mathrm{i}\Omega)(\gamma-\mathrm{i}\Omega)} + \frac{\mathrm{e}^{2(\gamma+\mathrm{i}\Omega)t}-1}{(\gamma+\mathrm{i}\omega+\mathrm{i}\Omega)(\gamma+\mathrm{i}\Omega)}\right.$$
$$\left. - \frac{4(\omega-\mathrm{i}\gamma)}{(\omega-\mathrm{i}\gamma)^2-\Omega^2}\left(\frac{\mathrm{i}(\mathrm{e}^{2\gamma t}-1)}{2\gamma} + \frac{2g^*(t)}{f_0}\right)\right). \tag{14.226}$$

Zum Abschluss wollen wir noch kurz den Langzeitlimit der Lösung (14.218) betrachten und die Grenzzyklus-Verteilung aus dieser allgemeinen Lösung extrahieren. In diesem Limit „vergisst" die Dynamik den Anfangszustand, sodass wir der Einfachheit halber $\hat{\rho}(0) = |0\rangle\langle 0|$ annehmen können, was nach Gleichung (14.220) zu

$$\hat{\rho}_{\mathrm{f}}(t) = |g(t)\rangle\langle g(t)| \tag{14.227}$$

führt und folglich nach (14.222) zu

$$\hat{\rho}(t) = \frac{\mathrm{e}^{\gamma t}}{\lambda}\,\mathrm{e}^{(d_- -1)|g|^2}\,\mathrm{e}^{g\mathrm{e}^{-\mathrm{i}\omega t-\log\lambda}\hat{a}^\dagger}\mathrm{e}^{\ln d_+\,\hat{n}}\mathrm{e}^{g^*\mathrm{e}^{\mathrm{i}\omega t-\log\lambda}\hat{a}}\,. \tag{14.228}$$

Für lange Zeiten haben wir $d_+ \to \nu/\mu$, $d_- \to 1$, $\lambda \to \frac{\mu}{2\gamma}\mathrm{e}^{\gamma t}$ nach (14.178), (14.179), und für $g(t)$ aus Gleichung (14.225) gilt

$$g(t) \;\to\; \mathrm{e}^{(\gamma+\mathrm{i}\omega)t}\frac{f_0}{2}\left(\frac{\mathrm{e}^{\mathrm{i}\Omega t}}{\omega+\Omega-\mathrm{i}\gamma} + \frac{\mathrm{e}^{-\mathrm{i}\Omega t}}{\omega-\Omega-\mathrm{i}\gamma}\right) = \mathrm{e}^{(\gamma+\mathrm{i}\omega)t}\,\alpha_{\ell\mathrm{c}}(t) \tag{14.229}$$

(vgl. (14.98)) mit der Konsequenz

$$\hat{\rho}(t) \;\to\; \hat{\rho}_{\ell\mathrm{c}}(t) = \frac{2\gamma}{\mu}\,\mathrm{e}^{-\frac{2\gamma}{\mu}|\alpha_{\ell\mathrm{c}}(t)|^2}\,\mathrm{e}^{\frac{2\gamma}{\mu}\alpha_{\ell\mathrm{c}}(t)\hat{a}^\dagger}\mathrm{e}^{\ln(\nu/\mu)\hat{n}}\mathrm{e}^{\frac{2\gamma}{\mu}\alpha^*_{\ell\mathrm{c}}(t)\hat{a}}\,, \tag{14.230}$$

in Übereinstimmung mit der Gleichung (14.100).

15 Lösungen der Aufgaben

Kapitel 1: Algebraische Grundlagen

Aufgabe 1.1 (Seite 15): Beweisen Sie, dass der Eigenwert eines nilpotenten Operators gleich null ist.

Lösung: Sei $\hat{A}$ nilpotent, das heißt, es gibt eine natürliche Zahl n mit $\hat{A}^n = 0$. Sei $\lambda \neq 0$ Eigenwert von $\hat{A}$. Dann gibt es $|\lambda\rangle \neq |\varnothing\rangle$ mit $\hat{A}|\lambda\rangle = \lambda|\lambda\rangle$ und folglich $\hat{A}^n|\lambda\rangle = \lambda^n|\lambda\rangle \neq |\varnothing\rangle$ im Widerspruch zur Nilpotenz von $\hat{A}$.

Aufgabe 1.2 (Seite 18): Machen Sie sich klar, dass jede assoziative Algebra (mit Elementen x, y, ... und Multiplikation $x \cdot y$) automatisch zu einer Lie-Algebra wird, wenn man die Lie-Klammer als Kommutator $[x, y] = x \cdot y - y \cdot x$ definiert.

Lösung: Die beiden ersten Lie-Regeln (siehe Seite 17) sind trivialerweise erfüllt: Es gilt $[x, x] = x \cdot x - x \cdot x = 0$ und nach den Regeln einer Algebra

$$\begin{aligned}[\alpha x + \beta y, z] &= (\alpha x + \beta y) \cdot z - z \cdot (\alpha x + \beta y) \\ &= \alpha x \cdot z + \beta y \cdot z - \alpha z \cdot x - \beta z \cdot y = \alpha[x, z] + \beta[y, z]\,.\end{aligned} \tag{15.1}$$

Die Jacobi-Regel folgt aus der Assoziativität. Dazu berechnen wir nacheinander die drei Terme, wobei wegen der Assoziativität Klammern wie bei $x \cdot (y \cdot z)$ wegfallen können:

$$\begin{aligned}[x, [y, z]] &= x \cdot [y, z] - [y, z] \cdot x = x \cdot (y \cdot z - z \cdot y) - (y \cdot z - z \cdot y) \cdot x \\ &= x \cdot y \cdot z - x \cdot z \cdot y - y \cdot z \cdot x + z \cdot y \cdot x\,,\end{aligned} \tag{15.2}$$

$$\begin{aligned}[y, [z, x]] &= y \cdot [z, x] - [z, x] \cdot y = y \cdot (z \cdot x - x \cdot z) - (z \cdot x - x \cdot z) \cdot y \\ &= y \cdot z \cdot x - y \cdot x \cdot z - z \cdot x \cdot y + x \cdot z \cdot y\,,\end{aligned} \tag{15.3}$$

$$\begin{aligned}[z, [x, y]] &= z \cdot [x, y] - [x, y] \cdot z = z \cdot (x \cdot y - y \cdot x) - (x \cdot y - y \cdot x) \cdot z \\ &= z \cdot x \cdot y - z \cdot y \cdot x - x \cdot y \cdot z + y \cdot x \cdot z\,.\end{aligned} \tag{15.4}$$

Wenn man alle drei Ausdrücke summiert, ergeben die rechten Seiten die Null, also die Jacobi-Regel

$$[x, [y, z]] + [y, [z, x]] + [z, [x, y]] = 0\,. \tag{15.5}$$

Aufgabe 1.3 (Seite 22): Beweisen Sie die Multikommutatorentwicklung (1.38) in der Form

$$\hat{F}(z) = \mathrm{e}^{z\hat{A}}\hat{B}\,\mathrm{e}^{-z\hat{A}} = \hat{B} + z[\hat{A}, \hat{B}] + \frac{z^2}{2!}\,[\hat{A}, [\hat{A}, \hat{B}]] + \frac{z^3}{3!}\,[\hat{A}, [\hat{A}, [\hat{A}, \hat{B}]]] + \ldots$$

mit $z \in \mathbb{C}$, indem Sie die Funktion $\hat{F}(z)$ in eine Taylor-Reihe entwickeln.

Lösung: Die Taylor-Entwicklung lautet

$$\hat{F}(z) = \sum_{n=0}^{\infty} \frac{1}{n!} \frac{\mathrm{d}^n \hat{F}}{\mathrm{d}z^n}\bigg|_{z=0} z^n, \tag{15.6}$$

mit $\hat{F}(0) = \hat{B}$, und für die erste Ableitung erhalten wir

$$\frac{\mathrm{d}\hat{F}}{\mathrm{d}z} = \hat{A}\mathrm{e}^{z\hat{A}}\hat{B}\mathrm{e}^{-z\hat{A}} - \mathrm{e}^{z\hat{A}}\hat{B}\mathrm{e}^{-z\hat{A}}\hat{A} = [\hat{A},\hat{F}] \quad \text{mit} \quad \frac{\mathrm{d}\hat{F}}{\mathrm{d}z}\bigg|_{z=0} = [\hat{A},\hat{B}]. \tag{15.7}$$

Die zweite Ableitung wird zu

$$\frac{\mathrm{d}^2\hat{F}}{\mathrm{d}z^2} = \left[\hat{A}, \frac{\mathrm{d}\hat{F}}{\mathrm{d}z}\right] = [\hat{A},[\hat{A},\hat{F}]] \quad \text{mit} \quad \frac{\mathrm{d}^2\hat{F}}{\mathrm{d}z^2}\bigg|_{z=0} = [\hat{A},[\hat{A},\hat{B}]], \tag{15.8}$$

und so weiter, sodass (1.35) folgt.

Aufgabe 1.4 (Seite 23): Beweisen Sie die Gleichung (1.48), indem Sie zeigen, dass beide Seiten dieser Gleichung, nennen wir sie $\hat{F}(\beta)$, die Differentialgleichung

$$\frac{\partial\hat{F}}{\partial\beta} = -\hat{H}\hat{F}(\beta) - \frac{\partial\hat{H}}{\partial\lambda}\mathrm{e}^{-\beta\hat{H}}$$

mit $\hat{F}(0) = 0$ erfüllen.

Lösung: Wir definieren zunächst die linke Seite der Gleichung als $\hat{F}(\beta) = \frac{\partial}{\partial\lambda}\mathrm{e}^{-\beta\hat{H}}$ und bilden die Ableitung nach β:

$$\frac{\partial\hat{F}}{\partial\beta} = -\frac{\partial}{\partial\lambda}\left(\hat{H}\mathrm{e}^{-\beta\hat{H}}\right) = -\hat{H}\frac{\partial}{\partial\lambda}\left(\mathrm{e}^{-\beta\hat{H}}\right) - \frac{\partial\hat{H}}{\partial\lambda}\mathrm{e}^{-\beta\hat{H}} = -\hat{H}\hat{F}(\beta) - \frac{\partial\hat{H}}{\partial\lambda}\mathrm{e}^{-\beta\hat{H}}, \tag{15.9}$$

das heißt, $\hat{F}(\beta)$ erfüllt die Differentialgleichung.

Im zweiten Schritt definieren wir $\hat{F}(\beta)$ als die rechte Seite,

$$\hat{F}(\beta) = \mathrm{e}^{-\beta\hat{H}} \int_0^\beta \mathrm{e}^{+u\hat{H}} \frac{\partial\hat{H}}{\partial\lambda} \mathrm{e}^{-u\hat{H}}\,\mathrm{d}u, \tag{15.10}$$

und, wenn wir nach β differenzieren,

$$\frac{\partial\hat{F}}{\partial\beta} = -\hat{H}\mathrm{e}^{-\beta\hat{H}} \int_0^\beta \mathrm{e}^{+u\hat{H}} \frac{\partial\hat{H}}{\partial\lambda}\mathrm{e}^{-u\hat{H}} + \mathrm{e}^{-\beta\hat{H}}\mathrm{e}^{+\beta\hat{H}}\frac{\partial\hat{H}}{\partial\lambda}\mathrm{e}^{-\beta\hat{H}} = -\hat{H}\hat{F}(\beta) - \frac{\partial\hat{H}}{\partial\lambda}\mathrm{e}^{-\beta\hat{H}}, \tag{15.11}$$

sehen wir, dass auch hier die Differentialgleichung erfüllt ist.

Also sind beide Seiten der Gleichung gleich der Ableitung von $\hat{F}(\beta)$, und, da sie auch die Bedingung $\hat{F}(0) = 0$ erfüllen, stimmen sie überein.

Kapitel 2: Quantenmechanische Grundlagen

Aufgabe 2.1 (Seite 26): Zwischen den Unschärfen hermitescher Operatoren $\hat{A}$ und $\hat{B}$ besteht eine wichtige Beziehung, die **Unschärferelation**

$$\Delta A \Delta B \geq \frac{1}{2}|\langle[\hat{A},\hat{B}]\rangle|,$$

die man auf recht einfache Weise herleiten kann. Versuchen Sie es!

Lösung: Wir definieren zunächst $\hat{a} = \hat{A} - \langle\hat{A}\rangle\hat{I} = \hat{a}^\dagger$ und $\hat{b} = \hat{B} - \langle\hat{B}\rangle\hat{I} = \hat{b}^\dagger$ und berechnen

$$\begin{aligned}[\hat{a},\hat{b}] &= [\hat{A} - \langle\hat{A}\rangle\hat{I}, \hat{B} - \langle\hat{B}\rangle\hat{I}] \\ &= [\hat{A},\hat{B}] - [\langle\hat{A}\rangle\hat{I},\hat{B}] - [\hat{A},\langle\hat{B}\rangle\hat{I}] + [\langle\hat{A}\rangle\hat{I},\langle\hat{B}\rangle\hat{I}] = [\hat{A},\hat{B}] =: \mathrm{i}\hat{c}.\end{aligned} \tag{15.12}$$

Für einen beliebigen reellen Parameter λ gilt wegen $\langle\hat{Q}^\dagger\hat{Q}\rangle \geq 0$ die Ungleichung

$$\begin{aligned}0 &\leq \langle(\hat{a}+\mathrm{i}\lambda\hat{b})^\dagger(\hat{a}+\mathrm{i}\lambda\hat{b})\rangle = \langle(\hat{a}-\mathrm{i}\lambda\hat{b})(\hat{a}+\mathrm{i}\lambda\hat{b})\rangle \\ &= \langle(\hat{a}^2 + \mathrm{i}\lambda(\hat{a}\hat{b}-\hat{b}\hat{a}) + \lambda^2\hat{b}^2)\rangle = \langle\hat{a}^2\rangle - \lambda\langle\hat{c}\rangle + \lambda^2\langle\hat{b}^2\rangle.\end{aligned} \tag{15.13}$$

Die rechte Seite wird minimal für $\lambda = \langle\hat{c}\rangle/2\langle\hat{b}^2\rangle$ und ist dann gleich

$$0 \leq \langle\hat{a}^2\rangle - \frac{\langle\hat{c}\rangle^2}{2\langle\hat{b}^2\rangle} + \frac{\langle\hat{c}\rangle^2}{4\langle\hat{b}^2\rangle} = \langle\hat{a}^2\rangle - \frac{\langle\hat{c}\rangle^2}{4\langle\hat{b}^2\rangle} \quad \text{oder} \quad \frac{1}{4}\langle\hat{c}\rangle^2 \leq \langle\hat{a}^2\rangle\langle\hat{b}^2\rangle = \Delta A^2\,\Delta B^2. \tag{15.14}$$

Mit $\hat{c}$ aus (15.12) ergibt sich das gesuchte Ergebnis $\Delta A\,\Delta B \geq \frac{1}{2}|\langle\hat{c}\rangle| = \frac{1}{2}|\langle[\hat{A},\hat{B}]\rangle|$.

Aufgabe 2.2 (Seite 28): Leiten Sie für den Dichteoperator eines reinen Zustands aus der zeitabhängigen Schrödinger-Gleichung die Von-Neumann-Gleichung her.

Lösung: Für einen reinen Zustand ist $\hat{\rho}(t) = |\psi(t)\rangle\langle\psi(t)|$ und damit für $\hat{H}^\dagger = \hat{H}$

$$\begin{aligned}\mathrm{i}\hbar\frac{\mathrm{d}}{\mathrm{d}t}\hat{\rho}(t) &= \mathrm{i}\hbar\frac{\mathrm{d}}{\mathrm{d}t}\Big(|\psi(t)\rangle\langle\psi(t)\Big) \\ &= \Big(\mathrm{i}\hbar\frac{\mathrm{d}}{\mathrm{d}t}|\psi(t)\rangle\Big)\langle\psi(t)\Big) + |\psi(t)\rangle\Big(\mathrm{i}\hbar\frac{\mathrm{d}}{\mathrm{d}t}\langle\psi(t)\Big) \\ &= \big(\hat{H}(t)|\psi(t)\rangle\big)\langle\psi(t)| + |\psi(t)\rangle\big(-\langle\psi(t)|\hat{H}(t)\big) \\ &= \hat{H}(t)\hat{\rho}(t) - \hat{\rho}(t)\hat{H}(t) = \big[\hat{H}(t),\hat{\rho}(t)\big].\end{aligned} \tag{15.15}$$

Aufgabe 2.3 (Seite 29): Oft schreibt man aber eine formale Lösung von (2.18) als

$$\hat{U}(t,t_0) = \hat{\mathcal{T}}\mathrm{e}^{-\frac{\mathrm{i}}{\hbar}\int_{t_0}^{t}\mathrm{d}t'\hat{H}(t')}$$

mit dem Zeitordnungsoperator $\hat{\mathcal{T}}$, der ein Produkt von Operatoren zu verschiedenen Zeiten in die Reihenfolge abfallender Zeiten sortiert, der also $\hat{H}(t)\hat{H}(t')$ oder $\hat{H}(t')\hat{H}(t)$ in $\hat{H}(t)\hat{H}(t')$ abbildet, falls $t \geq t'$. Versuchen Sie sich an einer Begründung dieser Gleichung!

Lösung: Wir wandeln zunächst die Differentialgleichung (2.18) in eine Integralgleichung um (wir setzen hier $t_0 = 0$ und $\hbar = 1$):

$$\hat{U}(t) = \hat{I} - \mathrm{i}\int_0^t \mathrm{d}t_1\,\hat{H}(t_1)\hat{U}(t_1). \tag{15.16}$$

Wenn wir diese Gleichung iterieren, erhalten wir die Reihe

$$\hat{U}(t) = \hat{I} - \mathrm{i}\int_0^t \mathrm{d}t_1\,\hat{H}(t_1) + (-\mathrm{i})^2\int_0^t \mathrm{d}t_1\int_0^{t_1}\mathrm{d}t_2\,\hat{H}(t_1)\hat{H}(t_2) + \cdots = \sum_{n=0}^{\infty}\hat{U}_n(t) \tag{15.17}$$

$$\text{mit}\quad \hat{U}_n(t) = (-\mathrm{i})^n\int_0^t \mathrm{d}t_1\int_0^{t_1}\mathrm{d}t_2\ldots\int_0^{t_{n-1}}\mathrm{d}t_n\,\hat{H}(t_1)\cdots\hat{H}(t_n). \tag{15.18}$$

Bei diesen Integralen sind die Zeiten der Operatoren $\hat{H}(t_j)$ wie $t \geq t_1 \geq t_2 \geq \cdots \geq t_n$ geordnet, also haben wir ein zeitgeordnetes Produkt, und wir können es mit dem Zeitordnungsoperator $\hat{\mathcal{T}}$ auch schreiben als

$$\hat{U}_n(t) = (-\mathrm{i})^n \int_0^t \mathrm{d}t_1 \int_0^{t_1} \mathrm{d}t_2 \ldots \int_0^{t_{n-1}} \mathrm{d}t_n \, \hat{\mathcal{T}} \hat{H}(t_1) \cdots \hat{H}(t_n) . \tag{15.19}$$

Dabei erscheint unter dem Integral eine symmetrische Funktion $\hat{K}(t_1, \ldots, t_n) = \hat{\mathcal{T}} \prod_{j=1}^n \hat{H}(t_j)$, die uns hilft, die Summation in (15.17) zu vereinfachen. Wenn wir in dem Integral

$$S_n = \int_0^t \mathrm{d}t_1 \int_0^{t_1} \mathrm{d}t_2 \ldots \int_0^{t_{n-1}} \mathrm{d}t_n \, \hat{K}(t_1, \ldots, t_n) \tag{15.20}$$

alle oberen Integrationsgrenzen durch t ersetzen, also über einen n-dimensionalen Würfel integrieren, erhalten wir

$$I_n = \int_0^t \mathrm{d}t \int_0^t \mathrm{d}t \ldots \int_0^t \mathrm{d}t_n \, \hat{K}(t_1, \ldots, t_n) . \tag{15.21}$$

Zerlegen wir den Integrationswürfel in disjunkte Bereiche, definiert durch die Ungleichungen $t_1 < t_2 < t_3 < \ldots < t_n$ oder $t_2 < t_1 < t_3 < \ldots < t_n$ oder $t_2 < t_3 < t_1 < \ldots < t_n$, so sind wegen der Symmetrie des Integranden für jeden Bereich die Integrale gleich, also gleich S_n, und da es $n!$ verschiedene Anordnungen der Bereichsgrenzen gibt, gilt $S_n = I_n / n!$. Also können wir $\hat{U}_n(t)$ schreiben als

$$\hat{U}_n(t) = \frac{(-\mathrm{i})^n}{n!} \int_0^t \mathrm{d}t_1 \int_0^t \mathrm{d}t_2 \ldots \int_0^t \mathrm{d}t_n \, \hat{\mathcal{T}} \hat{H}(t_1) \cdots \hat{H}(t_n) = \hat{\mathcal{T}} \frac{(-\mathrm{i})^n}{n!} \Big(\int_0^t \mathrm{d}t' \hat{H}(t') \Big)^n \tag{15.22}$$

und folglich erhalten wir

$$\hat{U}(t) = \sum_{n=0}^{\infty} \hat{U}_n(t) == \hat{\mathcal{T}} \mathrm{e}^{-\frac{\mathrm{i}}{\hbar} \int_0^t \mathrm{d}t' \hat{H}(t')} . \tag{15.23}$$

Aufgabe 2.4 (Seite 33): Die Floquet-Zustände $|\psi_\alpha(t)\rangle$ aus Gleichung (2.42) sind Eigenzustände des Zeitentwicklungsoperators über eine Zeitperiode, also des **Floquet-Operators** $\hat{F}(t) = \hat{U}(t+T, t)$ zu dem Eigenwert $\mathrm{e}^{-\mathrm{i}\epsilon_\alpha T/\hbar}$. Überzeugen Sie sich davon!

Lösung: Zu zeigen ist also die Gleichung

$$\hat{F}(t)|\psi_\alpha(t)\rangle = \hat{U}(t+T, t)|\psi_\alpha(t)\rangle = \mathrm{e}^{-\mathrm{i}\epsilon_\alpha T/\hbar}|\psi_\alpha(t)\rangle . \tag{15.24}$$

Das lässt sich in einer Zeile bewerkstelligen:

$$\begin{aligned} \hat{U}(t+T, t)|\psi_\alpha(t)\rangle &= |\psi_\alpha(t+T)\rangle = \mathrm{e}^{-\mathrm{i}\epsilon_\alpha (t+T)/\hbar}|\phi_\alpha(t+T)\rangle \\ &= \mathrm{e}^{-\mathrm{i}\epsilon_\alpha T/\hbar} \mathrm{e}^{-\mathrm{i}\epsilon_\alpha t/\hbar}|\phi_\alpha(t)\rangle = \mathrm{e}^{-\mathrm{i}\epsilon_\alpha T/\hbar}|\psi_\alpha(t)\rangle . \end{aligned} \tag{15.25}$$

Kapitel 3: Die Oszillator-Algebra

Aufgabe 3.1 (Seite 43): Zeigen Sie: Mit $z = r\mathrm{e}^{\mathrm{i}\theta}$ gilt für den Squeeze-Operator

$$\hat{S}^\dagger(z)\,\hat{a}\,\hat{S}(z) = \hat{a}\cosh r - \hat{a}^\dagger \mathrm{e}^{\mathrm{i}\theta}\sinh r \quad \text{und} \quad \hat{S}^\dagger(z)\,\hat{a}^\dagger\,\hat{S}(z) = \hat{a}^\dagger\cosh r - \hat{a}\,\mathrm{e}^{-\mathrm{i}\theta}\sinh r\,.$$

Lösung: Ein Beweis findet sich unter Squeeze-Operator bei Wikipedia, den wir hier wiedergeben: Zunächst schreiben wir mit dem Operator $\hat{A} = z\hat{a}^{\dagger 2}/2 - z^*\hat{a}^2/2$ aus (3.72) unsere Squeeze-Operatoren als $\hat{S}^\dagger(z) = \mathrm{e}^{\hat{A}}$ und $\hat{S}(z) = \mathrm{e}^{\hat{A}^\dagger} = \mathrm{e}^{-\hat{A}}$. Die Ähnlichkeitstransformation lässt sich durch die der Multikommutatorentwicklung (1.35)

$$\mathrm{e}^{\hat{A}}\hat{a}\,\mathrm{e}^{-\hat{A}} = \sum_{n=0}^{\infty}\frac{1}{n!}\underbrace{[\hat{A},[\hat{A},\ldots,[\hat{A},\hat{a}]\ldots]]}_{n-\text{mal}} \tag{15.26}$$

auswerten. Mit den Kommutatoren

$$[\hat{A},\hat{a}] = \frac{1}{2}[z\hat{a}^{\dagger 2} - z^*\hat{a}^2,\hat{a}] = \frac{z}{2}[\hat{a}^{\dagger 2},\hat{a}] = -z\hat{a}^\dagger, \tag{15.27}$$

$$[\hat{A},\hat{a}^\dagger] = \frac{1}{2}[z\hat{a}^{\dagger 2} - z^*\hat{a}^2,\hat{a}^\dagger] = -\frac{z^*}{2}[\hat{a}^2,\hat{a}^\dagger] = -z^*\hat{a} \tag{15.28}$$

können wir (evtl. mit vollständiger Induktion) die Multikommutatoren als

$$\underbrace{[\hat{A},[\hat{A},\ldots,[\hat{A},\hat{a}]\ldots]]}_{n-\text{mal}} = \begin{cases} |z|^n\hat{a} & \text{für } n \text{ gerade} \\ -z|z|^{*\,n-1}\hat{a}^\dagger & \text{für } n \text{ ungerade} \end{cases} \tag{15.29}$$

berechnen. Damit ergibt sich mit $z = r\mathrm{e}^{\mathrm{i}\theta}$

$$\mathrm{e}^{\hat{A}}\hat{a}\,\mathrm{e}^{-\hat{A}} = \hat{a}\sum_{k=0}^{\infty}\frac{|z|^{2k}}{(2k)!} - \hat{a}^\dagger\frac{z}{|z|}\sum_{k=0}^{\infty}\frac{|z|^{2k+1}}{(2k+1)!} = \hat{a}\cosh r - \hat{a}^\dagger\mathrm{e}^{\mathrm{i}\theta}\sinh r\,. \tag{15.30}$$

Die zweite Gleichung ergibt sich aus $\hat{S}^\dagger(z)\hat{a}^\dagger\hat{S}(z) = \big(\hat{S}^\dagger(z)\hat{a}\hat{S}(z)\big)^\dagger$.

Aufgabe 3.2 (Seite 46): Zeigen Sie, dass die Produkte $\hat{a}^n\hat{a}^{n\dagger}$ und $\hat{a}^{n\dagger}\hat{a}^n$ nur von dem Operator $\hat{N} = \hat{a}^\dagger\hat{a}$ abhängen und bestätigen sie die Formeln aus Gleichung (3.58):

$$\hat{a}^n\hat{a}^{n\dagger} = \prod_{j=1}^{n}\left(\hat{a}^\dagger\hat{a} + j\right) \quad \text{und} \quad \hat{a}^{n\dagger}\hat{a}^n = \prod_{j=1}^{n}\left(\hat{a}^\dagger\hat{a} + j - n\right).$$

Lösung: Wir wenden die Operatoren an auf die Basiszustände $|m\rangle$, die Eigenzustände von $\hat{a}^\dagger\hat{a}$ mit $\hat{a}^\dagger\hat{a}|m\rangle = m|m\rangle$, und verwenden die verallgemeinerten Leitereigenschaften (3.97), also

$$\hat{a}^n|m\rangle = \sqrt{m(m-1)\cdots(m-n)}\,|m-n\rangle \text{ für } n \le m,$$

$$\hat{a}^{\dagger n}|m\rangle = \sqrt{(m+1)(m+2)\cdots(m+n)}\,|m+n\rangle\,. \tag{15.31}$$

Daraus folgt

$$\begin{aligned}\hat{a}^n \hat{a}^{\dagger n}|m\rangle &= \sqrt{(m+1)(m+2)\cdots(m+n)}\;\hat{a}^n|m+n\rangle\\ &= \sqrt{(m+1)(m+2)\cdots(m+n)}\sqrt{(m+n)(m+n-1)\cdots(m+1)}\;|m\rangle\\ &= (m+1)(m+2)\cdots(m+n)\;|m\rangle \end{aligned} \tag{15.32}$$

$$\begin{aligned}\hat{a}^{\dagger n} \hat{a}^{n}|m\rangle &= \sqrt{m(m-1)\cdots(m-n+1)}\;\hat{a}^{\dagger n}|m-n\rangle\\ &= \sqrt{m(m-1)\cdots(m-n+1)}\sqrt{(m-n+1)(m-n+2)\cdots m}\;|m\rangle\\ &= m(m-1)\cdots(m-n+1)\;|m\rangle\,. \end{aligned} \tag{15.33}$$

Also sind die Zustände $|m\rangle$ Eigenzustände von $\hat{a}^n \hat{a}^{\dagger n}$ und $\hat{a}^{\dagger n} \hat{a}^n$ mit

$$\hat{a}^n \hat{a}^{\dagger n} = (\hat{a}^\dagger \hat{a}+1)(\hat{a}^\dagger \hat{a}+2)\cdots(\hat{a}^\dagger \hat{a}+n) = \prod_{j=1}^{n}\left(\hat{a}^\dagger \hat{a}+j\right) \tag{15.34}$$

$$\hat{a}^{\dagger n} \hat{a}^n = \hat{a}^\dagger \hat{a}(\hat{a}^\dagger \hat{a}-1)\cdots(\hat{a}^\dagger \hat{a}-n+1) = \prod_{j=1}^{n}\left(\hat{a}^\dagger \hat{a}+j-n\right). \tag{15.35}$$

Aufgabe 3.3 (Seite 48): Zeigen Sie, dass der Operator $\hat{a}^\dagger$ keinen Eigenzustand besitzt.

Lösung: Angenommen, es gäbe einen solchen Eigenzustand $|\psi\rangle$ von $\hat{a}^\dagger$ mit

$$|\psi\rangle = c_m|m\rangle + c_{m+1}|m+1\rangle + c_{m+2}|m+2\rangle + \ldots\,, \tag{15.36}$$

wobei $c_m \neq 0$ der erste nicht verschwindende Koeffizient in dieser Basisdarstellung ist. Wenden wir jetzt $\hat{a}^\dagger$ darauf an,

$$\hat{a}^\dagger|\psi\rangle = c_m\sqrt{m+1}|m+1\rangle + c_{m+1}\sqrt{m+2}|m+2\rangle + \ldots\,, \tag{15.37}$$

und verlangen, dass dieser Vektor als Eigenvektor mit einem Vielfachen von $|\psi\rangle$ übereinstimmt, also

$$\hat{a}^\dagger|\psi\rangle = \lambda|\psi\rangle = \lambda c_m|m\rangle + \lambda c_{m+1}|m+1\rangle + \ldots\,, \tag{15.38}$$

dann müssen alle Komponenten von (15.37) und (15.38) übereinstimmen. In der Summe (15.37) fehlt aber der Term mit dem Vektor $|m\rangle$. Das heißt, es muss gelten $\lambda c_m = 0$. Da $c_m \neq 0$ nach Voraussetzung, muss gelten $\lambda = 0$. Das ist aber nicht möglich, denn wegen $\hat{a}^\dagger \hat{a}|\psi\rangle = (\hat{a}\hat{a}^\dagger - 1)|\psi\rangle = -|\psi\rangle$ wäre dann $|\psi\rangle$ auch Eigenzustand von $\hat{n} = \hat{a}^\dagger \hat{a}$ zum Eigenwert -1, was nicht möglich ist, da dieser Operator positiv ist.

Aufgabe 3.4 (Seite 56): Beweisen Sie, dass der Zwei-Moden-Hamilton-Operator (3.172) mit dem Gesamtteilchenzahloperator $\hat{N} = \hat{a}^\dagger \hat{a} + \hat{b}^\dagger \hat{b}$ vertauscht.

Lösung: Die ersten beiden Terme im Hamilton-Operator

$$\hat{H} = \hbar\omega_A(\hat{a}^\dagger \hat{a} + \tfrac{1}{2}) + \hbar\omega_B(\hat{b}^\dagger \hat{b} + \tfrac{1}{2}) + v(\hat{a}^\dagger \hat{b} + \hat{a}\hat{b}^\dagger) \tag{15.39}$$

vertauschen mit $\hat{N} = \hat{a}^\dagger\hat{a} + \hat{b}^\dagger\hat{b}$. Daher müssen wir nur noch den Hopping-Operator $\hat{a}^\dagger\hat{b} + \hat{a}\hat{b}^\dagger$ betrachten, also den Kommutator

$$\begin{aligned}
[\hat{a}^\dagger\hat{b} + \hat{a}\hat{b}^\dagger, \hat{a}^\dagger\hat{a} + \hat{b}^\dagger\hat{b}] &= [\hat{a}^\dagger\hat{b}, \hat{a}^\dagger\hat{a}] + [\hat{a}^\dagger\hat{b}, \hat{b}^\dagger\hat{b}] + [\hat{a}\hat{b}^\dagger, \hat{a}^\dagger\hat{a}] + [\hat{a}\hat{b}^\dagger, \hat{b}^\dagger\hat{b}] \\
&= [\hat{a}^\dagger, \hat{a}^\dagger\hat{a}]\hat{b} + \hat{a}^\dagger[\hat{b}, \hat{b}^\dagger\hat{b}] + [\hat{a}, \hat{a}^\dagger\hat{a}]\hat{b}^\dagger + \hat{a}[\hat{b}^\dagger, \hat{b}^\dagger\hat{b}] \\
&= -\hat{a}^\dagger\hat{b} + \hat{a}^\dagger\hat{b} + \hat{a}\hat{b}^\dagger - \hat{a}\hat{b}^\dagger = 0\,.
\end{aligned} \tag{15.40}$$

Damit gilt $[\hat{H}, \hat{N}] = 0$ und $\hat{N}$ ist eine Erhaltungsgröße (siehe Seite 31).

Aufgabe 3.5 (Seite 60): Überzeugen Sie sich davon, dass die Operatoren $\hat{A}_\pm$ durch (3.190) gegeben sind und dass die Kommutatorrelationen (3.183) und (3.185) erfüllt sind.

Lösung: Mit den angegebenen Darstellungen von $\hat{Q}$ und $\hat{P}$ erhält man

$$\hat{A}_\pm = \tfrac{1}{\sqrt{2}}\left(\hat{Q} \mp \mathrm{i}\hat{P}\right) = \frac{1}{2\sqrt{N}}\left(\hat{a}^\dagger\hat{b} + \hat{a}\hat{b}^\dagger \pm (\hat{a}^\dagger\hat{b} + \hat{a}\hat{b}^\dagger)\right), \tag{15.41}$$

also $\hat{A}_+ = \hat{a}^\dagger\mathbf{h}/\sqrt{N}$ und $\hat{A}_- = \hat{a}\hat{b}^\dagger/\sqrt{N}$. Die Kommutatorrelationen berechnet man als

$$\begin{aligned}
[\hat{Q}, \hat{P}] &= \frac{\mathrm{i}}{2N}[\hat{a}^\dagger\hat{b} + \hat{a}\hat{b}^\dagger, \hat{a}^\dagger\hat{b} - \hat{a}\hat{b}^\dagger] = \frac{\mathrm{i}}{2N}\left(-[\hat{a}^\dagger\hat{b}, \hat{a}\hat{b}^\dagger] + [\hat{a}\hat{b}^\dagger, \hat{a}^\dagger\hat{b}]\right) \\
&= \frac{\mathrm{i}}{N}[\hat{a}\hat{b}^\dagger, \hat{a}^\dagger\hat{b}] = \frac{\mathrm{i}}{N}\left(\hat{a}\hat{a}^\dagger[\hat{b}^\dagger, \hat{b}] + [\hat{a}, \hat{a}^\dagger]\hat{b}\hat{b}^\dagger\right) \\
&= \frac{\mathrm{i}}{N}\left(-\hat{a}\hat{a}^\dagger + \hat{b}\hat{b}^\dagger\right) = \frac{\mathrm{i}}{N}\left(-1 - \hat{a}^\dagger\hat{a} + 1 + \hat{b}^\dagger\hat{b}\right) = \frac{\mathrm{i}}{N}\left(\hat{b}^\dagger\hat{b} - \hat{a}^\dagger\hat{a}\right) = \mathrm{i}\hat{I}_0
\end{aligned} \tag{15.42}$$

$$\begin{aligned}
[\hat{I}_0, \hat{P}] &= \frac{\mathrm{i}}{N\sqrt{2N}}[\hat{b}^\dagger\hat{b} - \hat{a}^\dagger\hat{a}, \hat{a}^\dagger\hat{b} - \hat{a}\hat{b}^\dagger] \\
&= \frac{\mathrm{i}}{N\sqrt{2N}}\left([\hat{b}^\dagger\hat{b}, \hat{a}^\dagger\hat{b}] - [\hat{b}^\dagger\hat{b}, \hat{a}\hat{b}^\dagger] - [\hat{a}^\dagger\hat{a}, \hat{a}^\dagger\hat{b}] + [\hat{a}^\dagger\hat{a}, \hat{a}\hat{b}^\dagger]\right) \\
&= \frac{\mathrm{i}}{N\sqrt{2N}}\left(\hat{a}^\dagger[\hat{b}^\dagger, \hat{b}]\hat{b} - \hat{a}\hat{b}^\dagger[\hat{b}, \hat{b}^\dagger] - \hat{a}^\dagger[\hat{a}, \hat{a}^\dagger]\hat{b} + [\hat{a}^\dagger, \hat{a}]\hat{a}\hat{b}^\dagger\right) \\
&= \frac{\mathrm{i}}{N\sqrt{2N}}\left(-\hat{a}^\dagger\hat{b} - \hat{a}\hat{b}^\dagger - \hat{a}^\dagger\hat{b} - \hat{a}\hat{b}^\dagger\right) = -\frac{2\mathrm{i}}{N\sqrt{2N}}\left(\hat{a}^\dagger\hat{b} + \hat{a}\hat{b}^\dagger\right) = -\frac{2\mathrm{i}}{N}\hat{Q},
\end{aligned} \tag{15.43}$$

und genauso ergibt sich $[\hat{I}_0, \hat{Q}] = \frac{2\mathrm{i}}{N}\hat{P}$, Mit $u = \frac{1}{\sqrt{N}}$ berechnen wir die Kommutatoren von $\hat{A}_\pm$ als

$$\begin{aligned}
[\hat{A}_-, \hat{A}_+] &= \frac{1}{N}[\hat{a}\hat{b}^\dagger, \hat{a}^\dagger\hat{b}] = \frac{1}{N}\left(\hat{a}[\hat{b}^\dagger, \hat{a}^\dagger\hat{b}] + [\hat{a}, \hat{a}^\dagger\hat{b}]\hat{b}^\dagger\right) = \frac{1}{N}\left(-\hat{a}\hat{a}^\dagger + \hat{b}\hat{b}^\dagger\right) \\
&= \frac{1}{N}\left(-\hat{I} - \hat{a}^\dagger\hat{a} + \hat{I} + \hat{b}^\dagger\hat{b}\right) = \frac{1}{N}\left(-\hat{a}^\dagger\hat{a} + \hat{b}^\dagger\hat{b}\right) = \hat{I}_0\,,
\end{aligned} \tag{15.44}$$

$$\begin{aligned}
[\hat{I}_0, \hat{A}_+] &= \frac{1}{N\sqrt{N}}[\hat{b}^\dagger\hat{b} - \hat{a}^\dagger\hat{a}, \hat{a}^\dagger\hat{b}] = \frac{1}{N\sqrt{N}}\left([\hat{b}^\dagger\hat{b}, \hat{a}^\dagger\hat{b}] - [\hat{a}^\dagger\hat{a}, \hat{a}^\dagger\hat{b}]\right) \\
&= \frac{1}{N\sqrt{N}}\left(\hat{a}^\dagger[\hat{b}^\dagger\hat{b}, \hat{b}] - [\hat{a}^\dagger\hat{a}, \hat{a}^\dagger]\hat{b}\right) = \frac{1}{N\sqrt{N}}\left(-\hat{a}^\dagger\hat{b} - \hat{a}^\dagger\hat{b}\right) \\
&= -\frac{2}{N\sqrt{N}}\hat{a}^\dagger\hat{b} = -\frac{2}{N}\hat{A}_+\,.
\end{aligned} \tag{15.45}$$

Der letzte Kommutator folgt direkt daraus mit $\hat{A}_+^\dagger = \hat{A}_-$:

$$[\hat{I}_0, \hat{A}_+]^\dagger = -\frac{2}{N}\hat{A}_+^\dagger \quad\Longrightarrow\quad -[\hat{I}_0, \hat{A}_-] = -\frac{2}{N}\hat{A}_- \quad\Longrightarrow\quad [\hat{I}_0, \hat{A}_-] = +\frac{2}{N}\hat{A}_-\,. \tag{15.46}$$

Kapitel 4: Drehimpuls und Spin

Aufgabe 4.1 (Seite 64): Vergewissern Sie sich von der Gültigkeit der Formeln

$$\hat{J}_+\hat{J}_- = \hat{J}^2 + \hat{J}_z - \hat{J}_z^2 \ , \quad \hat{J}_-\hat{J}_+ = \hat{J}^2 - \hat{J}_z - \hat{J}_z^2 ,$$
$$[\hat{J}_+, \hat{J}_-] = 2\hat{J}_z \quad , \quad [\hat{J}_z, \hat{J}_\pm] = \pm\hat{J}_\pm \quad \text{und} \quad \hat{J}^2 = \tfrac{1}{2}(\hat{J}_+\hat{J}_- + \hat{J}_-\hat{J}_+) + \hat{J}_z^2 .$$

Lösung: Wir bilden zunächst die Produkte

$$\begin{aligned}\hat{J}_+\hat{J}_- &= (\hat{J}_x + \mathrm{i}\hat{J}_y)(\hat{J}_x - \mathrm{i}\hat{J}_y) = \hat{J}_x^2 + \hat{J}_y^2 + \mathrm{i}(\hat{J}_y\hat{J}_x - \hat{J}_x\hat{J}_y) = \hat{J}^2 + \hat{J}_z - \hat{J}_z^2 \\ \hat{J}_-\hat{J}_+ &= (\hat{J}_x - \mathrm{i}\hat{J}_y)(\hat{J}_x + \mathrm{i}\hat{J}_y) = \hat{J}_x^2 + \hat{J}_y^2 - \mathrm{i}(\hat{J}_y\hat{J}_x - \hat{J}_x\hat{J}_y) = \hat{J}^2 - \hat{J}_z - \hat{J}_z^2\end{aligned} \tag{15.47}$$

mit $[\hat{J}_x, \hat{J}_y] = \mathrm{i}\hat{J}_z$, erhalten daraus durch Subtraktion $[\hat{J}_+, \hat{J}_-] = 2\hat{J}_z$ sowie

$$\begin{aligned}[\hat{J}_z, \hat{J}_\pm] &= \hat{J}_z(\hat{J}_x \pm \mathrm{i}\hat{J}_y) - (\hat{J}_x \pm \mathrm{i}\hat{J}_y)\hat{J}_z = \hat{J}_z\hat{J}_x \pm \mathrm{i}\hat{J}_z\hat{J}_y - \hat{J}_x\hat{J}_z \mp \mathrm{i}\hat{J}_y\hat{J}_x \\ &= [\hat{J}_z, \hat{J}_x] \mp \mathrm{i}[\hat{J}_y, \hat{J}_z] = \mathrm{i}\hat{J}_y \pm \hat{J}_x = \pm\hat{J}_\pm .\end{aligned} \tag{15.48}$$

Zuletzt addieren wir die beiden Gleichungen in (15.47),

$$\hat{J}_+\hat{J}_- + \hat{J}_-\hat{J}_+ = 2\big(\hat{J}^2 - \hat{J}_z^2\big), \tag{15.49}$$

woraus sich durch Umstellung die letzte Formel der Aufgabe ergibt.

Aufgabe 4.2 (Seite 65): Zeigen Sie, dass für die normierten Drehimpulseigenzustände gilt:

$$\hat{J}_+|j,m\rangle = \sqrt{j(j+1) - m(m+1)}\,|j,m+1\rangle \ , \quad \hat{J}_-|j,m\rangle = \sqrt{j(j+1) - m(m-1)}\,|j,m-1\rangle .$$

Lösung: Zur Berechnung des Normierungsfaktors in Gleichung $\hat{J}_+|m\rangle = b|m+1\rangle$ verwenden wir die Identität $\langle\varphi|\hat{J}_-\hat{J}_+|\varphi\rangle = \langle\hat{J}_+\varphi|\hat{J}_+\varphi\rangle$. Für $|\varphi\rangle = |m\rangle$ ergibt das

$$\langle m|\hat{J}_-\hat{J}_+|m\rangle = |b|^2\langle m+1|m+1\rangle , \tag{15.50}$$

und andererseits gilt nach der Formel aus Aufgabe 4.1

$$\langle m|\hat{J}_-\hat{J}_+|m\rangle = \langle m|(\hat{J}^2 - \hat{J}_z(\hat{J}_z + 1))|m\rangle = (j(j+1) - m(m+1))\langle m|m\rangle . \tag{15.51}$$

Für unsere normierten Zustände gilt $\langle m|m\rangle = \langle m+1|m+1\rangle = 1$ und daher

$$b = \sqrt{j(j+1) - m(m+1)}, \tag{15.52}$$

wenn wir über die Phase so verfügen, dass b positiv reell ist.

Auf die gleiche Weise erhalten wir mit $\langle m|\hat{J}_+\hat{J}_-|m\rangle$ den Normierungsfaktor in $\hat{J}_-|m\rangle = c|m-1\rangle$ als

$$c = \sqrt{j(j+1) - m(m-1)} . \tag{15.53}$$

Aufgabe 4.3 (Seite 66): Eine beliebige spurfreie 2 × 2-Matrix **A** lässt sich als Linearkombination der Spinmatrizen als $\mathbf{A} = \vec{a}\cdot\vec{\boldsymbol{\sigma}}$ mit einem Vektor $\vec{a} = (a_x, a_y.a_z)^T$ ausdrücken. Zeigen Sie: Die Eigenwerte von **A** sind gleich $\pm|\vec{a}|$.

Lösung: Ausgeschrieben lautet die Matrix

$$\mathbf{A} = a_x\boldsymbol{\sigma}_x + a_y\boldsymbol{\sigma}_y + a_z\boldsymbol{\sigma}_z = a_x\begin{pmatrix}0 & 1\\ 1 & 0\end{pmatrix} + a_y\begin{pmatrix}0 & -\mathrm{i}\\ \mathrm{i} & 0\end{pmatrix} + a_z\begin{pmatrix}1 & 0\\ 0 & -1\end{pmatrix} = \begin{pmatrix}a_z & a_x - \mathrm{i}a_y\\ a_x + \mathrm{i}a_y & -a_z\end{pmatrix} \qquad (15.54)$$

Die Eigenwerte $a_\pm$ sind die Lösungen der charakteristischen Gleichung $\det(\mathbf{A} - a\mathbf{I}) = 0$, also

$$(a_z - a)(-a_z - a) - (a_x - \mathrm{i}a_y)a_x + \mathrm{i}a_y) = a^2 - a_z^2 - a_x^2 - a_y^2 = 0 \qquad (15.55)$$

mit dem Ergebnis $a_\pm = \pm\sqrt{a_x^2 + a_y^2 + a_z^2} = \pm|\vec{a}|$.

Aufgabe 4.4 (Seite 72): Beweisen Sie, beispielsweise mit der Basisdarstellung (4.54), für die kohärenten Spinzustände die Formel

$$\hat{I} = \frac{2j+1}{4\pi}\int \mathrm{d}\Omega\, |\theta,\phi\rangle\langle\theta,\phi| \quad \text{mit dem Flächenelement} \quad \mathrm{d}\Omega = \sin\theta\,\mathrm{d}\theta\,\mathrm{d}\phi\,.$$

Lösung: Der Beweis ist elementar und folgt im Wesentlichen dem Beweis der Vollständigkeitsrelation (3.114) der „normalen" kohärenten Zustände:

$$\begin{aligned}
\frac{2j+1}{4\pi}\int \mathrm{d}\Omega\, |\theta,\phi\rangle\langle\theta,\phi| &= \frac{2j+1}{4\pi}\sum_{m,m'}\binom{2j}{j+m}^{\frac{1}{2}}\binom{2j}{j+m'}^{\frac{1}{2}}\\
&\quad\cdot\int_0^\pi \sin\theta\,\mathrm{d}\theta\int_0^{2\pi}\mathrm{d}\phi\,\mathrm{e}^{\mathrm{i}(m'-m)\phi}\sin^{2j+m+m'}\tfrac{\theta}{2}\,\cos^{2j-m-m'}\tfrac{\theta}{2}\;|j,m'\rangle\langle j,m|\\
&= \frac{2j+1}{2}\sum_m\binom{2j}{j+m}\sin^{2j+2m}\tfrac{\theta}{2}\,\cos^{2j-2m}\tfrac{\theta}{2}\;|j,m\rangle\langle j,m|\\
&= 2(2j+1)\sum_m\binom{2j}{j+m}\int_0^{\pi/2}\mathrm{d}u\,\sin^{2j+2m+1}u\,\cos^{2j-2m+1}u\;|j,m\rangle\langle j,m|\\
&= \sum_m |j,m\rangle\langle j,m| = \hat{I}\,,
\end{aligned} \qquad (15.56)$$

wobei die Integralformeln

$$\int_0^{2\pi}\mathrm{d}\phi\,\mathrm{e}^{\mathrm{i}n\phi} = 2\pi\,\delta_{n,0} \quad \text{und} \quad \int_0^{\pi/2}\mathrm{d}u\,\sin^{2n+1}u\cos^{2n'+1}u = \frac{n!\,n'!}{2\,(n+n'+1)!} \qquad (15.57)$$

benutzt wurden.

Aufgabe 4.5 (Seite 73): Zeigen Sie: Die Operatoren

$$\hat{J}_x = \frac{1}{2}\big(\hat{a}^\dagger\hat{b} + \hat{a}\hat{b}^\dagger\big)\,, \quad \hat{J}_y = \frac{1}{2\mathrm{i}}\big(\hat{a}^\dagger\hat{b} - \hat{a}\hat{b}^\dagger\big)\,, \quad \hat{J}_z = \frac{1}{2}\big(\hat{a}^\dagger\hat{a} - \hat{b}^\dagger\hat{b}\big)$$

erfüllen die Vertauschungsrelationen $[\hat{J}_x, \hat{J}_y] = \mathrm{i}\hat{J}_z$, x, y, z zyklisch, aus Gleichung (4.2). Beweisen Sie dann die Beziehung $\hat{J}^2 = \frac{\hat{N}}{2}\big(\frac{\hat{N}}{2} + 1\big)$ zwischen $\hat{J}^2$ und $\hat{N} = \hat{a}^\dagger\hat{a} + \hat{b}^\dagger\hat{b}$.

Lösung: Wir verifizieren die Gültigkeit von $[\hat{J}_x, \hat{J}_y] = \mathrm{i}\hat{J}_z$ durch eine einfache Rechnung:

$$\begin{aligned}
[\hat{J}_x, \hat{J}_y] &= \frac{1}{4\mathrm{i}}[\hat{a}^\dagger\hat{b} + \hat{a}\hat{b}^\dagger, \hat{a}^\dagger\hat{b} - \hat{a}\hat{b}^\dagger] = \frac{1}{4\mathrm{i}}\big(-[\hat{a}^\dagger\hat{b}, \hat{a}\hat{b}^\dagger] + [\hat{a}\hat{b}^\dagger, \hat{a}^\dagger\hat{b}]\big)\\
&= \frac{1}{2\mathrm{i}}[\hat{a}\hat{b}^\dagger, \hat{a}^\dagger\hat{b}] = \frac{1}{2\mathrm{i}}\big(\hat{a}[\hat{b}^\dagger, \hat{a}^\dagger\hat{b}] + [\hat{a}, \hat{a}^\dagger\hat{b}]\hat{b}^\dagger\big)\\
&= \frac{1}{2\mathrm{i}}\big(\hat{a}\hat{a}^\dagger[\hat{b}^\dagger, \hat{b}] + [\hat{a}, \hat{a}^\dagger]\hat{b}\hat{b}^\dagger\big) = \frac{1}{2\mathrm{i}}\big(-\hat{a}\hat{a}^\dagger + \hat{b}\hat{b}^\dagger\big) = \frac{1}{2\mathrm{i}}\big(-\hat{a}^\dagger\hat{a} + \hat{b}^\dagger\hat{b}\big) = \mathrm{i}\hat{J}_z\,.
\end{aligned} \qquad (15.58)$$

Die zyklischen Vertauschungen überprüft man genauso, und die Beziehung zwischen $\hat{J}^2$ und $\hat{N}$ bestätigt man durch eine etwas mühsame Umformung:

$$\begin{aligned}
4\hat{J}^2 &= 4\hat{J}_x^2 + 4\hat{J}_y^2 + 4\hat{J}_z^2 = \left(\hat{a}^\dagger\hat{b} + \hat{a}\hat{b}^\dagger\right)^2 - \left(\hat{a}^\dagger\hat{b} - \hat{a}\hat{b}^\dagger\right)^2 + \left(\hat{a}^\dagger\hat{a} - \hat{b}^\dagger\hat{b}\right)^2 \\
&= \hat{a}^\dagger\hat{b}\hat{a}^\dagger\hat{b} + \hat{a}^\dagger\hat{b}\hat{a}\hat{b}^\dagger + \hat{a}\hat{b}^\dagger\hat{a}^\dagger\hat{b} + \hat{a}\hat{b}^\dagger\hat{a}\hat{b}^\dagger - \hat{a}^\dagger\hat{b}\hat{a}^\dagger\hat{b} + \hat{a}^\dagger\hat{b}\hat{a}\hat{b}^\dagger + \hat{a}\hat{b}^\dagger\hat{a}^\dagger\hat{b} - \hat{a}\hat{b}^\dagger\hat{a}\hat{b}^\dagger \\
&\qquad + \hat{a}^\dagger\hat{a}\hat{a}^\dagger\hat{a} - 2\hat{a}^\dagger\hat{a}\hat{b}^\dagger\hat{b} + \hat{b}^\dagger\hat{b}\hat{b}^\dagger\hat{b} \\
&= 2\hat{a}^\dagger\hat{a}\hat{b}\hat{b}^\dagger + 2\hat{a}\hat{a}^\dagger\hat{b}^\dagger\hat{b} + \hat{a}^\dagger\hat{a}\hat{a}^\dagger\hat{a} + \hat{b}^\dagger\hat{b}\hat{b}^\dagger\hat{b} - 2\hat{a}^\dagger\hat{a}\hat{b}^\dagger\hat{b} \\
&= 2\hat{a}^\dagger\hat{a}(1 + \hat{b}^\dagger\hat{b}) + 2(1 + \hat{a}^\dagger\hat{a})\hat{b}^\dagger\hat{b} + \hat{a}^\dagger\hat{a}\hat{a}^\dagger\hat{a} + \hat{b}^\dagger\hat{b}\hat{b}^\dagger\hat{b} - 2\hat{a}^\dagger\hat{a}\hat{b}^\dagger\hat{b} \\
&= 2\hat{a}^\dagger\hat{a} + 2\hat{b}^\dagger\hat{b} + 2\hat{a}^\dagger\hat{a}\hat{b}^\dagger\hat{b} + \hat{a}^\dagger\hat{a}\hat{a}^\dagger\hat{a} + \hat{b}^\dagger\hat{b}\hat{b}^\dagger\hat{b} \\
&= \left(\hat{a}^\dagger\hat{a} + \hat{b}^\dagger\hat{b}\right)\left(\hat{a}^\dagger\hat{a} + \hat{b}^\dagger\hat{b} + 2\right) = \hat{N}\left(\hat{N} + 2\right)
\end{aligned} \tag{15.59}$$

mit dem Operator $\hat{N} = \hat{a}^\dagger\hat{a} + \hat{b}^\dagger\hat{b}$. Wir dividieren durch vier und erhalten die gesuchte Beziehung.

Aufgabe 4.6 (Seite 74): Zeigen Sie: Für die kohärenten Spinzustände $|\vec{x}\rangle$ gilt

$$\langle\vec{x}|\vec{x}\rangle = \left(|x_1|^2 + |x_2|^2\right)^N \quad \text{und} \quad \langle\vec{x}|\hat{a}_i^\dagger\hat{a}_j|\vec{x}\rangle = Nx_j^* x_k \left(|x_1|^2 + |x_2|^2\right)^{N-1}.$$

Lösung: Mit $|\vec{x}\rangle = \sum_{n=0}^N \sqrt{\binom{N}{n}}\, x_1^n\, x_2^{N-n}|n, N-n\rangle$ (siehe Gleichung (4.67)) überzeugen wir uns von der Formel für die Norm durch

$$\begin{aligned}
\langle\vec{x}|\vec{x}\rangle &= \sum_{n,m=0}^N \sqrt{\binom{N}{m}\binom{N}{n}}\, x_1^{*\,m}\, x_2^{*\,N-m} x_1^n\, x_2^{N-n}\langle m, N-m|n, N-n\rangle \\
&= \sum_{n=0}^N \binom{N}{n} |x_1|^2 |x_2|^{2(N-n)} = \left(|x_1^2 + |x_2|^2\right)^N.
\end{aligned} \tag{15.60}$$

Um die Gleichung für die Matrixelemente der $\hat{a}_i^\dagger\hat{a}_j$ zu beweisen, genügt es, sie für $\hat{a}_1^\dagger\hat{a}_2$ und $\hat{a}_1^\dagger\hat{a}_1$ zu berechnen. Zunächst bilden wir

$$\hat{a}_1^\dagger\hat{a}_2|\vec{x}\rangle = \sum_{n=0}^{N-1} \sqrt{\binom{N}{n}}\sqrt{(N-n)(n+1)}\, x_1^n\, x_2^{N-n}|n+1, N-n-1\rangle \tag{15.61}$$

und damit

$$\begin{aligned}
\langle\vec{x}|\hat{a}_1^\dagger\hat{a}_2|\vec{x}\rangle &= \sum_{m=0}^N \sum_{n=0}^{N-1} \sqrt{\binom{N}{m}\binom{N}{n}}\sqrt{(N-n)(n+1)}\, x_1^{*\,m}\, x_2^{*\,N-m} x_1^n\, x_2^{N-n}\langle m, N-m|n+1, N-n-1\rangle \\
&= \sum_{n=0}^{N-1} \sqrt{\binom{N}{n+1}\binom{N}{n}(N-n)(n+1)}\; x_1^{*\,n+1}\, x_2^{*\,N-n-1} x_1^n\, x_2^{N-n} \\
&= Nx_1^* x_2 \sum_{n=0}^{N-1} \binom{N-1}{n} |x_1|^{2n} |x_2|^{2(N-1-n)} = Nx_1^* x_2\left(|x_1|^2 + |x_2|^2\right)^{N-1}.
\end{aligned} \tag{15.62}$$

In gleicher Weise gehen wir für $\hat{a}_1^\dagger\hat{a}_1$ vor:

$$\hat{a}_1^\dagger\hat{a}_1|\vec{x}\rangle = \sum_{n=0}^N \sqrt{\binom{N}{n}}\, n\, x_1^n\, x_2^{N-n}|n, N-n\rangle = \sum_{n=1}^N \sqrt{\binom{N}{n}}\, n\, x_1^n\, x_2^{N-n}|n, N-n\rangle \tag{15.63}$$

$$\langle\vec{x}|\hat{a}_1^\dagger\hat{a}_1|\vec{x}\rangle = \sum_{n=1}^{N}\binom{N}{n} n\,|x_1|^{2n}|x_2|^{2(N-n)} = \sum_{k=0}^{N-1}\binom{N}{k+1}(k+1)\,|x_1|^{2(k+1)}|x_2|^{2(N-k-1)}$$
$$= N|x_1|^2\sum_{k=0}^{N-1}\binom{N-1}{k}|x_1|^{2k}|x_2|^{2(N-1-k)} = N|x_1|^2\big(|x_1|^2+|x_2|^2\big)^{N-1}. \quad (15.64)$$

Kapitel 5: Supersymmetrie

Aufgabe 5.1 (Seite 78): Es ist instruktiv, sich auch in der Darstellung durch $\hat{b}$ und $\hat{f}$ davon zu überzeugen, dass $\hat{H} = \hat{b}^\dagger\hat{b} + \hat{f}^\dagger\hat{f}$ wirklich mit $\hat{Q} = \hat{b}\hat{f}^\dagger$ kommutiert.

Lösung: Mit $\hat{Q} = \hat{b}\hat{f}^\dagger$ sowie

$$[\hat{b}^\dagger\hat{b},\hat{b}] = -\hat{b} \quad \text{und} \quad [\hat{f}^\dagger\hat{f},\hat{f}^\dagger] = \hat{f}^\dagger \quad (15.65)$$

(vgl. Gleichung (3.168)) erhält man

$$[\hat{H},\hat{Q}] = [\hat{b}^\dagger\hat{b}+\hat{f}^\dagger\hat{f},\hat{b}\hat{f}^\dagger] = [\hat{b}^\dagger\hat{b},\hat{b}]\,\hat{f}^\dagger + \hat{b}\,[\hat{f}^\dagger\hat{f},\hat{f}^\dagger] = -\hat{b}\hat{f}^\dagger + \hat{b}\hat{f}^\dagger = 0. \quad (15.66)$$

Aufgabe 5.2 (Seite 79): Zeigen Sie: In der Ortsdarstellung gelten die Formeln

$$B^\pm = W(q) \mp \frac{\hbar}{\sqrt{2m}}\frac{\mathrm{d}}{\mathrm{d}q} \quad \text{und} \quad B^+B^- = -\frac{\hbar^2}{2m}\frac{\mathrm{d}^2}{\mathrm{d}q^2} + W^2(q) - \frac{\hbar}{\sqrt{2m}}W'(q).$$

Lösung: Mit der Ortsdarstellung des Impulsoperators $p = \frac{\hbar}{\mathrm{i}}\frac{\mathrm{d}}{\mathrm{d}q}$ ergibt sich sofort aus (5.29) die angegebene Formel für $B^\pm$. Setzt man dies in das Operatorprodukt ein, so erhält man durch Anwendung auf eine Funktion $\psi(q)$

$$B^+B^-\psi(q) = \Big(W - \frac{\hbar}{\sqrt{2m}}\frac{\mathrm{d}}{\mathrm{d}q}\Big)\Big(W\psi + \frac{\hbar}{\sqrt{2m}}\frac{\mathrm{d}\psi}{\mathrm{d}q}\Big)$$
$$= W^2\psi + \frac{\hbar}{\sqrt{2m}}W\frac{\mathrm{d}\psi}{\mathrm{d}q} - \frac{\hbar}{\sqrt{2m}}\frac{\mathrm{d}(W\psi)}{\mathrm{d}q} - \frac{\hbar^2}{2m}\frac{\mathrm{d}^2\psi}{\mathrm{d}q^2}$$
$$= \Big(-\frac{\hbar^2}{2m}\frac{\mathrm{d}^2}{\mathrm{d}q^2} + W^2 - \frac{\hbar}{\sqrt{2m}}\frac{\mathrm{d}W}{\mathrm{d}q}\Big)\psi, \quad (15.67)$$

also das gesuchte Resultat.

Aufgabe 5.3 (Seite 80): Das Superpotential $W(q)$ lässt sich aus der Wellenfunktion $\psi_0(q)$ des Grundzustands bestimmen als

$$W(q) = -\frac{\hbar}{\sqrt{2m}}\frac{\psi_0'(q)}{\psi_0(q)} = -\frac{\hbar}{\sqrt{2m}}\frac{\mathrm{d}}{\mathrm{d}q}\ln\psi_0(q).$$

Leiten Sie diese Formel her.

Lösung: Die Eigenwertgleichung $\hat{H}_1\psi_0^{(1)} = E_0^{(1)}\psi_0^{(1)}$ für den Grundzustand lässt sich mit $E_0^{(1)} = 0$ als Schrödinger-Gleichung

$$-\frac{\hbar^2}{2m}\psi_0''(q) + \Big(W^2(q) - \frac{\hbar}{\sqrt{2m}}W'(q)\Big)\psi_0(q) = 0 \quad (15.68)$$

schreiben (vgl. Gleichung (5.31)). Die Grundzustandswellenfunktion $\psi_0(q)$ hat keine Nullstellen, also können wir dies umformen zu

$$\frac{\psi_0''}{\psi_0} = \frac{2m}{\hbar^2}\Big(W^2 - \frac{\hbar}{\sqrt{2m}}W'\Big) = \Big(\frac{\sqrt{2m}}{\hbar}W\Big)^2 - \Big(\frac{\sqrt{2m}}{\hbar}W\Big)'. \tag{15.69}$$

Wenn wir uns an die Quotientenregel der Differentiation erinnern,

$$\Big(\frac{\psi_0'}{\psi_0}\Big)' = \frac{\psi_0\psi_0'' - \psi_0'\psi_0'}{\psi_0^2} = \frac{\psi_0''}{\psi_0} - \Big(\frac{\psi_0'}{\psi_0}\Big)^2 \quad\Longrightarrow\quad \frac{\psi_0''}{\psi_0} = \Big(\frac{\psi_0'}{\psi_0}\Big)^2 - \Big(\frac{\psi_0'}{\psi_0}\Big)', \tag{15.70}$$

dann erkennen wir

$$\frac{\psi_0'}{\psi_0} = -\frac{\sqrt{2m}}{\hbar}W, \tag{15.71}$$

woraus sich die Formel der Aufgabe ergibt.

Aufgabe 5.4 (Seite 84): Verifizieren Sie die Transformationsgleichungen

$$\psi_n^{(k+1)} = \frac{B_k^- \psi_{n+1}^{(k)}}{\sqrt{E_{n+1}^{(k)} - E_0^{(k)}}}, \quad \psi_{n+1}^{(k)} = \frac{B_k^+ \psi_n^{(k+1)}}{\sqrt{E_n^{(k+1)} - E_0^{(k)}}}.$$

Zeigen Sie dabei, dass dabei die Normierung erhalten bleibt.

Lösung: Zuerst wollen wir uns von der Gültigkeit der linken Gleichung überzeugen und zeigen, dass $B_k^- \psi_{n+1}^{(k)}$ ein Eigenzustand von $H^{(k+1)}$ zum Eigenwert $E_n^{(k+1)}$ ist. (Der Vorfaktor spielt dabei keine Rolle.) Dafür setzen wir $H^{(k+1)}$ aus Gleichung (5.61) ein und formen um:

$$\begin{aligned} H^{(k+1)}B_k^-\psi_{n+1}^{(k)} &= \big(B_k^-B_k^+ + E_0^{(k)}\big)B_k^-\psi_{n+1}^{(k)} = \big(B_k^-B_k^+B_k^- + E_0^{(k)}B_k^-\big)\psi_{n+1}^{(k)} \\ &= \big(B_k^-\big(H_k - E_0^{(k)}\big) + E_0^{(k)}B_k^-\big)\psi_{n+1}^{(k)} = B_k^-H_k\psi_{n+1}^{(k)} \\ &= B_k^-E_{n+1}^{(k)}\psi_{n+1}^{(k)} = E_{n+1}^{(k)}B_k^-\psi_{n+1}^{(k)} = E_n^{(k+1)}B_k^-\psi_{n+1}^{(k)}, \end{aligned} \tag{15.72}$$

wobei wir auch $E_{n+1}^{(k)} = E_n^{(k+1)}$ aus Gleichung (5.62) bestätigen konnten.

Wir überprüfen noch die Normierung. Unter der Annahme normierter Eigenzustände $\psi_n^{(k)}$ von H_k erhalten wir mit $(B^-)^\dagger = B^+$

$$\begin{aligned} \langle\psi_n^{(k+1)}|\psi_n^{(k+1)}\rangle &= \frac{\langle\psi_{n+1}^{(k)}|B^+B_k^-|\psi_{n+1}^{(k)}\rangle}{E_n^{(k+1)} - E_0^{(k)}} = \frac{\langle\psi_{n+1}^{(k)}|\big(H_k - E_0^{(k)}\big)|\psi_{n+1}^{(k)}\rangle}{E_n^{(k+1)} - E_0^{(k)}} \\ &= \frac{\langle\psi_{n+1}^{(k)}|\big(E_{n+1}^{(k)} - E_0^{(k)}\big)|\psi_{n+1}^{(k)}\rangle}{E_n^{(k+1)} - E_0^{(k)}} = \langle\psi_{n+1}^{(k)}|\psi_{n+1}^{(k)}\rangle = 1. \end{aligned} \tag{15.73}$$

Die zweite Gleichung folgt aus der ersten durch Einsetzen:

$$\begin{aligned}\frac{B_k^+\psi_n^{(k+1)}}{\sqrt{E_n^{(k+1)}-E_0^{(k)}}} &= \frac{B_k^+B_k^-\psi_{n+1}^{(k)}}{\sqrt{\left(E_n^{(k+1)}-E_0^{(k)}\right)\left(E_{n+1}^{(k)}-E_0^{(k)}\right)}} \\ &= \frac{\left(H_k-E_0^{(k)}\right)\psi_{n+1}^{(k)}}{\sqrt{\left(E_n^{(k+1)}-E_0^{(k)}\right)\left(E_{n+1}^{(k)}-E_0^{(k)}\right)}} = \frac{\left(E_{n+1}^{(k)}-E_0^{(k)}\right)\psi_{n+1}^{(k)}}{\sqrt{\left(E_n^{(k+1)}-E_0^{(k)}\right)\left(E_{n+1}^{(k)}-E_0^{(k)}\right)}} \\ &= \sqrt{\frac{E_{n+1}^{(k)}-E_0^{(k)}}{E_n^{(k+1)}-E_0^{(k)}}}\,\psi_{n+1}^{(k)} = \psi_{n+1}^{(k)}\,. \end{aligned} \tag{15.74}$$

Aufgabe 5.5 (Seite 86): Bestimmen Sie die Susy-Partnerpotentiale für ein lineares Superpotential $W(q) = aq$, zeigen Sie die Forminvarianz und bestimmen Sie das Energiespektrum.

Lösung: Aus den Formeln (5.31) und (5.32) mit $V_{1,2} = W^2 \mp \frac{\hbar}{\sqrt{2m}} W'$ erhalten wir für das Superpotential $W(q) = aq$ die Potentiale

$$V_1(q;a) = a^2q^2 - \frac{\hbar}{\sqrt{2m}}a\ , \quad V_2(q;a) = a^2q^2 + \frac{\hbar}{\sqrt{2m}}a\,, \tag{15.75}$$

abhängig von dem Parameter a. Um die Relation

$$V_2(q;a) = V_1(q;a_1) + R(a_1) \tag{15.76}$$

für die Forminvarianz zu erfüllen, wählen wir

$$a_1 = a\ , \quad R(a_1) = 2a_1\frac{\hbar}{\sqrt{2m}} = 2a\frac{\hbar}{\sqrt{2m}}\,, \tag{15.77}$$

denn dann gilt

$$\begin{aligned} V_1(q;a_1) + R(a_1) = V_1(q;a) + R(a) &= a^2q^2 - \frac{\hbar}{\sqrt{2m}}a + 2a\frac{\hbar}{\sqrt{2m}} \\ &= a^2q^2 + \frac{\hbar}{\sqrt{2m}}a = V_2(q;a)\,. \end{aligned} \tag{15.78}$$

Das Energiespektrum ergibt sich aus (5.70) mit $B_k = a$ als

$$E_n^{(1)} = \sum_{k=1}^{n} R(a_k) = \sum_{k=1}^{n} R(a) = R(a)\,n = 2a\frac{\hbar}{\sqrt{2m}}\,n\,. \tag{15.79}$$

Das ist natürlich genau das Spektrum unseres harmonischen Oszillators mit $E_n = \hbar\omega n$, wenn wir $a^2 = m\omega^2/2$ setzen.

Kapitel 6: Lie-Algebren

Aufgabe 6.1 (Seite 89): Zeigen Sie, dass aus den ersten beiden Eigenschaften des Lie-Produkts folgt, dass es schiefsymmetrisch ist, dass also gilt

$$[A,B] = -[B,A]\,.$$

Existiert ein Einselement und gilt das Assoziativgesetz?

Lösung: Aus der zweiten Eigenschaft des Lie-Produkts und der Bilinearität folgt

$$\begin{aligned}0 &= [A+B, A+B] = [A, A+B] + [B, A+B] \\ &= [A,A] + [A,B] + [B,A] + [B,B] = [A,B] + [B,A]\,,\end{aligned} \tag{15.80}$$

also die Schiefsymmetrie $[A,B] = -[B,A]$. Das Lie-Produkt kann daher nur dann kommutativ sein, wenn es für alle Elemente gleich null ist. Aus dem gleichen Grund kann es kein Einelement I mit $[A,I] = [I,A] = A$ für alle Elemente A der Algebra geben. Auch das Assoziativgesetz $A(BC) = (AB)C$ ist nicht allgemein erfüllbar. Es schreibt sich hier als

$$[A,[B,C]] = [[A,B],C]\,. \tag{15.81}$$

Wenn wir den rechtem Term umschreiben als $[[A,B],C] = -[C,[A,B]]$, erhalten wir

$$0 = [A,[B,C]] - [[A,B],C] = [A,[B,C]] + [C,[A,B]]\,. \tag{15.82}$$

Andererseits liefert die Jacobi-Regel

$$[A,[B,C]] + [C,[A,B]] = -[B,[C,A]] \tag{15.83}$$

und daher müsste gelten $[B,[C,A]] = 0$ für alle Elemente der Algebra, was sicher nicht richtig ist. Für den Fall $C = A$ ist das jedoch immer erfüllt. Für das Lie-Produkt gilt damit

$$A(BA) = (AB)A\,, \tag{15.84}$$

das sogenannte **Flexibilitätsgesetz**.

Aufgabe 6.2 (Seite 93): Beweisen Sie für die Poisson-Klammer die Jacobi-Regel

$$\{A,\{B,C\}\} + \{B,\{C,A\}\} + \{C,\{A,B\}\} = 0\,.$$

Lösung: Eine direkte Berechnung aller drei Ausdrücke ist in jedem Fall eine Fleißaufgabe, auch schon für nur einen Freiheitsgrad. Hier eine recht schnelle Lösung, basierend auf der Formel

$$\{A,B\} = \Omega_{ij}\partial_i A \partial_j B \tag{15.85}$$

aus Gleichung (6.29) (Summation über doppelte Indizes). Wir bilden damit eine zweifache Poisson-Klammer, schieben zwei geeignete Terme ein, die wir dann als „Rest" wieder subtrahieren, und formen um (mit $\partial_k\partial_j = \partial_j\partial_k$, da wir unsere Funktionen als stetig differenzierbar voraussetzen):

$$\begin{aligned}\{A,\{B,C\}\} &= \Omega_{ij}\partial_i A\partial_j\left(\Omega_{k\ell}\partial_k B\,\partial_\ell C\right) = \Omega_{ij}\Omega_{k\ell}\left(\partial_i A(\partial_j\partial_k B)\,\partial_\ell C + \partial_i A\partial_k B(\partial_j\partial_\ell C)\right) \\ &= \Omega_{ij}\Omega_{k\ell}\big(\partial_i A(\partial_j\partial_k B)\,\partial_\ell C + (\partial_k\partial_i A)\partial_j B\partial_\ell C \\ &\qquad + \partial_i A\partial_k B(\partial_j\partial_\ell C) + (\partial_\ell\partial_i A)\partial_j C\partial_k B\big) - \text{Rest} \\ &= \Omega_{ij}\Omega_{k\ell}\left(\partial_k(\partial_i A\partial_j B)\partial_\ell C + \partial_\ell(\partial_i A\partial_j C)\partial_k B\right) - \text{Rest} \\ &= -\{C,\{A,B\}\} - \{B,\{C,A\}\} - \text{Rest}\,,\end{aligned} \tag{15.86}$$

denn, wenn wir i, j, k, ℓ durch k, ℓ, j, i ersetzen, ergibt sich

$$\begin{aligned}\Omega_{ij}\Omega_{k\ell}\partial_k(\partial_i A\partial_j B)\partial_\ell C &= \Omega_{ij}\Omega_{k\ell}\partial_\ell C\partial_k(\partial_i A\partial_j B) = \Omega_{k\ell}\Omega_{ji}\partial_i C\partial_j(\partial_k A\partial_\ell B)\\ &= -\Omega_{ij}\Omega_{k\ell}\partial_i C\partial_j(\partial_k A\partial_\ell B) = -\{C,\{A,B\}\}\end{aligned} \tag{15.87}$$

und genauso mit $i, j, k, \ell \longrightarrow \ell, k, i, j$

$$\begin{aligned}\Omega_{ij}\Omega_{k\ell}\partial_\ell(\partial_i A\partial_j C)\partial_k B &= \Omega_{ij}\Omega_{k\ell}\partial_k B\partial_\ell(\partial_i A\partial_j C) = \Omega_{\ell k}\Omega_{ij}\partial_i B\partial_j(\partial_\ell A\partial_k C)\\ &= -\Omega_{ij}\Omega_{k\ell}\partial_i B\partial_j(\partial_k C\partial_\ell A) = -\{B,\{C,A\}\}\,.\end{aligned} \tag{15.88}$$

Wir betrachten noch den Rest, wobei wir im ersten Term die Indizes wie $i, j, k, \ell \longrightarrow i, k, \ell, j$ umbenennen:

$$\begin{aligned}\text{Rest} &= \Omega_{ij}\Omega_{k\ell}(\partial_k\partial_i A)\partial_j B\partial_\ell C + \Omega_{ij}\Omega_{k\ell}(\partial_\ell\partial_i A)\partial_j C\partial_k B\\ &= \Omega_{ik}\Omega_{\ell j}(\partial_\ell\partial_i A)\partial_k B\partial_\ell C + \Omega_{ij}\Omega_{k\ell}(\partial_\ell\partial_i A)\partial_j C\partial_k B\\ &= \big(\Omega_{ik}\Omega_{\ell j} + \Omega_{ij}\Omega_{k\ell}\big)(\partial_\ell\partial_i A)\partial_k B\partial_j C = 0\,,\end{aligned} \tag{15.89}$$

denn $\Omega_{ik}\Omega_{\ell j} + \Omega_{ij}\Omega_{k\ell}$ ist antisymmetrisch bei Vertauschung von i und ℓ, der andere Faktor symmetrisch, und daher ergibt sich bei Summation über die Indizes null. Folglich liefert Gleichung (15.86) die zu beweisende Jacobi-Regel.

Aufgabe 6.3 (Seite 98): Bestimmen Sie die adjungierte Matrixdarstellung der dreidimensionalen Lie-Algebra $\{K_0, K_+, K_-\}$ mit den Lie-Klammern

$$[K_0, K_\pm] = \pm 2K_\pm \quad , \quad [K_+, K_-] = K_0\,,$$

die wir später als $\mathfrak{su}(1,1)$-Algebra kennen lernen, und überprüfen Sie, dass die Matrizen wirklich diese Relationen erfüllen.

Lösung: Geht man genauso vor wie im Beispiel für die $\mathfrak{so}(3)$-Algebra, so erhält man für die Linearkombination $xK_0 + yK_+ + zK_-$

$$\begin{aligned}\mathrm{ad}_{K_0}\big(xK_0 + yK_+ + zK_-\big) &= \big[K_0, xK_0 + yK_+ + zK_-\big]\\ &= y\big[K_0, K_+\big] + z\big[K_0, K_-\big] = 2yK_+ - 2zK_-\,,\end{aligned} \tag{15.90}$$

oder in Matrixform

$$\begin{pmatrix} 0\\ 2y\\ -2z\end{pmatrix} = \begin{pmatrix} 0 & 0 & 0\\ 0 & 2 & 0\\ 0 & 0 & -2\end{pmatrix}\begin{pmatrix} x\\ y\\ z\end{pmatrix} \quad\Longrightarrow\quad \mathrm{ad}_{K_0} = \begin{pmatrix} 0 & 0 & 0\\ 0 & 2 & 0\\ 0 & 0 & -2\end{pmatrix}. \tag{15.91}$$

Genauso findet man

$$\mathrm{ad}_{K_+}\big(xK_0 + yK_+ + zK_-\big) = -2xK_+ - zK_0 \quad\Longrightarrow\quad \mathrm{ad}_{K_+} = \begin{pmatrix} 0 & 0 & 1\\ -2 & 0 & 0\\ 0 & 0 & 0\end{pmatrix} \tag{15.92}$$

und schließlich

$$\mathrm{ad}_{K_-}\big(xK_0 + yK_+ + zK_-\big) = 2xK_- - yK_0 \quad\Longrightarrow\quad \mathrm{ad}_{K_-} = \begin{pmatrix} 0 & -1 & 0\\ 0 & 0 & 0\\ 2 & 0 & 0\end{pmatrix}. \tag{15.93}$$

Zur Sicherheit prüfen wir die Kommutatorrelationen nach:

$$\begin{aligned}
\left[\mathrm{ad}_{K_0}, \mathrm{ad}_{K_+}\right] &= \begin{pmatrix} 0 & 0 & 0 \\ 0 & 2 & 0 \\ 0 & 0 & -2 \end{pmatrix} \begin{pmatrix} 0 & 0 & 1 \\ -2 & 0 & 0 \\ 0 & 0 & 0 \end{pmatrix} - \begin{pmatrix} 0 & 0 & 1 \\ -2 & 0 & 0 \\ 0 & 0 & 0 \end{pmatrix} \begin{pmatrix} 0 & 0 & 0 \\ 0 & 2 & 0 \\ 0 & 0 & -2 \end{pmatrix} \\
&= \begin{pmatrix} 0 & 0 & 0 \\ -4 & 0 & 0 \\ 0 & 0 & 0 \end{pmatrix} - \begin{pmatrix} 0 & 0 & -2 \\ 0 & 0 & 0 \\ 0 & 0 & 0 \end{pmatrix} = \begin{pmatrix} 0 & 0 & 2 \\ -4 & 0 & 0 \\ 0 & 0 & 0 \end{pmatrix} = 2\,\mathrm{ad}_{K_+}\,,
\end{aligned} \tag{15.94}$$

$$\begin{aligned}
\left[\mathrm{ad}_{K_0}, \mathrm{ad}_{K_-}\right] &= \begin{pmatrix} 0 & 0 & 0 \\ 0 & 2 & 0 \\ 0 & 0 & -2 \end{pmatrix} \begin{pmatrix} 0 & -1 & 0 \\ 0 & 0 & 0 \\ 2 & 0 & 0 \end{pmatrix} - \begin{pmatrix} 0 & -1 & 0 \\ 0 & 0 & 0 \\ 2 & 0 & 0 \end{pmatrix} \begin{pmatrix} 0 & 0 & 0 \\ 0 & 2 & 0 \\ 0 & 0 & -2 \end{pmatrix} \\
&= \begin{pmatrix} 0 & 0 & 0 \\ 0 & 0 & 0 \\ -4 & 0 & 0 \end{pmatrix} - \begin{pmatrix} 0 & -2 & 0 \\ 0 & 0 & 0 \\ 0 & 0 & 0 \end{pmatrix} = \begin{pmatrix} 0 & 2 & 0 \\ 0 & 0 & 0 \\ -4 & 0 & 0 \end{pmatrix} = -2\,\mathrm{ad}_{K_-}\,,
\end{aligned} \tag{15.95}$$

$$\begin{aligned}
\left[\mathrm{ad}_{K_+}, \mathrm{ad}_{K_-}\right] &= \begin{pmatrix} 0 & 0 & 1 \\ -2 & 0 & 0 \\ 0 & 0 & 0 \end{pmatrix} \begin{pmatrix} 0 & -1 & 0 \\ 0 & 0 & 0 \\ 2 & 0 & 0 \end{pmatrix} - \begin{pmatrix} 0 & -1 & 0 \\ 0 & 0 & 0 \\ 2 & 0 & 0 \end{pmatrix} \begin{pmatrix} 0 & 0 & 1 \\ -2 & 0 & 0 \\ 0 & 0 & 0 \end{pmatrix} \\
&= \begin{pmatrix} 2 & 0 & 0 \\ 0 & 2 & 0 \\ 0 & 0 & 0 \end{pmatrix} - \begin{pmatrix} 2 & 0 & 0 \\ 0 & 0 & 0 \\ 0 & 0 & 2 \end{pmatrix} = \begin{pmatrix} 0 & 0 & 0 \\ 0 & 2 & 0 \\ 0 & 0 & -2 \end{pmatrix} = \mathrm{ad}_{K_0}\,.
\end{aligned} \tag{15.96}$$

Aufgabe 6.4 (Seite 98): Vergewissern Sie sich davon, dass der Durchschnitt und die Summe zweier Ideale $\mathscr{I}_1$ und $\mathscr{I}_2$ in einer Lie-Algebra $\mathscr{L}$ wieder Ideale sind.

Lösung: Durchschnitt und Summe zweier Unteralgebren sind wieder Unteralgebren. Wir müssen nur noch zeigen, dass auch die Bedingung für ein Ideal erfüllt ist, falls beide Ideale sind. Sei also X ein beliebiges Element aus $\mathscr{L}$.

Falls A im Durchschnitt liegt, dann ist $[A, X] \in \mathscr{I}_1$, da $A \in \mathscr{I}_1$ und $[A, X] \in \mathscr{I}_2$, da $A \in \mathscr{I}_2$. Also liegt auch $[A, X]$ im Durchschnitt.

Falls A in der Summe liegt, dann gibt es $A_1 \in \mathscr{I}_1$ und $A_2 \in \mathscr{I}_2$ mit $A = A_1 + A_2$ und wir erhalten

$$[A, X] = [A_1 + A_2, X] = [A_1, X] + [A_2, X]\,. \tag{15.97}$$

Hier liegt der erste Summand in $\mathscr{I}_1$ und der zweite in $\mathscr{I}_2$, das Ganze also in der Summe von $\mathscr{I}_1$ und $\mathscr{I}_2$.

Aufgabe 6.5 (Seite 101): Zeigen Sie, dass sich für die Algebra $\mathfrak{so}(3)$ mit den Generatoren $\{L_1, L_2, L_3\}$ und den Lie-Klammern $[L_i, L_j] = \epsilon_{ijk} L_k$ der Casimir-Operator nach Gleichung (6.77) als

$$C = -\frac{1}{2}\left(L_1^2 + L_2^2 + L_3^2\right)$$

ergibt, und verifizieren Sie, dass C mit den L_j vertauscht.

Lösung: Nach Gleichung (6.52) sind die Komponenten des metrischen Tensors diagonal und gleich $g_{jk} = -2\delta_{jk}$, und die des inversen Operators gleich $g^{jk} = -\frac{1}{2}\delta_{jk}$. Damit ist

$$C = \sum_j g^{jk} L_j L_k = -\frac{1}{2}\left(L_1^2 + L_2^2 + L_3^2\right). \tag{15.98}$$

Auf Seite 63 wurde schon gezeigt, dass die quantenmechanischen Operatoren der Drehimpulskomponenten mit der Summe der Quadrate vertauschen. Dabei wurde allerdings die Leibniz-Regel benutzt, die ja nicht für jede Lie-Algebra erfüllt ist. Wir vergewissern uns also noch, dass C mit L_1 vertauscht, ohne diese Regel anzuwenden. Zunächst eine kleine Vorarbeit. Mit den Vertauschungsrelationen $L_1L_2 - L_2L_1 = L_3$ und $L_3L_1 - L_1L_3 = L_2$ finden wir

$$\begin{aligned}
[L_1, L_2^2] &= L_1L_2^2 - L_2^2L_1 = L_1L_2^2 - L_2(L_1L_2 - L_3) = L_1L_2^2 - L_2L_1L_2 + L_2L_3 \\
&= L_1L_2^2 - (L_1L_2 - L_3)L_2 + L_2L_3 = L_3L_2 + L_2L_3\,, \qquad (15.99) \\
[L_1, L_3^2] &= L_1L_3^2 - L_3^2L_1 = L_1L_3^2 - L_3(L_1L_3 + L_2) = L_1L_3^2 - L_3L_1L_3 - L_3L_2 \\
&= L_1L_3^2 - (L_1L_3 + L_2)L_3 - L_3L_2 = -L_2L_3 - L_3L_2\,. \qquad (15.100)
\end{aligned}$$

Daraus folgt direkt

$$[L_1, C] = -\tfrac{1}{2}[L_1, L_1^2 + L_2^2 + L_3^2] = -\tfrac{1}{2}\Big([L_1, L_2^2] + [L_1, L_3^2]\Big) = 0\,. \tag{15.101}$$

Für L_2 und L_3 kann man genauso vorgehen.

Aufgabe 6.6 (Seite 104): Jede komplexe nicht-nilpotente Lie-Algebra enthält Elemente X, Y mit $[X, Y] = Y$, die eine zweidimensionale Unteralgebra bilden. Konstruieren Sie für die von $\{K_0, K_+, \hat{K}_-\}$ gebildete Algebra $\mathfrak{su}(2)$ zwei solche Elemente mit $X = aK_+ - a\hat{K}_-$.

Lösung: Für $X = aK_+ - aK_-$ und den Lie-Klammern $[K_0, K_\pm] = \pm 2K_\pm$ und $[K_+, K_-] = K_0$ erhält man mit dem Ansatz $Y = xK_0 + yK_+ + zK_-$ für den Kommutator

$$\begin{aligned}
[X, Y] &= [aK_+ - aK_-, xK_0 + yK_+ + zK_-] \\
&= ax[K_+, K_0] + az[K_+, K_-] - ax[K_-, K_0] - ay[K_-, K_+] \\
&= -2axK_+ + azK_0 - 2axK_- + ayK_0 \stackrel{!}{=} Y = xK_0 + yK_+ + zK_-\,.
\end{aligned} \tag{15.102}$$

Das ergibt $a(z + y) = x$ und $-2ax = y = z$. Damit wird die erste Gleichung zu $2ay = x$ und, eingesetzt in die zweite, $-2a(2ay) = y$, also $a = \mathrm{i}/2$ und mit der Wahl $x = 1$ erhalten wir $y = z = -\mathrm{i}$, und damit

$$X = \tfrac{\mathrm{i}}{2}K_+ - \tfrac{\mathrm{i}}{2}K_-\,, \qquad Y = K_0 - \mathrm{i}K_+ - \mathrm{i}K_-\,. \tag{15.103}$$

Für eine nilpotente Lie-Algebra ist das nicht gewährleistet, wie man beispielsweise aus der Algebra der strikten obereren Dreiecksmatrizen in Gleichung (6.26) sieht. Wäre dort der Kommutator gleich M', dann müsste gelten $a' = c' = 0$ und damit also auch $b' = b'' = 0$ und M' wäre die Nullmatrix.

Aufgabe 6.7 (Seite 105): Die drei Differentialoperatoren

$$J_z = u\frac{\mathrm{d}}{\mathrm{d}u} - \frac{n}{2}\ , \quad J_+ = nu - u^2\frac{\mathrm{d}}{\mathrm{d}u}\ , \quad J_- = \frac{\mathrm{d}}{\mathrm{d}u}$$

operieren auf dem $(n+1)$-dimensionalen Raum der Polynome in u vom Grad n. Zeigen Sie, dass sie die $\mathfrak{so}(3)$-Relationen $[J_z, J_\pm] = \pm J_\pm\ ,\ [J_+, J_-] = 2J_z$ aus (6.103) erfüllen.

Lösung: Zunächst sollten wir uns vergewissern, dass die drei Operatoren wirklich im Raum der Polynome in u vom Grad n arbeiten. Sei also $f(u) = \sum_{j=0}^n g_j u^j$ ein solches Polynom. Dann ist

$$J_z f(u) = u f'(u) - \frac{n}{2} f(u)\ , \quad J_+ f(u) = nuf(u) - u^2 f'(u)\ , \quad J_- f(u) = f'(u)\,. \tag{15.104}$$

Klarerweise sind dann $J_z f(u)$ und $J_- f(u)$ wieder Polynome von Grad n bzw. $n-1$. Bei $J_+ f(u)$ erzeugt $nuf(u)$ einen Term $ng_n u^{n+1}$, der aber durch $-u^2 f'(u) = -ng_n u^{n+1} + \ldots$ wieder entfernt wird.

Zur Kontrolle der Lie-Produkt-Relationen berechnen wir nacheinander die drei Kommutatoren, eine reine Fleißarbeit. Wir beginnen mit $[J_z, J_-]$:

$$\begin{aligned} J_z J_- f &= \left(u\partial_u - \tfrac{n}{2}\right)\partial_u f = \left(u\partial_u - \tfrac{n}{2}\right) f' = uf'' - \tfrac{n}{2} f' \\ J_- J_z f &= \partial_u\left(u\partial_u - \tfrac{n}{2}\right) f = \partial_u\left(uf' - \tfrac{n}{2} f\right) = f' + uf'' - \tfrac{n}{2}\,. \end{aligned} \tag{15.105}$$

Daraus folgt $[J_z, J_-]f = J_z J_- f - J_- J_z f = -f' = -J_- f$ und daher $[J_z, J_-] = -J_-$. Genauso erhalten wir

$$\begin{aligned} J_z J_+ f &= \left(u\partial_u - \tfrac{n}{2}\right)\left(nu - u^2\partial_u\right) f = \left(u\partial_u - \tfrac{n}{2}\right)\left(nuf - u^2 f'\right) \\ &= unf + nu^2 f' - 2u^2 f' - u^3 f'' - \frac{n^2}{2} uf + \frac{n}{2} u^2 f' \\ &= nuf + \frac{3n}{2} u^2 f' - 2u^2 f' - u^3 f'' - \frac{n^2}{2} uf\,, \\ J_+ J_z f &= \left(nu - u^2\partial_u\right)\left(u\partial_u - \tfrac{n}{2}\right) f = \left(nu - u^2\partial_u\right)\left(uf' - \tfrac{n}{2} f\right) \\ &= nu^2 f' - \frac{n^2}{2} uf - u^2 f' - u^3 f'' + \frac{n}{2} u^2 f' \\ &= \frac{3n}{2} u^2 f' - \frac{n^2}{2} uf' u) - u^2 f' - u^3 f''\,, \end{aligned} \tag{15.106}$$

also

$$[J_z, J_+]f = J_z J_+ f - J_+ J_z f = nuf - u^2 f' - = J_+ f \quad \text{oder} \quad [J_z, J_+] = J_+\,. \tag{15.107}$$

Zuletzt berechnen wir den dritten Kommutator:

$$\begin{aligned} J_+ J_- f &= \left(nu - u^2\partial_u\right)\partial_u f = nuf' - u^2 f'' \\ J_- J_+ f &= \partial_u\left(nu - u^2\partial_u\right) f = \partial_u\left(nuf - u^2 f'\right) = nf + nuf' - 2uf' - u^2 f''\,. \end{aligned} \tag{15.108}$$

Daraus folgt

$$[J_+,J_-]f = J_+J_-f - J_-J_+f = -nf + 2uf' = 2J_zf \quad \text{und} \quad [J_+,J_-] = 2J_z\,. \tag{15.109}$$

Damit sind alle drei Relationen bestätigt.

Aufgabe 6.8 (Seite 106): In der klassischen Mechanik liefern die Phasenraumfunktionen $K_+ = p^2/2$, $K_- = q^2/2$ und $K_0 = pq$ mit der klassischen Poisson-Klammer eine Realisierung der $\mathfrak{su}(1,1)$-Algebra. Vergewissern Sie sich davon und überzeugen Sie sich, dass dies auch für die quantenmechanischen Impuls- und Ortsoperatoren $\hat{p}$ und $\hat{q}$ gilt, wobei man allerdings K_0 symmetrisieren muss als $\frac{1}{2}(pq+qp)$.

Lösung: Mit der Poisson-Klammer aus Gleichung (6.28) findet man für $K_+ = p^2/2$, $K_- = q^2/2$ und $K_0 = pq$

$$\begin{aligned}
\{K_0,K_+\} &= \frac{\partial K_0}{\partial q}\frac{\partial K_+}{\partial p} - \frac{\partial K_+}{\partial q}\frac{\partial K_0}{\partial p} = pp = 2\frac{p^2}{2} = 2K_+\,,\\
\{K_0,K_-\} &= \frac{\partial K_0}{\partial q}\frac{\partial K_-}{\partial p} - \frac{\partial K_-}{\partial q}\frac{\partial K_0}{\partial p} = -qq = -2\frac{q^2}{2} = -2K_-\,,\\
\{K_+,K_-\} &= \frac{\partial K_+}{\partial q}\frac{\partial K_-}{\partial p} - \frac{\partial K_+}{\partial q}\frac{\partial K_-}{\partial p} = -pq = -K_0\,.
\end{aligned} \tag{15.110}$$

Für die quantenmechanischen Operatoren

$$\hat{K}_+ = \hat{p}^2/2\,,\quad \hat{K}_- = \hat{q}^2/2\,,\quad \hat{K}_0 = \tfrac{1}{2}(\hat{p}\hat{q}+\hat{q}\hat{p}) \tag{15.111}$$

mit dem Kommutator $[\hat{q},\hat{p}] = \mathrm{i}\hbar$ erhalten wir mithilfe von

$$[\hat{q},\hat{p}^2] = \hat{p}[\hat{q},\hat{p}] + [\hat{q},\hat{p}]\hat{p} = 2\mathrm{i}\hbar\hat{p}\,,\quad [\hat{p},\hat{q}^2] = \hat{q}[\hat{p},\hat{q}] + [\hat{p},\hat{q}]\hat{q} = -2\mathrm{i}\hbar\hat{q} \tag{15.112}$$

für die Kommutatoren die Beziehungen

$$\begin{aligned}
[\hat{K}_0,\hat{K}_+] &= [\tfrac{1}{2}(\hat{p}\hat{q}+\hat{q}\hat{p}),\tfrac{1}{2}\hat{p}^2] = \tfrac{1}{4}\Big(\hat{p}[\hat{q},\hat{p}^2] + [\hat{q},\hat{p}^2]\hat{p}\Big) = \mathrm{i}\hbar\tfrac{1}{2}\hat{p}^2 = \mathrm{i}\hbar\hat{K}_+\,,\\
[\hat{K}_0,\hat{K}_-] &= [\tfrac{1}{2}(\hat{p}\hat{q}+\hat{q}\hat{p}),\tfrac{1}{2}\hat{q}^2] = \tfrac{1}{4}\Big([\hat{p},\hat{q}^2]\hat{q} + \hat{q}[\hat{p},\hat{q}^2]\Big) = -\mathrm{i}\hbar\tfrac{1}{2}\hat{q}^2 = -\mathrm{i}\hbar\hat{K}_-\,,\\
[\hat{K}_+,\hat{K}_-] &= [\tfrac{1}{2}\hat{p}^2,\tfrac{1}{2}\hat{q}^2] = \tfrac{1}{4}\Big(\hat{p}[\hat{p},\hat{q}^2] + [\hat{p},\hat{q}^2]\hat{p}\Big) = -\mathrm{i}\hbar\tfrac{1}{2}(\hat{p}\hat{q}+\hat{q}\hat{p}) = -\mathrm{i}\hbar\hat{K}_0\,.
\end{aligned} \tag{15.113}$$

Die störenden Faktoren $\mathrm{i}\hbar$ lassen sich durch die Skalierung $\hat{K}_0 \to \mathrm{i}\hbar\hat{K}_0$ usw. beseitigen.

Aufgabe 6.9 (Seite 107): Überzeugen Sie sich davon, dass die transformierten Generatoren in den Zeilen der Tabelle 6.1 die Kommutatorbeziehungen der Lie-Algebra erfüllen.

Lösung: Für die Elemente aus der zweiten Zeile findet man beispielsweise mit $K_0' = K_0 - 2zK_+$ und $K_-' = \delta zK_0 - \delta z^2K_+ + K_-$ für den Kommutator

$$\begin{aligned}
[K_0',K_-'] &= [K_0 - 2zK_+, \delta zK_0 - \delta z^2K_+ + K_-]\\
&= -\delta z^2[K_0,K_+] + [K_0,K_-] - 2\delta z^2[K_+,K_0] - 2z[K_+,K_-]\\
&= -2\delta z^2K_+ - 2K_- + 4\delta z^2K_+ - 2\delta zK_0 = -2K_- + 2\delta z^2K_+ - 2\delta zK_0 = -2K_-'\,,
\end{aligned} \tag{15.114}$$

also die gleiche Relation wie $[K_0,K_-] = -2K_-$.

Aufgabe 6.10 (Seite 113): Beweisen Sie: Für die Zustände $|q_\nu, n\rangle$ aus (6.165) und die $\hat{K}_0$, $\hat{K}_+$, $\hat{K}_-$ aus (6.153) gilt

$$\begin{aligned}
\hat{K}_0\,|q_\nu, n\rangle &= (q_\nu + n)|q_\nu, n\rangle\,,\\
\hat{K}_+|q_\nu, n\rangle &= \Pi_{j=1}^k \sqrt{q_\nu + n + \tfrac{jk-1}{k^2}}\;|q_\nu, n+1\rangle\,,\\
\hat{K}_-|q_\nu, n\rangle &= \Pi_{j=1}^k \sqrt{q_\nu + n - \tfrac{(j-1)k+1}{k^2}}\;|q_\nu, n-1\rangle\,.
\end{aligned}$$

Lösung: Um die Eigenwerte von $\hat{K}_0$ aus der ersten Gleichung zu bestimmen, berechnen wir zunächst

$$\begin{aligned}
&\hat{a}^\dagger\hat{a}\,\hat{a}^{\dagger\mu} = \hat{a}^\dagger\big(\mu\hat{a}^{\dagger(\mu-1)} + \hat{a}^{\dagger\mu}\hat{a}\big) = \mu\hat{a}^{\dagger\mu} + \hat{a}^{\dagger(\mu+1)}\hat{a}\\
&\qquad\Longrightarrow\quad \hat{a}^\dagger\hat{a}\,\hat{a}^{\dagger\mu}|0\rangle = \big(\mu\hat{a}^{\dagger\mu} + \hat{a}^{\dagger(\mu+1)}\hat{a}\big)|0\rangle = \mu\hat{a}^{\dagger\mu}|0\rangle\,.
\end{aligned} \tag{15.115}$$

Mit $\mu = k\big(n + q_\nu - 1/k^2\big) = kn + \nu$ und $u = 1/\sqrt{(kn+\nu)!}$ folgt dann

$$\begin{aligned}
\hat{K}_0\,|q_\nu, n\rangle &= \frac{u}{k}\big(\hat{a}^\dagger\hat{a} + \frac{1}{k}\big)\,\hat{a}^{\dagger\mu}|0\rangle = \frac{u}{k}\big(\mu\hat{a}^{\dagger\mu} + \frac{1}{k}\hat{a}^{\dagger\mu}\big)|0\rangle\\
&= \frac{1}{k}\big(\mu + \tfrac{1}{k}\big)|q_\nu, n\rangle = \frac{1}{k}\big(q_\nu + n\big)|q_\nu, n\rangle\,.
\end{aligned} \tag{15.116}$$

Für $\hat{K}_+$ ergibt sich mit $\mu = kn + \nu$ und $k + \mu = k(n+1) + \nu$

$$\begin{aligned}
\hat{K}_+|q_\nu, n\rangle &= \frac{1}{k^{k/2}\sqrt{(kn+\nu)!}}\,\hat{a}^{\dagger(k+\mu)}|0\rangle = \sqrt{\frac{(k(n+1)+\nu)!}{k^k(kn+\nu)!}}\;|q_\nu, n+1\rangle\\
&= \sqrt{\frac{(kn+\nu+1)\cdots(kn+\nu+k)}{k^k}}\;|q_\nu, n+1\rangle = \Pi_{j=1}^k\sqrt{n + \frac{\nu+j}{k}}\;|q_\nu, n+1\rangle\,,
\end{aligned} \tag{15.117}$$

und nach Einsetzen von $\nu = kq_\nu - 1/k$ erhält man die Formel der Aufgabe. Die letzte Gleichung für $\hat{K}_-$ findet man in gleicher Weise mit nur wenig mehr Aufwand.

Aufgabe 6.11 (Seite 119): Beweisen Sie für die Lie-Algebra $\{X, Y\}$ mit $\{X, Y\} = \lambda X$ und $\lambda \neq 0$ die Formel

$$\mathrm{e}^{xX+yY} = \mathrm{e}^{xX}\,\mathrm{e}^{\frac{y}{\lambda x}(1-\mathrm{e}^{-\lambda x})Y} = \mathrm{e}^{\frac{y}{\lambda x}(\mathrm{e}^{\lambda x}-1)Y}\,\mathrm{e}^{xX}\,.$$

Was geschieht im Grenzfall $\lambda \to 0$?

Lösung: Wir zeigen die Identität aus der Aufgabe in der treuen Matrixdarstellung $\mathbf{X} = \left(\begin{smallmatrix}0 & 0\\ 0 & \lambda\end{smallmatrix}\right)$ und $\mathbf{Y} = \left(\begin{smallmatrix}0 & 0\\ -1 & 0\end{smallmatrix}\right)$ aus Gleichung (6.185). Für die Matrix

$$\mathbf{A} = x\mathbf{X} + y\mathbf{Y} = x\begin{pmatrix}0 & 0\\ 0 & \lambda\end{pmatrix} + y\begin{pmatrix}0 & 0\\ -1 & 0\end{pmatrix} = \begin{pmatrix}0 & 0\\ -y & \lambda x\end{pmatrix} \tag{15.118}$$

bestimmen wir die Matrix-Exponentialfunktion mit $\mathbf{A}^2 = \left(\begin{smallmatrix}0 & 0\\ -y\lambda x & (\lambda x)^2\end{smallmatrix}\right) = \lambda x\mathbf{A}$ oder allgemeiner $\mathbf{A}^n = (\lambda x)^{n-1}\mathbf{A}$ für $n = 1, 2, \ldots$ als

$$\mathrm{e}^{\mathbf{A}} = \sum_{n=0}^{\infty}\frac{1}{n!}\mathbf{A}^n = \mathbf{I} + \frac{1}{\lambda x}\sum_{n=1}^{\infty}\frac{(\lambda x)^n}{n!}\mathbf{A} = \mathbf{I} + \frac{1}{\lambda x}\big(\mathrm{e}^{\lambda x} - 1\big)\mathbf{A} = \begin{pmatrix}1 & 0\\ \frac{y}{\lambda x}\big(\mathrm{e}^{\lambda x} - 1\big) & \mathrm{e}^{\lambda x}\end{pmatrix}. \tag{15.119}$$

Durch Vergleich mit

$$e^{a\mathbf{X}}\, e^{b\mathbf{Y}} = \begin{pmatrix} 1 & 0 \\ -b e^{\lambda a} & e^{\lambda a} \end{pmatrix} \tag{15.120}$$

aus Gleichung (6.204) finden wir

$$a = x \quad , \quad b = \tfrac{y}{\lambda x}\left(1 - e^{-\lambda x}\right). \tag{15.121}$$

Das ergibt genau die erste Formel aus der Aufgabe. Die zweite ergibt sich mit der Vertauschungsformel (6.206).

Im Grenzfall $\lambda \to 0$ erhält man $a \to y$ und $b \to x$, also

$$e^{x\mathbf{X}+y\mathbf{Y}} = e^{x\mathbf{X}}\, e^{y\mathbf{Y}} = e^{y\mathbf{Y}}\, e^{x\mathbf{X}}, \tag{15.122}$$

was korrekt ist, denn in diesem Grenzfall kommutieren die Matrizen **X** und **Y**.

Aufgabe 6.12 (Seite 121): Leiten Sie mithilfe der treuen Matrixdarstellungen die folgenden Identitäten her:

$$e^{u\hat{a}}\, e^{v\hat{N}} = e^{v\hat{N}}\, e^{u e^{v}\hat{a}} \quad , \quad e^{u\hat{a}^\dagger}\, e^{v\hat{N}} = e^{v\hat{N}}\, e^{u e^{-v}\hat{a}^\dagger}.$$

Lösung: Wir leiten zunächst die erste dieser Gleichungen her, und zwar wieder in der treuen Darstellung von $\hat{a}$ und $\hat{N}$ als 3×3-Matrizen **a** und **n** und ihrer Exponentiation aus Gleichung (6.210) und Gleichung (6.211). Wir bilden die Produkte

$$e^{u\mathbf{a}}\, e^{v\mathbf{n}} = \begin{pmatrix} 1 & u & 0 \\ 0 & 1 & 0 \\ 0 & 0 & 1 \end{pmatrix} \begin{pmatrix} 1 & 0 & 0 \\ 0 & e^{v} & 0 \\ 0 & 0 & 1 \end{pmatrix} = \begin{pmatrix} 1 & u e^{v} & 0 \\ 0 & e^{v} & 0 \\ 0 & 0 & 1 \end{pmatrix}, \tag{15.123}$$

$$e^{v'\mathbf{n}}\, e^{u'\mathbf{a}} = \begin{pmatrix} 1 & 0 & 0 \\ 0 & e^{v'} & 0 \\ 0 & 0 & 1 \end{pmatrix} \begin{pmatrix} 1 & u' & 0 \\ 0 & 1 & 0 \\ 0 & 0 & 1 \end{pmatrix} = \begin{pmatrix} 1 & u' & 0 \\ 0 & e^{v'} & 0 \\ 0 & 0 & 1 \end{pmatrix}, \tag{15.124}$$

und ihr Vergleich ergibt mit $v' = v$ und $u' = u e^{v}$ die Formel aus der Aufgabe. Auf gleiche Weise erhält man die zweite Formel, oder einfach als hermitesch Konjugierte der ersten.

Aufgabe 6.13 (Seite 123): Bestimmen Sie für die Anordnungen

(*a*) $e^{d_+\mathbf{K}_+}\, e^{d_0\mathbf{K}_0}\, e^{d_-\mathbf{K}_-} = e^{c_0\mathbf{K}_0}\, e^{c_+\mathbf{K}_+}\, e^{c_-\mathbf{K}_-} = e^{g_0\mathbf{K}_0}\, e^{g_-\mathbf{K}_-}\, e^{g_+\mathbf{K}_+}$

(*b*) $e^{a_+\mathbf{K}_+}\, e^{a_-\mathbf{K}_-}\, e^{a_0\mathbf{K}_0} = e^{f_-\mathbf{K}_-}\, e^{f_+\mathbf{K}_+}\, e^{f_0\mathbf{K}_0}$

die Beziehungen zwischen den Koeffizienten.

Lösung: (a) So wie für die beiden Anordnungen im Text findet man

$$
\begin{aligned}
\mathrm{e}^{c_0\mathbf{K}_0}\,\mathrm{e}^{c_+\mathbf{K}_+}\,\mathrm{e}^{c_-\mathbf{K}_-} &= \begin{pmatrix} \mathrm{e}^{c_0} & 0 \\ 0 & \mathrm{e}^{-c_0} \end{pmatrix} \begin{pmatrix} 1 & \delta c_+ \\ 0 & 1 \end{pmatrix} \begin{pmatrix} 1 & 0 \\ c_- & 1 \end{pmatrix} = \begin{pmatrix} \mathrm{e}^{c_0} & 0 \\ 0 & \mathrm{e}^{-c_0} \end{pmatrix} \begin{pmatrix} 1+\delta c_+ c_- & \delta c_+ \\ c_- & 1 \end{pmatrix} \\
&= \begin{pmatrix} (1+\delta c_+ c_-)\mathrm{e}^{c_0} & \delta c_+ \mathrm{e}^{c_0} \\ c_- \mathrm{e}^{-c_0} & \mathrm{e}^{-c_0} \end{pmatrix},
\end{aligned} \tag{15.125}
$$

und der Vergleich mit

$$
\mathrm{e}^{d_+\mathbf{K}_+}\,\mathrm{e}^{d_0\mathbf{K}_0}\,\mathrm{e}^{d_-\mathbf{K}_-} = \begin{pmatrix} \mathrm{e}^{d_0} + \delta d_+ d_- \mathrm{e}^{-d_0} & \delta d_+ \mathrm{e}^{-d_0} \\ d_- \mathrm{e}^{-d_0} & \mathrm{e}^{-d_0} \end{pmatrix} \tag{15.126}
$$

aus Gleichung (6.234) liefert

$$
d_0 = c_0\,, \quad d_+ = c_+ \mathrm{e}^{2c_0}\,, \quad d_- = c_-\,, \tag{15.127}
$$

$$
c_0 = d_0\,, \quad c_+ = d_+ \mathrm{e}^{-2d_0}\,, \quad c_- = d_-\,. \tag{15.128}
$$

Ganz genauso gehen wir für die andere Anordnung vor,

$$
\begin{aligned}
\mathrm{e}^{g_0\mathbf{K}_0}\,\mathrm{e}^{g_-\mathbf{K}_-}\,\mathrm{e}^{g_+\mathbf{K}_+} &= \begin{pmatrix} \mathrm{e}^{g_0} & 0 \\ 0 & \mathrm{e}^{-g_0} \end{pmatrix} \begin{pmatrix} 1 & 0 \\ g_- & 1 \end{pmatrix} \begin{pmatrix} 1 & \delta g_+ \\ 0 & 1 \end{pmatrix} = \begin{pmatrix} \mathrm{e}^{g_0} & 0 \\ 0 & \mathrm{e}^{-g_0} \end{pmatrix} \begin{pmatrix} 1 & \delta g_+ \\ g_- & 1+\delta g_+ g_- \end{pmatrix} \\
&= \begin{pmatrix} \mathrm{e}^{g_0} & \delta g_+ \mathrm{e}^{g_0} \\ g_- \mathrm{e}^{-g_0} & (1+\delta g_+ g_-)\mathrm{e}^{-g_0} \end{pmatrix},
\end{aligned} \tag{15.129}
$$

und der Vergleich mit Gleichung (15.125) ergibt

$$
\mathrm{e}^{g_0} = (1+\delta c_+ c_-)\mathrm{e}^{c_0}\,, \quad g_- \mathrm{e}^{-g_0} = c_- \mathrm{e}^{-c_0}\,, \quad \delta g_+ \mathrm{e}^{g_0} = \delta c_+ \mathrm{e}^{-c_0}\,, \tag{15.130}
$$

also

$$
\begin{aligned}
g_0 &= c_0 + \ln(1+\delta c_+ c_-) \\
g_- &= c_- \mathrm{e}^{-c_0} \mathrm{e}^{g_0} = c_- \mathrm{e}^{-c_0} (1+\delta c_+ c_-) \mathrm{e}^{c_0} = c_- (1+\delta c_+ c_-) \\
g_+ &= c_+ \mathrm{e}^{c_0} \mathrm{e}^{-g_0} = \frac{c_+ \mathrm{e}^{c_0}}{(1+\delta c_+ c_-)\mathrm{e}^{c_0}} = \frac{c_+}{1+\delta c_+ c_-}
\end{aligned} \tag{15.131}
$$

und umgekehrt mit $c_+ c_- = g_+ g_-$

$$
\begin{aligned}
c_0 &= g_0 - \ln(1+\delta g_+ g_-) \\
c_- &= g_- \mathrm{e}^{-g_0} \mathrm{e}^{c_0} = g_- \mathrm{e}^{-g_0} \frac{\mathrm{e}^{g_0}}{1+\delta g_+ g_-} = \frac{g_-}{1+\delta g_+ g_-} \\
c_+ &= g_+ \mathrm{e}^{g_0} \mathrm{e}^{-c_0} = g_+ \mathrm{e}^{g_0} \mathrm{e}^{-g_0} (1+\delta g_+ g_-) = g_+ (1+\delta g_+ g_-)\,.
\end{aligned} \tag{15.132}
$$

(b) Genauso erhält man

$$
\begin{aligned}
\mathrm{e}^{a_+\mathbf{K}_+}\,\mathrm{e}^{a_-\mathbf{K}_-}\,\mathrm{e}^{a_0\mathbf{K}_0} &= \begin{pmatrix} 1 & \delta a_+ \\ 0 & 1 \end{pmatrix} \begin{pmatrix} 1 & 0 \\ a_- & 1 \end{pmatrix} \begin{pmatrix} \mathrm{e}^{a_0} & 0 \\ 0 & \mathrm{e}^{-a_0} \end{pmatrix} = \begin{pmatrix} 1+\delta a_+ a_- & \delta a_+ \\ a_- & 1 \end{pmatrix} \begin{pmatrix} \mathrm{e}^{a_0} & 0 \\ 0 & \mathrm{e}^{-a_0} \end{pmatrix} \\
&= \begin{pmatrix} (1+\delta a_+ a_-)\mathrm{e}^{a_0} & \delta a_+ \mathrm{e}^{-a_0} \\ a_- \mathrm{e}^{a_0} & \mathrm{e}^{-a_0} \end{pmatrix},
\end{aligned} \tag{15.133}
$$

$$\mathrm{e}^{f_-\mathbf{K}_-}\,\mathrm{e}^{f_+\mathbf{K}_+}\,\mathrm{e}^{f_0\mathbf{K}_0} = \begin{pmatrix}1 & 0\\ f_- & 1\end{pmatrix}\begin{pmatrix}1 & \delta f_+\\ 0 & 1\end{pmatrix}\begin{pmatrix}\mathrm{e}^{f_0} & 0\\ 0 & \mathrm{e}^{-f_0}\end{pmatrix} = \begin{pmatrix}1 & \delta f_+\\ f_- & 1+\delta f_+ f_-\end{pmatrix}\begin{pmatrix}\mathrm{e}^{f_0} & 0\\ 0 & \mathrm{e}^{-f_0}\end{pmatrix}$$
$$= \begin{pmatrix}\mathrm{e}^{f_0} & \delta f_+\mathrm{e}^{-f_0}\\ f_-\mathrm{e}^{f_0} & (1+\delta f_+ f_-)\mathrm{e}^{-f_0}\end{pmatrix}. \tag{15.134}$$

Ein Vergleich ergibt die Transformationsgleichungen

$$\mathrm{e}^{-a_0} = (1+\delta f_+ f_-)\mathrm{e}^{-f_0}\;,\quad a_+ = f_+/(1+\delta f_+ f_-)\;,\quad a_- = f_-(1+\delta f_+ f_-)\,, \tag{15.135}$$

oder umgekehrt

$$\mathrm{e}^{f_0} = (1+\delta a_+ a_-)\mathrm{e}^{a_0}\;,\quad f_+ = a_+(1+\delta a_+ a_-)\;,\quad f_- = a_-/(1+\delta a_+ a_-)\,. \tag{15.136}$$

Aufgabe 6.14 (Seite 125): Vergewissern Sie sich von der Gültigkeit der verallgemeinerten BCH-Formel

$$\mathrm{e}^{z^*\mathbf{K}_- - z\mathbf{K}_+} = \mathrm{e}^{-\tau\mathbf{K}_+}\,\mathrm{e}^{\ln(1+\delta|\tau|^2)\mathbf{K}_0/2}\,\mathrm{e}^{\tau^*\mathbf{K}_-} = \mathrm{e}^{\tau^*\mathbf{K}_-}\,\mathrm{e}^{-\ln(1+\delta|\tau|^2)\mathbf{K}_0/2}\,\mathrm{e}^{-\tau\mathbf{K}_+}$$

mit $z = r\,\mathrm{e}^{\mathrm{i}\theta}$ und $\tau = \mathrm{e}^{\mathrm{i}\theta}\tan r$ für die $\mathfrak{su}(2)$- und $\tau = \mathrm{e}^{\mathrm{i}\theta}\tanh r$ für die $\mathfrak{su}(1,1)$-Algebra.

Lösung: Die erste angegebene Formel ist ein Spezialfall unserer Transformation

$$\mathrm{e}^{h_0\mathbf{K}_0 + h_+\mathbf{K}_+ + h_-\mathbf{K}_-} = \mathrm{e}^{d_+\mathbf{K}_+}\,\mathrm{e}^{d_0\mathbf{K}_0}\,\mathrm{e}^{d_-\mathbf{K}_-} \tag{15.137}$$

aus den Gleichungen (6.238) und (6.241). Mit $h_0 = 0$ und $h_+ = -z$, $h_- = z^*$ und $z = r\,\mathrm{e}^{\mathrm{i}\theta}$ ergeben die Gleichungen (6.242) die Parameter

$$\lambda = \sqrt{-\delta}\,r \;\text{ und }\; d_0 = -\ln\cosh\lambda\;,\quad d_+ = -\frac{z}{\lambda}\tanh\lambda\;,\quad d_- = \frac{z^*}{\lambda}\tanh\lambda\,, \tag{15.138}$$

also $\lambda = \mathrm{i}\,r$ für $\delta = 1$ und mit $\tau = \mathrm{e}^{\mathrm{i}\theta}\tan r$ erhalten wir

$$\begin{aligned} d_0 &= -\ln(\cosh\lambda) = -\ln(\cos r)\\ &= \tfrac{1}{2}\ln\left(\cos^{-2} r\right) = \tfrac{1}{2}\ln(1+\tan^2 r) = \tfrac{1}{2}\ln(1+|\tau|^2)\,, \end{aligned} \tag{15.139}$$

$$d_+ = -\frac{r\mathrm{e}^{\mathrm{i}\theta}}{\mathrm{i}r}\tanh\mathrm{i}r = -\mathrm{e}^{\mathrm{i}\theta}\tan r = -\tau\;,\quad d_- = \mathrm{e}^{-\mathrm{i}\theta} = \tau^*\,. \tag{15.140}$$

Für $\delta = -1$ ist $\lambda = r$ und mit $\tau = \mathrm{e}^{\mathrm{i}\theta}\tanh r$ ergibt sich

$$\begin{aligned} d_0 &= -\ln\cosh r = \tfrac{1}{2}\ln\left(\cosh^{-2} r\right)\\ &= \tfrac{1}{2}\ln(1-\tanh^2 r) = \tfrac{1}{2}\ln(1-|\tau|^2)\,, \end{aligned} \tag{15.141}$$

$$d_+ = -\frac{r\mathrm{e}^{\mathrm{i}\theta}}{r}\tanh r = -\tau\;,\quad d_- = \frac{r\mathrm{e}^{-\mathrm{i}\theta}}{r}\tanh r = \tau^*\,. \tag{15.142}$$

Den zweiten Teil der Formel aus der Aufgabe erhält man aus der Umordnung des exponentiellen Produkts in die Reihenfolge $\mathrm{e}^{b_-\mathbf{K}_-}\,\mathrm{e}^{b_0\mathbf{K}_0}\,\mathrm{e}^{b_+\mathbf{K}_+}$ mit

$$\mathrm{e}^{b_0} = \mathrm{e}^{d_0} + \delta d_+ d_- \mathrm{e}^{-d_0}\;,\quad b_\pm = \frac{d_\pm}{\mathrm{e}^{2d_0} + \delta d_+ d_-}\,, \tag{15.143}$$

nach Gleichung (6.237), also

$$e^{d_0} = \sqrt{1+\delta|\tau|^2}\ , \quad d_+ d_- = -\delta|\tau|^2 \implies e^{2d_0} + \delta d_+ d_- = 1 + \delta|\tau|^2 - \delta|\tau|^2 = 1$$
$$\implies b_+ = d_+ = -\tau\ , \quad b_- = d_- = \tau^* \tag{15.144}$$

mit der Umkehrung

$$e^{b_0} = e^{d_0} + \delta d_+ d_- e^{-d_0} = \left(e^{2d_0} + \delta d_+ d_-\right)e^{-d_0} = e^{-d_0} = \left(1+\delta|\tau|^2\right)^{-1/2}$$
$$\implies b_0 = -\tfrac{1}{2}\ln(1+\delta|\tau|^2)\,. \tag{15.145}$$

Kapitel 7: Lie-algebraische Zeitentwicklung

Aufgabe 7.1 (Seite 132): Für die Zeitentwicklung eines Operators unter $\hat U_R$ und unter $\hat U_S$ gilt trivialerweise $\hat U_S^{-1}\hat A\,\hat U_S \in \mathscr{S}$ für $\hat A \in \mathscr{S}$ und $\hat U_R^{-1}\hat B\,\hat U_R \in \mathscr{R}$ für $\hat B \in \mathscr{R}$. Zeigen Sie:
(a) Für $\hat B \in \mathscr{R}$ gilt $\hat U_S^{-1}\hat B\,\hat U_S \in \mathscr{R}$.
(b) Für $\hat A \in \mathscr{S}$ gilt $\hat U_R^{-1}\hat A\,\hat U_R = \hat A + \hat D$ mit $\hat D \in \mathscr{R}$.

Lösung: (a) Sei $\hat B \in \mathscr{R}$. Dann ergibt $\hat U_S = e^{-\hat\Gamma}$ mit $\hat\Gamma \in \mathscr{S}$

$$\hat U_S^{-1}\hat B\,\hat U_S = e^{\hat\Gamma}\hat B\,e^{-\hat\Gamma} = \hat B + [\hat\Gamma,\hat B] + \frac{1}{2}[\hat\Gamma,[\hat\Gamma,\hat B]] + \ldots \tag{15.146}$$

und, da $[\hat\Gamma,\hat C] \in \mathscr{R}$ für alle $\hat C \in \mathscr{R}$ ($\mathscr{R}$ ist ein Ideal in $\mathscr{L}$), sind alle Terme dieser Summe Elemente von $\mathscr{R}$ und damit auch $\hat U_S^{-1}\hat B\,\hat U_S$.

(b) Sei $\hat A \in \mathscr{S}$. Dann ergibt $\hat U_R = e^{-\hat\Omega}$ mit $\hat\Omega \in \mathscr{R}$

$$\hat U_R^{-1}\hat A\,\hat U_R = e^{\hat\Omega}\hat B\,e^{-\hat\Omega} = \hat A + [\hat\Omega,\hat A] + \frac{1}{2}[\hat\Omega,[\hat\Gamma,\hat A]] + \ldots \tag{15.147}$$

und, da $[\hat\Omega,\hat A] \in \mathscr{R}$ ($\mathscr{R}$ ist ein Ideal in $\mathscr{L}$), sind alle Summanden in $[\hat\Omega,\hat A] + \frac{1}{2}[\hat\Omega,[\hat\Gamma,\hat A]] + \ldots = \hat D$ Elemente von $\mathscr{R}$, und damit gilt $\hat U_R^{-1}(t)\hat A\hat U_R(t) = \hat A + \hat D$.

Aufgabe 7.2 (Seite 134): Verifizieren Sie für die Operatoren

$$\hat K_0 = \hat a^\dagger\hat a - \hat b^\dagger\hat b\ , \quad \hat K_+ = \hat a^\dagger\hat b\ , \quad \hat K_- = \hat a\hat b^\dagger$$

die $\mathfrak{su}(2)$-Kommutatoren $[\hat K_0,\hat K_\pm] = \pm 2\hat K_\pm$, $[\hat K_+,\hat K_-] = \hat K_0$ aus Gleichung (7.37).

Lösung:

$$[\hat K_0,\hat K_+] = [\hat a^\dagger\hat a - \hat b^\dagger\hat b, \hat a^\dagger\hat b] = [\hat a^\dagger\hat a, \hat a^\dagger\hat b] - [\hat b^\dagger\hat b, \hat a^\dagger\hat b]$$
$$= \hat a^\dagger[\hat a^\dagger\hat a,\hat b] + [\hat a^\dagger\hat a,\hat a^\dagger]\hat b - \hat a^\dagger[\hat b^\dagger\hat b,\hat b] - [\hat b^\dagger\hat b,\hat a^\dagger]\hat b$$
$$= \hat a^\dagger[\hat a,\hat a^\dagger]\hat b - \hat a^\dagger[\hat b^\dagger,\hat b]\hat b = \hat a^\dagger\hat b + \hat a^\dagger\hat b = 2\hat K_+\,. \tag{15.148}$$

Den Kommutator mit $\hat K_-$ erhält man genauso oder schneller mit $\hat K_0^\dagger = \hat K_0$ und $\hat K_-^\dagger = \hat K_+$:

$$[\hat K_0,\hat K_-] = [\hat K_0^\dagger,\hat K_+^\dagger] = -[\hat K_0,\hat K_+]^\dagger = -(2\hat K_+)^\dagger = -2\hat K_-\,, \tag{15.149}$$

und den dritten Kommutator berechnen wir als

$$\begin{aligned}[\hat{K}_+,\hat{K}_-] &= [\hat{a}^\dagger\hat{b},\hat{a}\hat{b}^\dagger] = \hat{a}^\dagger[\hat{b},\hat{a}\hat{b}^\dagger] + [\hat{a}^\dagger,\hat{a}\hat{b}^\dagger]\hat{b} \\ &= \hat{a}^\dagger\hat{a}[\hat{b},\hat{b}^\dagger] + [\hat{a}^\dagger,\hat{a}]\hat{b}^\dagger\hat{b} = \hat{a}^\dagger\hat{a} - \hat{b}^\dagger\hat{b} = \hat{K}_0\,. \end{aligned} \tag{15.150}$$

Insgesamt ergeben sich also die Kommutatorrelationen (7.37) mit $\delta = 1$ für $\mathfrak{su}(2)$.

Aufgabe 7.3 (Seite 137): Bestimmen Sie für einen zeitunabhängigen Hamilton-Operator $\hat{H} = \omega_0\hat{K}_0 + \omega_+\hat{K}_+ + \omega_-\hat{K}_-$ ($\hbar = 1$) die Koeffizienten eines Zeitentwicklungsoperators der Form $\hat{U}(t,0) = \mathrm{e}^{c_0\hat{K}_0}\mathrm{e}^{c_+\hat{K}_+}\mathrm{e}^{c_-\hat{K}_-}$.

Lösung: Wir wollen zwei unterschiedliche Lösungswege präsentieren:

(1) In Gleichung (7.45) hatten wir eine Lösung der Form $\hat{U}(t,0) = \mathrm{e}^{c_0\hat{K}_0}\mathrm{e}^{c_+\hat{K}_+}\mathrm{e}^{c_-\hat{K}_-}$ bestimmt. Dabei sind nach Gleichung (7.58) die Koeffizienten durch

$$c_0 = -\ln H\,, \quad c_+ = GH\,, \quad c_- = F/H \tag{15.151}$$

gegeben. Die drei Funktionen H, G, F sind Lösungen der Differentialgleichungen

$$\mathrm{i}\dot{H} = -\omega_0 H + \delta\omega_- G\,, \quad \mathrm{i}\dot{G} = \omega_+ H + \omega_0 G\,, \quad \dot{H}F - H\dot{F} = \mathrm{i}\omega_- \tag{15.152}$$

mit den Anfangsbedingungen als $H(0) = 1$ und $G(0) = F(0) = 0$. Für zeitunabhängige Koeffizienten sind diese Gleichungen elementar zu lösen. Wenn man beispielsweise die erste Gleichung noch einmal differenziert, mit $-\mathrm{i}$ multipliziert und dann beide Gleichungen noch einmal einsetzt, so erhält man

$$\begin{aligned}\ddot{H} &= \omega_0\mathrm{i}\dot{H} - \delta\omega_-\mathrm{i}\dot{G} = \omega_0(-\omega_0 H + \delta\omega_- G) - \delta\omega_-(\omega_+ H + \omega_0 G) \\ &= -(\omega_0^2 + \delta\omega_+\omega_-)H = -\omega^2 H \end{aligned} \tag{15.153}$$

mit

$$\omega = \sqrt{\omega_0^2 + \delta\omega_+\omega_-} \tag{15.154}$$

und der Lösung

$$H(t) = \cos(\omega t) + \mathrm{i}\,\frac{\omega_0}{\omega}\,\sin(\omega t) \tag{15.155}$$

für $\omega \neq 0$, die die Anfangsbedingungen

$$H(0) = 1 \quad \text{und} \quad \mathrm{i}\dot{H}(0) = -\omega_0 H(0) - \omega_- G(0) = -\omega_0 \tag{15.156}$$

erfüllt. Die beiden anderen Funktionen findet man als

$$G(t) = -\mathrm{i}\,\frac{\omega_+}{\omega}\,\sin(\omega t)\,, \quad F(t) = -\mathrm{i}\,\frac{\omega_-}{\omega}\,\sin(\omega t)\,. \tag{15.157}$$

(2) Für den zeitunabhängigen Hamilton-Operator kann man den Zeitentwicklungsoperator natürlich in der einfachen Form

$$\hat{U}(t,0) = \mathrm{e}^{-\mathrm{i}\hat{H}t} = \mathrm{e}^{-\mathrm{i}(\omega_0\hat{K}_0 + \omega_+\hat{K}_+ + \omega_-\hat{K}_-)t} \tag{15.158}$$

schreiben. Das ist allerdings noch nicht die verlangte Form als exponentielles Produkt und wir müssen transformieren. Dazu erinnern wir uns daran, dass wir in Gleichung (6.241) den Hamilton-Operator (15.158) in einer treuen 2×2-Darstellung der Algebra ausgedrückt haben als

$$\mathrm{e}^{-\mathrm{i}(\omega_0\hat{K}_0+\omega_+\hat{K}_++\omega_-\hat{K}_-)t}=\begin{pmatrix}\cos(\omega t)-\mathrm{i}\frac{\omega_0}{\omega}\sin(\omega t) & \mathrm{i}\delta\frac{\omega_+}{\omega}\sin(\omega t)\\ -\mathrm{i}\frac{\omega_-}{\omega}\sin(\omega t) & \cos(\omega t)+\mathrm{i}\frac{\omega_0}{\omega}\sin(\omega t)\end{pmatrix} \tag{15.159}$$

mit $\omega=\sqrt{\omega_0^2+\delta\omega_+\omega_-}$, wenn man die Variablen aus (6.241) mit $h_j=-\mathrm{i}\omega_j t$ in die hier benutzten transformiert. Genauso kennen wir in dieser Darstellung die zweite Form aus Gleichung (15.125)

$$\mathrm{e}^{c_0\mathbf{K}_0}\,\mathrm{e}^{c_+\mathbf{K}_+}\,\mathrm{e}^{c_-\mathbf{K}_-}=\begin{pmatrix}(1+\delta c_+c_-)\mathrm{e}^{c_0} & \delta c_+\mathrm{e}^{c_0}\\ c_-\mathrm{e}^{-c_0} & \mathrm{e}^{-c_0}\end{pmatrix}. \tag{15.160}$$

Also müssen wir nur noch vergleichen und erhalten

$$\mathrm{e}^{-c_0}=\cos(\omega t)+\mathrm{i}\frac{\omega_0}{\omega}\sin(\omega t)\ ,\quad c_+\mathrm{e}^{c_0}=\mathrm{i}\frac{\omega_+}{\omega}\sin(\omega t)\ ,\quad c_-\mathrm{e}^{-c_0}=-\mathrm{i}\frac{\omega_-}{\omega}\sin(\omega t) \tag{15.161}$$

oder, ausgedrückt in den Funktionen $H(t)$, $G(t)$ und $F(t)$ aus (15.155) und (15.157),

$$\mathrm{e}^{-c_0}=H\ ,\quad c_+=GH\ ,\quad c_-=F/\hat{H}, \tag{15.162}$$

genau wie oben in Gleichung (15.151).

Aufgabe 7.4 (Seite 140): Verifizieren Sie für die Koeffizienten in (7.88) die Gleichungen

$$u_1=f_1\mathrm{e}^{-c_0}+f_2\mathrm{e}^{c_0}c_+\ ,\quad u_2=-f_1\mathrm{e}^{-c_0}c_-+f_2\mathrm{e}^{c_0}(1-c_+c_-)\ ,\quad u_3=f_3\,.$$

Lösung: Mit $\hat{H}_R(t)=f_1(t)\hat{a}^\dagger+f_2(t)\hat{a}+f_3(t)$ und $\hat{U}_S(t)=\mathrm{e}^{c_0(t)\hat{K}_0}\mathrm{e}^{c_+(t)\hat{K}_+}\mathrm{e}^{c_-(t)\hat{K}_-}$ müssen wir die folgende Gleichung auswerten:

$$\hat{U}_S^{-1}\hat{H}_R\hat{U}_S=\mathrm{e}^{-c_-\hat{K}_-}\mathrm{e}^{-c_+\hat{K}_+}\mathrm{e}^{-c_0\hat{K}_0}\left(f_1\hat{a}^\dagger+f_2\hat{a}+f_3\right)\mathrm{e}^{c_0\hat{K}_0}\mathrm{e}^{c_+\hat{K}_+}\mathrm{e}^{c_-\hat{K}_-}\,. \tag{15.163}$$

Mithilfe der kanonischen Ähnlichkeitstransformationen aus Tabelle 6.2 berechnen wir zunächst

$$\begin{aligned}\mathrm{e}^{-c_-\hat{K}_-}\mathrm{e}^{-c_+\hat{K}_+}\underbrace{\mathrm{e}^{-c_0\hat{K}_0}\hat{a}^\dagger\mathrm{e}^{c_0\hat{K}_0}}_{=\mathrm{e}^{-c_0}\hat{a}^\dagger}\mathrm{e}^{c_+\hat{K}_+}\mathrm{e}^{c_-\hat{K}_-}&=\mathrm{e}^{-c_0}\mathrm{e}^{-c_-\hat{K}_-}\underbrace{\mathrm{e}^{-c_+\hat{K}_+}\hat{a}^\dagger\mathrm{e}^{c_+\hat{K}_+}}_{=\hat{a}^\dagger}\mathrm{e}^{c_-\hat{K}_-}\\ =\mathrm{e}^{-c_0}\mathrm{e}^{-c_-\hat{K}_-}\hat{a}^\dagger\mathrm{e}^{c_-\hat{K}_-}=\mathrm{e}^{-c_0}\left(\hat{a}^\dagger-c_-\hat{a}\right)\end{aligned} \tag{15.164}$$

und genauso

$$\begin{aligned}\mathrm{e}^{-c_-\hat{K}_-}\mathrm{e}^{-c_+\hat{K}_+}\underbrace{\mathrm{e}^{-c_0\hat{K}_0}\hat{a}\,\mathrm{e}^{c_0\hat{K}_0}}_{=\mathrm{e}^{c_0}\hat{a}}\mathrm{e}^{c_+\hat{K}_+}\mathrm{e}^{c_-\hat{K}_-}&=\mathrm{e}^{c_0}\mathrm{e}^{-c_-\hat{K}_-}\underbrace{\mathrm{e}^{-c_+\hat{K}_+}\hat{a}\,\mathrm{e}^{c_+\hat{K}_+}}_{=\hat{a}+c_+\hat{a}^\dagger}\mathrm{e}^{c_-\hat{K}_-}\\ =\mathrm{e}^{c_0}\Big(\underbrace{\mathrm{e}^{-c_-\hat{K}_-}\hat{a}\,\mathrm{e}^{c_-\hat{K}_-}}_{=\hat{a}}+c_+\underbrace{\mathrm{e}^{-c_-\hat{K}_-}\hat{a}^\dagger\mathrm{e}^{c_-\hat{K}_-}}_{=\hat{a}^\dagger-c_-\hat{a}}\Big)=\mathrm{e}^{c_0}\left((1-c_+c_-)\hat{a}+c_+\hat{a}^\dagger\right),\end{aligned} \tag{15.165}$$

also zusammengefasst

$$\begin{aligned}\hat{U}_S^{-1}\hat{H}_R\hat{U}_S &= f_1\,\mathrm{e}^{-c_0}\big(\hat{a}^\dagger - c_-\hat{a}\big) + f_2\,\mathrm{e}^{c_0}\big((1-c_+c_-)\hat{a} + c_+\hat{a}^\dagger\big) + f_3 \\ &= \underbrace{\big(f_1\mathrm{e}^{-c_0} + f_2\mathrm{e}^{c_0}c_+\big)}_{=u_1}\hat{a}^\dagger + \underbrace{\big(-f_1\mathrm{e}^{-c_0}c_- + f_2\mathrm{e}^{c_0}(1-c_+c_-)\big)}_{=u_2}\hat{a} + \underbrace{f_3}_{=u_3}\,. \end{aligned} \tag{15.166}$$

Aufgabe 7.5 (Seite 142): Die Erwartungswerte $\langle\hat{K}_0\rangle_t^{(n)} = \langle n|\hat{K}_0(t)|n\rangle$ sind sehr einfach rekursiv zu berechnen. Verifizieren Sie die Rekursionsformel

$$\langle\hat{K}_0\rangle_t^{(n+1)} = 2\,\langle\hat{K}_0\rangle_t^{(n)} - \langle\hat{K}_0\rangle_t^{(n-1)}\,.$$

Lösung: Wir multiplizieren $\langle\hat{K}_0\rangle_t^{(n)}$ aus Gleichung (7.102) mit 2 und subtrahieren $\langle\hat{K}_0\rangle_t^{(n-1)}$:

$$\begin{aligned} &2\,\langle\hat{K}_0\rangle_t^{(n)} - \langle\hat{K}_0\rangle_t^{(n-1)} \\ &\quad= (1-2c_+c_-)(2n+1-2c_2c_1) + 2c_+c_2^2 - 2c_2 - (1+c_+c_-)c_3^2 \\ &\qquad -(1-2c_+c_-)\big(n-1+\tfrac{1}{2}+c_2c_1\big) - c_+c_2^2 - c_-(1+c_+c_-)c_3^2 \\ &\quad= (1-2c_+c_-)\big(n+1+\tfrac{1}{2}-c_2c_1\big) + c_+c_2^2 - c_-(1+c_+c_-)c_3^2 = \langle\hat{K}_0\rangle_t^{(n+1)}\,. \end{aligned} \tag{15.167}$$

Aufgabe 7.6 (Seite 144): Beweisen Sie für die Erwartungswerte der kohärenten Spinzustände $|\zeta\rangle = |\theta,\phi\rangle$ mit $\zeta = \frac{\theta}{2}\,\mathrm{e}^{-\mathrm{i}\phi}$ die Formeln aus Gleichung (4.55):

$$\langle\theta,\phi|\hat{J}_x|\theta,\phi\rangle = j\,\sin\theta\,\cos\;,\quad \langle\theta,\phi|\hat{J}_y|\theta,\phi\rangle = j\,\sin\theta\,\sin\phi\;,\quad \langle\theta,\phi|\hat{J}_z|\theta,\phi\rangle = -j\,\cos\phi\,.$$

Lösung: Der kohärente Spinzustand ist nach Gleichung (4.50) gegeben durch $|\zeta\rangle = \hat{R}(\zeta)|j,-j\rangle$, also durch eine Rotation des extremalen Drehimpulszustands $|j,m\rangle$. Wir berechnen zunächst den Erwartungswert von $\hat{J}_x$:

$$\langle\theta,\phi|\hat{J}_x|\theta,\phi\rangle = \langle j,-j|\hat{R}^\dagger(\zeta)\hat{J}_x\hat{R}(\zeta)|j,-j\rangle\,. \tag{15.168}$$

Dazu schreiben wir die Rotation $\hat{R}$ in der exponentiellen Produktform

$$\hat{R}(\zeta) = \mathrm{e}^{\tau\hat{J}_+}\mathrm{e}^{\lambda\hat{J}_z}\mathrm{e}^{-\tau^*\hat{J}_-} = \mathrm{e}^{-\tau^*\hat{J}_-}\mathrm{e}^{-\lambda\hat{J}_z}\mathrm{e}^{\tau\hat{J}_+} \quad\text{und}\quad \hat{R}^\dagger(z) = \mathrm{e}^{\tau\hat{J}_-}\mathrm{e}^{\lambda\hat{J}_z}\mathrm{e}^{-\tau^*\hat{J}_+} \tag{15.169}$$

mit den Parametern $\tau = \mathrm{e}^{-\mathrm{i}\phi}\tan\frac{\theta}{2}$, $\lambda = \ln(1+|\tau|^2)$, definiert in (4.49).

Die Drehimpulsoperatoren $\hat{J}_x$, $\hat{J}_y$ und $\hat{J}_z$ mit $\hat{J}_\pm = \hat{J}_x \pm \mathrm{i}\hat{J}_y$ bilden, wie wir oben gesehen haben, mit $\hat{K}_0 = 2\hat{J}_z$ und $\hat{K}_\pm = \hat{J}_\pm$ eine $\mathfrak{so}(2)$-Algebra. Wir setzen $\hat{J}_x = \frac{1}{2}(\hat{J}_+ + \hat{J}_-)$ und betrachten zunächst nur $\hat{J}_+$. Mit den Ähnlichkeitstransformationen aus Tabelle 6.1 erhalten wir

$$\begin{aligned}\hat{R}^\dagger\hat{J}_+\hat{R} &= \mathrm{e}^{\tau\hat{J}_-}\mathrm{e}^{\lambda\hat{J}_z}\mathrm{e}^{-\tau^*\hat{J}_+}\hat{J}_+\mathrm{e}^{\tau\hat{J}_+}\mathrm{e}^{\lambda\hat{J}_z}\mathrm{e}^{-\tau^*\hat{J}_-} \\ &= \mathrm{e}^{\tau\hat{J}_-}\underbrace{\mathrm{e}^{\lambda\hat{J}_z}\hat{J}_+\mathrm{e}^{\lambda\hat{J}_z}}_{=\mathrm{e}^{-\lambda}\hat{J}_+}\mathrm{e}^{-\tau^*\hat{J}_-} = \mathrm{e}^{-\lambda}\mathrm{e}^{\tau\hat{J}_-}\hat{J}_+\mathrm{e}^{-\tau^*\hat{J}_-} = \mathrm{e}^{-\lambda}\big(-2\tau^*\hat{J}_z + \hat{J}_+ - \tau^{*2}\hat{J}_-\big), \end{aligned} \tag{15.170}$$

und für $\hat{J}_-$ ergibt sich

$$\hat{R}^\dagger\hat{J}_-\hat{R} = (\hat{R}^\dagger\hat{J}_+\hat{R})^\dagger = \mathrm{e}^{-\lambda}\big(-2\tau\hat{J}_z + \hat{J}_- - \tau^2\hat{J}_+\big)\,. \tag{15.171}$$

Zu den diagonalen Matrixelementen in (15.168) tragen nur die Terme mit $\hat{J}_z$ bei, und man erhält mit $\langle j,-j|\hat{J}_z|j,-j\rangle) = -j$ das gewünschte Resultat:

$$\begin{aligned}\langle j,-j|\hat{R}^\dagger(\zeta)\hat{J}_x\hat{R}(\zeta)|j,-j\rangle &= \mathrm{e}^{-\lambda}\big(\tau+\tau^*\big)j = \mathrm{e}^{-\lambda}\tfrac{1}{2}\big(-2\tau^*-2\tau\big)\langle j,-j|\hat{J}_z|j,-j\rangle \\ &= j\,\frac{\mathrm{e}^{\mathrm{i}\phi}+\mathrm{e}^{-\mathrm{i}\phi}}{1+\tan^2\frac{\theta}{2}}\tan\tfrac{\theta}{2} = 2j\cos\phi\sin\tfrac{\theta}{2}\cos\tfrac{\theta}{2} = j\cos\phi\sin\theta\,. \end{aligned} \tag{15.172}$$

Auf gleiche Weise findet man auch $\langle\theta,\phi|\hat{J}_y|\theta,\phi\rangle = j\sin\theta\sin\phi$ und $\langle\theta,\phi|\hat{J}_z|\theta,\phi\rangle = -j\cos\phi$.

Kapitel 8: Harmonischer Oszillator mit Dämpfung und Antrieb

Aufgabe 8.1 (Seite 146): Zeigen Sie: Für $\hat{U} = \mathrm{e}^{g_0\hat{K}_0}\,\mathrm{e}^{g_1\hat{a}^\dagger}\,\mathrm{e}^{g_2\hat{a}}\,\mathrm{e}^{g_3}$ aus (8.7) gilt

$$\hat{U}^\dagger\hat{U} = \mathrm{e}^{g_3+g_3^*+g_1g_1^*\mathrm{e}^w}\,\mathrm{e}^{(g_2^*+g_1\mathrm{e}^w)\hat{a}^\dagger}\,\mathrm{e}^{w\hat{K}_0}\,\mathrm{e}^{(g_2+g_1^*\mathrm{e}^w)\hat{a}} \quad \text{mit} \quad w = g_0+g_0^*\,.$$

Lösung: Mit $\hat{U}^\dagger = \mathrm{e}^{g_3^*}\,\mathrm{e}^{g_2^*\hat{a}^\dagger}\,\mathrm{e}^{g_1^*\hat{a}}\,\mathrm{e}^{g_0^*\hat{K}_0}$ bilden wir das Produkt und ordnen es um mithilfe der Vertauschungsrelationen aus Aufgabe 6.12:

$$\begin{aligned}\hat{U}^\dagger\hat{U} &= \mathrm{e}^{g_3^*}\,\mathrm{e}^{g_2^*\hat{a}^\dagger}\,\mathrm{e}^{g_1^*\hat{a}}\,\mathrm{e}^{g_0^*\hat{K}_0}\,\mathrm{e}^{g_0\hat{K}_0}\,\mathrm{e}^{g_1\hat{a}^\dagger}\,\mathrm{e}^{g_2\hat{a}}\,\mathrm{e}^{g_3} = \mathrm{e}^{g_3+g_3^*}\,\mathrm{e}^{g_2^*\hat{a}^\dagger}\,\mathrm{e}^{g_1^*\hat{a}}\,\underbrace{\mathrm{e}^{w\hat{K}_0}\,\mathrm{e}^{g_1\hat{a}^\dagger}}_{=\mathrm{e}^{g_1\mathrm{e}^w\hat{a}^\dagger}\mathrm{e}^{w\hat{K}_0}}\,\mathrm{e}^{g_2\hat{a}} \\ &= \mathrm{e}^{g_3+g_3^*}\,\mathrm{e}^{g_2^*\hat{a}^\dagger}\,\underbrace{\mathrm{e}^{g_1^*\hat{a}}\,\mathrm{e}^{g_1\mathrm{e}^w\hat{a}^\dagger}}_{=\mathrm{e}^{g_1\mathrm{e}^w\hat{a}^\dagger}\mathrm{e}^{g_1^*\hat{a}}\mathrm{e}^{g_1g_1^*\mathrm{e}^w}}\,\mathrm{e}^{w\hat{K}_0}\,\mathrm{e}^{g_2\hat{a}} \\ &= \mathrm{e}^{g_3+g_3^*+g_1g_1^*\mathrm{e}^w}\,\mathrm{e}^{(g_2^*+g_1\mathrm{e}^w)\hat{a}^\dagger}\,\underbrace{\mathrm{e}^{g_1^*\hat{a}}\,\mathrm{e}^{w\hat{K}_0}}_{=\mathrm{e}^{w\hat{K}_0}\mathrm{e}^{g_1^*\mathrm{e}^w\hat{a}}}\,\mathrm{e}^{g_2\hat{a}} \\ &= \mathrm{e}^{g_3+g_3^*+g_1g_1^*\mathrm{e}^w}\,\mathrm{e}^{(g_2^*+g_1\mathrm{e}^w)\hat{a}^\dagger}\,\mathrm{e}^{w\hat{K}_0}\,\mathrm{e}^{(g_2+g_1^*\mathrm{e}^w)\hat{a}}\,. \end{aligned} \tag{15.173}$$

Aufgabe 8.2 (Seite 149): Berechnen Sie das Integral für $g_3(t)$ aus Gleichung (8.6) für den harmonischen Antrieb $f(t) = f_0\cos\Omega t$ und verifizieren Sie den Langzeitlimit

$$g_3(t) \overset{t\to\infty}{\Longrightarrow} \frac{\mathrm{i}f_0^2\widetilde{\omega}}{2(\widetilde{\omega}^2-\Omega^2)}\,t\,.$$

Lösung: Für $g_3(t)$ aus Gleichung (8.6) erhalten wir

$$\begin{aligned} g_3(t) &= -\mathrm{i}\int_0^t f(t')\mathrm{e}^{g_0(t')}g_1(t')\,\mathrm{d}t' = \frac{\mathrm{i}f_0^2}{4(\widetilde{\omega}+\Omega)}\int_0^t\Big(\mathrm{e}^{2\mathrm{i}\Omega t'} - \mathrm{e}^{\mathrm{i}(\Omega-\widetilde{\omega})t'} + 1 - \mathrm{e}^{-\mathrm{i}(\Omega+\widetilde{\omega})t'}\Big)\mathrm{d}t' \\ &\quad + \frac{\mathrm{i}f_0^2}{4(\widetilde{\omega}-\Omega)}\int_0^t\Big(1-\mathrm{e}^{\mathrm{i}(\Omega-\widetilde{\omega})t'} + \mathrm{e}^{-2\mathrm{i}\Omega t'} - \mathrm{e}^{-\mathrm{i}(\Omega-\widetilde{\omega})t'}\Big)\mathrm{d}t' \\ &= \frac{\mathrm{i}f_0^2}{4(\widetilde{\omega}+\Omega)}\Big[\frac{\mathrm{e}^{2\mathrm{i}\Omega t'}}{2\mathrm{i}\Omega} - \frac{\mathrm{e}^{\mathrm{i}(\Omega-\widetilde{\omega})t'}}{\mathrm{i}(\Omega-\widetilde{\omega})} + t' + \frac{\mathrm{e}^{-\mathrm{i}(\Omega-\widetilde{\omega})t'}}{\mathrm{i}(\Omega+\widetilde{\omega})}\Big]_0^t \\ &\quad + \frac{\mathrm{i}f_0^2}{4(\widetilde{\omega}-\Omega)}\Big[t' - \frac{\mathrm{e}^{\mathrm{i}(\Omega-\widetilde{\omega})t'}}{\mathrm{i}(\Omega-\widetilde{\omega})} - \frac{\mathrm{e}^{-2\mathrm{i}\Omega t'}}{2\mathrm{i}\Omega} - \frac{\mathrm{e}^{\mathrm{i}(\Omega-\widetilde{\omega})t'}}{\mathrm{i}(\Omega-\widetilde{\omega})}\Big]_0^t\,. \end{aligned} \tag{15.174}$$

Für große Zeiten überleben nur die Terme proportional zur Zeit und wir erhalten

$$g_3(t) \overset{t\to\infty}{\Longrightarrow} \Big(\frac{\mathrm{i}f_0^2}{4(\widetilde{\omega}+\Omega)} + \frac{\mathrm{i}f_0^2}{4(\widetilde{\omega}-\Omega)}\Big)t = \frac{\mathrm{i}f_0^2\widetilde{\omega}}{2(\widetilde{\omega}^2-\Omega^2)}\,t\,. \tag{15.175}$$

Aufgabe 8.3 (Seite 150): Vergewissern Sie sich davon, dass $\hat{U}(t)$ aus Gleichung (8.36) unitär ist, dass also gilt $\hat{U}^\dagger(t)\,\hat{U}(t) = \hat{I}$. Beweisen Sie dabei die nützliche Formel $g_3^* + g_3 + gg^* = 0$.

Lösung: Die Unitarität folgt direkt aus der Formel in der Aufgabe 8.1. Für $g_0 = -\mathrm{i}\Phi$ mit reellem Φ ist $w = g_0 + g_0^* = -\mathrm{i}\Phi + \mathrm{i}\Phi = 0$ und daher ist

$$\hat{U}^\dagger(t)\,\hat{U}(t) = \mathrm{e}^{g_3^*(t)+g_3(t)+g(t)g^*(t))}\,. \tag{15.176}$$

Jetzt müssen wir nur noch zeigen, dass der Ausdruck im Exponenten gleich null ist. Das zeigen wir nicht direkt, sondern durch einen kleinen Umweg. Wir differenzieren den Exponenten nach der Zeit und finden mit $\dot{g} = -\mathrm{i}f^*\mathrm{e}^{\mathrm{i}\Phi}$ und $\dot{g}_3 = -\mathrm{i}fe^{-\mathrm{i}\Phi}g$

$$\begin{aligned}\frac{\mathrm{d}}{\mathrm{d}t}\left(g_3^* + g_3 + gg^*\right) &= \dot{g}_3^* + \dot{g}_3 + \dot{g}g^* + g\dot{g}^*\\ &= \mathrm{i}f^*\mathrm{e}^{\mathrm{i}\Phi}g^* - \mathrm{i}fe^{-\mathrm{i}\Phi}g - \mathrm{i}f^*\mathrm{e}^{\mathrm{i}\Phi}g^* + g\mathrm{i}fe^{-\mathrm{i}\Phi} = 0\,.\end{aligned} \tag{15.177}$$

Also ist der Exponent konstant und damit gleich null, da dies bei $t = 0$ der Fall ist.

Kapitel 9: Erhaltungsgrößen und dynamische Invarianten

Aufgabe 9.1 (Seite 160): Zeigen Sie: Für einen klassischen harmonischen Oszillator mit der Hamilton-Funktion $H(t) = \frac{1}{2}p^2 + \frac{1}{2}\omega^2(t)q^2$ erhalten wir die dynamische Invariante

$$I(t) = \frac{1}{2}\left(\frac{q^2}{\rho^2} + (\rho p - \dot{\rho}q)^2\right) \quad \text{mit} \quad \ddot{\rho} + \omega^2(t)\rho = \frac{1}{\rho^3}\,,$$

wobei $\rho(t)$ eine reelle Lösung dieser Differentialgleichung ist.

Lösung: Die Zeitentwicklung einer klassischen dynamischen Größe, wie hier der Invariante $I(q,p;t)$, lässt sich mithilfe der Poisson-Klammer als

$$\frac{\mathrm{d}I}{\mathrm{d}t} = \{I,H\} + \frac{\partial I}{\partial t} \tag{15.178}$$

formulieren (vgl. Gleichung (6.27)). Unsere Invariante beschreiben wir in der Basis der klassischen Phasenraumfunktion $q^2/2$, $p^2/2$ und pq (vgl. auch Aufgabe 6.8) als

$$I(q,p;t) = \frac{\alpha}{2}q^2 + \frac{\beta}{2}p^2 + \gamma pq \tag{15.179}$$

mit explizit zeitabhängigen Koeffizienten. Mit der Poisson-Klammer $\{A,B\} = \frac{\partial A}{\partial q}\frac{\partial B}{\partial p} - \frac{\partial B}{\partial q}\frac{\partial A}{\partial p}$ (siehe Gleichung (1.27)) berechnen wir

$$\begin{aligned}\{I,H\} &= \left\{\frac{\alpha}{2}q^2 + \frac{\beta}{2}p^2 + \gamma pq, \frac{1}{2}p^2 + \frac{1}{2}\omega^2 q^2\right\}\\ &= (\alpha q + \gamma p)\,p - \omega^2 q(\beta p + \gamma q) = -\gamma\omega^2 q^2 + \gamma\omega^2 p^2 + (\alpha - \beta)\,pq\,.\end{aligned} \tag{15.180}$$

Für die Invariante fordern wir $\frac{\mathrm{d}I}{\mathrm{d}t} = 0$ und erhalten mit $\frac{\partial I}{\partial t} = \frac{\dot{\alpha}}{2}q^2 + \frac{\dot{\beta}}{2}p^2 + \dot{\gamma}pq$ für die gesuchten Koeffizienten, die Differentialgleichungen

$$\dot{\alpha} = 2\gamma\omega^2\ , \quad \dot{\beta} = -2\gamma\ , \quad \dot{\gamma} = -\alpha + \beta\omega^2\,, \tag{15.181}$$

in völliger Übereinstimmung mit den quantenmechanischen Gleichungen (9.30). Daher können wir auch deren Umformungen übernehmen und erhalten mit

$$\alpha = \dot{\rho}^2 + \frac{c}{\rho^2} \ , \quad \beta = \rho^2 \ , \quad \gamma = -\sigma\dot{\rho} \tag{15.182}$$

die Invariante als

$$I(t) = \frac{1}{2}\Big(\frac{c}{\rho^2}q^2 + \big(\sigma p - \dot{\rho} q\big)^2\Big) \tag{15.183}$$

mit einer Skalierungskonstante c, die mit $\rho \to c^{1/4}\rho$ entfernt werden kann.

Aufgabe 9.2 (Seite 161): Zeigen Sie, dass die Diagonalelemente von $\hat{H}$ und $\partial/\partial t$ in der Basis der Eigenzustände $|s\rangle$ der Invariante $\hat{I}$ durch

$$\langle s|\hat{H}|s\rangle = \frac{\hbar}{2}\big(\dot{\rho}^2 + \omega^2\rho + \frac{1}{\rho^2}\big)\big(s + \frac{1}{2}\big) \ , \quad \langle s|\frac{\partial}{\partial t}|s\rangle = \frac{\mathrm{i}}{2}\big(\dot{\rho}\ddot{\rho} - \rho^2\big)\big(s + \frac{1}{2}\big),$$

mit der Grundzustandskonvention $\langle 0|\frac{\partial}{\partial t}|0\rangle = \frac{\mathrm{i}}{4}\big(\dot{\rho}\ddot{\rho} - \rho^2\big)$ gegeben sind.

Lösung: Um die Matrixelemente des Hamilton-Operators $\hat{H} = \frac{1}{2}\hat{p}^2 + \frac{1}{2}\omega^2\hat{q}^2$ zu berechnen, benötigen wir die von

$$\hat{q}^2 = \frac{\hbar}{2}\rho^2\big(\hat{a} + \hat{a}^\dagger\big)^2 \ , \quad \hat{p}^2 = \frac{\hbar}{2}\Big(\big(\dot{\rho} - \frac{\mathrm{i}}{\rho}\big)\hat{a} + \big(\dot{\rho} + \frac{\mathrm{i}}{\rho}\big)\hat{a}^\dagger\Big)^2, \tag{15.184}$$

mit $\hat{q}$ und $\hat{p}$ aus Gleichung (9.43), allerdings nur die Diagonalelemente. Deshalb ist es ausreichend, diese Quadrate nur bis zu Termen $\hat{a}^\dagger\hat{a}$ und $\hat{a}\hat{a}^\dagger$ auszuwerten:

$$\begin{aligned} \hat{q}^2 &\sim \frac{\hbar}{2}\rho^2\big(\hat{a}\hat{a}^\dagger + \hat{a}^\dagger\hat{a}\big) = \hbar\rho^2\big(\hat{a}^\dagger\hat{a} + \frac{1}{2}\big) \\ \hat{p}^2 &\sim \frac{\hbar}{2}\big(\dot{\rho} - \frac{\mathrm{i}}{\rho}\big)\big(\dot{\rho} + \frac{\mathrm{i}}{\rho}\big)\big(\hat{a}\hat{a}^\dagger + \hat{a}^\dagger\hat{a}\big) = \hbar\big(\dot{\rho}^2 + \frac{1}{\rho^2}\big)\big(\hat{a}^\dagger\hat{a} + \frac{1}{2}\big) \end{aligned} \tag{15.185}$$

und daher

$$\hat{H} = \frac{1}{2}\hat{p}^2 + \frac{1}{2}\omega^2\hat{q}^2 \sim \frac{\hbar}{2}\big(\dot{\rho}^2 + \omega^2\rho^2 + \frac{1}{\rho^2}\big)\big(\hat{a}^\dagger\hat{a} + \frac{1}{2}\big), \tag{15.186}$$

was die Formel für das Matrixelement $\langle s|\hat{H}|s\rangle$ in der Aufgabe liefert.

Die Berechnung von $\langle s|\frac{\partial}{\partial t}|s\rangle$ gestaltet sich etwas schwieriger. Wir beginnen mit der Leitergleichung $\hat{a}^\dagger|s-1\rangle = \sqrt{s}|s\rangle$, bilden die partielle Ableitung nach der Zeit,

$$\frac{\partial\hat{a}^\dagger}{\partial t}|s-1\rangle + \hat{a}^\dagger\frac{\partial}{\partial t}|s-1\rangle = \sqrt{s}\frac{\partial}{\partial t}|s\rangle \tag{15.187}$$

und das Skalarprodukt mit $|s\rangle$. Dann erhalten wir mit $\langle s|\hat{a}^\dagger = \sqrt{s}\langle s-1|$

$$\langle s|\frac{\partial\hat{a}^\dagger}{\partial t}|s-1\rangle + \sqrt{s}\langle s-1|\frac{\partial}{\partial t}|s-1\rangle = \sqrt{s}\langle s|\frac{\partial}{\partial t}|s\rangle, \tag{15.188}$$

oder für $s \neq 0$

$$\langle s|\frac{\partial}{\partial t}|s\rangle = \langle s-1|\frac{\partial}{\partial t}|s-1\rangle + \frac{1}{\sqrt{s}}\langle s|\frac{\partial\hat{a}^\dagger}{\partial t}|s-1\rangle. \tag{15.189}$$

Zur Berechnung des letzten Terms in dieser Gleichung verschaffen wir uns die partielle(!) Zeitableitung von $\hat{a}^\dagger = \frac{1}{\sqrt{2\hbar}}\left(\frac{1}{\rho}\hat{q} - \mathrm{i}(\rho\hat{p} - \dot{\rho}\hat{q})\right)$ aus Gleichung (9.42),

$$\frac{\partial \hat{a}^\dagger}{\partial t} = \frac{1}{\sqrt{2\hbar}}\left(-\frac{\dot{\rho}}{\rho^2}\hat{q} - \mathrm{i}\left(\dot{\rho}\hat{p} - \ddot{\rho}\hat{q}\right)\right), \tag{15.190}$$

setzen $\hat{q}$ und $\hat{p}$ aus Gleichung (9.43) ein und erhalten

$$\frac{\partial \hat{a}^\dagger}{\partial t} = \frac{1}{2}\left(-\frac{2\dot{\rho}}{\rho} + \mathrm{i}(\rho\ddot{\rho} - \rho^2)\right)\hat{a} + \frac{\mathrm{i}}{2}\left(\rho\ddot{\rho} - \rho^2\right)\hat{a}^\dagger. \tag{15.191}$$

Das ergibt

$$\frac{\partial \hat{a}^\dagger}{\partial t}|s-1\rangle = \frac{1}{2}\left(-\frac{2\dot{\rho}}{\rho} + \mathrm{i}(\rho\ddot{\rho} - \rho^2)\right)\sqrt{s-1}\,|s-2\rangle + \frac{\mathrm{i}}{2}\left(\rho\ddot{\rho} - \rho^2\right)\sqrt{s}\,|s\rangle \tag{15.192}$$

und folglich

$$\langle s|\frac{\partial \hat{a}^\dagger}{\partial t}|s-1\rangle = \frac{\mathrm{i}}{2}\left(\rho\ddot{\rho} - \rho^2\right)\sqrt{s}. \tag{15.193}$$

Einsetzten in (15.189) liefert schließlich

$$\begin{aligned}\langle s|\frac{\partial}{\partial t}|s\rangle &= \langle s-1|\frac{\partial}{\partial t}|s-1\rangle + \frac{\mathrm{i}}{2}\left(\rho\ddot{\rho} - \rho^2\right) = \langle 0|\frac{\partial}{\partial t}|0\rangle + \frac{\mathrm{i}s}{2}\left(\rho\ddot{\rho} - \rho^2\right)\\ &= \left(\rho\ddot{\rho} - \rho^2\right)\left(s + \tfrac{1}{2}\right)\end{aligned} \tag{15.194}$$

mit der Lewis-Riesenfeld-Konvention $\langle 0|\frac{\partial}{\partial t}|0\rangle = \frac{\mathrm{i}}{4}\left(\dot{\rho}\ddot{\rho} - \rho^2\right)$ für den Grundzustand.

Aufgabe 9.3 (Seite 163): Für den Hamilton-Operator $\mathbf{H} = \frac{1}{2}(x\boldsymbol{\sigma}_x + y\boldsymbol{\sigma}_y + z\boldsymbol{\sigma}_z)$ ergibt sich für die Koeffizienten der dynamischen Invariante $\mathbf{I} = u_x\boldsymbol{\sigma}_x + u_y\boldsymbol{\sigma}_y + u_z\boldsymbol{\sigma}_z$ das Differentialgleichungssystem

$$\hbar\begin{pmatrix}\dot{u}_x\\ \dot{u}_y\\ \dot{u}_z\end{pmatrix} = \begin{pmatrix}0 & -z & y\\ z & 0 & -x\\ -y & x & 0\end{pmatrix}\begin{pmatrix}u_x\\ u_y\\ \dot{u}_z\end{pmatrix} \quad \text{oder} \quad \hbar\,\dot{\mathbf{u}} = \mathbf{A}\mathbf{u} \quad \text{mit} \quad \mathbf{A} = \begin{pmatrix}0 & -z & y\\ z & 0 & -x\\ -y & x & 0\end{pmatrix}.$$

Lösung: Wir setzen $\mathbf{H}(t)$ und $\mathbf{I}(t)$ in der Spinmatrixdarstellung in die Gleichung (9.10) für die dynamische Invariante ein, multiplizieren aus und setzen die Kommutatoren $\left[\boldsymbol{\sigma}_x, \boldsymbol{\sigma}_y\right] = 2\mathrm{i}\boldsymbol{\sigma}_x$ usw. ein:

$$\begin{aligned}\mathrm{i}\hbar\frac{\partial \mathbf{I}}{\partial t} &= [\mathbf{H}, \mathbf{I}] = \tfrac{1}{2}\left[x\boldsymbol{\sigma}_x + y\boldsymbol{\sigma}_y + z\boldsymbol{\sigma}_z, u_x\boldsymbol{\sigma}_x + u_y\boldsymbol{\sigma}_y + u_z\boldsymbol{\sigma}_z\right]\\ &= \frac{1}{2}(xu_y - yu_x)\left[\boldsymbol{\sigma}_x, \boldsymbol{\sigma}_y\right] + \frac{1}{2}(yu_z - zu_y)\left[\boldsymbol{\sigma}_y, \boldsymbol{\sigma}_z\right] + \frac{1}{2}(zu_x - xu_z)\left[\boldsymbol{\sigma}_z, \boldsymbol{\sigma}_x\right]\\ &= \mathrm{i}(xu_y - yu_x)\boldsymbol{\sigma}_z + \mathrm{i}(yu_z - zu_y)\boldsymbol{\sigma}_x + \mathrm{i}(zu_x - xu_z)\boldsymbol{\sigma}_y.\end{aligned} \tag{15.195}$$

Vergleichen wir mit

$$\mathrm{i}\hbar\frac{\partial \mathbf{I}}{\partial t} = \mathrm{i}\hbar\dot{u}_x\boldsymbol{\sigma}_x + \mathrm{i}\hbar\dot{u}_y\boldsymbol{\sigma}_y + \mathrm{i}\hbar\dot{u}_z\boldsymbol{\sigma}_z \tag{15.196}$$

für die linke Seite der Gleichung, so erhalten wir

$$\hbar\dot{u}_x = yu_z - zu_y \;, \quad \hbar\dot{u}_y = zu_x - xu_z \;, \quad \hbar\dot{u}_z = xu_y - yu_x \,, \tag{15.197}$$

also die gesuchte Matrixgleichung der Aufgabe.

Kapitel 10: Quantenmechanik im Phasenraum

Aufgabe 10.1 (Seite 168): Bestimmen Sie den Operator, der auf das Weyl-Symbol qp^2 abgebildet wird.

Lösung: Beispielsweise berechnet man aus der rechten Formel in Gleichung (10.14) mit $n = 1$, $m = 2$ sowie $\hat{p}^2\hat{q} = \hat{q}\hat{p}^2 - 2\mathrm{i}\hbar\hat{p}$, dass das Weyl-Symbol qp^2 auf den Operator

$$\Omega(qp^2) = \frac{1}{2}\big(\hat{q}\hat{p}^2 + \hat{p}^2\hat{q}\big) = \frac{1}{2}\big(\hat{q}\hat{p}^2 + \hat{q}\hat{p}^2 - 2\mathrm{i}\hbar\hat{p}\big) = \hat{q}\hat{p}^2 - \mathrm{i}\hbar\hat{p} \tag{15.198}$$

abgebildet wird.

Aufgabe 10.2 (Seite 168): Beweisen Sie die Spurformel

$$\int \mathrm{d}q\,\mathrm{d}p\, f(q,p)\, g(q,p) = 2\pi\hbar\,\mathrm{spur}\,(\hat{f}\hat{g})$$

für das Operatorprodukt und das Phasenraumintegral ihrer Weyl-Symbole.

Lösung: Setzen wir unter dem Integral für $f(q,p)$ und $g(q,p)$ die Definition aus Gleichung (10.9) ein,

$$f(q,p)g(q,p) = \int \mathrm{d}y\,\mathrm{d}y'\,\langle q - \tfrac{y}{2}|\hat{f}|q + \tfrac{y}{2}\rangle\,\langle q - \tfrac{y'}{2}|\hat{g}|q + \tfrac{y'}{2}\rangle\,\mathrm{e}^{\mathrm{i}p(y+y')/\hbar}\,, \tag{15.199}$$

und integrieren dies zunächst über p. Dann erhalten wir mit $\int \mathrm{d}p\,\mathrm{e}^{\mathrm{i}p(y+y')/\hbar} = 2\pi\hbar\,\delta(y+y')$ und $\int \mathrm{d}u\,|u\rangle\,\langle u| = \hat{I}$ nach Integration über q schon unser Endresultat:

$$\begin{aligned}\int \mathrm{d}q\,\mathrm{d}p\, f(q,p)\, g(q,p) &= 2\pi\hbar \int \mathrm{d}q\,\mathrm{d}y\,\langle q - \tfrac{y}{2}|\hat{f}|q + \tfrac{y}{2}\rangle\,\langle q + \tfrac{y}{2}|\hat{g}|q - \tfrac{y}{2}\rangle \\ &= 2\pi\hbar \int \mathrm{d}u\,\mathrm{d}v\,\langle v|\hat{f}|u\rangle\,\langle u|\hat{g}|v\rangle = 2\pi\hbar \int \mathrm{d}v\,\langle v|\hat{f}\hat{g}|v\rangle = 2\pi\hbar\,\mathrm{spur}\,(\hat{f}\hat{g})\,.\end{aligned} \tag{15.200}$$

Aufgabe 10.3 (Seite 170): Prüfen Sie den Weyl-Isomorphismus

$$\Omega(f * g) = \Omega(f)\,\Omega(g)$$

aus Gleichung (10.26) für die Weyl-Symbole $f(q,p) = qp$ und $g(q,p) = p$ (vgl. dazu auch die Gleichungen (10.14) bis (10.16)).

Lösung: Zu verifizieren ist die Gültigkeit von

$$\Omega(qp * p) = \Omega(qp)\,\Omega(p)\,. \tag{15.201}$$

Aus den Gleichungen (10.14) bis (10.16) kennen wir schon

$$\Omega(qp) = \frac{1}{2}\left(\hat{q}\hat{p} + \hat{p}\hat{q}\right) \quad \text{und} \quad \Omega(p) = \hat{p}\,. \tag{15.202}$$

Damit erhalten wir für die rechte Seite der Gleichung (15.201)

$$\Omega(qp)\,\Omega(p) = \frac{1}{2}\left(\hat{q}\hat{p} + \hat{p}\hat{q}\right)\hat{p} = \frac{1}{2}\left(2\hat{q}\hat{p} - \mathrm{i}\hbar\right)\hat{p} = \hat{q}\hat{p}^2 - \frac{\mathrm{i}\hbar}{2}\,\hat{p}\,. \tag{15.203}$$

Um die linke Seite zu bestimmen, berechnen wir zunächst das Moyal-Produkt

$$\begin{aligned} qp * p &= qp\,\mathrm{e}^{\mathrm{i}\hbar(\overleftarrow{\partial}_q\vec{\partial}_p - \overleftarrow{\partial}_p\vec{\partial}_q)/2}\,p \\ &= qp\left(1 + \frac{\mathrm{i}\hbar}{2}(\overleftarrow{\partial}_q\vec{\partial}_p - \overleftarrow{\partial}_p\vec{\partial}_q) - \frac{1}{2}\frac{\hbar^2}{4}(\overleftarrow{\partial}_q\vec{\partial}_p - \overleftarrow{\partial}_p\vec{\partial}_q)^2 + \cdots\right)p\,, \end{aligned} \tag{15.204}$$

und mit

$$\left(\overleftarrow{\partial}_q\vec{\partial}_p - \overleftarrow{\partial}_p\vec{\partial}_q\right)p = \overleftarrow{\partial}_q \quad \text{und} \quad qp\left(\overleftarrow{\partial}_q\vec{\partial}_p - \overleftarrow{\partial}_p\vec{\partial}_q\right) = p\vec{\partial}_q - q\vec{\partial}_q \tag{15.205}$$

erhalten wir

$$qp\left(\overleftarrow{\partial}_q\vec{\partial}_p - \overleftarrow{\partial}_p\vec{\partial}_q\right)p = p \quad \text{und} \quad qp\left(\overleftarrow{\partial}_q\vec{\partial}_p - \overleftarrow{\partial}_p\vec{\partial}_q\right)^2 p = 0 \tag{15.206}$$

sowie

$$qp * p = qp\left(1 + m\frac{\mathrm{i}\hbar}{2}\left(\overleftarrow{\partial}_q\vec{\partial}_p - \overleftarrow{\partial}_p\vec{\partial}_q\right)\right)p = qp^2 + \frac{\mathrm{i}\hbar}{2}\,p\,. \tag{15.207}$$

Als letzten Schritt sehen wir mithilfe von Gleichung (15.198), dass dieses Weyl-Symbol auf den Operator

$$\Omega\left(qp^2 + \frac{\mathrm{i}\hbar}{2}\,p\right) = \hat{q}\hat{p}^2 - \mathrm{i}\hbar\hat{p} + \frac{\mathrm{i}\hbar}{2}\,\hat{p} = \hat{q}\hat{p}^2 - \frac{\mathrm{i}\hbar}{2}\,\hat{p} \tag{15.208}$$

abgebildet wird, was mit (15.203) übereinstimmt.

Aufgabe 10.4 (Seite 170): Begründen Sie folgende Aussage der Vektorrechnung:
Die Fläche A des von den drei Vektoren $\vec{x} = (q,p)$, $\vec{x}' = (q',p')$, $\vec{x}'' = (q'',p'')$ in der Phasenraumebene aufgespannten Dreiecks lässt sich ausdrücken als

$$2A(q,p,q',p',q'',p'') = p(q''-q') + p'(q-q'') + p''(q'-q)\,.$$

Lösung: Mit $\vec{u} = \vec{x}' - \vec{x}$ und $\vec{v} = \vec{x}'' - \vec{x}$ definieren wir zwei Seitenvektoren des Dreiecks, die ein Parallelogramm mit der Fläche $2A$ aufspannen. Die Fläche können wir durch das symplektische Produkt

$$\vec{u} \wedge \vec{v} = \begin{pmatrix} u_1 \\ u_2 \end{pmatrix} \wedge \begin{pmatrix} v_1 \\ v_2 \end{pmatrix} = \vec{u}^T \mathbf{J} \vec{v} = u_1 v_2 - u_2 v_1 \quad \text{mit} \quad \mathbf{J} = \begin{pmatrix} 0 & 1 \\ -1 & 0 \end{pmatrix} \tag{15.209}$$

bestimmen, mit dem Ergebnis

$$\begin{aligned} 2A &= (\vec{x}' - \vec{x}) \wedge (\vec{x}'' - \vec{x}) = (q'-q)(p''-p) - (p'-p)(q''-q) \\ &= p(q - q' + q'' - q) + p'(q-q'') + p''(q'-q) = p(q''-q') + p'(q-q'') + p''(q'-q)\,. \end{aligned} \tag{15.210}$$

Zu dem gleichen Resultat kommt man auch, wenn man die zweidimensionalen Vektoren zu dreidimensionalen wie $\vec{u} = (u_1, u_2, 0)$ erweitert und die Fläche durch die Komponente $(\vec{u} \times \vec{v})_3$ ihres Vektorprodukts berechnet.

Aufgabe 10.5 (Seite 174): Beweisen Sie die Gleichung (10.56) für $U(t)$ und zeigen Sie dabei auch, dass die π_n orthogonale Projektoren sind, die die Vollständigkeitsrelation erfüllen:

$$\pi_{n'} * \pi_n = \delta_{n'n}\pi_n \;, \quad \sum_n \pi_n = 1 .$$

Lösung: Wir differenzieren Gleichung (10.56), $U(t) = \sum_n \pi_n \exp -\mathrm{i}E_n t/\hbar$, nach der Zeit. Das ergibt, multipliziert mit $\mathrm{i}\hbar$, und Gleichsetzen mit $H * U$ nach (10.52)

$$\begin{aligned}\mathrm{i}\hbar \frac{\partial U}{\partial t} &= \sum_n E_n \pi_n \exp -\mathrm{i}E_n t/\hbar \\ &= H * U = H * \sum_n \pi_n \exp -\mathrm{i}E_n t/\hbar = \sum_n H * \pi_n \exp -\mathrm{i}E_n t/\hbar \end{aligned} \tag{15.211}$$

für die Koeffizienten $H * \pi_n = E_n \pi_n$, das heißt, die π_n sind Sterneigenfunktionen von H.

Außerdem folgt aus dieser Gleichung für $t = 0$ mit $U(0) = 1$ die Beziehung $H = \sum_n E_n \pi_n$, und nach Einsetzen in $H * \pi_n = E_n \pi_n$

$$\sum_{n'} E_{n'} \pi_{n'} * \pi_n = E_n \pi_n \quad \text{also} \quad \pi_{n'} * \pi_n = \delta_{n'n} \pi_n . \tag{15.212}$$

Die Vollständigkeitsrelation $\sum_n \pi_n = 1$ schließlich ist eine simple Konsequenz von Gleichung $\mathrm{Exp}(Ht) = \sum_n \pi_n \exp -\mathrm{i}E_n t/\hbar$ aus (10.56) für $t = 0$.

Aufgabe 10.6 (Seite 174): Im Heisenberg-Bild entwickelt sich eine Phasenraumfunktion $f_H(q, p, t)$ zeitlich gemäß

$$\frac{\mathrm{d}}{\mathrm{d}t} f_H = \frac{1}{\mathrm{i}\hbar}\left[f_H, H_H\right]_* + \left(\frac{\partial f}{\partial t}\right)_H .$$

Leiten Sie dies her und untersuchen Sie den speziellen Fall von Ort und Impuls im Heisenberg-Bild.

Lösung: Wenn wir genauso vorgehen wie bei der Herleitung der Operator-Gleichung (2.33) im Heisenberg-Bild, das heißt, wir differenzieren $f_H(t)$ nach der Zeit, setzen Gleichung (10.52) und ein und formen um, so erhalten wir

$$\begin{aligned}\frac{\mathrm{d}}{\mathrm{d}t} f_H &= \frac{\partial \overline{U}}{\partial t} * f * U + \overline{U} * f * \frac{\partial U}{\partial t} + \overline{U} * \frac{\partial f}{\partial t} * U \\ &= -\frac{1}{\mathrm{i}\hbar}\overline{U} * \overline{H} * f * U + \frac{1}{\mathrm{i}\hbar}\overline{U} * f * H * U + \overline{U} * \frac{\partial f}{\partial t} * U \\ &= -\frac{1}{\mathrm{i}\hbar}\overline{U} * \overline{H} * U * \overline{U} * f * U + \frac{1}{\mathrm{i}\hbar}\overline{U} * f * U * \overline{U} * H * U + \overline{U} * \frac{\partial f}{\partial t} * U \\ &= -\frac{1}{\mathrm{i}\hbar}\overline{H}_H * f_H + \frac{1}{\mathrm{i}\hbar} f_H * H_H + \left(\frac{\partial f}{\partial t}\right)_H = \frac{1}{\mathrm{i}\hbar}\left[f_H, H\right]_* + \left(\frac{\partial f}{\partial t}\right)_H .\end{aligned} \tag{15.213}$$

Wenn wir insbesondere den speziellen Fall der Funktionen q und p betrachten (wir unterdrücken hier den Index H), führt die Bewegungsgleichung aus der Aufgabe auf

$$\frac{\mathrm{d}}{\mathrm{d}t} q = \frac{1}{\mathrm{i}\hbar}\left(q * H - H * q\right) = \partial_p H \;, \quad \frac{\mathrm{d}}{\mathrm{d}t} p = \frac{1}{\mathrm{i}\hbar}\left(p * H - H * p\right) = -\partial_q H , \tag{15.214}$$

was genau der Hamilton-Gleichungen der klassischen Mechanik entspricht.

Kapitel 11: Dynamik in angetriebenen Gittern

Aufgabe 11.1 (Seite 183): Zeigen Sie, dass sich für einen anfangs am Gitterplatz $n = 0$ lokalisierten Zustand für den $\hat{N}$-Erwartungswert und die Varianz die Werte

$$\langle \hat{N} \rangle_t = 0 \ , \quad \Delta_N^2(t) = 2|\chi_t|^2$$

ergeben, und für ein breites Gauß-Paket $c_n = g\,\mathrm{e}^{-\beta n^2 + \mathrm{i}n\kappa_0}$ (g ist ein Normierungsfaktor) im Grenzfall $\beta \to 0$ mit $\chi_t = |\chi_t|\,\mathrm{e}^{-\mathrm{i}\phi_t}$ die Werte

$$\langle \hat{N} \rangle_t = 2|\chi_t| \sin(\phi_t - \kappa_0) \ , \quad \Delta_N^2(t) = \Delta_N^2(0) \,.$$

Lösung: Wenn anfangs nur der Gitterplatz $n = 0$ besetzt ist, also $c_n = \delta_{n0}$, sind die Parameter in Gleichung (11.36) gleich null, $K = L = J = 0$, und daher nach Gleichungen (11.30) und (11.35) mit $\langle \hat{N} \rangle_0 = 0$ und $\Delta_N^2(0) = 0$

$$\langle \hat{N} \rangle_t = 0 \quad \text{und} \quad \Delta_N^2(t) = \Delta_N^2(t) = 2|\chi_t|^2 \,. \tag{15.215}$$

Für eine breite Gauß-Verteilung des Anfangszustandes mit $\langle \hat{N} \rangle_0 = 0$ kann man die Summen in den Formeln (11.36) durch Integrale ersetzen und erhält

$$K \approx \mathrm{e}^{-\beta/2 + \mathrm{i}\kappa_0} \ , \quad L \approx \mathrm{e}^{-2\beta + \mathrm{i}2\kappa_0} \ , \quad J \approx 0 \,. \tag{15.216}$$

Für $\beta \to 0$ ist damit $K \approx \mathrm{e}^{\mathrm{i}\kappa_0 d}$, $L \approx \mathrm{e}^{\mathrm{i}2\kappa_0}$ und $J \approx 0$ und nach (11.30) und (11.35)

$$\langle \hat{N} \rangle_t = 2\,|\chi_t|\,\sin(\phi_t - \kappa_0)\,, \tag{15.217}$$

$$\Delta_N^2(t) \approx \Delta_N^2(0) + 2|\chi_t|^2 \big(1 - \cos(2\phi_t - 2\kappa_0) - 2\sin^2(\phi_t - \kappa_0)\big) = \Delta_N^2(0) \tag{15.218}$$

wegen $\cos(2\alpha) = 1 - 2\sin^2\alpha$.

Aufgabe 11.2 (Seite 189): Beweisen Sie die Vertauschungsrelationen

$$[\hat{K}^m, \hat{N}] = m\hat{K}^m \ , \quad [\hat{K}^{\dagger m}, \hat{N}] = -m\hat{K}^{\dagger m} \quad \text{für} \quad m \in \mathbb{N}.$$

Lösung: Die erste Gleichung zeigen wir mit vollständiger Induktion. Es gilt nach (11.12) $[\hat{K}, \hat{N}] = \hat{K}$, das heißt, die obige Gleichung ist offensichtlich richtig für $m = 1$. Nehmen wir an, sie sei richtig für m. Dann gilt

$$\begin{aligned}[\hat{K}^{m+1}, \hat{N}] &= [\hat{K}^m\hat{K}, \hat{N}] = [\hat{K}^m, \hat{N}]\hat{K} + \hat{K}^m[\hat{K}, \hat{N}] \\ &= m\hat{K}^m\hat{K} + \hat{K}^m\hat{K} = (m+1)\hat{K}^{m+1}\,, \end{aligned} \tag{15.219}$$

und damit gilt die Vertauschungsrelation für alle $m \in \mathbb{N}$. Die zweite Gleichung folgt aus der ersten durch Bildung der Adjungierten.

Aufgabe 11.3 (Seite 192): Leiten Sie folgenden Ähnlichkeitstransformationen her:

$$\mathrm{e}^{z\hat{N}_j}\hat{K}_{u,v}\mathrm{e}^{-z\hat{N}_j} = \mathrm{e}^{-z\epsilon_{u,v,j}}\hat{K}_{u,v}\ , \quad \mathrm{e}^{z\hat{K}_{u,v}}\hat{N}_j\mathrm{e}^{-z\hat{K}_{u,v}} = \hat{N}_j + z\epsilon_{u,v,j}\hat{K}_{u,v} \quad \text{für} \quad j=1,2\,.$$

Lösung: Nach Gleichung (6.86) besitzen die Transformationen die Multikommutatorentwicklung

$$\mathrm{e}^{z\Gamma_j}\Gamma_k\mathrm{e}^{-z\Gamma_j} = \Gamma_k + z[\Gamma_j,\Gamma_k] + \frac{z^2}{2!}[\Gamma_j,[\Gamma_j,\Gamma_k]] + \frac{z^3}{3!}[\Gamma_j,[\Gamma_j,[\Gamma_j,\Gamma_k]]] + \ldots\,. \tag{15.220}$$

Für die erste Gleichung in der Aufgabe ist

$$\mathrm{e}^{z\hat{N}_j}\hat{K}_{u,v}\mathrm{e}^{-z\hat{N}_j} = \hat{K}_{u,v} + z[\hat{N}_j,\hat{K}_{u,v}] + \frac{z^2}{2!}[\hat{N}_j,[\hat{N}_j,\hat{K}_{u,v}]] + \ldots\,, \tag{15.221}$$

und mit $\left[\hat{K}_{u,v},\hat{N}_j\right] = \epsilon_{u,v,j}\hat{K}_{u,v}$ nach Gleichung (11.89) ergibt sich

$$\left[\hat{N}_j,\hat{K}_{u,v}\right] = -\epsilon_{u,v,j}\hat{K}_{u,v}\ , \quad \left[\hat{N}_j,\left[\hat{N}_j,\hat{K}_{u,v}\right]\right] = -\epsilon_{u,v,j}\left[\hat{N}_j,\hat{K}_{u,v}\right] = \epsilon^2_{u,v,j}\hat{K}_{u,v} \ \text{usw.}, \tag{15.222}$$

also

$$\mathrm{e}^{z\hat{N}_j}\hat{K}_{u,v}\mathrm{e}^{-z\hat{N}_j} = \left(1 - z\epsilon_{u,v,j} + \frac{z^2}{2!}\epsilon^2_{u,v,j} - \frac{z^3}{3!}\epsilon^3_{u,v,j} + \ldots\right)\hat{K}_{u,v} = \mathrm{e}^{-z\epsilon_{u,v,j}}\hat{K}_{u,v}\,. \tag{15.223}$$

Noch einfacher erhält man die zweite Gleichung, denn die Reihe bricht ab:

$$\begin{aligned}\mathrm{e}^{z\hat{K}_{u,v}}\hat{N}_j\mathrm{e}^{-z\hat{K}_{u,v}} &= \hat{N}_j + z[\hat{K}_{u,v},\hat{N}_j] + \frac{z^2}{2!}[\hat{K}_{u,v},[\hat{K}_{u,v},\hat{N}_j]] + \ldots \\ &= \hat{N}_j + z\epsilon_{u,v,j}\hat{K}_{u,v} + \frac{z^2}{2!}\epsilon_{u,v,j}[\hat{K}_{u,v},\hat{K}_{u,v}] + \ldots = \hat{N}_j + z\epsilon_{u,v,j}\hat{K}_{u,v}\,.\end{aligned} \tag{15.224}$$

Kapiltel 12: Mehrteilchen-Systeme

Aufgabe 12.1 (Seite 201): Zeigen Sie, dass die s_z-Komponenten der Fixpunkte als Nullstellen eines Polynoms vierten Grades auftreten. Bestimmen Sie auch explizit die Fixpunkte für das symmetrische Dimer mit $\epsilon = 0$.

Lösung: Die Fixpunkte müssen $\dot{s}_x = \dot{s}_y = \dot{s}_z = 0$ erfüllen, also nach den Bewegungsgleichungen (12.18) die Bedingungen

$$-2\epsilon s_y - 4g s_y s_z = 0\ , \quad 2\epsilon s_x - 2v s_z + 4g s_x s_z = 0\ , \quad 2v s_y = 0\,. \tag{15.225}$$

Die letzte dieser Gleichungen führt zu $s_y = 0$. Das erfüllt auch die erste Gleichung und die zweite liefert

$$s_x = \frac{v s_z}{\epsilon + 2g s_z}\,. \tag{15.226}$$

Wir setzen dies in die Normierung $s_x^2 + s_y^2 + s_z^2 = \frac{1}{4}$ ein, erhalten

$$\frac{v^2 s_z^2}{(\epsilon + 2g s_z)^2} + s_z^2 = \frac{1}{4}\,, \tag{15.227}$$

und nach kurzer Umformung

$$16g^2 s_z^4 + 16g\epsilon s_z^3 + 4(\epsilon^2 + v^2 - g^2)s_z^2 - 4g\epsilon s_z - \epsilon^2 = 0\,, \tag{15.228}$$

also das gesuchte Polynom vierten Grades.

Für $\epsilon = 0$ wird die zweite Fixpunktgleichung zu $v s_z = 2g s_x s_z$ und hat die Lösungen $s_z = 0$ mit $s_x = \pm\frac{1}{2}$ oder andernfalls $s_x = \frac{v}{2g}$ mit $s_z = \pm\frac{1}{2}\sqrt{1-\left(\frac{v}{g}\right)^2}$.

Aufgabe 12.2 (Seite 204): Zeigen Sie, dass der Hamilton-Operator $\hat{H}$ aus (12.27) und die Operatoren $\hat{s}_x, \hat{s}_y, \hat{s}_z$ aus (12.31) mit dem Teilchenzahloperator $\hat{N} = n\hat{a}^\dagger\hat{a} + m\hat{b}^\dagger\hat{b}$ aus (12.28) kommutieren.

Lösung: Das sieht man mithilfe von $\left[\hat{a}, \hat{a}^{\dagger n}\right] = n\hat{a}^{\dagger(n-1)}$ und $\left[\hat{a}^\dagger, \hat{a}^n\right] = -n\hat{a}^{n-1}$ (siehe Gleichung (3.48)). Wir beginnen mit dem Hamilton-Operator aus (12.27), wobei wir zur Abkürzung $w = \frac{v}{2\sqrt{N^{m+n-2}}}$ setzen:

$$\begin{aligned}
\left[\hat{H}, \hat{N}\right] &= \left[\epsilon_a \hat{a}^\dagger\hat{a} + \epsilon_b \hat{b}^\dagger\hat{b} + w\left(\hat{a}^{\dagger m}\hat{b}^n + \hat{a}^m\hat{b}^{\dagger n}\right), n\hat{a}^\dagger\hat{a} + m\hat{b}^\dagger\hat{b}\right] \\
&= w\left[\hat{a}^{\dagger m}\hat{b}^n + \hat{a}^m\hat{b}^{\dagger n}, n\hat{a}^\dagger\hat{a} + m\hat{b}^\dagger\hat{b}\right] \\
&= wn\hat{a}^\dagger \underbrace{\left[\hat{a}^{\dagger m}, \hat{a}\right]}_{=-m\hat{a}^{\dagger(m-1)}} \hat{b}^n + wn\underbrace{\left[\hat{a}^m, \hat{a}^\dagger\right]}_{=m\hat{a}^{(m-1)}}\hat{a}\hat{b}^{\dagger n} + wm\hat{a}^{\dagger m}\underbrace{\left[\hat{b}^n, \hat{b}^\dagger\right]}_{=n\hat{b}^{(n-1)}}\hat{b} + wm\hat{a}^m\hat{b}^\dagger \underbrace{\left[\hat{b}^{\dagger n}, \hat{b}\right]}_{=-n\hat{b}^{\dagger(n-1)}} \\
&= -wnm\hat{a}^{\dagger m}\hat{b}^n + wnm\hat{a}^m\hat{b}^{\dagger n} + wmn\hat{a}^{\dagger m}\hat{b}^n - wmn\hat{a}^m\hat{b}^{\dagger n} = 0.
\end{aligned} \tag{15.229}$$

Für den Gesamtteilchenzahloperator ergibt sich für $\hat{s}_x$ (untere Vorzeichen) und $\hat{s}_y$ (obere Vorzeichen)

$$\begin{aligned}
\left[\hat{N}, \hat{s}_{x,y}\right] &\sim \left[n\hat{a}^\dagger\hat{a} + m\hat{b}^\dagger\hat{b}, \hat{a}^{\dagger m}\hat{b}^n \mp \hat{a}^m\hat{b}^{\dagger n}\right] \\
&= n\left[\hat{a}^\dagger\hat{a}, \hat{a}^{\dagger m}\hat{b}^n\right] \mp n\left[\hat{a}^\dagger\hat{a}, \hat{a}^m\hat{b}^{\dagger n}\right] + m\left[\hat{b}^\dagger\hat{b}, \hat{a}^{\dagger m}\hat{b}^n\right] \mp m\left[\hat{b}^\dagger\hat{b}, \hat{a}^m\hat{b}^{\dagger n}\right] \\
&= n\hat{a}^\dagger\left[\hat{a}, \hat{a}^{\dagger m}\right]\hat{b}^n \mp n\left[\hat{a}^\dagger, \hat{a}^m\right]\hat{a}\hat{b}^{\dagger n} + m\hat{a}^{\dagger m}\left[\hat{b}^\dagger, \hat{b}^n\right]\hat{b} \mp m\hat{a}^m\hat{b}^\dagger\left[\hat{b}, \hat{b}^{\dagger n}\right] \\
&= mn\hat{a}^\dagger\hat{a}^{\dagger(m-1)}\hat{b}^n \pm mn\hat{a}^{m-1}\hat{a}\hat{b}^{\dagger n} - mn\hat{a}^{\dagger n}\hat{b}^{n-1}\hat{b} \mp mn\hat{a}^m\hat{b}^\dagger\hat{b}^{\dagger(n-1)} \\
&= mn\hat{a}^{\dagger m}\hat{b}^n \pm mn\hat{a}^m\hat{b}^{\dagger n} - mn\hat{a}^{\dagger n}\hat{b}^n \mp mn\hat{a}^m\hat{b}^{\dagger n} = 0\,,
\end{aligned} \tag{15.230}$$

und für $\hat{s}_z$ ergibt sich einfach

$$\left[\hat{N}, \hat{s}_z\right] \sim \left[n\hat{a}^\dagger\hat{a} + m\hat{b}^\dagger\hat{b}, n\hat{a}^\dagger\hat{a} - m\hat{b}^\dagger\hat{b}\right] = 0\,. \tag{15.231}$$

Aufgabe 12.3 (Seite 208): Beweisen Sie zunächst die Formeln

$$\left\{s_x, h(s_z)\right\} = -s_y h'(s_z)\;, \quad \left\{s_y, h(s_z)\right\} = s_x h'(s_z)$$

der Poisson-Klammern für eine differenzierbare Funktion $h(s_z)$, und zeigen Sie dann $\left\{C, s_j\right\} = 0$ für alle s_j und $C(s_x, s_y, s_z) = s_x^2 + s_y^2 + g(s_z)$ mit $g(s_z)$ aus Gleichung (12.59).

Lösung: Wir beweisen zunächst durch vollständige Induktion die Beziehung

$$\left\{s_x, s_z^n\right\} = -n s_y s_z^{n-1}\,, \tag{15.232}$$

was sicher richtig ist für $n = 0$ und $n = 1$, denn es gilt $\{s_x, s_z\} = -s_y$. Im nächsten Schritt berechnen wir unter der Annahme der Richtigkeit dieser Formel für n

$$\{s_x, s_z^{n+1}\} = \{s_x, s_z^n\} s_z + \{s_x, s_z\} s_z^n = -n s_y s_z^{n-1} s_z - s_y s_z^n = -(n+1) s_y s_z^n \,. \tag{15.233}$$

Also gilt die Formel für alle n. Jetzt entwickeln wir $h(s_z)$ in eine Potenzreihe, $h(s_z) = \sum_{n=0}^{\infty} c_n s_z^n$ und erhalten

$$\{s_x, h(s_z)\} = \sum_{n=0}^{\infty} c_n \{s_x, s_z^n\} = -s_y \sum_{n=0}^{\infty} c_n n s_n^{n-1} = -s_y h'(s_z) \,. \tag{15.234}$$

Genauso beweist man die zweite Formel mithilfe von $\{s_y, s_z\} = s_x$.

Für die Funktion $C(s_x, s_y, s_z) = s_x^2 + s_y^2 + g(s_z)$ erhalten wir mit $\{s_x, s_y\} = f(s_z)$ und $\mathrm{d}g/\mathrm{d}s_z = 2f(s_z)$ nach (12.61) sowie mit der eben bewiesenen Formel nacheinander die Resultate

$$\begin{aligned}
\{C, s_x\} &= \{s_x^2 + s_y^2 + g(s_z), s_x\} = 2s_y\{s_y, s_x\} + \{g(s_z), s_x\} = -2s_y f(s_z) + \{g(s_z), s_x\} \\
&= -s_y g'(s_z) + \{g(s_z), s_x\} = \{s_x, g(s_z)\} - \{s_x, g(s_z)\} = 0 \,, & (15.235) \\
\{C, s_y\} &= \{s_x^2 + s_y^2 + g(s_z), s_y\} = 2s_x\{s_x, s_y\} + \{g(s_z), s_y\} = 2s_x f(s_z) + \{g(s_z), s_y\} \\
&= s_x g'(s_z) + \{g(s_z), s_y\} = \{s_y, g(s_z)\} - \{s_y, g(s_z)\} = 0 \,, & (15.236) \\
\{C, s_z\} &= \{s_x^2 + s_y^2 + g(s_z), s_z\} = \{s_x^2 + s_y^2 + g(s_z), s_z\} \\
&= 2s_x\{s_x, s_z\} + 2s_y\{s_y, s_z\} = -2s_x s_y + 2s_y s_x = 0 \,. & (15.237)
\end{aligned}$$

Aufgabe 12.4 (Seite 210): Berechnen Sie die Fixpunkte für ein Konversionssystem mit $(m, n) = (2, 1)$, und zeigen Sie, dass man immer mindestens zwei Fixpunkte erhält und für $\epsilon^2 < 2v^2$ deren drei.

Lösung: Für $(m, n) = (2, 1)$ ist nach Gleichungen (12.56) und (12.62)

$$\begin{aligned}
f(s_z) &= \left(\tfrac{1}{2} + s_z\right)^2 - 2\left(\tfrac{1}{2} + s_z\right)\left(\tfrac{1}{2} - s_z\right) = \left(\tfrac{1}{2} + s_z\right)\left(-\tfrac{1}{2} + 3s_z\right) \\
r^2(s_z) &= -g(s_z) = \tfrac{1}{4} + \tfrac{1}{2} s_z - s_z^2 - 2s_z^3 = 2\left(\tfrac{1}{2} + s_z\right)^2\left(\tfrac{1}{2} - s_z\right)
\end{aligned} \tag{15.238}$$

und die Fixpunktbedingung $v^2 f^2(s_z) = \epsilon^2 r^2(s_z)$ in (12.65) lautet

$$v^2\left(\tfrac{1}{2} + s_z\right)^2\left(-\tfrac{1}{2} + 3s_z\right)^2 = \epsilon^2 2\left(\tfrac{1}{2} + s_z\right)^2\left(\tfrac{1}{2} - s_z\right). \tag{15.239}$$

Daraus finden wir zunächst die Lösung $s_z^{(0)} = -\frac{1}{2}$, also den schon bekannten Fixpunkt am Südpol. Andernfalls muss gelten

$$v^2\left(-\tfrac{1}{2} + 3s_z\right)^2 = \epsilon^2 2\left(\tfrac{1}{2} - s_z\right), \tag{15.240}$$

eine quadratische Gleichung

$$s_z^2 - \frac{1}{9}\left(3 - 2\frac{\epsilon^2}{v^2}\right)s_z + \frac{1}{9}\left(\frac{1}{4} - \frac{\epsilon^2}{v^2}\right) = 0 \tag{15.241}$$

mit den Lösungen

$$s_z^{(\pm)} = \frac{1}{18}\left(3 - 2\frac{\epsilon^2}{v^2} \pm \sqrt{\left(3 - 2\frac{\epsilon^2}{v^2}\right)^2 - 9\left(1 - 4\frac{\epsilon^2}{v^2}\right)}\,\right) = \frac{1}{18}\left(3 - 2\frac{\epsilon^2}{v^2} \pm 2\frac{|\epsilon|}{|v|}\sqrt{6 + \frac{\epsilon^2}{v^2}}\,\right). \tag{15.242}$$

Man kann sich davon überzeugen, dass $s_z^{(+)}$ immer im Intervall $-\frac{1}{2} \le s_z \le +\frac{1}{2}$ liegt, während dies für $s_z^{(-)}$ nur der Fall ist für $\epsilon^2 < 2v^2$. Außerhalb dieses Bereichs haben wir nur zwei Fixpunkte, den Südpol und $s_z^{(+)}$, ein Maximum und ein Minimum der Mean-Field-Energie. Innerhalb des Bereichs gibt es drei Fixpunkte, ein Maximum, ein Minimum und einen Sattelpunkt. Für $\epsilon^2 = 2v^2$ fällt $s_z^{(-)}$ mit dem Fixpunkt $s_z^{(0)}$ zusammen.

Kapitel 13: Aspekte nicht-hermitescher Dynamik

Aufgabe 13.1 (Seite 218): Überzeugen Sie sich davon, dass die Operatoren $\hat{a}(t)$, $\hat{a}^\dagger(t)$ und $\hat{N}(t)$ aus Gleichungen (13.56) und (13.57) die heisenbergschen Bewegungsgleichungen $\mathrm{i}\frac{\mathrm{d}}{\mathrm{d}t}\hat{A}(t) = \big[\hat{A}(t), \hat{H}(t)\big]$ mit $\hat{A}(0) = \hat{A}$ erfüllen.

Lösung: Mit $\hat{a}(t) = \mathrm{e}^{-\mathrm{i}\tilde{\omega}t}\big(\hat{a} + g_1(t)\big)$ und $\hat{a}^\dagger(t) = \mathrm{e}^{+\mathrm{i}\tilde{\omega}t}\big(\hat{a}^\dagger - g_2(t)\big)$ bilden wir

$$\begin{aligned}\big[\hat{a}(t), \hat{H}(t)\big] &= \big[\hat{a}(t), \tilde{\omega}\big(\hat{a}^\dagger(t)\hat{a}(t) + 1/2\big) + f^*(t)\hat{a}^\dagger(t) + f(t)\hat{a}(t)\big] \\ &= \tilde{\omega}\big[\hat{a}(t), \hat{a}^\dagger(t)\hat{a}(t)\big] + f(t)\big[\hat{a}(t), \hat{a}(t)\big] + f^*(t)\big[\hat{a}(t), \hat{a}^\dagger(t)\big] = \tilde{\omega}\hat{a}(t) + f^*(t),\end{aligned} \tag{15.243}$$

und andererseits ist mit $\dot{g}_1(t) = -\mathrm{i}f^*(t)\mathrm{e}^{\mathrm{i}\tilde{\omega}t}$ (vgl. Gleichung (8.6))

$$\begin{aligned}\mathrm{i}\frac{\mathrm{d}\hat{a}(t)}{\mathrm{d}t} &= \mathrm{i}\frac{\mathrm{d}}{\mathrm{d}t}\Big(\mathrm{e}^{-\mathrm{i}\tilde{\omega}t}\big(\hat{a} + g_1(t)\big)\Big) \\ &= \tilde{\omega}\mathrm{e}^{-\mathrm{i}\tilde{\omega}t}\big(\hat{a} + g_1(t)\big) + \mathrm{i}\mathrm{e}^{-\mathrm{i}\tilde{\omega}t}\dot{g}_1(t) = \tilde{\omega}\,\hat{a}(t) + f^*(t),\end{aligned} \tag{15.244}$$

was damit übereinstimmt. Genauso verfahren wir für $\hat{a}^\dagger(t)$ mit $\dot{g}_2(t) = -\mathrm{i}f(t)\mathrm{e}^{-\mathrm{i}\tilde{\omega}t}$:

$$\begin{aligned}\big[\hat{a}^\dagger(t), \hat{H}(t)\big] &= \big[\hat{a}^\dagger(t), \tilde{\omega}\big(\hat{a}^\dagger(t)\hat{a}(t) + 1/2\big) + f^*(t)\hat{a}^\dagger(t) + f(t)\hat{a}(t)\big] \\ &= \tilde{\omega}\big[\hat{a}^\dagger(t), \hat{a}^\dagger(t)\hat{a}(t)\big] + f(t)\big[\hat{a}^\dagger(t), \hat{a}(t)\big] + f^*(t)\big[\hat{a}^\dagger(t), \hat{a}^\dagger(t)\big] = -\tilde{\omega}\,\hat{a}(t) - f(t),\end{aligned} \tag{15.245}$$

$$\begin{aligned}\mathrm{i}\frac{\mathrm{d}\hat{a}^\dagger(t)}{\mathrm{d}t} &= \mathrm{i}\frac{\mathrm{d}}{\mathrm{d}t}\Big(\mathrm{e}^{\mathrm{i}\tilde{\omega}t}\big(\hat{a}^\dagger - g_2(t)\big)\Big) \\ &= -\tilde{\omega}\mathrm{e}^{\mathrm{i}\tilde{\omega}t}\big(\hat{a} - g_2(t)\big) - \mathrm{i}\mathrm{e}^{\mathrm{i}\tilde{\omega}t}\dot{g}_2(t) = -\tilde{\omega}\,\hat{a}^\dagger(t) - f(t).\end{aligned} \tag{15.246}$$

Für $\hat{N}(t) = \hat{a}^\dagger(t)\hat{a}(t)$ können wir folgendermaßen vorgehen:

$$\begin{aligned}\mathrm{i}\frac{\mathrm{d}\hat{a}^\dagger(t)\hat{a}(t)}{\mathrm{d}t} &= \mathrm{i}\frac{\mathrm{d}\hat{a}^\dagger(t)}{\mathrm{d}t}\hat{a}(t) + \mathrm{i}\,\hat{a}^\dagger(t)\frac{\mathrm{d}\hat{a}(t)}{\mathrm{d}t} = \big[\hat{a}^\dagger(t), \hat{H}(t)\big]\hat{a}(t) + \hat{a}^\dagger(t)\big[\hat{a}(t), \hat{H}(t)\big] \\ &= \big[\hat{a}^\dagger(t)\hat{a}(t), \hat{H}(t)\big] - \hat{a}^\dagger(t)\big[\hat{a}(t), \hat{H}(t)\big] + \hat{a}^\dagger(t)\big[\hat{a}(t), \hat{H}(t)\big] = \big[\hat{a}^\dagger(t)\hat{a}(t), \hat{H}(t)\big].\end{aligned} \tag{15.247}$$

Aufgabe 13.2 (Seite 218): Zeigen Sie: $\hat{P}(t)\hat{a}^\dagger$ lässt sich umschreiben als

$$\hat{P}(t)\hat{a}^\dagger = (\mathrm{e}^{w}\hat{a}^\dagger + g_2 + g_1^*\mathrm{e}^{w})\hat{P}(t)$$

und es gilt mit $\hat{a}^\dagger(t)$, $\hat{N}(t)$ aus (13.56) und (13.57) für einen kohärenten Anfangszustand $|\alpha_0\rangle$

$$\langle\hat{a}^\dagger\rangle_t = \mathrm{e}^{g_0^*}(\alpha_0^* + g_1^*)\ , \quad \langle\hat{N}\rangle_t = \mathrm{e}^{-2\gamma t}|\alpha_0 + g_1(t)|^2 .$$

Lösung: Wir schreiben zunächst $\hat{P}(t)$ aus Gleichung (13.51) als $\hat{P}(t) = \mathrm{e}^{u}\mathrm{e}^{y^*\hat{a}^\dagger}\mathrm{e}^{w\hat{a}^\dagger\hat{a}^\dagger t}\mathrm{e}^{y\hat{a}}$ mit $y = g_2 + g_1^*\mathrm{e}^{w}$. Durch die Formeln $\mathrm{e}^{z\hat{a}}\hat{a}^\dagger = (\hat{a}^\dagger + z)\mathrm{e}^{z\hat{a}}$ und $\mathrm{e}^{z\hat{a}^\dagger\hat{a}}\hat{a}^\dagger = \mathrm{e}^{z}\hat{a}^\dagger\mathrm{e}^{z\hat{a}^\dagger\hat{a}}$ aus (13.39) können wir $\hat{P}(t)\hat{a}^\dagger$ umschreiben und erhalten

$$\begin{aligned}\hat{P}(t)\hat{a}^\dagger &= \mathrm{e}^{u}\mathrm{e}^{y^*\hat{a}^\dagger}\mathrm{e}^{w\hat{a}^\dagger\hat{a}^\dagger t}\mathrm{e}^{y\hat{a}}\hat{a}^\dagger = \mathrm{e}^{u}\mathrm{e}^{y^*\hat{a}^\dagger}\mathrm{e}^{w\hat{a}^\dagger\hat{a}^\dagger t}(\hat{a}^\dagger + y)\mathrm{e}^{y\hat{a}}\\ &= \mathrm{e}^{u}\mathrm{e}^{y^*\hat{a}^\dagger}(\mathrm{e}^{w}\hat{a}^\dagger + y)\mathrm{e}^{w\hat{a}^\dagger\hat{a}^\dagger t}\mathrm{e}^{y\hat{a}} = (\mathrm{e}^{w}\hat{a}^\dagger + y)\hat{P}(t)\,.\end{aligned} \tag{15.248}$$

Daraus ergibt sich mit $\hat{a}^\dagger(t) = \mathrm{e}^{-g_0}(\hat{a}^\dagger - g_2)$ aus (13.56)

$$\begin{aligned}\hat{P}(t)\hat{a}^\dagger(t) &= \hat{P}(t)\mathrm{e}^{-g_0}(\hat{a}^\dagger - g_2) = \mathrm{e}^{-g_0}(\mathrm{e}^{w}\hat{a}^\dagger + g_2 + g_1^*\mathrm{e}^{w} - g_2)\hat{P}(t)\\ &= \mathrm{e}^{-g_0+w}(\hat{a}^\dagger + g_1^*)\hat{P}(t)\end{aligned} \tag{15.249}$$

und mit $w = g_0 + g_0^*$ für den Erwartungswert

$$\langle\hat{a}^\dagger\rangle_t = \mathrm{e}^{g_0^*}(\alpha_0^* + g_1^*)\,. \tag{15.250}$$

Für $\hat{N}(t) = \hat{N} + g_1\hat{a}^\dagger - g_2\hat{a} - g_1g_2$ aus (13.57) gilt

$$\begin{aligned}\hat{P}(t)\hat{N}(t) &= \hat{P}(t)\,(\hat{a}^\dagger\hat{a} + g_1\hat{a}^\dagger - g_2\hat{a} - g_1g_2)\\ &= (\mathrm{e}^{w}\hat{a}^\dagger + y^*)\hat{a}^\dagger\hat{P}(t)(\hat{a} + g_1) - \hat{P}(t)(g_2\hat{a} + g_1g_2)\,.\end{aligned} \tag{15.251}$$

Wir bilden das Matrixelement mit $|\alpha_0\rangle$ und erhalten mit Einsetzen von $y = g(\mathrm{e}^{w} - 1)$ und Division durch $\langle\alpha_0|\hat{P}(t)|\alpha_0\rangle$

$$\begin{aligned}\langle\hat{N}\rangle_t &= (\mathrm{e}^{w}\alpha_0^* + y^*)(\alpha_0 + g_1) - g_2\alpha_0 - g_1g_2\\ &= (\mathrm{e}^{w}\alpha_0^* - g_2(\mathrm{e}^{w} - 1))(\alpha_0 + g_1) - g_2\alpha_0 - g_1g_2\\ &= \mathrm{e}^{w}|\alpha_0|^2 - g_2(\mathrm{e}^{w} - 1)\alpha_0 + \mathrm{e}^{w}g_1\alpha_0^* - g_1g_2(\mathrm{e}^{w} - 1) - g_2\alpha_0 - g_1g_2\\ &= \mathrm{e}^{w}|\alpha_0|^2 - g_2\mathrm{e}^{w}\alpha_0 + g_2\alpha_0 + \mathrm{e}^{w}g_1\alpha_0^* - \mathrm{e}^{w}g_1g_2 + g_1g_2 - g_2\alpha_0 - g_1g_2\\ &= \mathrm{e}^{w}\left(|\alpha_0|^2 - g_2\alpha_0 + g_1\alpha_0^* - g_1g_2\right) = \mathrm{e}^{w}|\alpha_0 - g_1g_2\,.\end{aligned} \tag{15.252}$$

Mit $w = g_0 + g_0^* = -\mathrm{i}(\omega - \mathrm{i}\gamma)t + \mathrm{i}(\omega + \mathrm{i}\gamma)t = -2\gamma t$ ergibt sich die gesuchte Formel.

Aufgabe 13.3 (Seite 234): Berechnen Sie für die exponentiellle Produktdarstellung $\hat{U}(t) = \mathrm{e}^{c_0\hat{K}_0}\mathrm{e}^{c_+\hat{K}_+}\mathrm{e}^{c_-\hat{K}_-}$ die Operatoren $\hat{a}(t) = \hat{U}^{-1}(t)\hat{a}\hat{U}(t)$ und $\hat{a}^\dagger(t) = \hat{U}^{-1}(t)\hat{a}^\dagger\hat{U}(t)$ mithilfe der Ähnlichkeitstransformationen aus Tabelle 6.2.

Lösung: Zuerst notieren wir die Ähnlichkeitstransformationen aus Tabelle 6.2:

$$\begin{aligned}&\mathrm{e}^{z\hat{K}_0}\,\hat{a}\,\mathrm{e}^{-z\hat{K}_0} = \mathrm{e}^{-z}\hat{a}\;,\quad \mathrm{e}^{z\hat{K}_+}\,\hat{a}\,\mathrm{e}^{-z\hat{K}_+} = \hat{a} - z\hat{a}^\dagger\;,\quad \mathrm{e}^{z\hat{K}_-}\,\hat{a}\,\mathrm{e}^{-z\hat{K}_-} = \hat{a}\\ &\mathrm{e}^{z\hat{K}_0}\,\hat{a}^\dagger\,\mathrm{e}^{-z\hat{K}_0} = \mathrm{e}^{z}\hat{a}^\dagger\;,\quad \mathrm{e}^{z\hat{K}_+}\,\hat{a}^\dagger\,\mathrm{e}^{-z\hat{K}_+} = \hat{a}^\dagger\;,\quad \mathrm{e}^{z\hat{K}_-}\,\hat{a}^\dagger\,\mathrm{e}^{-z\hat{K}_-} = \hat{a}^\dagger + z\hat{a}\,.\end{aligned} \tag{15.253}$$

Damit erhalten wir

$$\begin{aligned}\hat{a}(t) = \hat{U}^{-1}(t)\hat{a}\hat{U}(t) &= \mathrm{e}^{-c_-\hat{K}_-}\,\mathrm{e}^{-c_+\hat{K}_+}\,\underbrace{\mathrm{e}^{-c_0\hat{K}_0}\,\hat{a}\,\mathrm{e}^{c_0\hat{K}_0}}_{=\mathrm{e}^{c_0}\hat{a}}\,\mathrm{e}^{c_+\hat{K}_+}\,\mathrm{e}^{c_-\hat{K}_-}\\ &= \mathrm{e}^{c_0}\,\mathrm{e}^{-c_-\hat{K}_-}\,\underbrace{\mathrm{e}^{-c_+\hat{K}_+}\,\hat{a}\,\mathrm{e}^{c_+\hat{K}_+}}_{=\hat{a}+c_0\hat{a}^\dagger}\,\mathrm{e}^{c_-\hat{K}_-} = \mathrm{e}^{c_0}\,\mathrm{e}^{-c_-\hat{K}_-}\,(\hat{a} + c_0\hat{a}^\dagger)\,\mathrm{e}^{c_-\hat{K}_-}\\ &= \mathrm{e}^{c_0}\,(1 - c_+c_-)\hat{a} + \mathrm{e}^{c_0}\,c_+\hat{a}^\dagger\end{aligned} \tag{15.254}$$

und genauso

$$
\begin{aligned}
\hat{a}^\dagger(t) &= \hat{U}^{-1}(t)\hat{a}^\dagger\hat{U}(t) = \mathrm{e}^{-c_-\hat{K}_-}\,\mathrm{e}^{-c_+\hat{K}_+}\,\underbrace{\mathrm{e}^{-c_0\hat{K}_0}\,\hat{a}^\dagger\mathrm{e}^{c_0\hat{K}_0}}_{=\text{ß}, \mathrm{e}^{-c_0}\hat{a}^\dagger}\,\mathrm{e}^{c_+\hat{K}_+}\,\mathrm{e}^{c_-\hat{K}_-} \\
&= \mathrm{e}^{-c_0}\,\mathrm{e}^{-c_-\hat{K}_-}\,\mathrm{e}^{-c_+\hat{K}_+}\,\hat{a}^\dagger\mathrm{e}^{c_+\hat{K}_+}\,\mathrm{e}^{c_-\hat{K}_-} = \mathrm{e}^{-c_0}\,\underbrace{\mathrm{e}^{-c_-\hat{K}_-}\,\hat{a}^\dagger\mathrm{e}^{c_-\hat{K}_-}}_{=\hat{a}^\dagger - c_-\hat{a}} \\
&= \mathrm{e}^{-c_0}\,\hat{a}^\dagger - \mathrm{e}^{-c_0}\,c_-\hat{a}\,. \qquad (15.255)
\end{aligned}
$$

Kapitel 14: Offene Quantensysteme und Lindblad-Dynamik

Aufgabe 14.1 (Seite 240): Leiten Sie eine Differentialgleichung für die Erwartungswerte (14.2) der Lindblad-Dynamik her, und überzeugen Sie sich davon, dass sich im Heisenberg-Bild die gleiche Formel ergibt.

Lösung: Zunächst wollen wir die gesuchte Gleichung herleiten. Bildet man die Zeitableitung der Gleichung (14.2) für den Erwartungswert und setzt die Lindblad-Gleichung ein,

$$
\begin{aligned}
\frac{\mathrm{d}\langle\hat{A}\rangle_t}{\mathrm{d}t} &= \mathrm{spur}\Big(\hat{A}\,\frac{\mathrm{d}\hat{\rho}(t)}{\mathrm{d}t}\Big) \\
&= \mathrm{spur}\Big(-\mathrm{i}(\hat{A}[\hat{H},\hat{\rho}] + \frac{1}{2}\sum_j\big(2\hat{A}\hat{L}_j\hat{\rho}\hat{L}_j^\dagger - \hat{A}\hat{L}_j^\dagger\hat{L}_j\hat{\rho} - \hat{A}\hat{\rho}\hat{L}_j^\dagger\hat{L}_j)\big)\Big), \qquad (15.256)
\end{aligned}
$$

und formt um unter Ausnutzung der Tatsache, dass man unter der Spur die Operatoren zyklisch vertauschen darf. Das ergibt für die rechte Seite

$$
\begin{aligned}
&= \mathrm{spur}\Big(-\mathrm{i}\,(\hat{A}\hat{H}\hat{\rho} - \hat{A}\hat{\rho}\hat{H}) + \frac{1}{2}\sum_j\big(2\hat{L}_j^\dagger\hat{A}\hat{L}_j\hat{\rho} - \hat{A}\hat{L}_j^\dagger\hat{L}_j\hat{\rho} - \hat{L}_j^\dagger\hat{L}_j\hat{A}\hat{\rho}\big)\Big) \\
&= \mathrm{spur}\Big(-\mathrm{i}\,((\hat{A}\hat{H} - \hat{H}\hat{A})\hat{\rho}) + \frac{1}{2}\sum_j\big(2\hat{L}_j^\dagger\hat{A}\hat{L}_j - \hat{A}\hat{L}_j^\dagger\hat{L}_j - \hat{L}_j^\dagger\hat{L}_j\hat{A}\big)\hat{\rho}\Big) \\
&= \mathrm{spur}\Big(\mathrm{i}\,[\hat{H},\hat{A}]\,\hat{\rho} + \frac{1}{2}\sum_j\big(2\hat{L}_j^\dagger\hat{A}\hat{L}_j - \hat{A}\hat{L}_j^\dagger\hat{L}_j - \hat{L}_j^\dagger\hat{L}_j\hat{A}\big)\hat{\rho}\Big) \\
&= \mathrm{i}\,\langle[\hat{H},\hat{A}]\rangle_t + \frac{1}{2}\sum_j\big(2\langle\hat{L}_j^\dagger\hat{A}\hat{L}_j\rangle_t - \langle\hat{A}\hat{L}_j^\dagger\hat{L}_j\rangle_t - \langle\hat{L}_j^\dagger\hat{L}_j\hat{A}\rangle_t\big)\,. \qquad (15.257)
\end{aligned}
$$

Zu dem gleichen Resultat kommt man auch, wenn man die Zeitabhängigkeit auf die Operatoren verschoben hat, mit Gleichung (14.4):

$$
\begin{aligned}
\frac{\mathrm{d}\langle\hat{A}\rangle_t}{\mathrm{d}t} &= \mathrm{spur}\Big(\frac{\mathrm{d}\hat{A}(t)}{\mathrm{d}t}\,\hat{\rho}_0\Big) \\
&= \mathrm{spur}\Big(\mathrm{i}[\hat{H},\hat{A}(t)]\,\hat{\rho}_0 + \frac{1}{2}\sum_j\big(2\hat{L}_j^\dagger\hat{A}(t)\hat{L}_j - \hat{A}(t)\hat{L}_j^\dagger\hat{L}_j - \hat{L}_j^\dagger\hat{L}_j\hat{A}(t)\big)\hat{\rho}_0\Big) \\
&= \mathrm{i}\,\langle[\hat{H},\hat{A}(t)]\rangle_t + \frac{1}{2}\sum_j\big(2\langle\hat{L}_j^\dagger\hat{A}(t)\hat{L}_j\rangle_t - \langle\hat{A}(t)\hat{L}_j^\dagger\hat{L}_j\rangle_t - \langle\hat{L}_j^\dagger\hat{L}_j\hat{A}(t)\rangle_t\big)\,. \qquad (15.258)
\end{aligned}
$$

Aufgabe 14.2 (Seite 245): Leiten Sie für den kräftefreien Oszillator die Mastergleichung

$$\frac{\mathrm{d}p_n}{\mathrm{d}t} = \mu\big((n+1)p_{n+1} - np_n\big) + \nu\big(np_{n-1} - (n+1)p_n\big)$$

für die Besetzungswahrscheinlichkeiten $p_n(t)$ her und bestimmen Sie die stationäre Lösung $p_n^{(s)}$ sowie die mittlere Besetzung $\overline{n} = \sum_{n=0}^{\infty} np_n^{(s)}$.

Lösung: Um das Zeitverhalten der Besetzungswahrscheinlichkeiten $p_n(t) = \langle n|\hat{\rho}(t)|n\rangle$ zu bestimmen, bilden wir die Zeitableitung und setzen die Lindblad-Gleichung (14.30) für den den kräftefreien Fall ein:

$$\begin{aligned}\frac{\mathrm{d}p_n}{\mathrm{d}t} &= \langle n|\frac{\mathrm{d}\hat{\rho}}{\mathrm{d}t}|n\rangle = -\mathrm{i}\omega\langle n|\big[\hat{a}^\dagger\hat{a} + 1/2, \hat{\rho}\,\big]|n\rangle \\ &\quad + \frac{\mu}{2}\langle n|\big(2\hat{a}\hat{\rho}\hat{a}^\dagger - \hat{a}^\dagger\hat{a}\hat{\rho} - \hat{\rho}\hat{a}^\dagger\hat{a}\big)|n\rangle + \frac{\nu}{2}\langle n|\big(2\hat{a}^\dagger\hat{\rho}\hat{a} - \hat{a}\hat{a}^\dagger\hat{\rho} - \hat{\rho}\hat{a}\hat{a}^\dagger\big)|n\rangle\,. \end{aligned} \tag{15.259}$$

Die weitere Auswertung ist einfach. Zunächst ist

$$\langle n|\big[\hat{a}^\dagger\hat{a}, \hat{\rho}\,\big]|n\rangle = \langle n|\hat{n}\hat{\rho}|n\rangle - \langle n|\hat{\rho}\hat{n}|n\rangle = n\langle n|\hat{\rho}|n\rangle - \langle n|\hat{\rho}|n\rangle n = 0 \tag{15.260}$$

und mithilfe von $\hat{a}|n+1\rangle = \sqrt{n+1}\,|n\rangle$ und $\hat{a}^\dagger|n\rangle = \sqrt{n+1}\,|n+1\rangle$ nach (3.90) erhalten wir

$$\begin{aligned}\langle n|\big(2\hat{a}\hat{\rho}\hat{a}^\dagger - \hat{a}^\dagger\hat{a}\hat{\rho} - \hat{\rho}\hat{a}^\dagger\hat{a}\big)|n\rangle &= 2(n+1)\langle n+1|\hat{\rho}|n+1\rangle - 2n\langle n|\hat{\rho}|n\rangle = 2(n+1)p_{n+1} - 2np_n \\ \langle n|\big(2\hat{a}^\dagger\hat{\rho}\hat{a} - \hat{a}\hat{a}^\dagger\hat{\rho} - \hat{\rho}\hat{a}\hat{a}^\dagger\big)|n\rangle &= 2n\langle n-1|\hat{\rho}|n-1\rangle - 2(n+1)\langle n|\hat{\rho}|n\rangle = 2np_{n-1} - 2(n+1)p_n\,,\end{aligned}$$

insgesamt also

$$\frac{\mathrm{d}p_n}{\mathrm{d}t} = \mu\big((n+1)p_{n+1} - np_n\big) + \nu\big(np_{n-1} - (n+1)p_n\big)\,, \tag{15.261}$$

eine Mastergleichung. Die stationäre Lösung $p_n^{(s)}$ dieser Gleichung, also die Lösung von

$$\mu\big((n+1)p_{n+1}^{(s)} - np_n^{(s)}\big) + \nu\big(np_{n-1}^{(s)} - (n+1)p_n^{(s)}\big) = 0\,, \tag{15.262}$$

findet man durch einen exponentiellen Ansatz $p_n^{(s)} \sim x^n$. Nach Einsetzen identifiziert man x als ν/μ, also als $p_n^{(s)} = g\big(\frac{\nu}{\mu}\big)^n$, und der Faktor g ergibt sich aus der Normierung $\sum_{n=0}^{\infty} p_n^{(s)} = 1$ als $g = 1 - \nu/\mu$. Mithilfe der Summenformel der geometrischen Reihe (siehe Seite 245) erhalten wird schließlich den Mittelwert

$$\overline{n} = \sum_{n=0}^{\infty} np_n^{(s)} = \frac{\nu}{\mu - \nu} \quad \text{mit} \quad p_n^{(s)} = \big(1 - \frac{\nu}{\mu}\big)\big(\frac{\nu}{\mu}\big)^n\,, \tag{15.263}$$

und wir sehen, dass diese Ergebnisse mit den Formeln (14.31) und (14.32) übereinstimmen.

Aufgabe 14.3 (Seite 251): Berechnen Sie die Erwartungswerte $\langle\hat{A}\rangle_t = \mathrm{spur}\big(\hat{A}\hat{\rho}(t)\big)$ der Lindblad-Dynamik des gedämpften harmonischen Oszillators für $\hat{a}$, $\hat{a}^\dagger$ und $\hat{n}$, bestätigen Sie die folgenden Formeln

$$\langle\hat{a}\rangle_t = \alpha(t)\ ,\quad \langle\hat{a}^\dagger\rangle_t = \alpha^*(t)\ ,\quad \langle\hat{n}\rangle_t = 1/b(t) - 1 + |\alpha(t)|^2$$

mit $\alpha(t)$ aus (14.78), $b(t) = 1 - u(t)$ aus (14.75) und vergleichen Sie mit den Formeln (14.36) und (14.50).

Lösung: Der Erwartungswert von $\hat{a}$ ist durch

$$\langle\hat{a}\rangle_t = \mathrm{spur}\big(\hat{a}\hat{\rho}(t)\big) = \mathrm{spur}\big(\hat{\rho}(t)\,\hat{a}\big) \tag{15.264}$$

gegeben. Wir berechnen wie in Gleichung (14.55) die Spur in kohärenten Zuständen $|\alpha\rangle$:

$$\begin{aligned}
\langle\hat{a}\rangle_t &= \mathrm{spur}\big(Z\,\mathrm{e}^{\beta\hat{a}^\dagger}\,\mathrm{e}^{\sigma\,\hat{a}^\dagger\hat{a}}\,\mathrm{e}^{\beta^*\hat{a}}\,\hat{a}\big) = \int\frac{\mathrm{d}^2\alpha}{\pi}\,\langle\alpha|Z\mathrm{e}^{\beta\hat{a}^\dagger}\,\mathrm{e}^{\sigma\,\hat{a}^\dagger\hat{a}}\,\mathrm{e}^{\beta^*\hat{a}}\,\hat{a}|\alpha\rangle \\
&= Z\int\frac{\mathrm{d}^2\alpha}{\pi}\,\alpha\,\mathrm{e}^{\beta\alpha^*}\,\langle\alpha|\mathrm{e}^{\sigma\,\hat{a}^\dagger\hat{a}}|\alpha\rangle\,\mathrm{e}^{\beta^*\alpha} = Z\int\frac{\mathrm{d}^2\alpha}{\pi}\,\alpha\,\mathrm{e}^{\beta\alpha^*-b|\alpha|^2+\beta^*\alpha} \\
&= Z\,\frac{\beta}{b}\,\mathrm{e}^{\beta^*\beta/b} = \frac{\beta}{b} = \alpha(t)
\end{aligned} \tag{15.265}$$

mit der Integralformel (B.14) und Z und β aus (14.79) sowie $\alpha(t)$ aus Gleichung (14.78). Auf die gleiche Weise oder direkt aus

$$\mathrm{spur}\big(\hat{a}^\dagger\hat{\rho}\big) = \mathrm{spur}\big(\hat{\rho}^\dagger\,\hat{a}\big)^\dagger = \mathrm{spur}\big(\hat{\rho}\hat{a}\big)^\dagger = \big(\mathrm{spur}\big(\hat{\rho}\hat{a}\big)\big)^* \tag{15.266}$$

erhält man die zweite Formel. Vergleicht man mit der Gleichung (14.36), so sieht man, dass die Resultate übereinstimmen.

Zur Berechnung des Erwartungswertes von $\hat{n} = \hat{a}^\dagger\hat{a}$ formen wir zunächst der Term $\hat{a}^\dagger\hat{a}\hat{\rho}$ mit Gleichung (14.64) um in $\hat{a}^\dagger\hat{a}\hat{\rho} = \mathrm{e}^\sigma\,\hat{a}^\dagger\hat{\rho}\,\hat{a} + \beta\,\hat{a}^\dagger\hat{\rho}$ und erhalten dann mit Auswertung der beiden auftretenden Integrale nach (B.18) und (B.15)

$$\begin{aligned}
\langle\hat{n}\rangle_t &= \mathrm{spur}\big(\hat{a}^\dagger\hat{a}\hat{\rho}\big) = \mathrm{spur}\big(\mathrm{e}^\sigma\,\hat{a}^\dagger\hat{\rho}\,\hat{a} + \beta\,\hat{a}^\dagger\hat{\rho}\big) = \int\frac{\mathrm{d}^2\alpha}{\pi}\,\langle\alpha|\mathrm{e}^\sigma\,\hat{a}^\dagger\hat{\rho}\,\hat{a} + \beta\,\hat{a}^\dagger\hat{\rho}|\alpha\rangle \\
&= \mathrm{e}^\sigma\int\frac{\mathrm{d}^2\alpha}{\pi}\,|\alpha|^2\,\langle\alpha|\hat{\rho}|\alpha\rangle + \beta\int\frac{\mathrm{d}^2\alpha}{\pi}\,\alpha^*\,\langle\alpha|\hat{\rho}|\alpha\rangle = \mathrm{e}^\sigma\,\frac{1}{b}\Big(1+\frac{|\beta|^2}{b}\Big) + \beta\,\frac{\beta^*}{b} \\
&= \big(1-b\big)\Big(\frac{1}{b}+\frac{|\beta|^2}{b^2}\Big) + \frac{|\beta|^2}{b} = \frac{1}{b}+\frac{|\beta|^2}{b^2} - 1 = \frac{1}{b(t)} - 1 + |\alpha(t)|^2\,.
\end{aligned} \tag{15.267}$$

Auch hier können wir die Übereinstimmung mit der Formel (14.50) für $\mathrm{d}\langle\hat{n}\rangle/\mathrm{d}t$ verifizieren, indem wir die obige Gleichung differenzieren,

$$\frac{\mathrm{d}\langle\hat{n}\rangle}{\mathrm{d}t} = -\frac{\dot{b}}{b^2} + \dot{\alpha}\alpha^* + \alpha\dot{\alpha}^*\,, \tag{15.268}$$

die Ableitung $\dot{b}(t)$ aus Gleichung (14.74) für $u = 1-b$ einsetzen und das Ganze umformen. Zusammen mit $\langle\hat{a}\rangle_t = \alpha(t)$ ergibt sich dann, genau wie in Gleichung (14.50),

$$\frac{\mathrm{d}\langle\hat{n}\rangle}{\mathrm{d}t} = \nu - 2\gamma\langle\hat{n}\rangle + \mathrm{i}f^*(t)\langle\hat{a}^\dagger\rangle - \mathrm{i}f(t)\langle\hat{a}\rangle\,. \tag{15.269}$$

Aufgabe 14.4 (Seite 254): Zeigen Sie, dass man für den angetriebenen harmonischen Oszillator durch den kohärenten Dichteoperator $\hat{\rho}(t) = |\alpha(t)\rangle\langle\alpha(t)|$ eine Lösung der Lindblad-Gleichung für $\nu = 0$ erhält und ermitteln Sie $\alpha(t)$.

Lösung: Wir könnten die Aufgabe schnell erledigen, indem wir auf den im Text beschriebenen Limit der Lösungen (14.54) im Grenzfall $\sigma \to -\infty$ hinweisen. Es ist aber lehrreicher, das auch direkt zu beweisen. Für $\nu = 0$ lautet die Lindblad-Gleichung (14.30) mit $\mu/2 = \gamma$

$$\frac{\mathrm{d}\hat{\rho}}{\mathrm{d}t} = \hat{L}(\hat{\rho}) = -\mathrm{i}\big[\hat{H},\hat{\rho}\,\big] + \gamma\big(2\hat{a}\hat{\rho}\hat{a}^\dagger - \hat{a}^\dagger\hat{a}\hat{\rho} - \hat{\rho}\hat{a}^\dagger\hat{a}\big)\,. \tag{15.270}$$

Dazu berechnen wir zunächst die rechte Seite $\hat{L}(\hat{\rho})$ für $\hat{\rho} = |\alpha\rangle\langle\alpha|$:

$$\begin{aligned}
[\hat{H},\hat{\rho}\,] &= \left[\omega\left(\hat{a}^\dagger\hat{a}+1/2\right)+f\,\hat{a}+f^*\,\hat{a}^\dagger,|\alpha\rangle\langle\alpha|\right] \\
&= \omega\hat{a}^\dagger\hat{a}|\alpha\rangle\langle\alpha| - \omega|\alpha\rangle\langle\alpha|\hat{a}^\dagger\hat{a} + f\,\hat{a}|\alpha\rangle\langle\alpha| - f\,|\alpha\rangle\langle\alpha|\,\hat{a} + f^*\,\hat{a}^\dagger|\alpha\rangle\langle\alpha| - f^*\,|\alpha\rangle\langle\alpha|\,\hat{a}^\dagger \\
&= \omega\alpha\hat{a}^\dagger\hat{\rho} - \omega\alpha^*\hat{\rho}\hat{a} + f\,\alpha\hat{\rho} - f\,\hat{\rho}\hat{a} + f^*\,\hat{a}^\dagger\hat{\rho} - f^*\alpha^*\,\hat{\rho} \\
&= (f\,\alpha - f^*\alpha^*)\hat{\rho} - (\omega\alpha^* + f\,)\hat{\rho}\hat{a} + (\omega\alpha + f^*)\hat{a}^\dagger\hat{\rho}
\end{aligned} \tag{15.271}$$

und mit

$$\begin{aligned}
2\hat{a}\hat{a}^\dagger - \hat{a}^\dagger\hat{a}\hat{\rho} - \hat{\rho}\hat{a}^\dagger\hat{a} &= 2\hat{a}|\alpha\rangle\langle\alpha|\hat{a}^\dagger - \hat{a}^\dagger\hat{a}|\alpha\rangle\langle\alpha| - |\alpha\rangle\langle\alpha|\hat{a}^\dagger\hat{a} \\
&= 2\alpha\alpha^*\,\hat{\rho} - \alpha\hat{a}^\dagger\hat{\rho} - \alpha^*\,\hat{\rho}\hat{a}
\end{aligned} \tag{15.272}$$

erhalten wir

$$\hat{L}(\hat{\rho}) = (-\mathrm{i}f\,\alpha+\mathrm{i}f^*\alpha^*+2\gamma|\alpha|^2)\hat{\rho} + (\mathrm{i}\omega\alpha^*+\mathrm{i}f-\gamma\alpha^*)\hat{\rho}\hat{a} + (-\mathrm{i}\omega\alpha-\mathrm{i}f^*-\gamma\alpha)\hat{a}^\dagger\hat{\rho}\,. \tag{15.273}$$

Um $\hat{\rho} = |\alpha\rangle\langle\alpha|$ zu differenzieren, formen wir zunächst mit $|\alpha\rangle = \mathrm{e}^{-\alpha^*\alpha/2}\mathrm{e}^{\alpha\hat{a}^\dagger}|0\rangle$ nach (3.123) um, bilden die Ableitung,

$$\frac{\mathrm{d}}{\mathrm{d}t}|\alpha\rangle\langle\alpha| = \frac{\mathrm{d}}{\mathrm{d}t}\left(\mathrm{e}^{-\alpha^*\alpha}\mathrm{e}^{\alpha\hat{a}^\dagger}|0\rangle\langle 0|\mathrm{e}^{\alpha^*\hat{a}}\right) = -(\dot{\alpha}^*\alpha+\alpha^*\dot{\alpha})\hat{\rho} + \dot{\alpha}\hat{a}^\dagger\hat{\rho} + \dot{\alpha}^*\,\hat{\rho}\hat{a}\,, \tag{15.274}$$

und vergleichen mit (15.273). Dann erhalten wir für die Koeffizienten von $\hat{a}^\dagger\hat{\rho}$

$$\dot{\alpha} = -\mathrm{i}\omega\alpha - \mathrm{i}f^* - \gamma\alpha\,, \tag{15.275}$$

für die von $\hat{\rho}\hat{a}$ den komplex konjugierten Ausdruck, $\dot{\alpha}^* = \mathrm{i}\omega\alpha^* + \mathrm{i}f - \gamma\alpha^*$, und damit Übereinstimmung mit denen in (15.273). Mit

$$\begin{aligned}
-(\dot{\alpha}^*\alpha + \alpha^*\dot{\alpha}) &= -(\mathrm{i}\omega\alpha^* + \mathrm{i}f - \gamma\alpha^*)\alpha - \alpha^*(-\mathrm{i}\omega\alpha - \mathrm{i}f^* - \gamma\alpha) \\
&= -\mathrm{i}f\,\alpha + \mathrm{i}f^*\alpha^* + 2\gamma|\alpha|^2
\end{aligned} \tag{15.276}$$

sehen wir, dass auch die Koeffizienten von $\hat{\rho}$ übereinstimmen. Die Integration von (15.275) liefert $\alpha(t)$ wie in Gleichung (14.78). Damit haben wir eine Lösung der Lindblad-Gleichung konstruiert.

Aufgabe 14.5 (Seite 259): Beweisen Sie die Äquivalenz in Gleichung (14.140).

Lösung: Der Beweis von

$$\mathbf{AXB} = \mathbf{C} \iff (\mathbf{B}^T \otimes \mathbf{A})\,\mathrm{vec}\,(\mathbf{X}) = \mathrm{vec}\,(\mathbf{C}) \tag{15.277}$$

verläuft recht einfach. Zunächst drücken wir die Matrizen **B** und **C** durch ihre Spaltenvektoren aus

$$\begin{aligned}
\mathbf{AXB} = \mathbf{C} &\iff \mathbf{AX}\left(\vec{b}_1,\ldots,\vec{b}_n\right) = \left(\vec{c}_1,\ldots,\vec{c}_n\right) \\
&\iff \mathbf{AX}\vec{b}_i = \vec{c}_i\,,\ i = 1,\ldots,n \iff \begin{pmatrix}\mathbf{AX}\vec{b}_1\\ \vdots \\ \mathbf{AX}\vec{b}_n\end{pmatrix} = \mathrm{vec}\,(\mathbf{C})
\end{aligned} \tag{15.278}$$

und dabei ist

$$\begin{pmatrix} \mathbf{AX}\vec{b}_1 \\ \vdots \\ \mathbf{AX}\vec{b}_n \end{pmatrix} = \begin{pmatrix} \mathbf{A}(\vec{x}_1,\ldots,\vec{x}_m)\vec{b}_1 \\ \vdots \\ \mathbf{A}(\vec{x}_1,\ldots,\vec{x}_m)\vec{b}_n \end{pmatrix} = \begin{pmatrix} \mathbf{A}(b_{11}\vec{x}_1+\ldots+b_{m1}\vec{x}_m) \\ \vdots \\ \mathbf{A}(b_{1n}\vec{x}_1+\ldots+b_{mn}\vec{x}_m) \end{pmatrix}$$
$$= \begin{pmatrix} \mathbf{A}b_{11} & \ldots & \mathbf{A}b_{m1} \\ \vdots & \ddots & \vdots \\ \mathbf{A}b_{1n} & \ldots & \mathbf{A}b_{mn} \end{pmatrix} \begin{pmatrix} \vec{x}_1 \\ \vdots \\ \vec{x}_m \end{pmatrix} = \begin{pmatrix} b_{11}\mathbf{A} & \ldots & b_{m1}\mathbf{A} \\ \vdots & \ddots & \vdots \\ b_{1n}\mathbf{A} & \ldots & b_{mn}\mathbf{A} \end{pmatrix} \begin{pmatrix} \vec{x}_1 \\ \vdots \\ \vec{x}_m \end{pmatrix} = (\mathbf{B}^T \otimes \mathbf{A})\,\mathrm{vec}\,(\mathbf{X})\,. \qquad (15.279)$$

Aufgabe 14.6 (Seite 260): Zeigen Sie: Der Lindblad-Term

$$\hat{D}(\hat{\rho}) = \frac{\mu}{2}\left(2\hat{a}\hat{\rho}\hat{a}^\dagger - \hat{a}^\dagger\hat{a}\hat{\rho} - \hat{\rho}\hat{a}^\dagger\hat{a}\right) + \frac{\nu}{2}\left(2\hat{a}^\dagger\hat{\rho}\hat{a} - \hat{a}\hat{a}^\dagger\hat{\rho} - \hat{\rho}\hat{a}\hat{a}^\dagger\right)$$

wird repräsentiert durch $\mathbf{D} = \mu\mathbf{a}\otimes\mathbf{a} + \nu\mathbf{a}^\dagger\otimes\mathbf{a}^\dagger - \gamma'\left(\mathbf{n}\otimes\mathbf{I} + \mathbf{I}\otimes\mathbf{n} + \mathbf{I}\otimes\mathbf{I}\right) + \gamma\mathbf{I}\otimes\mathbf{I}$.

Lösung: Zuerst formen wir mit $\hat{a}\hat{a}^\dagger = \hat{a}^\dagger\hat{a} + \hat{I} = \hat{n} + \hat{I}$ den Lindblad-Term um in

$$\begin{aligned} \hat{D}(\hat{\rho}) &= \frac{\mu}{2}\left(2\hat{a}\hat{\rho}\hat{a}^\dagger - \hat{a}^\dagger\hat{a}\hat{\rho} - \hat{\rho}\hat{a}^\dagger\hat{a}\right) + \frac{\nu}{2}\left(2\hat{a}^\dagger\hat{\rho}\hat{a} - (\hat{n}+\hat{I})\hat{\rho} - \hat{\rho}(\hat{n}+\hat{I})\right) \\ &= \mu\,\hat{a}\hat{\rho}\hat{a}^\dagger + \nu\,\hat{a}^\dagger\hat{\rho}\hat{a} - \frac{\mu+\nu}{2}\left(\hat{n}\hat{\rho} + \hat{\rho}\hat{n} + \hat{\rho}\right) + \frac{\mu-\nu}{2}\,\hat{\rho} \\ &= \mu\,\hat{a}\hat{\rho}\hat{a}^\dagger + \nu\,\hat{a}^\dagger\hat{\rho}\hat{a} - \gamma'\left(\hat{n}\hat{\rho} + \hat{\rho}\hat{n} + \hat{\rho}\right) + \gamma\,\hat{\rho} \end{aligned} \qquad (15.280)$$

mit $\gamma' = (\mu+\nu)/2$ und $\gamma = (\mu-\nu)/2$ nach Gleichung (14.29).
Mithilfe der Transformationen

$$\mathbf{AXB} \iff (\mathbf{A}\otimes\mathbf{B}^T)\vec{\mathbf{x}}\ , \quad \mathbf{AX}+\mathbf{XB} \iff (\mathbf{A}\otimes\mathbf{I} + \mathbf{I}\otimes\mathbf{B}^T)\vec{\mathbf{x}} \qquad (15.281)$$

aus Gleichung (14.149) formen wir um:

$$\begin{aligned} \hat{a}\hat{\rho}\hat{a}^\dagger &\iff \left(\mathbf{a}\otimes(\mathbf{a}^\dagger)^T\right)\vec{\boldsymbol{\rho}} = \left(\mathbf{a}\otimes\mathbf{a}\right)\vec{\boldsymbol{\rho}} \\ \hat{a}^\dagger\hat{\rho}\hat{a} &\iff \left(\mathbf{a}^\dagger\otimes(\mathbf{a})^T\right)\vec{\boldsymbol{\rho}} = \left(\mathbf{a}^\dagger\otimes\mathbf{a}^\dagger\right)\vec{\boldsymbol{\rho}} \\ \hat{n}\hat{\rho} + \hat{\rho}\hat{n} &\iff \left(\mathbf{n}\otimes\mathbf{I} + \mathbf{I}\otimes\mathbf{n}^T\right)\vec{\boldsymbol{\rho}} = \left(\mathbf{n}\otimes\mathbf{I} + \mathbf{I}\otimes\mathbf{n}\right)\vec{\boldsymbol{\rho}} \\ \hat{\rho} = \hat{I}\hat{\rho}\hat{I} &\iff \left(\mathbf{I}\otimes(\mathbf{I})^T\right)\vec{\boldsymbol{\rho}} = \left(\mathbf{I}\otimes\mathbf{I}\right)\vec{\boldsymbol{\rho}}\,. \end{aligned} \qquad (15.282)$$

Setzen wir alles zusammen, so erhalten wir

$$\begin{aligned} &\mu\,\hat{a}\hat{\rho}\hat{a}^\dagger + \nu\,\hat{a}^\dagger\hat{\rho}\hat{a} - \gamma'\left(\hat{n}\hat{\rho} + \hat{\rho}\hat{n} + \hat{\rho}\right) + \gamma\,\hat{\rho} \iff \\ &\qquad \left(\mu\mathbf{a}\otimes\mathbf{a} + \nu\mathbf{a}^\dagger\otimes\mathbf{a}^\dagger - \gamma'\left(\mathbf{n}\otimes\mathbf{I} + \mathbf{I}\otimes\mathbf{n} + \mathbf{I}\otimes\mathbf{I}\right) + \gamma\mathbf{I}\otimes\mathbf{I}\right)\vec{\boldsymbol{\rho}} = \mathbf{D}\vec{\boldsymbol{\rho}}\,, \end{aligned} \qquad (15.283)$$

also die Formel aus der Aufgabe.

Aufgabe 14.7 (Seite 261): Verifizieren Sie für die Operatoren $\hat{K}_0$, $\hat{K}_\pm$ aus (14.158) die $\mathfrak{su}(1,1)$-Kommutatorrelationen $\left[\hat{K}_0, \hat{K}_\pm\right] = \pm 2\hat{K}_\pm$, $\left[\hat{K}_+, \hat{K}_-\right] = -\hat{K}_0$ in (14.159) und zeigen Sie, dass die Operatoren mit $\hat{I}$ und $\hat{N}$ aus (14.160) kommutieren.

Lösung: Mithilfe von Gleichung (14.131) und $[\hat{n},\hat{a}^\dagger]=\hat{a}^\dagger$ erhalten wir

$$\begin{aligned}[\hat{K}_0,\hat{K}_+] &= (\hat{n}\otimes\hat{1}+\hat{1}\otimes\hat{n}+\hat{1}\otimes\hat{1})(\hat{a}^\dagger\otimes\hat{a}^\dagger)-(\hat{a}^\dagger\otimes\hat{a}^\dagger)(\hat{n}\otimes\hat{1}+\hat{1}\otimes\hat{n}+\hat{1}\otimes\hat{1})\\ &= (\hat{n}\hat{a}^\dagger)\otimes\hat{a}^\dagger+\hat{a}^\dagger\otimes(\hat{n}\hat{a}^\dagger)+\hat{a}^\dagger\otimes\hat{a}^\dagger-(\hat{a}^\dagger\hat{n})\otimes\hat{a}^\dagger-\hat{a}^\dagger\otimes(\hat{a}^\dagger\hat{n})-\hat{a}^\dagger\otimes\hat{a}^\dagger\\ &= (\hat{n}\hat{a}^\dagger-\hat{a}^\dagger\hat{n})\otimes\hat{a}^\dagger+\hat{a}^\dagger\otimes(\hat{n}\hat{a}^\dagger-\hat{a}^\dagger\hat{n})=2\hat{a}^\dagger\otimes\hat{a}^\dagger=2\hat{K}_+\,.\end{aligned}\tag{15.284}$$

Genauso zeigt man $[\hat{K}_0,\hat{K}_-]=-2\hat{K}_-$, und die dritte Kommutatorrelationen findet man mit

$$\begin{aligned}[\hat{K}_+,\hat{K}_-] &= (\hat{a}^\dagger\otimes\hat{a}^\dagger)(\hat{a}\otimes\hat{a})-(\hat{a}\otimes\hat{a})(\hat{a}^\dagger\otimes\hat{a}^\dagger)\\ &= (\hat{a}^\dagger\hat{a})\otimes(\hat{a}^\dagger\hat{a})-(\hat{a}^\dagger\hat{a})\otimes(\hat{a}^\dagger\hat{a})=\hat{n}\otimes\hat{n}-(\hat{n}+\hat{1})\otimes(\hat{n}+\hat{1})\\ &= \hat{n}\otimes\hat{n}-\hat{n}\otimes\hat{n}-\hat{n}\otimes\hat{1}-\hat{1}\otimes\hat{n}-\hat{1}\otimes\hat{1}=-\hat{K}_0\,.\end{aligned}\tag{15.285}$$

Er bleiben noch die Kommutatoren von $\hat{K}_0$, $\hat{K}_\pm$ und $\hat{I}$, $\hat{N}$, die man nach dem gleichen Schema berechnet. Zunächst sehen wir, dass $\hat{I}=\hat{1}\otimes\hat{1}$ mit allen Operatoren $\hat{x}\otimes\hat{y}$ kommutiert,

$$[\hat{1}\otimes\hat{1},\hat{x}\otimes\hat{y}]=(\hat{1}\otimes\hat{1})(\hat{x}\otimes\hat{y})-(\hat{x}\otimes\hat{y})(\hat{1}\otimes\hat{1})=(\hat{x}\otimes\hat{y})-(\hat{x}\otimes\hat{y})=0\,,\tag{15.286}$$

und folglich auch mit den $\hat{K}_0$, $\hat{K}_\pm$. Die restlichen Kommutatoren wollen wir wie oben auswerten, wobei wir wieder $[\hat{n},\hat{a}^\dagger]=\hat{a}^\dagger$ benutzen. Dann erhalten wir zunächst

$$\begin{aligned}[\hat{N},\hat{K}_+] &= (\hat{n}\otimes\hat{1}-\hat{1}\otimes\hat{n})(\hat{a}^\dagger\otimes\hat{a}^\dagger)-(\hat{a}^\dagger\otimes\hat{a}^\dagger)(\hat{n}\otimes\hat{1}-\hat{1}\otimes\hat{n})\\ &= (\hat{n}\hat{a}^\dagger)\otimes\hat{a}^\dagger-\hat{a}^\dagger\otimes(\hat{n}\hat{a}^\dagger)-(\hat{a}^\dagger\hat{n})\otimes\hat{a}^\dagger+\hat{a}^\dagger\otimes(\hat{a}^\dagger\hat{n})\\ &= (\hat{n}\hat{a}^\dagger-\hat{a}^\dagger\hat{n})\otimes\hat{a}^\dagger-\hat{a}^\dagger\otimes(\hat{n}\hat{a}^\dagger-\hat{a}^\dagger\hat{n})=\hat{a}^\dagger\otimes\hat{a}^\dagger-\hat{a}^\dagger\otimes\hat{a}^\dagger=0\,,\end{aligned}\tag{15.287}$$

und genauso ergibt sich $[\hat{N},\hat{K}_-]=0$ sowie

$$\begin{aligned}[\hat{N},\hat{K}_0] &= (\hat{n}\otimes\hat{1}-\hat{1}\otimes\hat{n})(\hat{n}\otimes\hat{1}+\hat{1}\otimes\hat{n}+\hat{1}\otimes\hat{1})-(\hat{n}\otimes\hat{1}-\hat{1}\otimes\hat{n})(\hat{n}\otimes\hat{1}+\hat{1}\otimes\hat{n}+\hat{1}\otimes\hat{1})\\ &= (\hat{n}\hat{n})\otimes\hat{1}+\hat{n}\otimes\hat{n}+\hat{n}\otimes\hat{1}-\hat{n}\otimes\hat{n}-\hat{1}\otimes(\hat{n}\hat{n})-\hat{1}\otimes\hat{n}\\ &\qquad -(\hat{n}\hat{n})\otimes\hat{1}+\hat{n}\otimes\hat{n}-\hat{n}\otimes\hat{n}+\hat{1}\otimes(\hat{n}\hat{n})-\hat{n}\otimes\hat{1}+\hat{1}\otimes\hat{n}=0\,.\end{aligned}\tag{15.288}$$

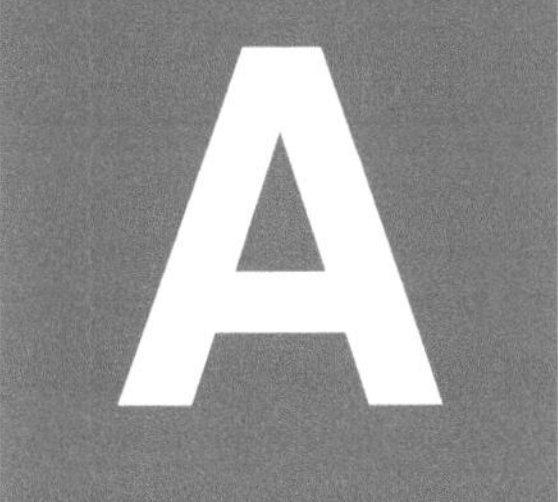

A Unendlichdimensionale Hilbert-Räume

Wie schon am Ende von Abschnitt 1.1 erläutert, müssen wir uns in der Quantenphysik auch mit unendlichdimensionalen Hilbert-Räumen befassen. Dabei werden in der (existierenden) abzählbaren Basis Operatoren als unendlichdimensionale Matrizen dargestellt. Das erfordert einige neue Überlegungen und neue Begriffe.

Mithilfe der Norm des Hilbert-Raums können wir durch

$$\|\hat{A}\| = \sup \frac{\|\hat{A}|\psi\rangle\|}{\||\psi\rangle\|} \quad \text{für alle} \quad |\phi\rangle \neq |\emptyset\rangle \text{ aus dem Definitionsbereich von } \hat{A} \tag{A.1}$$

eine Operatornorm definieren. Für $\|\hat{A}\| < \infty$ heißt der Operator $\hat{A}$ **beschränkt**. Ein beschränkter Operator ist stetig. Mehr darüber findet man bei Wikipedia. Die beschränkten Operatoren auf dem Hilbert-Raum bilden einen linearen Raum, der normiert ist und vollständig. Dieser Raum hat aber noch mehr Struktur, denn es gilt für das Produkt beschränkter Operatoren $\|\hat{A}\hat{B}\| \leq \|\hat{A}\|\|\hat{B}\|$, das heißt, es ist auch beschränkt. Die beschränkten Operatoren bilden also eine Algebra. Man bezeichnet eine solche Algebra als eine Banach-Algebra. Unter einer **C^*-Algebra** versteht man eine Banach-Algebra, in der eine **Involution** existiert, also eine Abbildung $A \longrightarrow A^*$ der Elemente mit den Eigenschaften

$$(A^*)^* = A \;, \quad (AB)^* = B^* A^* \;, \quad (xA + yB)^* = \overline{x}A^* + \overline{y}B^* \;, \quad \|A^* A\| = \|A\|^2 \tag{A.2}$$

für alle Elemente A, B der Algebra und alle komplexen Zahlen x, y, wobei wir hier ausnahmsweise die komplexe Konjugation durch einen Überstrich gekennzeichnet haben. Beispiele für eine solche Involution sind die komplexe Konjugation der komplexen Zahlen selbst oder die oben für endlichdimensionale Räume definierte Adjunktion $\hat{A} \longrightarrow \hat{A}^\dagger$ (siehe Gleichung (1.8)), die man für beschränkte auf dem ganzen Hilbert-Raum definierte Operatoren genauso übernehmen kann: Durch

$$\langle \hat{A}^\dagger \psi | \varphi \rangle = \langle \psi | \hat{A} \varphi \rangle \tag{A.3}$$

auf dem ganzen Hilbert-Raum ist der zu $\hat{A}$ adjungierte Operator $\hat{A}^\dagger$ definiert, der gleichfalls beschränkt ist. Für den Fall $\hat{A}^\dagger = \hat{A}$ heißt $\hat{A}$ **selbstadjungiert**. Daraus folgt für die Matrixelemente

$$\langle \psi | \hat{A} | \varphi \rangle = \langle \varphi | \hat{A} | \psi \rangle^* . \tag{A.4}$$

Die Behandlung **unbeschränkter** Operatoren ist sehr viel komplizierter. In der Quantenmechanik ist es in der Regel ausreichend, solche Operatoren $\hat{A}$ zu betrachten, deren Definitionsbereich eine dichte Teilmenge des Hilbert-Raums bildet. Falls dort die Symmetrie

$$\langle \hat{A}\psi | \varphi \rangle = \langle \psi | \hat{A} \varphi \rangle \tag{A.5}$$

erfüllt ist, nennt man den Operator $\hat{A}$ **hermitesch**. Die Definition des adjungierten Operators $\hat{A}^\dagger$ eines unbeschränkten Operators $\hat{A}$ mit dichtem Definitionsbereich ist etwas aufwendiger. Sei also $|\psi'\rangle = \hat{A}|\psi\rangle$. Dann verstehen wir unter dem Definitionsbereich von $\hat{A}^\dagger$ die Menge aller $|\varphi\rangle$, für die ein $|\varphi'\rangle$ existiert mit $\langle\varphi|\psi'\rangle = \langle\varphi'|\psi\rangle$ für alle $|\psi\rangle$ aus dem Definitionsbereich von $\hat{A}$. Da dieser dicht liegt, ist dieses $|\varphi'\rangle$ eindeutig bestimmt. Wir können $\hat{A}^\dagger$ definieren durch $|\varphi'\rangle = \hat{A}^\dagger|\varphi\rangle$ und es gilt

$$\langle\varphi|\hat{A}\psi\rangle = \langle\hat{A}^\dagger\varphi|\psi\rangle\,. \tag{A.6}$$

Man bezeichnet den Operator $\hat{A}$ als **hermitesch**, wenn gilt $\langle\varphi|\hat{A}\psi\rangle = \langle\hat{A}\varphi|\psi\rangle$, und einen solchen hermiteschen Operator als **selbstadjungiert**, falls $\hat{A} = \hat{A}^\dagger$.

Ein selbstadjungierter Operator ist also auch hermitesch, aber nicht notwendigerweise umgekehrt. Hier werden wir diesen Unterschied nur machen, wenn es wichtig ist, und ganz allgemein von hermiteschen Operatoren sprechen. Im endlichdimensionalen Räumen fallen allerdings beide Begriffe zusammen, auch sind dort natürlich alle Operatoren beschränkt.

Spektraldarstellung: Vorsicht ist auch angebracht bei Aussagen über das Spektrum. In unendlichdimensionalen Hilbert-Räumen hat ein hermitescher Operator *nicht* notwendig einen vollständigen Satz von Eigenvektoren wie im Endlichdimensionalen. Für selbstadjungierte Operatoren lassen sich dagegen konkretere Aussagen über das Spektrum machen. Man unterscheidet dabei **das diskrete Spektrum** der isolierten Eigenwerte, **das kontinuierliche Spektrum** sowie in dieses eingebettete Eigenwerte. Das gesamte Spektrum erlaubt mithilfe der sogenannten **Spektralschar** eine Zerlegung der Einheit, über die sich auch mathematisch sauber Funktionen von Operatoren definieren lassen. Hier sei nur erwähnt, dass man für den Fall eines selbstadjungierten Operators $\hat{A}$ mit rein diskretem Spektrum aus den Eigenwerten λ_n und den orthonormierten Eigenzuständen $|n\rangle$, $n = 1, 2, \ldots$, eine **Zerlegung der Einheit** und eine **Spektraldarstellung** des Operators erhält,

$$\hat{I} = \sum_{n=1}^{\infty} |n\rangle\langle n| \quad \text{und} \quad \hat{A} = \sum_{n=1}^{\infty} \lambda_n |n\rangle\langle n|\,, \tag{A.7}$$

ganz analog zu einem endlichdimensionalen Hilbert-Raum in Gleichung (1.10). Das ermöglicht uns auch, Funktionen des Operators zu formulieren, wie zum Beispiel die Exponentialfunktion als

$$\mathrm{e}^{\hat{A}} = \sum_{n=1}^{\infty} \mathrm{e}^{\lambda_n} |n\rangle\langle n|\,. \tag{A.8}$$

Spurklasse-Operatoren: In der Quantenmechanik benötigen wir häufig die **Spur** eines Operators, beispielsweise in Darstellungen durch die Dichtematrix. Für einen beschränkten, nichtnegativen und selbstadjungierten Operator $\hat{A}$ auf dem Hilbert-Raum ist sie, wie im Endlichdimensionalen, durch die Summe der Diagonalelemente in einer orthonormierten Basis definiert:

$$\operatorname{spur}\hat{A} = \sum_n \langle n|\hat{A}|n\rangle\,. \tag{A.9}$$

Diese Spur ist reell, nicht-negativ oder unendlich und unabhängig von der gewählten Basis.

Für einen beliebigen beschränkten Operator $\hat{T}$ definieren wir den (nicht-negativen und beschränkten) Operator $|\hat{T}| := \sqrt{\hat{T}^\dagger\hat{T}}$. Wenn dessen Spur endlich ist, sagen wir der Operator $\hat{T}$ ist ein **Spurklasse-Operator** (engl. „trace class“) und definieren seine Spur wie in Gleichung (A.9) als spur $\hat{T} = \sum_n \langle n|\hat{T}|n\rangle$, eine absolut konvergente Reihe komplexer Zahlen, die wiederum nicht von der Basis abhängt. Es lässt sich zeigen, dass diese Operatoren einen linearen Raum bilden, in dem durch $\|\hat{T}\|_1 = \text{spur}\,|\hat{T}|$ eine Norm definiert werden kann. Spurklasse-Operatoren bilden damit einen Banach-Raum. Bei den Spurklasse-Operatoren bleiben, im Gegensatz zu den allgemeinen Operatoren, einige wichtige Eigenschaften endlichdimensionaler Operatoren erhalten:

- Durch $\langle\hat{A},\hat{B}\rangle := \text{spur}\,\hat{A}^\dagger\hat{B}$ lässt sich ein Skalarprodukt definieren mit einer korrespondierenden Norm, bezeichnet als die **Hilbert-Schmidt-Norm**.
- Wenn $\hat{T}$ Spurklasse-Operator ist, dann auch $\hat{T}^\dagger$ und es gilt $\|\hat{T}^\dagger\|_1 = \|\hat{T}\|_1$.
- Wenn $\hat{A}$ beschränkt ist und $\hat{T}$ aus der Spurklasse, dann sind $\hat{A}\hat{T}$ und $\hat{T}\hat{A}$ ebenfalls Spurklasse-Operatoren. (Das heißt die Spurklasse-Operatoren bilden ein *Ideal* (siehe Seite 98) in der Algebra der beschränkten Operatoren.)
- Für einen Spurklasse-Operator $\hat{A}$ mit den Eigenwerten λ_n, $n = 1, 2, \ldots$, können wir mit

$$\det(\hat{I} + \hat{A}) = \prod_n (1 + \lambda_n) \leq e^{\|\hat{A}\|_1} \tag{A.10}$$

eine Fredholm-Determinante von $\hat{I} + \hat{A}$ definieren. Dabei ist $\hat{I}$ die Identität und es gilt $\det(\hat{I} + \hat{A}) \neq 0$ genau dann, wenn $\hat{I} + \hat{A}$ invertierbar ist. Außerdem gilt

$$\text{spur}\,\hat{A} = \sum_n \lambda_n\,. \tag{A.11}$$

Soweit unser kurzer Überblick über die unendlichdimensionalen Hilbert-Räume. Mehr dazu findet man in der Literatur, beispielsweise in dem im Buch V. F. Müller: *Quantenmechanik*, Oldenbourg, 2000.

Legendre-Polynome & Gauß-Integrale

Legendre-Polynome: Die Lösungen der Differentialgleichung

$$(1-x^2)\frac{\mathrm{d}^2 y}{\mathrm{d}y^2} - 2x\frac{\mathrm{d}y}{\mathrm{d}y} + \left(\ell(\ell+1) - \frac{m^2}{1-x^2}\right)y = 0, \tag{B.1}$$

der **Legendre-Gleichung**, bezeichnet man als **Legendre-Funktionen**. Uns interessiert hier nur eine Klasse von Lösungen für ganzzahliges m und ℓ mit $0 \le m \le \ell$ im Intervall $-1 \le x \le +1$, die zugeordneten Legendre-Polynome $P_\ell^m(x)$. Sie erfüllen die Orthogonalitätsrelation

$$\int_{-1}^{+1} P_\ell^m(x)\, P_\ell^n(x)\, \frac{\mathrm{d}x}{1-x^2} = \frac{(\ell+m)!}{m(\ell-m)!}\,\delta_{mn}\,. \tag{B.2}$$

Es existiert eine Reihe von Rekursionsformeln wie[1]

$$(\ell-m+1)P_{\ell+1}^m(x) = (\ell+1)x\,P_\ell^m(x) - (1-x^2)\frac{\mathrm{d}P_\ell^m}{\mathrm{d}x} = \left((\ell+1)x - (1-x^2)\frac{\mathrm{d}}{\mathrm{d}x}\right)P_\ell^m(x)\,. \tag{B.3}$$

Einfache Beispiele sind

$$P_2^2(x) = 3(1-x^2)\ , \quad P_2^1(x) = -3x\sqrt{1-x^2} \tag{B.4}$$

oder allgemeiner

$$P_\ell^\ell(x) = (-1)^\ell \frac{(2\ell)!}{2^\ell \ell!}\left(1-x^2\right)^{\ell/2}\ , \quad P_{\ell+1}^\ell(x) = (-1)^\ell \frac{(2\ell+1)!}{2^\ell \ell!}\,x\left(1-x^2\right)^{\ell/2}, \tag{B.5}$$

wobei die zweite Formel sich mit (B.3) aus der ersten ergibt.

Mehr dazu unter https://de.wikipedia.org/wiki/Zugeordnete_Legendrepolynome.

In Abschnitt 5.3 erscheinen diese Polynome in den Lösungen der Schrödinger-Gleichung als

$$\psi_n(q) = N_n P_\lambda^{\lambda-n}(\tanh(\alpha q)) \quad , \quad n = 0, 1, \ldots, \lambda \tag{B.6}$$

mit ganzzahligem $\lambda \ge 1$ und Normierung $\int_{-\infty}^{+\infty} |\psi_n(q)|^2\,\mathrm{d}q = 1$. Mit

$$x = \tanh(\alpha q)\ ,\ 1-x^2 = 1/\cosh^2(\alpha q)\ ,\ \mathrm{d}x/\mathrm{d}q = \alpha/\cosh^2(\alpha q) = \alpha(1-x^2) \tag{B.7}$$

ergibt sich

$$1 = \int_{-\infty}^{+\infty} |\psi_n(q)|^2\,\mathrm{d}q = |N_n|^2 \int_{-1}^{+1} |P_\lambda^{\lambda-n}(x)|^2\, \frac{\mathrm{d}x}{\alpha(1-x^2)} = |N_n|^2\, \frac{(2\lambda-n)!}{\alpha(\lambda-n)n!} \tag{B.8}$$

[1] siehe z.B. A. Prospetti, *Advanced Mathematics for Applications*, Gleichung (13.6.9)

nach (B.2), und damit

$$N_n = \sqrt{\frac{\alpha(\lambda-n)n!}{(2\lambda-n)!}} \quad \Longrightarrow \quad N_0 = \sqrt{\frac{\alpha\lambda}{(2\lambda)!}}\,, \quad N_1 = \sqrt{\frac{\alpha(\lambda-1)}{(2\lambda-1)!}}\,. \tag{B.9}$$

Für die Wellenfunktion des Grundzustands und des ersten angeregten Zustands ergeben sich dann

$$\psi_0(q) = N_0\, P_\lambda^\lambda(x) = \frac{M_0}{\cosh^\lambda(\alpha q)} \quad \text{mit} \quad M_0 = \frac{(-1)^\lambda \sqrt{\alpha\lambda(2\lambda)!}}{2^\lambda \lambda!}\,, \tag{B.10}$$

$$\psi_1(q) = N_1\, P_\lambda^{\lambda-1}(x) = \frac{M_1 \sinh(\alpha q)}{\cosh^\lambda(\alpha q)} \quad \text{mit} \quad M_1 = \frac{(-1)^{\lambda-1}\sqrt{\alpha(\lambda-1)(2\lambda-1)!}}{2^{\lambda-1}(\lambda-1)!}\,. \tag{B.11}$$

Gauß-Integrale: Die komplexen Gauß-Integrale aus Abschnitt 13.5.3 sind gleich

$$\begin{aligned} I(a_1,a_2,a_3,b_1,b_2) &= \int \frac{\mathrm{d}^2 z}{\pi} \mathrm{e}^{a_1 z^2 + a_2 z^{*2} + a_3 z z^* + b_1 z + b_2 z^*} \\ &= \frac{1}{\sqrt{a_3^2 - 4a_1 a_2}} \exp\left(\frac{b_1^2 a_2 + b_2^2 a_1 - b_1 b_2 a_3}{a_3^2 - 4a_1 a_2}\right), \end{aligned} \tag{B.12}$$

falls die beiden Werte $\mu_\pm = -a_3 \pm \sqrt{a_1 a_2}$ einen negativen Realteil haben. Die Phase der Wurzel im Nenner, die gleich dem Produkt von $\sqrt{\mu_+}$ und $\sqrt{\mu_-}$ ist, ist so zu wählen, dass die Phase jedes dieser Terme zwischen $-\pi/4$ und $+\pi/4$ liegt. Speziell für $a_3 = -1$ und $a_2 = 0$ vereinfacht sich das Integral zu

$$I_0(a_1,b_1,b_2) = \int \frac{\mathrm{d}^2 z}{\pi} \mathrm{e}^{-|z|^2 + a_1 z^2 + b_1 z + b_2 z^*} = \exp\left(b_2^2 a_1 + b_1 b_2\right). \tag{B.13}$$

Die ersten und zweiten Momente erhält man durch Parameterdifferentiation:

$$\frac{\partial I_0}{\partial b_1} = \int \frac{\mathrm{d}^2 z}{\pi}\, z\,\mathrm{e}^{-|z|^2 + a_1 z^2 + b_1 z + b_2 z^*} = b_2 I_0\,, \tag{B.14}$$

$$\frac{\partial I_0}{\partial b_2} = \int \frac{\mathrm{d}^2 z}{\pi}\, z^*\mathrm{e}^{-|z|^2 + a_1 z^2 + b_1 z + b_2 z^*} = (2a_1 b_2 + b_1) I_0\,, \tag{B.15}$$

$$\frac{\partial^2 I_0}{\partial b_1^2} = \int \frac{\mathrm{d}^2 z}{\pi}\, z^2\mathrm{e}^{-|z|^2 + a_1 z^2 + b_1 z + b_2 z^*} = b_2^2 I_0\,, \tag{B.16}$$

$$\frac{\partial^2 I_0}{\partial b_2^2} = \int \frac{\mathrm{d}^2 z}{\pi}\, z^{*2}\mathrm{e}^{-|z|^2 + a_1 z^2 + b_1 z + b_2 z^*} = (2a_1 + (2a_1 b_2 + b_1)^2) I_0\,, \tag{B.17}$$

$$\frac{\partial^2 I_0}{\partial b_1 \partial b_2} = \int \frac{\mathrm{d}^2 z}{\pi}\, z z^*\mathrm{e}^{-|z|^2 + a_1 z^2 + b_1 z + b_2 z^*} = (1 + b_2(2a_1 b_2 + b_1)) I_0\,. \tag{B.18}$$

Index